Büro & Co.

Allgemeine Wirtschaftslehre für Bürokaufleute

von

Dipl.-Hdl. Peter Limpke

Dipl.-Hdl. Hans Jecht

Dipl.-Hdl. Rainer Tegeler

unter Mitarbeit der Verlagsredaktion

Winklers

Vorwort

Um das eigentliche Wissen der Bürokaufleute – dieses wird in der Regel durch Spezielle Betriebslehren vermittelt – vor dem Hintergrund gesellschaftlicher und wirtschaftlicher Veränderungen besser einordnen und anwenden zu können, ist rechtliches, betriebs- und volkswirtschaftliches Hintergrundwissen nötig. Die Kapitel des vorliegenden Buchs fassen dieses Wissen in didaktisch begründeten und aufbereiteten Themenbereichen zusammen, die sich an typischen Aufgabenstellungen orientieren, vor denen Bürokaufleute stehen.

Der Unterricht an der Berufsschule soll dazu beitragen, die Handlungskompetenz der Lernenden zu entwickeln. Sie sollen befähigt werden zum selbstständigen Analysieren, Planen, Durchführen und Kontrollieren von Tätigkeiten, um komplexe Problemsituationen bewältigen zu können. In diesem Sinn erfüllt ein Schulbuch nach unserem Ermessen die Aufgabe einer Informationsquelle, aus der die Schüler Lerninhalte entnehmen, die sie zur Lösung umfangreicher Problemstellungen aus den betrieblichen Handlungssituationen benötigen.

Das vorliegende Schulbuch unterstützt den handlungsorientierten Unterricht, indem es neben der Darbietung von Fachinhalten auch die Methoden- und Medienkompetenz fördert, die die Voraussetzung für selbstständiges, zielgerichtetes Arbeiten sind.

Wie die Spezielle Wirtschaftslehre der Reihe *Büro & Co.* basiert auch dieses Buch auf einem Modellunternehmen – der Hoffmann KG –, sodass es den Lernenden erleichtert wird, die Strukturen, Prozesse, Phänomene und Probleme abzubilden und nachzuvollziehen, mit denen sie auch in ihrer betrieblichen Praxis konfrontiert werden.

Die übersichtliche Gestaltung der Kapitel, die ausführlichen Erläuterungen der Fachbegriffe, die leicht verständliche Textformulierung und die vielen Beispiele, Fotos und Abbildungen veranschaulichen die Inhalte ganz besonders, sodass das Lernen wesentlich erleichtert wird.

Die einzelnen Kapitel dieses umfassenden und verständlichen Schulbuchs sind einheitlich gegliedert:

1. **Einstieg:** Jedes Kapitel beginnt mit einer anschaulichen Fallschilderung oder Darstellung, die auf eine Problemstellung des Kapitels hinweist. Durch die anschließenden Fragen soll den Lernenden bewusst werden, welches Wissen sie für die Bearbeitung der Problemstellung benötigen.
2. **Information:** Es schließt sich ein ausführlicher Informationsteil mit einer großen Anzahl von Beispielen und weiteren Veranschaulichungen an.
3. **Aufgaben:** Lernaufgaben dienen der Erschließung des Textes. Sie sollen von den Schülern mithilfe des Informationsteils selbstständig gelöst werden.
4. **Aktionen:** Durch Anwendung wichtiger Lern-, Arbeits- oder Präsentationstechniken im Zusammenhang mit dem behandelten Thema werden Grundlagen zum Erwerb der beruflich geforderten Handlungskompetenz gelegt. Die interaktive Arbeit in Teams fördert die Sozialkompetenz.
5. **Zusammenfassung:** Am Ende des Kapitels werden die wesentlichen Lerninhalte in einer Übersicht zusammengefasst, die Zusammenhänge grafisch und farblich verdeutlicht und dadurch das Lernen und Wiederholen unterstützt.

Der zweispaltige Satz wurde gewählt, um die Erfassbarkeit des Textes zu verbessern.

Das umfangreiche Sachwortverzeichnis am Schluss des Buchs soll dem schnellen und gezielten Auffinden wichtiger Inhalte dienen.

In diesem Buch werden viele Begriffe wie z. B. Verkäufer und Kunde neutral verwendet, das heißt, sie bezeichnen Personen beider Geschlechter. Wir bitten speziell die Leserinnen um Verständnis dafür, dass wir zugunsten der Lesefreundlichkeit auf die zusätzliche Erwähnung der weiblichen Formen verzichtet haben.

März 2011

Die Verfasser

1. Auflage, 2011
Druck 1, Herstellungsjahr 2011

Westermann Schroedel Diesterweg
Schöningh Winklers GmbH
Postfach 33 20, 38023 Braunschweig
Telefon: 01805 996696* Fax: 0531 708-664
service@winklers.de
www.winklers.de
Redaktion: Kirsten Rotert
Lektorat: Marion Grunert
Druck: westermann druck GmbH, Braunschweig
ISBN 978-3-8045-3560-2

* 14 ct/min aus dem deutschen Festnetz, Mobilfunk maximal 42 ct/min

Inhaltsverzeichnis

3560 4

Bildquellenverzeichnis

Adam Opel AG, Rüsselsheim: 71.2; adpic Bildagentur, Bonn: 263.1 (H. Kater); akg-images GmbH, Berlin: 108.1 (Bildarchiv Pisarek); American Express International, Inc., Frankfurt am Main: 282.2; argum, München: 67.1; Bachem Verlag, Köln: 34.1; Bergmoser + Höller Verlag AG, Aachen: 79.1, 132.1, 194.1, 322.1, 323.1, 327.1, 328.1, 330.1, 389.1, 400.1, 421.1, 445.1, 446.1; bildagentur-online, Burgkunstadt: 397.1 (TIPS-Images); Bildmaschine.de, Berlin: 162.2 (www.BilderBox.com); Caro Fotoagentur GmbH, Berlin: 76.1 (Ruffer); Condor Flugdienst GmbH, Kelsterbach: 173.1; Deutsche Bahn AG, Berlin: 157.1 (Koch); Druwe & Polastri Fotostudio, Cremlingen: 59.1; Eckel, Jochen, Berlin: 40.1; Egbert, Martin, Ibbenbühren: 121.1; Fabian, Michael, Hannover: 72.1; fotolia.com, New York: 38.2 (ferkelraggae), 40.2 (Udo Kroener), 110.1 (knirzporz), 121.2 (Sven Bähren), 195.1 (Dron), 252.1 (Nerlich Images), 286.1 (Gina Sanders), 302.1 (leiana), 310.1 (M+S Fotodesign), 345.1 (Aamon); Google Germany GmbH, Hamburg: 131.1; Haitzinger, Horst, München: 436.1; Jecht, Hans, Hildesheim: 177.1, 190.1; JOKER Fotojournalismus, Bonn: 162.3 (Hartwig Lohmeyer); KARSTADT Warenhaus GmbH, Essen: 282.3; Kreikenbom, Michael, Hildesheim: 165.1; Kölnmesse GmbH, Köln: 111.1; mauritius images, Mittenwald: 71.1, 407.1 (imagebroker/Michael Weber); Müller, Bodo, Bartenleben: 58.2; Peter Wirtz Fotografie, Dormagen: 7 (alle), 19 (beide), 25.1, 102.1, 180 (beide), 250.1, 305.1, 348.1, 427.1; Picture-Alliance, Frankfurt/M.: 33 (beide), 36.1, 39.1, 39.2 (Rolf Schultes), 39.4, 45 (beide), 48.1, 60.1, 69.1 (H. Heydenaber), 69.2, 115.1, 131.2 (Frederik v. Erichsen), 165.2 (Ronald Grant Archive/Mary Evan), 172.1, 186.1 (Frank Mächler), 187.1, 190.2, 191.1, 251.1 (Rainer Hackenberg), 262.1 (C. Jaspersen), 267 .1 (Schindler), 269.1, 278.1, 285.1, 316.1, 345.2, 356.1, 359.1, 367.1, 371.1 (Oliver Berg), 373.1, 381.1 (Andreas Heddergott), 384.1, 397.2, 398.1, 399.1, 401 (beide), 402.1 (Koch), 404.3, 405.2, 413 (beide), 414.1, 415.1, 428 (beide), 434.1, 435.1 (Chromorange), 440.1, 444.1; pixelio media GmbH, München: 186.2 (Claudia Hautumm); plainpicture GmbH & Co. KG, Hamburg: 432.1; SPIEGEL-Verlag, Hamburg: 173.2; Stiftung Warentest, Berlin: 185.1; Tegeler, Rainer, Hannover: 39.3; TGW Mechanics, Wels: 12.1; TV-yesterday, München: 176.1; Uwe Schmid-Fotografie, Duisburg: 162.1; Visum Foto GmbH, Hamburg: 241.1 (Stefan Sobotta), 282.1 (Ilja C. Hendel).

Illustration: Felix Görmann, Berlin
Grafiken: Claudia Hild, Angelburg; Marcus Hoffstadt, Koblenz.

KAPITEL 1

Wir erkunden unser Modellunternehmen

AUFBAUORGANISATION
AUSBILDUNG
FIRMENPROFIL
BETRIEB ERKUNDEN
RECHTSFORM
BESCHÄFTIGTE
NIEDERLASSUNG
LEITBILD
VERKAUFSFORMEN
MODELLUNTERNEHMEN
WARENSORTIMENTE
PRODUKTION

1 Wir erkunden einen Betrieb

Einstieg

Carolin Saager,

Katarzyna Lindemann,

Dominik Schlote und

Volkan Karaca

beginnen ihre Ausbildung zur Bürokauffrau bzw. zum Bürokaufmann bei der Hoffmann KG in Hannover. Am ersten Tag der Ausbildung informiert die Ausbildungsleiterin Julia Schneider die Auszubildenden über das Unternehmen.

1. Vergleichen Sie dieses Unternehmen mit den Abteilungen Ihres Ausbildungsbetriebs.
2. Führen Sie auf, wo es Gemeinsamkeiten bzw. Unterschiede gibt.

INFORMATIONEN

Hoffmann KG – das Unternehmen

Kurz nach dem Zweiten Weltkrieg gründete Carl Hoffmann die Textilgroßhandlung Hoffmann in Hannover. Später übernahm sein Sohn Wolfgang Hoffmann das Unternehmen. Seitdem eröffnete er nach und nach weitere Häuser. Im Zuge der Expansion wurde das Einzelunternehmen zur Hoffmann KG. Sie hat nun die Rechtsform einer Kommanditgesellschaft. Eingetragen ist sie beim Amtsgericht Hannover unter HRA 3380 Hannover. Komplementäre (Vollhafter) sind mittlerweile Michael Hoffmann – der Enkel von Carl Hoffmann – und Susanne Hahne. Hinzu kommen noch fünf Kommanditisten (Teilhafter).

Ein Ausschnitt aus der Festschrift zum 50-jährigen Betriebsjubiläum 1999:

1949 Carl Hoffmann gründet 1949 eine Firma mit der Bezeichnung „Carl Hoffmann Textilgroßhandel“. Das damalige Sortiment besteht hauptsächlich aus Meterware, Tüchern und Tischdecken.

1954 Trotz der schwierigen Nachkriegslage kann der Umsatz kontinuierlich gesteigert werden. 1954 hat der Betrieb schon fünf Mitarbeiter. Das Verkaufsgebiet beschränkt sich auf Geschäfte rund um Hannover.

1959 Der ältere Sohn Wolfgang Hoffmann tritt in die Firma ein, die er später übernehmen wird.

1962 Der Umsatz übersteigt erstmals die Millionengrenze. Ein neues Geschäftsgebäude wird errichtet.

1965 In Hamburg wird die erste Niederlassung eröffnet. Im Laufe der Jahre folgen noch Häuser in Braunschweig, Berlin, Frankfurt, Köln, Stuttgart, München, Leipzig und Rostock.

1967 Die Hoffmann KG beginnt mit der Produktion von Textilien in einer eigenen Fabrikationsstätte.

70er-Jahre Anfang der 70er-Jahre heiratet Wolfgang Hoffmann Martha Hahne, Tochter eines Sportartikelgroßhändlers. Die Verantwortlichen beschließen, das Unternehmen mit dem der befreundeten Unternehmerfamilie Hahne zusammenzulegen. Durch die Gründung der Hoffmann KG wird das Sortiment erheblich erweitert.

1977 Bisher wurde mit Prospekten auf das Sortiment aufmerksam gemacht. 1977 wird der erste umfangreiche Katalog gedruckt.

1980 Ab 1980 finden in den Häusern der Großhandlung jährlich Verkaufsmessen statt.

80er-Jahre Mitte der 80er-Jahre wird das Sortiment ein weiteres Mal vergrößert. Schmuck und Accessoires werden nun zusätzlich ins Programm aufgenommen.

1989 Die steigenden Umsätze bzw. Stückzahlen zwingen die Firma Hoffmann KG zum Neubau eines zentralen Büro- und Lagergebäudes.

1995 Im August 1995 stirbt Wolfgang Hoffmann. Sein Sohn Michael Hoffmann tritt als neuer Kommanditist in die Firma ein. Ebenfalls neue Kommanditistin wird Susanne Hahne, eine Cousine von Michael Hoffmann.

1997 Die Hoffmann KG entschließt sich, in ausgewählten Sortimentsbereichen Sportartikel nicht nur zu vertreiben, sondern auch herzustellen. Im November 1997 beginnt die Hoffmann KG, eine Fahrradproduktion aufzubauen.

1998 Die Hoffmann KG beginnt mit dem Aufbau eines Internetshops.

1999 Unser Unternehmen feiert 50-jähriges Betriebsjubiläum.

Die Hoffmann KG umfasst Niederlassungen in zehn deutschen Städten. Sie haben insgesamt eine Lagerfläche von 1,5 Mio. m². 300 Mitarbeiter arbeiten bei der Hoffmann KG. Der Umsatz betrug im letzten Jahr 110 Mio. Euro. Die Filialen befinden sich überwiegend in Gewerbegebieten des jeweiligen Standorts. Die Hoffmann KG möchte sich dort als Textilgroßhandlung der Zukunft positionieren.

Die Zentrale befindet sich am Stammsitz in Hannover. Hier werden alle wichtigen Unternehmensentscheidungen getroffen. Die Beschaffung der Ware erfolgt bislang ausschließlich durch die Zentrale, um Kostenvorteile bei der Beschaffung größerer Mengen auszunutzen. Aus diesem Grund bieten alle Filialen der Hoffmann KG in den meisten Bereichen ein einheitliches Sortiment an, das durch regionale Besonderheiten ergänzt wird.

In Hannover befindet sich aber nicht nur die Zentrale. Der Stammsitz dient gleichzeitig auch als Filiale.

Sitz der Firma:

Goseriede 41, 30159 Hannover
USt-ID: DE 183 631 402

Steuernummer: 14 306 71722
Zollnummer: 5318043
HRA 3380 Hannover

Erfüllungsort und Gerichtsstand: Hannover
Geschäftsjahr: 1. Januar bis 31. Dezember

Bankverbindungen:

Hannoversche Volksbank eG
Konto-Nr.: 12 345
BLZ: 251 900 01
BIC: VOHADE2H
IBAN: DE73 2519 0001 0000 0123 45

Sparkasse Hannover
Konto-Nr.: 88 230
BLZ: 250 501 80
BIC: SPKHDE2H
IBAN: DE24 2505 0180 0000 0882 30

Postbank Hannover
Konto-Nr.: 1 582 300
BLZ: 250 100 30
BIC: PBNKDEFF250
IBAN: DE95 2501 0030 0001 5823 00

Die betrieblichen Grundfunktionen der Hoffmann KG

Die Hoffmann KG bietet ihren Kunden ein breites und überwiegend tiefes Sortiment an:

- Dies geschieht durch einen zweimal jährlich erscheinenden Katalog. Die Kunden bestellen schriftlich. Ein Teil des Sortiments wird aber auch in Verkaufsgesprächen per Telefon abgesetzt.
- Gleichzeitig hat jedes Haus einen Showroom, der das Sortiment vorstellt. Dort kann das Fachpersonal die Kunden beraten, insbesondere z. B. bei erklärungsbedürftigen Artikeln.
- Zwei Reisende können das Sortiment aber auch direkt beim Kunden vor Ort vorstellen.
- Über einen von der Zentrale geführten Webshop kann auch über das Internet bestellt werden.

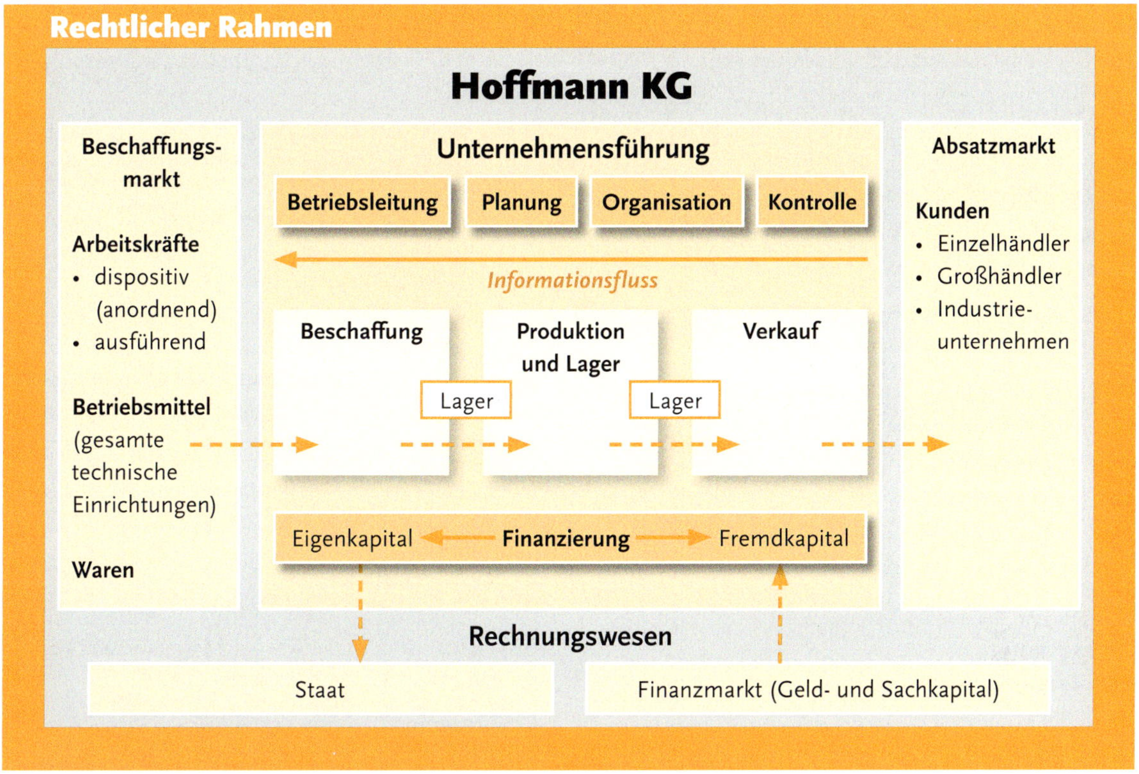

Im Internet stellt die Hoffmann KG ihr Firmenprofil vor:

www.hoffmann-kg-wvd.de

Hoffmann KG WEITER E-MAIL ADRESSE

Die Firma Hoffmann KG präsentiert sich mit über 50-jähriger Erfahrung sowohl auf dem nationalen als auch auf dem internationalen Textilmarkt. Wir sind ein altes, sich aber dennoch jung fühlendes und innovatives Unternehmen, das es sich zur Aufgabe gemacht hat, Qualität zu günstigen Preisen zu liefern. Durch ständige Qualitätskontrollen und regelmäßige Verhandlungen mit unseren langjährigen Geschäftspartnern können wir eine breite Produktpalette mit gutem Qualitätsniveau zu günstigen Konditionen anbieten. Diese Kompetenz kommt unseren Kunden zugute.

Zu unserem Kundenkreis in Deutschland gehören Einzelhändler, Textilfilialisten, Großhändler und Textilmärkte. Auf Wunsch nennen wir Ihnen gerne Referenzkunden.

Nicht zuletzt neben guter Qualität ist der konkurrenzfähige Preis unsere Stärke.

Mit unserem Team von ausgewählten Mitarbeitern und einer modernen Technologie sind wir für Sie stets erreichbar. Anfragen und Aufträge werden von uns schnellstens und mit größter Sorgfalt zu Ihrer Zufriedenheit bearbeitet.

Damit Sie sich bei uns wohlfühlen, achten wir natürlich stets auf absolute Freundlichkeit und uneingeschränkte Hilfsbereitschaft.

Als Textilgroßhandel und als Textilproduzent beliefern wir lediglich Wiederverkäufer. Somit steht Endverbrauchern der Online-Shop zum Einkaufen leider nicht zur Verfügung. Da wir aber mittlerweile über 2000 Händler beliefern, gibt es sicherlich auch in Ihrer Nähe ein Geschäft, in dem Sie als Endverbraucher unsere hochwertige Mode zum günstigen Preis vorfinden werden.

Seit Kurzem haben wir uns ein neues Standbein zugelegt: Wir produzieren jetzt auch Sportartikel und Fahrräder.

In der Filiale Hannover sind fast 50 Mitarbeiter beschäftigt. Der Anteil der Auszubildenden beträgt in der Regel etwa 10 %.

Zum 1. August haben Carolin Saager, Katarzyna Lindemann, Dominik Schlote und Volkan Karaca bei der Hoffmann KG eine Ausbildung zur Bürokauffrau bzw. zum Bürokaufmann begonnen. Daniela Stange ist Auszubildende im zweiten Lehrjahr.

Das Sortiment der Hoffmann KG umfasst die folgenden Warengruppen:

- Herrenbekleidung
- Damenoberbekleidung
- Kindermode
- Herrenwäsche
- Damenwäsche
- Fashion
- Sportartikel
- Sport- und Freizeitbekleidung
- Haushaltswäsche
- Accessoires
- Schmuck

Die Hoffmann KG ist bisher nach Funktionsbereichen organisiert. Für jeden Funktionsbereich ist ein Abteilungsleiter zuständig. Um einen reibungslosen Ablauf im betrieblichen Geschehen zu gewährleisten, wird mindestens einmal pro Woche eine Abteilungsleiterkonferenz einberufen, bei der alle wichtigen Informationen ausgetauscht und Themen von Bedeutung durchgesprochen werden.

Die Funktionsbereiche der Hoffmann KG werden von folgenden Personen geleitet:

- Funktionsbereich Einkauf: Uwe Hetzel
- Funktionsbereich Logistik: Hans Kreipe
- Funktionsbereich Verkauf: Bernd Staub
- Funktionsbereich Verwaltung: Tanja Schwab
- Funktionsbereich Rechnungswesen: Martina Bertram
- Funktionsbereich Fahrradproduktion: Ekkehard Klante
- Funktionsbereich Textilproduktion: Roland Matthes

Komplementäre der Hoffmann KG sind Michael Hoffmann und Susanne Hahne. Beide sind auch als Geschäftsführer tätig.

Über die Beschäftigten, die am 1. August bei der Hoffmann KG am Standort Hannover angestellt sind, gibt der folgende Gesamtstellenplan Auskunft:

Planstelle	Abteilung	Tätigkeitsbezeichnung	Name
101	Stabsstelle Organisation/EDV	Organisator/EDV-Unterstützung	Herr Mitschke
102	Sekretariat Geschäftsleitung	Sekretärin	Frau Sander
201	Verwaltung	Abteilungsleiterin	Frau Schwab
202	Verwaltung	Sachbearbeiter	Herr Weinheim
203	Verwaltung	Sachbearbeiter	Herr Wilkinson
204	Verwaltung	Sachbearbeiterin	Frau Wolicki
205	Verwaltung	Sachbearbeiterin	Frau Adam
206	Verwaltung	Sachbearbeiter	Herr Halfpap
207	Verwaltung	Sachbearbeiter	Herr Kretzschmar
208	Verwaltung	Sachbearbeiterin	Frau Mestanovic
209	Verwaltung	Sachbearbeiterin	Frau Pahlevan
210	Verwaltung	Sachbearbeiter	Herr Pauer
211	Verwaltung	Ausbildungsleitung	Frau Schneider

Planstelle	Abteilung	Tätigkeitsbezeichnung	Name
212	Verwaltung	Sachbearbeiter Poststelle	Herr Kreckler
301	Rechnungswesen	Abteilungsleiterin	Frau Bertram
302	Rechnungswesen	Sachbearbeiterin	Frau Diedrichs
303	Rechnungswesen	Sachbearbeiterin	Frau Duchnik
304	Rechnungswesen	Sachbearbeiter	Herr Eris
305	Rechnungswesen	Sachbearbeiter	Herr Frank
401	Einkauf	Abteilungsleiter	Herr Hetzel
402	Einkauf	Sachbearbeiter	Herr Hickel
403	Einkauf	Sachbearbeiter	Herr Hoffmann
404	Einkauf	Sachbearbeiterin	Frau Janssen
405	Einkauf	Sachbearbeiter (Ausland)	Herr Bittner
406	Einkauf	Sachbearbeiterin (Ausland)	Frau Kolrep
501	Logistik	Abteilungsleiter	Herr Kreipe
502	Logistik	Lagerarbeiter	Herr Kruk
503	Logistik	Lagerarbeiter	Herr Landsberg
504	Logistik	Lagerarbeiter	Herr Schwalenberg
505	Logistik	Lagerarbeiter	Herr Spöhr
601	Verkauf	Abteilungsleiter	Herr Staub
602	Verkauf	Sachbearbeiterin	Frau Voges
603	Verkauf	Sachbearbeiter	Herr Weidner
604	Verkauf	Sachbearbeiterin	Frau Zahn
605	Verkauf	Sachbearbeiter	Herr Fellmann
606	Verkauf	Reisender (Nord)	Herr Flohr
607	Verkauf	Reisender (Süd)	Herr Kibowski
701	Produktion Fahrräder Eigenmarke	Abteilungsleiter	Herr Klante
702	Produktion Fahrräder Eigenmarke	Stellv. Abteilungsleiter	Herr Tomczak
703	Produktion Fahrräder Eigenmarke	Arbeiter	Herr Witt
704	Produktion Fahrräder Eigenmarke	Arbeiter	Herr Stegenmann
801	Produktion Textilien	Abteilungsleiter	Herr Matthes
802	Produktion Textilien	Stellv. Abteilungsleiter	Herr Barthold
803	Produktion Textilien	Design	Frau Baron
804	Produktion Textilien	Arbeiterin	Frau Bode
805	Produktion Textilien	Arbeiter	Herr Bringewat
806	Produktion Textilien	Arbeiter	Herr Held

Die meisten Kunden begreifen die Hoffmann KG vor allem als Großhandelsunternehmen.

Sehr früh ergänzte die Hoffmann KG ihre reinen Großhandelsaktivitäten um eine Fabrikationsanlage in Hannover. Die dort hergestellten Artikel werden über die eigenen Großhandlungen, aber auch über Warenhäuser, Textilketten und andere Großhandlungen vertrieben.

Das produzierte Textilsortiment der Hoffmann KG			
Damenmode	**Herrenmode**	**Kindermode**	**Sportmode**
• Shirts • Blusen • Pullover • Strickjacken • Hosen • Jeans • Röcke • Blazer	• Shirts • Hemden • Pullover • Hosen • Jeans • Anzüge • Sakkos • Mäntel	• Mädchenmode • Jungenmode	• Fitness • Trekking • Bademode • Kindersportmode
In allen vier Sortimentsbereichen werden in fast allen Warengruppen jeweils zwei Linien hergestellt: • **Basic:** Diese Artikel sind vergleichsweise zeitlos. • **Trend:** Hier handelt sich um hochmoderne, dem Zeitgeist angepasste Produkte.			

Die Hoffmann KG produziert jedoch heute noch in einem anderen Bereich. Sie stellt in einer eigenen Abteilung in Hildesheim die Fahrräder der Eigenmarke „Blizzard" her. Das Produktionsprogramm enthält unterschiedliche Fahrradtypen in verschiedenen Preislagen. Innerhalb der einzelnen Produktarten werden verschiedene Ausführungen bzw. Varianten (Modelle) hergestellt und angeboten.

Auszug aus dem Produktionsprogramm Fahrräder					
Herrenfahrräder	**Damenfahrräder**	**Kinderfahrräder**	**Rennräder**	**Trekkingräder/ Tourenräder**	**Mountainbikes**
• Modell „City" • Modell „Star" • Modell „Go" • Modell „Rocky"	• Modell „Katie" • Modell „Julia" • Modell „City-Lady"	• Modell „Wickie" • Modell „Micky"	• Modell „Vuelta" • Modell „Tour" • Modell „Giro"	• Modell „Touringstar" • Modell „Landscape"	• Modell „Alpinstar" • Modell „High Mountain"

Im Unternehmen sind ein Betriebsrat und eine Jugend- und Auszubildendenvertretung eingerichtet. Der Betriebsrat vertritt die Interessen der Arbeitnehmer gegenüber dem Arbeitgeber und hat Rechte bei Kündigungen und Einstellungen. Er wird für jeweils vier Jahre durch die Arbeitnehmer gewählt. Die letzte Wahl fand vor einem halben Jahr statt. Vorsitzende des Betriebsrats ist Frau Diedrichs, ihr Stellvertreter Herr Weidner. Daniela Stange ist Vorsitzende der Jugend- und Auszubildendenvertretung. Diese vertritt die Interessen der Jugendlichen Arbeitnehmer.

Einmal im Quartal wird eine Betriebsversammlung durchgeführt, bei der alle Mitarbeiter die Gelegenheit bekommen, neue Ideen vorzuschlagen, Verbesserungsvorschläge zu machen, aber auch aktuelle Probleme anzusprechen. Dadurch herrscht bei der Hoffmann KG ein ausgesprochen gutes Betriebsklima. In regelmäßigen Abständen finden für die Mitarbeiter Schulungen statt. Insgesamt gilt bei allen Mitarbeitern der Hoffmann KG das Motto: Der Kunde steht im Mittelpunkt. Weiterhin wird auf die Warenpflege besonderen Wert gelegt.

Um die gewünschten Waren jederzeit präsent zu halten bzw. eine optimale Belieferung der Verbraucher zu gewährleisten, hat jede Filiale der Hoffmann KG – also auch die in Hannover – ein eigenes Lager. Durch die Größe des Lagers können gut laufende Artikel in größeren Mengen zu günstigen Preisen eingekauft werden, wodurch dem Kunden weitere Vorteile entstehen.

Hochregallager

3560 12

Ein ausgeklügeltes EDV-gestütztes Warenwirtschaftssystem (WWS) dient der artikel-, artikelgruppen- oder warengruppengenauen sowie stück-, mengen- und wertgenauen Bestandserfassung und -führung des vorhandenen Sortiments und Lagerbestands an Waren. Dieses wird sowohl im Zentrallager Hannover als auch in den Filialen der Hoffmann KG eingesetzt. Die Erfassung der Warendaten bei Bestellung bzw. Wareneingang und im gesamten Warenfluss erfolgt mittels Personalcomputern, z. T. auch durch MDE-Geräte. Bei Verkauf der Waren wird durch das WWS – das die Daten über die Kassen bekommt – automatisch die Warendisposition bzw. auch die Bestellung gesteuert. Erweitert wird das WWS durch ein Rechnungswesenprogramm.

Ein WWS dient als Informationsquelle, um

- laufend das Sortiment bedarfsgerecht an Kundenwünsche anzupassen,
- den Lagerumschlag zu optimieren (optimale Bestellmenge),
- exakte Daten für die Inventur zu erhalten (Bilanzierung) sowie
- den Personaleinsatz zu planen und
- Warenverluste und Auszeichnungsfehler zu vermeiden.

Momentan baut die Hoffmann KG im Softwarebereich ein ERP-System (Enterprise Ressource Planning) auf.

Die Geschäftsleitung der Hoffmann KG strebt eine hochwertige Ausbildung ihrer Auszubildenden an, um sich langfristig qualifiziertes Personal zu sichern. Besonders gefordert wird daher der Erwerb von Fachkenntnissen. Zu einem weiteren wesentlichen Aspekt der Ausbildung ist die gezielte Förderung der Kundenbetreuung geworden, mit der Zielsetzung, den Kunden als König zu betrachten und ihn entsprechend zu behandeln. Neben der Ausbildungsleiterin schulen auch die Abteilungsleiter die Auszubildenden und informieren sie über wesentliche Betriebsabläufe und -zusammenhänge. Die Geschäftsführung bzw. Julia Schneider als Ausbildungsleiterin halten einen engen Kontakt zu den ortsansässigen Berufsschulen, um die Ausbildung zu optimieren und eine Abstimmung der Lerninhalte und Lernziele beider Lernorte sicherzustellen.

Wie jeder andere gewerbesteuerpflichtige Betrieb ist auch die Hoffmann KG Mitglied der örtlichen Industrie- und Handelskammer. Diese informiert und berät die Mitgliedsunternehmen in wirtschaftlichen Angelegenheiten. Sie erstellt Gutachten und Berichte. Bei Streitigkeiten zwischen Unternehmen versucht sie über ihre Schlichtungsstelle auszugleichen. Eine der Hauptaufgaben der Industrie- und Handelskammer ist die Überwachung der Berufsausbildung. In diesem Zusammenhang sind Herr Hoffmann, Herr Matthes und Frau Voges Mitglied von Prüfungsausschüssen.

Immer mehr ist in der Wirtschaft das Bewusstsein für wirtschaftsethische Fragen gestiegen. Viele Kunden halten die folgenden Aspekte bei der Produktion bzw. dem Verkauf von Gütern für sehr wichtig:
Umweltverträglichkeit der Produkte: Verbrauchern wird zunehmend deutlich, dass das Kollektivgut Umwelt immer mehr bedroht ist. Die Umweltaktivitäten von Unternehmen werden deshalb beobachtet und kritisch hinterfragt.
Gesundheitsverträglichkeit von Waren: Die Produktion bzw. der Verkauf gesundheitsverträglicher Artikel wird immer mehr zu einem entscheidenden Verkaufsargument bei Verhandlungen zwischen Lieferanten und Kunden.
Sozialverträglichkeit von Waren: Viele Unternehmen verpflichten sich, soziale, menschenrechtliche und arbeitsmedizinische Mindeststandards in der eigenen Produktion und in der der Lieferanten einzuhalten.

Die Hoffmann KG hat beschlossen, diese Aspekte in Zukunft besonders zu beachten. Sie nimmt regelmäßig an einem Öko-Audit teil und hat sich eine Umweltcharta gegeben. Auch das Unternehmensleitbild geht darauf ein.

Ein Auszug aus dem Leitbild der Hoffmann KG, das die Unternehmensphilosophie wiedergibt:

- Wer nicht ständig versucht, besser zu werden, hat aufgehört, gut zu sein. Dieser Erkenntnis ist die Hoffmann KG verpflichtet.
- Zu Recht erwarten unsere Kunden und die Öffentlichkeit auch in den Bereichen
  – Umwelt und
  – Gesellschaftspolitik

  großes Verantwortungsbewusstsein und überdurchschnittliche Leistungen. Wir sind konsequent bestrebt, diese Ansprüche mit Spitzenleistungen zu erfüllen – zum Nutzen aller.
- Der Schutz natürlicher Ressourcen ist ein wichtiger Bestandteil unserer unternehmerischen Tätigkeit.

Dabei haben wir nicht nur innerhalb des Konzerns große Fortschritte für den Umweltschutz erzielt. Die Hoffmann KG bezieht konsequent auch Lieferanten und Partnerunternehmen in ihre Bemühungen mit ein.

- Viele Menschen sind weltweit direkt oder indirekt für die Hoffmann KG tätig – innerhalb des Unternehmens ebenso wie bei Produzenten und Zulieferern.
  Um der großen sozialen Verantwortung für diese Menschen gerecht zu werden, versuchen wir Beschaffungsverhaltensregeln einzuhalten, die die Einhaltung von Sozial- und Umweltstandards gewährleisten.
- Wir pflegen den kooperativen Führungsstil.
  Jede Filiale erhält Umsatzvorgaben. Mit welchen Mitteln und Aktivitäten diese Zielgrößen erfüllt werden, liegt im Ermessen der jeweiligen Niederlassung. Dabei beteiligen die Filialleiter/-innen die Mitarbeiter/-innen am Entscheidungsprozess. Ihr Partizipationsmaß umfasst zumindest die Beratungsfunktion.

- Wir fördern die kontinuierliche Weiterbildung unserer Beschäftigten.
  Neben fachlichem Wissen – wie Warenkunde und Kundenberatung – werden auch Schlüsselqualifikationen gefördert. Wir arbeiten auch ständig daran, methodische Kompetenzen sowie soziale Kompetenzen (wie Eigeninitiative und Selbstständigkeit) auszubauen.

- Wir stellen vorzugsweise Mitarbeiter/-innen ein, die aufgrund ihrer Lebensumstände und/oder Arbeitserfahrungen über ein hohes Maß an Methoden- und Sozialkompetenzen verfügen.

- In unsere Unternehmenspolitik fließt die Erkenntnis ein, dass motivierte und zufriedene Mitarbeiter einen entscheidenden Wettbewerbsfaktor darstellen.

- Wir streben flexible Arbeitszeiten an.
  Wir realisieren daher ein Arbeitszeitmodell, nach dem die Mitarbeiter/-innen sowohl den Umfang als auch die Lage ihrer Arbeitszeit selbst bestimmen können. Das auf die individuellen Gegebenheiten zugeschnittene Wochenarbeitszeitkontingent wird so verteilt, dass ein Tag frei bleibt und ganz für familiäre Verpflichtungen zur Verfügung steht. Die Abstimmung über die Arbeitseinsätze findet zwischen den Mitarbeiter/-innen in den Abteilungen statt. Die Führungskraft spielt bei den Absprachen die Rolle des neutralen Faktors und legt die getroffenen Entscheidungen in den wöchentlichen Dienstplänen nieder.

- Die Organisationsstruktur der Hoffmann KG soll eine flache Hierarchie mit wenigen Stufen aufweisen.

Umweltcharta der Hoffmann KG

Die Hoffmann KG, die ihre Verantwortung hinsichtlich der Umwelt, Gesundheit und Sicherheit gegenüber ihren Kunden, ihrem Personal und der Gesellschaft anerkennt,

- verpflichtet sich, die legalen Forderungen in diesem Bereich zu respektieren sowie die menschlichen, technischen und finanziellen Mittel zur Verfügung zu stellen, um jede Art von Umweltverschmutzung, Abfällen, Schädigungen, Energiekosten und Unfällen zu verhindern und zu reduzieren; unter Vorbehalt, dass diese Mittel notwendig und wirtschaftlich erträglich sind;

- richtet ein Umweltmanagementsystem ein, das die kontinuierliche Verbesserung der umweltorientierten Leistungen ermöglicht.

Dies wollen wir durch folgende Handlungen erreichen:

im Unternehmen:
- fachgerechte Entsorgung der Abfälle
- Begrenzung der Energiekosten
- Suche nach Sicherheit und Komfort
- adäquate Ausbildung des Personals

bei den Kunden:
- die Fahrwege der Kunden begrenzen
- die Kunden über alle Aspekte der Umwelt- , Gesundheits- und Sozialverträglichkeit unserer Produkte zu beraten und zu informieren

bei den Lieferanten:
- die umweltschonenden Hersteller ermutigen
- auf fairen Handel achten
- die umweltschonendsten Produkte auswählen
- die mit dem Transport verbundenen Umweltbelastungen senken

3560 14

Einige wichtige Geschäftspartner der Hoffmann KG			
Lieferanten			
Bernhard Müller OHG	Im Weiher 1	69121 Heidelberg	Herrenoberbekleidung, L.-Nr. 17 101
Emut GmbH	Hohler Weg 3	34369 Hofgeismar	Damenoberbekleidung, L.-Nr. 17 102
Winter GmbH	Ottenstr. 12	30880 Laatzen	Heizöl, L.-Nr. 17 103
Karl-Heinz More e. Kfm.	Seelhorststr. 6	30175 Hannover	Kantineneinrichtungen, L.-Nr. 17 104
Adsack GmbH	Minister-Stüve-Str. 17	30449 Hannover	Zeitungsanzeigen, L.-Nr. 17 105
Vödisch AG	Neue Str. 17	30457 Hannover	Herrenoberbekleidung, L.-Nr. 17 106
Sauer KG	Rehbergstr. 24	30173 Hannover	Autohaus, L.-Nr. 17 107
Anke Mattke e. Kffr.	Hohe Str. 28	06484 Quedlinburg	Handelsvertreterin, L.-Nr. 17 108
Winkler KG	Bismarckstr. 7	64293 Darmstadt	Damenoberbekleidung, L.-Nr. 17 109
Friedrich-Wilhelm Heine e. Kfm.	Mölmer Ring 10	30173 Hannover	Handelsvertretung, L.-Nr. 17 110
Dr. Detlef Kuhlmann	Bödekerstr. 21	30161 Hannover	Rechtsanwalt und Notar, L.-Nr. 17 111
Marketing Hannover 96 GmbH	Robertstr. 2	30163 Hannover	Bandenwerbung in der AWD-Arena, L.-Nr. 17 112
Alber & Bayer GmbH & Co. KG	Nelkenstr. 28	52078 Aachen	Textilien, L.-Nr. 17 113
Heinrich Paulmann e. Kfm.	Stephanusstr. 8	30449 Hannover	Elektro-Anlagen, L.-Nr. 17 114
Sauberfrau GmbH	Minister-Stüve-Str. 17	30449 Hannover	Gebäudereinigung, L.-Nr. 17 115
Küchler Speditionsgesell-schaft mbH	Nussriede 4	30627 Hannover	Export-Import-Spedition, L.-Nr. 17 116
Neumann & Wontke KG	Falkenstr. 2	30449 Hannover	Maschinenmontagen und -demontagen, L.-Nr. 17 117
Möbel Huss GmbH	An der B 6	30827 Garbsen-Berenbostel	Möbelhaus, L.-Nr. 17 118
Ernst Brink KG	Georgstr. 18	30159 Hannover	Bürotechnik, L.-Nr. 17 119
GAUF Service GmbH	Lörracher Str. 4	79115 Freiburg	Fachliteratur, L.-Nr. 17 120
Dinand KG	Geibelstr. 13	30173 Hannover	Werbeagentur, L.-Nr. 17 121
Bettina Meyer e. Kffr.	Erzbergerstr. 1	39104 Magdeburg	Modedesignerin, L-Nr. 17 122
Dagmar Oldenburg	Mendelssohnstr. 17	30173 Hannover	Steuerberaterin, L.-Nr. 17 123
Martina Kohlenberg & Patrick Czerny	Rosebeckstr. 12	30449 Hannover	Insolvenzverwalter, L.-Nr. 17 124
Kartonagenfabrik Andrea Lange GmbH & Co. KG	Alte Bemeroder Str. 2	30539 Hannover	Kartonagen, L.-Nr. 17 125
Kunden			
Söffgen OHG	Bergstr. 11	51503 Rösrath	Textilgroßhandel, Kd.-Nr. 10 101
Gertrud Schön e. Kffr.	Sundernstr. 34	22159 Hamburg	Textileinzelhandel, Kd.-Nr. 10 102
Hampe KG	Südstraße 6	06132 Halle	Textilgroßhandel, , Kd.-Nr. 10 103
Gebert GmbH	Falkenstr. 5	04229 Leipzig	Textilgroßhandel, Kd.-Nr. 10 104
Brandes GmbH	Lister Meile 5	01169 Dresden	Textilgroßhandel, Kd-Nr. 10 105
Tina Hempe e. Kffr.	Weststr. 55	81541 München	Textileinzelhandel, Kd.-Nr. 10 106
Wolfgang Mehlert e. Kfm.	Böhmerstr. 5	60437 Frankfurt	Textileinzelhandel, Kd.-Nr. 10 107
Adam GmbH,	Löwengasse 38	A-1030 Wien	Textileinzelhandel, Kd.-Nr. 10 108

Einige wichtige Geschäftspartner der Hoffmann KG			
Kunden			
Grote OHG	Herrenhäuser Str. 12	30169 Hannover	Kd.-Nr. 10 109
Ambiente Warenhaus AG	Groner Straße 22-24	34567 Schönstadt	Kd.-Nr. 10 110

AUFGABEN

1. Was bedeutet der Handelsregistereintrag HRA 3380 Hannover?
2. Erläutern Sie den Zusatz *KG* in Hoffmann KG?
3. Unterscheiden Sie Komplementäre und Kommanditisten.
4. Wie ist die Hoffmann KG Hannover organisiert?
5. Wozu dienen Warenwirtschaftssysteme?
6. Welche Aussagen kann ein Unternehmensleitbild enthalten?
7. Worauf legt die Hoffmann KG bei der Einstellung von Mitarbeitern besonderen Wert?
8. Wer kann Kunde der Hoffmann KG sein?
   a) Textilabteilung der Ambiente Warenhaus AG
   b) Privatkunde Sabine Porth
   c) Textilgroßhandlung Grotex GmbH
9. Beschreiben Sie den Weg einer Ware vom Beschaffungsmarkt durch die Hoffmann KG bis zum Absatz.
10. Welche Beziehungen bestehen zwischen der Hoffmann KG und
    a) dem Finanzamt,
    b) weiteren Behörden des Staates?

AKTIONEN

1. Erstellen Sie – am besten mithilfe eines entsprechenden Programms – eine Mindmap, die das Unternehmen Hoffmann KG beschreibt.
2. Erkunden Sie Ihr Ausbildungsunternehmen. Anschließend sollen Sie dieses kurz der Klasse vorstellen. Fertigen Sie dazu ein Plakat an, das alle wichtigen Angaben visualisiert, also übersichtlich darstellt.

   Das Plakat könnte beispielsweise
   - den Namen des Unternehmens,
   - die Branche,
   - die Betriebsform,
   - die Anzahl der Beschäftigten,
   - die Anzahl der Auszubildenden,
   - die Lagerfläche,
   - die Verkaufsfläche usw.

   enthalten.
   Beachten Sie die Regeln zur Erstellung eines Plakats.

Regeln zur Erstellung eines Plakats:

- Nehmen Sie maximal sieben Inhaltspunkte auf.
- Formulieren Sie verständlich. Schreiben Sie deutlich und leserlich.
- Bilden Sie Blöcke: Setzen Sie für die vom Sinn her zusammengehörenden Sachverhalte immer die gleiche Form und Farbe ein.
- Verwenden Sie maximal vier Farben pro Darstellung. Verwenden Sie die Farben als Bedeutungsträger. Wechseln Sie die Farbe nur, wenn die Bedeutung wechselt.
- Nutzen Sie die Wirkungen von Symbolen, Zeichnungen oder Grafiken, die stimulieren können. ☺
- Heben Sie **Wichtiges** hervor.

ZUSAMMENFASSUNG

Unternehmen
haben u. a.

Aufbauorganisationen
Gliederung des Unternehmens in Abteilungen und Stellen

Verkaufsformen und Produktionsformen
- Art und Weise, wie der Kunde Ware auswählen kann
- Art und Weise, wie das Unternehmen Produkte herstellt

Warensortimente
ein von der Branche und der Betriebsgröße abhängiges Warenangebot

Rechtsform
Aus der Rechtsform lassen sich Art und Ausmaß der Merkmale
- Haftung,
- Leitungsbefugnis,
- Gewinnverwendung,
- Kapitalaufbringung

usw.
erkennen.

Betriebsformen
Art des Unternehmens, die sich unterscheiden kann nach Merkmalen wie
- Standort,
- Größe,
- Umfang des Sortiments,
- Abnehmer.

KAPITEL 2

Wir treten eine Berufsausbildung an

ABSCHLUSSPRÜFUNG
PFLICHTUNTERSUCHUNG
BERUFSBILDUNGSGESETZ
AUSBILDER
BERUFSAUSBILDUNGSVERTRAG
AUSBILDUNGSRAHMENPLAN
PAUSEN
BETRIEBSORDNUNG
AUSBILDUNGSBETRIEB
ERSTUNTERSUCHUNG
AUSZUBILDEND
RAHMENLEHRPLAN
AUSBILDUNGSPFLICHT
TEILZEITUNTERRICHT
SORGEPFLICHT
ARBEITSZEITREGELUNGEN
PFLICHTEN
URLAUB
RECHTE
PROBEZEIT
ZWISCHENPRÜFUNG
DUALE BERUFSAUSBILDUNG
VERGUTUNGSPFLICH
SCHWEIGEPFLICHT

2 Wir treten eine Berufsausbildung an

2.1 Wir orientieren uns in der dualen Berufsausbildung

Einstieg

Carolin Saager, Katarzyna Lindemann, Dominik Schlote und Volkan Kuraca werden im Stammhaus der Hoffmann KG in Hannover ausgebildet. Außerdem besuchen alle vier zweimal in der Woche die Berufsbildende Schule in Hannover.

im Büro des Ausbildungsbetriebs

in der Klasse der Berufsschule

1. Begründen Sie, warum die vier Auszubildenden der Hoffmann KG an zwei verschiedenen Lernorten lernen.
2. Stellen Sie fest, wo die Auszubildenden Informationen über Inhalte und Ablauf ihrer Ausbildung zur Bürokauffrau bzw. zum Bürokaufmann finden können.

INFORMATIONEN

Auszubildende werden während ihrer Ausbildung an zwei Lernorten ausgebildet: im Ausbildungsbetrieb und in der Berufsschule. Deshalb nennt man das System der Berufsausbildung in der Bundesrepublik Deutschland auch „duales Berufsausbildungssystem“.

Im Ausbildungsbetrieb sollen die Auszubildenden die im Ausbildungsrahmenplan vorgeschriebenen Fähigkeiten und Fertigkeiten lernen und durch praktische Tätigkeit einüben.

In der Berufsschule werden den Auszubildenden allgemeinbildende und berufsbezogene theoretische Lerninhalte vermittelt, die durch Richtlinien der Kultusministerien der Länder vorgeschrieben sind.

Der Berufsschulunterricht kann in Form von Teilzeitunterricht oder als Blockunterricht stattfinden. Wird er in Teilzeitform erteilt, so besuchen die Auszubildenden einmal oder zweimal in der Woche die Berufsschule. An den anderen Arbeitstagen werden die Auszubildenden in ihren Ausbildungsbetrieben ausgebildet.

Beim Blockunterricht besuchen die Auszubildenden an mehreren aufeinanderfolgenden Tagen die Berufsschule (z. B. zwei oder drei Wochen). Anschließend arbeiten sie mehrere Wochen in ihrem Ausbildungsbetrieb, ohne in dieser Zeit die Berufsschule zu besuchen.

Informationen über Inhalte sowie die zeitliche Gliederung der betrieblichen Berufsausbildung in einem staatlich anerkannten Ausbildungsberuf findet man in den Ausbildungsordnungen, die vom Bundesministerium für Wirtschaft oder den sonstigen zuständigen Fachministerien für die einzelnen Ausbildungsberufe erlassen werden.

Die Ausbildungsordnung enthält das Ausbildungsberufsbild, den Ausbildungsrahmenplan, Angaben zur Ausbildungsdauer, zur Zwischen- und zur Abschlussprüfung.

- Das Ausbildungsberufsbild beschreibt die Kenntnisse und Fertigkeiten, die Gegenstand der Berufsausbildung sind.
- Der Ausbildungsrahmenplan regelt die Inhalte der betrieblichen Berufsausbildung verbindlich.
- Die Dauer der Ausbildung beträgt für die meisten Ausbildungsberufe drei Jahre.
- Die Bestimmungen über die Zwischen- und Abschlussprüfung regeln Art und Inhalt der einzelnen Prüfungsteile.

Angaben zur Zwischen- und Abschlussprüfung in der Ausbildungsordnung für den Ausbildungsberuf Bürokaufmann/-kauffrau

§ 7 Zwischenprüfung

(1) Zur Ermittlung des Ausbildungsstandes ist eine Zwischenprüfung durchzuführen. Sie soll in der Mitte des zweiten Ausbildungsjahres stattfinden.

...

(3) Die Zwischenprüfung ist schriftlich anhand praxisbezogener Fälle oder Aufgaben in insgesamt höchstens 180 Minuten in folgenden Prüfungsfächern durchzuführen:

1. Bürowirtschaft,
2. Rechnungswesen,
3. Wirtschafts- und Sozialkunde.

...

§ 8 Abschlussprüfung

...

(2) Die Prüfung ist schriftlich in den Prüfungsfächern Bürowirtschaft, Rechnungswesen und Wirtschafts- und Sozialkunde und praktisch in den Prüfungsfächern Informationsverarbeitung, Auftragsbearbeitung und Büroorganisation durchzuführen.

(3) In der schriftlichen Prüfung soll der Prüfling in den nachstehend genannten Prüfungsfächern je eine Arbeit anfertigen:

1. Prüfungsfach Bürowirtschaft:

In 60 Minuten soll der Prüfling praxisbezogene Aufgaben oder Fälle aus folgenden Gebieten bearbeiten und dabei zeigen, dass er grundlegende Fertigkeiten und Kenntnisse erworben hat:

a) Organisation und Leistungen
b) Bürowirtschaft und Statistik
c) Bürokommunikationstechniken
d) Büroorganisation

2. Prüfungsfach Rechnungswesen:

In 90 Minuten soll der Prüfling praxisbezogene Aufgaben oder Fälle aus den folgenden Gebieten bearbeiten und dabei zeigen, dass er grundlegende Fertigkeiten und Kenntnisse erworben hat:

a) betriebliches Rechnungswesen
b) Entgeltabrechnung

3. Prüfungsfach Wirtschafts- und Sozialkunde:

In 90 Minuten soll der Prüfling praxisbezogene Aufgaben oder Fälle aus der Berufs- und Arbeitswelt bearbeiten und dabei zeigen, dass er allgemeine wirtschaftliche und gesellschaftliche Zusammenhänge der Berufs- und Arbeitswelt darstellen und beurteilen kann.

(4) Die in Absatz 3 genannte Prüfungsdauer kann insbesondere unterschritten werden, soweit die Prüfung in programmierter Form durchgeführt wird.

(5) In der praktischen Prüfung soll der Prüfling Aufgaben in den nachstehend genannten Prüfungsfächern bearbeiten:

1. Prüfungsfach Auftragsbearbeitung und Büroorganisation

Der Prüfling soll eine von zwei ihm zur Wahl gestellten praxisbezogenen Aufgaben mit Arbeits- und Organisationsmitteln bearbeiten. Für die Aufgaben kommen insbesondere die Gebiete Büroorganisation, Auftrags- und Rechnungsbearbeitung sowie Lagerhaltung in Betracht. Die Aufgabe soll Ausgangspunkt für das folgende Prüfungsgespräch sein. Bearbeitung der Aufgabe und Prüfungsgespräch sollen für den einzelnen Prüfling nicht länger als zusammen 45 Minuten dauern.

2. Prüfungsfach Informationsverarbeitung:

In 105 Minuten soll der Prüfling drei praxisbezogene Aufgaben, davon eine Aufgabe zur Textverarbeitung, bearbeiten und dabei zeigen, dass er grundlegende Fertigkeiten und Kenntnisse von Bürokommunikationstechniken erworben hat. Für die Aufgaben kommen insbesondere die Gebiete Bürowirtschaft und Statistik, Buchführung und Personalwesen in Betracht.

AUFGABEN

1. Erläutern Sie das „duale Berufsausbildungssystem".
2. Wer legt die Inhalte des Berufsschulunterrichts fest?
3. Unterscheiden Sie Teilzeitunterricht und Blockunterricht.
4. Welche berufsbezogenen Unterrichtsfächer werden in der Berufsschule angeboten?
5. Was sollen die Auszubildenden im Ausbildungsbetrieb vor allem lernen?
6. Beantworten Sie folgende Fragen zum Ausbildungsberuf „Bürokaufmann/Bürokauffrau":
   a) Wie lange dauert normalerweise die Ausbildung?
   b) Wann müssen die Auszubildenden die Zwischenprüfung ablegen?
   c) Was wird in der Zwischenprüfung geprüft?
   d) In welchen Prüfungsbereichen werden die Auszubildenden am Ende ihrer Ausbildung schriftlich geprüft?
   e) Was wird im Rahmen der mündlichen Prüfung geprüft?
7. Welche Teile der Ausbildungsordnung legen die Inhalte der betrieblichen Berufsausbildung fest?

AKTION

- Vergleichen Sie die Inhalte des Ausbildungsrahmenplans mit den Inhalten des Rahmenlehrplans für den Ausbildungsberuf „Bürokaufmann/Bürokauffrau".
- Erarbeiten Sie in der Gruppe inhaltliche Gemeinsamkeiten und Unterschiede der Ausbildung im Ausbildungsbetrieb und in der Berufsschule.
- Benutzen Sie dazu den Ausbildungsrahmenplan und den Rahmenlehrplan für den Ausbildungsberuf „Bürokaufmann/Bürokauffrau" als Informationsquellen.
- Präsentieren Sie die Gemeinsamkeiten und die Unterschiede mit einem Plakat.

ZUSAMMENFASSUNG

System der dualen Berufsausbildung

Ausbildungsbetrieb
- überwiegend praktische Ausbildung
- berufsbezogene Ausbildungsinhalte
- Ausbildungsinhalte sind durch den Ausbildungsrahmenplan vorgeschrieben.

Berufsschule
- überwiegend theoretische Ausbildung
- Unterricht in berufsbezogenen und allgemeinbildenden Unterrichtsfächern
- Unterrichtsinhalte sind durch Richtlinien der Kultusministerien vorgeschrieben.

2.2 Wir verstehen Rechte und Pflichten der Auszubildenden

Einstieg

Die Hoffmann KG hat mit Carolin Saager, Katarzyna Lindemann, Dominik Schlote und Volkan Karaca einen Ausbildungsvertrag über die Ausbildung zur Bürokauffrau bzw. zum Bürokaufmann abgeschlossen.

Stellen Sie fest, welche Pflichten Carolin Saager, Katarzyna Lindemann, Dominik Schlote und Volkan Karaca und die Hoffmann KG mit Abschluss des Ausbildungsvertrages übernommen haben.

INFORMATIONEN

Das Berufsbildungsgesetz enthält die wichtigsten Bestimmungen über die Berufsausbildung. Es regelt den Abschluss von Berufsausbildungsverträgen, die Pflichten von Ausbildenden und Auszubildenden, die Dauer der Probezeit sowie Kündigung und Beendigung des Ausbildungsverhältnisses.

Abschluss des Berufsausbildungsvertrags

Der Ausbildungsvertrag wird zwischen dem Ausbildenden (= Inhaber des Ausbildungsbetriebes) und dem Auszubildenden abgeschlossen.

Ist der Auszubildende noch keine 18 Jahre alt, so muss ein Erziehungsberechtigter (Vater, Mutter oder Vormund) den Ausbildungsvertrag mit unterschreiben.

Der abgeschlossene Ausbildungsvertrag wird anschließend der zuständigen Industrie- und Handelskammer (IHK) oder Handwerkskammer vorgelegt. Die IHK oder Handwerkskammer prüft, ob die Inhalte des Ausbildungsvertrages den gesetzlichen Bestimmungen entsprechen, und trägt das Ausbildungsverhältnis in ein Verzeichnis der Berufsausbildungsverhältnisse ein. Sie wacht darüber, dass ordnungsgemäß ausgebildet wird.

Pflichten des Ausbildenden

1. Ausbildungspflicht	Der Ausbildende muss dafür sorgen, dass dem Auszubildenden die Kenntnisse und Fertigkeiten vermittelt werden, die zum Erreichen des Ausbildungsziels erforderlich sind.
2. Bereitstellung von Ausbildungsmitteln	Der Ausbildende muss Ausbildungsmittel, die für die betriebliche Ausbildung erforderlich sind, kostenlos zur Verfügung stellen.
3. Freistellung für den Berufsschulunterricht	Der Ausbildende muss den Auszubildenden zum Besuch der Berufsschule anhalten und freistellen.
4. Sorgepflicht	Der Ausbildende darf dem Auszubildenden nur Tätigkeiten übertragen, die dem Ausbildungszweck dienen und seinen körperlichen Kräften angemessen sind. Der Auszubildende darf keinen gesundheitlichen und sittlichen Gefahren ausgesetzt werden.
5. Vergütungspflicht	Der Ausbildende muss dem Auszubildenden eine angemessene Vergütung bezahlen.

3560 22

Pflichten des Auszubildenden

1. Lernpflicht	Der Auszubildende muss sich bemühen, die notwendigen Kenntnisse und Fertigkeiten zu erwerben, die erforderlich sind, um das Ausbildungsziel zu erreichen.
2. Befolgung von Weisungen	Der Auszubildende muss die Weisungen befolgen, die ihm im Rahmen der Berufsausbildung vom Ausbildenden, vom Ausbilder oder anderen Weisungsberechtigten (z. B. dem Abteilungsleiter) erteilt werden.
3. Besuch der Berufsschule	Der Auszubildende muss am Berufsschulunterricht teilnehmen.
4. Führen des Berichtsheftes	Der Auszubildende muss ein vorgeschriebenes Berichtsheft führen und regelmäßig vorlegen.
5. Einhaltung der Betriebsordnung	Der Auszubildende muss die für die Ausbildungsstätte geltende Ordnung einhalten.
6. Schweigepflicht	Der Auszubildende muss über Betriebs- und Geschäftsgeheimnisse Stillschweigen bewahren.

Probezeit

Das Berufsausbildungsverhältnis beginnt mit der Probezeit. Sie muss mindestens einen Monat und darf höchstens vier Monate betragen.

Kündigung des Berufsausbildungsverhältnisses

Während der Probezeit kann das Berufsausbildungsverhältnis vom Auszubildenden oder vom Ausbildenden ohne Einhaltung einer Kündigungsfrist und ohne Angabe von Gründen gekündigt werden.

Nach Ablauf der Probezeit kann das Berufsausbildungsverhältnis nur gekündigt werden:

- aus einem wichtigen Grund ohne Einhaltung einer Kündigungsfrist,
- vom Auszubildenden mit einer Kündigungsfrist von vier Wochen, wenn er die Berufsausbildung aufgeben oder sich für eine andere Berufstätigkeit ausbilden lassen will.

Ende des Berufsausbildungsverhältnisses

Das Berufsausbildungsverhältnis endet mit Ablauf der vorgeschriebenen Ausbildungszeit. Besteht der Auszubildende die Abschlussprüfung vor Ablauf der vereinbarten Ausbildungszeit, so endet das Ausbildungsverhältnis mit dem Bestehen der Abschlussprüfung.
Besteht der Auszubildende die Abschlussprüfung nicht, so verlängert sich das Ausbildungsverhältnis auf Wunsch des Auszubildenden bis zur nächstmöglichen Wiederholungsprüfung, höchstens um ein Jahr.

Wird der Auszubildende im Anschluss an das Berufsausbildungsverhältnis weiterbeschäftigt, ohne dass hierüber ausdrücklich etwas vereinbart wurde, so gilt er als auf unbestimmte Zeit angestellt.

AUFGABEN

1. Zwischen welchen Personen wird ein Ausbildungsvertrag abgeschlossen?
2. Wer überwacht die ordnungsgemäße Durchführung der Berufsausbildung?
3. Beurteilen Sie folgende sieben Fälle:
   a) Kirsten Lange meint, nach zehn Schuljahren genug gelernt zu haben. Sie bittet ihren Ausbilder, sie vom Berufsschulbesuch freizustellen.
   b) Vor seinen Freunden prahlt ein Auszubildender damit, welche Geldbeträge jeden Abend in der Firmenkasse seien.
   c) Ein Autohändler untersagt wegen der vielen Arbeit vor Weihnachten seinem Auszubildenden den Berufsschulbesuch.
   d) Herr Carstens erklärt sich nach langem Bitten des Ehepaars Jansen bereit, deren Tochter Anna in seinem Betrieb auszubilden. Da er aber eigentlich keinen Auszubildenden benötigt, will er keine Ausbildungsvergütung bezahlen.
   e) In einem Berufsausbildungsvertrag ist eine Probezeit von vier Monaten vereinbart. Nach zwei Monaten kündigt der Auszubildende fristlos.

f) Maren Ludwig gefällt die Ausbildung zur Bürokauffrau nicht mehr. Sie möchte daher ihr Ausbildungsverhältnis nach nunmehr sechs Monaten fristlos kündigen.

g) Nach sechs Monaten kündigt ein Ausbildender fristlos mit der Begründung: „Die Leistungen reichen nicht aus."

AKTIONEN

1. Informieren Sie Ihre Mitschülerinnen und Mitschüler über die Dauer der Ausbildung zur Bürokauffrau bzw. zum Bürokaufmann und über die Rechte der Auszubildenden während der Ausbildung. Entnehmen Sie die dafür notwendigen Informationen aus einem Ausbildungsvertragsmuster.

2. a) Führen Sie eine Internetrecherche über das Berichtsheft durch. Eine gute Adresse dafür ist u. a. www.azubi-welt.de.
   b) Halten Sie die Ergebnisse in einer Mindmap fest.
   c) Bereiten Sie sich darauf vor, Ihre Ergebnisse zu präsentieren.

ZUSAMMENFASSUNG

Ausbildender → **Ausbildungsvertrag** ← **Auszubildender**

regelt unter anderem

Pflichten des Ausbildenden
- Ausbildungspflicht
- Pflicht, den Auszubildenden für den Berufsschulbesuch freizustellen
- Vergütungspflicht
- Sorgepflicht
- Bereitstellung von Arbeitsmitteln

Pflichten des Auszubildenden
- Lernpflicht
- Pflicht zum Besuch der Berufsschule
- Einhalten der Betriebsordnung
- Schweigepflicht
- Befolgen von Weisungen
- Führen des Berichtsheftes

Kündigung
- innerhalb der Probezeit (ein bis vier Monate) sofort ohne Angabe von Gründen
- nach der Probezeit: durch den Ausbildenden nur noch aus wichtigem Grund, durch den Auszubildenden fristlos aus wichtigem Grund oder mit vierwöchiger Kündigungsfrist bei Berufswechsel oder Aufgabe der Berufsausbildung

3560 24

2.3 Wir informieren uns über die Bestimmungen des Jugendarbeitsschutzgesetzes

Einstieg

Während der Mittagspause unterhält sich die Vorsitzende der Jugend- und Auszubildendenvertretung der Hoffmann KG mit Katarzyna Lindemann und Dominik Schlote:

„Da ihr beide noch keine achtzehn Jahre alt seid, gelten für euch im Betrieb besondere Schutzvorschriften. Seid ihr darüber informiert?"

„Ja, na klar, das Jugendarbeitsschutzgesetz. Da steht alles genau drin: Arbeitszeit, Pausen und so."

Stellen Sie die entsprechenden Regelungen des Jugendarbeitsschutzgesetzes in einer Übersicht zusammen.

INFORMATIONEN

Das Jugendarbeitsschutzgesetz (JArbSchG) soll jugendliche Arbeitnehmerinnen, Arbeitnehmer und Auszubildende vor Überforderungen im Berufsleben schützen. Es gilt für 14- bis 17-jährige Personen.

Arbeitszeitregelungen

Die wöchentliche Arbeitszeit darf 40 Stunden pro Woche nicht überschreiten. Jugendliche dürfen nur an fünf Tagen in der Woche beschäftigt werden.

Die regelmäßige tägliche Arbeitszeit beträgt 8 Stunden. Sie darf auf 8,5 Stunden erhöht werden, wenn dadurch die wöchentliche Arbeitszeit von 40 Stunden nicht überschritten wird.

Jugendliche dürfen frühestens um 6 Uhr mit der Arbeit beginnen und nach 20 Uhr nicht mehr beschäftigt werden. Ausnahmen von dieser Regelung sind für das Gaststätten- und Schaustellergewerbe, mehrschichtige Betriebe, die Landwirtschaft, Bäckereien und Konditoreien vorgesehen. In Bäckereien und Konditoreien dürfen über 16-Jährige ab 5 Uhr beschäftigt werden. Über 17-Jährige dürfen in Bäckereien ab 4 Uhr arbeiten.

Bis auf wenige Ausnahmen (z. B. Beschäftigung im Gaststättengewerbe und in Krankenanstalten sowie Alten-, Pflege- und Kinderheimen) dürfen Jugendliche nicht an Sonntagen beschäftigt werden.

An Samstagen dürfen Jugendliche nur

- in Krankenanstalten sowie in Alten-, Pflege- und Kinderheimen,
- in offenen Verkaufsstellen, Betrieben mit offenen Verkaufsstellen,
- in Bäckereien und Konditoreien,
- im Friseurhandwerk,
- im Marktverkehr,
- im Verkehrswesen,
- in Landwirtschaft und Tierhaltung,
- im Familienhaushalt,
- im Gaststätten- und Schaustellergewerbe,
- bei Musikaufführungen, Theatervorstellungen und anderen Vorführungen,
- bei Aufnahmen im Hörfunk und Fernsehen, auf Ton- und Bildträgern sowie bei Film- und Fotoaufnahmen,
- bei außerbetrieblichen Ausbildungsmaßnahmen,
- beim Sport,
- im ärztlichen Notdienst,
- in Reparaturwerkstätten für Kraftfahrzeuge

beschäftigt werden.

Pausen

Bei einer täglichen Arbeitszeit von mehr als 4,5 Stunden müssen Jugendlichen mindestens 30 Minuten Pause gewährt werden. Bei mehr als sechs Stunden sind es mindestens 60 Minuten.

Die Pausen werden nicht auf die tägliche Arbeitszeit angerechnet. Eine Pause muss mindestens 15 Minuten lang sein. Jugendliche dürfen nicht länger als 4,5 Stunden ohne Ruhepause beschäftigt werden.

Urlaub

15-jährige Jugendliche haben einen Anspruch auf 30 Werktage Urlaub im Jahr. Für 16-jährige Arbeitnehmerinnen, Arbeitnehmer und Auszubildende sieht das Jugendarbeitsschutzgesetz 27 Werktage und für 17-jährige Beschäftigte 25 Werktage Jahresurlaub vor. Werktage sind alle Wochentage außer Sonntag.

Anrechnung des Berufsschulbesuchs auf die Arbeitszeit

Beginnt der Berufsschulunterricht vor 9 Uhr, dürfen Jugendliche vorher nicht mehr im Ausbildungsbetrieb beschäftigt werden. Dies gilt auch für Personen, die über 18 Jahre alt und noch berufsschulpflichtig sind.

Jugendliche sind an einem Tag in der Woche den ganzen Tag von der Arbeit befreit, wenn sie an diesem Tag mehr als fünf Unterrichtsstunden die Berufsschule besuchen. Dieser Berufsschultag wird mit acht Stunden auf die wöchentliche Arbeitszeit angerechnet.

Für einen zweiten Berufsschultag gilt diese Regelung nicht. Dieser zweite Berufsschultag wird auf die wöchentliche Arbeitszeit nur mit den Stunden angerechnet, die der Auszubildende in der Berufsschule verbringen musste (Unterrichtsstunden + Pausen).

Beschäftigungsverbote

Jugendliche unter 15 Jahren dürfen nur in einem Ausbildungsverhältnis beschäftigt werden. Akkordarbeit wird für Jugendliche durch das Jugendarbeitsschutzgesetz untersagt. Außerdem dürfen Jugendliche nicht mit Arbeiten betraut oder an Orten beschäftigt werden, die eine sittliche Gefährdung darstellen.

Gesundheitsgefährdende Arbeiten sind für Jugendliche unter 16 Jahren grundsätzlich verboten. Für 16- und 17-jährige Beschäftigte sind gesundheitsgefährdende Arbeiten nur dann erlaubt, wenn im Rahmen der Ausbildung nicht auf sie verzichtet werden kann.

Gesundheitliche Betreuung

Vor Beginn einer Ausbildung müssen alle Jugendlichen von einem Arzt untersucht worden sein. Die Untersuchung darf nicht länger als sechs Monate zurückliegen (Erstuntersuchung). Nach dem 1. Ausbildungsjahr müssen sich alle Jugendlichen einer 1. Nachuntersuchung unterziehen (Pflichtuntersuchung). Weitere Nachuntersuchungen sind freiwillig.

AUFGABEN

1. Für welche Personen gilt das Jugendarbeitsschutzgesetz?
2. Ein Jugendlicher arbeitet 7,5 Stunden am Tag. Wie viel Minuten Pause stehen ihm zu?
3. Wie viel Stunden dürfen Jugendliche täglich höchstens arbeiten?
4. Wie viel Stunden dürfen Jugendliche wöchentlich höchstens arbeiten?
5. Wie viel Werktage Jahresurlaub stehen einer 16-jährigen Auszubildenden nach dem Jugendarbeitsschutzgesetz zu?
6. Eine 17-jährige Auszubildende soll an der Inventur in einer Elektrogroßhandlung teilnehmen. Bis wie viel Uhr darf sie höchstens im Betrieb beschäftigt werden?
7. Eine 16-jährige Auszubildende besucht an zwei Tagen in der Woche die Berufsschule. Am 1. Berufsschultag werden sechs Unterrichtsstunden in der Zeit von 7:45 Uhr bis 12:45 Uhr erteilt. Am 2. Berufsschultag hat sie von 7:45 Uhr bis 11:00 Uhr vier Unterrichtsstunden. Mit wie viel Stunden wird der Berufsschulbesuch auf die wöchentliche Arbeitszeit angerechnet?
8. Für welche Arbeiten dürfen Jugendliche nicht eingesetzt werden?
9. An wie viel Pflichtuntersuchungen müssen Jugendliche teilnehmen?

AKTIONEN

1. Sammeln Sie in Ihrer Klasse Gründe für die Notwendigkeit des Jugendarbeitsschutzgesetzes. Verwenden Sie dazu die Methode der Kartenabfrage.
2. Der Abteilungsleiter von Dominik Schlote möchte für Dominik einen Wocheneinsatzplan aufstellen. Stellen Sie den betrieblichen Wocheneinsatzplan auf. Berücksichtigen Sie dabei folgende Punkte:
   - Die Filiale Hannover der Hoffmann KG ist von Montag bis Freitag von 07:00 bis 20.00 Uhr geöffnet.
   - Dominik hat am Mittwoch von 08.00 bis 14.45 Uhr und am Freitag von 08.00 bis 13.00 Uhr Berufsschulunterricht.
   - Dominik ist 16 Jahre alt.

ZUSAMMENFASSUNG

Jugendarbeitsschutzgesetz

gilt für 14- bis 17-jährige Jugendliche; enthält Regeln über:

Arbeitszeit und Freizeit

- tägliche Arbeitszeit: bis 8,5 Stunden
- wöchentliche Arbeitszeit: 40 Stunden
- 5-Tage-Woche
- Berufsschule: arbeitsfrei an einem Tag der Woche nach mehr als 5 Unterrichtsstunden
- Ruhepausen: 4,5 bis 6 Stunden = 30 Minuten
mehr als 6 Stunden = 60 Minuten
- keine Sonntagsarbeit
- Samstagsarbeit: Mindestens zwei Samstage sollen arbeitsfrei bleiben.
- Nachtruhe: normalerweise 20.00 Uhr bis 06.00 Uhr

Urlaub

- 30 Werktage für 15-jährige
- 27 Werktage für 16-jährige
- 25 Werktage für 17-jährige

Beschäftigungsverbote und -beschränkungen

- gesundheitsgefährdende Arbeiten
- Akkordarbeit
- Arbeiten, die die Leistungsfähigkeit der Jugendlichen überschreiten
- Arbeiten, bei denen Jugendliche sittlichen Gefährdungen ausgesetzt sind

gesundheitliche Betreuung

- Erstuntersuchung
- erste Nachuntersuchung
- weitere freiwillige Nachuntersuchungen

KAPITEL 3

Wir kennen die Grundlagen des Wirtschaftens

ANGEBOT MINIMALPRINZIP
DIENSTLEISTUNGEN
PREISFUNKTIONEN
MAXIMALPRINZIP FAKTORMARKT
MONOPOL
KREDITINSTITUT
ÖKONOMISCHE PRINZIPIEN
KNAPPE GÜTER
GELDSTROM
BETRIEBSMITTEL
BETRIEBSWIRTSCHAFT
BEDÜRFNISSE
GEWINNMAXIMIERUNG
VOLKSWIRTSCHAFT
WIRTSCHAFTSSEKTOREN
MARKTFORMEN
WIRTSCHAFTSKREISLAUF
WIRTSCHAFTLICH

3 Wir kennen die Grundlagen des Wirtschaftens

3.1 Wir erkennen die Bedürfnisse als Grundlage menschlichen Verhaltens

Einstieg

Dominik Schlote und Carolin Saager sind zu Beginn ihrer Ausbildung in der Abteilung Verkauf eingesetzt. Am ersten Tag haben sie ein Gespräch mit dem Abteilungsleiter, Herrn Staub.

Herr Staub:
„Guten Morgen Frau Saager, guten Morgen Herr Schlote."

Dominik Schlote, Carolin Saager:
„Guten Morgen, Herr Staub."

Herr Staub:
„Ich hoffe, dass Sie sich gut in der Abteilung integrieren werden. Zunächst einmal ist es wichtig, dass wir im Verkauf die Bedürfnisse unserer Kunden kennen. Nur so kann der Bedarf entsprechend gedeckt werden."

Carolin Saager:
„Bedürfnisse – Bedarf ... ist das nicht das Gleiche?"

Herr Staub:
„Nein, das ist nicht das Gleiche."

1. Diskutieren Sie mit einem Mitschüler, was Herr Staub damit gemeint haben könnte.
2. Welche Auswirkungen ergeben sich aus diesen Überlegungen für unsere Marktwirtschaft?
3. Nennen Sie fünf Ihrer persönlichen Bedürfnisse und sortieren Sie diese nach Wichtigkeit.

INFORMATIONEN

Bedürfnisse als Grundlage wirtschaftlichen Handelns

Bedürfnisse sind persönliche Mangelempfindungen mit dem Wunsch, den Mangel zu beseitigen. Jeder kennt sie, jeder hat bestimmte Bedürfnisse. Wünsche werden in der Volkswirtschaftstheorie den Bedürfnissen gleichgesetzt. Es gibt verschiedene Einteilungsmöglichkeiten der Bedürfnisse, eine ist die nach **Dringlichkeit:**

- **Existenzbedürfnisse**
  Sie sind zur Lebenserhaltung notwendig (z. B. Hunger, Durst, Schlafen).
- **Kulturbedürfnisse**
  Sie sind nicht lebensnotwendig.
  Sie entsprechen dem heutigen Lebensstil/der Lebensweise einer Kulturgesellschaft (z. B. Bildung, Theater, Bildungsreisen, Telefon, Fernsehen).
- **Luxusbedürfnisse**
  Sie übersteigen die Existenz- und Kulturbedürfnisse und sind gekennzeichnet von einem exklusiven Lebensstil (z. B. teure Autos, besonderer Schmuck).

Die Grenzen bei dieser Einteilung sind fließend. Die Dringlichkeit ist abhängig vom subjektiven Empfinden des Einzelnen. So sind die Bedürfnisse in verschiedenen Kulturen unterschiedlich. In China sind andere Schwerpunkte festzustellen als in Europa. Auch die Existenzbedürfnisse unterscheiden sich je nach Lebensstandard. Während in Deutschland schon ein Fernseher zur Existenzgrundlage zählt, ist das in einigen Entwicklungsländern ein Luxusbedürfnis.

Eine weitere Einteilung der Bedürfnisse kann nach **Art bzw. Träger** erfolgen. Es wird danach gefragt: „Wer hat das Bedürfnis?"

- **der Einzelne (Individualbedürfnis)**
  Jede Person für sich hat eigene Bedürfnisse (z. B. Konsumgüter).
- **die Gemeinschaft (Kollektiv-/Gemeinschaftsbedürfnis)**
  Bedürfnisse, die von der Gemeinschaft für mehrere Menschen befriedigt werden (z. B. Schulen, Sicherheit (Polizei), Straßen).

Des Weiteren kann auch nach der **Fassbarkeit** eines Bedürfnisses unterschieden werden.

- **materielle Bedürfnisse**
  Diese Bedürfnisse sind gegenständlich, d.h. greifbar (z.B. Auto, Nahrung).
- **immaterielle Bedürfnisse**
  Diese Bedürfnisse sind nicht gegenständlich, sondern geistig (z.B. Religion, Gesundheit, Sicherheit).

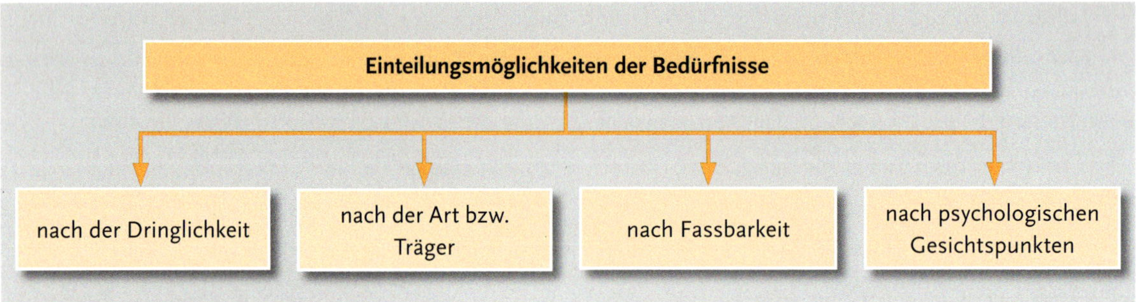

Nach **psychologischen Gesichtspunkten** wurde von Abraham Maslow ein Modell[1] entwickelt, das die Bedürfnisse als Rangfolge verschiedener Stufen sieht. Diese fünf Schichten sind als Pyramide dargestellt.

Der Mensch will zu Beginn seine Grundbedürfnisse, also die niedrigste Bedürfnisstufe befriedigen, dann geht er in die nächst höhere Bedürfniskategorie, um diese zu befriedigen usw.

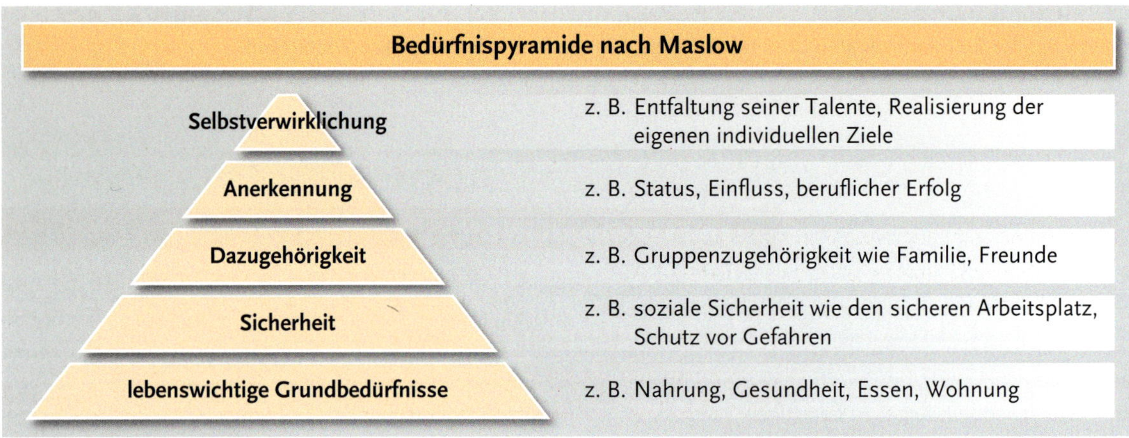

Bedürfnisse – Bedarf – Nachfrage

Sobald ein Bedürfnis befriedigt ist, entsteht ein neues. Theoretisch betrachtet sind die Bedürfnisse eines Menschen also unbegrenzt. Nur: Ist der Bedarf eines Menschen auch unbegrenzt?

Der Mensch kann seinen Bedarf nicht unbegrenzt decken, weil ihm die finanziellen Mittel dafür fehlen. Nur die Bedürfnisse, für die der Mensch auch die Kaufkraft hat, werden als Bedarf bezeichnet.

Der Bedarf ist wiederum noch nicht die Nachfrage, denn es ist noch nicht sicher, dass der Mensch sein ganzes Einkommen auch wirklich dazu nutzt, um Güter nachzufragen. Beispielsweise wird vielfach ein Teil des Einkommens gespart.

BEISPIEL

Die 18-jährige Carolin Saager hat das Bedürfnis, sich ein Fahrzeug zu kaufen, weil sie dadurch die Fahrzeit zu ihrer Ausbildungsstelle deutlich verkürzen kann. Am liebsten würde sie sich einen Fiat 500 kaufen. Dieser kostet aber mit einigen Sonderausstattungen über 11.000,00 €. Dies kann sie sich nicht leisten und erkundigt sich daher bei mehreren Händlern nach einem gebrauchten Ford Ka. Sie kauft dann letztlich einen acht Jahre alten Ford Ka für 3.200,00 €.

1 Das Modell wird von einigen Experten kritisiert, weil es von einer westlich-industrialisierten Gesellschaft ausgeht, welche nicht auf alle Kulturen dieser Welt übertragen werden kann. Dennoch verdeutlicht es grundsätzlich unterschiedliche Bedürfnisebenen eines Menschen.

3560 30

Die Bedürfnisse von Carolin Saager

Bedürfnis (unendliche Wünsche)	Bedarf (erfüllbare Wünsche)	Nachfrage (erfüllte Wünsche)
„Ich würde gern einen Fiat 500 fahren, den kann ich mir aber nicht leisten.“	„Ein gebrauchter Ford Ka ist günstiger, den kann ich mir leisten.“	„Den Ford Ka habe ich beim Autohaus Müller in Hannover gekauft.“

AUFGABEN

1. Nennen Sie jeweils drei persönliche Existenz-, Kultur- und Luxusbedürfnisse, die Sie in den letzten drei Monaten hatten.
2. Finden Sie (gemeinsam mit Ihrem Banknachbarn) zwei Beispiele, bei denen die Abgrenzung nach Dringlichkeit nicht eindeutig zu bestimmen ist.
3. Erklären Sie mit eigenen Worten, worin der Unterschied zwischen Individual- und Kollektivbedürfnissen liegt.
4. Suchen Sie in Ihrem Ausbildungsbetrieb für jeden Rang der Bedürfnispyramide nach Maslow ein Beispiel. Dies kann sowohl Ihre eigenen Bedürfnisse im Betrieb beinhalten als auch die Ihrer Kollegen.
5. Warum kann nicht jedes Bedürfnis befriedigt werden?
6. Worin liegt der Unterschied zwischen einem erfüllbaren Wunsch und einem erfüllten Wunsch? Stellen Sie dies an einem Beispiel dar.

AKTIONEN

1. Ermitteln Sie in Ihrem Ausbildungsbetrieb, welche Güter bzw. Dienstleistungen von den Kunden nachgefragt werden.
2. Lassen Sie sich von Ihren Kollegen der Verkaufsabteilung erklären, worin der Unterschied zwischen dem Bedarf und der Nachfrage bei den Kunden liegt.

ZUSAMMENFASSUNG

Bedürfnisse

= persönliches Mangelempfinden (kann unendlich sein)
Einteilung nach der Dringlichkeit, Art bzw. Träger, Fassbarkeit oder psychologischen Gesichtspunkten

↓

Bedarf

= mit Kaufkraft ausgestattete Bedürfnisse (erfüllbare Bedürfnisse)

↓

Nachfrage

= Bedarf, der am Markt durch Kaufentscheidung wirksam wird (erfülltes Bedürfnis)

3.2 Wir unterscheiden Güterarten und Dienstleistungen

Einstieg

Die Auszubildenden Volkan Karaca und Katarzyna Lindemann bewundern das neue Auto von Carolin Saager, einen gebrauchten Ford Ka.

Volkan Karaca:
„Hallo Carolin. Nicht schlecht, das neue Auto. Ist zwar nicht unbedingt mein Lieblingsmodell, aber immerhin hast du ein Fahrzeug."

Carolin Saager:
„Du hast doch auch einen Führerschein. Warum kaufst du dir nicht auch einen Wagen?"

Volkan Karaca:
„Ich hätte gern einen, weil mein Arbeitsweg so weit ist. Leider fehlt mir das Geld dazu. Ich bin vor zwei Jahren bei meinen Eltern ausgezogen und habe eine eigene Wohnung. Die ist so teuer, dass ich mir kein Auto leisten kann."

Katarzyna Lindemann:
„Ich könnte mir vielleicht auch ein Auto leisten, aber ich brauche keines. Zur Arbeit komme ich gut mit öffentlichen Verkehrsmitteln und im Sommer mit dem Rad."

1. Worin unterscheiden sich die Bedürfnisse der Auszubildenden Volkan Karaca und Katarzyna Lindemann?
2. Für welche Güter bzw. Dienstleistungen geben Sie Ihr Einkommen aus?

INFORMATIONEN

Freie und knappe Güter

Zur Bedürfnisbefriedigung nutzt der Mensch in der Regel Güter, weil diese Güter ihm einen Nutzen stiften. In einer Volkswirtschaft wird zwischen freien und knappen Gütern unterschieden. Wahrgenommen werden häufig nur die knappen Güter, da sie etwas kosten und dementsprechend eine höhere Wertschätzung erfahren. Dabei konsumieren wir mindestens genauso häufig freie Güter. Zu diesen kostenlosen Gütern, die unbegrenzt zur Verfügung stehen, zählen beispielsweise die Luft, die wir atmen, oder das Meerwasser, das wir zum Schwimmen bzw. zum Schiffstransport nutzen.

Jedes **knappe (auch wirtschaftliche) Gut** ist dadurch gekennzeichnet, dass es einen Preis hat. In der Tendenz lässt sich sagen, je knapper ein Gut ist, desto höher liegt der Preis. Außerdem müssen knappe Güter in der Regel noch weiterverarbeitet werden, das heißt, sie sind meistens noch nicht konsumreif.

BEISPIEL

Während Meerwasser bis heute zu den freien Gütern zählt, hat sich beim Trinkwasser ein Wandel vollzogen. Früher war es in den Flüssen unendlich vorhanden und jeder konnte es unentgeltlich nutzen. Heute muss das Trinkwasser in der Regel aufbereitet werden, ist knapp und wird direkt ins Haus geliefert. Somit hat Trinkwasser bei uns heute einen Preis.

Arten knapper (wirtschaftlicher) Güter

In der Literatur werden die verschiedenen Güterarten unterschiedlich klassifiziert. So wird zwischen materiellen und immateriellen Gütern unterschieden.

Materielle Güter oder auch Sachgüter sind körperlicher Natur, das heißt, man kann sie anfassen. Hierzu zählen die Produktionsgüter, die der Herstellung wirtschaftlicher Güter dienen, und die Konsumgüter, die zur direkten Bedürfnisbefriedigung verwendet werden. Sowohl die Produktions- als auch die Konsumgüter werden in Verbrauchs- und Gebrauchsgüter unterschieden. Ein Verbrauchsgut ist dadurch gekennzeichnet, dass es beim Konsum direkt vernichtet, das heißt „verbraucht" wird (z. B. Schmieröle in der Produktion). Ein Gebrauchsgut wird über einen längeren Zeitraum häufiger genutzt (z. B. Werkzeuge in der Produktion).

Die **immateriellen Güter** sind nicht greifbar, das heißt, sie lassen sich nicht anfassen. Hierzu zählen Dienstleistungen (meist menschliche Leistungen zur Bedürfnisbefriedigung) und Rechte (z. B. Patente). Gerade der Dienstleistungssektor (Tertiärsektor[1]) gewinnt in unserer Gesellschaft immer mehr an Bedeutung. So arbeiten mittlerweile über 70 % der Arbeitnehmer in Deutschland in diesem Bereich, 1991 waren dies lediglich 60 %.

Nachfrage nach Gütern in Deutschland

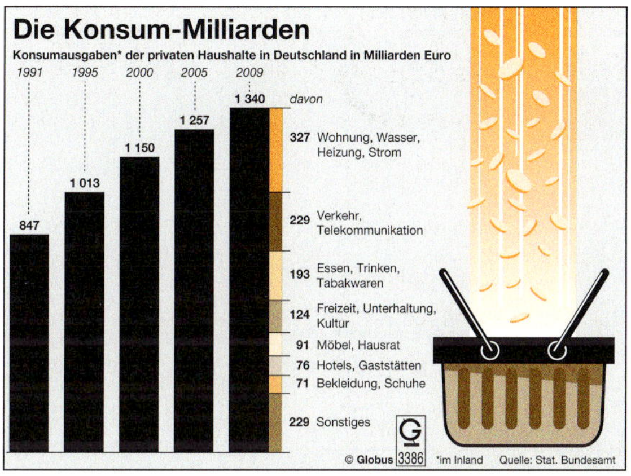

In Deutschland hat sich die Nachfrage der privaten Haushalte nach (knappen) Gütern in den letzten 20 Jahren stark verändert. Die Konsumausgaben (hier mit der Güternachfrage gleichzusetzen) sind zwischen 1991 und 2009 kontinuierlich um fast 500 Mrd. Euro gestiegen. Das entspricht einem Anstieg von etwa 60 %. Den stärksten Anteil an den Konsumsteigerungen zwischen den Jahren 2000 und 2009 haben die Ausgaben für Wohnung, Wasser, Heizung und Strom. Während die gesamte Preissteigerung zwischen 2000 und 2009 bei etwa 16,5 % lag, stiegen diese Kosten im gleichen Zeitraum überproportional um insgesamt etwa 23 %.

BEISPIEL

Wenn sich Volkan Karaca über die hohen Wohnkosten beschwert, liegt er damit eigentlich nur „im Trend". Für Wohnkosten haben die privaten Haushalte in Deutschland 2009 fast ein Viertel ihrer Konsumausgaben (etwa 24 %) aufgewendet. Hierbei sind vor allem die Wohnnebenkosten in den letzten Jahren enorm gestiegen.

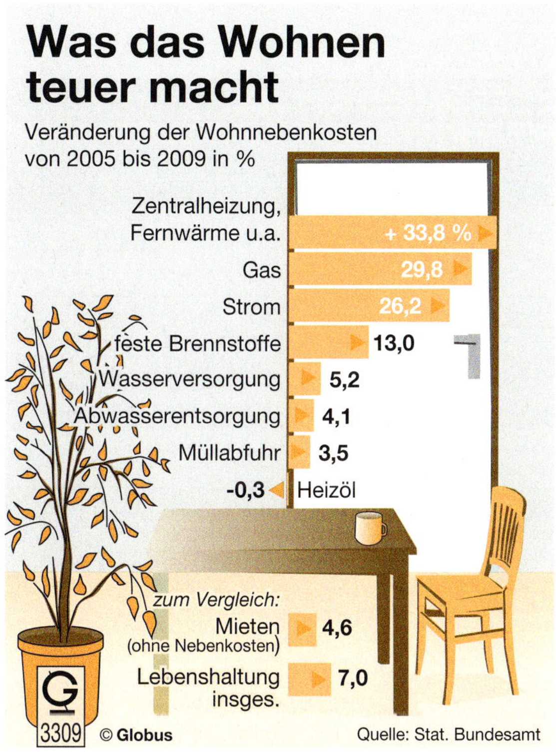

AUFGABEN

1. Finden Sie jeweils mindestens fünf Verbrauchs- und Gebrauchsgüter, die von der Hoffmann KG für die Textil- bzw. Fahrradproduktion benötigt werden.
2. Es gibt Güter, die früher frei waren und heute knapp sind. Erläutern Sie mithilfe eines Beispiels die Ursachen für diese Entwicklung.
3. Wodurch unterscheiden sich Produktionsgüter von Dienstleistungsgütern in einem Unternehmen?
4. Es gibt Umweltzertifikate, die Unternehmen zugeteilt bekommen, um ein Nutzungsrecht für Emissionsausstoß (Schadstoffausstoß) zu erwerben. Mit diesem Nutzungsrecht kann auch gehandelt werden, das heißt, das Verschmutzungsrecht kann gegen Geld von einem anderen Unternehmen abgekauft werden.
   Erklären Sie, wie dieser Emissionshandel die Verschmutzung des freien Gutes Luft verbessern kann.

1 siehe Kap. 4.3

AKTIONEN

1. Versuchen Sie, Ihre persönlichen Konsumausgaben entsprechend der Grafik auf Seite 33 prozentual einzuschätzen. Vergleichen Sie Ihre Einschätzung mit der Ihres Banknachbarn.
2. Sehen Sie sich die rechts stehende Abbildung genau an und finden Sie jeweils fünf Güter zu den Güterarten
   a) Produktionsgüter: Verbrauchs- und Gebrauchsgüter
   b) Konsumgüter: Verbrauchs- und Gebrauchsgüter
   c) Dienstleistungen

ZUSAMMENFASSUNG

Güter
dienen der Befriedigung menschlicher Bedürfnisse

freie Güter
sind unentgeltlich und unbegrenzt vorhanden
Beispiele: Luft, Meerwasser

knappe (wirtschaftliche) Güter
haben einen Preis und sind nicht unbegrenzt vorhanden

materielle Güter (Sachgüter)
sind körperlicher Natur, d. h., man kann sie anfassen

immaterielle Güter
sind nicht greifbar, d. h., sie lassen sich nicht anfassen

Produktionsgüter
zur Herstellung wirtschaftlicher Güter

Konsumgüter
zur direkten Bedürfnisbefriedigung/zum direkten Konsum

Dienstleistungen
menschliche Leistungen zur Bedürfnisbefriedigung

Rechte
z. B. Patente

Verbrauchsgüter (Produktionsgüter)
werden beim Produktionsvorgang vernichtet, d. h. verbraucht
Beispiele: Strom, Farben, Lacke

Gebrauchsgüter (Produktionsgüter)
werden beim Produktionsvorgang nicht vernichtet, sondern über einen längeren Zeitraum genutzt (gebraucht)
Beispiele: Arbeitsanzug, Maschinen, Werkzeug

Verbrauchsgüter (Konsumgüter)
werden beim Konsum vernichtet, d. h. verbraucht
Beispiele: Lebensmittel, Wasser- und Stromverbrauch im Haushalt

Gebrauchsgüter (Konsumgüter)
werden beim Konsum nicht vernichtet, sondern über einen längeren Zeitraum genutzt (gebraucht)
Beispiele: Fernseher, PC, Fahrrad

3560 34

3.3 Wir erkennen das ökonomische Prinzip

Einstieg

Katarzyna Lindemann ist in der Einkaufsabteilung der Hoffmann KG beschäftigt. Der Abteilungsleiter, Herr Hetzel, beauftragt Katarzyna, für die Textilproduktion das Lager aufzufüllen und entsprechend einzukaufen.

Herr Hetzel gibt zwei Aufträge:

a) Katarzyna soll die auf einer Liste stehenden Gebrauchsgüter für die Textilproduktion einkaufen.

b) Für insgesamt 2.000,00 € sollen möglichst viele rote Stoffe gekauft werden.

1. Kann Katarzyna für die in a) angesprochenen Gebrauchsgüter beliebig viel Geld ausgeben?
2. Welche Gründe könnten dafür sprechen, bei einem bestimmten Lieferanten zu kaufen?

INFORMATIONEN

Wirtschaften

Die menschlichen Bedürfnisse sind, wie bereits beschrieben, grundsätzlich unbegrenzt, seien sie bewusst (offen) oder unbewusst (latent) vorhanden. Insbesondere in Werbeaktionen versuchen die Verkäufer, die potenziellen Käufer von der Notwendigkeit des Produkts, das heißt vom Bedürfnis nach diesem Gut zu überzeugen.

→ Die Bedürfnisse des Menschen sind unbegrenzt.

Selbst wenn das gelungen ist, kann der Kauf immer noch scheitern, etwa aufgrund nur begrenzt vorhandener Mittel (z. B. Geld). Die Entscheidung darüber, ein Bedürfnis zu befriedigen, bedeutet häufig, ein anderes unbefriedigt zu lassen. Folglich müssen Wahlentscheidungen getroffen werden (planvoll), wie die knappen Mittel eingesetzt werden, welches Bedürfnis dringender zu befriedigen ist.

→ Der Mensch muss mit knappen Mitteln wirtschaften.

BEISPIEL

Herr Hetzel will auch im Sinne der Hoffmann KG vernünftig wirtschaften. In der oben stehenden Einstiegssituation will er das Lager unter wirtschaftlich sinnvollen Motiven wieder füllen. Auch die Hoffmann KG hat begrenzte (finanzielle) Mittel zur Verfügung, die zu einer möglichst hohen Bedürfnisbefriedigung führen sollen.

Die unterschiedlichen Herangehensweisen in a) und b) zeichnen sich dadurch aus, dass in

a) Katarzyna möglichst viele Gebrauchsgüter einkaufen soll (dadurch, dass sie möglichst wenig dafür zahlt) und in

b) einen festen Betrag zur Verfügung hat (2.000,00 €), um möglichst viele Stoffe zu kaufen.

Diese beiden Möglichkeiten zeigen die beiden Vorgehensweisen des ökonomischen Prinzips, das nachfolgend näher beschrieben wird.

Ökonomisches (wirtschaftliches) Prinzip

Um den Konflikt zwischen knappen Gütern und begrenztem Einkommen einerseits und unbegrenzten Bedürfnissen andererseits zu lösen, werden wirtschaftliche Entscheidungen nach dem ökonomischen Prinzip getroffen. Das Ziel besteht darin, möglichst viele Bedürfnisse zu befriedigen. Dies kann auf zwei verschiedene Weisen erreicht werden.

Ist das **Ziel vorgegeben,** versucht man gemäß Minimalprinzip, dieses mit einem möglichst geringen Mitteleinsatz zu erreichen. Das heißt, ein Gut soll mit möglichst geringen Kosten hergestellt werden.

BEISPIELE

- Lisas Mitbewohner Alex gibt ihr einen Einkaufszettel mit der Bitte, den Kühlschrank wieder aufzufüllen. Er gibt ihr noch den Hinweis, sie möge auf die Kosten achten, damit das Monatsbudget nicht überschritten wird.
- In der Einstiegssituation a) soll das Lager von Katarzyna mit möglichst geringen Kosten, das heißt möglichst günstig, wieder aufgefüllt werden.

DEFINITION

Gemäß dem **Minimalprinzip** soll ein vorgegebenes Ziel mit möglichst geringen Mitteln erreicht werden.

Sind die **Mittel vorgegeben,** versucht man gemäß dem Maximalprinzip, mit eben diesen Mitteln möglichst viel zu erreichen.

BEISPIELE

- Lisa bekommt von ihrem Mitbewohner Alex den Auftrag, den Kühlschrank mit 20,00 € möglichst wieder zu füllen. Ziel ist es, möglichst lange mit den eingekauften Lebensmitteln auszukommen.
- In der Einstiegssituation b) soll Katarzyna für 2.000,00 € möglichst viele rote Stoffe einkaufen. Mit anderen Worten: Sie soll mit einer vorgegebenen Geldmenge möglichst viel einkaufen.

DEFINITION

Gemäß dem **Maximalprinzip** soll mit den gegebenen Mitteln ein größtmöglicher Erfolg erzielt werden.

Spannungsfeld Ökonomie – Ökologie

Wenn produziert wird, werden Rohstoffe verbraucht, bei Transporten wird die Umwelt durch Schadstoffausstoße belastet, beim Einkauf von Lebensmitteln verursacht der Mensch Abfall, der entsorgt werden muss usw.

Das sind verschiedene Beispiele für eine zunehmende Belastung der Umwelt. In den letzten Jahrzehnten wurde in den Industrienationen zunehmend darauf reagiert. Es haben sich Nicht-Regierungs-Organisationen (NGO) wie beispielsweise Greenpeace gebildet oder auch staatliche Institutionen. So gibt es in Deutschland das Bundesministerium für Umwelt, Naturschutz und Reaktorsicherheit, das für den Umweltschutz zuständig ist. Dieses Ressort ist auch dafür zuständig, weltweite Umweltschutzbemühungen mit anderen Ländern global abzustimmen und zu verhandeln.

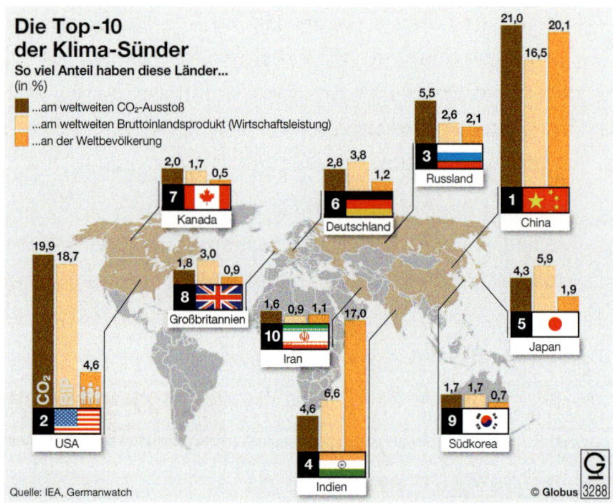

Ein zunehmendes globales Problem sind die steigenden Bedürfnisse ehemaliger Entwicklungsländer wie China oder Indien. Diese beiden Länder stellen fast 40 % der Weltbevölkerung, der verbesserte Wohlstand hat einen erhöhten Bedarf nach Ressourcen (z. B. Rohstoffe) zur Folge. Außerdem erhöht sich der CO_2-Ausstoß durch die zunehmende Industrialisierung, was langfristig eine Erderwärmung und ein Abschmelzen der Pole zur Folge haben kann. In verschiedenen Konferenzen (z. B. Kyoto-Protokoll 1997, UN-Klimakonferenz in Cancun 2010) wird versucht, die Schadstoffemissionen weltweit zu begrenzen, indem für jedes Land Maximalwerte festgelegt werden. Bislang ist hier aber keine endgültige Einigung erzielt worden.

AUFGABEN

1. Worin liegt der Unterschied zwischen bewussten (offenen) und unbewussten (latenten) Bedürfnissen?
2. Stellen Sie zwei Situationen dar, in denen Sie aufgrund von knappen Mitteln eine Wahlentscheidung zwischen unterschiedlichen Bedürfnissen treffen mussten.
3. Ein Holzveredelungsbetrieb, der über ein Lager mit Holzbrettern verfügt, erhält einen Auftrag: Er soll 100 Bilderrahmen fertigen. Nach welchem ökonomischen Prinzip wird er die Regale fertigen?
4. Ein Einzelhandelsgeschäft vergleicht mehrere Angebote über Taschenrechner. Es wählt schließlich das Angebot mit dem günstigsten Preis. Nach welchem ökonomischen Prinzip wurde gehandelt? Begründen Sie Ihre Entscheidung.
5. Carolin Saager und ihr Freund möchten mit ihrem Ford Ka nach Frankreich in den Urlaub fahren. Sie wollen die Kosten für die Fahrt möglichst gering halten. Nach welchem Prinzip handeln die zwei und wie können sie dieses Prinzip verwirklichen?
6. Warum ist es notwendig, dass sich die Länder weltweit über einen geregelten Schadstoffausstoß einigen?

AKTIONEN

1. Erkundigen Sie sich in der Ein- und Verkaufsabteilung nach den unterschiedlichen ökonomischen Prinzipien, die in bestimmten Situationen praktiziert werden. Beschreiben Sie für Ihr Unternehmen, deren Kunden sowie deren Lieferanten jeweils ein ökonomisches Prinzip.
2. Unternehmen verstoßen seltener gegen die ökonomischen Prinzipien als die Privathaushalte. Sammeln Sie mit Ihrem Nachbarn Gründe für diesen Umstand.

ZUSAMMENFASSUNG

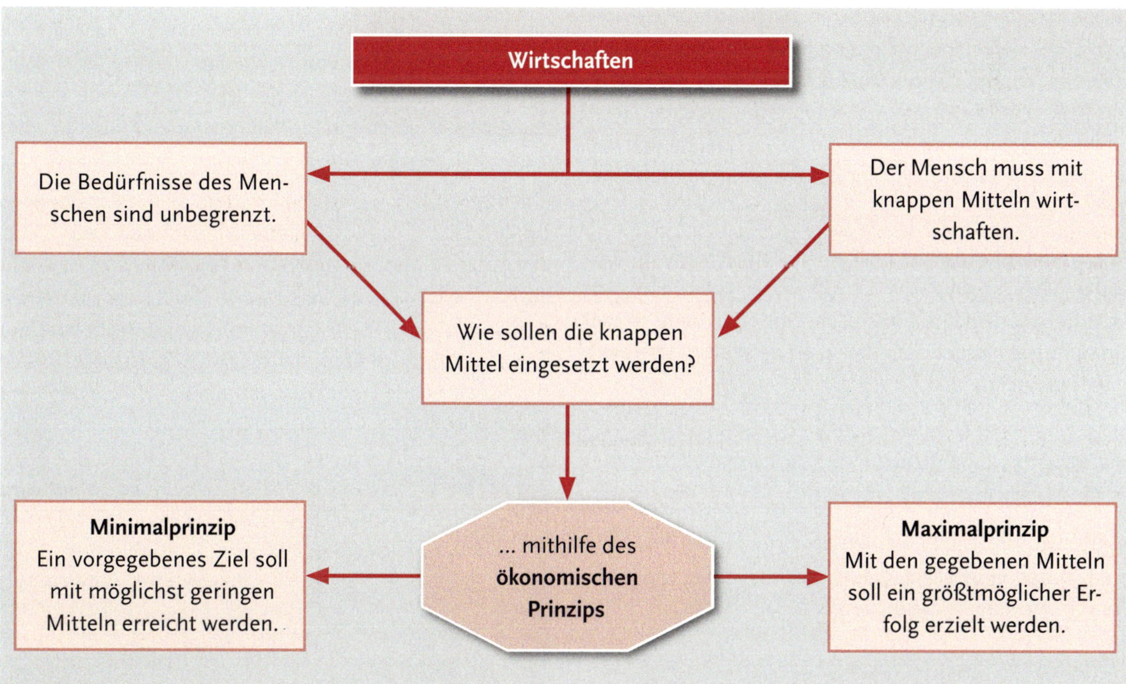

3.4 Wir unterscheiden betriebliche und volkswirtschaftliche Produktionsfaktoren

Einstieg

Die Hoffmann KG hat in den letzten Jahren ihren Umsatz kontinuierlich gesteigert. Neue Geschäftsbereiche und Vertriebswege waren Gründe für diese Erfolgsstory.

Das 1989 erbaute zentrale Büro- und Lagergebäude ist mittlerweile zu klein geworden. Glücklicherweise ist das Nachbargrundstück noch unbebaut und könnte für eine Lagererweiterung genutzt werden. Die Kommanditisten Frau Hahne und Herr Hoffmann überlegen, ob sie diese Lagererweiterung durchführen sollten.

1. Welche Gründe könnten gegen die Erweiterung des Lagergebäudes sprechen?
2. Erstellen Sie gemeinsam mit Ihrem Banknachbarn eine Liste, was notwendig ist, um das Lagergebäude zu erweitern.

INFORMATIONEN

Produktion

In der heutigen Zeit besteht die Produktion aus sehr speziellen Vorgängen voller feinster Spezialisierungen und unzähliger aufeinander abgestimmter Prozesse. Das hat zu einem enormen Produktivitätszuwachs in den Industrieländern in den letzten Jahrhunderten geführt. Dabei ist die Produktion im Grunde die Bereitstellung von Gütern und Dienstleistungen zur Befriedigung menschlicher Bedürfnisse.

Die Produktion in einer Volkswirtschaft lässt sich auch heute noch auf einfache Grundmuster reduzieren, die sich überall wiederfinden. Zur Verdeutlichung dieser Grundmuster kann man beispielsweise die Landwirtschaft betrachten.

Volkswirtschaftliche Produktionsfaktoren: Arbeit, Boden und Kapital

In der Landwirtschaft werden im Grunde drei Produktionsfaktoren eingesetzt, die in unterschiedlichem Maße kombiniert werden. Dazu zählen:

- Boden
- Arbeit
- Kapital

Boden ist kein einheitlicher Produktionsfaktor. Er kann zur Erzeugung von Produkten in der Landwirtschaft genutzt werden. Er kann aber auch stofflich genutzt werden beim Rohstoffabbau (Kohle, Kies, Erze) oder einfach als Träger (Standort) von Gebäuden. Auch Wasser zählt zum Produktionsfaktor Boden (z. B. die Fische). Die Erzeugung der erneuerbaren Energien wie Windkraft oder die Sonnenenergie zählt ebenfalls zum Produktionsfaktor Boden.

BEISPIEL

Landwirt Lindner hat 30 Hektar Ackerfläche, die er nutzt, indem er Getreide und Kartoffeln anbaut. Dieser Ackerboden entspricht genauso dem Produktionsfaktor Boden wie die Fläche, auf der seine Stallgebäude stehen.

Produktionsfaktor Boden – hier Getreide

3560 38

Arbeit ist wohl der wichtigste Produktionsfaktor. Damit ist sowohl tierische Muskelkraft als auch die Schaffenskraft des Menschen gemeint. Während die tierische Muskelkraft in den Industriegesellschaften fast zu vernachlässigen ist, wird bei der menschlichen Arbeitsleistung die schöpferische, das heißt die geistige Arbeit (Kopfarbeit) im Vergleich zur körperlichen Arbeit immer wichtiger (z. B. Dienstleistungen).

BEISPIEL

Landwirt Lindner pflügt sein Feld, um den Boden für die Saat vorzubereiten. Abends muss er Kalkulationen aufstellen und die Buchführung erledigen.

Boden und Arbeit bezeichnet man als ursprüngliche (originäre) Produktionsfaktoren. Sie gibt es seit jeher. Mit dem Einsatz von Werkzeugen und Maschinen, die der menschliche Erfindungsgeist zur Vereinfachung der Arbeit geschaffen hat, kam der Produktionsfaktor **Kapital** hinzu. Man sagt daher, das Kapital ist ein aus Boden und Arbeit abgeleiteter (derivativer) Produktionsfaktor. Dabei teilt man ein in Realkapital (= Sachkapital), z. B. Maschinen und Gebäude, und Finanzkapital, also Geldmittel, die z. B. für Investitionen zur Verfügung stehen. Erst der Einsatz des Kapitals hat die großen Produktivitätssteigerungen möglich gemacht, die in den Industrieländern in den letzten Jahrhunderten stattgefunden haben.

BEISPIEL

Lagerhalle im Bau

Landwirt Lindner investiert in eine neue Lagerhalle, die er nutzen will, um seinen Weizen zu lagern und selbst seinen Tieren zu geben. Damit kann er günstiger Futter einkaufen und die gesamte Viehhaltung wird produktiver.

Alle drei Produktionsfaktoren können in unterschiedlichem Maße eingesetzt und kombiniert werden. Man spricht dabei auch von der Produktionstechnologie einer Volkswirtschaft. Je nachdem, welcher der drei Produktionsfaktoren schwerpunktmäßig eingesetzt wird, spricht man auch von kapitalintensiver, rohstoffintensiver oder arbeitsintensiver Produktionstechnologie.

Die Zusammenstellung der Faktorkombinationen hat einen Einfluss auf die Effizienz bei der Produktion. Dabei sollten die Ziele der Ökonomie (z. B. Gewinnerzielung) mit den Zielen der Ökologie (z. B. Schonung der Umwelt) abgestimmt sein. Es ist eine Nachhaltigkeit beim Faktoreinsatz wichtig. Nachhaltig bedeutet dabei, dass beispielsweise Rohstoffe so abgebaut werden, dass sich deren Bestand auf natürliche Weise regenerieren kann. Zu den Rohstoffen zählen unter anderem Erze, Rohöl aber auch Fische.

In der unten stehenden Abbildung ist zu erkennen, dass die weltweiten Fischbestände seit 1974 stark zurückgegangen sind. Während 1974 noch 39 % der Fischbestände in ausreichender Zahl vorhanden waren, betrug 2007 diese Kennzahl lediglich noch 20 %. Die Überfischung der Fischbestände ist im gleichen Zeitraum von 10 % auf 28 % gestiegen. Mit anderen Worten: 2007 waren 80 % der Fischbestände bis an ihre natürlichen Grenzen befischt oder bereits überfischt – diese Ausplünderung der Fischbestände hat mit Nachhaltigkeit nichts zu tun, denn die Überfischung führt zu einem dauerhaften Aussterben vieler Fischarten, weil sich diese nicht mehr regenerieren können.

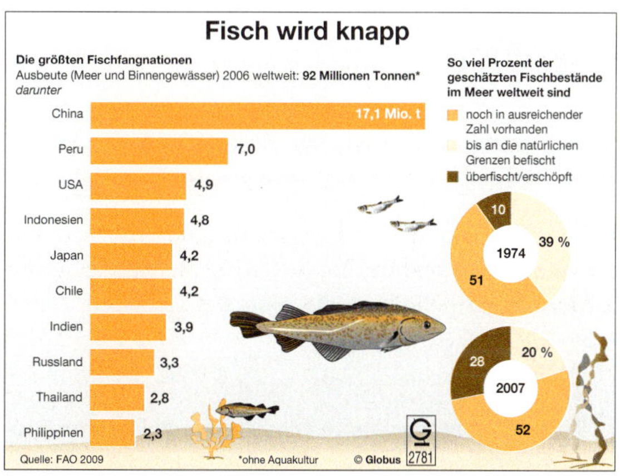

Bildung als vierter Produktionsfaktor

In den letzten Jahren hat bei vielen Wirtschaftsexperten und Politikern das Thema Bildung weiter an Bedeutung gewonnen. So ist in der wirtschaftswissenschaftlichen Literatur des Öfteren von der Bildung als viertem (derivativen) Produktionsfaktor die Rede. Nachhaltiges Wirtschaften beruht mehr und mehr auf den Stand der wissenschaftlichen Forschung. Hoch gebildete Volkswirtschaften sind aufgrund ihres hohen Bildungsstandes in der Lage, vernünftig mit den zur Verfügung stehenden Ressourcen umzugehen und sie überlegt und sinnvoll einzusetzen.

Bildung ist ein wichtiger Faktor in unserer Gesellschaft.

Produktionsfaktoren aus betriebswirtschaftlicher Sicht

Aus Unternehmenssicht findet eine etwas andere Einteilung der (betriebswirtschaftlichen) Produktionsfaktoren statt, weil das Unternehmen nicht die Gesamtheit einer Volkswirtschaft im Blick hat, sondern „lediglich" den eigenen betrieblichen Leistungsprozess. Dieser betriebliche Leistungsprozess wird mithilfe der folgenden Faktoren erreicht:

- Werkstoffe (Roh-, Hilfs- und Betriebsstoffe)
- (menschliche) Arbeit (ausführend und/oder leitend)
- Betriebsmittel (Anlagevermögen)
- Rechte (Patente, Verträge, ...)

In den Unternehmen werden diese Faktoren miteinander kombiniert, damit das angestrebte Produktionsziel erreicht wird.

Die **Werkstoffe** sind dem betrieblichen Rechnungswesen entsprechend in Roh-, Hilfs- und Betriebsstoffe unterteilt:

- **Rohstoffe**
  Sie sind Hauptbestandteil eines Erzeugnisses im Produktionsprozess.
- **Hilfsstoffe**
  Sie sind Nebenbestandteil (mit relativ geringem Kostenanteil).
- **Betriebsstoffe**
  Sie gehen nicht in das Erzeugnis ein, sind aber für die Produktion notwendig und werden verbraucht.

BEISPIEL

Bei der Herstellung eines Holzstuhls ist das Holz der Rohstoff. Als Hilfsstoffe sind hier der Leim sowie die benötigten Schrauben notwendig. Weiterhin werden bei der Produktion Strom und Benzin benötigt, die als Betriebsstoffe nicht in das Produkt eingehen.

Mit den **Betriebsmitteln** (nicht zu verwechseln mit Betriebsstoffen) ist das Anlagevermögen eines Unternehmens gemeint. So sind etwa die Gebäude, Maschinen oder auch der Fuhrpark Grundlage für eine betriebswirtschaftlich sinnvolle Produktion.

Bei der **menschlichen Arbeitsleistung** wird zwischen ausführender und leitender (dispositiver) Arbeit unterschieden. Die dispositive Arbeit wird von der Geschäftsleitung geleistet, dazu gehören etwa die Planung, Leitung, Organisation und Kontrolle aller Prozesse innerhalb des Unternehmens. Die Geschäftsleitung hat somit die Hauptaufgabe, die Faktoren nach dem ökonomischen Prinzip zu kombinieren.

Ein Bauleiter leistet überwiegend dispositive Arbeit.

Zu den **Rechten** eines Unternehmens gehören etwa Miet- und Pachtverträge, gegebenenfalls Patente oder Lizenzen (z. B. für ein PC-Programm).

Die betriebswirtschaftlichen Produktionsfaktoren lassen sich den volkswirtschaftlichen zuordnen. Die Werkstoffe sind dem Boden (An- und Abbauboden) zuordenbar. Die menschliche Arbeitsleistung ist volkswirtschaftlich eingeteilt in geistige und körperliche Arbeit. Die Betriebsmittel werden volkswirtschaftlich als Kapital bezeichnet. Die Rechte sind nicht direkt einem volkswirtschaftlichen Produktionsfaktor zuzuordnen.

AUFGABEN

1. Finden Sie bei der Hoffmann KG jeweils zwei Beispiele für körperliche und geistige Arbeit.
2. Bei der Herstellung von Produkten spielen in der Regel alle Produktionsfaktoren eine Rolle. Stellen Sie das Zusammenspiel der drei Produktionsfaktoren am Beispiel der Produktion von Damenmänteln bei der Hoffmann KG dar.
3. Die zunehmende Arbeitsproduktivität hat für die Unternehmen und Mitarbeiter sowohl Vor- als auch Nachteile. Stellen Sie diese in einer Tabelle gegenüber.
4. Warum ist die dispositive Arbeit in einem Unternehmen von besonders hoher Bedeutung?
5. Kann eine ausführende Tätigkeit aus betriebswirtschaftlicher Sicht nur körperlich oder auch geistig sein (im volkswirtschaftlichen Sinn)? Begründen Sie Ihre Antwort.
6. Würden Sie der Hoffmann KG zu einer Erweiterung des Lagergebäudes raten? Begründen Sie auch hier Ihre Antwort.

AKTION

Bearbeiten Sie die Informationstexte „Die volkswirtschaftlichen Produktionsfaktoren Arbeit, Boden und Kapital“ und „Produktionsfaktoren aus betriebswirtschaftlicher Sicht“ separat in zwei Gruppen mithilfe der Kugellager-Methode.

Kugellagermethode

- Die Teilnehmer der ersten Gruppe verteilen sich auf den Innenkreis und die Teilnehmer der zweiten Gruppe verteilen sich auf den Außenkreis, sodass sich jeweils zwei Personen in Blickkontakt einander gegenübersitzen.
- Die erste Gruppe erklärt der jeweils gegenüber sitzenden Person der zweiten Gruppe ihr Thema.
- Nun erklärt die zweite Gruppe der gegenüber sitzenden Person ihr Thema.
- Nach Ablauf der vereinbarten Zeit (z. B. nach zwei Minuten) rücken alle Teilnehmer des Innenkreises im Uhrzeigersinn um eine Position weiter.
- Nun erklären die Teilnehmer der ersten Gruppe jeweils der neuen Person der zweiten Gruppe das, was sie verstanden haben. Die entsprechende Person der zweiten Gruppe korrigiert gegebenenfalls die Ausführung. Anschließend wird umgekehrt erklärt.

Kugellagermethode

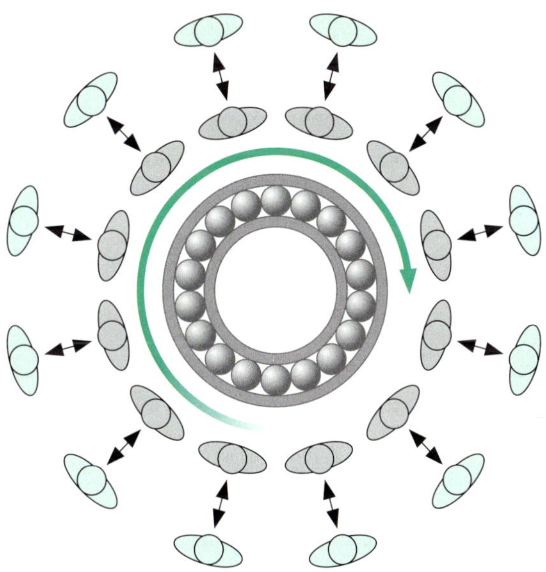

ZUSAMMENFASSUNG

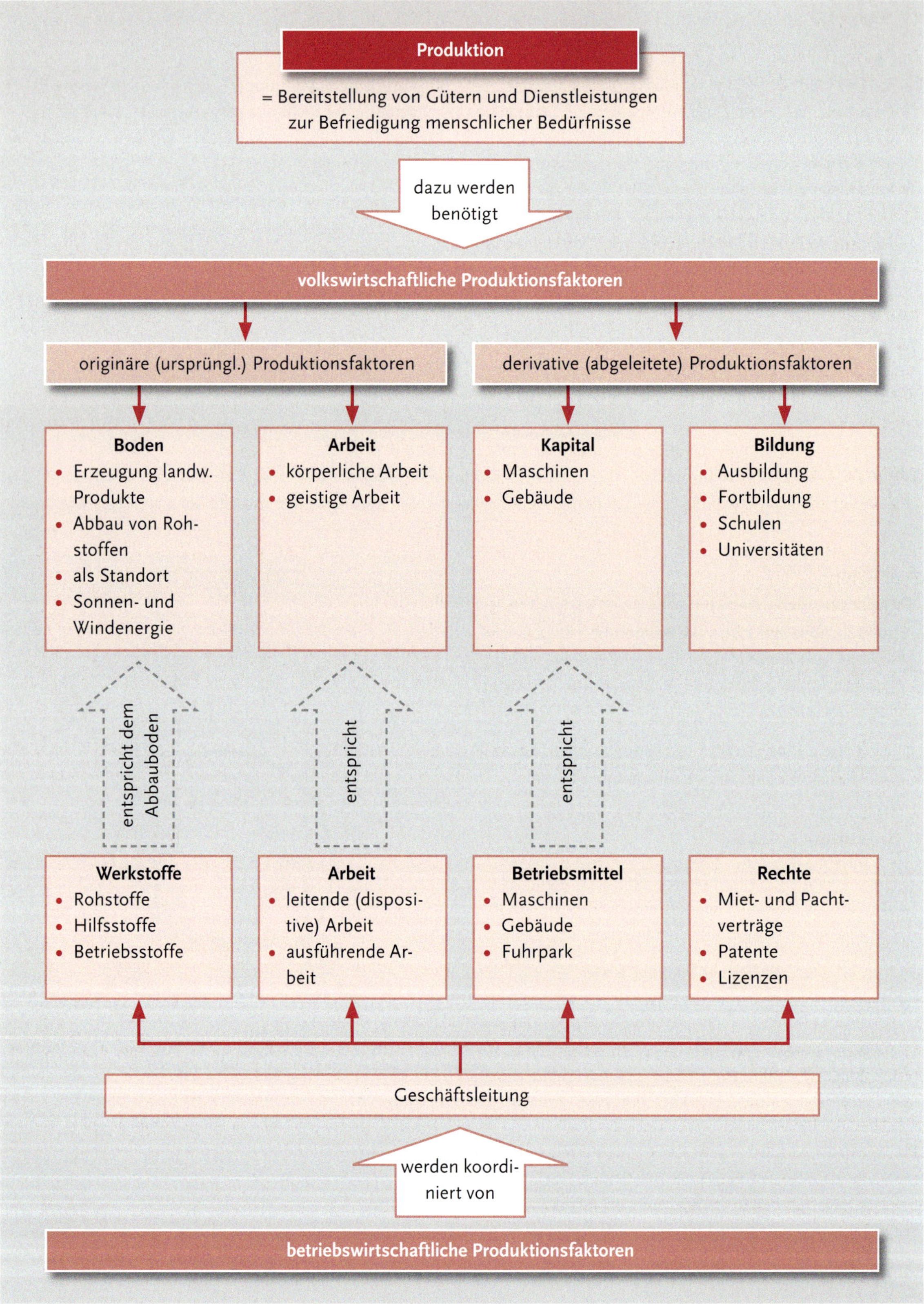

3.5 Wir erkennen den Wirtschaftskreislauf als ein Modell der Volkswirtschaft

Einstieg

Der Auszubildende Volkan Karaca unterhält sich mit der Kommanditistin der Hoffmann KG, Frau Hahne, über die Finanzierung der Lagererweiterung.

Volkan Karaca:
„Frau Hahne, Sie sagten mir vor einigen Tagen, dass die Investition für die Lagererweiterung ein Volumen von etwa 500.000,00 € hat. Woher soll die Hoffmann KG dieses Geld nehmen?"

Frau Hahne:
„Von der Rechnungswesen-Abteilung habe ich berechnen lassen, dass unser Unternehmen für Investitionen etwa 100.000,00 € in den letzten Jahren bei den Hausbanken angespart hat."

Volkan Karaca:
„Reicht das denn aus? Woher soll das restliche Geld kommen?"

Frau Hahne:
„Da wir durch den Bau einige Arbeitsplätze schaffen, gibt es auch ca. 10 % vom Investitionsvolumen als Zuschuss vom Staat."

Volkan Karaca:
„Das ist ja sehr gut."

Frau Hahne:
„Ja, somit ist es für uns dann nicht mehr so problematisch, für die Restsumme einen Kredit bei der Bank aufzunehmen."

Volkan Karaca:
„Das klingt ja alles sehr sinnvoll. Aber wo kommt denn eigentlich das ganze Geld vom Unternehmen, vom Staat oder von der Bank her?"

Frau Hahne:
„Das ist sehr kompliziert. Kurz gesagt, es handelt sich eigentlich um zwei Kreisläufe: den Güterkreislauf und den Geldkreislauf."

Volkan Karaca:
„Das verstehe ich nicht!"

Frau Hahne:
„Dann sollten Sie sich dringend darüber informieren. Die Beziehungen zwischen Haushalten und Unternehmen ist Basiswissen eines Kaufmanns bzw. einer Kauffrau ..."

1. Stellen Sie grafisch dar, woher die Hoffmann KG das Geld für die Investition bekommen kann.
2. Ist die Investition Bestandteil des Geld- oder des Güterkreislaufs?
3. Nennen Sie fünf Beispiele dafür, wo zwischen Privatpersonen, den Unternehmen, dem Staat und den Banken Güter getauscht werden.

INFORMATIONEN

Wirtschaftskreislauf mit zwei Sektoren

In einer Volkswirtschaft stehen sich verschiedene Akteure gegenüber, die alle im Tausch von Gütern oder Dienstleistungen und Geld sind. Volkswirte versuchen mit Modellen, die Realität einfacher darzustellen. Um die Beziehungen von diesen Akteuren zu vereinfachen, wird zunächst das Modell des Wirtschaftskreislaufs mit zwei Sektoren, der so genannte **einfache Wirtschaftskreislauf** betrachtet.

Unter den zwei Sektoren sind hier (alle) Unternehmen einer Volkswirtschaft und die privaten Haushalte zu verstehen. Weitere Sektoren wie der Staat, Banken oder das Ausland sind bei dieser Modelldarstellung nicht berücksichtigt.

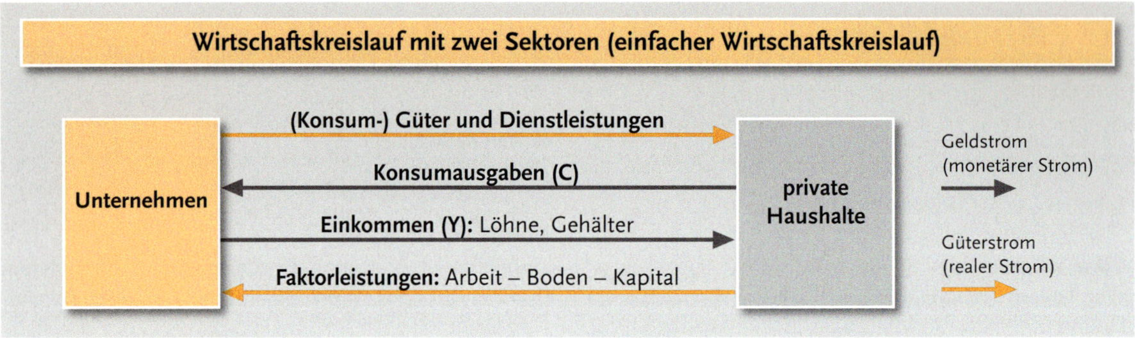

Geldstrom

Es wird zunächst der Geldstrom (monetärer Strom) betrachtet: Die privaten Haushalte erhalten von den Unternehmen Lohn, den sie in Konsumausgaben verwenden. Für die Unternehmen ist die Lohnzahlung ein Geldabfluss, während die Konsumausgaben der privaten Haushalte einen Geldzufluss für die Unternehmen darstellen.

BEISPIEL

Herr Witt ist Mitarbeiter der Fahrradproduktion der Hoffmann KG und erhält monatlich sein Gehalt. Für dieses Gehalt kauft er sich Lebensmittel und andere Güter. So hat er vor einiger Zeit ein Fahrrad bei der Hoffmann KG für seinen Sohn gekauft.

Die privaten Haushalte geben ihr gesamtes Einkommen (Y, für engl. yields) für den Konsum aus (C, für engl. consumption). Es kann dementsprechend folgende Gleichung aufgestellt werden:

$$Y = C$$

Jedem Geldstrom stehen im Wirtschaftskreislauf Güterströme in gleicher Höhe gegenüber.

Güterstrom

Beim Güterstrom (realer Strom) stellen die privaten Haushalte ihre Faktorleistungen (Arbeitskraft, Grundstücke, Kapital zur Finanzierung der Produktion) den Unternehmen zur Verfügung. Dadurch sind die Unternehmen in der Lage, Güter und Dienstleistungen zu produzieren. Die produzierten Güter und Dienstleistungen werden dann von den privaten Haushalten im Tausch mit Geld konsumiert.

BEISPIEL

Herr Witt stellt der Hoffmann KG täglich seine Arbeitsleistung zur Verfügung. Damit werden täglich mehrere Fahrräder produziert. Das vor einiger Zeit für seinen Sohn gekaufte Fahrrad ist dabei ebenfalls von ihm hergestellt worden.

Wirtschaftskreislauf mit drei Sektoren

Es ist in der Realität in der Regel nicht so, dass das gesamte Einkommen der privaten Haushalte für Konsum ausgegeben wird. Häufig wird ein Teil des Geldes gespart. Die Unternehmen produzieren nicht nur Konsumgüter, sie investieren auch in neue Produktionsgüter, um die Produktionsbedingungen zu verbessern. Der dritte Sektor, die „Vermittlungsstelle“, sind dabei die Kreditinstitute.

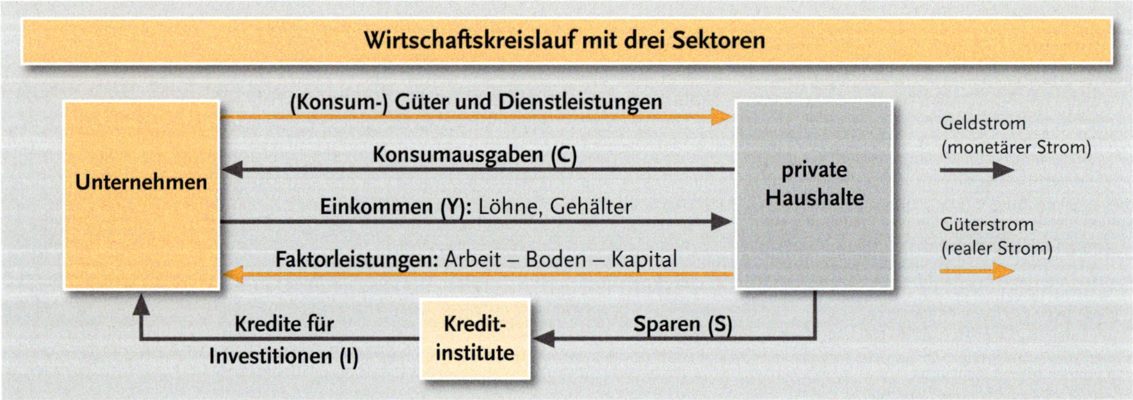

Das Modell des Wirtschaftskreislaufs mit drei Sektoren geht davon aus, dass nur soviel Geld von den Unternehmen investiert (Investition = I) werden kann, wie von den privaten Haushalten auf der anderen Seite gespart (Sparen = S) wurde. Die entsprechende Gleichung lautet also:

$$I = S$$

Bei dieser Modellbetrachtung werden die gesamten Ersparnisse von den Unternehmen zur Investition verwendet. Das führt zu einer verbesserten Produktion und schließlich zu einer Erhöhung der Gütermenge im Wirtschaftskreislauf.

→ Durch Sparen und Investieren wächst die Wirtschaft.

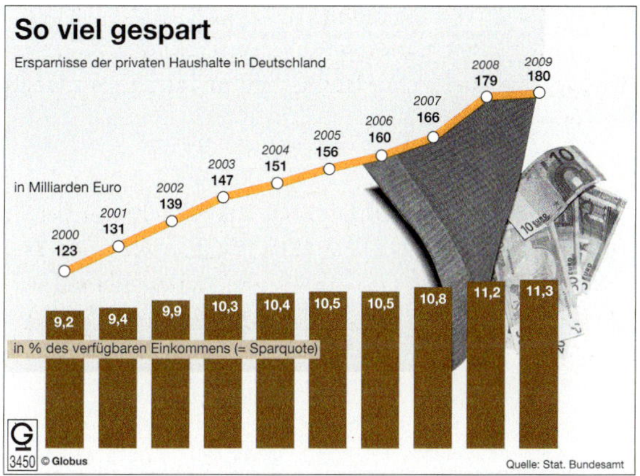

Man kann den Wirtschaftskreislauf aus Sicht der **Einkommensverwendung** betrachten. Die Gleichung ist die Antwort auf die Frage „Wie verwenden die privaten Haushalte ihr Einkommen?“ → Es wird von den Haushalten zum Konsum und zum Sparen verwendet.

Sicht der Einkommensverwendung $Y = C + S$

BEISPIEL

Die Haushalte haben insgesamt ein Einkommen von 1000 Geldeinheiten (GE), von denen sie 10 % sparen. Somit lautet die Gleichung

$Y = C + S$ $1000 = 900 + 100$

Die Einkommen entstehen durch die Herstellung von Konsumgütern oder Investitionsgütern. Daraus ergibt sich die Sicht der **Einkommensentstehung:**

Sicht der Einkommensentstehung $Y = C + I$

BEISPIEL

Die Unternehmen stellen Konsumgüter in Höhe von 900 GE her. Die „ausgefallene“ Konsumgüternachfrage von 100 GE wird von den Unternehmen durch die Nachfrage von Investitionsgütern (z. B. Maschinen, Fahrzeuge) ersetzt. Die Gleichung lautet somit

$Y = C + I$ $1000 = 900 + 100$

Erweiterter Wirtschaftskreislauf

Eine große Rolle in einer Volkswirtschaft spielt der Staat. In der Bundesrepublik Deutschland wird der Sektor „Staat“ repräsentiert durch den Bund, die Länder, die Gemeinden und die Sozialversicherungsträger.

Der Staat schafft mithilfe verschiedener Instrumente erst die Rahmenbedingungen für unternehmerisches Handeln. Dazu zählen beispielsweise Steuern, Abgaben, und Gebühren, Subventionen oder auch die Sozialleistungen. Beim dem Modell mit vier Sektoren wird auch vom geschlossenen Wirtschaftkreislauf gesprochen.

Im nachfolgenden Modell jedoch ist auch das Ausland Bestandteil des erweiterten Wirtschaftskreislaufs. In der heutigen globalisierten Welt sind Außenbeziehungen und der Außenhandel zu anderen Ländern von steigender Bedeutung (Außenbeitrag einer Volkswirtschaft). Ob bestimmte Rohstoffe oder elektronische Erzeugnisse aus anderen Industrieländern, der internationale Handel hat zur Folge, dass Güter und Dienstleistungen sowie Geld zwischen verschiedenen Volkswirtschaften getauscht werden[1].

Der erweiterte Wirtschaftskreislauf:
- **geschlossen**
  keine Einflüsse durch das Ausland
- **offen**
  Es findet ein außenwirtschaftlicher Austausch statt.

1 siehe auch Kap. 3.8 Arbeitsteilung

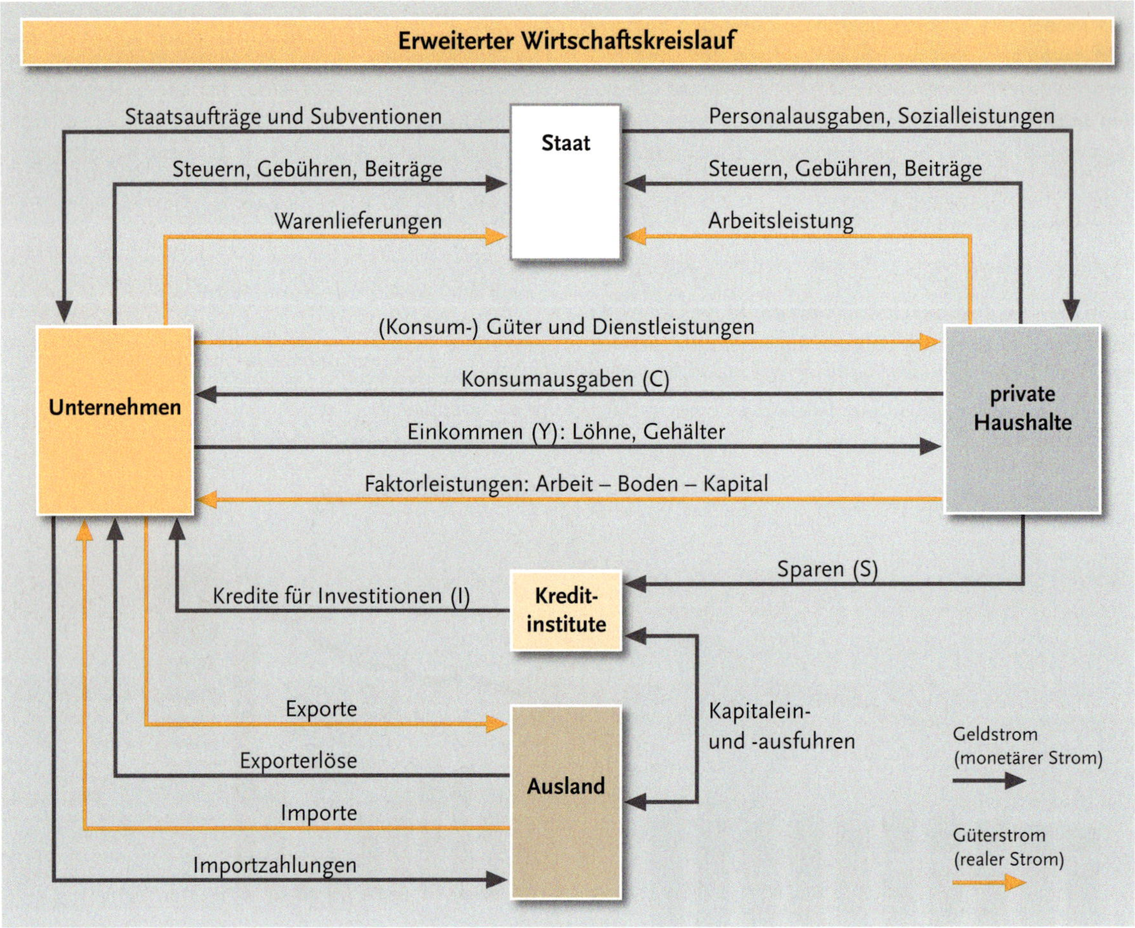

AUFGABEN

1. Das Modell des einfachen Wirtschaftskreislaufs betrachtet nicht alle Bereiche des wirtschaftlichen Lebens. Erläutern Sie, warum es auch wichtig ist, die Beziehung zum Staat und zum Ausland zu berücksichtigen. Welche Rolle spielen die Kreditinstitute?

2. Nennen Sie drei Beispiele für private Haushalte.

3. Erklären Sie die Beziehungen im einfachen Wirtschaftskreislauf, die zwischen den privaten Haushalten und den Unternehmen bestehen, mit eigenen Worten.

4. Welche Auswirkungen hätte es, wenn die Konsumausgaben der privaten Haushalte zurückgehen?

5. Worin liegen die Vorteile einer offenen Volkswirtschaft im Vergleich zur geschlossenen Volkswirtschaft?

6. Nennen Sie die Beziehungen im erweiterter Wirtschaftskreislauf zwischen:
   a) Unternehmen und Staat
   b) Unternehmen und Ausland
   c) Staat und privaten Haushalten

7. Zwischen dem Staat und den privaten Haushalten findet ein **Geldstrom** statt. Nennen Sie je zwei Beispiele für beide Richtungen.

8. Wenn mehr Güter exportiert als importiert werden, liegt ein Exportüberschuss vor. Wie wirkt sich dies auf die inländischen Einkommen aus?

9. Welche Möglichkeit steht dem Staat zur Verfügung, wenn er feststellt, dass seine Ausgaben (für Transferzahlungen, bezogene Sach- und Dienstleistungen, Gehälter für Angestellte und Beamte u. a.) seine Einnahmen (direkte und indirekte Steuern, Gebühren, Beiträge u. a.) dauerhaft übersteigen?

AKTION

In einer geschlossenen Volkswirtschaft mit staatlicher Aktivität gelten folgende Angaben:

- Die Einkommen der privaten Haushalte aus erbrachten Arbeitsleistungen in den Unternehmen betragen 500 000 GE (Geldeinheiten).
- Seitens der privaten Haushalte werden 85 000 GE an Steuern gezahlt, die Unternehmen zahlen 55 000 GE Steuern.
- An Subventionen und Ausgaben des Staates für Sachgüter und Dienstleistungen werden 90 000 GE gezahlt.
- Die privaten Haushalte geben 385 000 GE für ihren Konsum aus.
- Die Sozialleistungen des Staates betragen 33 000 GE, die Personalausgaben betragen 17 000 GE.
- Das verbliebene Einkommen der privaten Haushalte wird gespart und den Unternehmen für Investitionen zur Verfügung gestellt.

Erstellen Sie ein Schaubild (Wirtschaftskreislauf), in das Sie die Beziehungen (Geldströme) mit den angegebenen Werten eintragen. Berechnen Sie dabei auch die fehlenden Werte, damit sich der Wirtschaftskreislauf auch im Gleichgewicht befindet.

ZUSAMMENFASSUNG

einfacher Wirtschaftkreislauf

Sektoren: Unternehmen und private Haushalte

Geldstrom
→ monetärer Strom (Lohn für Arbeit, Ausgaben für den Konsum)

Güterstrom
→ realer Strom (Arbeit, Boden, Kapital, Kosumgüter)

Jedem Güterstrom stehen im Wirtschaftskreislauf Geldströme in gleicher Höhe gegenüber.

erweiterter Wirtschaftkreislauf

Sektoren: Unternehmen, private Haushalte, Kreditinstitute, Staat, Ausland*

geschlossener Wirtschaftskreislauf
→ kein Einfluss des Auslands auf die Volkswirtschaft

offener Wirtschaftskreislauf
→ Es findet ein außenwirtschaftlicher Austausch statt.

* Der Sektor „Ausland" besteht nur bei einem offenen Wirtschaftskreislauf.

3.6 Wir orientieren uns im Markt

Einstieg

Katarzyna Lindemann ist zurzeit in der Einkaufsabteilung der Hoffmann KG eingesetzt und hat vor einigen Tagen für die Fahrradproduktion 1000 Bremsen von der Firma Bikering AG bestellt. Herr Hickel, der für die Kontrolle der Rechnung zuständig ist, kommt aufgeregt ins Büro.

Herr Hickel:
„Ach, Katarzyna, Sie haben ja vor einigen Tagen die 1000 Bremsen bei Bikering bestellt ..."

Katarzyna Lindemann:
„Ja, wieso?"

Herr Hickel:
„Die haben doch schon wieder die Preise erhöht ..."

Katarzyna Lindemann:
„Können die das denn einfach so machen?"

Herr Hickel:
„Im letzten Monat wurden die neuen Preise verhandelt. Leider hat die Bikering AG in dem Segment eine Monopolstellung."

Katarzyna Lindemann:
„Monopolstellung? Was bedeutet das?"

Herr Hickel:
„Die können uns die Preise diktieren. Da es kaum alternative Lieferanten gibt, müssen wir dort kaufen!"

1. Warum ist es aus Sicht der Hoffmann KG schlecht, wenn ein Lieferant eine Monopolstellung hat?
2. Gibt es in Ihrem Unternehmen monopolistische Strukturen bei den Lieferanten oder Kunden?

INFORMATIONEN

Begriff und Funktion des Markts

Jeder hat den Begriff Markt schon einmal gehört. So gibt es Wochenmärkte, Jahrmärkte, Aktienmärkte, Großmärkte, Blumenmärkte, Bauernmärkte, Supermärkte ... Die Liste ließe sich nahezu unendlich erweitern. Aber: Was steckt eigentlich hinter dem Begriff Markt?

Grundsätzlich ist überall dort ein Markt anzutreffen, wo ein Austausch stattfindet, sei er geldlich, stofflich oder virtuell. Märkte können zeitlich und räumlich begrenzt sein (z. B. beim Wochenmarkt) oder auch zeitunabhängig stattfinden (z. B. Kapitalmärkte).

DEFINITION
In der Betriebswirtschaft ist ein **Markt** das Aufeinandertreffen von Angebot und Nachfrage nach einem Gut oder einer Dienstleistung.

Die Hauptaufgabe des Markts ist es, das Angebot und die Nachfrage zu regulieren. Ein Hauptinstrument dabei ist der Preis[1].

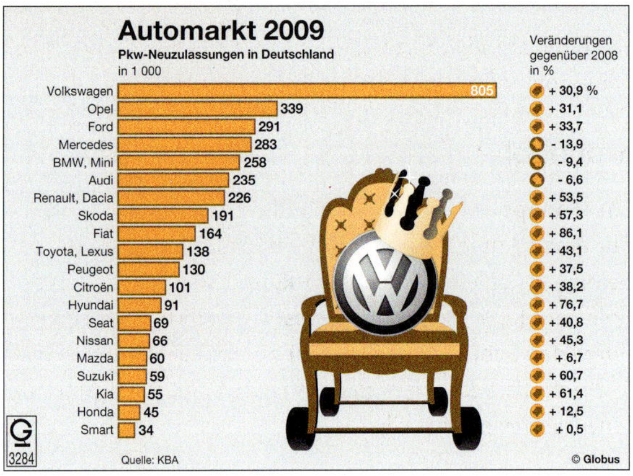

Marktformen

Das Angebot für bestimmte Güter und Dienstleistungen wird von den Anbietern bestimmt. Dabei ist es beispielsweise für die Preisbildung wesentlich, wie viele Anbieter auf dem Markt sind. Ebenso ist die Preisbildung davon abhängig, wie viele Nachfrager sich auf einem Markt versammeln.

1 siehe Kap. 3.7

BEISPIEL

Die Bikering AG kann gegenüber der Hoffmann KG deutlich stärker auftreten, weil sie keine Konkurrenten hat.

Aber auch bei den Nachfragern gibt es **monopolistische** Strukturen. Wenn ein Unternehmen nur einen oder sehr wenige Kunden hat, ist es vom Kunden abhängig. Wenn der Kunde etwa woanders kauft oder finanzielle Schwierigkeiten bekommt, bricht der gesamte Umsatz des Unternehmens ein.

BEISPIEL

Eine Zahnradfabrik hat in den letzten zehn Jahren seine Umsätze verdreifacht. Um die Nachfrage bzw. die Produktion zu sichern, hat sich im gleichen Zeitraum die Zahl der Mitarbeiter von 120 auf 280 erhöht.
Grund für dieses Wachstum war ein neuer Großkunde aus der Automobilindustrie. Während vor zehn Jahren viele kleine Kunden für den Umsatz gesorgt haben, kaufen diese mittlerweile bei der Konkurrenz. Die Zahnradfabrik macht heute knapp 95 % ihres Umsatzes mit dem Unternehmen aus der Automobilindustrie.

Marktformen nach Zahl der Teilnehmer

		Zahl der Anbieter		
		einer	wenige	viele
Zahl der Nachfrager	einer	zweiseitiges Monopol	beschränktes Nachfragemonopol	Nachfragemonopol
	wenige	beschränktes Angebotsmonopol	zweiseitiges Oligopol	Nachfrageoligopol
	viele	Angebotsmonopol	Angebotsoligopol	Polypol

Die oben stehende Tabelle zeigt Monopole (mono = ein), Oligopole (olig = wenig) und Polypole (poly = viel).

Monopol

Ein Monopol ist immer dann gegeben, wenn es entweder nur einen Anbieter oder nur einen Nachfrager gibt (oder beides). Mögliche Monopole können staatliche Monopole sein (z. B. Stadtwerke), gesetzliche Monopole (etwa durch den Schutz von Patenten) oder natürliche Monopole durch die besondere geografische Lage (z. B. Diamantenvorkommen in Afrika).

- Beim **Angebotsmonopol** besteht aufgrund der hohen Marktmacht der Anbieter eine Tendenz zu hohen Preisen.
- Beim **Nachfragemonopol** besteht aufgrund der hohen Marktmacht der Nachfrager eine Tendenz zu niedrigen Preisen.

Oligopol

Befinden sich nur wenige Anbieter oder wenige Nachfrager auf dem Markt, so wird von einem Oligopol gesprochen. Ein Oligopolist hat einen relativ hohen Marktanteil und dadurch immer noch eine hohe Marktmacht.

Polypol

Wenn einer großen Zahl von Anbietern eine große Zahl von Nachfragern gegenübersteht, dann spricht man von einem Polypol. Es herrscht eine sogenannte **vollständigen Konkurrenz.** Die Auswirkungen und Funktionen des Preises werden im nachfolgenden Kapitel erläutert.

Marktarten

Eine andere Möglichkeit, Märkte zu analysieren, ist die Unterscheidung nach verschiedenen Marktarten. Dabei ist zum einen der **Faktormarkt** zu nennen. Darunter wird in der Volkswirtschaft ein Markt verstanden, auf dem Produktionsfaktoren sowohl ein- als auch verkauft werden.

Eine weitere Marktart ist der **Gütermarkt.** Auf Gütermärkten werden Waren und Dienstleistungen gehandelt. Im Wirtschaftkreislauf gibt es nicht nur Konsumgüter, sondern auch Investitionsgüter.

Faktormärkte	
Bodenmarkt	Hier werden beispielsweise Immobilien und Grundstücke gehandelt.
Arbeitsmarkt	Auf dem Arbeitsmarkt bieten Menschen Arbeit an und die Unternehmen fragen Arbeit nach.
Kapitalmarkt	Der Kapitalmarkt ist der Finanzmarkt für mittel- und langfristige Kredite. Haushalte, Unternehmen aber auch der Staat nutzen diesen Markt zur Finanzierung ihrer Investitionen und/oder Ausgaben

Gütermärkte	
Konsumgütermarkt	Diese Güter werden für den privaten Ge- oder Verbrauch produziert und gehandelt. Sie dienen in erster Linie dem privaten Konsum.
Investitionsgütermarkt	Diese Güter sind in erster Linie für den Produktionsprozess vorgesehen und werden nicht direkt verbraucht, sondern sind langlebiger. In der Buchführung werden diese Güter häufig als Anlagevermögen aufgeführt.

AUFGABEN

1. Was würde passieren, wenn auf einem Wochenmarkt mit drei Gemüsehändlern der Händler Runge die Tomaten permanent zum halben Preis anbieten würde?
2. Welcher Marktform würden Sie den deutschen Automarkt zuordnen? Begründen Sie Ihre Antwort.
3. Erläutern Sie die Chancen und die Risiken für die Zahnradfabrik bei einer im Beispiel (Seite 49) genannten Kundenstruktur. Welche Marktform erkennen Sie?
4. Nennen Sie für jede der neun Marktformen ein Beispiel.
5. Grenzen Sie die Begriffe Monopol, Oligopol und Polypol voneinander ab.
6. Worin unterscheiden sich Faktormärkte von Gütermärkten?

AKTION

Die Hoffmann KG agiert sowohl in der Fahrrad- als auch in der Textilproduktion. Bestimmen Sie gemeinsam mit Ihrem Banknachbarn Möglichkeiten,

a) wo jeweils im Ein- und Verkauf monopolistische bzw. oligopolistische Strukturen vorherrschen könnten.

b) wann die Hoffmann KG auf den Faktormärkten und wann sie auf den Gütermärkten aktiv ist.

3560 50

ZUSAMMENFASSUNG

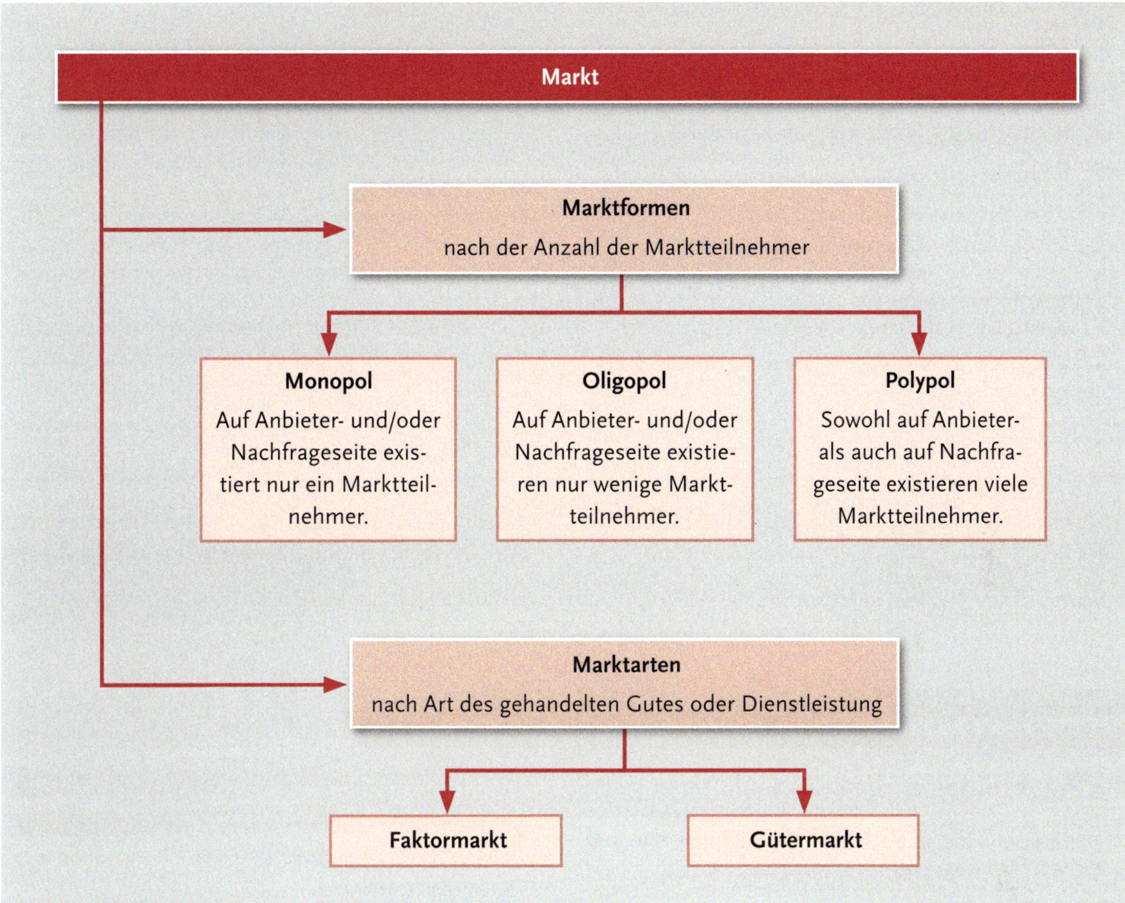

3.7 Wir erkennen Angebot und Nachfrage als Einflussgrößen auf den Preis

Einstieg

Herr Hetzel, Leiter der Abteilung Einkauf, bekommt am Morgen folgenden Artikel vorgelegt:

Die internationalen Baumwollpreise verzeichnen zum Jahresende angesichts schwindender Weltvorräte und eines wachsenden Kaufinteresses eine Aufwärtstendenz. Zum ersten Mal seit dem Juli 2008 hat der nächstliegende Terminkontrakt in New York Ende November wieder das Niveau von 70 US-Cents je lb (1 lb = 0,454 Kilogramm) überschritten und dürfte bis weit ins nächste Jahr hinein deutlich über dieser Marke schwanken.

Die weltweiten Baumwollvorräte werden bis Ende des laufenden Erntejahres wahrscheinlich um nicht weniger als 10,7 Mio. Tonnen oder 13 % schrumpfen. Dies bedeutet den größten Rückgang der Lagerbestände seit der Saison 2002/03 und widerspiegelt die sinkende Produktion bedeutender Baumwollproduzenten und ein gleichzeitig wiedererwachtes Kaufinteresse der Konsumenten. Wie der neusten Studie des in Washington domizilierten „International Cotton Advisory Committee" (ICAC) weiter zu entnehmen ist, dürfte sich die globale Baumwollproduktion im Geschäftsjahr auf 22,2 Mio. Tonnen belaufen, das wären fünf Prozent weniger als im Vorjahr.

Quelle: www.financial.de, 7. Dezember 2009

1. Welche Informationen sind für Herrn Hetzel von Interesse?
2. Warum steigt der Preis von Baumwolle?
3. Welche Konsequenzen hat die Preissteigerung des Weltmarktpreises für Baumwolle für die Hoffmann KG?

INFORMATIONEN

Die Preise auf dem vollkommenen Markt

Bei der Preisbildung spielen sehr viele Faktoren eine Rolle. Grundsätzlich ist der Preis ein Zusammenspiel von Angebot und Nachfrage.

Angebot und Nachfrage regeln den Preis.

Ein wichtiger Faktor bei der Preisbildung ist die Anzahl der Marktteilnehmer. Es wird die Preisbildung auf dem **vollkommenen Markt** (vollständige Konkurrenz) betrachtet. Wie bereits im vorherigen Kapitel gesagt, ist ein vollkommener Markt in einem Polypol gegeben, das heißt, es existieren sehr viele Anbieter und sehr viele Nachfrager. In der volkswirtschaftlichen Theorie werden weitere Annahmen getroffen, um die sehr viel komplexere Realität der Preisbildung in einem Modell zu veranschaulichen.

Merkmale des vollkommenen Marktes:

- Sämtliche Marktteilnehmer (Anbieter und Nachfrager) haben völlige **Markttransparenz** (Marktübersicht).
- Die Produkte sind **homogen,** das heißt sie unterscheiden sich nicht in Art, Aufmachung oder Qualität.
- **Sämtliche Reaktionen** der Marktteilnehmer auf veränderte Marktsituationen treten **sofort,** ohne zeitliche Verzögerung ein.
- Es gibt keine räumlichen und zeitlichen Unterschiede, das heißt, Anbieter und Nachfrager treffen sich am selben Ort zur selben Zeit **(Punktmarkt).**
- Die Marktteilnehmer haben **keine Präferenzen** (Vorlieben) in Bezug auf die Person (z. B. freundlich/unfreundlich), auf die Sache (z. B. besserer Service), auf die Zeit (z. B. unterschiedliche Öffnungszeiten) oder auf den Raum (z. B. der „Laden nebenan")

BEISPIEL

Spielen wir den vollkommenen Markt an einem Beispiel durch: Auf dem Wochenmarkt weiß Frau Schlaumann genau, wie hoch an den einzelnen Ständen die Gemüsepreise sind. Ihr ist auch bekannt, dass alle Gemüsehändler die gleiche Qualität anbieten. Sie hat auch keine Vorlieben oder Sympathien gegenüber einem Händler. Heute will sie 20 kg Kartoffeln kaufen und geht zufällig zu einem Händler. Diese erhöhte Nachfrage hätte auf einem vollkommenen Markt direkt eine Preiserhöhung der Kartoffeln zur Folge.

In der Realität ist es natürlich nicht so, dass die Merkmale des vollkommenen Markts immer gegeben sind. Der Käufer hat in der Regel Präferenzen und kann nicht immer den ganzen Markt überblicken. Außerdem unterscheiden sich die Produkte durchaus in der Qualität, sie sind also nicht homogen. Der Kauf auf dem Wochenmarkt hat auch keinen unmittelbaren Preisanstieg zur Folge.

Die Nachfrager der privaten Haushalte agieren nach dem Prinzip der **Nutzenmaximierung.** Dies bedeutet, dass die Nachfrager eine größtmögliche Bedürfnisbefriedigung mit ihrem begrenzten Einkommen erreichen wollen. Daher sind sie bestrebt, ihre Einkäufe so günstig wie möglich zu tätigen. Daraus folgt:

- Je höher der Preis, desto niedriger ist die Nachfrage.
- Je niedriger der Preis, desto hoher ist die Nachfrage.

Die Anbieter, das heißt die Unternehmen, verfolgen das Ziel der **Gewinnmaximierung.** Sie möchten daher ihre Waren und Dienstleistungen so hoch wie möglich anbieten. Daraus folgt:

- Je höher der Preis, desto größer ist das Angebot.
- Je niedriger der Preis, desto geringer ist das Angebot.

Funktionen des Preises

- **Ausgleichsfunktion**
  Der Marktpreis bringt Nachfrage und Angebot zum Ausgleich. Er räumt den Markt, hier ist der größtmögliche Absatz.
- **Signalfunktion**
  Der Marktpreis zeigt den Knappheitsgrad eines Guts an. Preissteigerungen signalisieren, dass das Gut relativ knapper geworden ist. Entweder ist das Angebot bei gleichbleibender Nachfrage gesunken oder die Nachfrage bei gleichbleibendem Angebot gestiegen. Preissenkungen verlaufen dann analog.
- **Lenkungsfunktion**
  Der Marktpreis lenkt das Angebot auf diejenigen Märkte, auf denen eine große Nachfrage herrscht und somit hohe Marktpreise und Gewinne erzielbar sind (und umgekehrt). Die Produktionsfaktoren werden dort eingesetzt, wo mit hohen Gewinnen gerechnet wird.
- **Erziehungsfunktion**
  Der Preis auf dem vollkommen polypolistischen Markt ist bei allen Anbietern gleich. Der Preis zwingt (= erzieht) die Anbieter zur Kostensenkung, wenn sie ihren Gewinn maximieren wollen. Die Nachfrager werden dahingehend erzogen, preisgünstigste Einkaufsmöglichkeiten zu suchen, wenn sie ihren Nutzen maximieren wollen.

Anbieter- und Nachfrageverhalten im vollkommenen Markt

BEISPIEL

Die Hoffmann KG hat das Anbieter- und Nachfrageverhalten auf dem Baumwollmarkt analysiert. Dabei wurden in Bezug auf das wöchentliche Angebot und die wöchentliche Nachfrage auf dem deutschen Markt folgende Werte ermittelt:

Preis in US-$	Nachfragemenge in 1000 lb	Angebotsmenge in 1000 lb
0,30	98	10
0,40	90	20
0,50	83	30
0,60	75	40
0,70	68	50
0,80	60	60
0,90	53	70
1,00	45	80
1,10	38	90
1,20	30	100

Dieser Zusammenhang lässt sich auch grafisch in einem Koordinatensystem darstellen:

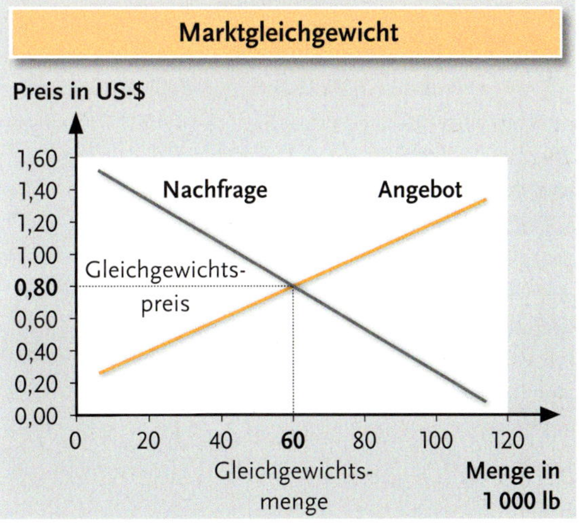

Im Koordinatensystem ist zu erkennen, wo der Gleichgewichtspreis und die Gleichgewichtsmenge sind, nämlich genau dort, wo sich Angebotskurve und Nachfragekurve schneiden (Marktgleichgewicht). Alle Anbieter auf dem deutschen Markt, die bereit sind, zum Gleichgewichtspreis von 0,80 US-$ ihre Baumwolle zu verkaufen, können ihre gesamte Produktion absetzen. Ebenso können bei diesem Preis alle Nachfrager, die bereit sind, den Preis zu zahlen, ihre gewünschte Menge Baumwolle kaufen.

Es wird auch davon gesprochen, dass für den Polypolisten im vollkommenen Markt der **Preis ein Datum** ist. Dies bedeutet, dass weder Anbieter noch Nachfrager direkten Einfluss auf den Preis ausüben können.

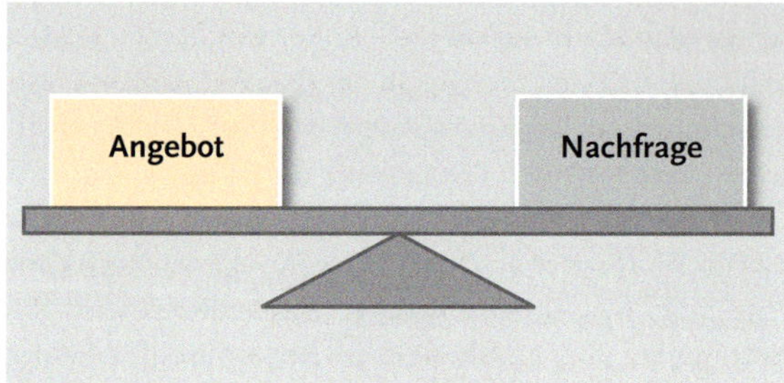

Anbieter- und Nachfrageverhalten abseits des Gleichgewichtspreises

Angebotsüberhang

Was passiert mit den Anbietern, die Baumwolle zum höheren Preis, z. B. für 1,20 US-$, anbieten? Was passiert mit den Nachfragern, die bereit wären einen höheren Preis zu zahlen (z. B. 1,20 US-$)? Dieser Sachverhalt ist auf der unten stehenden Grafik dargestellt.

Angebotsüberhang

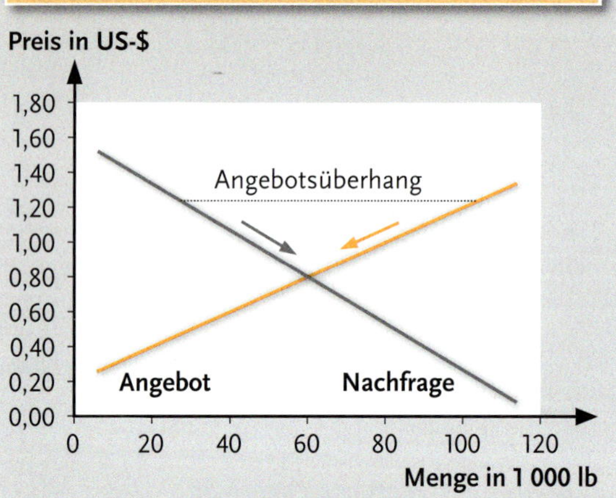

Bei einem Preis von 1,20 US-$ sind 100000 lb im Angebot, weil bei diesem hohen Preis deutlich mehr Unternehmen Baumwolle anbieten würden. Auf der anderen Seite steht nur eine nachgefragte Menge von 30000 lb. Daraus ergibt sich ein Überangebot (Angebotsüberhang/Nachfragelücke) in Höhe von 70000 lb. Diese Menge werden die Unternehmen zu dem Preis nicht verkaufen können. Sie müssen die Preise senken (oranger Pfeil). Die Preissen-kung hat zur Folge, dass mehr und mehr nachgefragt wird (grauer Pfeil). Schließlich treffen sich die Angebots- und Nachfragemenge wieder im Marktgleichgewicht.

Nachfrageüberhang

Was passiert mit den Anbietern, die Baumwolle zum niedrigeren Preis, z. B. für 0,40 US-$, anbieten? Was passiert mit den Nachfragern, die nur bereit wären einen niedrigeren Preis zu zahlen (z. B. 0,40 US-$)? Dieser Sachverhalt ist auf der unten stehenden Grafik dargestellt.

Nachfrageüberhang

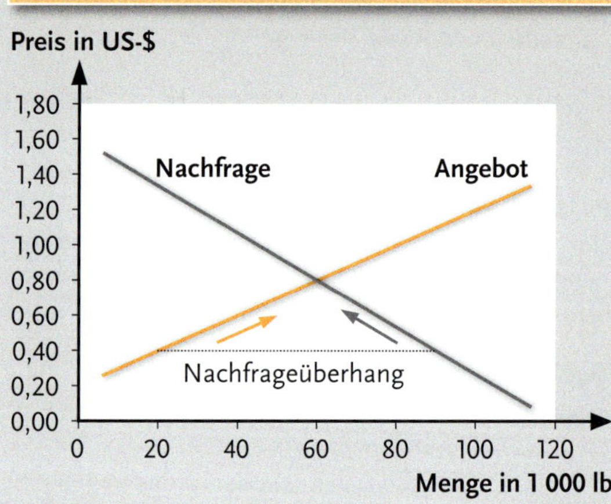

Bei einem Preis von 0,40 US-$ werden lediglich 20000 lb von den Unternehmen angeboten, weil dieser Preis deutlich zu niedrig ist für die meisten Unternehmen, z. B. können viele hier ihre Produktionskosten nicht decken. Die nachgefragte Menge beträgt zugleich 90000 lb. Daraus ergibt sich eine deutlich höhere Nachfrage als angeboten wird (Nachfrageüberhang/Angebotslücke) in Höhe von 70000 lb. Durch den Nachfrageüberhang werden die Unternehmen die Preise erhöhen (oranger Pfeil), wodurch mehr Anbieter auf den Markt kommen. Der erhöhte Preis hat einen Nachfragerückgang zur Folge (grauer Pfeil). Schließlich treffen sich die Angebots- und Nachfragemenge wieder im Marktgleichgewicht.

Änderungen der Angebotssituation

Auf den Märkten kommt es aufgrund verschiedenster Einflüsse häufig zu Veränderungen des Angebots oder der Nachfrage. Zunächst sollen Angebotsverschiebungen untersucht werden.

BEISPIEL

Aufgrund einer weltweit günstigen Wetterlage ist die Baumwollernte sehr gut ausgefallen. Dadurch wird das Angebot an Baumwolle höher ausfallen, was in der Folge niedrigere Preis bedeutet.

In der unten stehenden Grafik ist das Ausgangsangebot mit A_0 dargestellt. Wenn nun aufgrund einer guten Ernte das Angebot steigt, verschiebt sich die Angebotskurve nach rechts (A_1). Der neue, gesunkene Gleichgewichtspreis befindet sich nun bei P_1 und die neue, gestiegene Gleichgewichtsmenge bei X_1.

BEISPIEL

Da im größten Anbauland für Baumwolle China im letzten Jahr eine Dürre herrschte, ist das Angebot in diesem Jahr deutlich geringer. Ein Preisanstieg ist die Folge.

Die Angebotskurve verschiebt sich bei einem geringeren Angebot nach links (A_2). Der neue, gestiegene Gleichgewichtspreis befindet sich nun bei P_2 und die neue, geringere Gleichgewichtsmenge bei X_2.

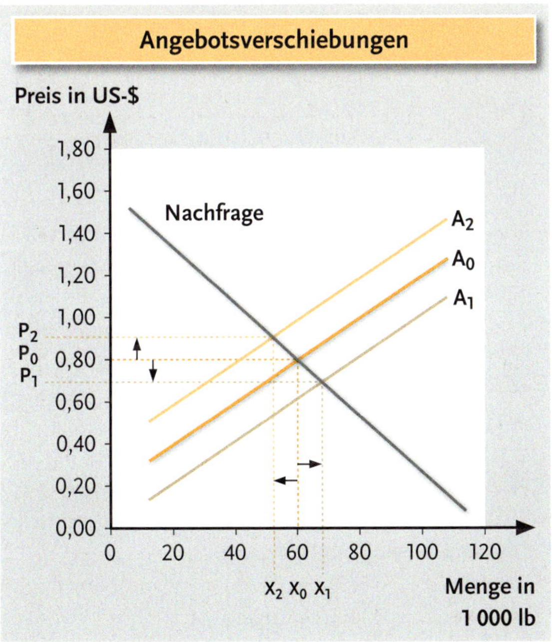

Änderungen der Nachfragesituation

Es können ebenso Veränderungen der Nachfrage entstehen, die dann eine Verschiebung der Nachfragekurve zur Folge haben.

BEISPIEL

Es ist ein neuer künstlicher Stoff entwickelt worden, der die Qualitätseigenschaften von Baumwolle enthält, aber deutlich günstiger ist. Dadurch kaufen viele Kunden, die vorher Baumwolle gekauft haben, nun diesen neuen Stoff
→ Die Nachfrage geht zurück.

In der unten stehenden Grafik ist die Ausgangsnachfrage mit N_0 dargestellt. Wenn nun aufgrund einer neuen Produktentwicklung die Nachfrage nach Baumwolle sinkt, verschiebt sich die Nachkurve nach links (N_1). Der neue, gesunkene Gleichgewichtspreis befindet sich nun bei P_1 und die neue, ebenfalls geringere Gleichgewichtsmenge bei X_1.

BEISPIEL

Die neue Baumwolljacke „Cooly“ ist ein weltweiter Trendsetter geworden. Dadurch steigt die Nachfrage nach Baumwolle in nahezu allen Ländern.

Die Nachfragekurve verschiebt sich nun nach rechts (N_2). Der neue, gestiegene Gleichgewichtspreis befindet sich nun bei P_2 und die neue, ebenfalls gestiegene Gleichgewichtsmenge bei X_2.

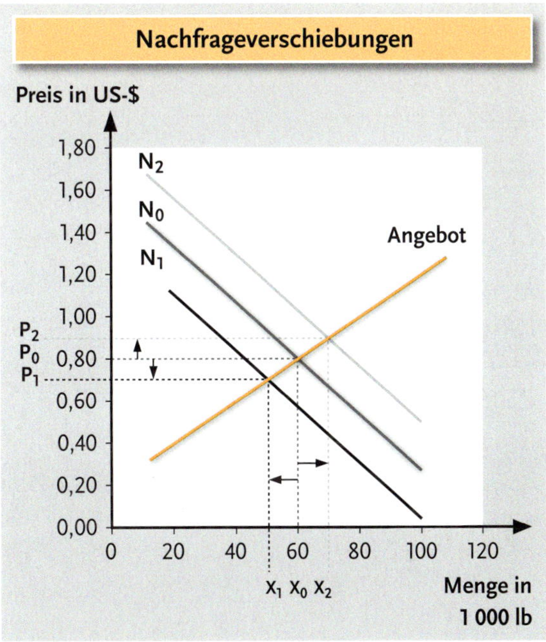

AUFGABEN

1. Welche Bedingungen liegen dem Modell des vollkommenen Marktes zugrunde?

2. Untersuchen Sie, welche Bedingungen des vollkommenen Marktes nicht erfüllt sind. Begründen Sie.

   a) Florian geht in die Fußgängerzone, um noch schnell für seine Oma zum Geburtstag einen Schnellkochtopf zu kaufen. Da er keine Zeit hat, wählt er das zweite Geschäft, das auf seinem Weg liegt. Das erste Geschäft hatte leider schon Ladenschluss.

   b) Julia möchte für ihre bevorstehende Fahrradtour eine Fahrradtasche kaufen. Sie informiert sich im Internet über zwei Taschen von unterschiedlichen Herstellern, die denselben Preis haben. Stiftung Warentest beurteilt aber die Tasche von Hersteller A deutlich besser als die von Hersteller B.

   c) Die Nachfrage nach Badebekleidung ist in diesem Sommer aufgrund des schlechten Wetters deutlich zurückgegangen. Tim, der im Herbst einen Spanienurlaub gebucht hat, möchte noch ein „Schnäppchen" machen und eine günstige Badehose kaufen. Erstaunt stellt er fest, dass die Preise für Badehosen trotz schlechter Nachfrage nicht zurückgegangen sind.

3. Stellen Sie das Marktgleichgewicht grafisch dar und erläutern Sie die Größen „Gleichgewichtspreis" und „Gleichgewichtsmenge".

4. Erläutern Sie am Beispiel des Marktes für Tomaten, wie die unterschiedlichen Funktionen des Preises hier greifen können.

5. Nennen Sie jeweils drei Beispiele, die zu einer Angebots- und zu einer Nachfrageverschiebung führen können.

AKTION

In der unten stehenden Tabelle ist das Verhalten von Anbietern und Nachfragern eines Produktes am Markt dargestellt.

Preis in €	Nachfrage in Stück	Angebot in Stück
40,00	220	0
50,00	200	20
60,00	180	40
70,00	160	60
80,00	140	80
90,00	120	100
100,00	100	120
110,00	80	140
120,00	60	160
130,00	40	180
140,00	20	200

a) Stellen Sie diesen Sachverhalt grafisch dar.

b) Kennzeichnen Sie in der Grafik den Gleichgewichtspreis und die Gleichgewichtsmenge.

c) Ermitteln Sie die Mengendifferenz bei einem Preis von 50,00 €. Liegt ein Angebots- oder ein Nachfrageüberhang vor?

d) Ermitteln Sie die Mengendifferenz bei einem Preis von 130,00 €. Liegt ein Angebots- oder ein Nachfrageüberhang vor?

e) Stellen Sie die ermittelten Werte aus c) und d) zeichnerisch dar.

f) Wohin werden sich Gleichgewichtspreis und Gleichgewichtsmenge entwickeln, wenn sich die Nachfragekurve nach rechts verschiebt?

g) Wohin werden sich Gleichgewichtspreis und Gleichgewichtsmenge entwickeln, wenn sich die Angebotskurve nach rechts verschiebt?

ZUSAMMENFASSUNG

Anbieter … beeinflussen den … **Nachfrager**

Anbieter

- Je höher der Preis desto größer ist das Angebot.
- Je niedriger der Preis desto geringer ist das Angebot.

Angebotsüberhang

- Zu dem Preis wird mehr angeboten als nachgefragt.

Angebotsverschiebungen

- nach rechts → GG-Preis sinkt, GG-Menge steigt.
- nach links → GG-Preis steigt, GG-Menge steigt.

Marktpreis (vollkommener Markt)

Funktionen des Preises

- Ausgleichsfunktion
- Signalfunktion
- Lenkungsfunktion
- Erziehungsfunktion

Nachfrager

- Je höher der Preis desto niedriger ist die Nachfrage.
- Je niedriger der Preis desto höher ist die Nachfrage.

Nachfrageüberhang

- Zu dem Preis wird mehr nachgefragt als angeboten.

Nachfrageverschiebungen

- nach rechts → GG-Preis und GG-Menge steigen.
- nach links → GG-Preis und GG-Menge fallen.

3.8 Wir erkennen Möglichkeiten und Gefahren der Arbeitsteilung

Einstieg

Es ist Frühjahr und die Nachfrage nach Fahrrädern hat saisonbedingt stark zugenommen. Leider ist ausgerechnet jetzt bei der Hoffmann KG der Krankenstand in der Fahrradproduktion sehr hoch. Ekkehard Klante, Leiter des Funktionsbereichs Fahrradproduktion, beauftragt den Auszubildenden Dominik Schlote damit, Herrn Roland Matthes, Leiter des Funktionsbereichs Textilproduktion, zu fragen, ob er für die kommende Woche zehn seiner Mitarbeiter entbehren kann, damit die Fahrradproduktion gewährleistet ist.

Dominik ist sich nicht sicher, ob das die beste Lösung für das Problem ist ...

1. Warum hat Dominik Schlote Bedenken?
2. Welche Lösung für den drohenden Produktionsausfall würden Sie vorschlagen?

INFORMATIONEN

Entwicklung der Arbeitsteilung

Arbeitsteilung hat es schon sehr früh gegeben. Die älteste Arbeitsteilung ist die zwischen Mann und Frau. So war es in der Steinzeit üblich, dass der Mann Jäger und Sammler war und die Frau sich auf Haus- und Feldarbeit konzentriert hat. Dies war eine Selbstversorgungswirtschaft innerhalb der Familie.

Klassische Arbeitsteilung in der Steinzeit

Die ersten höheren Kulturen gab es im Nahen Osten (Irak, Palästina, Ägypten). Hier entstand mit Jericho bereits zwischen 8 000 und 6 000 v. Chr. die erste Stadt. Die Arbeitsteilung und die Bildung von Berufen setzten ein (**berufliche Arbeitsteilung**). So haben sich bereits bis ins Mittelalter Berufe wie der Schreiner, der Schmied oder der Schneider gebildet, die überwiegend im Handwerk angesiedelt waren. Bei dieser ersten **Berufsbildung** hat jedes Mitglied eines Dorfes/einer Gemeinschaft den Beruf ausgeübt, bei dem es besonders talentiert war.

Mit dem weiter fortschreitenden technischen Fortschritt und dem damit immer komplizierten und umfangreicheren Tätigkeiten in einem Beruf gab es eine **Berufsspaltung**. So musste ein Schmied nicht nur ein Eisen bearbeiten, sondern auch feinere Arbeiten ausführen. Nun gab es nicht nur den Schmied, sondern auch den Hufschmied, Waffenschmied, Goldschmied usw. Ähnliche Berufsspaltungen hat es auch in anderen Berufen gegeben, die bis in die heutige Zeit stattfinden.

Neben der beruflichen Arbeitsteilung, die sich mit den Spezialisierungen des Menschen beschäftigt, legt die **betriebliche Arbeitsteilung** den Fokus auf das Unternehmen. So findet innerhalb eines Betriebs eine Arbeitszerlegung statt, wenn etwa die Produktion in unterschiedliche Teilprozesse eingeteilt wird. Die entsprechenden Arbeitnehmer in den Teilprozessen sind nur auf diese speziellen Aufgaben ausgebildet. Die Fließbandarbeit ist beispielsweise eine Folge dieser Arbeitszerlegung. Eine weitere betriebliche Arbeitsteilung ist die Bildung von Abteilungen (innerbetriebliche Arbeitszerlegung). So nimmt jede Abteilung und damit jeder Mitarbeiter der Abteilung unterschiedliche Aufgaben innerhalb der Wertschöpfungskette wahr. Auch überbetrieblich ist eine Arbeitszerlegung möglich. Hier finden Teilprozesse der Produktion in wirtschaftlich selbstständigen Produktionsstätten statt, das heißt, ein Unternehmen bildet Unterfirmen, um dort zu produzieren.

Abteilung des Rechnungswesens, in der die Ein- und Ausgangsrechnungen bearbeitet und geprüft werden

Volkswirtschaftliche Arbeitsteilung

Um die Arbeitsteilung nach volkswirtschaftlichen Gesichtspunkten zu betrachten, sind die verschiedenen **Wirtschaftssektoren** von Bedeutung, in denen die Unternehmen agieren[1].

Der **Primärsektor** (Urproduktion) umfasst den Abbau von Bodenschätzen und die Gewinnung natürlicher Rohstoffe.

BEISPIELE
- Land- und Forstwirtschaft
- Fischerei
- Bergbau
- Betriebe der Öl- und Gasgewinnung

Der **Sekundärsektor** (Weiterverarbeitung) verarbeitet in der Regel die vom Primärsektor erzeugten bzw. abgebauten Produkte weiter. Zum Sekundärsektor gehören Betriebe aus Industrie und Handwerk.

BEISPIELE
- verarbeitendes Gewerbe
- Energie- und Wasserversorgung
- Baugewerbe
- Handwerk

1 siehe auch Kap. 4.3

Der **Tertiärsektor** (Dienstleistungen) ist dafür zuständig, die erzeugten Waren dem Endverbraucher zuzuführen oder weitere Dienstleistungen anzubieten.

BEISPIELE
- Handel
- Verkehr, Logistik
- Kreditinstitute
- Versicherungen
- Öffentliche Haushalte (Staat, Gemeinden, ...)

In der Literatur wird manchmal auch noch der Quartiärsektor genannt, der die Hochtechnologie und Informationsverarbeitung umfasst.

In der Wirtschaft hat in den letzten Jahrzehnten ein starker Strukturwandel stattgefunden. Während in den Nachkriegsjahren des Zweiten Weltkriegs noch etwa 25 % der Erwerbstätigen im Primärsektor tätig waren, sind es heute noch etwa 2 %. Auch das produzierende Gewerbe (Sekundärsektor) hat von ca. 43 % um 1950 heute noch einen Anteil von ca. 25 % (produzierendes Gewerbe und Baugewerbe). Anteile gewonnen hat hingegen der Dienstleistungssektor, der 1950 noch bei ca. 33 % lag und heute bei über 70 % (öffentliche und private Dienstleister, Finanzierung, Handel, Gastgewerbe und Verkehr).

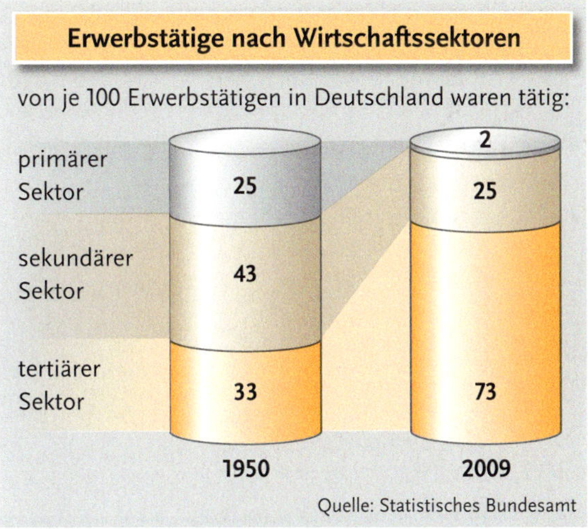

Auch zwischen den Volkswirtschaften findet eine Arbeitsteilung statt. Die **internationale Arbeitsteilung** ist notwendig, da nicht alle Güter und/oder Dienstleistungen im Land ausreichend vorhanden sind. Andere Motive sind günstigere Produktionsmöglichkeiten im Ausland (z. B. niedrigere Lohnkosten in der Textilproduktion in Asien) oder niedrigere Preise von bestimmten Gütern im Ausland.

Der Welthandel und die Weltwirtschaftsleistung sind seit 1950 stark gestiegen. Die Steigung des Welthandels ist auch dadurch begründet, dass große Volkswirtschaften wie China oder Indien in den letzten Jahren ihre Wirtschaftsleistung stark steigern konnten. Dies war unter anderem auch durch erhöhten Außenhandel möglich.
Der Welthandel hat 2008 und 2009 einen Rückgang zu verzeichnen. Dies ist die Folge einer Weltwirtschaftskrise. Es ist davon auszugehen, dass der steigende Trend im Welthandel aber langfristig anhalten wird, da viele Länder ihre Wirtschaftsleistung weiter steigern werden.

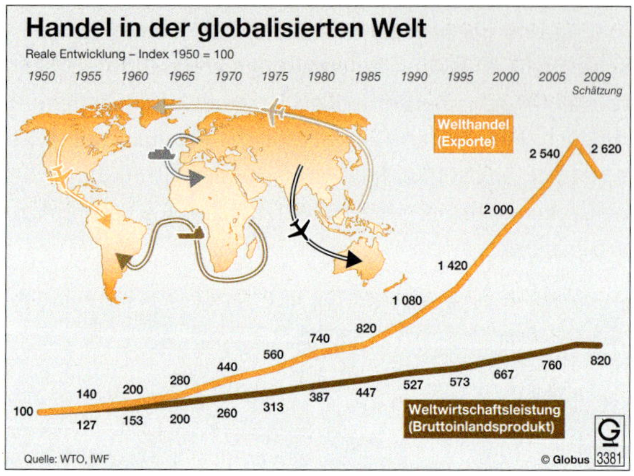

Auswirkungen der Arbeitsteilung

Es ist im Laufe dieses Kapitels bereits viel über die Vorteile der Arbeitsteilung berichtet worden. Verbesserungen in den Arbeitsprozessen oder eine steigende Produktivität sind dabei zu nennen. Es gibt aber auch negative Effekte für eine Volkswirtschaft, für den Betrieb oder für jeden Menschen individuell. Nachfolgend werden die Vor- und Nachteile für die einzelnen Bereiche aufgeführt:

Mögliche Auswirkungen auf eine **Volkswirtschaft**		Mögliche Auswirkungen auf einen **Betrieb**		Mögliche Auswirkungen auf einen **Mitarbeiter**	
Vorteile	Nachteile	Vorteile	Nachteile	Vorteile	Nachteile
• Versorgung des Landes • Güteraustausch erhöht die Arbeitsproduktivität • preiswertere Güter • internationale Kontakte (auch in anderen Bereichen) • höhere Produktvielfalt	• Abhängigkeit zu anderen Ländern • Mögliche Verschuldung gegenüber dem Ausland • Über- oder Unterproduktionen sind möglich	• gute Auslastung der Maschinen • höhere Produktivität bei den Mitarbeitern • erhöhte Gewinne durch Rationalisierung • bessere Produktqualität	• geringere Motivation der Mitarbeiter • Facharbeiter zum Teil nicht verfügbar • erhöhter Krankenstand	• sicherer Umgang mit den Aufgaben • höheres Einkommen • gegebenenfalls kürzere Arbeitszeiten (mehr Freizeit) • Aufbau von Spezialwissen	• monotone Arbeit • höherer Krankenstand durch einseitige Beanspruchung • Konkurrenzkampf • Wegfall von Arbeitsplätzen durch Rationalisierung • fehlender Überblick des Einzelnen

AUFGABEN

1. Schildern Sie mit eigenen Worten die Entwicklung der Arbeitsteilung von der Steinzeit bis heute.
2. Geben Sie drei Beispiele von Berufsbildungen (z. B. Schmied) und geben Sie beispielhaft eine Spaltung der ausgewählten Berufe an (z. B. Hufschmied, Waffenschmied, Goldschmied usw.).
3. Nennen Sie drei Branchen, in denen Fließbandarbeit durchgeführt wird. Worin bestehen hier die Vor- und die Nachteile für den Betrieb und die Mitarbeiter?
4. Welche Arbeitsteilungen könnten beim Prozess der Fahrradherstellung bei der Hoffmann KG von eigenen Mitarbeitern bzw. externen Unternehmen durchgeführt werden?

5. Deutschland hat einen hohen Außenhandelsüberschuss. Welche Vorteile bringt der Außenhandel der deutschen Volkswirtschaft?

6. Erläutern Sie zwei Beispiele, bei denen es aufgrund von Außenhandelsbeziehungen zu Abhängigkeiten zwischen zwei Ländern gekommen ist.

AKTIONEN

1. Welche Berufe finden Sie in Ihrem Ausbildungsbetrieb vor?

2. Welche Arbeitsteilungen könnten beim Produktionsprozess bzw. im Dienstleistungsbereich Ihres Ausbildungsbetriebes von eigenen Mitarbeitern bzw. externen Unternehmen durchgeführt werden?

ZUSAMMENFASSUNG

Arbeitsteilung

Entwicklung der Arbeitsteilung

einfache Arbeitsteilung
- innerhalb der Familie zwischen Mann und Frau

berufliche Arbeitsteilung
- Berufsbildung: Es haben sich Berufe gebildet.
- Berufsspaltung: Aus den gebildeten Berufen erfolgte eine weitere Spaltung.

betriebliche Arbeitsteilung
Arbeitszerlegung:
- innerhalb des Betriebs Zerlegung in Teilprozesse (z. B. Abteilungsbildung)
- überbetriebliche Zerlegung der Teilprozesse in wirtschaftlich selbstständigen Produktionsstätten

Volkswirtschaftliche Arbeitsteilung

Strukturwandel von der Produktionsgesellschaft zur Dienstleistungsgesellschaft

Wirtschaftssektoren
- Primärsektor (Urproduktion)
- Sekundärsektor (Weiterverarbeitung)
- Tertiärsektor (Dienstleistungen)

internationale Arbeitsteilung
- Güteraustausch
- Motive: Nicht ausreichend Güter/Dienstleistungen im Land, günstigere Produktion, niedrigere Güterpreise
- stetig steigender Welthandel

Auswirkungen der Arbeitsteilung

positive Effekte
- volkswirtschaftlich
- betrieblich
- individuell

negative Effekte
- volkswirtschaftlich
- betrieblich
- individuell

KAPITEL 4

Wir nehmen am betrieblichen Leistungsprozess teil

ARBEITSBEDINGUNGEN
AUFTRAGSFERTIGUNG
ARBEITSPLÄTZE
DIENSTLEISTUNGSBEREICH
EIGENKAPITALRENTABILITÄT
GEWINNMAXIMIERUNG
INFORMATIONSSEKTOR
LOGISTIK- UND VERKEHRSUNTERNEHMEN
ARBEITSKRAFT
INDUSTRIEBETRIEB
RENTABILITÄT
MARKETINGZIELE
PRODUKTIONSPLANUNG
MASSENFERTIGUNG
PRODUKTIONSSTEUERUNG
UNTERNEHMENSZIELE
ROHSTOFFE
PRIMÄRSEKTOR
WERKSTOFFE
VERBRAUCHER
WIRTSCHAFTSGEFÜGE

4 Wir nehmen am betrieblichen Leistungsprozess teil

4.1 Wir unterstützen unser Unternehmen beim Erreichen der Unternehmensziele

Einstieg

Das Leitbild der Hoffmann KG

(ein Auszug)

- Die Hoffmann KG ist innovativ, ertragsorientiert, nah am Kunden und wird durch qualifizierte Mitarbeiterinnen und Mitarbeiter geprägt.
- Wir stellen den Kunden in den Mittelpunkt unseres Handelns. Kundenzufriedenheit ist unsere wichtigste Zielsetzung. Wir verpflichten uns zu Qualität in Beratung und Kundendienst.
- Wir handeln verantwortungsbewusst und erfolgsorientiert. Indem wir unser Unternehmen auf zukünftige Aufgaben und Anforderungen vorbereiten, sichern wir die Zukunft unseres Unternehmens und die Arbeitsplätze unserer Mitarbeiter. Die dafür erforderliche unternehmerische und finanzielle Unabhängigkeit gewährleisten wir durch nachhaltige Erträge.
- In unsere Unternehmenspolitik fließt die Erkenntnis ein, dass motivierte und zufriedene Mitarbeiter einen entscheidenden Wettbewerbsfaktor darstellen. Nur mit motivierten Mitarbeitern können wir unseren Unternehmenserfolg erreichen und sichern. Deren persönliche und berufliche Entfaltung unterstützen wir durch geeignete Fortbildungsmaßnahmen. Zur Erfüllung ihrer Aufgaben erhalten unsere Mitarbeiter die notwendigen Kompetenzen.
- Der Schutz natürlicher Ressourcen ist ein wichtiger Bestandteil unserer unternehmerischen Tätigkeit. Dabei haben wir nicht nur innerhalb unseres Unternehmens große Fortschritte für den Umweltschutz erzielt. Die Hoffmann KG bezieht konsequent auch Lieferanten und Partnerunternehmen in ihre Bemühungen mit ein.

Dieses Leitbild ist eine Leitlinie und Orientierungshilfe für die Arbeit der Geschäftsführung sowie jeder einzelnen Mitarbeiterin und jedes einzelnen Mitarbeiters der Hoffmann KG.

1. Welche Ziele müssen die Geschäftsführung und die Mitarbeiterinnen und Mitarbeiter der Hoffmann KG zur Umsetzung des Unternehmensleitbilds verfolgen?
2. Durch welches Handeln können die Mitarbeiterinnen und Mitarbeiter der Hoffmann KG zum Erreichen dieser Ziele beitragen?

INFORMATIONEN

Streben nach Gewinn

Jeder Unternehmer strebt durch seine selbstständige Tätigkeit einen möglichst hohen Gewinn an (= Gewinnmaximierung), da er sein Einkommen und damit seinen Lebensstandard sichert.

Häufig findet dieses Streben nach einem maximalen Gewinn in dem Ziel einer möglichst hohen Rentabilität des eingesetzten Kapitals seinen Ausdruck.

DEFINITION

Die **Rentabilität** gibt die Verzinsung des in einem Unternehmen eingesetzten Kapitals an.

Bei der Ermittlung der Rentabilität unterscheidet man:

- Eigenkapitalrentabilität (= Unternehmerrentabilität)
- Gesamtkapitalrentabilität (= Unternehmensrentabilität)
- Umsatzrentabilität

DEFINITIONEN

Die **Eigenkapitalrentabilität** gibt an, mit wie viel Prozent sich das eingesetzte Eigenkapital verzinst hat.

Die **Gesamtkapitalrentabilität** gibt an, mit wie viel Prozent sich das gesamte eingesetzte Kapital verzinst hat.

Die **Umsatzrentabilität** gibt den im Nettoumsatz enthaltenen Gewinn in Prozent an.

Eine geringe Umsatzrentabilität führt bei gleichem Umsatz zu einem geringeren Gewinn als eine hohe Umsatzrentabilität.

Streben nach Umsatz

Viele Unternehmen versuchen über einen möglichst hohen Umsatz auch einen möglichst hohen Gewinn zu erzielen.

Erhaltung des Betriebs

Gewinn- und Umsatzziele können auf Dauer nur in einem lebensfähigen Unternehmen erzielt werden. Um im Wettbewerb bestehen zu können, reicht es nicht aus, nur hohe Umsätze zu erzielen. Diese Umsätze müssen vielmehr auf möglichst wirtschaftliche Weise erzielt werden.

Ein Unternehmer handelt wirtschaftlich, wenn er versucht,

- eine bestimmte Leistung mit möglichst geringem Aufwand oder
- eine möglichst große Leistung mit einem gegebenen Aufwand zu erzielen (= ökonomisches Prinzip).

Die Wirtschaftlichkeit eines Betriebs lässt sich aus dem Verhältnis seiner Leistung zu seinen Kosten ermitteln.

BEISPIEL

Die Leistung eines Handelsbetriebs ist sein Nettoumsatz. Der Nettoumsatz ist die Absatzmenge, bewertet zu Nettoverkaufspreisen.

Die Kosten eines Handelsbetriebs sind alle betriebsbedingten Aufwendungen des Unternehmens, z. B. Personalkosten, Raumkosten, Lagerkosten.

Bei gleich bleibendem Umsatz kann ein Händler die Wirtschaftlichkeit seines Betriebs durch die Minimierung seiner Kosten erhöhen.

Sicherung der Arbeitsplätze

Eine wirtschaftliche Unternehmensführung ist auch im Interesse der Arbeitnehmer. Nur in einem wettbewerbsfähigen Unternehmen können Arbeitsplätze langfristig erhalten werden.

Soziale Ziele

Sie betreffen neben der Sicherung der Arbeitsplätze u. a.:

- die menschengerechte Gestaltung der Arbeitsbedingungen (Gestaltung des Arbeitsplatzes und der Arbeitsräume, Arbeitsschutzmaßnahmen)
- betriebliche Sozialeinrichtungen
- die persönlichen Mitbestimmungs- und Entfaltungsmöglichkeiten am Arbeitsplatz

Bedarfsdeckung

Die Umsatz- und Gewinnziele eines Unternehmens lassen sich nur mit einem kundengerechten Sortiment erreichen. Deshalb sind Unternehmen bestrebt, ein Sortiment anzubieten, das dem Bedarf ihrer Kunden entspricht.

Ökologische Ziele

In der Bevölkerung hat das Umweltbewusstsein in den letzten Jahren stark zugenommen. Dies hat Auswirkungen auf ihr Einkaufsverhalten. Unternehmen können diesem Bewusstseinswandel durch die Aufnahme umweltfreundlicher Waren in ihr Sortiment oder Produktprogramm Rechnung tragen. Sie können z. B. Waren, deren Herstellung, Verwendung und Beseitigung die Gesundheit und Umwelt belasten, aus ihrem Sortiment herausnehmen und durch umweltverträgliche Waren ersetzen.

Darüber hinaus können Unternehmen durch sparsame Verpackung, stoffliche Verwertung (Recycling) und energetische Verwertung von Abfällen (Nutzung der Abfälle zur Energiegewinnung) zum Schutz der Umwelt beitragen.

Ziele öffentlicher Unternehmen

Öffentliche Unternehmen sind Unternehmen, die sich im Eigentum der öffentlichen Hand, d. h. von Bund, Ländern und Gemeinden, befinden. Zu ihnen gehören u. a. kommunale Versorgungsunternehmen (z. B. Wasserwerke) und städtische Verkehrsbetriebe (Busse und Bahnen).

Hauptziel öffentlicher Unternehmen ist meist nicht die Gewinnerzielung, sondern die bestmögliche Versorgung der Bevölkerung mit Gütern zur kollektiven Bedürfnisbefriedigung (Bedarfsdeckungsprinzip oder gemeinwirtschaftliches Prinzip).

BEISPIEL

Kommunale (gemeindliche) Versorgungsunternehmen sichern die ausreichende Versorgung der Bevölkerung mit Energie und Wasser zu günstigen Preisen.

Um dauerhaft wirtschaften zu können, müssen auch öffentliche Unternehmen zumindest ihre Kosten decken (Kostendeckungsprinzip). Wenn dies aus sozialen oder aus Konkurrenzgründen nicht möglich ist, müssen sie versuchen, ihre Verluste möglichst gering zu halten.

Zielsysteme

Die Zielentscheidungen über den zu erstrebenden Zustand eines Unternehmens werden von der Führungsspitze des Unternehmens getroffen. Diese Zielentscheidungen führen zu einem Zielsystem, das mehrere miteinander verbundene Unternehmensziele (Gewinnziel, Umsatzstreben, Unternehmenssicherung usw.) umfasst.

Aus den für das jeweilige Unternehmen relevanten Unternehmenszielen lassen sich dann Unterziele ableiten, die es ermöglichen, Unternehmensentscheidungen daraufhin zu überprüfen, ob sie dem Erreichen der entsprechenden Unternehmensziele dienen. Unterziele sind z. B. Beschaffungsziele, Marketingziele, Lagerungsziele, Finanzierungsziele und Personalziele.

Daraus entsteht eine **Zielhierarchie.**

BEISPIEL

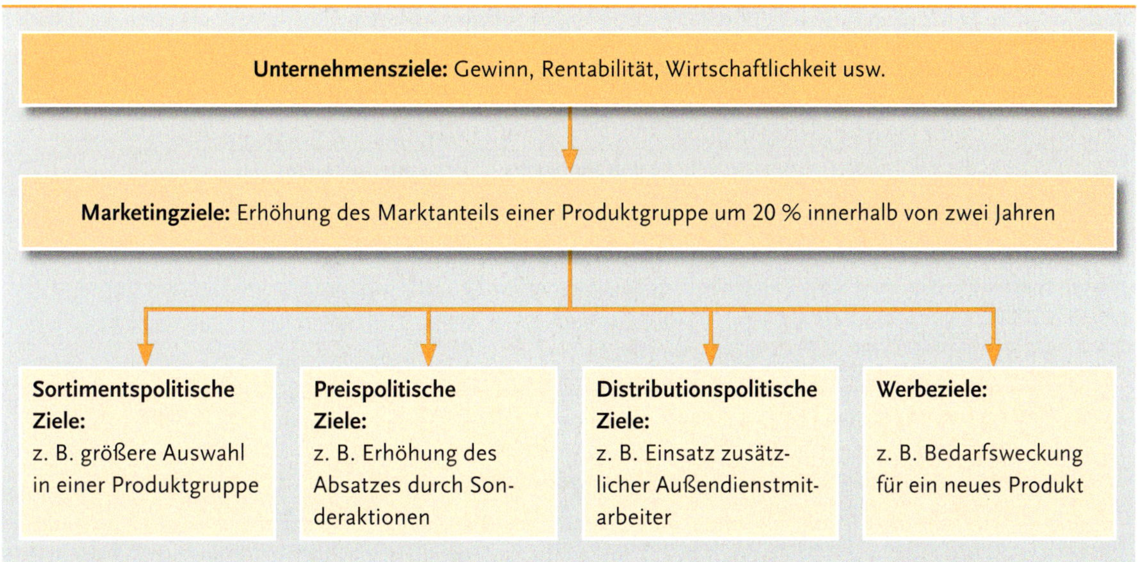

AUFGABEN

1. Warum streben Unternehmen nach einem möglichst hohen Gewinn?
2. Unterscheiden Sie Rentabilität und Wirtschaftlichkeit.
3. Weshalb streben Unternehmen häufig einen möglichst hohen Umsatz an?
4. Weshalb sind
   a) der Inhaber eines Unternehmens,
   b) die Arbeitnehmer eines Unternehmens an einer hohen Wirtschaftlichkeit ihres Unternehmens interessiert?
5. Weshalb ist ein Unternehmen bestrebt, den Bedarf seiner Kunden bestmöglich zu decken?
6. Warum streben öffentliche Unternehmen häufig nicht nach einem maximalen Gewinn?
7. Welche der folgenden Leistungen bieten öffentliche Unternehmen häufig mit Verlust an?
   a) Elektrizität
   b) Leistungen des öffentlichen Personenverkehrs (Busse und Bahnen)
   c) Benutzung öffentlicher Bibliotheken
   d) Abfallbeseitigung

AKTIONEN

1. Im Leitbild der Hoffmann KG findet sich u. a. folgende Aussage:

   > „Wir stellen den Kunden in den Mittelpunkt unseres Handelns. Kundenzufriedenheit ist unsere wichtigste Zielsetzung."

   Wie müssen sich die Mitarbeiterinnen und Mitarbeiter der Hoffmann KG verhalten, um diese Zielsetzung des Leitbildes zu fördern?

   Sammeln Sie in der Gruppe Handlungsweisen der Mitarbeiterinnen und Mitarbeiter, die die Kundenzufriedenheit fördern.
   Wenden Sie dabei die Kopfstandmethode an.

2. Die Leitung und die Mitarbeiterinnen und Mitarbeiter der Hoffmann KG haben sich in ihrem Leitbild verpflichtet, bei allen ihren Handlungen die Auswirkungen auf unsere Umwelt zu berücksichtigen.
   Erstellen Sie eine Mindmap zum Thema „Umweltschutzmaßnahmen der Hoffmann KG".

ZUSAMMENFASSUNG

Unternehmerische Zielsetzungen

Gewinnstreben	Umsatzstreben	Erhaltung des Betriebes und Sicherung der Arbeitsplätze	menschengerechte Gestaltung der Arbeitsbedingungen	Umweltschutz
Rentabilität • Eigenkapitalrentabilität • Gesamtkapitalrentabilität • Umsatzrentabilität	• Bedarfsdeckung der Bevölkerung • Berücksichtigung des zunehmenden Umweltbewusstseins	**Wirtschaftlichkeit**	• Gestaltung des Arbeitsplatzes und der Arbeitsräume • Arbeitsschutzbestimmungen	• Angebot umweltverträglicher Waren • sparsame Verpackung • stoffliche und energetische Verwertung von Abfällen

4.2 Wir stellen Güter her

Einstieg

Die Hoffmann KG verkauft nicht nur Textilien, sie stellt auch in begrenztem Umfang Jeans aus Baumwolle in unterschiedlichen Größen her. Die einzelnen Arbeitsschritte erfolgen zeitlich in 5-Minutenschritten aufeinander abgestimmt.

Stellen Sie fest, welche Organisationsform der Produktion vorliegt.

INFORMATIONEN

Im Rahmen der Produktion werden Leistungen im Betrieb erzeugt. Es entstehen Sachgüter oder Dienstleistungen. Der Produktionsprozess ist ein Wertschöpfungsprozess, bei dem als Input Produktionsfaktoren eingesetzt werden, die dann mithilfe unterschiedlicher Verfahren kombiniert werden. Somit wird schließlich ein Output geschaffen.

Produktion als Kombination der betriebswirtschaftlichen Produktionsfaktoren

Bei der Produktion von Sachgütern durchlaufen diese in der Regel einen Umformungsprozess, bis sie in der gewünschten und einer verwertbaren Form vorliegen. Die für diesen Veränderungsprozess vom Rohstoff über das Halbfabrikat bis zum Fertigprodukt benötigten Produktionsfaktoren teilt man ein in Werkstoffe, Betriebsmittel und Arbeitskraft.

Werkstoffe

Werkstoffe sind all diejenigen Stoffe, die bei der Produktion verbraucht werden:

- **Rohstoffe** sind der wesentliche Bestandteil des Produkts.

BEISPIEL

Die Hoffmann KG benötigt Aluminiumblech für die Herstellung des Fahrradrahmens.

- **Hilfsstoffe** haben einen geringen Wertanteil und gehen damit als geringfügiger Bestandteil in das Produkt ein, z. B. Schrauben.

- **Betriebsstoffe** werden im Produktionsprozess verbraucht, gehen aber nicht in das Produkt ein, z. B. Strom für den Betrieb der Maschinen.

Betriebsmittel

Dies sind alle Maschinen oder andere Anlagen, die benötigt werden, um die Produkte auftragsgemäß zu erstellen.

Arbeitskraft

Bedient werden die Betriebsmittel mit menschlicher Arbeitskraft, den sog. ausführenden Arbeitskräften, z. B. den Beschäftigten der beiden Produktionsabteilungen der Hoffmann KG. Die Verwaltung und Steuerung eines Unternehmens wird von den **leitenden** Arbeitskräften übernommen, z. B. Geschäftsführung und Abteilungsleiter. Hier handelt es sich um die sogenannte **dispositive** Arbeit.

Die Kombination der Produktionsfaktoren kann nach unterschiedlichen Produktionsverfahren erfolgen.

BEISPIEL

Bei der Hoffmann KG wird u. a. mit der Sortenfertigung gearbeitet.

Produktionsplanung und -steuerung

Die Produktionsabteilungen erstellen Güter, die dann vom Vertrieb verkauft werden. Es muss sichergestellt werden, dass im Rahmen der Fertigung Termine, Mengen und Kosten eingehalten werden. Von entscheidender Bedeutung ist daher die genaue Planung der Produktion. Zur Optimierung der Fertigung müssen Entscheidungen getroffen werden über:

- das Produktionsprogramm
- den Materialbedarf
- den Ablauf des Produktionsprozesses

Im Rahmen der Produktionssteuerung werden dann die geplanten Fertigungsaufträge freigegeben, gesteuert und überwacht.

Eine optimale Produktionsplanung und -steuerung geht heute nicht mehr ohne EDV-Einsatz. Dazu verwenden Industrieunternehmen spezielle Softwarepakete: die Produktionsplanungs- und -steuerungssysteme (PPS).

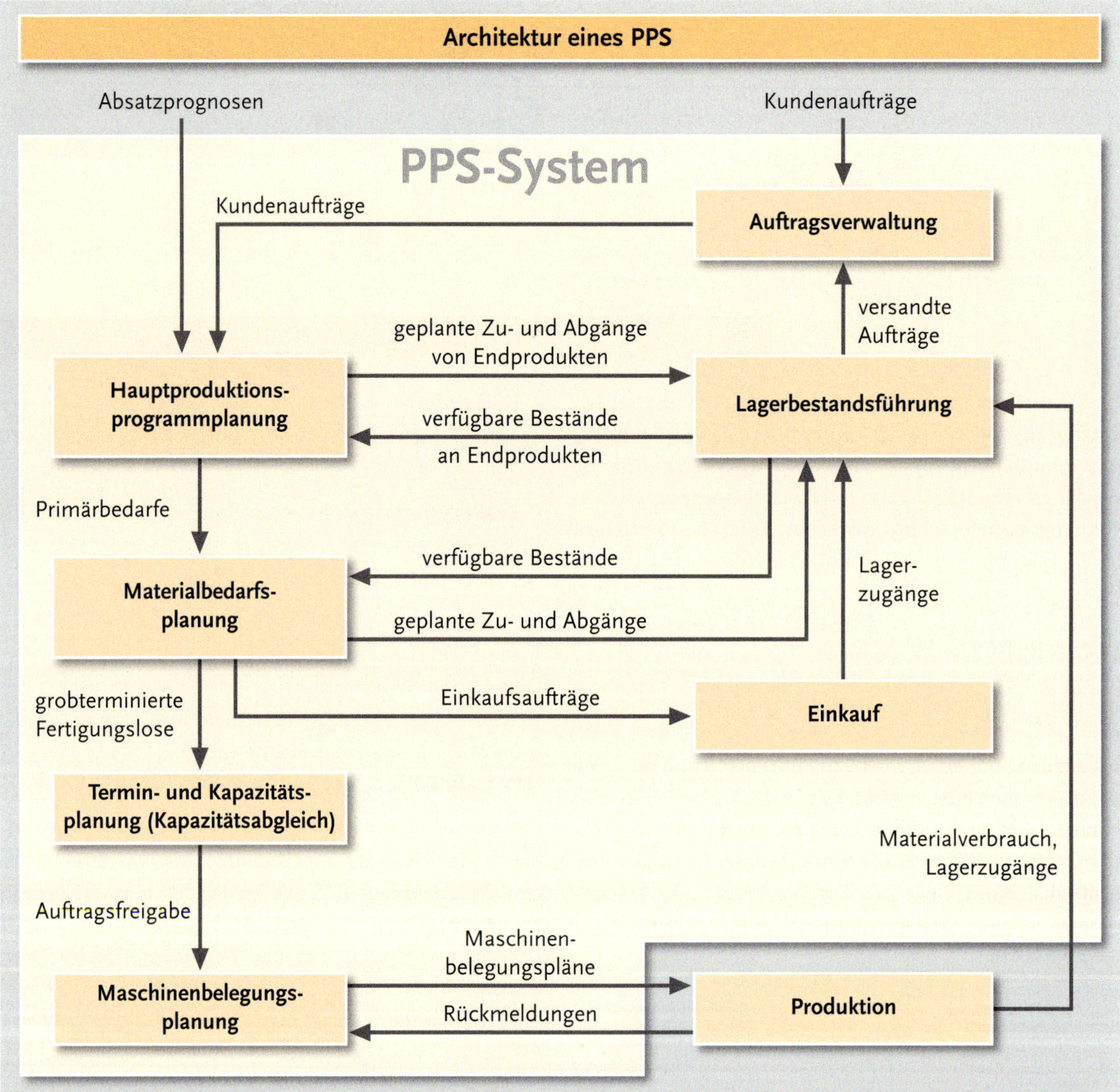

Quelle: www.wior.uni-karlsruhe.de/LS_Neumann/Lehre/WS2004/DSS/ArchitekturPPS.jpg

Voraussetzung für Produktion ist die Festlegung des jeweiligen Fertigungstyps. Darunter versteht man die Unterteilung des Produktionsprozesses nach bestimmten Kriterien, z. B. nach:

- der Menge gleichartiger Produkte
- der räumlichen Anordnung der Maschinen und Arbeitsplätze
- dem Absatz der Produkte

3560 68

Fertigungstypen nach der Menge gleichartiger Produkte

Einzelfertigung

Bei der Einzelfertigung wird ein Produkt auf Bestellung einmalig hergestellt. Es gibt kein festes Fertigungsprogramm.

BEISPIELE

- Brückenbau: Tiefbauunternehmen stellen einzelne Brücken her.
- Zahnersatz: Dentallabors fertigen Kronen und Implantate nach Maß an.

In der Tischlerei werden individuelle Möbel hergestellt.

Unterschieden werden können:

- **einmalige Einzelfertigung**
  Jedes Produkt ist ein Einzelstück.
- **wiederholte Einzelfertigung**
  Es werden im Laufe der Zeit weitgehend ähnliche Produkte hergestellt.

Arbeitet ein Unternehmen mit Einzelfertigung, wird es universell einsetzbare und schnell einsatzbereite Maschinen verwenden. Für deren Bedienung werden Arbeitnehmer benötigt, die qualifiziert und flexibel sind. Dadurch kann sich das Unternehmen schnell an Marktveränderungen anpassen. Hauptnachteil der Einzelfertigung sind die hohen Stückkosten.

Serienfertigung

Die Serienfertigung wird häufig auch Variantenfertigung genannt. Dabei stellt ein Unternehmen größere, aber begrenzte Stückzahlen her. Hierzu müssen die Maschinen entsprechend umgerüstet werden. Die dadurch entstehenden Kosten heißen Rüstkosten.

BEISPIEL

Eine Textilfabrik produziert zunächst Anzüge, dann Kleider, dann Hosen.

Der Hauptvorteil der Serienfertigung gegenüber der Einzelfertigung liegt in den deutlich geringeren Stückkosten. Rationalisierungseffekte ergeben sich auch, weil wegen der gleichbleibenden Arbeitsabläufe die Herstellung einfacher ist. Weitere Vorteile:

- Die Beschaffung der Roh-, Hilfs- und Betriebsstoffe ist in größeren Mengen günstiger.
- Es können Universalmaschinen verwendet werden.
- Bei gleichbleibenden Arbeitsabläufen können eher angelernte Arbeitskräfte eingestellt werden.

Die Hauptnachteile der Serienfertigung sind:

- Sie weist eine geringere Flexibilität auf.
- Spezielle Kundenwünsche können nicht mehr optimal berücksichtigt werden.
- Die Serienfertigung geht zu Lasten der Individualität der Produkte.

Sortenfertigung

Die Sortenfertigung ähnelt der Serienfertigung. Bei der Serienfertigung können hintereinander Serien auch unterschiedlicher Produkte hergestellt werden. Dies erfordert dann hohe Umrüstzeiten und -kosten. Im Rahmen der Sortenfertigung werden nacheinander unterschiedliche Sorten hergestellt. Die Produkte dieser Sorten sind sich sehr ähnlich, auch der Arbeitsprozess ist relativ gleich. Der Unterschied zur Serienfertigung liegt also darin, dass nicht verschiedene Produktarten, sondern nur verschiedene Varianten einer Produktart hergestellt werden.

BEISPIEL

In einer Brauerei werden verschiedene Biersorten parallel auf verschiedenen Anlagen oder zeitlich nacheinander auf denselben Anlagen gefertigt. In der Brauerei wird nichts anderes als Bier hergestellt.

Kessel in einer Brauerei

Massenfertigung

Bei der Massenfertigung wird ein stets gleiches Produkt in nahezu unbegrenzter Stückzahl hergestellt. Dabei wird immer wieder derselbe Fertigungsvorgang wiederholt. Daher fallen in der Regel keine Umrüstkosten an. Es besteht die Möglichkeit, den Produktionsprozess weitgehend zu automatisieren.

BEISPIEL

In einem Werk in Leverkusen wird Zahnpasta in sehr großen Mengen hergestellt.

Vorteile der Massenfertigung:

- Bei dieser Art der Fertigung sind die Stückkosten am geringsten.
- Die Maschinen können optimal ausgenutzt werden.

Nachteile der Massenfertigung:

- Durch den Einsatz von Spezialmaschinen ist diese Art der Fertigung sehr unflexibel. Deren Kauf erzeugt einen hohen Kapitalbedarf.
- Durch monotone Arbeit sind die Arbeitnehmer sehr belastet.
- Produktionsumstellungen – z. B. aufgrund von Nachfrageänderungen – sind sehr aufwendig und kostspielig.

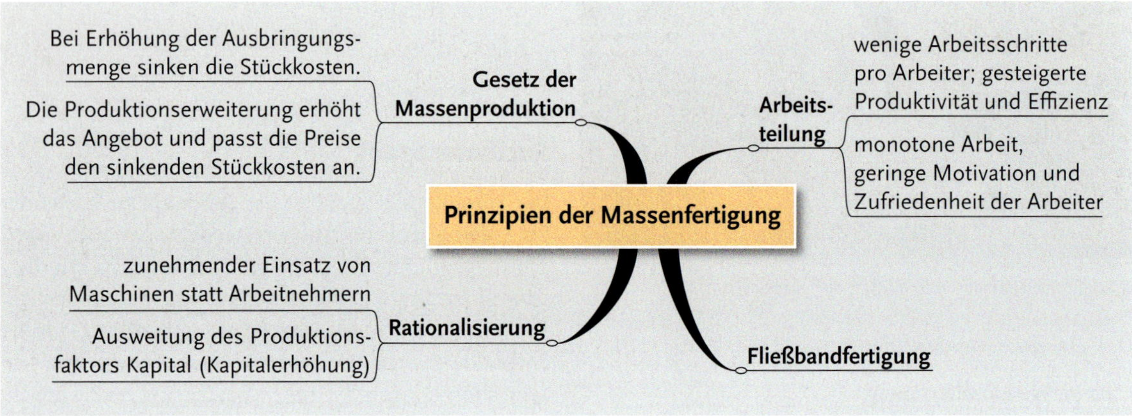

Fertigungstypen nach der räumlichen Anordnung der Maschinen und Arbeitsplätze

Fließfertigung

Bei der Fließfertigung wird versucht, einen möglichst ständigen und ununterbrochenen Produktionsablauf zu erreichen. Dazu wird die Arbeit in möglichst kleine Arbeitsschritte zerlegt, denen bestimmte Zeiten – die Taktzeiten – zugeordnet werden. Die Maschinen werden dann so angeordnet bzw. eingesetzt, dass es zwischen diesen möglichst geringe Übergänge gibt.

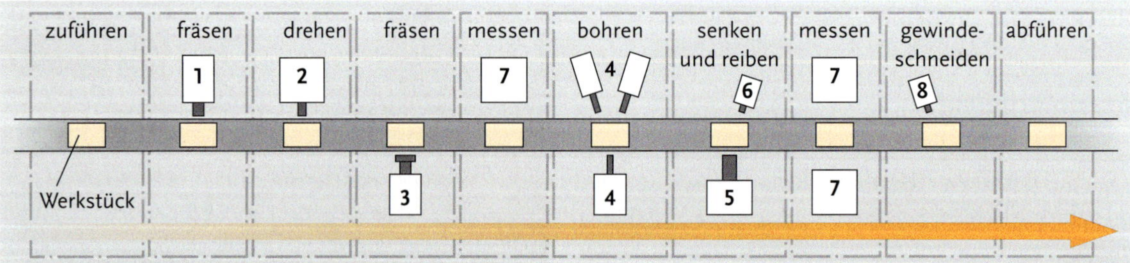

nach: REFA (Verband für Arbeitsstudien und Betriebsorganisation e. V.): Methodenlehre des Arbeitsstudiums. Teil 3 Kostenrechnung/Arbeitsgestaltung. Carl Hanser Verlag, München 1985, S. 259

Bei Fließfertigung handelt es sich um eine lückenlose Folge von Vorgängen, die ein Werkstück durchläuft und die von mehreren Menschen ausgeführt wird, deren Arbeitssysteme räumlich und zeitlich aufeinander angestimmt sind.

Man unterscheidet folgende Arten der Fließfertigung:

- Fließbandfertigung
- Reihenfertigung
- Transferstraßenfertigung

Fließbandfertigung
Die zu erstellenden Produkte bzw. deren Teile werden mit einem Fließband von einem zum nächsten Arbeitsplatz transportiert. Der Arbeitnehmer muss vorbestimmte Taktzeiten einhalten.

Die Fließbandfertigung wird überwiegend angewandt in der Massenfertigung.

Reihenfertigung
Die Betriebsmittel sind auch hier nach dem Ablauf der Fertigung angeordnet, die Arbeitsschritte werden jedoch ohne strenge Zeitvorgabe durchgeführt. Möglich sind sowohl das Überspringen von Fertigungsstationen als auch ein Zurückspringen. Benötigt werden dazu Zwischenlager. Die Reihenfertigung wird vor allem bei einer großen Produktvielfalt angewendet.

Transferstraßenfertigung
Die zu erstellenden Produkte bzw. deren Teile werden mit einem Fließband von einem zum nächsten Arbeitsplatz transportiert. Auch deren Bearbeitung und Kontrolle erfolgt vollautomatisch. Die Arbeitskräfte haben überwiegend nur noch überwachende Aufgaben und sind von der zeitlichen Bindung an der Anlage befreit.

Bei der Transferstraßenfertigung ist der Mensch von Fließbandtätigkeiten befreit.

Fließfertigung	
Vorteile	**Nachteile**
• Fließfertigung ist eine wesentliche Voraussetzung für vollautomatische Mehrfachproduktion. • Aufgrund einer hohen Produktion wird das Gesetz der Massenproduktion wirksam: niedrige Stückkosten ergeben auch niedrige Absatzpreise. • Vor Beginn der Serie ist nur einmal eine intensive Fertigungsplanung notwendig. • Durch die gleiche Herstellung der Produkte wird die Kalkulation vereinfacht. • Durch eng aneinander gerückte Arbeitsplätze kommt es zu einer Platzersparnis. • Die Möglichkeit, unqualifizierte Arbeitskräfte einzusetzen, bringt einen geringen Lohnkostenaufwand.	• Die komplette Produktionsanlage besteht aus teuren Spezialmaschinen, die sich dadurch nicht für die Herstellung anderer Produkte eigenen. Dies kann bei einer Nachfrageänderung zu Problemen führen, da die Maschinen dann nicht mehr benötigt werden. • Der Ausfall von Maschinen hat größere Auswirkungen. • Für die Arbeitskräfte stellt die Fließfertigung eine monotone Arbeit dar mit geringer geistlicher Beanspruchung sowie einseitiger körperliche Beanspruchung. Dies kann zu Motivationsproblemen führen. Aus diesem Grund geht der Trend auch zur vollautomatisierten Transferstraßenfertigung. • Die durch die Fließfertigung ermöglichte Massenproduktion kann zu einer Umweltbelastung führen. In der Industrie wird daher zunehmend über Verfahren nachgedacht, die umweltbelastende Nebeneffekte eines Produktionsprozesses vermeiden. Verringert werden soll auch der Rohstoff- und Energieverbrauch.

Werkstattfertigung

Maschinen oder Arbeitsplätze, die ähnliche Tätigkeiten vornehmen, werden zu Werkstätten zusammengefasst. Das zu erstellende Produkt muss dabei mehrere Werkstätten durchlaufen. Die Werkstattfertigung hat ihre Anwendungsschwerpunkte bei der Montage in der Einzelfertigung sowie in der Vorfertigung.

Arbeitsplätze mit gleichen oder ähnlichen Tätigkeiten werden bei der Werkstattfertigung räumlich zusammengefasst.

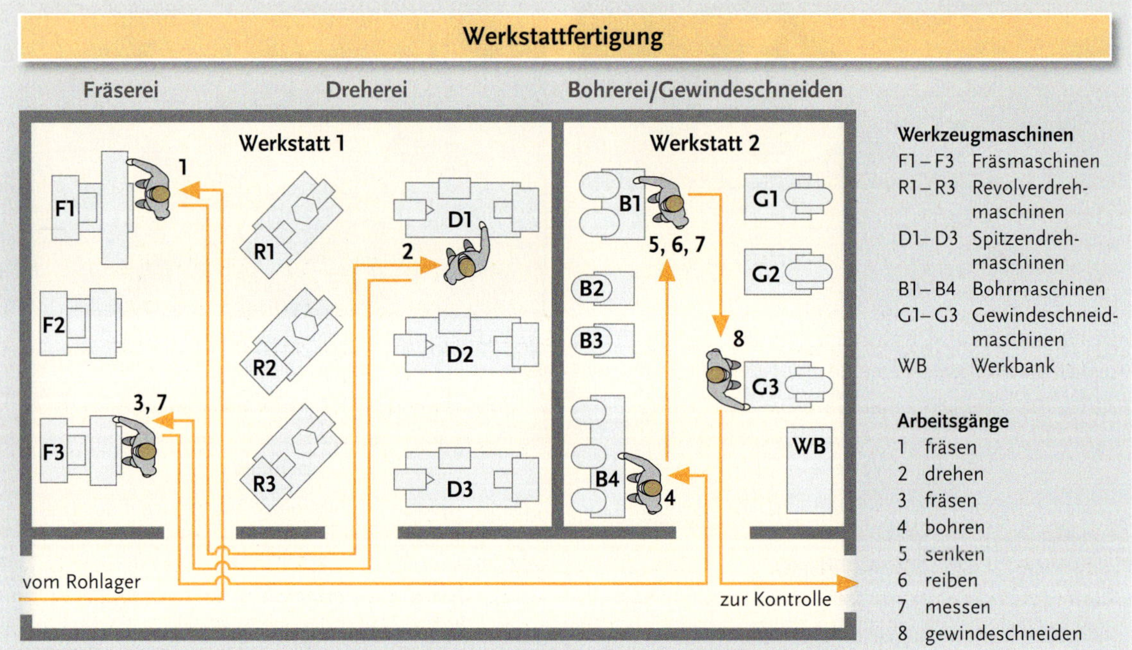

nach: REFA (Verband für Arbeitsstudien und Betriebsorganisation e. V.): Methodenlehre des Arbeitsstudiums. Teil 3 Kostenrechnung/Arbeitsgestaltung. Carl Hanser Verlag, München 1985, S. 255

Bei der Werkstattfertigung sind die Arbeitssysteme eines Betriebs mit gleicher oder ähnlicher Arbeitsaufgabe räumlich zusammenhängend angeordnet.

Werkstattfertigung	
Vorteile	**Nachteile**
• leichtes Anpassen an Mengenschwankungen • Flexibilität • geringe Fixkosten	• unterschiedliche Auslastung (Leerkosten) • hohe variable Kosten • lange Transportwege • Zwischenlager (hohe Lagerkosten, hohe Kapitalbindung)

Gruppenfertigung

Die Gruppenfertigung ist eine Zwischenform von Fließ- und Werkstattfertigung. Zwar werden Maschinen oder Arbeitsplätze nach dem Werkstattprinzip in Gruppen zusammengefasst, innerhalb der Gruppen sind diese jedoch nach dem Fließfertigungsprinzip angeordnet.

Als nachteilig können sich insgesamt höhere Kosten und eine etwas verringerte Produktivität erweisen.

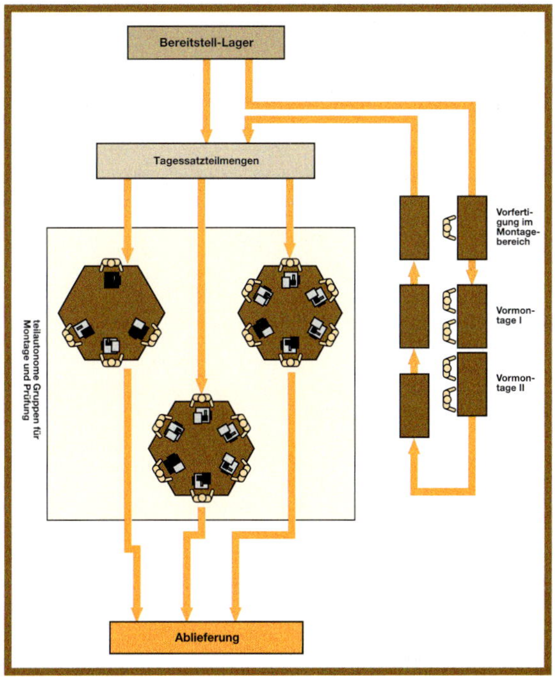

Verschiedene Produktionsmittel und Arbeitsvorrichtungen werden zu Gruppen zusammengefasst.

Vorteile der Gruppenfertigung	
gegenüber der Werkstattfertigung	**gegenüber der Fließfertigung**
• kürzere Transportwege • schnellerer Produktionsdurchlauf • geringere Kosten für Zwischenlager	• größere Anpassungsfähigkeit • Für die Arbeitnehmer ist die Arbeit interessanter: – weniger Monotonie – besserer Kontakt der Mitarbeiter untereinander • geringe Störanfälligkeit

Flexible Fertigungsinseln

Eine neue Organisationsform in der Produktion sind flexible Fertigungsinseln. Maschinen und Arbeitsplätze sind hier mehr nach arbeitsorganisatorischen Gesichtspunkten zusammengefasst. In diesen arbeiten in der Regel zehn Mitarbeiter, die ihren Arbeitsprozess weitgehend organisieren. Im Gegensatz zur Gruppenfertigung teilen sich hier die Arbeitnehmer umfangreiche Arbeitsaufgaben weitgehend selber zu. Die durch die höhere Eigenverantwortung entstehende Motivation wiegt meistens eine mögliche schlechtere Maschinenauslastung auf.

Fertigungstypen nach dem Absatz der Produkte

Auftragsfertigung

Bei der Auftragsfertigung wird der Produktionsprozess auf Anfrage durchgeführt. Sie findet vor allem Anwendung in der Investitionsgüterindustrie.

Lagerfertigung

In der Konsumgüterindustrie wird die Lagerfertigung angewendet. Die produzierten Güter werden auf Lager genommen. Die von den Kunden nachgefragten Produkte werden dann aus dem Lager entnommen. Der Hauptvorteil der gleichmäßigen Auslastung der Kapazitäten wird manchmal durch hohe Lagerkosten zunichte gemacht.

AUFGABEN

1. Welche Arten von Leistungen werden im Rahmen der Produktion erzeugt?
2. Welche betriebswirtschaftlichen Produktionsfaktoren fließen in ein Produkt ein?
3. Erläutern Sie am Beispiel der Textilproduktion der Hoffmann KG das Zusammenwirken der einzelnen betrieblichen Produktionsfaktoren.
4. Was verstehen Sie unter einem PPS-System?
5. Was sind Fertigungstypen?
6. Was versteht man unter Einzelfertigung?
7. Warum fallen bei der Sortenfertigung keine hohen Umrüstkosten an?
8. Welche Prinzipien finden bei der Massenfertigung Anwendung?
9. Erläutern Sie die drei Arten der Fließfertigung.
10. Welche Vor- und Nachteile hat die Werkstattfertigung?
11. Erläutern Sie:
    a) Gruppenfertigung
    b) flexible Fertigungsinseln
12. Welche Fertigungstypen werden nach dem Absatz der Produkte unterschieden.
13. Welche Fertigungstypen sind angesprochen:
    a) Diese Art Fertigung ist dadurch gekennzeichnet, dass die Anordnung der Arbeitsplätze und Anlagen der Reihenfolge der am Produkt durchzuführenden Tätigkeiten entspricht.
    b) Hier werden Maschinen und Arbeitsplätze mit gleichartigen Arbeitsverrichtungen zu einer fertigungstechnischen Einheit zusammengefasst.

AKTIONEN

1. Sammeln Sie in Partnerarbeit zu jedem Buchstaben des Alphabets Begriffe zu den Themen des Kapitels 4.2. Es gilt: Für jeden Anfangsbuchstaben mindestens ein Begriff; zum Notfall kann der betreffende Buchstabe auch im Begriff erscheinen.
   Überprüfen Sie, ob Sie alle Begriffe definieren können. Seien Sie beim Zusammentragen der Begriffe darauf vorbereitet, zu erläutern, was der von Ihnen gefundene Begriff mit dem Thema Produktion zu tun hat.

A – Absatz	Produktionsfaktoren können nach dem Absatz auch eingeteilt werden in ...
B	
C	
...	

2. Lesen Sie den folgenden Text. Erstellen Sie eine Mindmap mit den wichtigsten Inhalten.

„Inseln" als teilautonome Organisationseinheiten

Eine Sonderform neuerer Gruppenkonzepte sind sogenannte Fertigungs- und Konstruktionsinseln. Erstere sind vorrangig im Bereich der industriellen Teilefertigung, aber auch in der Montage anzutreffen. Dabei stellen „Inseln" teilautonome Organisationseinheiten dar. Ihr Merkmal besteht darin, dass die für die komplette Bearbeitung ganzer Produkte, von Teilprodukten oder Teilefamilien bzw. von Baugruppen erforderlichen Betriebsmittel und Arbeitskräfte systematisch zusammengeführt werden. Anders als bei der herkömmlichen Werkstattfertigung mit der für sie charakteristischen Integration gleichartiger Verrichtungen kommt hier demnach das aus der Organisationslehre schon lange bekannte Objektprinzip zur Anwendung, denn die erwähnten Produkte, Baugruppen usw. sind als Objekte zu interpretieren.

Konstituierend für das Organisationskonzept „Insel" ist jedoch nicht nur eine technische Teilautonomie, wie sie durch die angesprochene Zusammenfassung von Maschinen und Menschen entsteht. An deren Seite tritt eine arbeitsorganisatorische Teilautonomie, die sich daraus ergibt, dass den Gruppenmitgliedern – den „Insulanern" – ganzheitliche Aufgabenbereiche überantwortet werden. Neben den Fertigungsaufgaben im engeren Sinn bestehen sie insbesondere aus vorgelagerten Planungs- und nachgelagerten Kontrollaufgaben, für deren Ausführung die „Insel" kollektive Verantwortung übernimmt.

Die Ausführungen zeigen, dass mittlerweile Arbeitsformen entstanden sind, die aus gutem Grund als „qualifizierte Gruppenarbeit" bezeichnet werden können. Wenn sie in der Praxis mittlerweile deutliche Spuren hinterlassen haben, so liegt dies nicht zuletzt auch daran, dass dieser Gestaltungsansatz auch zwischen den Tarifpartnern im Prinzip konsensfähig geworden ist.

Leicht geändert nach: Günther Schanz: Personalwirtschaftslehre. Verlag Vahlen, München 2000, S. 572

3560 74

ZUSAMMENFASSUNG

Fertigungstypen in der Produktion

= Verfahren, die den Produktionsprozess nach bestimmten Kriterien unterteilen

- nach der Menge gleichartiger Produkte
  - Einzelfertigung
  - Serienfertigung
  - Sortenfertigung
  - Massenfertigung
- nach der räumlichen Anordnung der Maschinen und Arbeitsplätze
  - Werkstattfertigung
  - Gruppenfertigung
  - Fließfertigung
- nach dem Absatz der Produkte
  - Lagerfertigung
  - Auftragsfertigung

4.3 Wir können unseren Betrieb in das wirtschaftliche Gesamtgefüge einordnen

Einstieg

Dominik Schlote wurde bisher im Verkauf eingesetzt. Zur Stärkung seiner Kenntnisse im Fertigungsbereich soll er eine Woche in der Abteilung für die Produktion der Hoffmann Fahrrad-Eigenmarken arbeiten. Ihm wird Herr Klante als Betreuer zugeordnet.

Herr Klante:
„Dort, wo Sie sonst arbeiten, sind Sie im Großhandel und verkaufen an Einzelhändler. Bei uns aber wird industriell gefertigt. Da gibt es doch einige Unterschiede ..."

Stellen Sie fest, in welchen Wirtschaftssektoren die Hoffmann KG tätig ist.

INFORMATIONEN

Gliederung der Wirtschaft in Wirtschaftsstufen

Die Herstellung und Verteilung eines Konsumguts erfordern viel Aufwand. Hierbei durchläuft das Gut zahlreiche Betriebe, die erzeugen, verarbeiten und verteilen. Verschiedene Wirtschaftsstufen[1] sind also daran beteiligt.

BEISPIEL	Wirtschaftsstufen
Ein Landwirt züchtet Schweine. ↓ Der Lebensmittelindustriebetrieb Hildesheimer Fleischwaren stellt Würstchen „Die Hildesheimer" her.	**Primärsektor:** Urproduktion **Sekundärsektor:** Weiterverarbeitung
↓ Das Einzelhandelsunternehmen Ambiente Warenhaus AG bietet seinen Kunden Würstchendosen der Hildesheimer Fleischwaren an.	**Tertiärsektor:** Dienstleistungen, z. B. Verteilung
↓ Frau Lindenthal kauft bei der Ambiente Warenhaus AG das Mittagessen für den Sonntag.	Verbraucher

1 siehe auch Kap. 3.8

Primärsektor: Urerzeugung

Überall, wo der Mensch Güter aus der Natur gewinnt, sprechen wir von Urerzeugung. Dazu gehören Landwirtschaft, Fischerei, Forstwirtschaft und Bergbau.

Sekundärsektor: Weiterverarbeitung

Auf dem Weg von der Urerzeugung über die Weiterverarbeitung in Industrie und Handwerk entstehen aus den Rohstoffen Halb- und schließlich Fertigerzeugnisse. Viele Produktionsgüter wirken zusammen, um ein bestimmtes Konsumgut herzustellen.

Tertiärsektor: Dienstleistungsbereich

Hierzu zählen alle Unternehmen, die Dienstleistungen erbringen. Dies sind u. a.:

- Handel
- Banken
- Versicherungen
- Verkehrs- und Logistikunternehmen
- Unternehmen aus dem Unterhaltungs-, Freizeit- und Gastronomiebereich

Auch Werbeagenturen, Makler, Handelsvertreter und viele freie Berufe, wie Steuerberater, Rechtsanwälte, Wirtschaftsprüfer und Dolmetscher, leisten der Wirtschaft Dienste. Diese Dienstleistungsbetriebe sind mit den anderen Wirtschaftszweigen eng verflochten; ihr Anteil an der wirtschaftlichen Gesamtleistung steigt immer mehr.

Die vier Sektoren der Volkswirtschaft

primärer Wirtschaftssektor	sekundärer Wirtschaftssektor	tertiärer Wirtschaftssektor		vierter Wirtschaftssektor (Informationssektor)
Urerzeugung	**Weiterverarbeitung**	**Handel**	**Dienstleistungsunternehmen**	**Unternehmen der Informationsbranche**
• Landwirtschaft • Forstwirtschaft • Jagd und Fischerei • Bergbau	• Industrie • Handwerk	• Binnenhandel • Einzel- und Großhandel • Außenhandel	• Banken • Versicherungen • Logistik- und Verkehrsunternehmen	• Informationstechnologien • Telekommunikation • Satellitenkommunikation • Lichtwellenleiter • Roboter • Netzwerke

Verändert nach: Industrie- und Handelskammer Cottbus: Wirtschaft hilft Schule. Ökonomische Bildung in der Schule WAT – Baustein 1 und 2, Cottbus 2003 (Anhang LE 5, S. 16)

Vierter Sektor: Informationssektor

Volkswirte unterscheiden neuerdings einen vierten Sektor. Dieser umfasst u. a. Betriebe der

- Informationstechnologien,
- Telekommunikation,
- Roboterindustrie.

Jedes Unternehmen gehört also einem dieser vier Wirtschaftsektoren an. In den verschiedenen Wirtschaftssektoren gibt es dementsprechend unterschiedliche Arten von Betrieben.

Betriebsarten

Bei der Vielfalt der vorzufindenden Betriebe ist es schwierig, ein überschaubares Ordnungssystem zu erstellen. Diese Übersicht zeigt eine Betriebstypologie.

Produktionsbetriebe

- **Urproduktion:** Gewinnung von Rohstoffen
- **Sekundärproduktion:** Weiterbe- und -verarbeitung

Konsumgüterproduktion	Güter für den Endverbraucher
Investitionsgüterproduktion	Güter zum Einsatz in anderen Produktionsbetrieben
Industriebetriebe	Produktion in großen Mengen, meist für den anonymen Markt
Handwerksbetriebe	Herstellung von Einzelstücken oder kleinen Mengen, meist nach Auftrag

Handelsbetriebe

- **Aufgabe:** Warenverteilung, Zusammenstellung von Sortimenten, Angebot einer sinnvolle Auswahl für den Kunden

Großhandelsbetriebe	Verkauf an Einzelhandel oder andere gewerbliche Kunden
Einzelhandelsbetriebe	Verkauf an Endverbraucher
Fachhandel	spezialisiertes Sortiment
Universalhandel	breites Sortiment mit mehreren bis sehr vielen Warengruppen

Dienstleistungsbetriebe

Transportbetriebe	**Banken und Sparkassen**	**Versicherungen**
Transport der Güter zwischen den einzelnen Wirtschaftseinheiten	Abwicklung des Zahlungsverkehrs zwischen den einzelnen Wirtschaftspartnern	Übernahme von unterschiedlichen Risiken im Waren- und Güterverkehr

Verändert nach: Industrie- und Handelskammer Cottbus: Wirtschaft hilft Schule. Ökonomische Bildung in der Schule WAT – Baustein 1 und 2, Cottbus 2003 (Anlage LE 4, S. 3)

Unternehmen des sekundären Wirtschaftssektors: Industrie und Handwerk

Die Industrie ist der größte Wirtschaftszweig in der Bundesrepublik Deutschland. Hier erfolgt die gewerbliche Verarbeitung von Stoffen, deren ursprüngliche Form zur Bedarfsdeckung ungeeignet ist, zu Produktions- oder Konsumgütern.

Industriebetriebe dienen der Herstellung (bzw. Veredelung) von Gütern mithilfe von Maschinen. Die Stoffe werden dabei mechanisch oder chemisch be- oder verarbeitet. Eine Abgrenzung zwischen Industrie- und Handwerksbetrieben ist nicht immer scharf möglich. Das Handwerk als zweitgrößter Wirtschaftszweig der Bundesrepublik Deutschland umfasst alle gewerblichen Tätigkeiten, die im Wesentlichen mit der Hand unter Benutzung einfacher Werkzeuge und Geräte ausgeübt werden. Viele Handwerksbetriebe modernisieren sich jedoch immer mehr. Sie nehmen manchmal schon industriellen Charakter an.

Im Vergleich zu einem Handwerksbetrieb kennzeichnen einen Industriebetrieb folgende Merkmale:

- **erheblicher Kapitaleinsatz**
  Um einen Industriebetrieb zu gründen werden erheblich mehr finanzielle Mittel benötigt als zur Gründung eines Handwerksbetriebs.

- **Anlagenintensität**
  Da im Handwerk noch mehr mit der Hand gearbeitet wird, werden hier weniger Maschinen für die Produktion benötigt.

- **hoher Betriebsmitteleinsatz**
  Handwerksbetriebe kaufen Rohstoffe in kleineren Mengen ein und haben in der Regel auch weniger Beschäftigte pro Betrieb.

- **hoher Ausstoß an Produkten**
  Unternehmen des Handwerks produzieren deutlich weniger.

- **weitgehende Arbeitsteilung bei hoher Belegschaftszahl**
  Unternehmen des Handwerks sind deutlich kleiner.

- **Produktion für den anonymen Markt**
  Da das Industrieunternehmen in der Regel die Nachfrager nicht kennt, ergibt sich ein hohes Marktrisiko. Unternehmen des Handwerks produzieren und verkaufen in der Nähe der Verbraucher: Sie kennen ihre Kunden.

- **weltweiter Absatz**
  Industriebetriebe verkaufen prinzipiell weltweit. Sie haben keine Beschränkung auf den lokalen Markt wie die Handwerksunternehmen.

Funktionen von Industriebetrieben

In Industriebetrieben müssen folgende Aufgaben erfüllt werden:

- **Beschaffung**
  Es muss entschieden werden, welche Produktionsfaktoren dem Betrieb zugeführt werden sollen.

- **Produktion**
  Erzeugnisse werden durch Kombination der Produktionsfaktoren erstellt.

- **Lagerung**
  Rohstoffe, Zwischenprodukte und verkaufsfähige Endprodukte müssen aufbewahrt werden.

- **Absatz**
  Das Unternehmen muss die erstellten Güter am Markt verwerten.

Arten von Industriebetrieben

Industriebetriebe lassen sich nach der Industriegruppeneinteilung des Statistischen Bundesamtes verschiedenen Industriezweigen zuordnen, u. a.:

- **Energie- und Wasserversorgung**

- **Bauwirtschaft**

- **Grundstoff- und Produktionsgüterindustrie**
  Industrie der Steine und Erden, Eisen schaffende Industrie, Nicht-Eisen-Metallindustrie, Mineralölverarbeitung, Kohlenwerkstoffindustrie, chemische Industrie, Sägewerke und Holz verarbeitende Industrie

- **Investitionsgüterindustrie**
  Stahlbau, Maschinenbau, Fahrzeugbau, Schiffbau, elektrotechnische Industrie, Stahlverformung, optische und feinmechanische sowie Uhrenindustrie

- **Nahrungs- und Genussmittelindustrie**
  Molkereien, Brauereien, Tabak verarbeitende Industrie

- **Verbrauchsgüterindustrie**
  Glasindustrie, Musikinstrumente, Spiel- und Sportgeräte, Schmuckwaren, Druckereiindustrie, Schuh-, Textil- und Bekleidungsindustrie

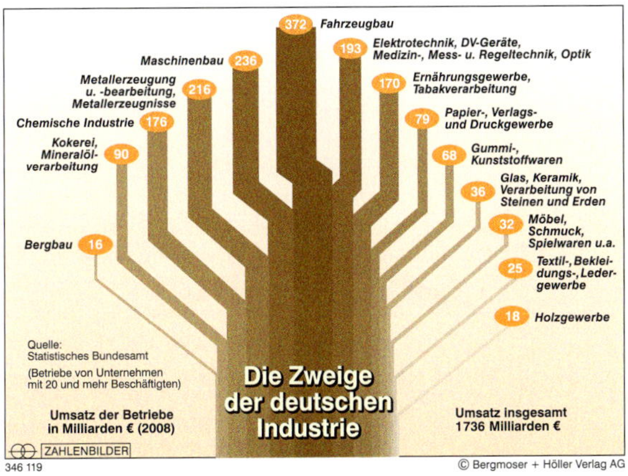

346 119 © Bergmoser + Höller Verlag AG

Bedeutung der Industriebetriebe

Das wirtschaftliche Profil der Bundesrepublik Deutschland wird entscheidend durch Industriebetriebe bestimmt. Auch wenn der Dienstleistungssektor – wie in anderen hoch entwickelten Ländern – ständig an Boden gewinnt, bleibt das verarbeitende Gewerbe das Kernstück der deutschen Volkswirtschaft. Schließlich ist in diesem Bereich fast ein Drittel der Erwerbstätigen beschäftigt und er leistet einen wesentlichen Beitrag zur Steigerung des Wohlstands.

Herausragende Bedeutung haben Industriebetriebe für die außenwirtschaftlichen Beziehungen der Bundesrepublik Deutschland, da der Außenhandel überwiegend mit Industrieprodukten bestritten wird. Die Industrie trägt so entscheidend dazu bei, den hohen Lebensstandard in Deutschland zu sichern.

Unternehmen des tertiären Wirtschaftssektors

Handel

Produzierende Betriebe liegen oft nicht in unmittelbarer Nähe des Verbrauchers. Die Güter müssen vom Ort der Herstellung an den Ort des Bedarfs gebracht werden. Diese Aufgaben übernimmt der Handel. Er verteilt die Güter, oft über weite Entfernungen.

Der Großhandel kauft und verkauft Güter in großen Mengen. Über den Außenhandel kommen ausländische Waren (Importgüter) zu uns, verlassen Exportgüter unser Land, mit denen wir unsere Einfuhren bezahlen können.

Der Einzelhändler rückt dicht an den Endverbraucher heran und bedient ihn in seinem Ladengeschäft oder über den Postweg bzw. das Internet (Versandhandel).

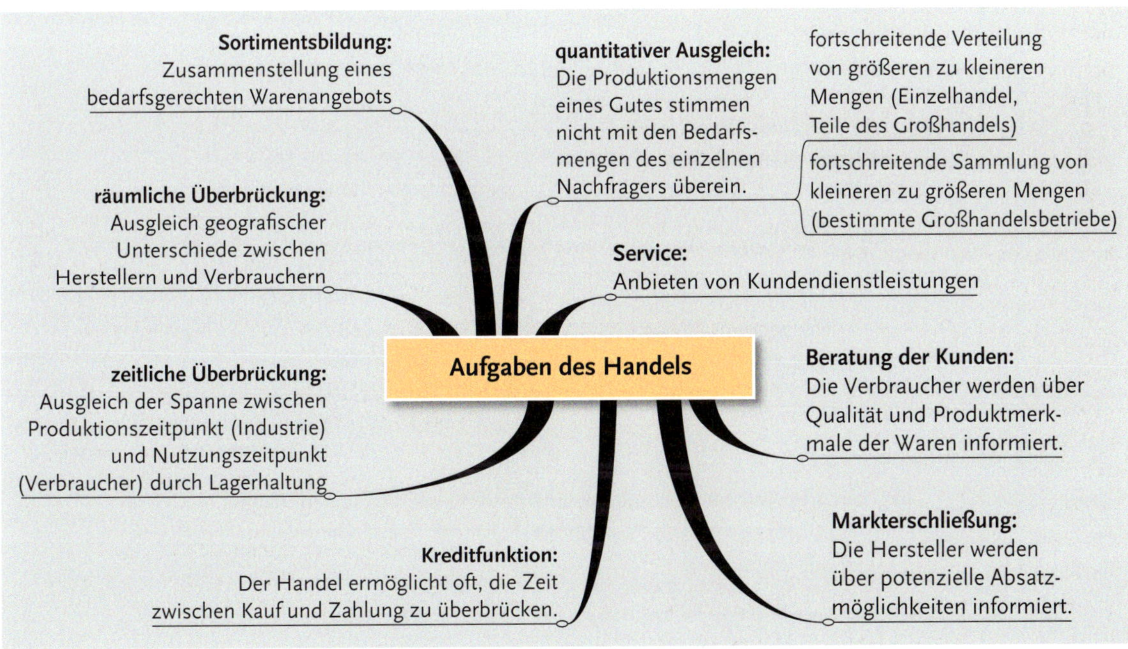

Banken

Schon im Altertum wurden in Tempeln Bankgeschäfte getätigt. Priester verwahrten, wechselten und verrechneten dort Geld. Das moderne Bankwesen in der heute bekannten Form entstand in der Mitte des 12. Jahrhunderts. Begriffe des Bankgeschäfts wie Konto, Giro, aber auch das Wort Bank (banco) selbst weisen darauf hin, dass oberitalienische Städte eine führende Rolle bei der Entwicklung des Bankwesens gespielt haben.

Aufgaben und Wirkungskreis der Banken haben sich mit der Zeit stark erweitert. In den letzten Jahrzehnten gehörte das Kreditgewerbe zu den dynamischsten Wirtschaftszweigen in der Bundesrepublik Deutschland. Gemessen am Bruttoinlandsprodukt wuchsen Kredit- und Geschäftsvolumen seit 1960 doppelt so schnell wie die gesamtwirtschaftliche Leistung.

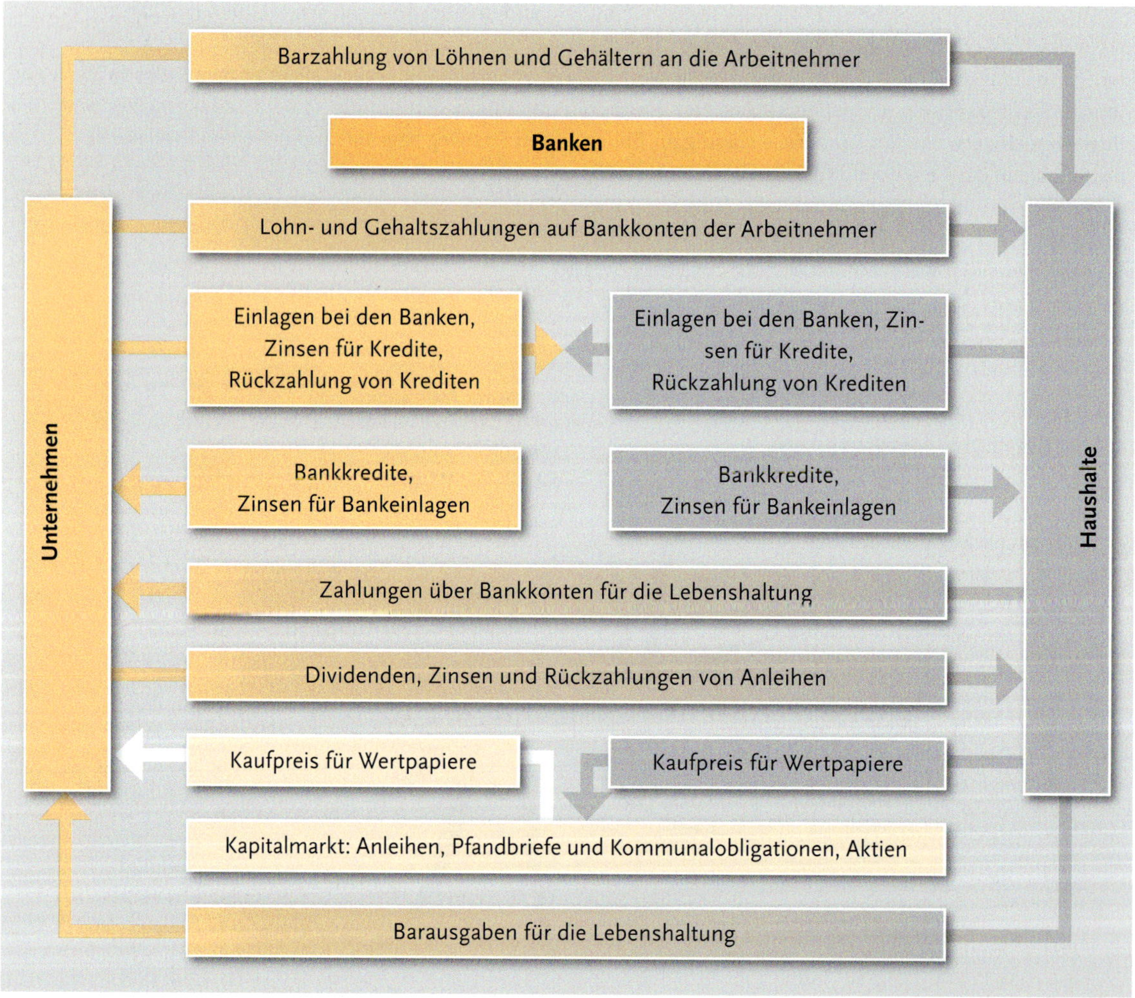

Abwicklung des Zahlungsverkehrs

Fast jede Person ist heute auf eine kontoführende Einrichtung angewiesen, die ankommendes Geld für sie empfängt und Zahlungen an andere durchführt. Deswegen unterhalten die meisten Bundesbürger mindestens ein Girokonto bei einem Kreditinstitut. Girokonten dienen der Buchung sogenannter „Sichteinlagen". Das sind Gelder, die nicht für eine bestimmte Zeit angelegt, sondern täglich fällig und somit für den Kontoinhaber jederzeit verfügbar sind. Durch die Girokonten wird dem Kontoinhaber die Teilnahme am allgemeinen Zahlungsverkehr ermöglicht. Von einem Girokonto aus kann er nämlich Überweisungen veranlassen. Auch der Scheck- und der Wechselverkehr werden in der Regel über ein Girokonto abgewickelt, von dem natürlich ebenso Bargeld abgehoben werden kann.

Geldanlage

Selbst bei niedrigen Inflationsraten verliert das Geld mit der Zeit an Wert. Daher wird jeder, der über Ersparnisse verfügt, versuchen, diese Beträge Ertrag bringend anzulegen. Wichtig ist, dass man sich über seine Anlageziele im Klaren ist:

- beabsichtigte Anlagezeit
- erwartete Erträge
- Ausmaß der Risikobereitschaft

Diese Anlageziele stehen oft in einer direkten Beziehung zueinander.

BEISPIELE

- Je kürzer die Anlagezeit, desto geringer ist in der Regel die Verzinsung.
- Je reizvoller die Verzinsung, desto größer ist meist das Anlagerisiko.

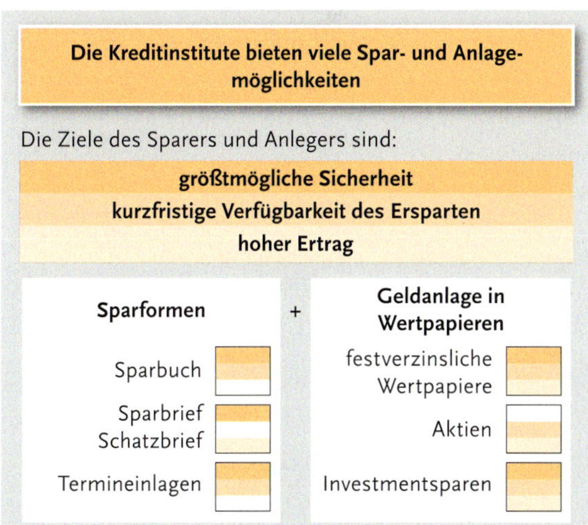

Die verschiedenen Anlageformen, die Banken anbieten, sind:

- Einlagengeschäft
- Wertpapiergeschäft
- Verkauf von Edelmetallen

Einlagengeschäft

Die traditionelle Form der verzinslichen Einlage ist die Spareinlage. Dabei wird die Forderung des Sparers in einem Sparbuch verbrieft. Diese Form der Anlage wird immer noch sehr häufig gewählt, obwohl die Verzinsung niedriger ist als bei anderen Anlageformen.

Längere Anlagezeiten oder regelmäßige bzw. höhere Sparbeträge führen bei den Sondersparformen zu zusätzlichen Zinserträgen.

BEISPIELE

Prämiensparen, Dauerauftragssparen

Ebenfalls höher verzinst als Spareinlagen werden die auf bestimmte Zeiträume (z. B. drei Monate) befristeten Termineinlagen. Dabei legt der Sparer größere Beträge (z. B. 5.000,00 €) auf einem besonderen Termingeldkonto fest an.

Eine der Spareinlage ähnliche, oft aber besser verzinste Sparform stellt der Sparbrief dar. Dies sind von den Banken ausgegebene Anlagepapiere, die zu einem bestimmten Zeitpunkt (z. B. nach vier Jahren) ausgezahlt werden müssen.

Wertpapiergeschäft

Wertpapiere versprechen meist bessere Erträge als Einlagen. Ihr Erwerb verbindet sich aber in manchen Fällen mit Risiken. Daher empfiehlt sich auch hier eine Beratung durch die Banken.

Rentenwerte sind die sichersten unter den Wertpapieren. Sie werden von der öffentlichen Hand (z. B. Staatsanleihen), von Kreditinstituten (Bankschuldverschreibungen) und großen Industrieunternehmen (Industrieobligationen) als mittel- bis langfristige Wertpapiere ausgegeben. Die Anlagebeträge werden während der gesamten Laufzeit zu einem vereinbarten festen Satz verzinst und zu festgelegten Terminen zurückgezahlt. Wer früher über seine Anlage verfügen will, kann das Wertpapier zu dem Preis verkaufen, der sich am Rentenmarkt (Börse) für das Papier gebildet hat.

Der **Bundesschatzbrief** ist ein spezieller Sparbrief in Form eines Wertpapiers, das vom Bund herausgegeben wird. Für ihn gelten zum Teil vorteilhaftere Konditionen als für die Sparbriefe der Kreditinstitute.

Pfandbriefe und **Kommunalobligationen** sind aufgrund gesetzlicher Anforderungen besonders gesichert. Diese festverzinslichen Wertpapiere werden von speziellen Kreditinstituten herausgegeben. Risikoreich kann der Erwerb von Aktien sein, die das Anteilsrecht an einer Aktiengesellschaft verbriefen. Über die Dividende nimmt der Aktionär an den Gewinnen des Unternehmens teil. Die Kurswerte einer Aktie, also die Preise für Kauf oder Verkauf, können sehr großen Schwankungen unterliegen.

Bei **Investmentzertifikaten** wird eine Risikominderung durch Risikomischung angestrebt: Der Anleger erwirbt einen Anteil an bestimmten, von Banken oder Investmentgesellschaften verwalteten Kapitalanlagen. Diese Anlagen bestehen aus einem Fonds von Wertpapieren oder Immobilien, dessen Zusammensetzung so gewählt ist, dass das Risiko eines Wertverlustes möglichst gering ist.

Eng mit dem Wert Papiergeschäft verbunden ist das **Depotgeschäft.** Die Bank verwahrt und verwaltet gegen Gebühr die Wertpapiere des Kunden.

BEISPIEL

Das Kreditinstitut nimmt für den Kunden die Fälligkeitstermine für Zinsen oder Dividenden wahr. Wenn es dazu ermächtigt wurde, übt es die Stimmrechte des Aktionärs bei Aktionärsversammlungen aus.

Verkauf von Edelmetallen

Eine ganz andere Form der Kapitalanlage bieten Banken mit dem Verkauf von Edelmetallen. Da Edelmetalle keine Zinsen abwerfen, liegt das Interesse des Erwerbers allein in eventuellen Wertsteigerungen.

Kreditvergabe

Weil die Banken für die ihnen als Einlagen zugeflossenen Gelder zumeist selbst Zinsen zahlen müssen, versuchen sie, diese Mittel möglichst ertragreich anzulegen. Deshalb gewähren sie traditionell Kredite. Aus dem betragsmäßigen Unterschied zwischen Zinsen, die der Einleger erhält, und den Zinsen, die der Kreditnehmer entrichtet, ergibt sich die wichtigste Einnahmequelle der Banken. Abhängig von verschiedenen Kriterien gibt es unterschiedliche Kreditarten.

Sonstige Bankdienstleistungen

Die Banken bemühen sich zunehmend, ihr Leistungsangebot über die bisher erwähnten traditionellen Finanzdienstleistungen hinaus zu erweitern. So betreiben Banken zum Teil heute schon Immobiliengeschäfte, vermitteln Versicherungen und bieten eine umfassende Vermögensverwaltung an. Speziell an Firmenkunden richten sich Dienstleistungsangebote wie Unternehmensberatung und Datenverarbeitungsservice. Ebenso vermitteln Banken beim Verkauf von Unternehmen.

Versicherungen

Niemand kann aus eigenen Mitteln so viel Geld zurücklegen, um dadurch gegen alle Risiken finanziell abgesichert zu sein. Dies ist nur mithilfe von Versicherungen[1] möglich.

Man unterscheidet:

- **Sozialversicherung**
  Die Sozialversicherung ist eine gesetzliche Pflichtversicherung. Ihre Aufgabe besteht darin, die breite Bevölkerungsmehrheit im Alter, bei Arbeitslosigkeit und Krankheit zu unterstützen.
- **Individualversicherung**
  Individualversicherungen sind private Versicherungen, die durch Abschluss eines Versicherungsvertrags zwischen einem Versicherer (= privates Versicherungsunternehmen) und einem Versicherungsnehmer (z. B. Großhandelsbetrieb) zustande kommen.

Versicherungsvertrag

Wer eine Versicherung abschließen will, stellt zunächst einen schriftlichen Antrag. Der Vertrag kommt zustande, wenn der Versicherer die Antragsannahme bestätigt oder einen Versicherungsschein – die sogenannte Police – aushändigt.

Der Versicherungsvertrag wird in der Regel für eine bestimmte Zeitdauer geschlossen. Nach Ablauf dieser Zeit verlängert sich dieser Vertrag automatisch um ein Jahr, wenn er nicht vorher unter Einhaltung einer Frist von drei Monaten zum Ende des Versicherungsjahrs schriftlich gekündigt wird. Der Vertrag endet auch bei Wegfall des versicherten Risikos.

Nach einem Schadensfall steht jeder Vertragspartei unabhängig von der Laufzeit ein außerordentliches Kündigungsrecht zu.

Allgemeine Versicherungsbedingungen

Die allgemeinen Versicherungsbedingungen enthalten grundlegende Bestimmungen für den Inhalt aller Verträge eines bestimmten Versicherungszweigs. Dazu gehören vor allem:

- die insgesamt versicherten Gefahren und Schäden
- der Umfang des Versicherungsschutzes

1 siehe Kap. 11.4

3560 82

- die Ausschlüsse vom Versicherungsschutz
- die Pflichten des Versicherungsnehmers
- die Verwirkungsgründe, die den Versicherer von der Leistung befreien (z. B. bei vorsätzlich herbeigeführten Schäden)

Darüber hinaus werden in den allgemeinen Versicherungsbedingungen noch der Geltungsbereich des Versicherungsschutzes und eine eventuelle Selbstbeteiligung im Schadensfall geregelt.

Logistik- und Verkehrsunternehmen

In der Wirtschaft müssen Güter nach ihrer Herstellung von den Produktionsstätten über die verschiedenen Wirtschaftsstufen hinweg bis hin zu den Orten des Verbrauchs bzw. Gebrauchs transportiert werden. Unternehmen des Güterverkehrs dienen also der Überwindung räumlicher Unterschiede. Häufig nennt man diese auch Logistikunternehmen. Sie stellen Verkehrsmittel zur Verfügung, die die besondere Beschaffenheit der jeweils zu transportierenden Waren berücksichtigen. Zu den Unternehmen des Güterverkehrs zählen:

- Güterkraftverkehr
- Eisenbahnverkehr
- Luftfahrt
- Binnenschifffahrt
- Seeschifffahrt
- Rohrleitungsverkehr (z. B. Ölpipelines)

Unterstützt werden die Unternehmen des Güterverkehrs durch Spediteure, Lagerhalter und Umschlagsbetriebe (z. B. Hafenbetriebe).

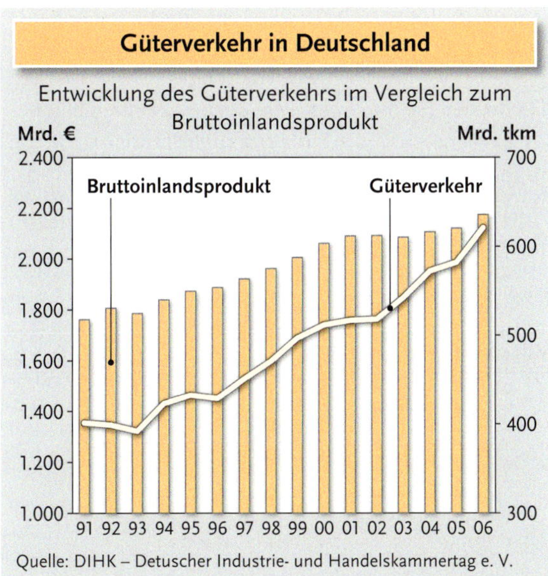

Der Güterverkehr wächst doppelt so schnell wie das Bruttoinlandsprodukt.

Unternehmen im Wirtschaftsgefüge

Jedes Unternehmen ist von zwei Seiten mit dem Wirtschaftskreislauf verbunden. Dies sind einerseits die Beschaffungsmärkte, andererseits die Absatzmärkte.

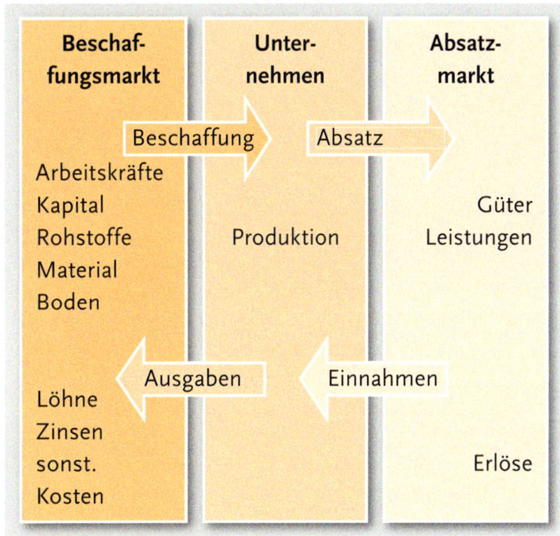

BEISPIEL

Die Hoffmann KG gehört als Großhandelsunternehmen ursprünglich zum tertiären Sektor. Im Laufe der Unternehmensgeschichte wurde jedoch auch damit begonnen, Textilien sowie Fahrräder industriell zu fertigen. Damit befindet sich das Unternehmen zum Teil auch im sekundären Sektor, der Weiterverarbeitung. Die Hoffmann KG produziert also sowohl Dienstleistungen als auch Sachleistungen. Als Großhandelsunternehmen bietet die Hoffmann KG die Dienstleistung, Güter an den Einzelhandel, an Industrieunternehmen sowie an Großabnehmer weiterzugeben. Dies ist ein immaterieller Output. Die Sachgüter Fahrräder und Textilien sind ein materieller Output. In beiden Fällen tritt das Unternehmen auf den jeweiligen Absatzmärkten als Anbieter auf.

Die Hoffmann KG tritt aber auch als Nachfrager auf den Beschaffungsmärkten auf, z. B. bei der Beschaffung der Werkstoffe für die Produktion. Sie nimmt Waren von Industrieunternehmen, anderen Großhandlungen und Unternehmen der Urproduktion in ihr Sortiment auf.

Kontakt hat die Hoffmann KG zu Versicherungen, die unterschiedliche Risiken im Waren- und Güterverkehr übernehmen. Transportbetriebe befördern Güter zwischen der Hoffmann KG und den Kunden bzw. den Lieferanten. Banken und Sparkassen helfen der Hoffmann KG bei der Abwicklung des Zahlungsverkehrs zwischen den einzelnen Wirtschaftspartnern.

AUFGABEN

1. In welche Stufen gliedert sich die Wirtschaft?
2. Entscheiden Sie, zu welchen Wirtschaftsbereichen die folgenden Betriebe gehören:
   a) Versicherung
   b) Steuerberater
   c) Malerbetrieb
   d) Automobilhersteller
   e) Kohlebergbau
   f) Änderungsschneider
   g) Betreiber einer Suchmaschine
3. Was ist ein Industriebetrieb?
4. Wodurch unterscheiden sich Industriebetriebe von Handwerksbetrieben?
5. Welche Märkte sind aus der Sicht eines Industriebetriebs
   a) Beschaffungsmärkte,
   b) Absatzmärkte?
6. Warum spielen die Industriebetriebe eine wesentliche Rolle im Rahmen der Gesamtwirtschaft?
7. Zu welchen Industriezweigen gehören die folgenden Betriebe:
   a) Hersteller von Autoradios
   b) eine Rostocker Werft
   c) ein Duisburger Hüttenwerk
   d) ein Gaswerk
   e) eine Konservenfabrik
8. Wodurch unterscheiden sich Handelsbetriebe von Industrieunternehmen?
9. Erläutern Sie den Unterschied zwischen Einzelhandel und Großhandel.
10. Wodurch unterscheiden sich Versicherungen und Kreditinstitute von Industrieunternehmen?
11. Welche Aufgaben hatten Banken ursprünglich?
12. Welche Dienstleistungen können Sie bei einer Bank erhalten?
13. Warum können Banken als Mittelpunkt des Wirtschaftsgeschehens angesehen werden?

AKTIONEN

1. a) Bilden Sie in der Klasse mindestens drei Gruppen. Jede der Gruppen erstellt eine Wandzeitung, die mit einem typischen Bild und einem Satz über eine der folgenden Wirtschaftsstufen informiert:
      - Urproduktion
      - Weiterverarbeitung
      - Dienstleistungen
   b) Beachten Sie die Regeln der Visualisierung („Ein Bild sagt oft mehr als 1 000 Worte.").
      Bereiten Sie sich darauf vor, Ihre Wandzeitung vorzustellen.
2. a) Erkunden Sie im Internet, mit wie viel Prozent das produzierende Gewerbe an der Bruttowertschöpfung beteiligt ist.
   b) Erstellen Sie mit Excel ein Tortendiagramm, das die Stellung des produzierenden Gewerbes innerhalb der einzelnen Wirtschaftsbereiche darstellt.
3. a) Bilden Sie in der Klasse Gruppen. Jede der Gruppen erstellt eine Folie, die über einen Unterschied zwischen Industrie und Handwerk informiert. Verwenden Sie dabei Abbildungen oder Symbole.
   b) Präsentieren Sie Ihre Folie mithilfe eines Overheadprojektors.
4. Ordnen Sie Ihre eventuelle Bankverbindung in das Bankensystem der Bundesrepublik Deutschland ein.
5. Suchen Sie 15 Betriebe aus Ihrer Region. Ordnen Sie diese den einzelnen Wirtschaftsbereichen zu.

3560 84

ZUSAMMENFASSUNG

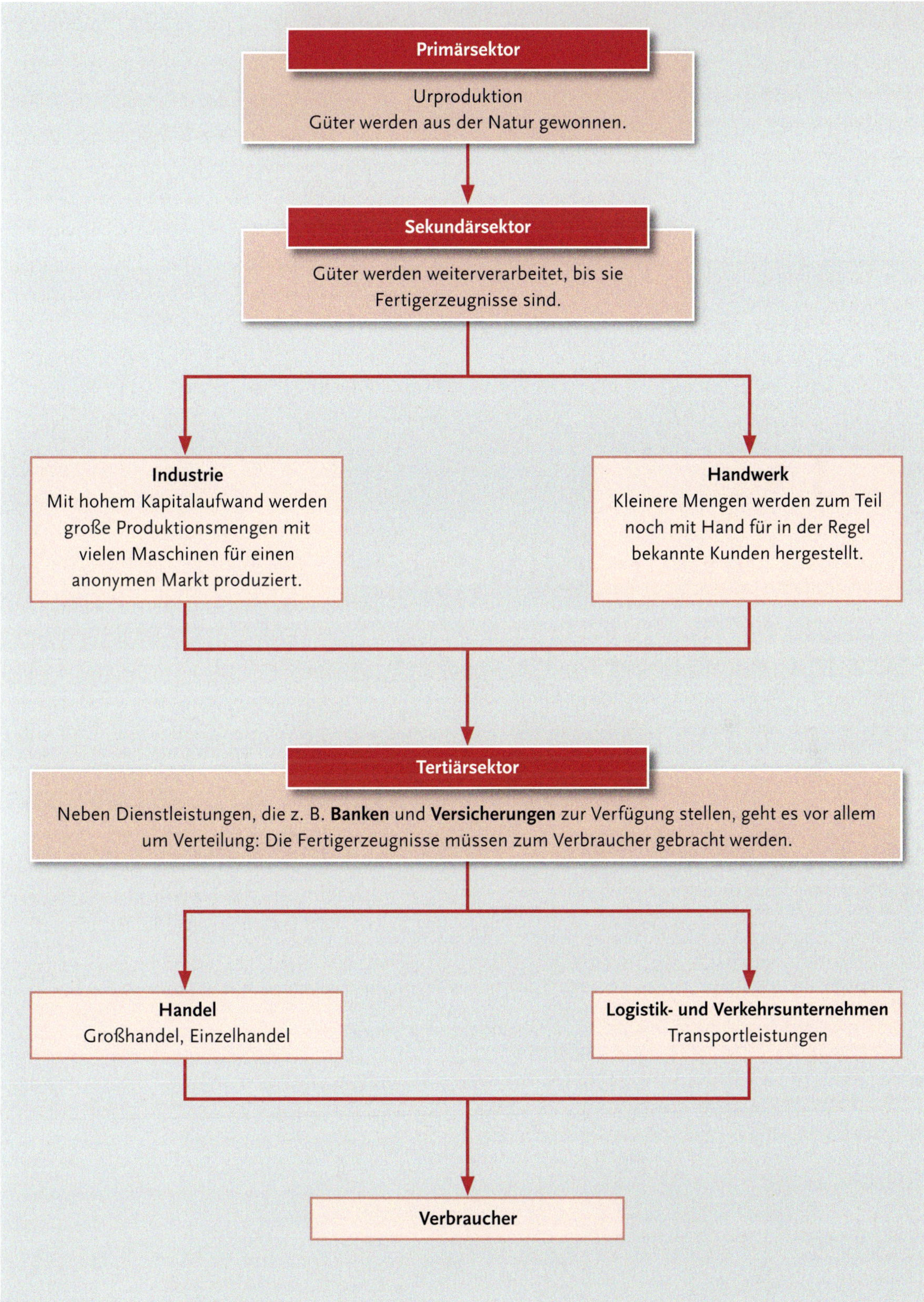

KAPITEL 5

Wir schließen Verträge ab

WILLENSERKLÄRUNG
ÖFFENTLICHES RECHT
VERTRAGSFREIHEIT
NATÜRLICHE PERSONEN
SATZUNGEN
VERORDNUNGEN
ANFECHTBARKEIT
BESITZ
LEGISLATIVE
RECHTSFÄHIGKEIT
SUBJEKTIVES RECHT
RECHTSGESCHÄFT
SATZUNGEN
KAUFVERTRAG
EINSEITIGE RECHTSGESCHÄFTE
GEWOHNHEITSRECHT
EXEKUTIVE
GESCHÄFTSFÄHIGKEIT
MEHRSEITIGE RECHTSGESCHÄFTE
JURISTISCHE PERSONEN

5 Wir schließen Verträge ab

5.1 Wir leben in einer Rechtsordnung

Einstieg

Herr Hoffmann hat ein neues Exemplar des Handelsgesetzbuchs gekauft. Es ist ein dicker Wälzer. Katarzyna Lindemann überlegt, wofür man die vielen Paragrafen braucht.

Handelsgesetzbuch

(BGBl. III 4100-1)
zuletzt geändert durch Artikel 4 des Gesetzes
vom 18. Januar 2001 (BGBl. I S. 123)

Inhaltsübersicht

Erstes Buch. Handelsstand

Erster Abschnitt. Kaufleute

§ 1 [Istkaufmann] (1) Kaufmann im Sinne dieses Gesetzbuches ist, wer ein Handelsgewerbe betreibt.

(2) Handelsgewerbe ist jeder Gewerbebetrieb, es sei denn, dass das Unternehmen nach Art oder Umfang einen in kaufmännischer Weise eingerichteten Geschäftsbereich nicht erfordert.

§ 2 [Kannkaufmann] [1]Ein gewerbliches Unternehmen, dessen Gewerbebetrieb nicht schon nach § 1 Abs. 2 Handelsgewerbe ist, gilt als Handelsgewerbe im Sinne dieses Gesetzbuches, wenn die Firma des Unternehmens in das Handelsregister eingetragen ist. [2]Der Unternehmer ist berechtigt, aber nicht verpflichtet, die Eintragung nach den für die Eintragung kaufmännischer Firmen geltenden Vorschriften herbeizuführen. [3]Ist die Eintragung erfolgt, so findet eine Löschung der Firma auch auf Antrag des Unternehmers statt, sofern nicht die Voraussetzung des § 1 Abs. 2 eingetreten ist.

Stellen Sie fest, welche Aufgaben rechtliche Vorschriften haben.

INFORMATIONEN

Die Interessen der Menschen sind häufig gegensätzlich. So will beispielsweise ein Verkäufer einen möglichst hohen Preis für seine Waren erzielen. Der Käufer dagegen möchte die Artikel so preiswert wie möglich erwerben. Werden in der Vereinbarung über den Kauf keine klaren Regelungen getroffen, können Konflikte auftreten. In diesem Zusammenhang ist das Recht unerlässlich.

Das Recht hat die Aufgabe, die vielfältigen rechtlichen Beziehungen der Menschen in einer staatlichen Gemeinschaft zu regeln. Es ordnet den Verlauf des gesellschaftlichen Lebens durch Gebote und Verbote. Diese sollen ein geordnetes und vor allem auch friedliches Zusammenleben der Menschen innerhalb der Gesellschaft gewährleisten. Ein Fehlen von Recht hat zwangsläufig Unordnung und Chaos zur Folge.

Objektives und subjektives Recht

Das Wort „Recht“ kann in einem doppelten Sinn verstanden werden:

- Als **objektives Recht** umfasst es die Gesamtheit der Rechtsnormen. Dies ist die Rechtsordnung, die in einem Staat gilt. In diesem Zusammenhang versteht man unter Recht also die Vorschriften und Regeln selbst, deren Durchsetzung der Staat garantiert.

BEISPIEL

Textilhändler Lottermann beruft sich bei der Behandlung einer Kundenreklamation auf das „Recht".

- Zum **subjektiven Recht** gehören die von der Rechtsordnung geschützten Interessen des Einzelnen, seine Berechtigungen. Die subjektiven Rechte können von den Menschen aufgrund der objektiven Rechtsordnung eingeklagt werden.

BEISPIELE

- Hermann Huhn ist der Ansicht, dass er „im Recht" sei.
- Anspruch des Gläubigers auf Zinsen gegenüber einem Schuldner
- Anspruch auf Lieferung bzw. Zahlung beim Kaufvertrag

Die Rechtsnormen gehören entweder dem öffentlichen oder dem privaten Recht an.

Privatrecht und öffentliches Recht

Die Unterscheidung zwischen privatem und öffentlichem Recht ist wichtig, weil davon die Zuständigkeit der Gerichte (z. B. Verwaltungsgericht oder Zivilgericht) und die Art der anzuwendenden Rechtsnormen abhängt.

Privatrecht

Das Privatrecht regelt die privaten Rechtsbeziehungen der einzelnen Personen zueinander. Die Beteiligten stehen sich dabei gleichberechtigt gegenüber. Die Personen können ihre Beziehungen frei regeln, ohne dass grundsätzlich der Staat mitwirkt.

Wichtigster Bestandteil des Privatrechts ist das vor allem im Bürgerlichen Gesetzbuch (BGB) geregelte bürgerliche Recht, das jede Person in ihrer bürgerlichen Existenz betrifft. Es enthält z. B. Vorschriften über Verträge zwischen Bürgern.

Einige Teile des Privatrechts gelten nur für einzelne besondere Lebensbereiche. So ist z. B. der Geltungsbereich des Handelsgesetzbuchs auf einen bestimmten Personenkreis, nämlich die Kaufleute, beschränkt.

Öffentliches Recht

Das öffentliche Recht regelt einerseits die Beziehungen einzelner Personen zum Staat und andererseits das Verhältnis der staatlichen Organe untereinander. Es betrifft Sachverhalte, die Angelegenheiten der Allgemeinheit sind. Durch seine Hoheitsgewalt ist der Staat dem Einzelnen übergeordnet.

BEISPIEL

Jeder Staatsbürger mit Einkommen ist nach dem Einkommensteuergesetz steuerpflichtig.

Zum öffentlichen Recht gehören u. a:

- **Verwaltungsrecht**
  regelt die Tätigkeit der öffentlichen Verwaltung
- **Verfassungsrecht**
  enthält die Rechtsnormen, die die Grundlage der Rechtsordnung bilden
- **Völkerrecht**
  regelt die Beziehungen zwischen den Staaten oder internationalen Organisationen
- **Steuerrecht**
- **Strafrecht**
  Vorschriften über die staatliche Befugnis, auf menschliches Fehlverhalten, wie z. B. Mord, zu reagieren
- **Zivil- und Strafprozessrecht**

Wenn der Staat jedoch als normale Person auftritt, unterliegt er wie seine Vertragspartner den Bestimmungen des Privatrechts.

BEISPIEL

Eine Behörde des Staates kauft von einer Schreibwarengroßhandlung Formulare.

Quellen des Rechts

Um im Streitfall über Recht und Unrecht entscheiden zu können, reicht in den meisten Fällen das Rechtsgefühl der Menschen nicht aus. Daher muss die Rechtsordnung in Rechtsvorschriften ihren Ausdruck finden. Diese müssen losgelöst vom Einzelfall formuliert werden, damit sie auf alle denkbar möglichen Sachverhalte angewandt werden können. Rechtsquellen, aus denen sich die geltenden Rechtsvorschriften ableiten lassen, sind:

- Gesetze
- Verordnungen
- Satzungen
- Gewohnheitsrecht
- Richterrecht

Gesetze

Gesetze sind Beschlüsse der für die Gesetzgebung zuständigen Organe, also der Legislative. Sie enthalten für eine unbestimmte Vielzahl von Personen allgemein ver-

3560 88

bindliche Regelungen in Schriftform. Erst wenn das Gesetz ein förmliches Gesetzgebungsverfahren durchlaufen hat, wird es wirksam. Ist das Gesetz beispielsweise von Bundestag und Bundesrat beschlossen, erfolgt die Ausfertigung (urkundliche Festlegung) durch den Bundespräsidenten. Dieser veranlasst abschließend die Verkündung im Bundesgesetzblatt.

BEISPIEL

Einkommensteuergesetz

Verordnungen

Verordnungen werden von der vollziehenden Gewalt (Exekutive) aufgrund einer ausdrücklichen gesetzlichen Ermächtigung erlassen. Sie dürfen also nur zur Durchführung und zur inhaltlich bereits vorgezeichneten Ausfüllung und Ergänzung des formellen Gesetzes ergehen. Auch bei Verordnungen handelt es sich um allgemein verbindliche Anordnungen für eine unbestimmte Anzahl von Personen in Schriftform. Sie ergeben sich jedoch nicht in einem förmlichen Gesetzgebungsverfahren, sondern werden von der Bundesregierung, einzelnen Bundesministern oder den Landesregierungen gesetzt. Die Verkündung erfolgt im Bundesgesetzblatt bzw. den Verordnungsblättern des Landes.

BEISPIEL

Durchführungsverordnung zum Einkommensteuergesetz

Satzungen

Satzungen halten die Grundordnung eines rechtlichen Zusammenschlusses schriftlich fest. Sie werden also von im Staat bestehenden staatlichen Verbänden, den Körperschaften, Anstalten und Stiftungen des öffentlichen Rechts, zur Regelung ihrer Angelegenheiten erlassen. Die Satzungen sind öffentlich bekannt zu machen.

Gewohnheitsrecht

Durch lang dauernde Übung entsteht Gewohnheitsrecht. Obwohl es schriftlich nicht niedergelegt ist, wird es von der Allgemeinheit (oder denjenigen, auf die es angewandt wird) als Recht anerkannt. Das Gewohnheitsrecht darf nicht im Widerspruch zu geschriebenem Recht stehen.

BEISPIEL

Ein Grundstückseigentümer darf seit Generationen das Grundstück eines Nachbarn überqueren.

Richterrecht

Für die Auslegung und Fortbildung des Rechts erlangen richterliche Entscheidungen zunehmende Bedeutung. Können aus Gewohnheitsrecht, Gesetzen, Verordnungen oder Satzungen keine eindeutigen Lösungen in Problemfällen gewonnen werden, müssen Richter entscheiden. Diese argumentativ begründeten Urteile werden von anderen Richtern in ähnlich gelagerten Fällen zur Lösung herangezogen.

AUFGABEN

1. Was versteht man unter Recht?
2. Erläutern Sie:
   a) objektives Recht
   b) subjektives Recht
3. Wodurch unterscheidet sich das Privatrecht vom öffentlichen Recht?
4. Entscheiden Sie, ob in den folgenden Fällen Privatrecht oder öffentliches Recht vorliegt:
   a) Hermann Huhn und Helga Geier, die heiraten wollen, geben beim Standesamt an, dass sie als Ehenamen Geier wählen.
   b) Erwin Lindemann bekommt von der Stadt Wuppertal einen Bescheid über die Zahlung von 90,00 € Hundesteuer.
   c) Die Stadt Hildesheim kauft für Dienstfahrten des Oberstadtdirektors ein Auto.
   d) Hermann Huhn kauft von Uwe Otto ein Auto.
   e) Eduard Zimmer wird wegen Einbruchs zu fünf Jahren Gefängnis verurteilt.
5. Wodurch unterscheiden sich die Rechtsquellen Gesetz, Verordnung, Satzung und Gewohnheitsrecht?
6. Warum gibt es das Richterrecht?
7. Um welche Rechtsquelle handelt es sich jeweils?
   a) Der Rat der Stadt Magdeburg beschließt eine generelle Regelung für die örtliche Müllbeseitigung.
   b) Seit Jahrhunderten benutzen die Einwohner einer kleinen niedersächsischen Gemeinde einen Weg zum Nachbarort, der durch einen Privatwald führt, als Abkürzung.

c) Der Bundesverkehrsminister ändert einige Regeln der Straßenverkehrsordnung.
d) Eine Bundestagspartei stellt den Antrag, die Gewerbesteuer abzuschaffen.
e) Erst durch eine Reihe von Bundesarbeitsgerichtsentscheiden wird geklärt, in welchen Fällen Streiks bzw. Aussperrungen zulässig sind.

8. Ordnen Sie den folgenden Rechtsgebieten die Bereiche öffentliches Recht und Privatrecht zu:

a) Strafrecht
b) bürgerliches Recht
c) Wechselrecht
d) Scheckrecht
e) Schulrecht
f) Handelsrecht
g) Verwaltungsrecht
h) Urheberrecht
i) Eherecht
j) Verfassungsrecht
k) Völkerrecht

AKTIONEN

1. Ihr Lehrer teilt an Sie Karten aus. Beantworten Sie auf diesen kurz und spontan die Frage: Was wäre, wenn es keine rechtlichen Regelungen gäbe?

2. In dieser Aktion führen Sie eine Skriptkooperation zum Thema Rechtsordnung durch:
   - Suchen Sie sich einen Partner.
   - Teilen Sie das Kapitel in zwei Teile auf: Teil 1 umfasst das Kapitel von Beginn bis einschließlich des Abschnitts „Privatrecht und öffentliches Recht“, Teil 2 besteht aus dem Abschnitt „Quellen des Rechts“.
   - Lesen Sie den Ihnen zugeteilten Teil in ca. zehn Minuten gründlich durch.
   - Fassen Sie den Inhalt auf maximal einer handgeschriebenen Seite strukturiert oder thesenartig zusammen (zirka zehn Minuten).
   - Tragen Sie nun Ihrem Partner den Inhalt in fünf Minuten mündlich vor. Sie sollten versuchen, den Text nicht nur einfach vorzulesen, sondern möglichst frei zu sprechen. Ebenso müssen Sie entscheiden, welche Informationen relevant und welche nicht so wichtig sind.
   - Verständnisfragen sind zugelassen.
   - Nun ist Ihr Partner an der Reihe, den Inhalt Ihres Vortrags in ca. fünf Minuten wiederzugeben. Achten Sie darauf, dass dies möglichst vollständig geschieht, und korrigieren bzw. ergänzen Sie seine Ausführungen bei Bedarf.
   - Sind alle Fragen zu Ihrem Fachtext geklärt, erfolgt ein Rollenwechsel. Ihr Partner trägt Ihnen nun seinen Text vor und Sie geben den Text mit eigenen Worten wider.
   - Gibt es zu Ihren Texten Fragen, werden diese anschließend im Plenum besprochen.

   Zeit insgesamt: 45 min.

3. In dieser Aktion wird das Thema Rechtsordnung mithilfe der ABC-Methode bearbeitet.
   - Sammeln Sie in Partnerarbeit zu jedem Buchstaben Begriffe zum gesamten Thema Rechtsordnung.
   - Einigen Sie sich dann mit Ihrem Partner auf die 15 wichtigsten Begriffe. Setzen Sie sich mit einer anderen Gruppe zusammen und bearbeiten Sie die beiden Listen, um wiederum die insgesamt 15 wichtigsten Begriffe festzulegen.
   - Stellen Sie Ihre Ergebnisse auf einem Poster als Grundlage zur Weiterarbeit dar.

3560 90

ZUSAMMENFASSUNG

Recht

= Regelung der rechtlichen Beziehungen des Menschen durch Ge- und Verbote

Privatrecht

regelt
private Rechtsbeziehungen der einzelnen Personen zueinander.

Öffentliches Recht

regelt
- Beziehungen einzelner Personen zum Staat.
- Verhältnis der staatlichen Organe untereinander.

kann abgeleitet werden aus den Rechtsquellen

Gesetze
- Beschlüsse der Legislative
- enthalten allgemein verbindliche Regeln

Verordnungen
- werden von der Exekutive erlassen
- sind allgemein verbindliche Anordnungen

Satzungen
- vertragliche Bestimmungen über die Verfassung von Gesellschaften usw.

Gewohnheitsrecht
- unbeschriebenes Recht
- gilt aufgrund ständiger Übung

Richterrecht
- entsteht durch Interpretation bei Anwendung der Rechtsnormen
- ergänzt und konkretisiert vielfach das positive Recht nach Maßgabe allgemeiner Rechtsgrundsätze

5.2 Wir unterscheiden im Rechtsverkehr Rechtssubjekte und Rechtsobjekte

Einstieg

Frau Hahne möchte ihr gesamtes Vermögen für den Fall ihres Ablebens ihrem Hund Struppi vererben.

Kann Frau Hahne nach deutschem Recht ihr Vorhaben verwirklichen?

INFORMATIONEN

Rechtssubjekte

Am Rechtsverkehr kann in der Bundesrepublik Deutschland nur teilnehmen, wer rechtsfähig ist. Dies sind alle Personen, die Rechte und Pflichten haben können. Man nennt sie häufig auch Rechtssubjekte. Es werden zwei Arten von Personen (Rechtssubjekten) unterschieden:

- natürliche Personen
- juristische Personen

Natürliche Personen

Zu den natürlichen Personen zählen alle Menschen ohne Rücksicht auf ihr Alter, ihr Geschlecht oder ihre Rasse.

Juristische Personen

Juristische Personen sind von Menschen für bestimmte Zwecke geschaffene Vereinigungen von natürlichen Personen oder Vermögensmassen. Sie sind von der Rechtsordnung mit einer eigenen Rechtspersönlichkeit ausgestattet.

Juristische Personen sind also keine Menschen, sie können aber wie natürliche Personen Rechte erwerben und mit Pflichten belastet werden. Diese stimmen weitgehend mit jenen der natürlichen Personen überein. Juristische Personen haben Vermögen, können als Erben eingesetzt werden, in eigenem Namen klagen und beklagt werden und in bestimmten Fällen sogar auf das Grundgesetz berufen.

Man unterscheidet zwischen juristischen Personen des Privatrechts und juristischen Personen des öffentlichen Rechts.

- **Juristische Personen des Privatrechts**
  Juristische Personen des Privatrechts verfolgen private Zwecke. Sie erlangen ihre Rechtsfähigkeit im Regelfall durch Eintragung in ein von einem zuständigen Gericht geführtes Register. So muss z. B. eine Aktiengesellschaft in ein Handelsregister eingetragen werden.

BEISPIELE

- Aktiengesellschaften
- Gesellschaften mit beschränkter Haftung
- eingetragene Genossenschaften
- eingetragene Vereine, z. B. Eintracht Hildesheim e. V.
- Stiftung des Privatrechts (Familienstiftung)

- **Juristische Personen des öffentlichen Rechts**
  Juristische Personen des öffentlichen Rechts dienen öffentlichen Zwecken. Sie werden grundsätzlich durch Gesetz oder aufgrund eines Gesetzes errichtet, verändert oder aufgelöst. Eine Universität wird beispielsweise rechtsfähig durch staatliche Verleihung.

Während ihrer Existenz werden die Rechte und Pflichten juristischer Personen von bestimmten Organen wahrgenommen. Die Organe, deren Mitglieder aus natürlichen Personen bestehen, sind durch Satzung oder Gesetz bestimmt. Bei einer GmbH (Gesellschaft mit beschränkter Haftung) sind dies beispielsweise der Geschäftsführer und die Gesellschafterversammlung. Die juristische Person haftet grundsätzlich für den Schaden, den eines ihrer Organe einem Dritten zufügt.

Rechtsobjekte

Alles, was zum Vermögen einer Person gehört, kann Gegenstand des Rechtsverkehrs sein. Solche Rechtsobjekte dienen natürlichen und juristischen Personen. Unterschieden wird zwischen

- Sachen und
- Rechten.

Sachen

Sachen sind körperliche Gegenstände. Sie können

- fest (z. B. ein Sofa),
- flüssig (z. B. Wein in einer Flasche) oder
- gasförmig (z. B. Propangas in einer Campinggasflasche)

sein. Entscheidend ist dabei die Beherrschbarkeit durch den Menschen. Luft, Meteore und Regentropfen sind beispielsweise keine Sachen im juristischen Sinn.

Sachen können eingeteilt werden in:

- Immobilien
- Mobilien

Immobilien
Immobilien sind unbewegliche Sachen, wie z. B. Grundstücke.

Mobilien
Alle Sachen außer Grundstücken gehören zu den beweglichen Sachen. Der Gesetzgeber sieht in diesem Zusammenhang auch Tiere als Sachen an.

Die Mobilien können unterschieden werden in:

- **vertretbare Sachen**
  Die vertretbaren Sachen können nach Zahl, Maß oder Gewicht bestimmt werden und sind durch gleiche Sachen ersetzbar.

BEISPIELE
serienmäßig hergestellte Sachen, Äpfel, Banknoten, Pullover

- **nicht vertretbare Sachen**
  Nicht vertretbare Sachen sind einmalig in ihrer Eigenart.

BEISPIELE
Gemälde von Picasso, Maßanzüge, Hund „Struppi“

Rechte

Rechte sind unkörperliche Gegenstände des Rechtsverkehrs. Darunter versteht man Ansprüche aller Art, wie z. B. Forderungen, Patente, Lizenzen, Pfandrechte und Bezugsrechte.

AUFGABEN

1. Was sind Rechtssubjekte?
2. Wodurch unterscheiden sich juristische Personen des privaten und öffentlichen Rechts?
3. Ist ein Rechtsanwalt eine juristische Person im Sinne des Gesetzgebers?
4. Entscheiden Sie, ob es sich bei den folgenden Personen um natürliche Personen oder um juristische Personen des privaten bzw. des öffentlichen Rechts handelt:
   a) Bundesagentur für Arbeit
   b) Commerzbank AG
   c) Stadt Leipzig
   d) Rainer Tegeler
   e) Industrie- und Handelskammer Hannover-Hildesheim
   f) Sportverein Eintracht Hildesheim e. V.
5. Erklären Sie den Unterschied zwischen Sachen und Rechten.
6. Handelt es sich bei den folgenden Rechtsobjekten um vertretbare oder um nicht vertretbare Sachen?
   a) Mineralöl
   b) eine Packung Gummibären
   c) Rekordmilchkuh „Erna“
   d) Maßanzug für Peter Limpke
   e) Originalgemälde „Mona Lisa“ von Leonardo da Vinci
   f) Kunstdruck des Gemäldes „Mona Lisa“

AKTIONEN

1. Erstellen Sie eine Mindmap, die die wichtigsten Informationen des Kapitels 5.2 zusammenfasst.
2. Erstellen Sie eine Tabelle mit jeweils drei Beispielen für die einzelnen Ausprägungen bei den Rechtssubjekten und -objekten.

ZUSAMMENFASSUNG

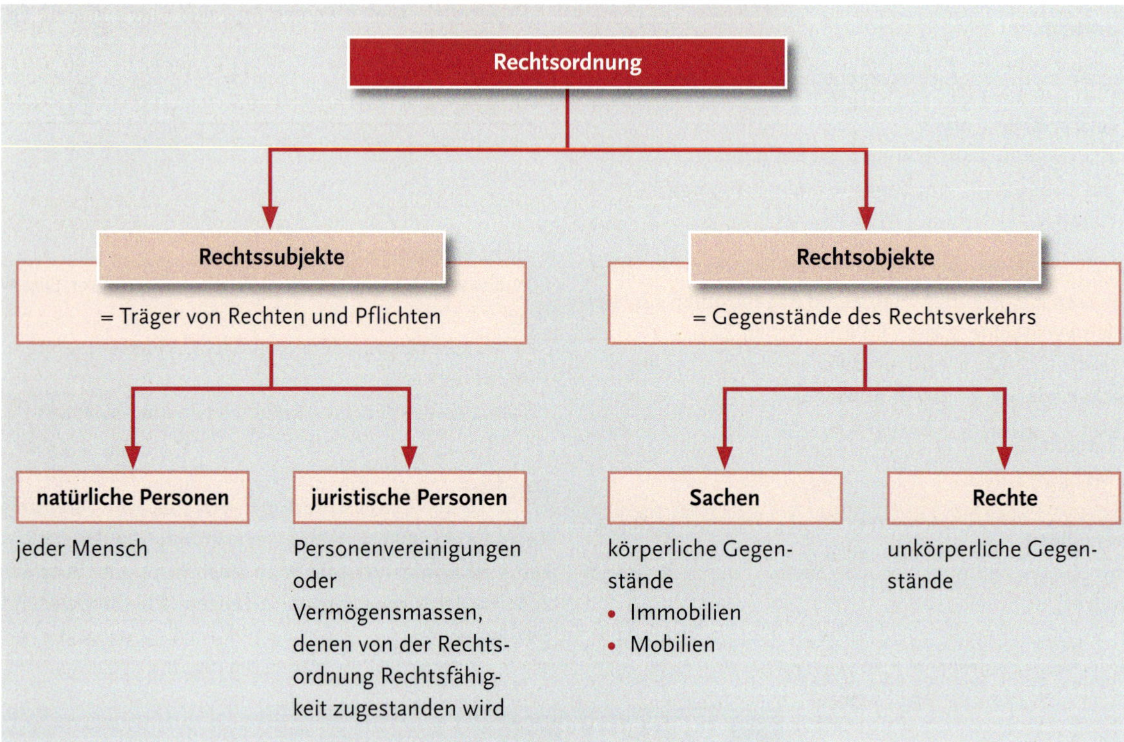

5.3 Wir schließen Rechtsgeschäfte ab

Einstieg

Die Großhandlung Hoffmann KG bietet dem Herrenausstatter Bernhard Müller OHG aus Heidelberg 100 Hemden zu 16,20 € je Stück an. Der Herrenausstatter Müller OHG findet das Angebot günstig und bestellt die angebotene Ware.

Prüfen Sie, ob in diesem Fall ein Kaufvertrag zwischen der Hoffmann KG und der Bernhard Müller OHG zustande gekommen ist.

INFORMATIONEN

Willenserklärungen

DEFINITION

Rechtsgeschäfte entstehen durch eine oder mehrere Willenserklärungen. **Willenserklärungen** sind gewollte und zwangsfreie Erklärungen einer Person.

BEISPIELE

- Ein Verkäufer bietet einer Kundin eine preisgünstige Kaffeemaschine an. Er will der Kundin die Kaffeemaschine verkaufen.
- Die Geschäftsführerin eines Technikkaufhauses kündigt einem Abteilungsleiter. Sie will, dass der Abteilungsleiter nicht mehr in dem Technikkaufhaus arbeitet.

Willenserklärungen werden abgegeben

- durch ausdrückliche mündliche oder schriftliche Äußerungen,
- durch bloße Handlungen, aus denen der Wille zu erkennen ist, z. B. Handzeichen bei Versteigerungen, Geldeinwurf in einen Zigarettenautomaten, Einsteigen in ein Taxi,
- in Ausnahmefällen durch Schweigen.

Unter Kaufleuten gilt Schweigen nur dann als Annahme einer unbestellten Lieferung, wenn zwischen beiden Kaufleuten ein regelmäßiger Geschäftsverkehr besteht. Sonst bedeutet das Schweigen Ablehnung der unbestellten Lieferung.

BEISPIEL

Der Großhändler Hahn schickt dem Lebensmitteleinzelhändler Grewe, den er regelmäßig mit Konserven beliefert, 100 Dosen Gemüsekonserven, ohne dass Grewe diese bestellt hat. Wenn sich der Einzelhändler Grewe zu dieser Lieferung nicht äußert, bedeutet dieses Schweigen, dass er mit der Lieferung einverstanden ist.

Ist der Empfänger der unbestellten Ware eine Privatperson, gilt ihr Schweigen immer als Ablehnung der unbestellten Lieferung. Der Verbraucher ist nicht verpflichtet, eine unerwünschte Ware zu bezahlen und er muss die Ware auch nicht zurücksenden. Er ist auch nicht verpflichtet, den Absender davon zu unterrichten, dass er die Ware nicht kaufen möchte. Dies braucht er auch dann nicht zu tun, wenn es in der Sendung z. B. heißt, ein Kaufvertrag gelte als abgeschlossen, wenn nicht binnen bestimmter Frist Einspruch erhoben wird.

Einseitige Rechtsgeschäfte

Einseitige Rechtsgeschäfte entstehen durch die Willenserklärung nur einer Person. Sie können empfangsbedürftig oder nicht empfangsbedürftig sein.

Empfangsbedürftige Willenserklärungen sind z. B. Kündigungen, Mahnungen, Bürgschaften. Sie sind erst dann wirksam, wenn sie einer anderen Person zugehen.

Nicht empfangsbedürftige Willenserklärungen sind z. B. Testamente. Sie sind gültig, ohne dass sie einer anderen Person zugehen.

Mehrseitige Rechtsgeschäfte oder Verträge

Verträge kommen grundsätzlich durch die Abgabe von zwei übereinstimmenden gültigen Willenserklärungen zustande. Die 1. Willenserklärung wird als Antrag, die 2. Willenserklärung als Annahme bezeichnet. Mit der Annahme des Antrags ist ein Vertrag abgeschlossen.

Vertragsarten

Vertragsart	Vertragsinhalt	BEISPIEL
Kaufvertrag	Veräußerung von Sachen und Rechten	Ein Verkäufer verkauft einem Kunden einen Anzug gegen Bezahlung.
Tauschvertrag	gegenseitige Übereignung von Sachen oder Rechten	Ein Briefmarkensammler gibt einem anderen Briefmarkensammler eine Marke, die er doppelt hat. Als Gegenleistung erhält er eine andere Briefmarke.
Schenkung	unentgeltliche Vermögensübertragung an andere Personen	Ein junger Mann schenkt seiner Freundin einen Ring.
Mietvertrag	Überlassung einer Sache gegen Zahlung eines vereinbarten Mietpreises	Ein Mieter mietet eine Wohnung. Er erhält das Wohnrecht gegen Zahlung einer monatlichen Miete an den Vermieter.
Pachtvertrag	Überlassung von Sachen und Rechten zum Gebrauch und zur Nutzung gegen Zahlung eines vereinbarten Pachtzinses	Ein Landwirt pachtet ein Stück Land. Er darf auf diesem Land Ackerbau betreiben. Die Früchte, die er von dem Acker erntet, gehören ihm als Pächter.
Leihvertrag	Überlassung einer Sache zum unentgeltlichen Gebrauch	Jemand leiht in der Stadtbücherei kostenlos ein Buch aus und bringt es nach Ende der Leihfrist wieder zurück.
Darlehensvertrag	Überlassung von Geld oder anderen vertretbaren Sachen zum Verbrauch gegen spätere Rückgabe gleichartiger Sachen	Ein Einzelhändler nimmt bei einer Bank einen Kredit von 25.000,00 € auf. Er zahlt diesen Kredit bis zu einem vereinbarten Zeitpunkt an die Bank zurück.
Dienstvertrag	Leistung von Diensten gegen Bezahlung	Durch Abschluss eines Arbeitsvertrags verpflichtet sich ein Arbeitnehmer, für einen Arbeitgeber zu arbeiten. Der Arbeitgeber muss ihm als Gegenleistung Lohn oder Gehalt zahlen.
Werkvertrag	Herstellung eines Werks gegen Bezahlung	Eine Schneiderin näht für eine Kundin ein Kleid. Die Kundin liefert dazu den Stoff.
Reisevertrag	Erbringung von Reiseleistungen gegen Bezahlung	Ein junges Ehepaar bucht bei einem Reiseveranstalter eine vierzehntägige Pauschalreise nach Florida. Die Reiseleistungen, die der Reiseveranstalter erbringen muss, umfassen den Hin- und Rückflug und die Unterbringung in einem Hotel in Florida.
Versicherungsvertrag	Leistungen des Versicherers und die zu zahlenden Versicherungsbeiträge	Die Hoffmann KG schließt eine Einbruchdiebstahlversicherung ab. Die Versicherung bezahlt die durch Einbruchdiebstahl entstandenen Schäden und Verluste an Waren, Bargeld und sonstigen Sachen.

Vertragsfreiheit

Abschlussfreiheit
Jeder Person steht es frei, einen Vertrag abzuschließen. Personen können also nicht gezwungen werden, einen Vertrag abzuschließen.

Nur in wenigen Ausnahmefällen gibt es die Pflicht zum Vertragsabschluss (Kontrahierungszwang). Einem Kontrahierungszwang unterliegen z. B. Stromanbieter.

Formfreiheit
Der Abschluss eines Vertrags unterliegt normalerweise keiner Formvorschrift (Formfreiheit). Das heißt, Verträge können z. B. mündlich, fernmündlich, schriftlich, per Fax, per E-Mail, im Internet abgeschlossen werden. Nur in wenigen Ausnahmefällen ist eine bestimmte Form vorgeschrieben, z. B. Darlehensverträge, Ausbildungsverträge.

Inhaltsfreiheit
Die Vertragspartner können die Inhalte eines Vertrags frei festlegen.

Kaufvertrag

Abschluss des Kaufvertrags
Der Antrag auf Abschluss eines Kaufvertrags kann vom Verkäufer oder vom Käufer einer Sache oder eines Rechts ausgehen.

Abschluss des Kaufvertrags

1. Möglichkeit	**2. Möglichkeit**
Der Verkäufer macht einen Antrag auf Abschluss eines Kaufvertrags, indem er dem Käufer ein Angebot unterbreitet. Der Käufer nimmt das Angebot durch eine Bestellung an. Ein Kaufvertrag kommt zustande, wenn die Bestellung mit dem Angebot übereinstimmt.	Der Antrag auf Abschluss eines Kaufvertrags geht vom Käufer aus, wenn der Käufer bestellt, ohne dass er ein Angebot erhalten hat. Der Verkäufer nimmt diesen Antrag durch die sofortige Lieferung oder die Zusendung einer Bestellungsannahme (= Auftragsbestätigung) an.

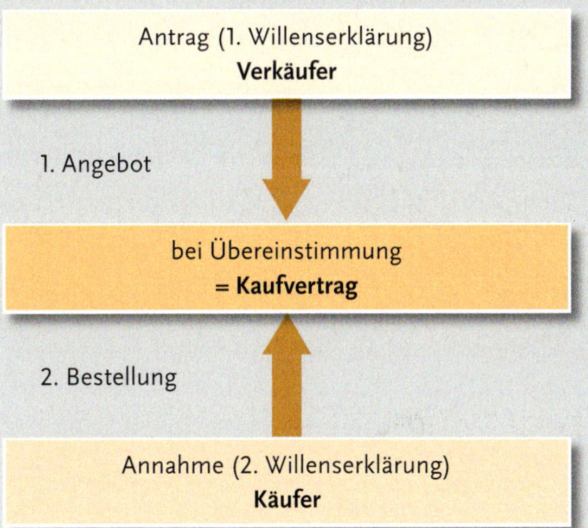

Erfüllung des Kaufvertrags
Mit dem Abschluss des Kaufvertrags übernehmen die Vertragspartner folgende Pflichten:

- Der Verkäufer hat die Pflicht,
  - die mangelfreie Ware am richtigen Ort, zur richtigen Zeit zu übergeben,
  - dem Käufer das Eigentum an der Ware zu verschaffen.
- Der Käufer hat die Pflicht,
  - die ordnungsgemäß gelieferte Ware anzunehmen,
  - die ordnungsgemäß gelieferte Ware fristgerecht zu bezahlen.

Erst wenn beide Vertragspartner ihre Pflichten erfüllt haben, ist der Kaufvertrag erfüllt.

Eigentum und Besitz

Eigentümer einer Sache ist derjenige, dem eine Sache gehört (rechtliche Verfügungsgewalt).

Besitzer einer Sache ist derjenige, der eine Sache hat (tatsächliche Verfügungsgewalt).

Häufig sind Besitzer und Eigentümer einer Sache identisch.

BEISPIEL

Jemand liest ein Buch, das er in einer Buchhandlung gekauft hat. Der Besitzer des Buchs ist hier Eigentümer des Buchs. Es gehört ihm, weil er es rechtmäßig erworben hat.

Es kann aber auch sein, dass Besitzer und Eigentümer einer Sache nicht identisch sind.

BEISPIEL

Jemand liest ein Buch, das er in der Stadtbibliothek geliehen hat. Hier besitzt der Leser zwar das Buch. Eigentümer ist aber die Stadtbibliothek, die das Buch verliehen hat. Sie kann das Buch vom Besitzer zurückverlangen.

Nichtigkeit und Anfechtbarkeit von Willenserklärungen

Nichtige Willenserklärungen

Nichtige Willenserklärungen sind von Anfang an ungültig. Sie haben keine Rechtsfolgen.

Nichtig sind ...	BEISPIEL
Willenserklärungen von Geschäftsunfähigen[1]	Ein sechsjähriger Schüler kauft eine Hörspielkassette.
Willenserklärungen, die im Zustand der Bewusstlosigkeit oder vorübergehenden Störung der Geistesfähigkeit abgegeben wurden	Ein Mann kauft im volltrunkenen Zustand eine Schlafzimmereinrichtung.
Willenserklärungen von beschränkt Geschäftsfähigen[1] gegen den Willen des gesetzlichen Vertreters	Ein siebzehnjähriger Auszubildender kauft ohne Zustimmung seines Vaters ein Motorrad.
Willenserklärungen, die gegenüber einer anderen Person mit deren Einverständnis nur zum Schein abgegeben wurden (= Scheingeschäft)	Ein Gast lässt sich in einem Restaurant von einem Kellner eine Quittung über 75,00 € geben, obwohl er nur 50,00 € bezahlt. Er will die Quittung als Beleg für Geschäftskosten verwenden, um damit Steuern zu sparen.
nicht ernst gemeinte Willenserklärungen (= Scherzgeschäfte)	Jemand sagt im Scherz: „Du kannst mein Haus geschenkt haben!"
Rechtsgeschäfte, die nicht in der vorgeschriebenen Form abgeschlossen wurden	Ein Vertrag über einen Hauskauf wurde nur mündlich abgeschlossen.
Rechtsgeschäfte, die gegen ein gesetzliches Verbot verstoßen	Ein Verkäufer verkauft Alkohol an Kinder.
Rechtsgeschäfte, die gegen die guten Sitten verstoßen	Ein Glasermeister nimmt nach einer Sturmkatastrophe überhöhte Preise für seine Glasscheiben (= Wucher).

Anfechtbare Willenserklärungen

Anfechtbare Willenserklärungen können im Nachhinein durch Anfechtung ungültig werden. Bis zur Anfechtung sind sie gültig.

Die **Anfechtung wegen Irrtums** muss unverzüglich nach Entdecken des Irrtums erfolgen. Entsteht durch die Anfechtung ein Schaden, so ist der Anfechtende schadensersatzpflichtig.

Bei **widerrechtlicher Drohung** muss die Anfechtung innerhalb eines Jahres, nachdem die Drohung nicht mehr besteht, erfolgen.

Bei **arglistiger Täuschung** muss die Anfechtung innerhalb eines Jahres, nachdem die Täuschung entdeckt wurde, erfolgen. Bei der Anfechtung wegen arglistiger Täuschung hat der Anfechtende Schadensersatzanspruch.

1 siehe Kap. 5.4

Anfechtungsgrund	BEISPIEL
Irrtum in der Erklärung Die Äußerung einer Person entspricht nicht dem, was sie sagen wollte.	Ein Einzelhändler bestellt irrtümlich 53 Mäntel anstatt 35 Mäntel.
Irrtum über die Eigenschaft einer Person oder Sache	Ein Großhändler stellt einen Buchhalter ein und erfährt nachträglich, dass dieser wegen Urkundenfälschung vorbestraft ist.
Irrtum in der Übermittlung Die Willenserklärung wurde von der mit der Übermittlung beauftragten Person oder Organisation (z. B. der Post) falsch weitergegeben.	Ein Einzelhändler bittet einen Angestellten, bei einem Großhändler telefonisch 100 A4-Blöcke, rautiert, zu bestellen. Der Angestellte bestellt irrtümlich karierte Blöcke.
Widerrechtliche Drohung Eine Person wird durch eine Drohung zur Abgabe einer Willenserklärung gezwungen.	Ein Zeitschriftenwerber bedroht eine alte Frau, damit sie ein Zeitschriftenabonnement bestellt.
Arglistige Täuschung Eine Person wird durch arglistige Täuschung zur Abgabe einer Willenserklärung veranlasst.	Ein Kunde kauft einen gebrauchten Pkw. Nach Angaben des Verkäufers ist er unfallfrei. Nachträglich stellt sich heraus, dass der Pkw einen Unfallschaden hatte.

BEISPIEL

Jens K. aus Hildesheim: „Ich habe für 5.500,00 € einen Gebrauchtwagen gekauft. Noch am selben Tag wollte der Autohändler das Geschäft rückgängig machen. Er habe den Preis versehentlich um 1.500,00 € zu niedrig angesetzt. Darf ich mein Schnäppchen trotzdem behalten?"

Antwort: Im vorliegenden Fall ist ein wirksamer Kaufvertrag zustande gekommen, sodass Jens K. den Wagen behalten darf. Zwar gilt nach dem BGB, dass Angebote anfechtbar sind, wenn ein Irrtum vorliegt. Allerdings gilt nicht jeder Irrtum als Anfechtungsgrund: So darf sich niemand auf den so genannten „Berechnungsirrtum" berufen, wenn er sich bei der Preiskalkulation vertan hat. Wirksam anfechten könnte der Händler sein Angebot, wenn er sich beim Vertragsabschluss nur verschrieben oder sich im Verkaufsgespräch versprochen hätte. In solchen Fällen müsste der Käufer den Wagen zurückgeben.

Allerdings bekäme der Kunde die Kosten ersetzt, die durch das Vertrauen auf die Gültigkeit des Geschäfts entstanden sind, etwa weil ihm nachweislich eine andere günstige Kaufchance entgangen ist und er nun teurer kaufen muss.

AUFGABEN

1. In welcher Form können Willenserklärungen abgegeben werden?
2. Was bedeutet der Grundsatz der Vertragsfreiheit für den Abschluss von Rechtsgeschäften?
3. Wie kommt in folgenden Fällen der Kaufvertrag zustande?
   a) Der Einzelhändler Reimann bestellt, ohne dass ihm ein Angebot vorliegt, bei der Hoffmann KG 100 T-Shirts zum Preis von 3,00 € je Stück. Die Hoffmann KG nimmt die Bestellung an und liefert die Ware.
   b) Eine Kundin lässt sich in den Geschäftsräumen der Hoffmann KG Pullover vorlegen. Nach langem Vergleichen entscheidet sie sich für einen Pullover. Sie sagt: „Den nehme ich."
   c) Frau Lange bestellt 1 000 Briefumschläge für 1,50 €. Der Lieferant liefert zwei Tage später.
4. In welchen der folgenden Fälle ist ein Kaufvertrag zustande gekommen? Begründen Sie Ihre Antwort.
   a) Der Verkäufer unterbreitet ein Angebot. Der Käufer bestellt zu den Angebotsbedingungen.
   b) Der Käufer bestellt, ohne ein Angebot erhalten zu haben. Der Verkäufer reagiert überhaupt nicht.

c) Der Verkäufer macht ein Angebot. Der Käufer bestellt mit abgeänderten Bedingungen.
d) Der Käufer bestellt. Der Verkäufer liefert sofort.

5. Welche Pflichten muss

a) der Verkäufer und
b) der Käufer

nach Abschluss eines Kaufvertrags erfüllen?

6. Unterscheiden Sie Besitz und Eigentum.

7. Um welche Vertragsarten handelt es sich jeweils in den folgenden Fällen?

a) Ein Autofahrer lässt in einer Kfz-Werkstatt einen Kotflügel seines Wagens ausbeulen.
b) Ein Bankkunde leiht bei seiner Bank Geld, das er mit Zinsen zurückzahlen muss.
c) Ein Verkäufer arbeitet in einem Supermarkt für ein Monatsgehalt von 1.200,00 €.
d) Ein Tischler fertigt für einen Kunden einen Einbauschrank an. Das Holz für den Schrank besorgt er selbst.

8. Wodurch unterscheiden sich Mietvertrag und Pachtvertrag?

9. Beurteilen Sie folgende Fälle:

a) Eine Ware, die 198,00 € kostet, wird irrtümlich mit 189,00 € angeboten.
b) Ein Kunsthändler verkauft die Kopie eines Bildes als Original.
c) Der sechzehnjährige Frank Schrader kommt stolz mit einem Motorrad nach Hause. Er hat es für 1.250,00 € gekauft. Den Kaufpreis will er in zehn Raten abbezahlen. Sein Vater ist nicht so begeistert und verlangt, dass er das Motorrad zurückbringt.
d) Ein Druckereibesitzer schließt den Kauf über ein Grundstück mündlich ab.
e) Ein Einzelhändler verrechnet sich bei der Ermittlung des Verkaufspreises für eine Ware. Irrtümlich errechnet er 28,50 € anstatt 32,60 €.
f) Der Kaufpreis eines Hauses war doppelt so hoch wie der durch ein späteres Gutachten ermittelte Wert.

AKTIONEN

1. In den Geschäftsräumen der Hoffmann KG bietet Carolin Saager dem Einkäufer der Winkler KG Freizeithemden aus der neuen Damenblusenkollektion an. Versetzen Sie sich in die Rolle von Carolin Saager und stellen Sie den Abschluss des Kaufvertrags über den Kauf von Damenblusen im Rollenspiel dar.

2. Stellen Sie fest, wie in Ihrem Ausbildungsbetrieb Kaufverträge mit den Kunden abgeschlossen werden. Präsentieren Sie das Ergebnis Ihren Klassenkameraden mit einem von Ihnen gewählten Präsentationsmittel.

ZUSAMMENFASSUNG

Rechtsgeschäfte

einseitige Rechtsgeschäfte

werden durch **eine** Willenserklärung rechtswirksam

entstehen durch eine

- **empfangsbedürftige Willenserklärung**: erst wirksam, wenn sie einer anderen Person zugeht
- **nicht empfangsbedürftige Willenserklärung**: auch gültig, ohne dass sie einer anderen Person zugeht

mehrseitige Rechtsgeschäfte (Verträge)

werden durch **mindestens zwei** übereinstimmende Willenserklärungen (Antrag und Annahme) rechtswirksam

Vertragsarten sind z. B.

- Kaufvertrag
- Tauschvertrag
- Schenkung
- Mietvertrag
- Pachtvertrag
- Leihvertrag
- Darlehensvertrag
- Dienstvertrag
- Werkvertrag

Abschluss des Kaufvertrags durch

Angebot + Bestellung

oder

Bestellung + Bestellungsannahme (Auftragsbestätigung) oder Lieferung

---

Pflichten

des Verkäufers

- ordnungsgemäße Übergabe der Ware
- Übereignen der Ware an den Käufer

des Käufers

- Annahme der Ware
- fristgerechte Bezahlung

Rechtsgeschäfte sind

nichtig
= von Anfang an ungültig

bei

- Willenserklärungen von Geschäftsunfähigen
- Willenserklärungen von beschränkt Geschäftsfähigen gegen den Willen des gesetzlichen Vertreters
- Willenserklärungen, die im Zustand der Bewusstlosigkeit oder vorübergehender Geistesstörung abgegeben wurden
- Scherzgeschäft
- Scheingeschäft
- sittenwidrigem Rechtsgeschäft
- Fehlen der vorgeschriebenen Form
- Verstoß gegen ein gesetzliches Verbot

anfechtbar
= bis zur Anfechtung gültig

wegen

- Irrtums
  - in der Erklärung
  - in der Eigenschaft einer Person oder Sache
  - in der Übermittlung
- widerrechtlicher Drohung

- arglistiger Täuschung

Schadensersatzanspruch!
(nur für den Anfechtenden)

5.4 Wir prüfen die Geschäftsfähigkeit der Geschäftspartner

Einstieg

Die siebzehnjährige Katarzyna Lindemann ist als Auszubildende zurzeit im Verkauf der Hoffmann KG beschäftigt. Aufgrund einer Bestellung des Herrenausstatters Müller OHG schickt sie eine Auftragsbestätigung über 100 Herrenhemden an den Einzelhändler.

Stellen Sie fest, ob Katarzyna Lindemann dieses Geschäft abschließen darf.

INFORMATIONEN

Rechtsfähigkeit

DEFINITION

Unter **Rechtsfähigkeit** versteht das Gesetz die Fähigkeit einer Person, Träger von Rechten und Pflichten zu sein.

Eine Person hat z. B. das Recht, ein Geschäft zu erben, oder die Pflicht, die Schule zu besuchen.

Rechtsfähig sind nicht nur Menschen (= natürliche Personen), sondern auch Personenvereinigungen, z. B. Vereine, Aktiengesellschaften, Gesellschaften mit beschränkter Haftung, Genossenschaften. Sie werden als juristische Personen bezeichnet.

Rechtsfähigkeit		
	natürliche Personen	**juristische Personen**
Beginn	Vollendung der Geburt	Gründung: AG: Eintragung ins Handelsregister
Ende	Tod	Auflösung: AG: Löschung im Handelsregister

Geschäftsfähigkeit

DEFINITION

Unter **Geschäftsfähigkeit** versteht das Gesetz die Fähigkeit von Personen, Rechtsgeschäfte rechtswirksam abzuschließen.

Eine geschäftsfähige Person kann z. B. Waren einkaufen oder verkaufen, eine Wohnung mieten oder eine Reise buchen.

Man unterscheidet drei Stufen der Geschäftsfähigkeit:

- Geschäftsunfähigkeit
- beschränkte Geschäftsfähigkeit
- unbeschränkte oder volle Geschäftsfähigkeit

Geschäftsunfähigkeit

Geschäftsunfähig sind:

- Kinder unter sieben Jahren
- dauernd geisteskranke Personen

Die Willenserklärung eines Geschäftsunfähigen ist nichtig, d. h. ungültig. Geschäftsunfähige Personen können also keine Rechtsgeschäfte rechtswirksam abschließen.

3560 102

Beschränkte Geschäftsfähigkeit

Beschränkt geschäftsfähig sind Personen, die mindestens sieben, aber unter 18 Jahre alt sind. Eine beschränkt geschäftsfähige Person darf Rechtsgeschäfte normalerweise nur mit Zustimmung des gesetzlichen Vertreters (Vater, Mutter, Vormund) abschließen.

Rechtsgeschäfte, die sie ohne vorherige Einwilligung des gesetzlichen Vertreters abgeschlossen hat, sind schwebend unwirksam. Sie können durch die nachträgliche Genehmigung des gesetzlichen Vertreters wirksam werden.

BEISPIEL

Der siebzehnjährige Auszubildende Jochen Reinhard kauft einen DVD-Rekorder, ohne dass er seinen Vater vorher gefragt hat. Der Verkäufer des DVD-Rekorders fragt den Vater von Jochen später, ob er mit dem Kauf einverstanden ist. Wenn sich Jochens Vater mit dem Kauf einverstanden erklärt, ist ein Kaufvertrag zustande gekommen. Ist er nicht einverstanden, kommt kein Kaufvertrag zustande.

In Ausnahmefällen darf eine beschränkt geschäftsfähige Person Rechtsgeschäfte auch ohne Zustimmung ihres gesetzlichen Vertreters abschließen.

- Sie darf Willenserklärungen abgeben, die ihr nur rechtliche Vorteile bringen, z. B. ein Geschenk annehmen.
- Sie darf Verträge abschließen, die sie mit ihrem Taschengeld erfüllen kann.

BEISPIEL

Die fünfzehnjährige Sabine Beyer kauft von ihrem Taschengeld eine CD zum Preis von 12,90 €.

- Sie darf Rechtsgeschäfte im Rahmen eines Arbeitsvertrags abschließen, den sie mit Zustimmung ihres gesetzlichen Vertreters eingegangen ist.

BEISPIEL

Ein siebzehnjähriger Verkäufer darf Ware an Kunden verkaufen, ohne vorher seinen gesetzlichen Vertreter zu fragen. Er darf ohne Zustimmung seines gesetzlichen Vertreters Vereinbarungen über Arbeitszeit, Gehalt, Pausen, Urlaub usw. treffen. Er darf das Arbeitsverhältnis, sofern es als Dienstverhältnis anzusehen ist, auch ohne Zustimmung des gesetzlichen Vertreters kündigen.

- Wenn sie ihr gesetzlicher Vertreter mit Erlaubnis des Vormundschaftsgerichts ermächtigt, einen selbstständigen Geschäftsbetrieb zu führen, darf sie ohne Zustimmung alle Rechtsgeschäfte abschließen, die dieser Betrieb mit sich bringt.

BEISPIEL

Die sechzehnjährige Carmen Freese führt selbstständig einen Jeansshop. Sie darf ohne Zustimmung ihres gesetzlichen Vertreters Ware einkaufen und verkaufen, Rechnungen bezahlen usw. Will sie jedoch privat von ihrem Geld eine teure Stereoanlage kaufen, muss sie ihren gesetzlichen Vertreter um Erlaubnis bitten.

Unbeschränkte Geschäftsfähigkeit

Unbeschränkt geschäftsfähig sind natürliche Personen, die das 18. Lebensjahr vollendet haben. Willenserklärungen unbeschränkt geschäftsfähiger Personen sind voll rechtswirksam.

Kann ein Volljähriger seine Angelegenheiten aufgrund einer psychischen Krankheit oder einer körperlichen, geistigen oder seelischen Behinderung ganz oder teilweise nicht erledigen, so bestellt das Vormundschaftsgericht für ihn einen Betreuer, der ihn gerichtlich und außergerichtlich vertritt.

AUFGABEN

1. Unterscheiden Sie Rechtsfähigkeit und Geschäftsfähigkeit.

2. Der 17 Jahre alte Hans Vollmer erhält von seinem Vater 500,00 € für ein Notebook. Der Händler besteht darauf, dass der Vater ihm gegenüber erklärt, dass er mit dem Kauf einverstanden ist. Warum verlangt der Händler diese Einverständniserklärung?

3. Die vierzehnjährige Sandra und der fünfzehnjährige Thomas kaufen von ihrem Taschengeld einen gebrauchten CD-Player für 20,00 €. Ihr Vater will den Kaufvertrag rückgängig machen. Der Händler weigert sich. Wer hat recht? Begründen Sie Ihre Meinung.

4. Der neun Jahre alte Jürgen bekommt von seiner Tante einen MP3-Player geschenkt. Seine Eltern verbieten ihm die Annahme des Geschenks. Sind sie dazu berechtigt? Begründen Sie Ihre Meinung.

5. Die siebzehnjährige Anja Schneider schließt mit Einwilligung ihrer Eltern ein Ausbildungsverhältnis zur Bürokauffrau bei einem Haushaltsgerätehersteller ab. Welches der folgenden Rechtsgeschäfte darf sie nur mit Zustimmung ihrer Eltern abschließen? Begründen Sie Ihre Meinung.

   a) In ihrem Ausbildungsbetrieb verkauft sie fünfzig Geschirrspülmaschinen an einen Kunden.
   b) Am Wochenende verkauft sie ihre Waschmaschine an eine Freundin.

6. Britta Körber arbeitet in der Abteilung „Unterhaltungselektronik" eines Warenhauses. Heute kommen unter anderem folgende Kunden zu ihr:

   - Ein 17-jähriger Schüler: Er möchte einen Laserdrucker zum Preis von 534,00 € kaufen.
   - Ein 6-jähriges Mädchen: Es möchte eine CD zum Preis von 7,00 € als Geburtstagsgeschenk für seine Mutter kaufen.
   - Ein 12-jähriger Junge: Er möchte DVD-Rohlinge im Wert von 5,60 € kaufen.
   - Ein ca. 30 Jahre alter Mann: Er möchte ein Fernsehgerät zum Preis von 560,00 € kaufen.

   Wie sollte sich Britta Körber gegenüber den einzelnen Kunden verhalten?

7. Der 17 Jahre alte Frank Förster führt mit Genehmigung des Vormundschaftsgerichts den Betrieb seines verstorbenen Vaters. Welche der folgenden Rechtsgeschäfte darf er ohne Zustimmung seines gesetzlichen Vertreters abschließen? Begründen Sie Ihre Meinung.

   a) Einkauf einer neuen Maschine für den Betrieb
   b) Kauf eines Ferienhauses in Griechenland
   c) Kauf eines Taschenrechners im Wert von 15,00 €
   d) Einstellen eines neuen Mitarbeiters

AKTIONEN

1. Stellen Sie die rechtlichen Regelungen zusammen, die ein sechzehnjähriger Auszubildender im Baustoffhandel beim Abschluss von Kaufverträgen mit Kunden beachten muss. Erstellen Sie eine Übersicht mithilfe einer Mindmap.

2. Die Firma Müller hat bei der Hoffmann KG irrtümlich anstatt 100 Herrenhemden 1000 Herrenhemden bestellt. Da die Hoffmann KG von diesen Hemden nicht genügend Stück auf Lager hatte, hat die Hoffmann KG diese 1000 Herrenhemden bei dem Hersteller bestellt, um den Auftrag der Firma Müller ausführen zu können.

   Volkan Karaca erhält den Auftrag, das dadurch entstandene Problem in Gesprächen mit dem Kunden Müller und dem Hersteller der Herrenhemden zu lösen. Versetzen Sie sich in die Rolle von Volkan Karaca.

   a) Entwickeln Sie zusammen mit Ihrem Nachbarn eine Lösungsstrategie für das Problem.
   b) Bereiten Sie zusammen mit Ihrem Nachbarn die Telefongespräche vor.
   c) Führen Sie zusammen mit Ihrem Nachbarn die Telefongespräche vor Ihrer Klasse im Rollenspiel durch.

ZUSAMMENFASSUNG

Rechtsfähigkeit

= Fähigkeit einer Person, Träger von Rechten und Pflichten zu sein

natürlicher Personen

- beginnt mit der Vollendung der Geburt
- endet mit dem Tod

juristischer Personen

- beginnt mit der Gründung
- endet mit ihrer Auflösung
- handelt durch ihre Organe (AG = Vorstand; GmbH = Geschäftsführer

Geschäftsfähigkeit

= Fähigkeit einer Person, Rechtsgeschäfte rechtswirksam abzuschließen

Geschäftsunfähigkeit

Willenserklärungen von
- Kindern unter sieben Jahren und
- dauernd geisteskranken Personen

sind **nichtig.**

beschränkte Geschäftsfähigkeit

Willenserklärungen von Personen, die mindestens sieben Jahre, aber unter 18 Jahre alt sind, sind bis auf bestimmte Ausnahmen **schwebend unwirksam.**

unbeschränkte Geschäftsfähigkeit

Personen, die das 18 Lebensjahr vollendet haben, können **uneingeschränkt** Rechtsgeschäfte abschließen.

KAPITEL 6

Wir bieten Leistungen auf dem Absatzmarkt kundenorientiert an

ABSATZWERBUNG
DIREKTWERBUNG
FERNABSATZRECHT
E-COMMERCE
DISTRIBUTIONSPOLITIK
FRANCHISING
GESETZ GEGEN UNLAUTEREN WETTBEWERB
PRODUKTLEBENSZYKLUS
MARKETING
HUMAN RELATIONS
KOMMUNIKATIONSPOLITIK
HANDELSVERTRETER
RABATTGEWÄHRUNG
MARKTFORSCHUNG
ÖFFENTLICHKEITSARBEIT
PREISDIFFERENZIERUNG
PRODUCT-PLACEMENT
MARKETINGKONZEPT
SPONSORING

6 Wir bieten Leistungen auf dem Absatzmarkt kundenorientiert an

6.1 Wir setzen Marketingmaßnahmen systematisch auf dem Absatzmarkt ein

Einstieg

Herr Hoffmann hat schon einiges darüber gelesen, dass Auszubildenden für einige Zeit in bestimmten Bereichen die Unternehmensführung zu Ausbildungszwecken überlassen wird. Nachdem er gerade in der Zeitung wieder auf einen ähnlichen Artikel gestoßen ist, beschließt Herr Hoffmann, in der nächsten Zeit die Auszubildenden stärker über die normalen Sachbearbeitertätigkeiten hinaus mit Fragen der Unternehmensleitung zu konfrontieren.

Lidl gibt Hamburger Filiale drei Wochen an Azubis ab

Der Lebensmitteldiscounter Lidl hat für drei Wochen eine Hamburger Filiale an seine Auszubildenden übergeben.

HAMBURG. Zwischen dem 6. und dem 25. Februar werden insgesamt 21 junge Männer und Frauen das Geschäft in Hamburg-Jenfeld allein führen. „Nur alle paar Tage sehen wir Betreuer einmal nach dem Rechten", sagt Ausbildungsleiterin Vanessa Peters. „Ansonsten sind die Lehrlinge vollkommen auf sich gestellt."

Jetzt müssen die Auszubildenden selbstständig Dienstpläne erarbeiten, Marketingmaßnahmen durchführen, Produkte nachbestellen und sind dafür verantwortlich, dass die Kasse jeden Abend stimmt. Für die jungen Mitarbeiter sind die drei Wochen eine große Herausforderung. „Denn es kann eine ganze Menge schiefgehen", sagt Lehrling Vincent Jacobs. Er ist in den nächsten drei Wochen stellvertretender Filialleiter. Alle sehen die Aktion des Discounters aber als eine Chance. „So bekommen wir einmal das Gefühl dafür, was beim Betrieb einer Filiale alles bedacht werden muss", sagt Jacobs.

Lidl hat bereits vor mehr als fünf Jahren begonnen, seine Auszubildenden mithilfe einer Lehrlingsfiliale zu schulen. „Wir wollen unseren Nachwuchs motivieren und ihnen zeigen, dass wir ihnen auch die Leitung einer Filiale zutrauen", so Peters. Hierbei komme es besonders darauf an, dass alle als Team zusammenarbeiten. „Und das ist gar nicht leicht, da wir uns bisher nicht kannten", so die Auszubildende Kerstin Müller. „Erst gestern sind wir uns das erste Mal begegnet."

In Hamburg haben in den vergangenen Jahren verschiedene Firmen Filialen an ihre Lehrlinge abgegeben. Nach dem Buchhaus Thalia und Schuhhändler Görtz startete die Hansebäckerei 2005 den Versuch einer lehrlingsgeführten Filiale. So sind auch der Einzelhandelsverband und die Gewerkschaft ver.di bereits vertraut mit derartigen Projekten. „Das ist bundesweit eine gängige Methode in der Ausbildung", sagt Anja Keuchel, Gewerkschaftssekretärin für den Einzelhandel. „Sie fördert die Motivation und bereitet junge Menschen auf ihre späteren Aufgaben vor." Ulf Kalkmann, Sprecher des Einzelhandelsverbandes Hamburg, ergänzt: „Die Lehrlinge bekommen einen tieferen Einblick in die Materie Unternehmensführung."

Leicht geändert nach: www.abendblatt.de, 7. Februar 2006

Herr Hoffmann:

„Guten Morgen Carolin, guten Morgen Katarzyna. Wie Sie wissen, sind unsere Verkaufszahlen in den letzten Monaten stark rückläufig. Es wird für unser Unternehmen langsam kritisch. Und dann kommt jetzt noch die Fernsehberichterstattung über umweltbelastete Jeans hinzu. Ich habe gestern den Unternehmensberater von der Industrie- und Handelskammer angerufen. Der sagte, wir sollten konsequente Marketingmaßnahmen anwenden. Herr Staub – Abteilungsleiter Verkauf – ist damit beauftragt, bis nächsten Mittwoch ein Konzept vorzulegen. Wie würden Sie denn an die Sache rangehen?"

Carolin Saager:

„Tja. Marketing, hat das nicht auch etwas mit Werbung zu tun? Unsere Artikel verkaufen sich nicht von selbst, mögen sie noch so toll sein. Wir müssen einfach verstärkt die Werbetrommel rühren, um am Markt bestehen zu können."

Herr Hoffmann:

„Was schlagen Sie denn vor? Sollen wir eine Anzeige schalten oder eine Plakat-Aktion starten?"

Carolin Saager:
„Also ehrlich gesagt, finde ich das ziemlich einfallslos. Wir sollten uns mal was Pfiffigeres einfallen lassen als immer nur Werbung. Gibt es nicht etwas Moderneres oder Anderes?“

Katarzyna Lindemann:
„Ich habe da mal was von Verkaufsförderung gehört, das soll auch helfen. Was ist das denn jetzt?“

Carolin Saager:
„Ich habe eine Idee: Alle möglichen Unternehmen sponsern irgendwelche Vereine, warum dann nicht wir?“

Herr Hoffmann:
„Prima Idee.“

Katarzyna Lindemann:
„Um die Sache mit den schadstoffbelasteten Jeans aus der Welt zu schaffen, sollten wir unsere Öffentlichkeitsarbeit ebenfalls forcieren. Vielleicht sollten wir einen Tag der offenen Tür planen, damit unsere Kunden auch mal hinter die Kulissen schauen können und mitkriegen, dass wir nur überprüfte Textilien vertreiben.“

Carolin Saager:
„Vielleicht können wir ja auch mal neue Sachen ins Sortiment aufnehmen, fair gehandelte Textilien und so ...“

Katarzyna Lindemann:
„Vielleicht sollten wir mal unsere Preise überprüfen ...“

Herr Hoffmann:
„Stopp, stopp, stopp! Das sind ja so viele Ideen auf einmal. Das geht nun wirklich nicht! Mir schwirrt schon der Kopf von Ihren Einfällen. Ich schlage vor, jeder von Ihnen informiert sich erst einmal genauer über ein Marketinginstrument und stellt mir dieses in zwei Wochen vor. Sie werden eine Menge über Marketing lernen. Wir können uns ja dann auch anschauen, was uns Herr Staub vorgeschlagen hat ...
Also dann ... seien Sie kreativ!“

Stellen Sie fest, welche Marketinginstrumente die Hoffmann KG einsetzen kann, um die Absatzlage zu verbessern.

INFORMATIONEN

Verkäufer- und Käufermärkte

In den letzten Jahrzehnten wandelte sich der Markt vom Verkäufer- zum Käufermarkt. Dadurch sind Unternehmen immer mehr gezwungen, sich mit den Problemen, Wünschen und Bedürfnissen der potenziellen Kunden auseinanderzusetzen. Vor diesem Hintergrund ist es für erfolgreiche Unternehmen von größter Wichtigkeit, dass sich jeder Mitarbeiter über die besondere Bedeutung absatzpolitischer Maßnahmen bewusst ist.

Verkäufermärkte

Nach dem Zweiten Weltkrieg agierten die Unternehmen zunächst auf einem Verkäufermarkt.

DEFINITION

Kennzeichen eines **Verkäufermarkts** ist eine Marktsituation, in der die Nachfrage größer als das Angebot ist.

Die Unternehmen mussten sich nicht an den spezifischen Bedürfnissen des Markts orientieren, da der Absatz der von ihnen angebotenen Waren aufgrund der Knappheit nach dem Krieg problemlos war. Im Mittelpunkt der Unternehmenstätigkeit stand die Versorgung der Kunden und der Bevölkerung mit Waren. Die Unternehmen versuchten, die Waren auf den damals sehr engen Märkten zu beschaffen beziehungsweise zu produzieren. Hatten sie damit Erfolg, boten sie die Artikel an und konnten sicher sein, die dringend nachgefragten Waren auch abzusetzen. Die Kunden und letztlich die Verbraucher waren froh, überhaupt etwas kaufen zu können. Absatzpolitische Maßnahmen waren überhaupt nicht notwendig.

Im zerstörten Deutschland konnten Unternehmen, die in der Lage waren, irgendeine Ware anzubieten, diese auch sofort verkaufen.

Durch die große Nachfrage der Kunden bei gleichzeitig geringem Warenangebot haben die Verkäufer die Marktmacht.

Käufermärkte

In den 50er-Jahren begann die Zeit des Wiederaufbaus und des Wirtschaftswachstums. Die mit dem Käufermarkt einhergehende Mangelwirtschaft hatte ein Ende. Ab 1960 setzte in der Bundesrepublik der Wandel vom Verkäufermarkt zum Käufermarkt ein. Immer mehr Unternehmen boten immer mehr Waren an, sodass es schwieriger wurde, Käufer für die angebotenen Artikel zu finden. Die Unternehmen waren daher zunehmend gezwungen, verkaufsorientiert anzubieten.

DEFINITION

Ein **Käufermarkt** zeichnet sich dadurch aus, dass die Käufer gegenüber den Anbietern eine starke Marktposition haben. Auf einem solchen Markt überwiegt das Angebot die Nachfrage.

Durch das riesige Warenangebot haben die Käufer die Marktmacht.

Für die Unternehmen ist mittlerweile nicht mehr die Beschaffung der Engpass, sondern der Verkauf von Waren. Erfolgreich sind nur die Unternehmen, die versuchen, den Markt aktiv zu beeinflussen.

Für den Geschäftserfolg eines Unternehmens reicht es heute also nicht aus, nur qualitativ hochwertige Ware herzustellen. Kein Unternehmen kann es sich leisten, einfach darauf zu hoffen, dass die Kunden ihren Weg von sich aus zum Lieferanten finden. Ein Unternehmen muss sich also sowohl bei der Herstellung als auch im Verkauf anstrengen.

Ein Unternehmen steht heute einer großen Konkurrenz in Form vieler anderer Unternehmen gegenüber. Bleiben die Kunden aus, ist schnell die Existenz gefährdet. Deshalb ist es für Unternehmen heute wichtig, Marketing zu betreiben.

Marketing

DEFINITION

Unter **Marketing** versteht man alle – bewusst und systematisch angewandten – Maßnahmen eines Unternehmens, die darauf ausgerichtet sind, den Absatz der eigenen Waren zu fördern.

Beim Marketing steht also nicht mehr die Erstellung von Produkten allein im Vordergrund, sondern die Unternehmensführung vom Absatz her: Es geht um das aktive Bearbeiten des Markts mit dem Ziel, möglichst großen Gewinn zu erwirtschaften. Vor allem die Kunden sollen entsprechend der Unternehmensziele beeinflusst werden. Alle Handlungen des Unternehmens werden systematisch und geplant auf die Wünsche der Kunden hin ausgerichtet.

Marketinginstrumente

Zur Erreichung der Marketingziele kann ein Unternehmen unterschiedliche Marketinginstrumente einsetzen. Dies sind alle Maßnahmen, die es dem Unternehmen ermöglichen, auf den Markt einzuwirken. Zu den Marketinginstrumenten zählen:

- Produktpolitik
- Sortimentspolitik
- Preispolitik
- Kommunikationspolitik
- Distributionspolitik

Die unterschiedlichen Marketinginstrumente werden gemeinsam eingesetzt. Diese Kombination nennt man Marketingmix.

Produktpolitik

Fragestellung der Produktpolitik:
Wie kann das Produkt an die Bedürfnisse der Kunden angepasst werden?

Unter den Begriff *Produkt* fallen vor allem Güter, aber auch Dienstleistungen können als Produkt verstanden werden. Die Produktpolitik[1] beinhaltet die Produkt- und Verpackungsgestaltung, die Markenbildung und die Festlegung des Produktprogramms (Industrie) bzw. des Sortiments (Handel).

Die Produktpolitik setzt bei der **Produktgestaltung** an. Die optimale Gestaltung eines Produkts trägt ganz entscheidend zu einem möglichen späteren Markterfolg bei. Die Festlegung der Erscheinungsform eines Produkts hat daher so zu erfolgen, dass seine Eigenschaften den Anforderungen und Wünschen der potenziellen (möglichen) Kunden gerecht werden.

Art und Charakter des Produkts werden bestimmt durch:
- Aussehen
- Qualität
- Farbe und Konsistenz
- Form
- Produkteigenschaften und Produktnutzen
- Zusatznutzen
- Geschmack

Zur Produktpolitik gehört auch die **Verpackungsgestaltung.** Hier werden Entscheidungen darüber getroffen, ob und wie ein Produkt verpackt werden soll. Wichtig ist in diesem Zusammenhang, insbesondere bei exklusiven Produkten, das Aussehen der Verpackung, da an ihr häufig Prestige und Image des Produkts ausgemacht werden. Zudem dienen die Verpackungen oft als Werbeträger. Die Verpackungspolitik ist im Laufe der Zeit auch wegen des steigenden Umweltbewusstseins der Verbraucher immer wichtiger geworden.

Sortimentspolitik

Fragestellung der Sortimentspolitik:
Wie kann das gesamte Waren- und Dienstleistungsangebot eines Handelsunternehmens an den Bedürfnissen der Kunden ausgerichtet werden?

Die Aufgabe der Sortimentspolitik[2] ist es, das Sortiment (Waren und/oder Dienstleistungen) des Unternehmens so zu gestalten, dass die geplanten Umsätze und Gewinne erreicht werden.

Im Rahmen der Sortimentspolitik sorgt ein Handelsunternehmen für eine möglichst optimale Gestaltung seines Gesamtangebots an Waren, Sach- und Dienstleistungen.

Die Sortimentspolitik legt den Inhalt und den Umfang des Sortiments fest. Die Sortimentspolitik beinhaltet also die Gliederung des Sortiments nach Warengruppen, Artikeln und Sorten.

Zur ständigen Sortimentskontrolle werden EDV-gestützte Warenwirtschaftssysteme eingesetzt. Werden Sortimentslücken und nichtverkäufliche Waren aufgespürt, ist eine Sortimentsveränderung notwendig. Dem Händler stehen dazu folgende Maßnahmen zur Verfügung:

- **Sortimentsbereinigung**
  Bei der Sortimentsbereinigung (Elimination) werden bestimmte Artikel aus dem Sortiment gestrichen. Dadurch wird der Sortimentsumfang geringer.
- **Sortimentserweiterung**
  - Die Aufnahme zusätzlicher Warengruppen führt zu einer Sortimentsverbreiterung.
  - Die Aufnahme zusätzlicher Artikel in schon bestehende Warengruppen führt zu einer Sortimentsvertiefung.

1 siehe Kap. 6.3   2 siehe Kap. 6.4

- **Diversifikation**
  Diese liegt vor, wenn ein Unternehmen Warengruppen neu in das Sortiment aufnimmt, die mit dem bisherigen Sortiment keine oder nur geringe Verwandtschaft aufweisen.

Preispolitik

Fragestellung der Preispolitik:
Welchen Preis werden die Kunden akzeptieren?

In der Preispolitik[1] wird zunächst festgelegt, wie viel ein Kunde für ein Produkt bezahlen muss. Die Preispolitik beschäftigt sich also mit der Festlegung des Verkaufspreises. Ein Unternehmen muss sich in der gegebenen Situation entscheiden, ob es die Kalkulation des Preises an seinen Unternehmenszielen, seinen Kosten, den Kunden oder an den Konkurrenten ausrichtet.

Zusätzlich müssen aber auch Konditionen wie Kreditbedingungen, Rabatte und Liefer- sowie Zahlungsbedingungen festgelegt werden.

Distributionspolitik

Fragestellung der Distributionspolitik:
Auf welchem Weg soll das Produkt die anvisierte Kundengruppe erreichen?

Mit den Instrumenten der Distributionspolitik[2] steuert ein Unternehmen den Weg seiner Produkte zu den Kunden.

Es werden Entscheidungen getroffen über:

- **Vertriebsart**
  direkter Absatz an den Endverbraucher und/oder indirekter Absatz über z. B. Zwischenhändler
- **Vertriebssystem**
  betriebseigene Vertriebssysteme, z. B. Niederlassungen, Reisende, und/oder betriebsfremde Vertriebssysteme, z. B. Handelsvertreter

BEISPIEL
Die Hoffmann KG entscheidet sich, nicht nur an Einzelhändler zu verkaufen, sondern sich über einen Internetshop auch direkt an Endverbraucher zu wenden.

Kommunikationspolitik

Fragestellung der Kommunikationspolitik:
Wie wird der Kunde zum Kauf animiert?

Bei der Kommunikationspolitik[3] geht es darum, den Kontakt mit den potenziellen Kunden aufzunehmen und die Kunden dazu zu bringen, die Leistungen des Unternehmens nachzufragen. Die Kommunikationspolitik plant und steuert also die Verständigung zwischen dem Unternehmen und seiner Umwelt beziehungsweise Teilen davon (= Zielgruppen).

Eine Maßnahme der Verkaufsförderung

Zur Kommunikationspolitik gehören die Teilinstrumente:

- Absatzwerbung
- Verkaufsförderung (Salespromotion)
- Direktwerbung
- Product-Placement
- Öffentlichkeitsarbeit (Public Relations)
- Sponsoring
- Human Relations

Maßnahmen zur Effizienzverbesserung der Marketinginstrumente

Mit der Marktforschung und der Marktsegmentierung kann die Effizienz der verschiedenen Marketinginstrumente deutlich verbessert werden.

Marktforschung

Um Marketinginstrumente erfolgreich anwenden zu können, ist es dringend erforderlich, genaue Kenntnisse über den Absatzmarkt, die Zielgruppe sowie die Konkurrenzsituation zu erlangen. Dies ist Aufgabe der Marktforschung.[4] Darunter versteht man die systematische und objektive Gewinnung und Analyse von Informationen, die zur Erkennung und Lösung von Problemen im Bereich des Marketings dienen. Je mehr Informationen ein Unternehmen über den Markt hat – und je besser diese sind –, desto optimaler können die Marketinginstrumente eingesetzt werden.

1 siehe Kap. 6.5 2 siehe Kap. 6.6 3 siehe Kap. 6.8 4 siehe Kap. 6.2

Marktsegmentierung

Bei allen Marketingbemühungen eines Unternehmens steht der Absatz im Vordergrund. Jedes Unternehmen muss den Kreis derjenigen Betriebe bestimmen, die generell als Abnehmer in Frage kommen sollen.

Eine mögliche Vorgehensweise kann nun sein, alle möglichen Abnehmer als Kunden zu gewinnen: Der Absatzmarkt wird „mit der Gießkanne besprengt", die Marketingaktivitäten zielen in einheitlicher Weise auf alle Abnehmer. Durch dieses engmaschige Abnehmernetz ergeben sich in einigen Fällen Rationalisierungsvorteile bei der Kundenbearbeitung und -belieferung.

Bei der Marktsegmentierung wird dagegen der – in der Regel unübersichtliche – Markt nach bestimmten Gesichtspunkten in nach Möglichkeit einheitliche Untergruppen eingeteilt. Diese nennt man Marktsegmente. Die Marktsegmente können dann mithilfe direkt auf sie zugeschnittener Marketingmaßnahmen bearbeitet werden.

Vorteile der Marktsegmentierung:

- Durch speziell zugeschnittene Marketingaktivitäten fällt es leichter, neue Kunden zu gewinnen bzw. alte Kunden stärker zu binden.
- Wird der Einsatz der jeweiligen Marketinginstrumente auf die Zielgruppe genau abgestimmt, erfolgt dies effizient: Streuverluste werden vermieden.

Ein Beispiel für Kundensegmentierung bei Endverbrauchern

Es gibt sehr viele Kundentypologien. Eine sehr bekannte Kundentypologie stellen die Sinus-Milieus dar. Die Kunden werden nach ihrem Lebensstil unterschieden und den einzelnen Milieus zugeordnet.

von oben nach unten:
nach sozialer Lage in Schichten, auf der Grundlage von Alter, Bildung, Beruf und Einkommen

von links nach rechts:
nach der Grundorientierung, in einem Spannungsbogen von traditionell bis postmodern

Oben sind die gesellschaftlichen Leitmilieus angesiedelt, am linken Rand die traditionellen Milieus, in der Mitte die Mainstream-Milieus und rechts die hedonistischen (am Genuss orientierten) Milieus.

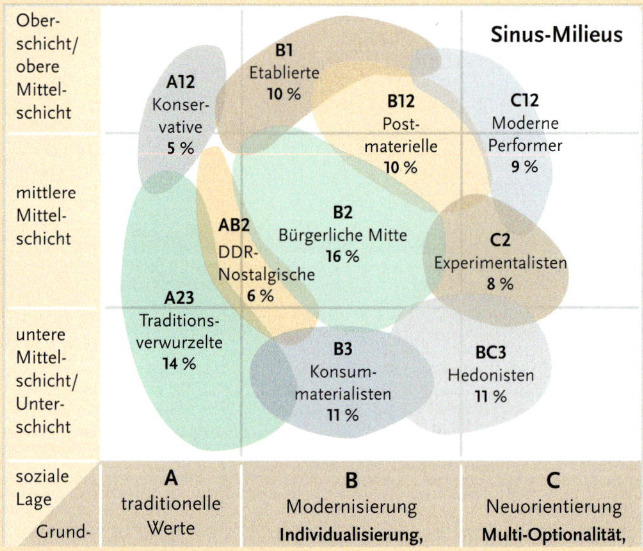

In Anlehnung an Materialien der Sinus Sociovision GmbH, Heidelberg

Kundenselektion

Die Marktsegmentierung kann auch zur Kundenselektion führen: Ein gut geführtes Unternehmen wird immer auch die Frage prüfen, inwieweit es sinnvoll ist, mit allen möglichen Kunden zusammenzuarbeiten. Sinn und Ziel einer Geschäftsbeziehung ist schließlich die Erzielung eines Gewinns. Die Praxis zeigt jedoch, dass dieses Ziel in zahlreichen Kunden-Lieferanten-Beziehungen nicht erreicht wird. Die Geschäftsbeziehung hat keinen wirtschaftlichen Erfolg. Für ein Unternehmen können also Nachteile auftreten, wenn jeder Auftrag angenommen werden würde. Viele dieser Aufträge verursachen nämlich mehr Kosten als Gewinn.

BEISPIEL

Bei Kunden, die eine schlechte Zahlungsmoral haben, fallen oft zusätzliche Kosten des Geldeinzugs an.

DEFINITION

Die Prüfung der Kunden unter Ergebnisaspekten und die anschließende Entscheidung, zu welchen potenziellen Kunden Geschäftsbeziehungen aufgenommen werden, wird als **Kundenselektion** bezeichnet. Der Kreis der möglichen Abnehmer wird damit eingeengt.

Ziel der Kundenselektion ist die Bestimmung einer Zielgruppe unter Aussonderung unrentabler Kunden. Die Marketingaktivitäten werden dann gezielt auf die gewinnversprechenden Kunden gelenkt.

BEISPIEL

Die Textilgroßhandlung Zehren und Abmeier OHG vertreibt Damenmoden. Als gewinnbringende Produkte haben sich teure, aber qualitativ hervorragende Pullover erwiesen. Beliefert wird nur das jeweils beste Fachgeschäft ausschließlich in mittleren oder größeren Städten.

Werden der Absatz und die Absatzbemühungen planmäßig und bewusst nur auf gewinnbringende Kunden beschränkt, so liegt eine selektive Absatzpolitik vor. Für Kunden ohne ausreichenden Vertriebserfolg bieten sich die folgenden Instrumente an:

- **Vernachlässigung** der Kunden durch die Intensitätsabstufung der Geschäftsbeziehungen
  Die Absatzbemühungen wie Verkaufsförderung, Werbung usw. werden gezielt auf Kunden verlagert, die vergleichsweise bessere Erfolgsbeiträge bringen.
- **Ausschaltung** von Kundengruppen
  - direkt durch Abbruch der Geschäftsbeziehungen
    Beliefert werden nur noch die Kunden, die zur Wirtschaftlichkeit und Rentabilität beitragen und die Liquidität nicht belasten.
  - indirekt durch ungünstige Konditionen
    Für bestimmte Kundengruppen werden z. B. die Preise angehoben oder die Lieferungs- und Zahlungsbedingungen verschlechtert.

Kriterien für die Marktsegmentierung

Für die Marktsegmentierung kann das Unternehmen grundsätzlich alle jene Merkmale heranziehen, auf die aus absatzpolitischen Gründen besonderen Wert gelegt wird. Sie versprechen Vorteile bei der Zusammenarbeit. Kunden können z. B. ausgewählt werden nach:

- **Jahresumsatz**
  - Es werden Umsatzgrößenklassen gebildet (z. B. bis 20.000,00 €; bis 100.000,00 €; über 100.000,00 € Jahresumsatz).
  - Es erfolgt eine Einteilung nach Losgrößen (5000 Stück, 10000 Stück usw.).
- **durchschnittliche Auftragsgröße**
  Einzelaufträge, Kleinabnehmer, Großabnehmer
- **Zahlungsmoral**
  Kunden, die gemahnt wurden; Kunden innerhalb des Zahlungsziels; Kunden innerhalb der Skontofrist
- **Geschäftstyp**
  Fachhandel, Discounter usw.
- **Dauer der Beziehung mit einem Kunden**
- **Absatzgebiete**
  z. B. Entfernungszonen, die kostengünstig oder -ungünstig zu beliefern sind

Marketingkonzept

Marketingmaßnahmen werden nur dann erfolgreich sein, wenn sie systematisch und sorgfältig geplant, durchgeführt und anschließend kontrolliert werden. Dieses Vorgehen wird durch konsequentes Aufstellen eines Marketingkonzepts unterstützt, das alle für eine Marketingmaßnahme wichtigen Informationen enthält.

Stufen eines Marketingkonzepts

Marketingerfolg ↑

Marketing-controlling	Es findet eine umfassende und systematische Kontrolle aller Marketingmaßnahmen statt.
Marketing-maßnahmen	Hier werden die Einzelmaßnahmen der kommunikationspolitischen Instrumente detailliert beschrieben.
Marketing-strategie	Es wird der Weg zu den Zielen festgelegt: Jetzt ist beispielsweise klar, welche Zielgruppen auf welchen Märkten mit welchen Marketinginstrumenten mit welchem Etat in den Blickpunkt des Vorgehens kommen.
Marketing-ziele	Kennt man die Marktsituation, können die Marketingziele formuliert werden. Unterschieden wird zwischen quantitativen (Absatz, Umsatz, Gewinn, Marktanteil usw.) und qualitativen Zielen (Image, Bekanntheit usw.).
Situations-analyse	Die aktuelle Lage wird z. B. durch Marktforschung ausgewertet.

BEISPIEL

Gliederung eines Marketingkonzepts

I. Ausgangslage – Ist-Situation
1. Unternehmensdarstellung (Zahlen, Daten, Fakten, Historie)
2. Sortiment, Positionierung, Zielgruppe(n), Vertriebssystem
3. Marktumfeld, Wettbewerber, Preise, Kommunikationspolitik
4. Stärken, Schwächen (Geschäftsstärke)

II. Darstellung der Marketingidee
1. Kurzbeschreibung des neuen Produkts/Sortiments/Linie
2. USP
3. Vorteil/Nutzen für den Kunden
4. Prognose Markt, Umwelt
5. Zielmarkt (Größe, Mengen), Zielgruppen
6. Chancen, Risiken (Marktattraktivität)
7. Positionierung und Wettbewerber
8. Auswirkungen auf das Gesamtsortiment

III. Marketingziele
1. Umsatz, Mengen, Marktanteile, Wachstum, Plangewinn
2. strategische Komponenten

IV. Marketingkonzeption
1. Produkt, Sortiment (Breite, Tiefe), Beschreibung
2. Form, Farbe, Material, Verzierungen (Visualisierung, Proben)
3. Kosten-/Mengenschätzung
4. Zielgruppenbeschreibung
5. an wen, wo
6. geografische, demografische, Verhaltens-, psychografische Merkmale
7. Zielgruppenquantifizierung, Anzahl potenzieller Käufer x Kaufhäufigkeit
8. Distribution
9. Lieferung, Versand
10. Handelsstufe
11. Preispolitik
12. Verkaufspreise, Konditionen
13. Einkaufs-, Fertigungs- und Verkaufskalkulation
14. Kommunikationspolitik
15. Image, Logo, Slogan
16. Werbung (Aktion, Was, Wann, Wie)
17. persönlicher Verkauf (Aktion, Was, Wann, Wie)
18. VKF (Aktion, Was, Wann, Wie)
19. PR (Aktion, Was, Wann, Wie)
20. Kommunikationsbudget

V. Übersicht Timetable

VI. Abschlussbemerkungen

Quelle: www.bilanzanalysen.de, entnommen am 5. Oktober 2010

AUFGABEN

1. Was versteht man unter einem Verkäufermarkt?
2. Wodurch unterscheiden sich Käufer- und Verkäufermarkt?
   a) Beim Käufermarkt ist die Nachfrage kleiner als das Angebot; beim Verkäufermarkt ist das Angebot kleiner als die Nachfrage.
   b) Beim Käufermarkt ist die Nachfrage größer als das Angebot; beim Verkäufermarkt ist das Angebot kleiner als die Nachfrage.
   c) Beim Käufermarkt ist die Nachfrage kleiner als das Angebot; beim Verkäufermarkt ist das Angebot größer als die Nachfrage.
   d) Beim Käufermarkt ist die Nachfrage größer als das Angebot; beim Verkäufermarkt ist das Angebot größer als die Nachfrage.
   e) Es gibt keine Unterschiede.
3. Welche Aufgabe hat der Einzelhandel auf einem Verkäufermarkt?
4. Durch welche Merkmale ist der Käufermarkt gekennzeichnet?
5. Entscheiden Sie, ob ein Käufer- oder Verkäufermarkt vorliegt.
   a) Im November 1948 kommt der Einzelhändler Rudolf Neckermann überraschend in den Besitz von 500 Wintermänteln. Dies spricht sich rasend schnell herum. Angesichts des bevorstehenden kalten dritten Nachkriegswinters werden ihm die Mäntel von der Bevölkerung aus den Händen gerissen. Man schaut auch bei anderen Einzelhändlern vorbei, ob diese zufällig auch irgendwo welche Waren bekommen haben.

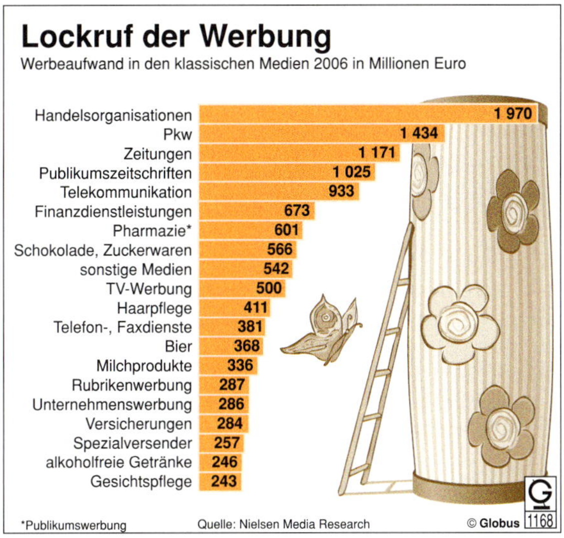

b) In der Bundesrepublik Deutschland werden etwa 20 Milliarden Euro für Werbung ausgegeben.

6. Seit wann gibt es in der Bundesrepublik einen Käufermarkt?

7. Was versteht man unter Marketing?

8. Warum wird Marketing für Unternehmen immer wichtiger?

9. Erläutern Sie den Begriff Marketingmix.

10. Welche Instrumente gehören zum Marketing?

11. Warum führen Unternehmen häufig eine Marktsegmentierung durch?

12. Was ist ein Marketingkonzept?

13. Erläutern Sie die Stufen eines Marketingkonzepts.

AKTIONEN

1. In dieser Aktion soll das Kapitel 6.1 mithilfe der Fragenkettenmethode bearbeitet werden.
   a) Lesen Sie das komplette Kapitel.
   b) Formulieren Sie eine Frage zu einem bestimmten Inhalt des Textes und halten Sie diese und die Antwort dazu schriftlich fest.
   c) Ihre Lehrkraft wählt einen Schüler aus, der seine Frage an die Klasse stellt.
   d) Der Mitschüler, der sich als erstes meldet, beantwortet die Frage. War die Antwort richtig, darf er seine Frage der Klasse vorstellen.
   e) Jeder Mitschüler, der einmal richtig geantwortet hat, braucht nicht mehr zu antworten.
   f) Hat jeder geantwortet, ist diese Unterrichtsphase beendet.

2. Carolin Saager liest zufällig in einer Zeitschrift einen Artikel über die Entwicklung der Wirtschaft in der Zeit vom 2. Weltkrieg bis heute. Sie bringt diesen Artikel mit in den Betriebsunterricht.
   a) Beschreiben Sie die Rolle des Einzelhandels und der dort beschäftigten Verkäufer früher und heute.
   b) Begründen Sie die Notwendigkeit kundenorientierten Verhaltens auch für Sie und Ihr Unternehmen.

Vom Nachholkonsum zur Anschaffungskultur

In keinem anderen Jahrzehnt der bundesdeutschen Nachkriegsgeschichte sollte der Unterschied zwischen seinem Anfang und Ende so augenfällig werden wie in den Fünfzigerjahren – sichtbar an Lebensstandard und Konsumniveau, aber auch am Sozialverhalten der Menschen. Dabei hatte es zunächst gar nicht so rosig ausgesehen. Bis zur Währungsreform liefen im vom Krieg verwüsteten Deutschland beispielsweise 18 Millionen Frauen strumpflos oder in Lumpen herum. In jedem Bereich des täglichen Lebens herrschte absoluter Mangel an Gütern. Es konnte nur das gekauft und konsumiert werden, was angeboten wurde – und das war sehr wenig.

Dies änderte sich zunächst mit der Währungsreform. Doch es kam noch zu einem großen Rückschlag: Mitte 1950 begann der Koreakrieg und die Rohstoffpreise schnellten auf dem Weltmarkt in die Höhe. Je mehr sich der Koreakonflikt im Winter 1950/51 verschärfte, Angst vor dem Ausbruch eines Dritten Weltkriegs grassierte, desto knapper und teurer wurden viele Waren. Sunlichtseife wurde im Frühjahr wegen Papiermangels schon ohne Verpackung angeboten und die Frankfurter Illustrierte bemerkte, dass „auf vielen Tischen immer noch ein paar Brote fehlen", und fragte bang: „Werden wir im Winter frieren müssen?" Hauptarbeit des Einzelhandels in dieser Zeit war die Verteilung.

Spätestens im Sommer 1951 war abzusehen, dass sich die Konfrontation der neuen Großmächte USA und UdSSR (und nun auch China) auf Korea begrenzt blieben und sich nicht zu einem neuen Welt- oder gar Atomkrieg auswachsen würde. Die bis Ende 1952 reichlich gewährte Marshallplanhilfe (fast drei Milliarden US-Dollar) konnte nun ganz in den Aufbau der westdeutschen Konsumgüterindustrie fließen. Und so verkehrte sich im Sommer 1951 die Korea-Psychose in den Korea-Boom. Der Wirtschaftsaufschwung begann: Und der Nachholbedarf der Westdeutschen, was ihre Konsummöglichkeiten betraf, war enorm – nach zehn Jahren Kriegsalltag und Nachkriegszeit, Rationierungen, Hungererfahrungen, Lebensmittelkarten.

In der Folgezeit entwickelten sich die Märkte allmählich zu Käufermärkten. Käufermärkte sind Märkte mit einem Angebotsüberhang. Verpasstes wollte nachgeholt werden. Nach dem Kauf des Kühlschranks kam die Waschmaschine, danach der Fernseher usw.

Der Markt ist mittlerweile in den allermeisten Bereichen gesättigt oder gar übersättigt (Beispiel: Flugreisen, Baubranche, Computermarkt). Wird ein solcher Käufermarkt von vielen Anbietern stark umworben, so spricht man von einem Konkurrentenmarkt. Heute haben wir überwiegend solche Märkte. Um auf ihnen erfolgreich bestehen zu können, ist es erforderlich, immer neue Wettbewerbsvorteile zu erarbeiten, ohne dass der Markt beziehungsweise der Kunde dies zwingend fordert. Der Druck kommt vom Wettbewerb. Hier muss der Unternehmer sich konzentrieren auf:

- Marktanforderungen
- marktorientierte Gestaltungsinstrumente (Analysemethoden, Werbung)
- Leistungserstellungsprozess
- Problemlösung
- Kundennutzen

Durch den Wandel zum Käufermarkt müssen die Unternehmen die Absatzmärkte erschließen, definieren und bearbeiten. Die Kenntnis der Bedürfnisse des (potenziellen) Kunden spielt damit heute eine sehr große Rolle im Handel. Immer wichtiger für unternehmerisches Handeln wird die Orientierung an der Kundschaft.

Dirk Schindelbeck: Illustrierte Konsumgeschichte der Bundesrepublik Deutschland 1945 – 1990. Landeszentrale für politische Bildung, Thüringen, Erfurt 2001

ZUSAMMENFASSUNG

Marketing

= systematische Einflussnahme auf den Absatzmarkt

durch

Marketingmix

= Kombination der unterschiedlichen Marketinginstrumente zur Erreichung der Unternehmensziele

Unterstützung durch
- Marktforschung
- Marktsegmentierung

Produktpolitik
- Produktgestaltung
- Verpackungsgestaltung

Sortimentspolitik
- bewusste Zusammensetzung des Waren- und Dienstleistungsangebots
- Festlegung der Sortimentstiefe und -breite
- Maßnahmen: Sortimentskontrolle und Sortimentsveränderungen

Preispolitik
- Festlegung der Verkaufspreise
- Festlegung von Konditionen

Distributionspolitik
- Festlegung der Absatzwege

Kommunikationspolitik
- Beeinflussung des Kunden
- Instrumente:
  - Absatzwerbung
  - Verkaufsförderung
  - Direktwerbung
  - Öffentlichkeitsarbeit
  - Sponsoring
  - Product-Placement
  - Human Relations

6.2 Wir erforschen den Absatzmarkt

Einstieg

Herr Hoffmann trifft sich mit der Abteilung Verkauf. Es entwickelt sich folgendes Gespräch, das Dominik Schlote ganz interessiert verfolgt:

Michael Hoffmann:
„Liebe Kolleginnen und Kollegen, wie Sie ja mitbekommen haben, gibt es in einem Bereich unseres Sortiments Absatzprobleme. Die Herrenmode läuft nicht optimal. Auch unser Außendienst berichtet, dass die Kunden etwas über unsere Artikel murren."

Frau Zahn:
„Die Abteilung Einkauf sollte mal gewagtere und innovativere Kleidung einkaufen."

Herr Fellmann:
„Wir wissen doch gar nicht, ob unsere Kunden mit besagten Sortimentsveränderungen einverstanden sind."

Frau Zahn:
„Und wie kommen wir an die Kunden ran?"

Herr Weidner:
„Wir müssen Marktforschung betreiben!"

Frau Voges:
„Sollen wir ein Marktforschungsinstitut beauftragen? Ich denke nur an die Kosten, die bei der Beauftragung eines Instituts anfallen. Sollten wir uns deshalb nicht selbst mit der Marktforschung befassen?"

1. Stellen Sie fest, was Marktforschung ist.
2. Machen Sie Vorschläge, welche Methoden der Marktforschung die Hoffmann KG ergreifen könnte.

INFORMATIONEN

Marktforschung und Markterkundung

Ohne hinreichende Kenntnisse über

- die Kunden,
- die Mitbewerber und
- das Umfeld des Unternehmens

besteht immer die Gefahr, dass ein Unternehmen scheitert. Unternehmen benötigen Informationen, um das Marktgeschehen zu verstehen und eine Grundlage für begründete Entscheidungen zu haben. Deshalb ist es wichtig, dass ein Unternehmen Daten systematisch sammelt und diese dann richtig auswertet und interpretiert: Es betreibt **Marktforschung.**

DEFINITION

Marktforschung ist die systematische Beschaffung von Informationen über den Markt, auf deren Grundlage später Marketingentscheidungen getroffen werden sollen.

Nicht zu verwechseln mit der Marktforschung ist die **Markterkundung.** Hier werden gelegentlich – also von Fall zu Fall – und unsystematisch Informationen zusammengetragen.

BEISPIELE
- Messebesuche
- Gespräche mit Kunden
- Weiterbildungsseminare

Dies ist in der Regel kostengünstiger als das systematische, planvolle und umfassende Vorgehen bei der Marktforschung. Diese wiederum stellt aber die besseren Ergebnisse zur Verfügung.

Entscheidungen im Bereich der Marktforschung

Unternehmen, die Marktforschung betreiben möchten, müssen verschiedene Entscheidungen treffen:

- Was soll untersucht werden?
- Über welchen Zeitraum sollen die gesammelten Informationen Auskunft geben?
- Welche Methoden der Informationsgewinnung sollen angewandt werden?

Ein Marktforschungsprojekt läuft normalerweise in mehreren Schritten ab. Die Arbeit der Marktforschung beginnt mit der Definition des Problems und endet mit einem Bericht und eventuellen Handlungsempfehlungen an den Auftraggeber:

- Das Problem muss formuliert, Ziele müssen definiert werden.
  Was ist das Ziel der Untersuchung? (z. B. Analyse der Kundenzufriedenheit)
- Die Untersuchungsart muss festgelegt werden.
  Mit welcher Marktforschungsmethode kann das Ziel erreicht werden?
- Die Zielgruppe wird festgelegt.
  Welchen Umfang soll die Untersuchung haben?
- Das Erhebungsinstrument wird gestaltet.
  Wie soll die Untersuchung im Detail durchgeführt werden?
- Die Untersuchung wird durchgeführt.
  Welche Besonderheiten sind hierbei zu beachten?
- Die erhobenen Daten werden analysiert und interpretiert.
  Welche Analyseverfahren werden angewendet?
- Die Ergebnisse werden dargestellt.
  Berichterstellung mit den wesentlichen Ergebnissen, den Schlussfolgerungen sowie Handlungsempfehlungen an den Auftraggeber

Problemlösungsprozess im Bereich der Marktforschung

↓

1. Ausgangslage
- Erkennen der Problemstellung
- Formulierung von Hypothesen

↓

2. Beschaffung und Auswertung von Sekundärmaterial

↓

3. Festlegung des Ziels der Marktuntersuchung

↓

4. Bestimmung der Maßnahmen
- Informationsträger
- Erhebungsmethode

↓

5. Mitteleinsatz
- Träger der Durchführung
- Budget

↓

6. Vorbereitung der Durchführung
- detaillierte Ausgestaltung der Erhebung (Interviewfragen, Fragebogen, Testmaterial)
- Pretest
- Schulung der Befrager, Tester

↓

7. Durchführung der Erhebung

↓

8. Datenaufbereitung uns Auswertung

↓

9. Erstellen des Schlussberichts mit Resultaten

↓

10. Überprüfung der Zielerreichung

nach: Jean-Paul Thommen: Managementorientierte Betriebswirtschaftlehre. Versus Verlag, Zürich 2004, S. 222

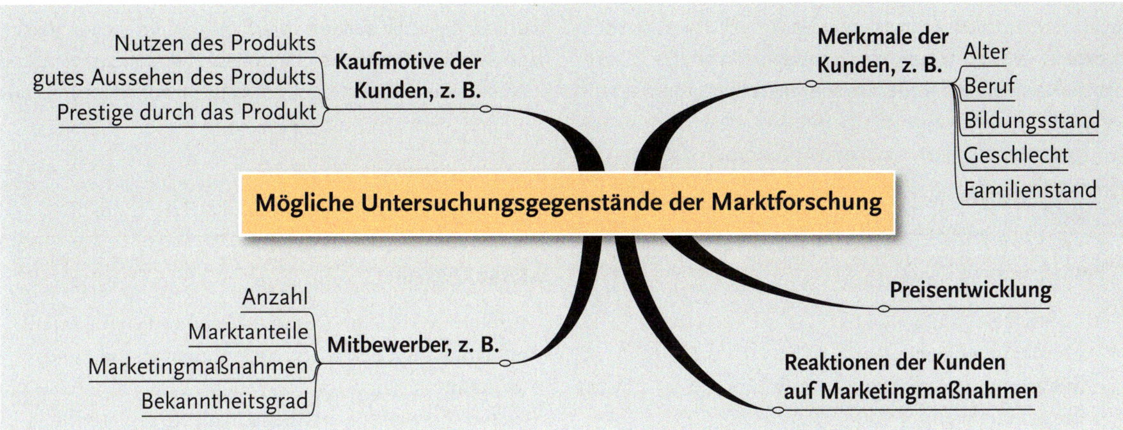

Methoden der Marktforschung im Hinblick auf den ausgewerteten Zeitraum

Marktanalyse, Marktbeobachtung und Marktprognose unterscheiden sich zeitbezogen.

Marktanalyse

Bei der Marktanalyse beschränkt sich die systematische Untersuchung des Markts auf einen bestimmten Zeitpunkt: Die Marktsituation und -struktur wird nur punktuell – also nur einmal – dargestellt.

Marktbeobachtung

Da sich Marktverhältnisse häufig ändern, reicht eine Marktanalyse oft nicht aus. Dann wird eine ständige Marktbeobachtung notwendig. Die Marktbeobachtung ist eine fortlaufende Beobachtung der Entwicklung und Veränderung des Markts in einem bestimmten Zeitraum.

Marktprognose

Mithilfe des vorliegenden Datenmaterials wird versucht, die zukünftige Marktentwicklung richtig abzuschätzen und vorauszuberechnen.

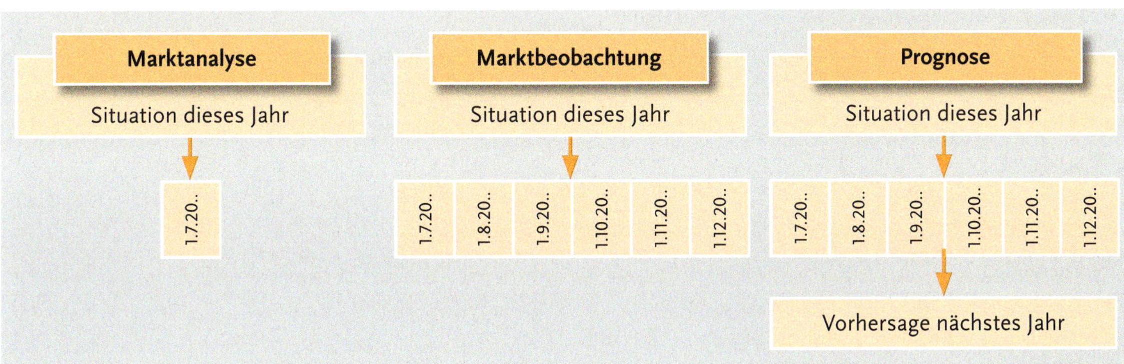

Methoden im Hinblick auf die verwendeten Informationsquellen

Sekundärforschung und Primärforschung bedienen sich verschiedener Informationsquellen.

Sekundäre Marktforschung

Weil sie schnell und kostengünstig zu Ergebnissen führt, wird oft zunächst die sekundäre Marktforschung angewendet.

DEFINITION

Bei der **sekundären Marktforschung** liegen die Daten bereits vor.

BEISPIEL

Frau Zahn erläutert Dominik Schlote die Sekundärforschung: „Bei der sekundären Marktforschung wird das bereits vorhandene Datenmaterial verwendet. Man kann sie daher salopp auch als Schreibtischforschung bezeichnen."

Die Daten wurden für andere Zwecke erhoben, werden jetzt aber für den Untersuchungsgegenstand der Marktforschung neu aufbereitet und interpretiert. Das Datenmaterial kann entweder aus betriebsinternen oder externen (betriebsfremden) Quellen entstammen.

Vorteile der sekundären Marktforschung liegen darin, dass das Datenmaterial jederzeit zur Verfügung steht und auch schnell und leicht ausgewertet werden kann.

BEISPIEL

Betriebsinterne Quellen	Externe Quellen
• Auftragseingänge • Absatzstatistiken • Bilanzen • Lagerstatistiken • Inventuren • Vertriebskostenrechnungen, Reklamationen • Besuchsberichte des Außen- und Kundendienstes • Kundendateien • eigene Datenbanken	• amtliche Statistiken (Bund, Länder und Gemeinden) • Informationen der Wirtschaftsorganisationen und -verbände • wirtschaftswissenschaftliche Institute und Marktforschungsinstitute • Nachschlagewerke • Fachliteratur • Zeitungen und Zeitschriften • Messe- und Ausstellungskataloge • Geschäftsberichte • Presseveröffentlichungen

Informationsgewinnung durch sekundäre Marktforschung für einzelne Marketingaktivitäten

Information über / Informationsquellen	Absatzwege		Absatzform		Produkt- und Sortimentsgestaltung		Preisgestaltung		Lieferungs- und Zahlungsbedingungen		Werbung, PR, Verkaufsförderung		Kundendienst	
	Konkurrenz	Eigene	Konkurrenz	Eigene	Konkurrenz	Eigene	Konkurrenz	Eigene	Konkurrenz	Eigene	Konkurrenz	Eigene	Konkurrenz	Eigene
I. Intern														
1. Umsatzstatistik		x		x		x		x		x		x		x
2. Auftragsstatistik		x		x		x		x				x		
3. Kostenrechnung						x		x				x		x
4. Kundenkartei				x		x				x		x		x
5. Kundenkorrespondenz		x		x		x		x		x		x		x
6. Absatzmittlerkartei		x				x		x		x				x
7. Vertreterbereich	x	x	x	x	x	x	x	x	x	x	x	x	x	x
8. Kundendienstberichte					x	x						x	x	x
9. Berichte des Einkaufs	x	x	x		x	x			x		x			
II. Extern														
10. Amtliche Statistik, Umsätze					x									
11. Amtliche Statistik, Preis							x							
12. Prospekte, Kataloge	x		x		x		x		x		x		x	
13. Geschäftsberichte	x		x		x				x					
14. Wirtschaftszeitungen	x		x		x		x		x		x		x	
15. Fachzeitschriften	x	x			x						x		x	
16. Adress-, Handbücher usw.		x		x							x	x		
17. Adressenbüros		x		x								x		
18. Messekataloge und -besuche	x		x		x		x		x		x		x	

Quelle: Meffert/Burmann/Kirchgeorg: Marketing. Gabler, Wiesbaden 2008, S.154

Als nachteilig kann sich auswirken, dass das Datenmaterial nicht unbedingt exklusiv ist. Es passt auch nicht immer zur zu lösenden Problemstellung. Daher wird nach der sekundären Marktforschung oft auch ein Verfahren der primären Marktforschung angewandt.

Primäre Marktforschung

Die primäre Marktforschung gewinnt Informationen direkt an ihrem Entstehungsort: Ein bestimmter Markt wird neu und erstmalig untersucht.

Die primäre Marktforschung bedient sich folgender Methoden:

- Befragung
- Beobachtung
- Experiment

Befragung

Die Befragung ist die meist genutzte Erhebungsmethode in der Marktforschung. Sie bietet sich für eine Vielzahl an Fragestellungen und Zielgruppen an. Befragt werden können Kunden, andere Marktteilnehmer oder Mitarbeiter.

Es gibt vier grundsätzliche Arten der **standardisierten Befragung.** Dabei werden jeweils die Formulierung der Fragen, ihre Reihenfolge sowie die Antwortmöglichkeiten und das Interviewer-Verhalten genau festgelegt:

- **mündliche Befragung**
  Sie ist sehr zeitaufwendig und teuer, da die Fragen direkt von einem Interviewer gestellt werden.

Kundenbefragung auf einer Einkaufsstraße

- **telefonische Befragung**
  Bei telefonischen Befragungen erfolgt das Interview im Rahmen eins Telefongesprächs. Anfahrtszeit und -kosten entfallen zwar für den Interviewer, dennoch sind die Befragungskosten noch relativ hoch.
- **schriftliche Befragung**
  Hierzu wird ein gedruckter Fragebogen verschickt. Schriftliche Befragungen sind insgesamt günstiger als mündliche oder telefonische Befragungen, lediglich Versandkosten und -zeit fallen an. Im Vergleich ist jedoch die Rücklauf- und Antwortquote deutlich geringer.

Multiple Choice Fragebogen

- **Onlinebefragungen**
  Bei Onlinebefragungen wird ein Fragebogen auf einer Internetseite zur Verfügung gestellt. Bei einer anderen Variante wird er per E-Mail verschickt.

Ein **Panel** ist eine Sonderform einer standardisierten Befragung. Dieser Begriff bezeichnet die mehrmalige Befragung einer identischen Gruppe von Personen bzw. Personengruppen zum selben Thema. Dadurch lassen sich schnell und leicht Veränderungen im Verhalten oder in der Meinungsbildung einer Zielgruppe erkennen. Wichtige Arten sind:

- **Handelspanel**
  Handelspanels bestehen überwiegend aus Handelsunternehmen als Mittlern zwischen Industrie und Konsumenten. Sie untersuchen Lagerbestände und An- und Verkäufe bestimmter Artikel kontinuierlich über eine bestimmte Zeitperiode (z. B. ein Jahr lang alle zwei Monate). Die zentrale Fragestellung lautet: Über welche Absatzwege werden welche Waren in welchen Mengen verkauft?
- **Verbraucherpanel**
  Verbraucherpanels erfassen, welche Käufe hauptsächlich von Einzelpersonen getätigt werden (Individualpanel) und welche Einkäufe sich auf den gesamten Haushalt beziehen (Haushaltspanel). Sie haben die zentrale Fragestellung: Welcher Konsument bzw. Personenkreis kauft welche Güter?

Nicht standardisierte Befragungen können einen sehr freien Gesprächsverlauf nehmen, der sehr in die Tiefe bzw. in die Breite gehen kann. Dem Fragenden steht dabei nur ein Leitfaden zur Verfügung, der das Ziel des Interviews und eine Themengruppe enthält.

Beobachtungen

Eine Beobachtung wird immer nonverbal durchgeführt. Sie ist daher im Gegensatz zu einer Befragung von der Auskunftsbereitschaft der am Marktgeschehen beteiligten Personen unabhängig. Zielgerichtet wird das Verhalten interessierender Personen erfasst. Sinnlich wahrnehmbare Phänomene werden untersucht und aufgezeichnet.

Gegenstand der Beobachtung können Eigenschaften und Verhaltensweisen

- von Personen (z. B. Beobachten des Kaufverhaltens, von Passanten, von Lesern)
- oder von Sachen (Platzierung von Produkten in Regalen, Gerätebenutzung)

sein.

Kundenlaufstudien

Ein typisches Beispiel für das Marktforschungsinstrument Beobachtungen sind Kundenlaufstudien im Einzelhandel. Sie bringen Transparenz in das Einkaufsverhalten der Kunden und beantworten die für Einzelhandelsunternehmen zentralen Fragen:

- Welchen Weg wählen die Kunden durch den Verkaufsraum?
- Wie beeinflusst dieser Weg ihr Kaufverhalten?

Verdeckte Beobachter erfassen die Bewegung und das Verhalten der Kunden auf einer elektronischen Karte. So können verkaufsschwache oder verkaufsstarke Ladenbereiche genau identifiziert werden. Die Unternehmen können auf das Kundenverhalten mit unterschiedlichen Verkaufsstrategien reagieren, z. B.:

- An verkaufsstarken Stellen werden Artikel mit hohen Gewinnspannen platziert.
- An verkaufsschwachen Stellen werden sog. Mussartikel (z. B. Milch, Zucker in Lebensmittelgeschäften) oder Aktionsartikel platziert.

BEISPIELE

Geht der Kunde durch einen Gang, halten die verdeckten Beobachter über ein dort aufgestelltes Regal u. a. fest:

- „Am Regal wird vorbeigegangen." (Frequenz)
- „Kunde informiert sich am Regal." (In vielen Fällen wird auch festgehalten, wie lange er am Regal bleibt und welche Regalbereiche er betrachtet.)
- „Kunde kauft Ware."
- „Kunde geht in Richtung ..."

Bei einer Auswertung aller Daten durch die EDV werden Kundenströme und Verweildauer der Kunden innerhalb der Verkaufsräume sichtbar. Erkennbar werden so:

- tote Winkel und Ecken in den Geschäftsräumen
- Laufhindernisse
- Wege, die von Kunden kaum genommen werden
- Wegstrecken, die die Kunden schnell bewältigen
- Wege, auf denen die Kunden sich langsam bewegen

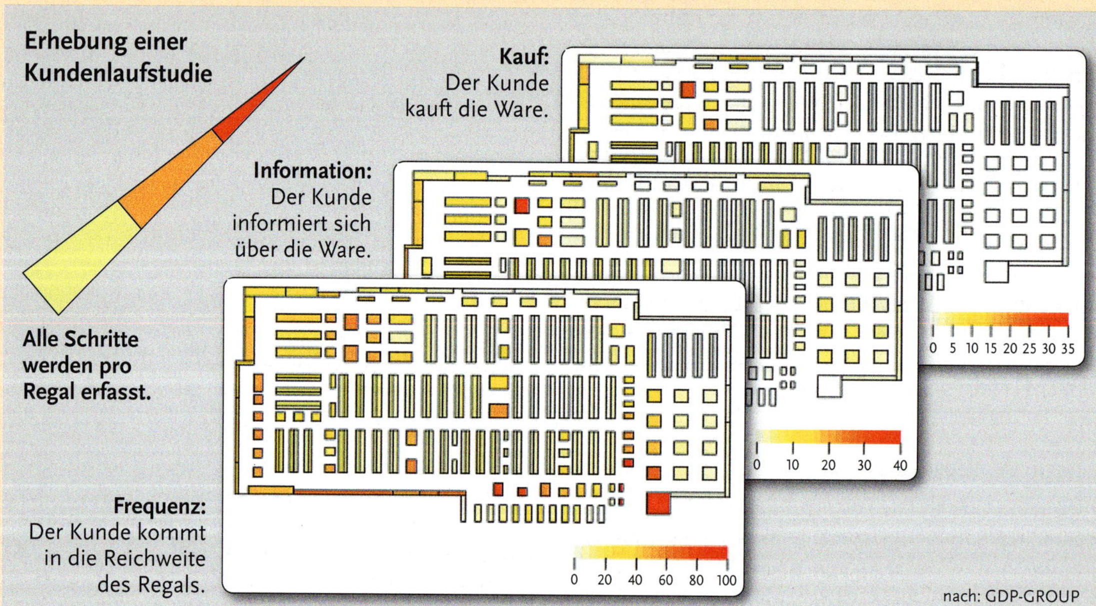

nach: GDP-GROUP

nach: GDP-GROUP
Das Ergebnis einer Kundenlaufstudie als 3-D-Computergrafik: Helligkeit = Frequenz; rot = hohe Kaufwahrscheinlichkeit; blau = niedrige Kaufwahrscheinlichkeit

Experiment

Mit Experimenten können Zusammenhänge zwischen Ursachen und Wirkung erschlossen werden. Es werden gezielt bestimmte Bedingungen hergestellt und deren Auswirkungen beobachtet. So wird beispielsweise eine Versuchsanordnung mit vorgegebenen Rahmenbedingungen geschaffen. Dann verändert man einen ganz bestimmten Einflussfaktor, um die Reaktion darauf als Wirkung zu messen.

Klein-Deutschland mitten in der Pfalz

Das Städtchen Haßloch ist eine ökonomische Miniaturausgabe der Bundesrepublik. Eines haben die Einwohner den übrigen Bürgern aber voraus.

Eigentlich ist Haßloch ein Ort wie Hunderte andere: 20000 Einwohner, ein Heimatmuseum, gemütliche Lokale. Wer jedoch genau hinsieht, entdeckt Dinge, die es in keiner anderen Stadt gibt: Werbeplakate mit unbekannten Waschmitteln, Kaugummis, die es nirgendwo sonst zu kaufen gibt, und selbst das Fernsehprogramm unterscheidet sich von dem des übrigen Bundesgebiets. Die Bürger in Haßloch „leben in einer eigenen Welt", sagt Göran Seil von der Nürnberger Gesellschaft für Konsumforschung (GfK). Das Marktforschungsinstitut testet seit 22 Jahren im Auftrag von Unternehmen neue Lebensmittel und Drogerieartikel in der pfälzischen Kleinstadt.

Haßloch ist aus ökonomischer Sicht so etwas wie Deutschland im Kleinformat. Hier leben anteilig etwa so viele Singles, Ehepaare, Familien, Rentner und Kinder wie in der gesamten Republik. Die Löhne der Haßlocher spiegeln die Einkommensverhältnisse aller Bundesbürger wider. Die Kaufkraft der Stadt liegt nur minimal über dem Mittelwert Deutschlands. Die Gemeinde ist so durchschnittlich, dass sie für die Marktforscher der GfK etwas ganz Besonderes ist.

Jeder kann unbewusst zum Testkäufer werden

In Haßloch können die Marktforscher eine Produkteinführung einschließlich Werbekampagne genau simulieren. Wenn beispielsweise ein Unternehmen ein neues Waschmittel auf den Markt bringen will, wird es zunächst in 15 Supermärkten und Drogerien der Stadt ins Regal gestellt wie jede andere Ware auch. Alle Bürger und Besucher der Stadt können das Testprodukt kaufen.

3500 Haßlocher Haushalte haben zusätzlich eine Chipkarte der GfK, die sie beim Bezahlen an der Kasse vorlegen. So können die Marktforscher genau nachvollziehen, wann und wie oft die Testpersonen eine Probeware kaufen. 2500 der 3500 Haushalte werden zudem mit spezieller Werbung für das Produkt berieselt. Sie erhalten mit gesonderten Anzeigen versehene Ausgaben der Regionalzeitung und der Programmzeitschrift. Und in ihr Fernsehprogramm werden spezielle Werbespots eingespielt. Möglich macht dies das Kabelfernsehen, das es in Haßloch schon seit 1984 gibt. Von ihrem Fernsehstudio aus versorgen die GfK-Mitarbeiter die 2500 Haushalte über das Kabelnetz mit dem geänderten Werbeprogramm.

Die Forscher können also einerseits feststellen, wie sich ein Testprodukt insgesamt verkauft. Mithilfe der Chipkarten sehen sie außerdem, ob die Werbung den Absatz fördert, und zu welchen Waren die Kunden immer wieder greifen.

Bis zu 300000 Euro pro Testlauf

Rund 20 Tests pro Jahr führen die Konsumforscher durch. Je nach Aufwand zahlen die Unternehmen zwischen 50000 und 300000 Euro für eine Untersuchung. Eine ordentliche Summe, die sich laut GfK jedoch auszahlt. Ein Produktstart koste Millionen, erklärt GfK-Research-Manager Seil. Und die Erfolgsquote bei den in Haßloch getesteten Waren sei deutlich höher als bei Produkteinführungen ohne den Testlauf in der Pfalz. So würden in Deutschland jedes Jahr 30000 Waren neu oder überarbeitet in den Handel gebracht. Nur 30 Prozent davon setzten sich durch. 20 bis 50 Millionen Euro seien da „ganz schnell versenkt", sagt Seil. Von den in Haßloch getesteten Waren seien über 50 Prozent eingeführt worden und diese hätten sich alle auf dem Markt behauptet. Zu den Haßlocher Testprodukten gehören beispielsweise das Waschmittel „Lenor" und die Damenbinde „Always".

Den Bürgern fällt im täglichen Leben nicht auf, welche Werbung ausschließlich in Haßloch zu sehen ist. „Das merken nur Gäste von uns", erzählt Annette Penn. „Die sagen dann plötzlich: Das wird bei uns gar nicht beworben!" Seit knapp zehn Jahren gehört Penns Familie zu den GfK-Testern.

„Wir machen es gern", sagt Penn, „nicht nur wegen der kostenlosen TV-Zeitschrift und den 3,85 Euro, die wir pro Monat bei der Kabelgebühr gutgeschrieben bekommen." Es habe einen gewissen Reiz, die Warenwelt mehr zu beeinflussen als ein normaler Bürger – auch wenn das natürlich völlig unbewusst passiert. Denn niemand könne feststellen, ob es nur eine Probeware ist oder nicht. Nur einmal habe sie im Nachhinein den Verdacht gehabt: Ihre beiden Töchtern verliebten sich in Schokomüsli, das war auf einmal nicht mehr im Regal.

Zwischen drei Monaten und einem Jahr kann ein Testlauf dauern. Das hängt vor allem daran, wie oft Produkte neu gekauft werden – bei einem Kaugummi geht dies viel schneller als bei Spirituosen oder Waschmittel. Bis zur Markteinführung sind es dann noch mal gut drei Monate.

Jeder hat einen „statistischen Zwilling"

Das Gute an der Bevölkerungsstruktur von Haßloch ist laut Seil, dass jeder ersetzt werden kann. Wenn eine Familie umziehen oder ein Teilnehmer sterben sollte, gebe es mindestens einen „statistischen Zwilling". Da neue Tester besonders gern zu neuen Produkten greifen, kommen sie zunächst „einen Monat lang in Quarantäne", erklärt Seil. Ihre Einkäufe werden zwar registriert, beeinflussen aber das Ergebnis zunächst nicht.

Haßloch wird noch länger Testmarkt der GfK bleiben, sagt Seil. Selbst wenn sich die wirtschaftliche Lage in Haßloch derart verbessern oder verschlechtern sollte, dass sie nicht mehr dem Durchschnitt Deutschlands entsprechen sollte, würde dies nicht das Ende bedeuten. Dann würde die GfK einfach die veränderte Kaufkraft berücksichtigen und die Ergebnisse ihrer Untersuchungen entsprechend auf den Bundesdurchschnitt umrechnen. Ein Umzug sei zu teuer.

Sebastian Heise

Quelle: www.focus.de , 1. Dezember 2008

AUFGABEN

1. Warum sollten Unternehmen Marktforschung betreiben?
2. Wodurch unterscheidet sich die Markterkundung von der Marktforschung?
3. Welche Methoden der Marktforschung unterscheiden sich hinsichtlich des Zeitraums der Erhebung?
4. Erläutern Sie den Unterschied zwischen Primär- und Sekundärforschung.
5. Führen Sie Beispiele für Informationsquellen der sekundären Marktforschung auf.
6. Erläutern Sie den Begriff Panel.
7. Welche Arten des Panels gibt es?
8. Auf welche Weisen können Befragungen durchgeführt werden?
9. Wie wird im Rahmen der Marktforschung ein Experiment angewendet?
10. Welche der unten stehenden Antworten ist ein Beispiel für Sekundärforschung?
    a) Fieldresearch
    b) Neues Zahlenmaterial wird gesammelt und ausgewertet.
    c) Bereits vorhandenes Zahlenmaterial wird ausgewertet.
    d) Neues Zahlenmaterial für eine bestehende Marktuntersuchung wird benötigt.
    e) Kundenbefragung
11. Sie werden gebeten, externe Datenquellen auszuwerten. Was verstehen Sie unter betriebsexternen Datenquellen?
    a) Messeberichte
    b) Lagerbestandslisten, Warenpreislisten
    c) Berichte von Außendienstmitarbeitern
    d) Jahrbücher, Zeitungsberichte, Geschäftsberichte
    e) Bilanz
12. Geben Sie für die folgenden Beispiele an, um welches Verfahren der Marktforschung es sich handelt.

a) Die Marfor GmbH – ein renommiertes Marktforschungsinstitut – untersucht laufend die Kundengewohnheiten auf dem Textilmarkt.
b) In diesem Bericht gibt die Marfor GmbH Trendempfehlungen für das nächste Jahr.
c) Ziel dieses Marktforschungsverfahrens ist das Erkennen von Ursache-Wirkungs-Zusammenhängen.

13. Welche Marktforschungsmethode wird in dem folgenden Zeitungsausschnitt beschrieben?

Dem Kunden mit System auf der Spur

(Zürich) Montagnachmittag in Seebach bei Zürich: Der 280 qm große Pick Pay Markt wird entsprechend der ruhigen Stunde eher spärlich frequentiert. Die wenigen Kunden tätigen ihre Einkäufe, vergleichen Preise und schauen nach Sonderangeboten. Nichts, was besonders auffällig wäre. Und doch ist etwas außergewöhnlich in dem Markt, auch wenn es kaum einem Kunden auffällt: Seit letzter Woche hängt eine unauffällige Schiene quer über der Decke, parallel zur Beleuchtung. In ihr sind Infrarotsensoren integriert. Sie reagieren auf die ebenfalls in den Einkaufswagen installierten Sensoren. Damit soll herausgefunden werden, wie viele Kunden sich wann und wo im Markt befinden.

Am Personal Computer demonstriert August Egli, wie das Tracking System funktioniert: Auf dem Bildschirm ist der Grundriss des Marktes angeordnet. Wie bei einem Computerspiel blinken die einzelnen Einkaufswagen, die an den Regalen entlang gemessen werden. Mit Farbtönungen lassen sich sowohl stark frequentierte Flächen als auch solche, bei denen kaum Publikum gezählt wird, hervorheben.

Aus diesen Bildern kann man Schlüsse ziehen, erklärt Egli und veranschaulicht am Beispiel eines Marsh-Marktes von 3500 qm, wie das funktioniert. Der Laden, dessen Kundenfrequenz aufgezeichnet wurde, befindet sich in den Vereinigten Staaten in einer sogenannten „Blue collar"-Gegend, was mit unterer Mittelschicht zu übersetzen ist. Durch die Aufzeichnung des Kundenlaufstroms am Computer habe man sehen können, dass die hochwertige Weinabteilung genauso wenig frequentiert wurde wie die Kosmetikabteilung. Die daraus abgeleiteten Maßnahmen, statt hochpreisiger Weine günstige Sixpack-Biere in das Sortiment zu nehmen und die Kosmetika im Mittelpreissegment anzusiedeln, hätten die Kundenfrequenz in den „toten Zonen" um 30 Prozent erhöht, berichtet Egli.

Homburg/Krohmer: Marketingmanagement. Gabler, Wiesbaden 2003, S. 236

AKTIONEN

1. Mit großer Wahrscheinlichkeit können Sie an Ihrer berufsbildenden Schule gegen den kleinen oder großen Hunger etwas an einem Kiosk oder einer Verkaufsstätte kaufen. Auch Schulbedarf ist dort oft zu haben. Betrieben wird der Kiosk/die Verkaufsstätte entweder von einem Hausmeister, anderen Personen oder evtl. auch von Schülergruppen im Rahmen von Projekten.
In dieser Aktion sollen Sie nun die Situation dieser Verkaufsstätte untersuchen. Von Interesse ist einerseits, was gekauft wird, und andererseits, was im Sortiment vermisst wird.
Bilden Sie dazu vier Gruppen:
   a) Gruppe 1 und 3 bereiten einen Fragebogen vor, mit dem die Käufer nach den Käufen gefragt werden. Die Gruppen 2 und 4 bereiten eine Beobachtung vor. Dazu gehört beispielsweise die Auswahl eines Standorts, von dem aus man mögliche Käufer beobachten kann, ohne dass dies auffällt.
   b) Die Gruppen 1 und 2 führen ihre Maßnahme in der ersten Pause, die Gruppen 3 und 4 in der 2. Pause durch.
   c) In der Woche darauf sollen die Ergebnisse ausgewertet werden.

   Präsentieren Sie die Ergebnisse der Klasse.

2. a) Lesen Sie Kapitel 6.2 und erstellen Sie eine Mindmap mit den wichtigsten Informationen.
   b) Bereiten Sie sich darauf vor, einen kurzen Vortrag über den Inhalt dieses Kapitels zu halten. Als Hilfsmittel dürfen Sie Ihre Mindmap verwenden.

ZUSAMMENFASSUNG

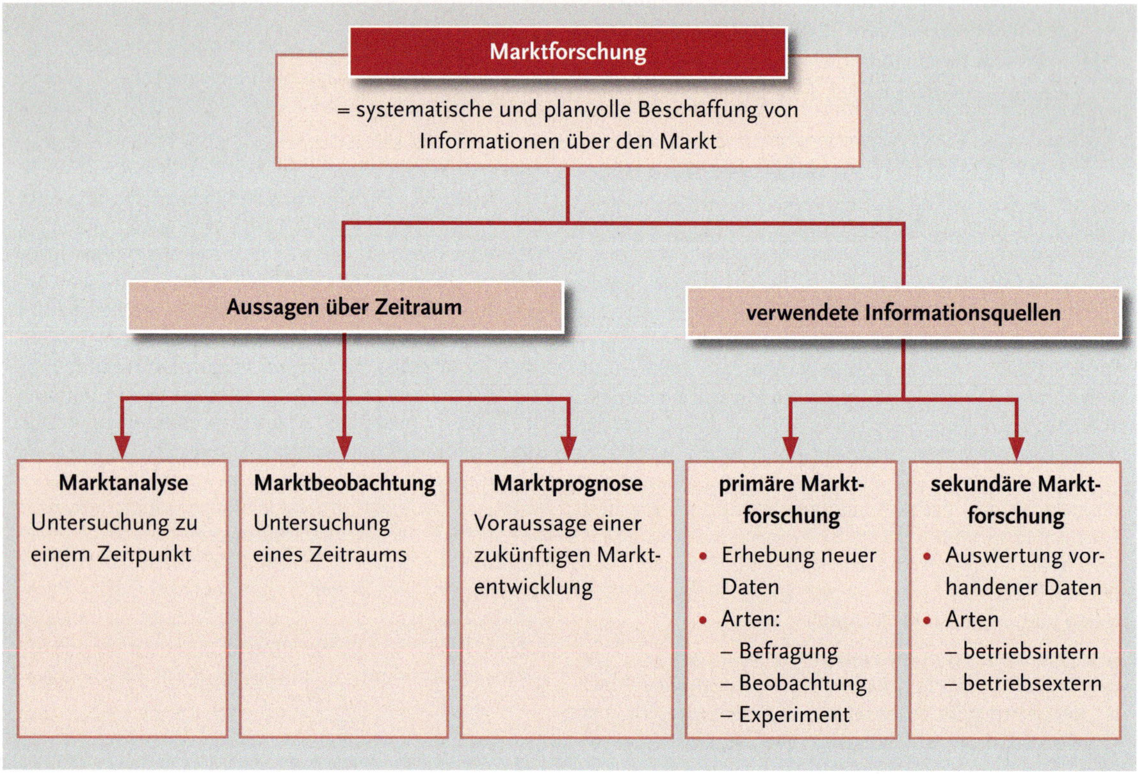

6.3 Wir wenden Maßnahmen der Produktpolitik an

Einstieg

Der Freund von Carolin Saager, Axel Reisewitz, ist Auszubildender zum Industriekaufmann bei der Grünpunkt AG. Er ist momentan in der Marketingabteilung eingesetzt.

Axel Reisewitz:
„... und dann kümmern wir uns gerade ganz stark im Rahmen des Marketings um die Produktpolitik, ein Marketingbereich, den ihr im Großhandel ja nicht habt."

Carolin Saager:
„Halt, halt! Natürlich kümmert sich auch der Handel um die Produktpolitik."

Axel Reisewitz:
„So?"

Carolin Saager:
„Schau dir mal diesen Zeitungsartikel an."

GF PARIS: „Eine Ware ist nicht besser, weil sie schöner verpackt ist und einen schönen Namen hat – wählen Sie unbeeinflusst von der Verpackung – das ist Freiheit – kaufen Sie Waren ohne Namen – sie sind ebenso gut, aber billiger – die freien Produkte finden Sie bei Carrefour." Die französische Supermarktkette dieses Namens hat 5 Mio. Euro in einen Werbefeldzug gesteckt, der vierzig Produkte – Speiseöl, Kaffee, Konfitüren, Waschmittel usw. – ohne Namen, d. h. ohne Marke, als „freie Produkte" lanciert und sich – wie man bei Carrefour versichert – bereits nach wenigen Wochen reichlich bezahlt machte. Die Namenlosen („No Names") hatten in der Folgezeit rasch Nachahmer gefunden – in den USA, Kanada und Europa. Die Idee, „gute, preiswerte Ware ohne Marketingballast", wird von breiten Verbraucherschichten (man spricht von 65 %) gutgeheißen. Mittlerweile bieten Einkaufsgenossenschaften und freiwillige Ketten etwa 1100 sogenannte „Weiße" an.

Axel Reisewitz:
„Da ist aber produktpolitisch vom Einzelhandel die Rede."

Carolin Saager:
„Wenn sowohl in der Industrie als auch im Einzelhandel die Produktpolitik wichtig ist, dann kann sie im Großhandel als zwischengelagerter Wirtschaftsstufe nicht unbedeutend sein ..."

Stellen Sie fest, welche generellen Überlegungen ein Händler bei der Einführung von Produkten anstellen muss.

INFORMATIONEN

DEFINITION

Im Rahmen der **Produktpolitik** eines Unternehmens wird über Qualität, Technik, Form, Farbe und sonstige Ausstattung eines Produkts entschieden.

Die Produktpolitik umfasst im weiteren Sinn:

- Produktgestaltung
- Planung des Produktlebenszyklus
- Markenpolitik
- Packungspolitik

Die Produktpolitik ist überwiegend eine Aufgabe von Industrieunternehmen. Sehr oft versuchen jedoch auch Handelsunternehmen, aktiv auf die produktpolitischen Entscheidungen der Erzeugerunternehmen Einfluss zu gewinnen. Dies geschieht häufig durch Großhandlungen oder durch solche Einzelhandelsunternehmen, die aufgrund ihrer Größe und Marktmacht eine unmittelbare Wirkung auf die Industrieunternehmen erzielen können. Gegenstand der Einflussnahme kann die Qualität der Produkte, ihre logistische Handhabbarkeit (z. B. Transport- oder Stapelfähigkeit) oder die äußere Produktgestaltung sein. In einigen Bereichen können Großhandlungen jedoch auch direkt Maßnahmen der Produktpolitik anwenden.

Hauptziel der Produktpolitik ist es, dass die Käufer Produkte möglichst positiv beurteilen. Um das zu erreichen, gibt es verschiedene Möglichkeiten.

Produktgestaltung:
Festlegung u. a. der Eigenschaften, der Qualität, des Geschmacks, der Formen und Farben von Produkten

Planung des Produktlebenszyklus:
Es muss der richtige Zeitpunkt getroffen werden, veraltete Produkte aus dem Markt zu nehmen bzw. neue Produkte einzuführen.

Markenpolitik:
Durch Verwendung von Markenzeichen wird eine eindeutige Abhebung von der Konkurrenz versucht.

Packungspolitik:
Auch die äußere Gestaltung des Produkts spielt eine wichtige Rolle.

Coca-Cola ist kein Getränk. Coca-Cola ist Weltanschauung, ist „American Way of Life", Freiheit und Frohsinn. Die geriffelte 0,2-Liter-Flasche mit der Jugendstilschrift ist kein Behälter. Das ist ein Denkmal der Konsumgesellschaft oder (für Andy Warhol und Jasper Johns, für Rauschenberg und Mel Ramos) Kunst. Doch so viele Mythen verdecken den Blick aufs Geschäft. Und das lief so sagenumwoben in den letzten Jahren keineswegs. Der Konkurrent Pepsi holte beträchtlich auf und das „einzig wahre Getränk", Coca-Cola, drohte in den USA zur Nummer zwei unter den Durstlöschern zu werden.

Mit einem neuen Manager kam neuer Schwung in die Konzernzentrale. Als all seine Aktivitäten den vollen Erfolg nicht brachten, griff er zum letzten Mittel: Er änderte das ein Jahrhundert alte Rezept der braunen Brause. Coca-Cola ist nicht mehr das, was es einmal war. Die braune Brause schmeckt seit dem 8. Mai (vorerst nur in den USA) anders als vorher. Süßer vor allem. Das Rezept des Drinks wurde geändert und Durstige in 155 Ländern der Erde werden sich umstellen müssen – oder zu den Flaschen und Dosen der Konkurrenz greifen.

Quelle: Frankfurter Rundschau vom 18. Mai 1985

Produktgestaltung

Die optimale Gestaltung eines Produkts trägt ganz entscheidend zu einem möglichen späteren Markterfolg eines Unternehmens bei. Die Festlegung der Erscheinungsform eines Produkts hat daher so zu erfolgen, dass seine Eigenschaften den Anforderungen und Wünschen der Marktteilnehmer gerecht werden. Art und Charakter des Produkts werden bestimmt durch:

- Qualität des Produkts
- Farbe und Konsistenz des Produkts
- Konstruktionsform oder Produktansatz
- Produkteigenschaften und Produktnutzen
- Zusatznutzen

Die Produktgestaltung ist überwiegend eine Aufgabe der Industrie. Der Handel kann dabei jedoch einen gewissen Einfluss nehmen:

- Er kann die Hersteller über Entwicklungen auf dem Markt informieren, Einführungschancen prüfen und die Einführung neuer Produkte unterstützen.
- Er wirkt bei der Industrie auf Lieferung handelsgerechter Versandeinheiten und Verpackungen hin.

Produktprogramm oder Sortiment

Das Produktprogramm umfasst die Gesamtheit aller Produktlinien und Produkte eines Herstellers. Unter einer Produktlinie versteht man eine Gruppe von Einzelprodukten, die aufgrund bestimmter Merkmale in enger Beziehung zu einander stehen.

Das Sortiment ist die Gesamtheit aller Waren und Dienstleistungen, die ein Handelsbetrieb anbietet.

Lebenszyklus eines Produkts

Eine Aufgabe der Produktpolitik ist es, durch rechtzeitige Einführung verfeinerter, abgeänderter oder neuer Produkte den zukünftigen Absatz zu sichern bzw. zu erweitern. Jedes Unternehmen, dem es gelingt, neue Produkte zu entwickeln und vor der Konkurrenz auf den Markt zu bringen, erzielt einen beträchtlichen Wettbewerbsvorteil.

Produkte durchlaufen – vergleichbar dem Menschen – verschiedene Lebensalter. Die Kenntnis, in welcher Phase des Lebenswegs sich ein bestimmter Artikel gerade befindet, ermöglicht einen effizienten Einsatz der absatzpolitischen Instrumente.

Insbesondere bei Konsumgütern lässt sich der Lebenszyklus eines Produkts in folgende Phasen einteilen:

- **Einführungsphase**
  In der Einführungsphase sind die Umsätze gering, da das Produkt noch wenig bekannt ist. Auch hohe Werbeaufwendungen führen noch nicht dazu, dass das Produkt sich in der Gewinnzone befindet. Da der Anbieter gewissermaßen eine Monopolstellung hat, kann er einen hohen Produktpreis verlangen.

- **Wachstumsphase**
  In der Wachstumsphase steigen die Umsätze sehr stark an: Das Produkt kommt in die Gewinnphase. Die nach wie vor starke Werbung erfasst breite Käuferschichten. Konkurrenten treten als Nachahmer auf, sodass die Preise sinken.
- **Reifephase**
  In der Reifephase können die Umsätze zwar noch wachsen, aber die Wachstumsraten verringern sich. Der Preiswettbewerb verschärft sich.
- **Sättigungsphase**
  In der Sättigungsphase erreichen die Umsätze ihren höchsten Punkt. Der Gesamtgewinn ist am größten. Doch spätestens jetzt müssen entweder Pläne für ein neues Produkt fertig sein oder Verjüngungsmaßnahmen für das existierende Produkt ergriffen werden, die seinen Lebenszyklus verlängern.
- **Degenerationsphase**
  In der Degenerationsphase sind die Umsätze und Gewinne rückläufig.

Ein Unternehmen sollte möglichst über eine Mischung aus Produkten in unterschiedlichen Lebensphasen verfügen. Nur so lassen sich Umsatz- und Gewinnschwankungen im Rahmen des unternehmerischen Handelns im Zeitablauf ausgleichen.

Merkmal	**Phasen des Produktlebenszyklus**				
	Einführung	**Wachstum**	**Reife**	**Sättigung**	**Degeneration**
Umsatz	gering; langsam steigend	stark ansteigend	weitere, aber weniger starke Marktausdehnung (Zahl der Neukunden wird kleiner)	Umsatzvolumen stagniert auf hohem Niveau bzw. fällt leicht	rückläufig (stark fallend)
Begründung	• Marktwiderstände • organisatorische Probleme	Marktdurchdringung	• Konkurrenzdruck • Preisdruck	• Konkurrenzprodukte ziehen Kunden ab • Preisdruck	Kunden wandern in starkem Umfang ab
Kosten	hohe Kosten pro Stück	sinkende Stückkosten	weiter fallende Stückkosten		steigende Stückkosten
Begründung	• hohe Fixkosten für Werbung und Organisation • geringe Stückzahlen	Fixkostendegression, da Bekanntheitsgrad steigt			hohe Fixkosten
Erfolg	Verlust (Die Kosten für Werbung und Absatzförderung sind hoch; die verkaufte Menge ist noch niedrig.)	steigende Gewinne	langsam sinkende Gewinne	leichter Gewinnrückgang	fallende Gewinne, Verlust
Konkurrenten	keine oder wenige	• erste Konkurrenzprodukte • Zahl der Konkurrenten und Intensität der Konkurrenz nimmt zu	Kampf um Marktanteile	Kampf um Marktanteile verstärkt sich	• überlegene, neuartige Konkurrenzprodukte tauchen auf • Zahl der Konkurrenten mit gleicher Art der Produkte nimmt ab
operative Marketingziele	Produkt bekannt machen, Erstkäufe herbeiführen	größtmöglicher Marktanteil	größtmöglicher Gewinn bei gleichzeitiger Sicherung des Marktanteils		Kostensenkung und „Absahnen"

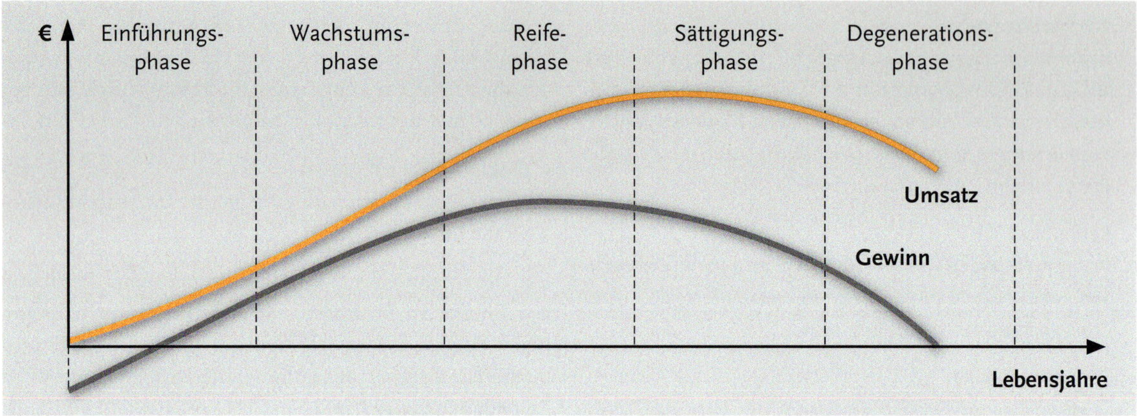

Das vorgestellte idealtypische (= theoretische) Lebenszyklusmodell kommt in der Praxis recht häufig vor und gibt wertvolle Denkanstöße und Anregungen für die Strategiefindung von Unternehmen. Es ist jedoch nicht allgemeingültig. Funktionen eines Produkts, Marketingstrategien, Zeitgeist und sonstige Faktoren können den Verlauf des Lebenszyklus entscheidend verändern. Solche realtypischen (= wirklichen) Verläufe können sein:

wachstumsstarkes Produkt

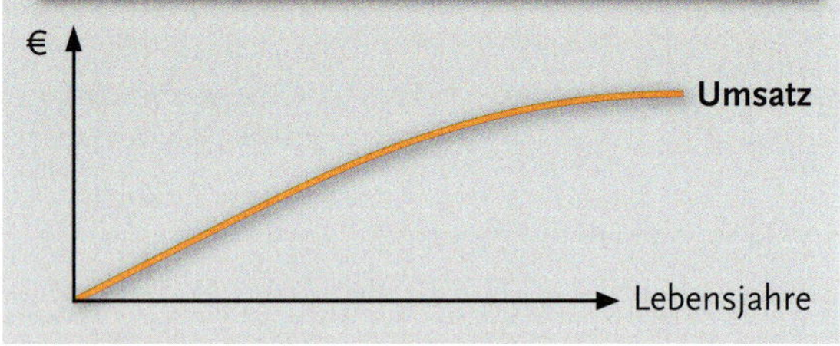

Verlängerungsstrategie

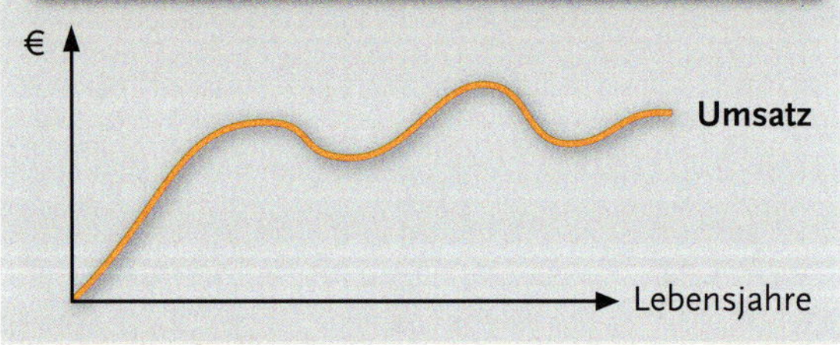

wachstumsschwaches Produkt

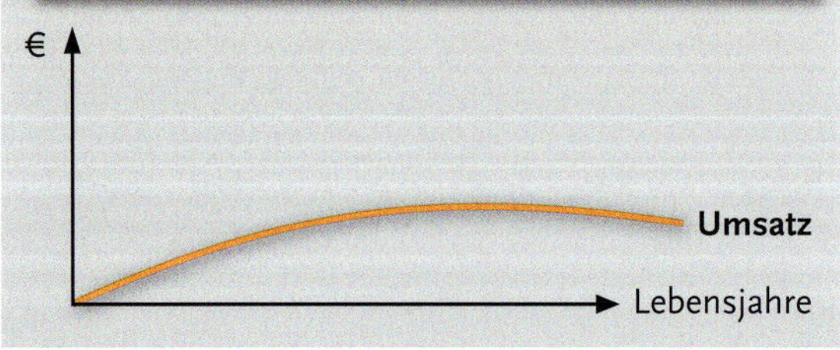

Modeprodukt

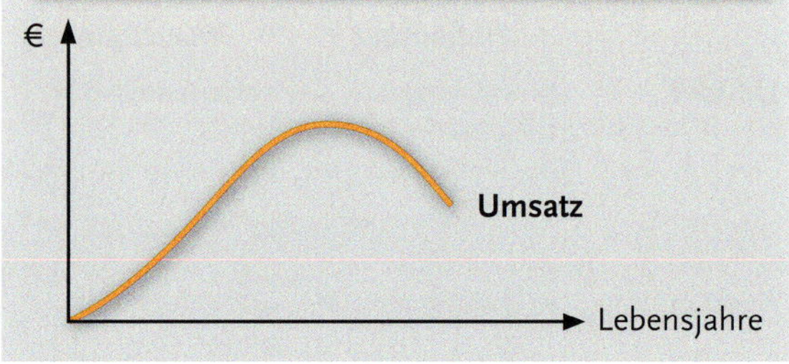

gescheiterte Neueinführung (Flop)

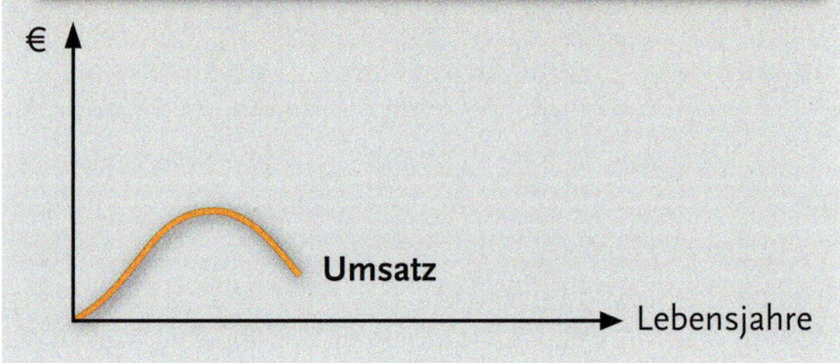

Markenpolitik

Einen großen Einfluss auf Erfolg oder Misserfolg eines neuen Produkts hat die Markenpolitik. Gelingt es, ein Produkt zu einer Marke zu machen, wird es aus einer Menge weitgehend austauschbarer Produkte herausgehoben: Das Produkt wird zu einer unverwechselbaren Einheit. Die Marke selber ist ein besonderes, rechtlich geschütztes Zeichen, das dazu dient, die Produkte eines Unternehmens eindeutig zu kennzeichnen.

Unter Marken versteht man im engeren Sinn die sogenannten **Herstellermarken.** Hersteller als Inhaber der Marke versuchen, ihre Markenartikel gegenüber den Kunden zu präsentieren. Genutzt werden dazu alle möglichen Vertriebskanäle.

Bei **Handelsmarken** befindet sich die Marke im Eigentum eines Handelsunternehmens. Der Markenartikel wird nur in den Verkaufsstätten des eigenen Unternehmens abgesetzt. Typische Handelsmarken sind beispielsweise Jinglers von C & A, Waschmittel Tandil von Aldi, Gut & Günstig von Edeka.

Ein Produkt kann mit verschiedenen Gestaltungselementen gegenüber anderen Produkten herausgehoben werden. Solche sogenannten **Markenbestandteile** können u. a. sein:

- Markennamen (z. B. Esprit)
- Markenzeichen
  - Formen (z. B. Autodesign beim VW Beetle)
  - Farben (z. B. rot/weiß bei Coca Cola)
  - Schrifttypen (z. B. Coca-Cola-Schriftzug)
  - Logos (z. B. das in Punkte eingebettete „T" der Telekom)
  - Charaktere (z. B. Meister Proper)
  - Slogans (z. B. „Persil – Da weiß man, was man hat", Ricola: „Wer hat's erfunden?")
  - typische Schlüsselmotive (z. B. Alpenpanorama für Almighurt)

Man unterscheidet folgende **Markenarten:**

- **Wortmarken**
  Hier werden Produkt-, Firmen- oder Fantasienamen mit einer speziellen Schrift verwendet. Sie bestehen aus einem (manchmal auch aus mehreren) Worten.

BEISPIEL

Google™ Deutschland

- **Zeichenmarken**
  Dies sind Symbole, die aus Einzelbuchstaben, Wortabkürzungen oder Zahlen bestehen. Die Zeichen werden oft auf künstlerische Weise verbunden.

BEISPIEL

- **Bildmarken**
  Mit unterschiedlichsten Arten von Bildzeichen soll eine Verbindung zu einem Produkt oder einer Firma hergestellt werden.

BEISPIEL

Ein Markenartikel ist ein Produkt, das mit solchen Zeichen versehen wurde. Die Merkmale der Markenartikel bringen den Unternehmen, aber auch den Kunden Vorteile:

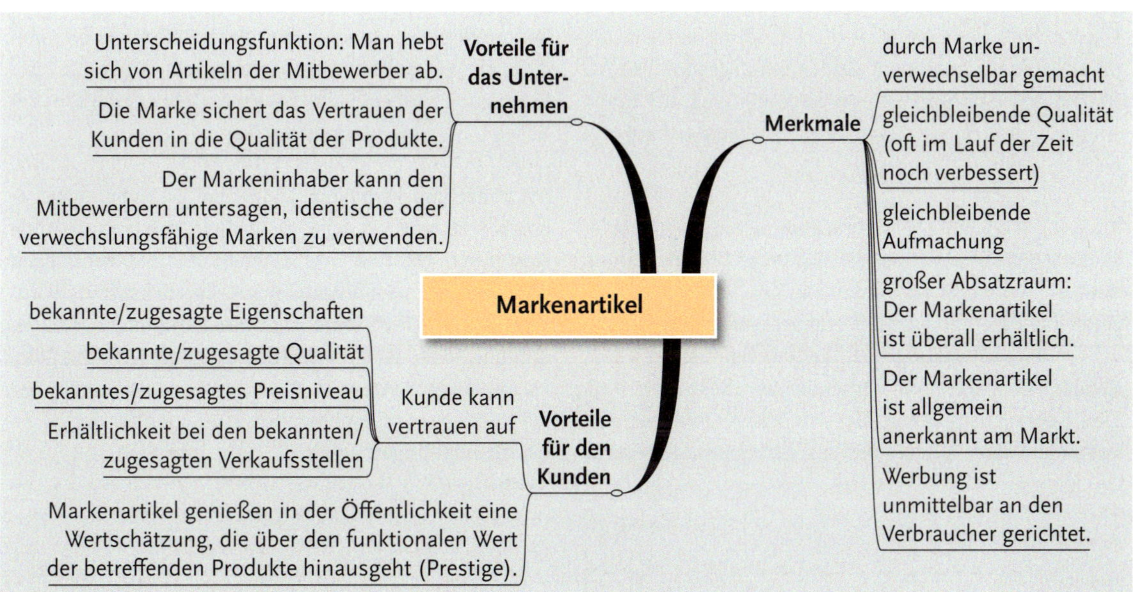

Mit der Eintragung der Marke beim Deutsche Patent- und Markenamt erwirbt der Inhaber regelmäßig das alleinige Recht, die Marke für die geschützten Produkte zu benutzen. Marken können vom Markeninhaber jederzeit verkauft und veräußert werden. Der Inhaber einer Marke kann ferner ein Nutzungsrecht an seiner Marke – eine Markenlizenz – einräumen.

Um eine Erfindung, ein Markenzeichen oder ein Produktdesign als wirtschaftlich verwertbare Erzeugnisse geistiger Arbeit gegen den unberechtigten Zugriff anderer zu sichern, kann der Urheber (oder sein Rechtsnachfolger) **gewerbliche Schutzrechte** dafür in Anspruch nehmen.

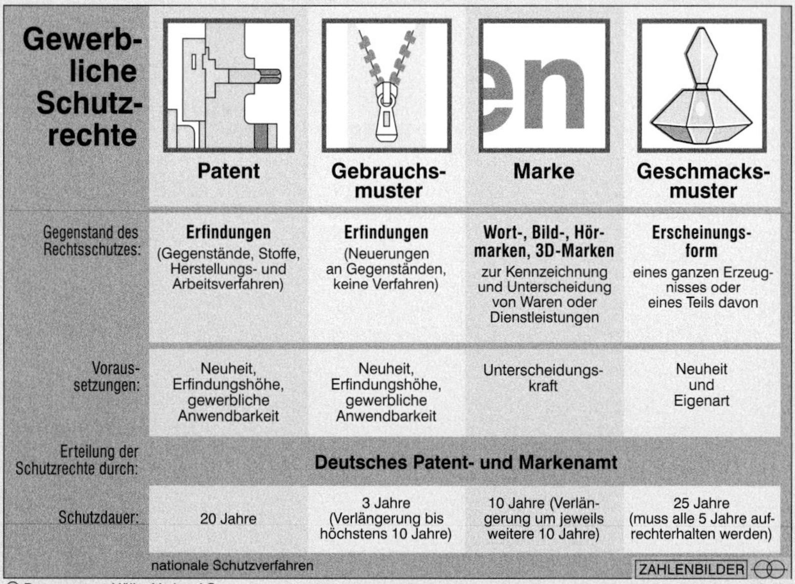

Gewerbliche Schutzrechte	Patent	Gebrauchsmuster	Marke	Geschmacksmuster
Gegenstand des Rechtsschutzes:	**Erfindungen** (Gegenstände, Stoffe, Herstellungs- und Arbeitsverfahren)	**Erfindungen** (Neuerungen an Gegenständen, keine Verfahren)	**Wort-, Bild-, Hörmarken, 3D-Marken** zur Kennzeichnung und Unterscheidung von Waren oder Dienstleistungen	**Erscheinungsform** eines ganzen Erzeugnisses oder eines Teils davon
Voraussetzungen:	Neuheit, Erfindungshöhe, gewerbliche Anwendbarkeit	Neuheit, Erfindungshöhe, gewerbliche Anwendbarkeit	Unterscheidungskraft	Neuheit und Eigenart
Erteilung der Schutzrechte durch:	**Deutsches Patent- und Markenamt**			
Schutzdauer:	20 Jahre	3 Jahre (Verlängerung bis höchstens 10 Jahre)	10 Jahre (Verlängerung um jeweils weitere 10 Jahre)	25 Jahre (muss alle 5 Jahre aufrechterhalten werden)

nationale Schutzverfahren

ZAHLENBILDER

© Bergmoser + Höller Verlag AG 128 710

Für eine öffentlich noch nicht bekannte, gewerblich anwendbare Erfindung, die den Stand der Technik deutlich verbessert, erteilt das Deutsche Patent- und Markenamt auf Antrag ein **Patent.** Der Patentinhaber sichert sich damit für einen Zeitraum von 20 Jahren das alleinige Recht, über seine Erfindung zu verfügen. Stellt das Amt nach eingehender Prüfung fest, dass die Erfindung schutzfähig ist, gibt es die Patenterteilung im Patentblatt bekannt und veröffentlicht die Patentschrift mit den Schutzansprüchen und der genauen Beschreibung der Erfindung. Alle Patentanmeldungen und -erteilungen werden in einem Patentregister verzeichnet. Der Patentschutz ist territorial auf die Bundesrepublik Deutschland begrenzt. Soll die Erfindung auch in anderen Ländern geschützt werden, sind gesonderte nationale Anmeldungen erforderlich – ein Weg, der durch Anmeldung z. B. eines Europäischen Patents abgekürzt werden kann.

Auch für den Schutz als **Gebrauchsmuster** muss eine Erfindung neu sein und über den bisherigen Kenntnisstand deutlich hinausgehen. Anders als im Patentverfahren prüft das Patentamt diese Voraussetzungen aber nicht schon vor Eintragung ins Gebrauchsmusterregister, sondern erst, wenn ihr Vorhandensein bestritten wird. Der Gebrauchsmusterschutz ist daher einfacher und kostengünstiger zu erwirken als ein Patent, aber auch mit gewissen Unsicherheiten behaftet. Seine Laufzeit beträgt drei Jahre und kann bis auf zehn Jahre verlängert werden. Als Gebrauchsmuster kommen vor allem kleinere technische Erfindungen in Frage, jedoch keine Verfahren. Besondere Schutzrechte bestehen für Halbleiter-Topographien.

Eine **Marke** soll die Waren oder Dienstleistungen eines Unternehmens unverwechselbar kennzeichnen und dadurch von Konkurrenzangeboten abheben. Mit ihrer Eintragung wird ein Schutz für zehn Jahre erworben, der beliebig oft verlängert werden kann.

Als **Geschmacksmuster** kann die Erscheinungsform eines Erzeugnisses oder eines Teils davon, sofern sie sich durch Neuheit und Eigenart auszeichnet, gegen Nachahmung geschützt werden. Die Schutzfrist dafür beläuft sich auf 25 Jahre; sie muss alle fünf Jahre durch Zahlung einer Gebühr aufrechterhalten werden. Beim Harmonisierungsamt in Alicante können Schutzrechte auf Marken und Geschmacksmuster auch für die EU als Ganze eingetragen werden.

Packungspolitik

Ein wichtiger Teilbereich der Produktpolitik ist die Packungspolitik. Sie ist deshalb so bedeutend, weil der Anteil der Verpackungskosten an den Kosten eines Produkts bis zu 20 % ausmacht.

DEFINITION

Unter **Verpackung** wird die Umhüllung einer Ware zum Zweck des Schutzes verstanden.

Dabei wird zwischen Transport- und Verkaufsverpackung unterschieden. In beiden Fällen steht der Nutzen der Umhüllung im Vordergrund:
- Schutz des Produkts
- Gewährleistung der Transport- und Lagerfähigkeit
- einfache Verwendung

DEFINITION

Wenn die Umhüllung zusätzlich noch der Kommunikation mit dem Kunden dient, so spricht man genauer von **Packung.**

Dies ist in den folgenden Fällen der Fall:
- Information über Produkteigenschaften
- Anreiz zum Kauf
- Information über Bestandteile und Inhaltsstoffe (gesetzliche Vorschriften!)
- Bedienungsanleitung
- Markenidentifikation

Funktionen einer Packung sind also:

- **Schutz**
  Die Umhüllung muss gewährleisten, dass die Ware in unversehrtem Zustand zum Käufer kommt.
- **Transport und Lagerung**
  Die Verpackung muss so beschaffen sein, dass die Ware problemlos zwischen den Wirtschaftsstufen befördert und in verschiedenen Lagern aufbewahrt werden kann.
- **Information**
  Die Umhüllung muss Auskunft über die Ware geben.
- **Werbung**
  Die Packung muss für den Artikel werben und anregend für den Kauf sein.
- **Service**
  Im Idealfall sollte die Handhabung der Ware erleichtert werden.
- **Umweltfreundlichkeit**
  Die Verpackung sollte ökologischen Ansprüchen genügen (also z. B. nach Möglichkeit recycelbar sein).

Ziel der Packungspolitik ist es, das Produkt sowohl verkaufs- als auch marktgerecht zu verpacken. Die Verpackung soll also einerseits dazu beitragen, durch ihre Attraktivität zum Kauf anzuregen, und andererseits die Transport- und Lagerfähigkeit gewährleisten.

AUFGABEN

1. Welche Bereiche umfasst die Produktpolitik?
2. Wovon hängt eine optimale Produktgestaltung ab?
3. Welche Lebensphasen durchläuft ein Produkt normalerweise?
4. Bringen Sie Beispiele für Produkte, die
   a) einen idealtypischen Verlauf,
   b) einen realtypischen Verlauf haben.
5. Aus welchen Bestandteilen setzen sich Marken zusammen?
6. Unterscheiden Sie Handelsmarken von Markenartikeln.
7. Welche wirtschaftlichen Gründe sprechen für das Vorhandensein von Markenartikeln im Handel?
8. Nennen Sie
   a) Markenartikel,
   b) Handelsmarken

   aus Ihrem Erfahrungsbereich.

AKTIONEN

1. a) Lesen Sie das Kapitel.
   b) Sammeln Sie in Partnerarbeit zu jedem Buchstaben des Alphabets Begriffe zum Thema „Produktpolitik". Zu jedem Feld soll ein Begriff mit dem Anfangsbuchstaben gefunden werden. Notfalls kann der betreffende Buchstabe auch im Begriff erscheinen.

A
B
C
...
Produktgestaltung
...

   c) Überprüfen Sie, ob Sie alle Begriffe definieren können. Einigen Sie sich dann mit Ihrem Partner auf die zehn wichtigsten Begriffe.
   d) Vergleichen Sie die Ergebnisse mit denen Ihrer Nachbarn:
      - Haben Ihre Nachbarn Begriffe zu Buchstaben gefunden, zu denen Sie nichts gefunden haben?
      - Halten Ihre Nachbarn andere Begriffe aus der Produktpolitik für wichtiger als Sie? Können Sie diese auch definieren?
   e) Erstellen Sie zwei Wandzeitungen, die je einen Begriff anschaulich erläutern.
   f) Bereiten Sie sich darauf vor, Ihre Wandzeitungen im Plenum vorzustellen.

2. a) Erstellen Sie eine Mindmap, die alle wesentlichen Inhalte der Produktpolitik zusammenfasst.
   b) Bereiten Sie sich darauf vor, einen fünfminütigen Vortrag zur Produktpolitik zu halten.

3. Gehen Sie davon aus, dass Sie zur Designabteilung eines Unternehmens gehören.
   a) Bilden Sie zwei Arbeitsgruppen.
   b) Entwickelt werden sollen ein neues Design
      - für einen (neuen) Schreibtisch,
      - für ein (neues) Telefon.
   c) Stellen Sie ohne Vorurteile einen morphologischen Kasten auf.
   d) Drucken Sie Ihren morphologischen Kasten als Word-Tabelle aus.
   e) Bereiten Sie sich darauf vor, Ihren morphologischen Kasten zu präsentieren.

Morphologischer Kasten

Der morphologische Kasten ist eine Kreativitätstechnik, die man in der Produktpolitik, aber nicht nur da, anwenden kann. Beim morphologischen Kasten werden für ein neu zu entwickelndes Produkt Eigenschaften oder Bestandteile aufgelistet (z. B. Form, Material, Farbe, Beschriftung, Zusatzfunktionen usw.). Für jeden Aspekt werden dann möglichst viele verschiedene Ausprägungen (z. B. bei Material: Holz, Aluminium, Stein, Kunststoff usw.) gesammelt. Anschließend können aus den vorhandenen Möglichkeiten verschiedene Varianten zusammengestellt werden, die näher untersucht werden sollen. Dass bei der systematischen Kombination von Teillösungen auch von vornherein unsinnige Kombinationen ausprobiert werden, die noch niemand vorher gemacht hat, stellt eines der Grundelemente der Kreativität dar.

BEISPIEL

Entwicklung einer Zimmerlampe (vereinfacht):

Produktmerkmal	Teillösung 1	Teillösung 2	Teillösung 3	Teillösung 4
Farbe	blau	rot	schwarz	gelb
Material	Metall	Holz	Stein	–
Form	rund	eckig	oval	teils eckig
Strom sparen	verspiegeln	schwach selbstleuchtend	Zeituhr	Dynamo

Vorgehen:

1. Umschreiben Sie das Problem. Diese Aussage bildet die Überschrift über dem morphologischen Kasten.
2. Entwickeln Sie die Parameter (= Teilprobleme = im Beispiel oben die Produktmerkmale) des Problems durch Analyse und eventuelles Brainstorming.
3. Erarbeiten Sie Lösungsalternativen zu den Teilproblemen.
4. Kombinieren Sie die Lösungsvarianten der Teilprobleme zu Lösungsvarianten des Gesamtproblems.
5. Bewerten Sie die Lösungsvarianten und wählen Sie die sinnvollste aus. Füllen Sie Ihren morphologischen Kasten aus.

4. Bringen Sie eine Verpackung
   a) aus Ihrem Ausbildungsbetrieb,
   b) aus ihrem privaten Bereich

   in den Unterricht mit.
   Erläutern Sie jeweils, welche Funktionen einer Verpackung erfüllt werden.

5. Gute Slogans transportieren Botschaften von Marken.
   www.focus.de/finanzen/news/werbeslogans/markenquiz_aid_11344.html
   Stellen Sie fest, wie groß Ihre Markenkenntnisse sind.

6. Eine Marke soll nicht nur so ähnlich heißen wie wir, wir kaufen sie auch umso lieber, je besser die Geschichte ist, die sie uns erzählt.

   Eine Regel lautet: Eine starke Marke muss Kunden eine Geschichte erzählen, sie muss Visionen vermitteln und uns ein Bild von uns selbst anbieten, wie wir sein könnten, wenn wir die Marke kauften. Dieses Versprechen kann in ganz unterschiedlichen Dingen bestehen: Abenteuer ebenso wie Genuss, Sicherheit, Autonomie oder Status. Eine Marke kann Macht suggerieren oder die Hingabe an Tradition.

   Der Jever-Mann am Strand vermittelt Erfolg, Status, Souveränität, die Meister-Proper-Hausfrau die schlichte Liebe zu streifenfreier Sauberkeit. Eine Harley-Davidson ist nicht einfach nur ein Motorrad, das uns von A nach B bringt. Sie ist Lebensgefühl, Freiheit, und sie repräsentiert Mann-Sein in seiner ureigensten Form.

   Eva Tenzer: Go Shopping! Aufbau-Verlag, Berlin 2009, S. 208

   a) Bringen Sie Anzeigen für Markenartikel mit in den Unterricht.
   b) Untersuchen Sie, welche „Geschichte" in der Anzeige erzählt wird.
   c) Erzählen Sie diese „Geschichte" nach. Als Präsentationsform stehen Ihnen wahlweise zur Verfügung:
      - selbst erstellter Comic
      - selbst aufgeführtes Rollenspiel nach „Drehbuch"

ZUSAMMENFASSUNG

Produktpolitik

= Entscheidung über die Ausstattung eines Produkts

- **Produktgestaltung**: Produktqualität und -eigenschaften
- **Packungspolitik**: Umhüllung der Ware zur Absatzförderung
- **Planung des Produktlebenszyklus**: wirkungsvolle Planung des Lebenswegs von Produkten
- **Markenpolitik**: Herausstellung eines Produkts gegenüber anderen

6.4 Wir treffen sortimentspolitische Entscheidungen

Einstieg

Der Artikelbericht der Warengruppe Damenoberbekleidung dient dem Verkaufsabteilungsleiter der Hoffmann KG, Herrn Staub, als Unterlage für die Kontrolle des Sortiments.

Artikelbericht (Auszug)

ART.-BERICHT VON 6. FEBRUAR BIS 12. FEBRUAR 20.. WARENGRUPPE: DOB

WARENART 1 ***** MÄNTEL *****

ARTIKEL-NR. INTERNE NR.	BEZEICHNUNG	VK-PREIS EK-PREIS	VK-ST. BESTAND	BESTAND VK BESTAND EK	UMSATZ GEWINN	KALK. % ERZ. %	ABV.%
70200	BETTY JORDAN	369,00	5	369,00	1.845,00	54,6	83,3
10001		187,40	1	187,42	1.008,00	54,6	
70400	DECO INTERN	359,00	2	718,00	718,00	52,8	50,0
10004		169,50	2	339,00	379,00	52,8	
70410	KTM	256,60	5	2.042,80	1.283,00	52,4	38,4
20001		126,10	8	1.008,80	652,50	52,4	
70000	STEIGER	179,00	4	358,00	716,00	55,6	66,6
10002		78,50	2	157,00	402,00	55,6	

WARENART 2 ***** KLEIDER *****

ARTIKEL-NR. INTERNE NR.	BEZEICHNUNG	VK-PREIS EK-PREIS	VK-ST. BESTAND	BESTAND VK BESTAND EK	UMSATZ GEWINN	KALK. % ERZ. %	ABV.
70400	DECO INTERN	205,00	3	1.230,00	615,00	56,2	33,3
30001		89,89	6	537,34	345,33	56,2	
70410	KTM	198,00	5	396,00	990,00	57,1	71,4
30003		84,90	2	169,80	565,50	57,1	

Stellen Sie fest, welche Sortimentsentscheidungen Herr Staub auf der Grundlage dieses Berichts treffen sollte.

INFORMATIONEN

DEFINITION

Sortimentspolitik ist die bewusste, planmäßige Gestaltung des Sortiments. Ziel der Sortimentspolitik ist es, Inhalt und Umfang des Sortiments so zu gestalten, dass die geplanten Umsätze und Gewinne erreicht werden.

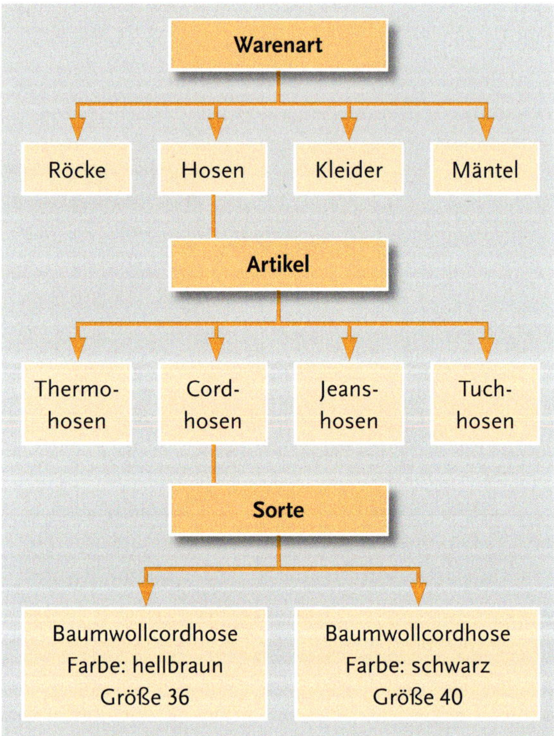

Sortimentsgliederung

DEFINITION

Das **Sortiment** ist die Gesamtheit aller Waren und Dienstleistungen, die ein Handelsbetrieb anbietet. Es besteht aus verschiedenen Sorten, die zu Artikeln, Warenarten und Warengruppen zusammengefasst werden können.

Die Sorte ist die kleinste Einheit des Sortiments. Gleichartige Sorten, die sich nur nach der Menge, Größe, Farbe und Musterung unterscheiden, bilden einen Artikel. Verschiedene, aber ähnliche Artikel werden zu Warenarten und Warengruppen zusammengefasst.

BEISPIEL

Sortiment	Warengruppen
Lederwaren	Koffer, Geldbörsen, Damentaschen, Herrentaschen
Schuhe	Damenschuhe, Herrenschuhe, Kinderschuhe
Bekleidung	Damenoberbekleidung, Herrenoberbekleidung, Damenwäsche, Herrenwäsche
Lebensmittel	Fleisch, Fisch, Molkereiprodukte usw.

Sortimentsumfang

Der Sortimentsumfang eines Unternehmens wird mit den Begriffen *Sortimentsbreite* und *Sortimentstiefe* beschrieben.

Sortimentsbreite

Die Sortimentsbreite wird durch die Zahl der Warenarten und Warengruppen bestimmt. Je mehr Warenarten und Warengruppen in einem Unternehmen angeboten werden, umso breiter ist sein Sortiment. Ein breites Sortiment enthält viele Warenarten und Warengruppen. Ein schmales Sortiment besteht nur aus einer oder wenigen Warenarten.

Sortimentstiefe

Die Sortimentstiefe wird durch die Artikel- und Sortenzahl bestimmt. Je mehr Artikel und Sorten innerhalb einer Warenart angeboten werden, umso tiefer ist ein Sortiment. Ein Unternehmen führt ein tiefes Sortiment, wenn es innerhalb der einzelnen Warenarten viele Artikel und Sorten anbietet. Werden innerhalb der einzelnen Warenarten nur wenige Artikel und Sorten angeboten, spricht man von einem flachen Sortiment.

Kern- und Randsortiment

Nach der Bedeutung für den Gesamtumsatz kann man das Sortiment eines Unternehmens unterteilen in Kern- und Randsortiment.

Kernsortiment

Das Kernsortiment ist der Sortimentsteil, auf den sich die Haupttätigkeit des jeweiligen Unternehmens erstreckt. Es erbringt in der Regel den überwiegenden Umsatzanteil.

Randsortiment

Das Randsortiment wird zur Abrundung des Kernsortiments geführt. Es erbringt in der Regel den geringeren Umsatzanteil.

BEISPIEL

Zum Kernsortiment eines Lebensmitteleinzelhandelsbetriebs gehören u. a. Molkereiprodukte, Nährmittel, Brot- und Backwaren, Obst und Gemüse, Fleisch- und Wurstwaren. Im Randsortiment führt dieses Geschäft Zeitschriften, Strümpfe und Kunststoffgeschirr.

Kundendienstleistungen

Kundendienstleistungen sind Nebenleistungen eines Unternehmens, die es zusätzlich zu seiner Hauptleistung, dem Verkauf von Waren, erbringt. Dazu gehören Leistungen, die in unmittelbarem Zusammenhang mit der Ware stehen, und warenunabhängige Leistungen, die der Bequemlichkeit des Kunden beim Einkauf dienen.

Warenbezogene Dienstleistungen von Unternehmen sind z. B.:

- Produktberatung und Produktinformationen
- Gebrauchsanleitungen
- Aufstellen und Inbetriebnahme von technischen Geräten (Maschinen, EDV-Systeme usw.)
- Garantiegewährung
- Reparaturservice
- Inspektions- und Wartungsservice (z. B. bei Büromaschinen und Kraftfahrzeugen)
- Ersatzteildienst
- Ersatzbereitstellung im Falle der Reparatur oder Wartung
- Warenmanipulation, z. B.:
  - Anarbeitung im Stahlhandel (Biegen, Bohren, Sägen und Ähnliches, Bearbeitungsvorgänge am Rohmaterial)
  - Übernahme von Reifungsprozessen (bei Bananen, Tee usw.)
  - Dauerlagerung von Waren unter produktadäquaten Bedingungen (z. B. bei Teppichen)

Nicht warenbezogene Dienstleistungen, die von Unternehmen angeboten werden können, sind z. B.:

- Übernahme von betrieblichen Funktionen der Kunden (Rechnungswesen, Werbung usw.)
- Überlassung von EDV-Kapazitäten
- Unternehmensberatung
- Personalschulung
- Finanzierungshilfen

Die zunehmende Bedeutung des Kundendienstes hat ihre Ursachen in:

- dem steigenden Wettbewerb auf immer mehr gesättigten Märkten
- der Schaffung von Wettbewerbsvorteilen
- den ständig komplizierter werdenden Produkten
- dem wachsenden Wunsch der Kunden nach Problemlösungen, die sehr häufig Produkt und Dienstleistung einschließen
- dem steigenden Wettbewerb zwischen gleichartigen Massengütern und dem sich daraus ergebenden Wunsch der Händler, sich von der Konkurrenz abzuheben

Bestimmungsgrößen der Sortimentspolitik

Die Sortimentspolitik eines Unternehmens wird durch verschiedene Einflussgrößen bestimmt.

Die Entscheidung eines Unternehmens über seine **Sortimentsorientierung** bestimmt den Rahmen des Sortimentsinhalts. Sortimente lassen sich danach unterscheiden in:

- **herkunfts- oder stofforientierte Sortimente:**
  - Material (z. B. Lederwaren)
  - Region (z. B. Dritte-Welt-Laden, italienische Feinkost)
  - Branche (z. B. Elektronik)
  - Beschaffungsmarkt (z. B. Restposten)
- **bedarfsorientierte Sortimente:**
  - Bedarfsart (z. B. Gartencenter, Heimwerkermarkt, Apotheken)
  - Bedarfsträger (z. B. Babybekleidung, Hochzeitsausstatter)
  - Bedarfsanlass (z. B. Geschenkboutique)

Die zur Verfügung stehende **Lagerfläche** begrenzt die Zahl der in einem Sortiment geführten Warenarten, Artikel und Sorten.

Zu einer Begrenzung des Sortimentsumfangs kann ebenfalls das zur Verfügung stehende **Kapital** führen.

Bei der Sortimentsgestaltung muss das Unternehmen auch die Zusammensetzung der **Sortimente der Konkurrenz** beachten.

Der **Bedarf des angesprochenen Kundenkreises** ist eine wesentliche Einflussgröße für die Sortimentsgestaltung. Wenn Unternehmen keine Umsatz- und Gewinneinbußen erleiden wollen, müssen sie ihr Sortiment an Änderungen des Kundenbedarfs anpassen.

In der Bevölkerung hat das **Umweltbewusstsein** in den letzten Jahren stark zugenommen. Dies hat Auswirkungen auf ihr Einkaufsverhalten. Unternehmen können diesem Bewusstseinswandel durch die Aufnahme umweltverträglicher Waren in ihr Sortiment Rechnung tragen. Sie können z. B. Waren, deren Herstellung, Verwendung oder Beseitigung die Gesundheit und Umwelt belasten, aus ihrem Sortiment herausnehmen und durch umweltverträgliche Waren ersetzen.

Sortimentskontrolle

Durch eine ständige Kontrolle des Sortiments sollen Informationen über Sortimentslücken und nicht oder nur schwer verkäufliche Warenarten, Artikel und Sorten gewonnen werden. Dazu können insbesondere folgende Methoden angewendet werden:

Fehl- und Nichtverkaufskontrolle

Von **Fehlverkäufen** wird gesprochen, wenn eine Ware, die grundsätzlich im Sortiment geführt wird, zum Zeitpunkt der Nachfrage durch den Kunden nicht auf Lager war.

Von **Nichtverkäufen** spricht man, wenn Kunden eine Ware nachfragen, die im bestehenden Sortiment nicht geführt wird.

Sortimentskontrolle durch die kurzfristige Erfolgsrechnung

Die kurzfristige Erfolgsrechnung (KER) ist ein Teilgebiet des handelsbetrieblichen Rechnungswesens. Sie kann manuell oder mithilfe der elektronischen Datenverarbeitung (EDV) durchgeführt werden. Die mithilfe der EDV durchgeführte kurzfristige Erfolgsrechnung liefert u. a. warengruppen- und artikelgenaue Informationen über Umsatz, Abverkauf, Lagerbestand, Lagerumschlagshäufigkeit und Roherträge. Die Auswertung der kurzfristigen Erfolgsrechnung hilft, wirtschaftliche und unwirtschaftliche Artikel im Sortiment aufzuspüren.

BEISPIEL

Aus dem Artikelbericht der Warengruppe Damenoberbekleidung der Hoffmann KG kann Herr Staub für jeden Artikel den Verkaufspreis (VK-Preis) und Einkaufspreis (EK-Preis) pro Stück, die in der Zeit vom 6. Februar bis 12. Februar verkauften Stück (VK-Stück), den Lagerbestand in Stück (Bestand), den Lagerbestand bewertet zu Verkaufspreisen (Bestand VK) und zu Einkaufspreisen (Bestand EK), den Umsatz in der Zeit vom 6. Februar bis 12. Februar, den Rohertrag in Euro (Gewinn) und in Prozent (ERZ %) sowie den Abverkauf in Prozent (ABV %) entnehmen.

Aus dem Artikelbericht kann eine sogenannte *Renner-* und eine *Pennerliste* erstellt werden. Die Rennerliste enthält alle Artikel aus dem Artikelbericht, die gut verkauft wurden. Die Pennerliste listet die Artikel auf, die wenig verkauft wurden.

RENNER-PENNER-BERICHT WARENGRUPPE: DOB

WARENART 1 ***** MÄNTEL ***** ABVERKAUF BESSER 60 %

ARTIKEL-NR. INTERNE NR.	BEZEICHNUNG	VK-PREIS EK-PREIS	VK-ST. BESTAND	BESTAND VK BESTAND EK	UMSATZ GEWINN	KALK. % ERZ. %	ABV. %
70200 10001	BETTY JORDAN	369,00 187,40	5 1	369,00 187,40	1845,00 1008,00	54,6 54,6	83,3
70000 10002	STEIGER	179,00 78,50	4 2	358,00 157,00	716,00 402,00	55,6 55,6	66,6

BERICHTSENDE

RENNER-PENNER-BERICHT FILIALE: 001

WARENART 1 ***** MÄNTEL ***** ABVERKAUF SCHLECHTER 60 %

ARTIKEL-NR. INTERNE NR.	BEZEICHNUNG	VK-PREIS EK-PREIS	VK-ST. BESTAND	BESTAND VK BESTAND EK	UMSATZ GEWINN	KALK. % ERZ. %	ABV. %
70400 10004	DECO INTERN	359,00 169,50	2 2	718,00 339,00	718,00 379,00	52,8 52,8	50,0
70410 20001	KTM	256,60 126,10	5 8	2042,80 1008,80	1283,00 652,50	52,4 52,4	38,4

BERICHTSENDE

Möglichkeiten der Sortimentsveränderung

Wenn durch Sortimentskontrollen Sortimentslücken oder nicht beziehungsweise schwer verkäufliche Artikel festgestellt werden, sind Veränderungen im Sortiment des Unternehmens erforderlich. Durch Bereinigung und Erweiterung versuchen Unternehmen, ihr Sortiment an das veränderte Nachfrageverhalten der Kunden anzupassen. Dadurch soll die Leistungsfähigkeit des Unternehmens erhöht werden.

Sortimentsbereinigung

Bei einer Sortimentsbereinigung werden bestimmte Artikel und Sorten aus dem Sortiment gestrichen. Dadurch wird der Sortimentsumfang verringert.

Sortimentserweiterung

Bei einer Sortimentserweiterung werden zusätzliche Artikel und Sorten in das Sortiment aufgenommen. Die Aufnahme zusätzlicher Artikel und Sorten in schon bestehende Warenarten und Warengruppen führt zu einer Vertiefung des Sortiments. Die Aufnahme zusätzlicher Warengruppen führt zu einer Sortimentsverbreiterung.

Eine besondere Form der Sortimentserweiterung ist die Diversifikation.

Diversifikation

DEFINITION

Diversifikation bedeutet die Aufnahme bedarfsverwandter oder sonstiger Waren und Leistungen, die in keinem direkten Zusammenhang mit dem bisherigen Betätigungsfeld des Unternehmens stehen.

Dabei kann zwischen horizontaler, vertikaler und lateraler Diversifikation unterschieden werden.

- **horizontale Diversifikation**
  Bei der horizontalen Diversifikation dehnt das Unternehmen seine Aktivitäten auf Bereiche aus, die auf derselben Wirtschaftsstufe liegen. Mit den neu aufgenommenen Waren und Leistungen wendet sich das Unternehmen in der Regel an bereits vorhandene Kunden oder an Abnehmer, die sich auf derselben Wirtschaftsstufe wie diese befinden.

BEISPIEL

Ein Lebensmitteleinzelhändler nimmt Blumen in sein Sortiment auf.

- **vertikale Diversifikation**
  Bei der vertikalen Diversifikation werden Produkte der vor- oder nachgelagerten Wirtschaftsstufen in das Sortiment aufgenommen.

BEISPIEL

Eine Textilgroßhandlung kauft eine Wäschefabrik.

- **laterale Diversifikation**
  Bei der lateralen Diversifikation werden Produkte in das Sortiment aufgenommen, die in überhaupt keinem Zusammenhang zum bisherigen Sortiment stehen.

BEISPIEL

Eine Textilgroßhandlung kauft ein Softwareunternehmen.

AUFGABEN

1. Was versteht man unter einem Sortiment?

2. Fassen Sie folgende Artikel in zwei Warengruppen zusammen: Frischmilch, Früchtejoghurt, Weintrauben, Goudakäse, Pfirsiche, Apfelsinen.

3. Wodurch können sich die Sorten folgender Artikel unterscheiden?
   a) Jeanshosen
   b) Kondensmilch
   c) Mineralwasser

4. Beschreiben Sie die Tiefe und Breite des folgenden Sortiments:
   - Damenschuhe in 30 verschiedenen Formen und Farben, Größe 36 bis 42
   - Herrenschuhe in 20 verschiedenen Formen und Farben, Größe 39 bis 48

5. Welche der folgenden Artikel gehören zum Kernsortiment einer Schuhgroßhandlung?
   Damenschuhe, Stiefel, Ledergürtel, Einlegesohlen, Hausschuhe, Schnürsenkel, Geldbörsen

6. Stellen Sie Kundendienstleistungen zusammen, die die Hoffmann KG ihren Kunden anbieten sollte.

7. Welche Kundendienstleistungen erwarten Kunden beim Kauf von
   a) Büroeinrichtungen,
   b) Maschinen,
   c) Kraftfahrzeugen,
   d) Baustoffen?

8. Durch welche Größen wird die Gestaltung eines Sortiments beeinflusst?

9. Unterscheiden Sie Fehlverkäufe und Nichtverkäufe.

10. Welche Hilfe bietet die kurzfristige Erfolgsrechnung bei der Sortimentskontrolle?

11. Welches Ziel verfolgt ein Großhändler durch eine Sortimentsbereinigung?

12. Welche Sortimentserweiterung wird als Diversifikation bezeichnet?

AKTIONEN

1. Stellen Sie das Sortiment Ihres Ausbildungsbetriebs in Ihrer Klasse vor.
   a) Geben Sie einen Überblick über die Warengruppen, die Ihr Ausbildungsbetrieb führt.
   b) Erläutern Sie die Einflussgrößen, die die Sortimentsgestaltung Ihres Ausbildungsbetriebs bestimmen.

2. a) Erstellen Sie eine Übersicht der Kundendienstleistungen Ihres Ausbildungsbetriebs.
   b) Präsentieren Sie die Übersicht in Ihrer Klasse und begründen Sie, warum Ihr Ausbildungsbetrieb diese Dienstleistungen anbietet.

ZUSAMMENFASSUNG

Sortiment

= Gesamtheit der angebotenen Waren und Dienstleistungen

- **Gliederung**: Warengruppe, Warenart, Artikel, Sorte
- **Umfang**:
  - Sortimentsbreite (breites und schmales Sortiment)
  - Sortimentstiefe (tiefes und flaches Sortiment
- **Bedeutung für den Gesamtumsatz**:
  - Kernsortiment
  - Randsortiment
- **Kundendienstleistungen**:
  - warenbezogene Dienstleistungen
  - nicht warenbezogene Dienstleistungen

Sortimentsgestaltung

Bestimmungsgrößen
- Branche
- Lagerfläche
- Kapital
- Sortiment der Konkurrenz
- Bedarf des Kundenkreises
- Umweltverträglichkeit der Waren

Sortimentskontrolle
durch:
- Fehl- und Nichtverkaufskontrolle
- kurzfristige Erfolgsrechnung
  - manuell
  - mithilfe der EDV

Sortimentsveränderungen
- Sortimentsbereinigung: Aufgabe einzelner Artikel und Sorten
- Sortimentserweiterung: Aufnahme zusätzlicher Artikel und Sorten
- Diversikation: Aufnahme von Warengruppen, die mit dem bisherigen Sortiment keine oder nur geringe Verwandtschaft aufweisen

6.5 Wir treffen Entscheidungen im Rahmen der Preis- und Konditionenpolitik

Einstieg

Die Hoffmann KG bezieht Badetücher von ihrem Lieferer zu einem Bezugspreis von 10,00 € je Stück. Sie kalkuliert diese Ware mit 30 % Handlungskosten und bietet sie ihren Kunden zum Nettoverkaufspreis von 19,36 € an. Bei diesem Preis verkauft sie von dieser Ware monatlich durchschnittlich 100 Stück.

Der Leiter der Verkaufsabteilung der Hoffmann KG, Herr Staub, überlegt, ob er den Nettoverkaufspreis auf 18,50 € senken soll. Bei diesem Preis erwartet er einen durchschnittlichen Absatz von 130 Stück monatlich.

Treffen Sie eine Entscheidung über den Verkaufspreis.

INFORMATIONEN

DEFINITION

Die **Preis- und Konditionenpolitik** umfasst alle Entscheidungen, die sich mit der Festsetzung der Preise (Preispolitik) und der Lieferungs- und Zahlungsbedingungen (Konditionenpolitik) für die vom Unternehmen angebotenen Leistungen beschäftigen.

Einflussgrößen der Preis- und Konditionenpolitik

Bei der Festlegung der Verkaufspreise muss die Kostensituation des Unternehmens berücksichtigt werden. Grundsätzlich müssen die Verkaufspreise langfristig die Gesamtkosten (Einstandspreise zuzüglich Handlungskosten) decken.

Bei der Preisgestaltung muss der Unternehmer neben seiner innerbetrieblichen Kostensituation eine Reihe außerbetrieblicher Einflussgrößen beachten. Dazu gehören besonders:

- Beschaffungskosten[1]
- Preisempfehlungen der Hersteller
- Konkurrenzsituation
- Verhalten der Kunden
- gesetzliche Bestimmungen, z. B. Regelungen des Gesetzes gegen den unlauteren Wettbewerb[2]

Preisempfehlungen des Herstellers

DEFINITION

Preisempfehlungen des Herstellers sind unverbindliche Empfehlungen an den Handel, zu diesen Preisen zu verkaufen. Der Händler ist an diese Empfehlung nicht gebunden.

Unverbindliche Preisempfehlungen sind gesetzlich zulässig. Eine verbindliche Preisbindung durch den Hersteller ist gesetzlich nur bei Verlagserzeugnissen sowie bei verschreibungspflichtigen Pharmaerzeugnissen erlaubt.

Konkurrenzsituation

Die Preispolitik eines Unternehmens wird von der Konkurrenzsituation auf dem Markt beeinflusst.

Auf einem Markt können Waren von vielen, wenigen oder nur einem Anbieter angeboten und von vielen, wenigen oder nur einem Nachfrager nachgefragt werden.[3]

Häufige Marktformen sind die vollständige Konkurrenz und das Angebotsoligopol.

Unternehmen machen ihre preispolitischen Maßnahmen oft von den erwarteten Preisreaktionen der Konkurrenten (Mitwettbewerber) abhängig. So verzichten sie teilweise

1 siehe Kap. 7.5 2 siehe Kap. 6.10 3 siehe Kap. 3.6.

auf Maßnahmen der Preispolitik, wenn damit zu rechnen ist, dass die Konkurrenten eine Preissenkung nachvollziehen, um ihren Marktanteil zu halten.

Bei der vollständigen Konkurrenz ist der Einfluss des einzelnen Anbieters auf das Zustandekommen des Marktpreises so gering, dass von ihm vorgenommene Preisänderungen keine Auswirkungen auf die Mitwettbewerber haben.

Beim Angebotsoligopol ist der Marktanteil eines Anbieters so groß, dass seine preispolitischen Maßnahmen den Absatz der Mitanbieter fühlbar beeinflussen. In diesem Fall muss der Anbieter damit rechnen, dass seine Mitanbieter seine preispolitischen Maßnahmen mit Gegenmaßnahmen (z. B. ebenfalls mit Preissenkungen) beantworten.

Verhalten der Kunden

Das Verhalten der Nachfrager auf Preisänderungen ist abhängig von der Art der Waren. Bei Waren des Grund- und Gewohnheitsbedarfs (z. B. Fleisch, Gemüse, Milch) und Produktionsgütern reagieren Kunden wesentlich stärker auf Preisänderungen als bei Prestigewaren (z. B. Schmuck, Pelzwaren) oder Waren des Hobbybedarfs. Damit eignen sich gängige Waren eher für Preisaktionen als Prestige- und Luxusprodukte.

Maßnahmen der Preis- und Konditionenpolitik

Sonderangebote

Bei Sonderangeboten werden einzelne normal kalkulierte Waren für kurze Zeit zu vergleichsweise niedrigen Preisen angeboten.

Sonderangebote dienen dazu,

- die Preiswürdigkeit des Sortiments des Anbieters zu verdeutlichen,
- den Verkauf von möglichen Ladenhütern zu beschleunigen und damit zusätzliche Kosten (Lagerkosten, Kapitalbindung, Verderb) zu vermeiden.

Gelegentlich werden Sonderangebote auch dazu benutzt, die Liquiditätslage des Anbieters kurzfristig zu verbessern.

Preisdifferenzierung

DEFINITION

Preisdifferenzierung liegt vor, wenn ein Unternehmen die gleiche Ware oder Dienstleistung zu unterschiedlichen Preisen anbietet.

Ziel der Preisdifferenzierung ist es, sich mit der Preisstellung unterschiedlichen Marktgegebenheiten anzupassen.

Formen der Preisdifferenzierung

räumliche Preisdifferenzierung	personelle Preisdifferenzierung	zeitliche Preisdifferenzierung	mengenmäßige Preisdifferenzierung
Die gleiche Ware wird an verschiedenen Orten zu verschiedenen Preisen angeboten.	Die gleiche Ware wird unterschiedlichen Kundengruppen zu unterschiedlichen Preisen angeboten.	Die gleiche Ware oder Dienstleistung wird zu verschiedenen Zeiten zu unterschiedlichen Preisen angeboten.	Bei Abnahme größerer Mengen einer Ware wird ein günstigerer Preis gewährt.
BEISPIEL Ein Filialunternehmen bietet seine Ware an Orten mit vielen Konkurenzbetrieben günstiger an als an Orten ohne Konkurrenzbetriebe.	**BEISPIEL** Ein Händler gibt Ware an Handwerker preiswerter ab als an andere Kunden.	**BEISPIEL** Zur zeitlichen Preisdifferenzierung gehören verbilligte Angebote von Saisonwaren außerhalb der Saison (z. B. günstigere Preise für Kohle und Heizöl im Sommer).	**BEISPIEL** Ein Gärtnereibetrieb setzt den Stückpreis für Blumen einer Sorte ab dem Kauf von 100 Stück niedriger an als beim Kauf geringerer Mengen.

Rabattgewährung

DEFINITION

Rabatte sind Nachlässe von einheitlich festgelegten Bruttopreisen. Der einmal von einem Anbieter festgelegte Preis für eine Ware kann durch die Gewährung von Rabatten oder Naturalrabatten verändert werden.

Sie können u. a. gewährt werden:

- für die Abnahme größerer Mengen (Mengenrabatt)
- an langjährige Kunden (Treuerabatt)
- an Händler und Produktionsbetriebe (Wiederverkäuferrabatt)
- an Betriebsangehörige (Personalrabatt)
- für vorzeitige Zahlung (Skonto)
- wenn der Kunde am Ende eines Jahres einen bestimmten Mindestumsatz erreicht oder überschritten hat (Bonus)

Naturalrabatte sind Rabatte, die in Form von Waren gewährt werden. Sie können als Draufgabe oder Dreingabe gewährt werden. Bei der Draufgabe muss der Kunde die bestellte Ware bezahlen und erhält zusätzliche Ware gratis. Bei der Dreingabe muss der Kunde nur einen Teil der gewünschten Ware bezahlen, der Rest ist gratis.

BEISPIEL

Ein Kunde kauft 120 Flaschen Wein. Der Großhändler gewährt einen Naturalrabatt von 10 Flaschen.

Draufgabe →	Kunde wünscht:	120 Flaschen
	Kunde erhält:	130 Flaschen
	Kunde bezahlt:	120 Flaschen
Dreingabe →	Kunde wünscht:	120 Flaschen
	Kunde erhält:	120 Flaschen
	Kunde bezahlt:	110 Flaschen

Konditionengewährung

DEFINITION

Konditionen sind die Lieferungs- und Zahlungsbedingungen[1], die zwischen Verkäufer und Käufer vereinbart werden.

Die Konditionenpolitik umfasst daher sämtliche Maßnahmen, die sich auf die Gestaltung der Lieferungs- und Zahlungsbedingungen beziehen.

1 siehe auch Kap. 7.5

Unternehmen bieten kundenfreundliche Konditionen an, um:

- neue Kunden zu gewinnen
- Kunden dauerhaft als Stammkunden zu erhalten
- den Absatz mit bestehenden Kunden zu erhöhen

Absatzfördernde Lieferungs- und Zahlungsbedingungen sind:

- schnelle und kostenfreie Zustellung der gekauften Ware mit betriebseigenen und betriebsfremden Fahrzeugen, mit der Post oder mit der Bahn
- Übernahme des Transportrisikos durch den Anbieter
- Vereinbarung, dass gebrauchte Anlagegüter (z. B. Büromaschinen) in Zahlung genommen werden
- Vereinbarung eines Kommissionsgeschäfts
- Einräumung von Zahlungsbedingungen, die dem Kunden eine nachträgliche Bezahlung der Ware erlauben

BEISPIELE

- **Teilzahlungsverkäufe**
  Der Käufer kann den Kaufpreis in Raten begleichen.
- **Zielverkäufe**
  Der Käufer zahlt den Kaufpreis bis zu einem bestimmten Zeitpunkt, z. B. innerhalb 30 Tage.
- **Valutierung**
  Bei der Valutierung wird die Rechnung vordatiert. Das bedeutet, dass auch die Zahlung erst zu einem späteren Zeitpunkt erfolgen muss und die Laufzeit für Skonto (= Preisnachlass für vorzeitige Zahlung) erst ab dem vordatierten Rechnungsdatum beginnt.

Durch die Einräumung von Zahlungsbedingungen, die eine nachträgliche Bezahlung der Ware erlauben, gewährt der Anbieter seinen Kunden einen Kredit.

Da kleine Absatzmengen dem Anbieter nahezu die gleichen Absatzkosten verursachen wie größere Absatzmengen, vereinbaren Anbieter mit ihren Abnehmern häufig Mindestabnahmemengen oder Mindestauftragswerte. Für den Fall, dass ein Kunde eine geringere Menge bestellt, wird ihm von dem Anbieter ein Mindermengenzuschlag berechnet.

AUFGABEN

1. Von welchen Größen wird die Festsetzung der Verkaufspreise eines Unternehmens beeinflusst?

2. Bei welchen der folgenden Waren verhalten sich Kunden beim Einkauf besonders preisbewusst? Begründen Sie Ihre Meinung.
   a) Büroeinrichtungen
   b) modische Kleidung
   c) Brot
   d) Waschmittel
   e) Schmuck
   f) Pkw
   g) Schuhe
   h) Unterwäsche
   i) Gemüsekonserven
   j) Werkzeugmaschinen
   k) Fotoapparate
   l) Filme

3. Welche Ziele verfolgen Unternehmen mit Sonderangeboten?

4. Um welche Formen der Preisdifferenzierung handelt es sich in den folgenden Fällen?
   a) Skier werden im Sommer zu günstigeren Preisen angeboten als zur Weihnachtszeit.
   b) Der Preis für eine Normalpackung beträgt 2,58 €. Der Preis für eine Doppelpackung beträgt nur 4,98 €.
   c) Die Obst- und Gemüsehandlung Frischkauf bietet in ihrer Osnabrücker Zweigniederlassung Blumenkohl zu 2,00 € je Kopf an. In ihrer Göttinger Zweigniederlassung verlangt sie nur 1,50 € je Kopf.

5. Beim Kauf von zehn Apfelsinen erhalten Kunden in einem Supermarkt eine Apfelsine gratis. Um welche Rabattart handelt es sich in diesem Fall?

6. Zwei konkurrierende Textilgroßhandlungen bieten eine Ware zu gleichen Nettoverkaufspreisen an. Ihre Lieferungsbedingungen weisen jedoch Unterschiede auf:
   Großhandlung 1: Lieferung innerhalb von 14 Tagen nach Auftragseingang. Der Versand erfolgt auf Kosten des Verkäufers.
   Großhandlung 2: Lieferung innerhalb von 10 Tagen nach Auftragseingang. Der Versand erfolgt auf Kosten und Gefahr des Käufers.
   a) Unter welcher Voraussetzung würde ein Kunde das Angebot der Großhandlung 1 vorziehen?
   b) Unter welcher Voraussetzung würde ein Kunde das Angebot der Großhandlung 2 vorziehen?
   c) Wie müsste die Großhandlung 2 ihre Konditionen ändern, damit die Kunden ihr Angebot auf jeden Fall dem ihres Konkurrenten vorziehen?

7. Ein Unterhaltungselektronik-Großhändler hat LCD-Fernsehgeräte in sein Sortiment aufgenommen. Seine Stammkunden (Fernsehfachgeschäfte) zögern, diesen Artikel zu kaufen, da sie nicht wissen, ob diese Fernsehgeräte bei ihren Kunden Anklang finden. Welches Angebot sollte der Händler seinen Stammkunden machen?

8. Ein Computerhändler bietet einem Kunden ein neues leistungsfähiges Computersystem an. Der Kunde zeigt wenig Interesse, da er erst vor einem Jahr neue Computer für seine Verwaltung gekauft hat. Welches Angebot könnte der Händler seinem Kunden machen?

AKTIONEN

1. Die Textilgroßhandlung Fiedt OHG bietet ihren Kunden die folgenden Artikel preisgünstig an:
   - Damenblazer in Bouclé-Optik, Gr. 36-46, zum Preis von 49,95 €
   - Denim-Blazer, Gr. 36-46, zum Preis von 45,95 €
   - Jacke im aktuellen Trench-Stil, Gr. 36-46, zum Preis von 59,95 €
   - Baumwoll-Stretch-Hose, Gr. 48-52, zum Preis von 29,95 €
   - Krempel-Jeans, Gr. 48-52, zum Preis von 39,95 €

   Die Hoffmann KG möchte mit einer Sonderaktion auf das Angebot ihres Mitbewerbers Fiedt reagieren. Der Leiter der Verkaufsabteilung, Herr Staub, bittet die Auszubildenden Katarzyna Lindemann und Dominik Schlote, eine entsprechende Sonderaktion vorzubereiten. Versetzen Sie sich in die Rolle von Katarzyna Lindemann oder Dominik Schlote.

a) Entwickeln Sie ein schlüssiges Konzept für die Sonderaktion.

b) Präsentieren Sie das Konzept Ihren Mitschülerinnen und Mitschülern.

2. a) Informieren Sie sich über aktuelle Sonderangebote Ihres Ausbildungsbetriebs.

b) Informieren Sie sich über Gründe für diese Sonderangebote.

c) Stellen Sie die Ergebnisse in Ihrer Klasse vor. Benutzen Sie dabei ein Präsentationsmittel Ihrer Wahl.

ZUSAMMENFASSUNG

Einflussgrößen der Preis- und Konditionenpolitik

sind

- **Beschaffungskosten**
- **Kostensituation des Unternehmens**
- **Verhalten der Konkurrenten und Nachfrager**
- **Preisempfehlungen der Hersteller**
- **gesetzliche Bestimmungen**

Maßnahmen der Preis- und Konditionenpolitik

sind

Sonderangebote

= Angebot einzelner Artikel zu reduzierten Preisen ohne Fristsetzung

Preisdifferenzierung

= Angebot gleicher Waren und Dienstleistungen zu unterschiedlichen Preisen:
- räumliche Preisdifferenzierung
- personelle Preisdifferenzierung
- zeitliche Preisdifferenzierung
- mengenmäßige Preisdifferenzierung

Rabattgewährung

= Gewährung von Preisnachlässen:
- Mengenrabatt (Bar- und Naturalrabatt)
- Wiederverkäuferrabatt
- Treuerabatt
- Personalrabatt
- Skonto
- Bonus

Konditionengewährung

- → Zahlungsbedingungen
- → Lieferungsbedingungen

6.6 Wir wenden Maßnahmen der Distributionspolitik an

Einstieg

Die Hoffmann KG plant ihre Waren zukünftig auch in Österreich anzubieten. Überlegt wird, wie man mögliche österreichische Kunden am besten erreichen kann.

1. Machen Sie Vorschläge, welche Vertriebswege die Hoffmann KG in Österreich wählen könnte.
2. Entscheiden Sie sich für Vertriebswege und begründen Sie dies.

INFORMATIONEN

Distributionspolitik

DEFINITION

Mit den Instrumenten der **Distributionspolitik** steuert ein Unternehmen den Weg des fertigen Produkts zum Kunden[1].

Früher konzentrierten sich die meisten Unternehmen auf einen einzigen Absatzweg. Dies wird Single-Channel-Distribution genannt. Heute benutzen – auch gefördert durch die Verbreitung des Internets – immer mehr Unternehmen mehrere Absatzwege gleichzeitig. Der Fachausdruck dafür ist Multi-Channel-Distribution. Im Rahmen der Distributionspolitik hat ein Unternehmen grundsätzlich die Wahl zwischen Möglichkeiten des direkten und des indirekten Absatzes.

BEISPIEL

Die Verkaufsabteilung Hoffmann KG entscheidet sich, nicht nur im Showroom zu verkaufen, sondern auch über Katalog und Internetshop. Gleichzeitig besucht man alle Einzelhändler mit Reisenden.

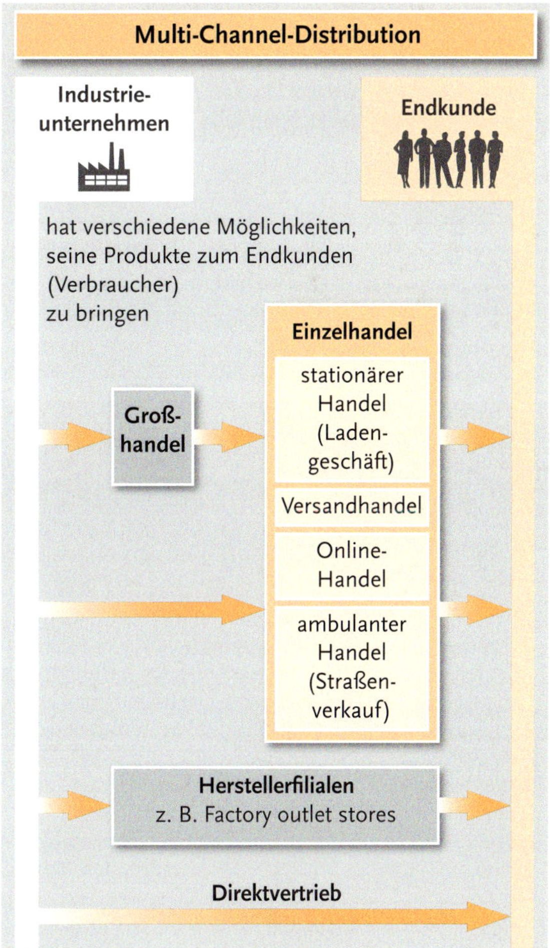

1 In diesem Kapitel wird eine sehr enge Definition der Distributionspolitik verwendet. Dabei geht es nur um die Gestaltung der Vertriebssysteme. In weiter gefassten Auslegungen der Distributionspolitik geht es auch um die logistischen Lager- und Transporttätigkeiten bis zur Auslieferung der Endprodukte an den Kunden. Darauf wird hier nicht eingegangen.

Direkter Vertrieb

DEFINITION

Kennzeichen des **Direktvertriebs** ist es, dass das Produkt genau einmal den Eigentümer wechselt: Das Produkt wird also unmittelbar an einen Abnehmer verkauft. Der Absatz erfolgt über betriebseigene Vertriebssysteme oder über Absatzhelfer.

Der direkte Absatz kann einem Unternehmen verschiedene **Vorteile** bringen:

- Es fallen die Kosten und Gewinnspannen der Zwischenhändler weg.
- Man begibt sich nicht in die Abhängigkeit von Handelsbetrieben.
- Man ist sehr nahe am Kunden.
- Kunden können sehr schnell beliefet werden, da der Weg über Zwischenhändler entfällt.

Der direkte Absatz kann aber auch **Nachteile haben:**

- Es fallen erhöhte Vertriebskosten an.
- Der Hersteller muss die Lagerhaltung (Hauptaufgabe des Handels ist nämlich die Überbrückung des Zeitraums zwischen Produktion und Verkauf) übernehmen.
- Der Hersteller muss sich Marktkenntnisse verschaffen, die ortsansässige Händler schon haben.
- Ein direkter Absatz belastet die Liquidität: Der Handel dagegen kauft in größeren Mengen auf Vorrat, wodurch dem Hersteller frühzeitig größere Geldbeträge zur Verfügung stehen.

Tupperware will in den Handel

Strategiewechsel bedeutet Abschied vom exklusiven Direktvertrieb

Die bislang ausschließlich im Direktvertrieb erhältlichen Produkte von Tupperware werden auch in Deutschland künftig im Einzelhandel erhältlich sein.

Der Strategiewechsel der Tupperware Corp. hat offensichtlich mit Umsatzproblemen zu tun. Die legendären Partys, auf denen Hausfrauen in geselliger Stimmung zum Kauf der hochpreisigen Produkte animiert werden, sind längst nicht mehr so erfolgreich wie einst. Branchenkenner rechnen vor, dass sich bei der deutschen Tupperware-Tochter innerhalb der letzten vier Jahre die Erlöse von 1 Mrd. € auf 800 Mio. € verringert haben. Schmerzlich für das US-Unternehmen, denn der deutsche Markt ist nach dem Heimatmarkt der bedeutendste Umsatzbringer. Deshalb wird auch in Deutschland und dem übrigen Europa der Abschied von den Zeiten des ausschließlichen Direktvertriebs vorbereitet. Gleichwohl soll die Tupper-Party das eigentliche Kerngeschäft bleiben.

Insider sehen allerdings in Europa eine Art Kulturkampf innerhalb der europäischen Tupper-Gesellschaften toben. So versuche das Management in Frankfurt so viel wie möglich von der reinen Direktvertriebslehre zu retten, während die Europa-Zentrale, so heißt es, klar auf das US-Konzept setze.

In den Vereinigten Staaten soll innerhalb der nächsten fünf Jahre der Umsatzanteil des Direktgeschäfts nur noch 60 Prozent betragen, während andere Vertriebslinien einschließlich Internet und Home Shopping die restlichen 40 Prozent beisteuern.

nach: Homburg/Krohmer: Marketingmanagement. Gabler, Wiesbaden 2003, S. 714

Betriebseigene Vertriebssysteme

Betriebseigene Vertriebssysteme gehören dem Unternehmen an.

Geschäftsleitung

Dem Vertrieb kommt als letztes Glied der betrieblichen Wertschöpfungskette in Zeiten weithin gesättigter Märkte (Käufermärkte) eine entscheidende Rolle für das gesamte Betriebsergebnis des Unternehmens zu. Daher ist immer mindestens eine Person aus der Geschäftsleitung für diesen Bereich zuständig und verantwortlich. Hier werden die distributionspolitischen Zielvorgaben festgelegt. In die eigentlichen Absatzbemühungen schalten sich Mitglieder der Geschäftsleitung aber nur bei komplexen und sehr wichtigen Aufträgen ein.

Verkaufsabteilungen

In der Verkaufsabteilung erfolgt die zielgerichtete Steuerung des Absatzes eines Unternehmens. Hier wird der Verkaufsvorgang gestaltet.

Niederlassungen

Eine Verkaufsabteilung agiert zentral in der Regel vom Unternehmenssitz aus. Um aber in dem entsprechenden Markt besser und ständig präsent zu sein, können die Verkaufsbemühungen auch dezentral erfolgen. Hat ein Unternehmen regionale oder nationale Niederlassungen, gewinnt es eine größere Kundennähe.

Reisende

DEFINITION

Der **Reisende** ist Angestellter des Unternehmens und somit weisungsgebunden. Seine Aufgabe ist es, für das Unternehmen Geschäfte zu vermitteln und abzuschließen.

Dazu betreut er den bestehenden Kundenstamm durch Besuche vor Ort, versucht aber auch neue Kunden zu gewinnen. Ein Reisender erhält ein festes Grundgehalt und eine erfolgsabhängige Provision.

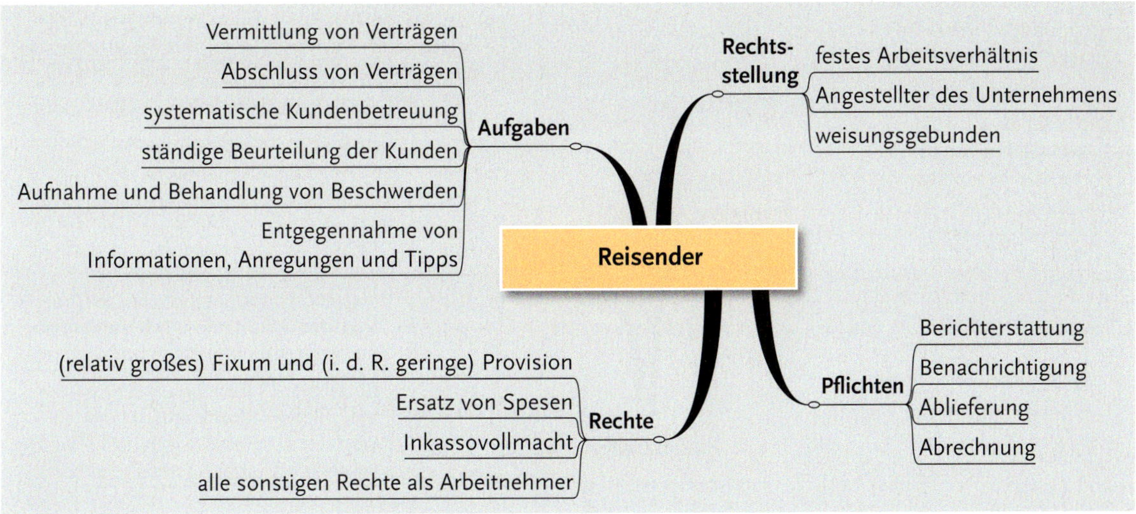

Absatzhelfer

Absatzhelfer sind betriebsfremde Vertriebssysteme, die einen direkten Absatz ermöglichen. Sie vermitteln Aufträge, erwerben aber kein Eigentum an den Produkten.

Handelsvertreter

Ein Handelsvertreter ist ein selbstständiger Gewerbetreibender, der ständig aufgrund einer vertraglichen Vereinbarung damit betraut ist, Geschäfte für ein anderes Unternehmen zu vermitteln oder sogar in dessen Namen abzuschließen.

DEFINITION

Ein **Handelsvertreter** ist für ein (oder mehrere) Unternehmen in fremden Namen und auf fremde Rechnung tätig.

Häufig haben Handelsvertreter Gebietsschutz: Ihnen wird ein Gebiet zugeteilt, für das sie allein zuständig sind. Neben der Vermittlung von Verträgen können sie in einigen Fällen auch die folgenden Aufgaben übernehmen:

- Lagerhaltung
- Auslieferung der Waren
- Service und Kundendienst
- Übernahme des Zahlungsausfallrisikos
  Durch eine schriftliche Vereinbarung (und eine höhere Provision) kann der Handelsvertreter die Zahlungsfähigkeit des Kunden garantieren.

Handelsvertreter stehen ständig in Beziehung zu ihren Kunden. Sie besuchen oft ihre Kunden und kennen sie daher gut. Ein Handelsvertreter bekommt eine im Vergleich zum Reisenden erheblich höhere Provision (nur in Ausnahmefällen ein – geringes – Fixum).

Handelsmakler

DEFINITION

Handelsmakler stellen den Kontakt zwischen mehreren möglichen Käufern und Verkäufern her, so dass diese die Chance zu einem Vertragsabschluss erhalten.

Ein Handelsmakler führt also Angebot und Nachfrage zusammen. Im Gegensatz zum Handelsvertreter schließt er aber nicht selber die Verträge ab. Handelsmakler sind nur fallweise tätig. Zum Nachweis seiner Tätigkeiten führt er ein Tagebuch. In der Regel bekommt er von beiden Vertragspartnern eine Courtage genannte Provision. Beide Vertragspartner bekommen nach Abschluss des Geschäfts vom Handelsmakler eine Schlussnote, die alle wichtigen Angaben zum Geschäft enthält.

Handelskommissionär

DEFINITION

Ein **Kommissionär** führt Geschäfte in eigenem Namen, aber auf Rechnung eines dritten aus.

Er ist also ein selbstständiger Gewerbetreibender, der gegen Provisionen Waren verkauft (manchmal auch einkauft). Die von ihm geknüpften Geschäftsbeziehungen werden nicht aufgedeckt.

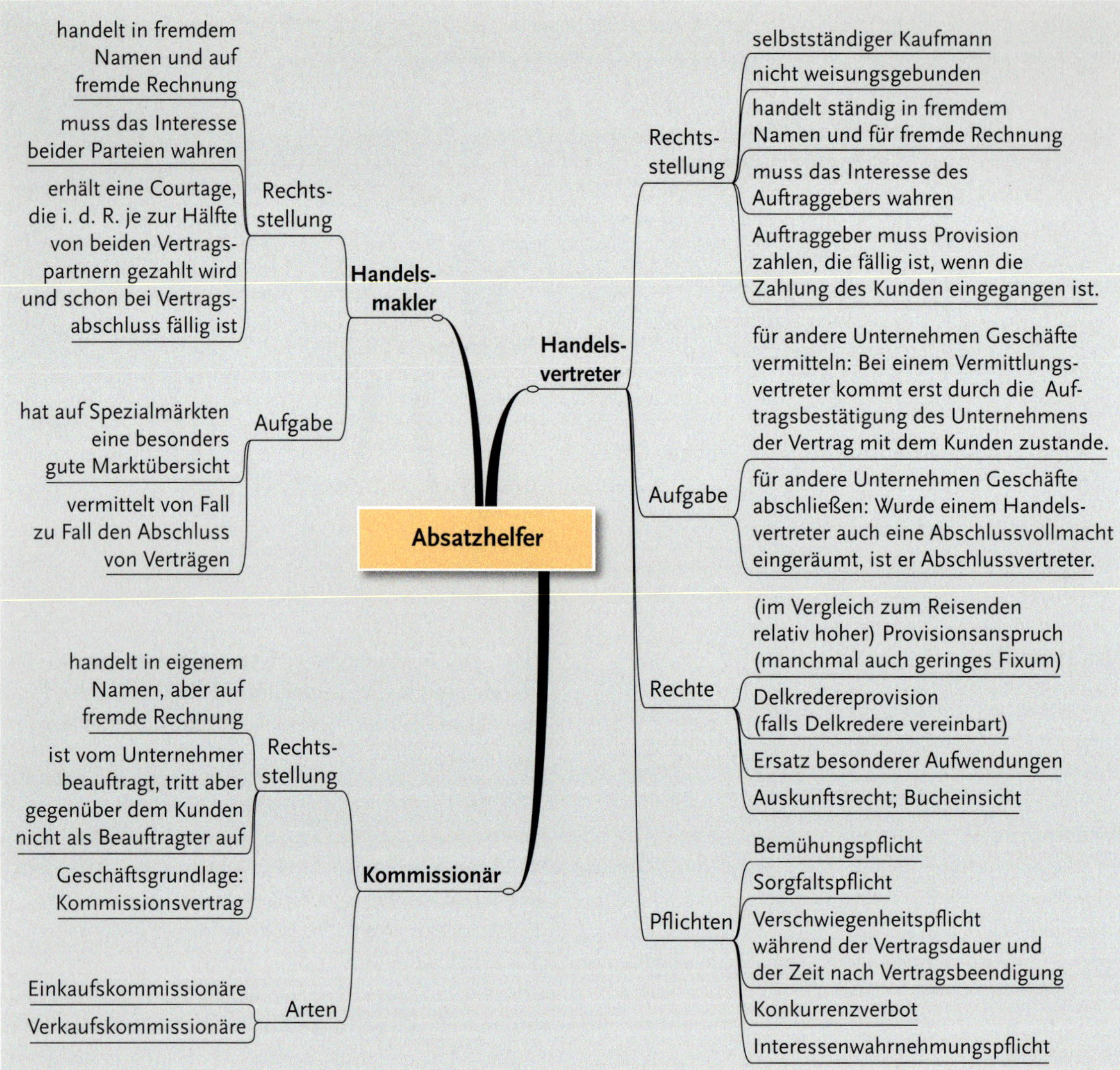

Eine Entscheidung, die häufig getroffen werden muss:
Soll ein Unternehmen einen Reisenden einstellen oder einen Handelsvertreter beauftragen?

Ein Reisender hat üblicherweise, weil er zum Unternehmen gehört, höhere Betriebs- und Produktkenntnis. Er setzt sich in der Regel mehr für das Produkt ein. Der Handelsvertreter hat dagegen größere Ortskenntnis und verfügt über vielfältige Abnehmerbeziehungen. Wessen Einsatz wirtschaftlich eher vertretbar ist, kann berechnet werden.

BEISPIEL

Die Hoffmann KG plant , auch in Österreich anzubieten. Überlegt wird, entweder Reisende oder Handelsvertreter einzusetzen. Dazu werden erst einmal die Kosten ermittelt.

Kosten für den Reisenden:
- 4.000,00 € Gehalt/Monat
- 2 % Umsatzprovision
- 500,00 € monatliche Spesen

Kosten für den Handelsvertreter:
- 8 % Umsatzprovision
- 500,00 € monatliche Spesen

Dann wird der kritische Umsatz berechnet, indem man die Kosten des Reisenden denen des Handelsvertreters gegenüberstellt.

Kosten des Reisenden	=	Kosten des Handelsvertreters	
4.000,00 € + 500,00 € + 0,02x	=	500,00 € + 0,08x	| – 0,02x
4.500,00 €	=	500,00 € + 0,06x	| – 500,00 €
4.000,00 €	=	0,06x	| : 0,06
66.666,66 €	=	x	

Beim kritischen Umsatz von 66.666,66 € sind die Kosten für einen Reisenden oder Vertreter gleich. Oberhalb dieses Betrags lohnt sich der Reisende, bei Beträgen unterhalb eher der Handelsvertreter.

Indirekter Vertrieb

DEFINITION

Beim **indirekten Vertrieb** werden zwischen produzierendem Unternehmen und Abnehmer externe, rechtlich selbstständige Unternehmen eingeschaltet.

Dies sind einerseits betriebsfremde Vertriebsorgane wie Groß- und Einzelhandel. Diese sind rechtlich und wirtschaftlich unabhängig. Daneben gibt es noch betriebsfremde, aber unternehmensgebundene Absatzorgane wie Vertragshändler und Franchiseunternehmen, die zwar rechtlich selbstständig, aber wirtschaftlich an den Hersteller gebunden sind.

Nach der Herstellung wechselt das Produkt also mehrfach den Eigentümer auf dem Weg zum endgültigen Abnehmer.

Vorteile des indirekten Absatzes:

- Man braucht sich als Hersteller nur auf einige wenige – z. B. Handelsunternehmen – konzentrieren, die dann allerdings die Betreuung des gesamten Markts übernehmen.
- Dadurch fallen auch geringere Distributionskosten an.
- Der Hersteller hat geringere Kosten, da die Handelsunternehmen die überwiegende Lagerhaltung und Beratung übernehmen.
- Da als Vertriebsweg Groß- und Einzelhandelsunternehmen eingeschaltet werden, benötigt die eigene Vertriebsabteilung nur eine einfachere Organisation.

Nachteile des indirekten Absatzes:

- Die Gewinnspanne des Herstellers sinkt.
- Es kann zu einer Abhängigkeit von Handelsunternehmen kommen.
- Bei Produkten, die vom Endverbraucher gekauft werden, besteht die Gefahr einer Marktferne. Neue Entwicklungen und Tendenzen werden eventuell zu spät erkannt.

Einzel- und Großhandel

Handelsunternehmen[1] sind Unternehmen des Einzel- und Großhandels. Sie bewirken den Austausch von Waren zwischen den Wirtschaftseinheiten. Aufgaben von Handelsunternehmen sind:

- Lenkung der Waren bis zum Endverbraucher
- Bedarfsdeckung
- Beratung
- Service

Sie verteilen also Waren kundennah durch ein bestehendes Netz von Verkaufsstellen weiter.

Unternehmensgebundene Absatzorgane

Hier arbeitet ein Hersteller mit Unternehmen zusammen, die durch spezielle Verträge in seine Marketing- und Vertriebsstrategie eingebunden sind.

Vertragshändler

DEFINITION

Ein **Vertragshändler** hat einen Vertrag mit einem Hersteller abgeschlossen, in dem er sich langfristig verpflichtet, die Produkte eines Herstellers zu führen und deren Absatz zu fördern.

1 siehe Kap. 4.3

Vertragliche Vereinbarungen, auf den Vertrieb von Konkurrenzprodukten zu verzichten, stehen im Widerspruch zur Wettbewerbspolitik innerhalb der Europäischen Union. Wie ein Handelsvertreter ist der Vertragshändler in das Vertriebssystem des Herstellers eingebunden. Er kauft bei ihm die Produkte im eigenen Namen und verkauft sie dann ebenfalls im eigenen Namen an seine Kunden. Vertragshändler bekommen oft das Alleinvertriebsrecht für eine bestimmte Region vom Hersteller eingeräumt. Die Hersteller haben dafür gewisse Kontrollrechte: Die Vertragshändler müssen beispielsweise Kundendaten oder Umsatzzahlen weiterleiten.

Franchising

DEFINITION

Beim **Franchising** erlaubt ein Unternehmen (der sogenannte Franchisegeber) anderen Unternehmen (den Franchisenehmern) unter seinem Namen Produkte oder Dienstleistungen auf eigenes Risiko zu vertreiben.

Der Franchisenehmer ist sehr stark an den Hersteller (Franchisegeber) gebunden. Er ist zwar rechtlich und wirtschaftlich selbstständig, muss aber zulassen, dass große Teile der Absatzpolitik durch den Franchisegeber gestaltet werden. Er darf üblicherweise nur Produkte des Franchisegebers zu einheitlichen Preisen verkaufen.

Der Franchisegeber bietet ein umfassendes Leistungspaket an:

- Verwendung des Firmennamens
- Verkauf oder Herstellung von Waren nach bestimmten Verfahren und Standards
- Einbindung in das umfassende Marketingkonzept des Herstellers (Der Hersteller übernimmt z. B. die Werbung.)
- Personalschulung
- Einrichtung der Verkaufsräume nach vorgegebenen Kriterien des Herstellers

Im Gegenzug muss der Franchisenehmer dem Franchisegeber in der Regel eine Gebühr in Form einer Umsatzbeteiligung bezahlen.

Franchise-Wirtschaft in Deutschland – Entwicklung

	1999	2009	Wachstum
Mitarbeiter	330 000	459 000	**+ 39 %**
Franchise-Nehmer	34 000	61 000	**+ 79 %**
Franchise-Geber	720	980	**+ 36 %**
Umsatz (Mrd. €)	20	44	**+ 120 %**

Branchenverteilung

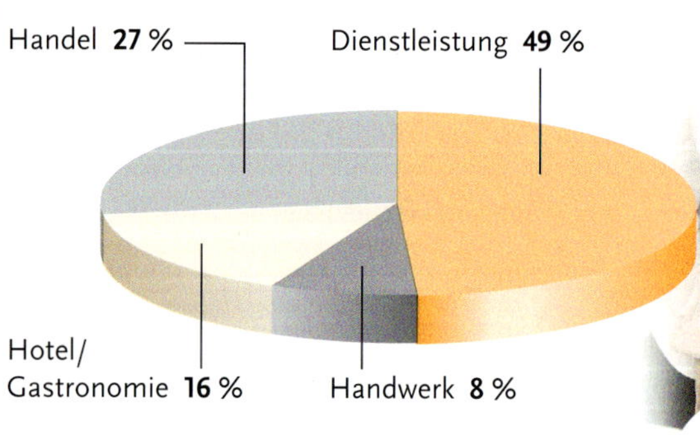

Quelle: Deutscher Franchise-Verband e.V.

Top 20 der Franchise-Wirtschaft in Deutschland (nach Anzahl der Betriebe in Deutschland – Franchise-Betriebe und zentral geführte)			
1	TUI	Reisebüro	1405
2	McDonald's	Systemgastronomie	1334
3	Schülerhilfe	Nachhilfe	1023
4	Studienkreis	Nachhilfe	1008
5	Kamps	Bäckereien	930
6	SUBWAY	Systemgastronomie	755
7	Fressnapf	Tiernahrung	723
8	APOLLO OPTIK	Augenoptiker	670
9	BURGER KING	Systemgastronomie	650
10	FOTO QUELLE	Fotohandel	560
11	ad AUTO DIENST	Autoreparatur	550
12	DATAC	Buchhaltung	524
13	RENO	Schuhhandel	498
14	Musikschule Fröhlich	Musikpädagogik	475
15	QUICK SCHUH	Schuhhandel	400
16	SANIFAIR	Toilettenanbieter (Tankstellen)	368
17	Topa Team	Schreinerfachbetriebe	340
18	AVIS	Autovermietung	338
19	HOLIDAY LAND	Reisebüros	335
20	OBI	Heimwerkermärkte	333

Quelle: Deutscher Franchise-Verband e. V., Juli 2009

AUFGABEN

1. Erläutern Sie die Aufgaben der Distributionspolitik.

2. Durch welches Merkmal ist der direkte Absatz gekennzeichnet?

3. Führen Sie Vor- und Nachteile des direkten Absatzes auf.

4. In welchem Fall wählt die Texpro AG – ein Modeproduzent – einen direkten Absatzweg?
   a) Texpro AG – Verkaufsniederlassung – Einzelhändler – Verbraucher
   b) Texpro AG – Großhändler – Einzelhändler – Verbraucher
   c) Texpro AG – Auslieferungslager – Verkaufsfiliale – Verbraucher
   d) Texpro AG – Auslieferungslager – Einzelhändler – Verbraucher
   e) Texpro AG – Reisender – Einzelhändler – Verbraucher

5. Wodurch unterscheiden sich die Absatzmittler?

6. Stellen Sie den Unterschied zwischen Reisenden und Vertretern heraus.

7. Die Hoffmann KG möchte ihre Waren auch in der Schweiz vertreiben. Die Absatzbemühungen sollen entweder durch einen Reisenden oder durch einen Handelsvertreter unterstützt werden. Als Kosten werden ermittelt:

   Kosten für den Reisenden:
   - 5.000,00 € Gehalt/Monat
   - 1 % Umsatzprovision
   - 800,00 € monatliche Spesen

   Kosten für den Handelsvertreter:
   - 6 % Umsatzprovision

   a) Ermitteln Sie den kritischen Umsatz.
   b) Was sagt der kritische Umsatz aus?

8. Die Hoffmann KG setzt Handlungsreisende zur Produktvermarktung ein.
Was trifft auf einen Handlungsreisenden zu?
   a) Er schließt in fremdem Namen und für eigene Rechnung Geschäfte ab.
   b) Er schließt in eigenem Namen und für fremde Rechnung Geschäfte ab.
   c) Er schließt in fremdem Namen und für fremde Rechnung Geschäfte ab.
   d) Er schließt in eigenem Namen und für eigene Rechnung Geschäfte ab.
   e) Er schließt in eigenem Namen Geschäfte ab.

9. Die Grotex GmbH möchte sich bei einem Einkauf in Asien der Hilfe eines anderen selbständigen Kaufmanns bedienen. Die Grotex GmbH wünscht aber nicht, dass sie beim Abschluss des Kaufvertrags genannt wird. Wer wird beauftragt?
   a) Frachtführer
   b) Spediteur
   c) Betriebsrat
   d) Kommissionär
   e) Handlungsreisender
   f) Handlungsgehilfe (= kaufmännischer. Angestellter)

10. Verdeutlichen Sie am Beispiel des Handels den indirekten Absatz.

11. „Beim Franchising ist die Bindung an wirtschaftliche Vorgaben des Herstellers erheblich geringer als beim Vertragshändler."
Beurteilen Sie diese Aussage.

12. Welche Vertriebsform liegt in den folgenden Fällen vor?
   a) Ein Unternehmen stellt anderen die Nutzung eines ausgefeilten und kompletten Geschäftskonzepts gegen Entgelt zur Verfügung.
   b) Herr Blerim soll als sozialversicherungspflichtig angestellter Verkäufer im Außendienst der Bernd Meissner OHG den Umsatz im Bezirk Bayern/Baden-Württemberg mehren.
   c) Aufgrund einer vertraglichen Verpflichtung vertreibt das Autohaus Teske in eigenem Namen für eigene Rechnung Waren des Automobilherstellers NMW. Durch die Integration in die Vertriebsstruktur des Herstellers entsteht für die Kundin Jessica Genschow der Eindruck, dass das Autohaus Teske ein Filialunternehmen von NMW ist.
   d) Maren Runge ist selbstständige Gewerbetreibende, die damit beauftragt ist, für die Grotex GmbH Geschäfte zu vermitteln und in deren Namen abzuschließen. Sie arbeitet in fremdem Namen und für fremde Rechnung.
   e) Die Ehefrau von Michael Hoffmann besitzt eine Galerie. Sie kauft und verkauft Bilder von Künstlern. Manchmal wird sie darüber hinaus auch von Kunden gebeten, mit einem Künstler einen Vertrag über die Anfertigung eines Portraits auszuhandeln und diesen zu vermitteln. Nach erfolgreicher Vermittlung erhält sie einen Geldbetrag, der als Courtage bezeichnet wird.

AKTIONEN

1. a) Bilden Sie acht Gruppen.
   b) Jede der Gruppen bearbeitet eines der folgenden Themen:
      - Reisender
      - Handelsvertreter
      - kritischer Umsatz
      - Kommissionär
      - Handelsmakler
      - Handel
      - Vertragshändler
      - Franchising
   c) Stellen Sie auf einem Wandplakat die wesentlichen Merkmale Ihres Themas heraus.
   d) Präsentieren Sie Ihr Thema vor der Klasse.

2. Erstellen Sie eine Exceldatei, die eine Berechnung des kritischen Umsatzes bei der Auswahlentscheidung zwischen Reisenden und Vertretern ermöglicht.

ZUSAMMENFASSUNG

Distributionspolitik

= steuert den Weg der Ware zum Kunden

direkter Absatz

- unmittelbarer Verkauf an den Abnehmer
- Produkt wechselt einmal den Eigentümer.

indirekter Absatz

- Externe und rechtlich selbstständige Unternehmen werden zischen Hersteller und Abnehmer zwischengeschaltet.
- Das Produkt wechselt mehrfach den Eigentümer auf dem Weg zum Abnehmer.

betriebseigene Vertriebssysteme

- Verkaufsabteilungen
- Niederlassungen
- Reisende
- Geschäftsleitung

Absatzhelfer

- Handelsvertreter
- Handelsmakler
- Handelskommissionär

Handel

- Großhandel
- Einzelhandel

unternehmensgebundene Absatzorgane

- Vertragshändler
- Franchising

6.7 Wir wählen geeignete Transportmittel aus

Einstieg

Eine Untersuchung der räumlichen Verteilung der Kunden der Hoffmann KG zeigt das folgende Ergebnis:

Stadt und Landkreis Hannover	40 % der Kunden
südliches Niedersachsen	10 % der Kunden
nördliches Niedersachsen	15 % der Kunden
EU-Länder	25 % der Kunden
Russland und Ukraine	6 % der Kunden
Übersee	4 % der Kunden

Der Versandleiter der Hoffmann KG beauftragt die Auszubildenden Carolin Saager und Volkan Karaca, vorzuschlagen, mit welchen Transportmitteln die jeweiligen Kundengruppen beliefert werden sollen.

Versetzen Sie sich in die Rolle von Carolin Saager oder Volkan Karaca und führen Sie den Auftrag aus.

INFORMATIONEN

Durch eine fachkundige und korrekte Auslieferung wird der gute Ruf eines Unternehmens gefördert. Dabei muss besonders darauf geachtet werden, dass der mit dem Kunden vereinbarte Liefertermin eingehalten wird.

Firmeneigene Zustellung

Viele Unternehmen besitzen eigene Fahrzeuge, mit denen sie die Ware an ihre Kunden ausliefern.

DEFINITION

Der Gütertransport durch unternehmenseigene Fahrzeuge zu unternehmenseigenen Zwecken wird als **Werkverkehr** bezeichnet.

Er ist anmeldepflichtig beim Bundesamt für Güterverkehr bei einer Nutzlast von mehr als 3,5 t. Die Ware wird vom Auslieferungsfahrer mit einem Lieferschein ausgehändigt.

Der Lieferschein enthält:

- die Anschrift des Empfängers
- die Lieferscheinnummer
- die zugestellte Warenart und Warenmenge
- das Lieferdatum

Der Kunde bescheinigt auf einer Durchschrift des Lieferscheins mit seiner Unterschrift, dass die Ware ordnungsgemäß zugestellt wurde.

Wenn die Ware an einen Kunden durch ein firmeneigenes Fahrzeug des Unternehmens zugestellt wird, haftet der Unternehmer für Verlust und Beschädigung der Ware bis zur Übergabe an den Kunden.

Vorteile der Warenzustellung mit eigenen Fahrzeugen:

- Der Kundendienst (Aufstellen, Anschließen usw.) kann mit eigenen Fahrern besser durchgeführt werden.
- Der Fahrer kann den Kaufpreis kassieren, wenn der Kunde die Ware zuvor noch nicht bezahlt hatte.
- Liefertermine können zuverlässiger eingehalten werden.
- Der eigene Fuhrpark gewährleistet eine stetige Lieferbereitschaft.
- Die Fahrzeuge können als Werbeträger genutzt werden.

Firmenfremde Zustellung

Wenn das Unternehmen die Ware nicht selbst zustellen kann oder will, kann er sie an die Kunden durch die Post oder durch einen Frachtführer ausliefern lassen.

Frachtführer sind selbstständige Kaufleute, die gewerbsmäßig Güter befördern (§ 407 ff. HGB). Zu ihnen zählen:

- die Eisenbahnunternehmen
- Unternehmen der Binnenschifffahrt
- Luftverkehrsgesellschaften, sofern sie Güter befördern
- Paketdienste, z. B. UPS (= United Parcel Service) oder DPD (= Deutscher Paketdienst)
- Unternehmen des gewerblichen Güterkraftverkehrs

Rechte und Pflichten des Frachtführers			
Aus dem Frachtvertrag, der zwischen Frachtführer und Absender abgeschlossen wird, ergeben sich folgende Rechte und Pflichten des Frachtführers.			
Pflichten	**BEISPIEL**	**Rechte**	**BEISPIEL**
Beförderungs- und Ablieferungspflicht	Der Frachtführer muss den Gütertransport zu einem bestimmten Ort innerhalb der vereinbarten Zeit durchführen.	Frachtbriefausstellung	Der Frachtführer kann die Ausstellung eines Frachtbriefs und die Übergabe der erforderlichen Warenbegleitpapiere verlangen.
Befolgungspflicht	Er hat die Weisungen des Absenders so lange zu befolgen, wie die Ware noch nicht an den Empfänger ausgehändigt worden ist.	Vergütungsanspruch	Der Frachtführer hat Anspruch auf Zahlung der vereinbarten Fracht und Erstattung sonstiger Auslagen.
Haftpflicht	Der Frachtführer haftet für verschuldeten Verlust, Beschädigung und Lieferfristüberschreitung.	Pfandrecht	Er hat ein Pfandrecht an dem beförderten Gut wegen aller durch den Frachtvertrag begründeten Forderungen.

Versandpapiere

Eisenbahnfrachtbrief

Der Eisenbahnfrachtbrief muss vom Versender in vierfacher Ausfertigung ausgestellt werden:

- Versandblatt (verbleibt beim Versandbahnhof)
- Frachtbriefdoppel (erhält der Absender)
- Empfangsblatt (erhält der Bestimmungsbahnhof)
- Frachtbrief (für den Empfänger, begleitet die Sendung)

Der Eisenbahnfrachtbrief beweist die Übergabe des Gutes an den Frachtführer zur Beförderung. Das Frachtbriefdoppel ist ein Verfügungspapier mit begrenzter Sperrwirkung, das heißt der Versender kann nachträgliche Verfügungen über die Ware nur treffen, wenn er das Frachtbriefdoppel vorlegt. Dieses nachträgliche Verfügungsrecht erlischt, sobald der Empfänger die erste Ausfertigung des Frachtbriefs angenommen hat oder das Frachtgut bei ihm abgeliefert worden ist.

Beförderung von Großcontainern im kombinierten Ladungsverkehr

Frachtbrief im Straßengüterverkehr

Bei allen Güterkraftverkehrsarten muss der Versender einen Lkw-Frachtbrief ausstellen, wenn es der Frachtführer verlangt. Der Frachtbrief ist Unterlage zur Frachtberechnung, zur Prüfung der Fracht, für statistische Zwecke und für den Versicherungsschutz.

Der Frachtbrief im Straßengüterverkehr muss vom Absender ausgefüllt werden. Wie beim Eisenbahnfrachtbrief hat auch hier der Absender ein nachträgliches Verfügungsrecht, wenn er sein Exemplar des Frachtbriefs vorlegt.

Luftfrachtbrief

Der Luftfrachtbrief wird teils vom Absender, teils vom Carrier (Luftfrachtführer) ausgefüllt. Auch hier hat der Absender ein nachträgliches Verfügungsrecht, wenn er sein Exemplar des Luftfrachtbriefs vorlegt.

Konnossement (Bill of Lading)

Das im Seeverkehr benutzte Konnossement wird in mehreren Originalen und Kopien vom Verfrachter (Reederei) ausgestellt. Es beweist den Versand der Ware. Es verschafft dem rechtmäßigen Inhaber das Eigentum an dem versandten Gut. Das Konnossement kann, sofern es an Order ausgestellt wurde, mittels eines Indossaments übertragen werden.

Ladeschein

Der Ladeschein ist das Konnossement des Binnenschifffahrtsverkehrs. Es wird vom Frachtführer ausgestellt. Der Ladeschein verschafft wie das Konnossement beim Seeverkehr dem rechtmäßigen Eigentümer das Eigentum am Verladegut.

Haftpflicht

Haftung der Bahn

Nach § 425 HGB haftet die Bahn – auch ohne Verschulden – für Verlust, Beschädigung und Überschreiten der Lieferfrist (Gefährdungshaftung).

Sie haftet nicht bei:

- Schäden, die durch unabwendbare Ereignisse verursacht wurden
- Schäden, die sich aus der natürlichen Beschaffenheit eines Gutes ergeben (z. B. Rost, Verderb, Schwund)
- ungenügender Verpackung durch den Absender
- ungenügender Kennzeichnung der Frachtstücke durch den Absender
- mangelhafter Behandlung, Verladung oder Entladung des Gutes durch den Absender oder Empfänger

Haftung im gewerblichen Güterkraftverkehr

Haftungsgrundsatz ist (wie bei der Bahn) die Gefährungshaftung, d. h., der Unternehmer des gewerblichen Güterkraftverkehrs haftet auch ohne Verschulden.

Er ist von der Haftung befreit, wenn der Schaden zurückzuführen ist auf:

- höhere Gewalt
- ungenügende Verpackung oder Kennzeichnung der Frachtstücke durch den Absender
- fehlerhaftes Behandeln, Verladen oder Entladen des Gutes durch den Absender oder den Empfänger
- die natürliche Beschaffenheit des Gutes, die besonders leicht zu Schäden, insbesondere durch Bruch, Rost, inneren Verderb, Austrocknen, Auslaufen, normalen Schwund führt
- die Beförderung lebender Tiere

Haftung im Luftfrachtverkehr

Der Luftfrachtführer muss den Schaden ersetzen, der durch Zerstörung, Verlust oder Beschädigung von Gütern während der Luftbeförderung entstanden ist. Er haftet auch für Schäden, die durch Verspätung entstanden sind.

Der Luftfrachtführer haftet nicht für Schäden, die durch Verschulden des Geschädigten entstanden sind.

Haftung im Seefrachtverkehr

Haftungsgrundsatz ist die Verschuldenshaftung mit gesetzlich vorgeschriebenem Mindestumfang.
Haftungsausschlüsse sind Schäden durch:

- mangelnde Verpackung
- fehlende Markierung
- Fehler des Kapitäns (nautische Fehler)
- Krieg
- Streik
- Beschlagnahme
- Unruhen
- Schwund und Selbstverderb der Ware

Haftung in der Binnenschifffahrt

Der Frachtführer haftet in der Binnenschifffahrt für den Schaden, der von der Übernahme der Beförderung bis zur Ablieferung des Guts entstanden ist, sofern er nicht beweisen kann, dass ihn kein Verschulden trifft.

Er haftet nicht bei Schäden,

- die im Zusammenhang mit dem vom Absender oder vom Empfänger vorgenommenen Be- und Entladen entstanden sind,
- die durch mangelhafte Verpackung der Güter hervorgerufen worden sind,
- die durch den vereinbarten Transport der Güter auf Deck entstanden sind,
- die bei Gütern auftreten können, die durch ihre natürliche Beschaffenheit besonderen Gefahren ausgesetzt sind.

Wahl des optimalen Transportmittels

Bei der Wahl des optimalen Transportmittels sind im Wesentlichen folgende Faktoren zu berücksichtigen:

- Art der Güter und deren Eigenschaften (Gewicht, Verpackungsart, Sperrigkeit, Verderblichkeit)
- Beförderungszeit
- Pünktlichkeit des Transportmittels
- Sicherheit der Beförderung
- Kapazität des Transportmittels
- Transportkosten
- Umweltverträglichkeit
- vertragliche Vereinbarung mit dem Kunden

Vor- und Nachteile des Güterversands durch Lastkraftwagen

Vorteile sind:

- die im Vergleich zum Bahntransport häufig **kürzere Transportdauer**
- der umladefreie **Haus-Haus-Verkehr** von der Beladerampe des Versenders bis zur Entladerampe des Empfängers. Dadurch können oft erhebliche Umlade- und Verpackungskosten eingespart werden.
- die **direkte Belieferung** von Kunden ohne Bahnanschluss

Nachteile sind:

- **geringere Verkehrssicherheit**
  Das Risiko, im Straßenverkehr einen Unfall zu erleiden, ist 24-mal größer als im Schienenverkehr.

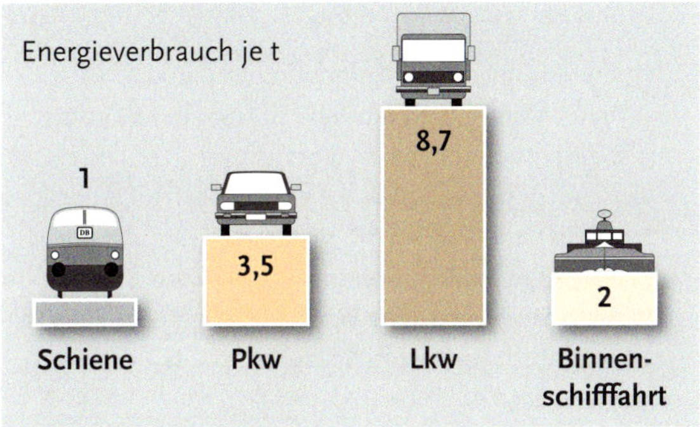

- **Witterungsabhängigkeit**
- **Unwirtschaftlichkeit bei Massengütern**
  Der Energieverbrauch je beförderter Tonne liegt beim Lkw 8,7-mal so hoch wie bei der Bahn.

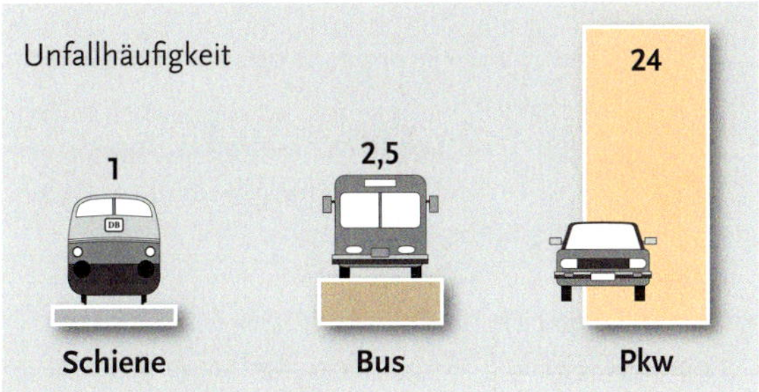

- **starke Umweltbelastung**
  Der Güterverkehr auf der Straße erzeugt 30-mal mehr Schadstoffe als der Schienenverkehr. Er verbraucht mehr Fläche als die Bahn. Während eine zweigleisige Eisenbahnstrecke nur 13,7 Meter breit ist, benötigt die von der Kapazität her vergleichbare vierspurige Autobahn doppelt so viel Fläche.

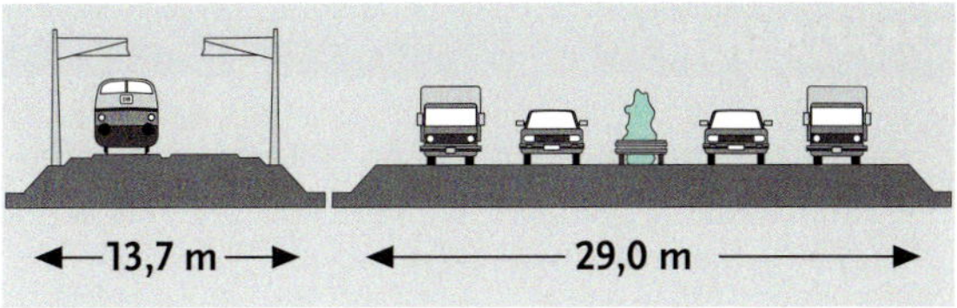

Vor- und Nachteile des Güterversands mit Eisenbahnen

Vorteile sind:

- kostengünstiger Transport von Massengütern
- hohe Transportsicherheit
- gute Umweltverträglichkeit

Nachteile sind höhere Verpackungs- und Umladekosten: Die Transportgüter müssen zum Versand bei der Güterabfertigung des Versandbahnhofs abgeliefert und am Empfangsbahnhof angenommen werden. Dafür sind Lkw-Transporte vom Versender zum Versandbahnhof und vom Empfangsbahnhof zum Empfänger erforderlich.

Vor- und Nachteile des Güterversands mit Binnenschiffen

Die Binnenschifffahrt eignet sich besonders für Massengüter (z. B. Kohle, Erze, Getreide), Containertransporte und ungewöhnlich große und schwere Güter. Sie bietet in diesen Fällen die preiswerteste und umweltfreundlichste Art des Gütertransports.

Die Binnenschifffahrt ist jedoch langsam und stark von Witterungsverhältnissen und Wasserstand (Hoch- und Niedrigwasser) abhängig.

Vor- und Nachteile des Luftfrachtverkehrs

Vorteile des Luftfrachtverkehrs sind:

- Schnelligkeit
- Pünktlichkeit
- Streckendichte
- Transportsicherheit
- Einsparung von Verpackungskosten

Wesentlicher **Nachteil** ist die hohe Luftfracht.

Vor- und Nachteile des Seeverkehrs

Im Vergleich zum Luftfrachtverkehr ist der Seeverkehr in der Regel kostengünstiger, da die Seefrachtraten grundsätzlich erheblich niedriger sind als die Luftfrachtraten. Außerdem ist das Transportvolumen auf dem Seeweg größer als auf dem Luftweg.

Die Reisedauer auf dem Seeweg ist jedoch wesentlich länger als auf dem Luftweg. Außerdem sind die Verpackungskosten beim Seetransport höher als beim Lufttransport. Da das Schadensaufkommen im Seeverkehr höher ist als im Luftverkehr, sind die Versicherungsprämien im Seeverkehr höher als im Luftverkehr.

AUFGABEN

1. Welches Begleitpapier muss ein Unternehmen einer Warensendung beifügen, wenn er sie durch ein eigenes Fahrzeug zustellen lässt?

2. Wie kann ein Auslieferungsfahrer nachweisen, dass er eine Ware an einen Kunden ordnungsgemäß ausgehändigt hat?

3. Eine im Werkverkehr zugestellte Ware wird während des Transports beschädigt. Wer trägt den Schaden?

4. Welche Vorteile hat die Warenzustellung mit eigenen Fahrzeugen?

5. Wen kann ein Unternehmen mit der Zustellung beauftragen, wenn er die Ware nicht mit eigenen Fahrzeugen ausliefern kann?

6. Welche Vorteile hat die Warenzustellung durch einen Frachtführer?

7. In welchen Fällen haftet die Bahn?
   a) Ein ordnungsgemäß verpacktes Paket wird beim Verladen durch einen Bahnarbeiter beschädigt.
   b) In einer Holzkiste verpackte Gläser werden beim Umladen durch Bahnarbeiter beschädigt. Sie tragen keinen Aufkleber „Glas“.
   c) Ein Güterzug, der leicht verderbliche Waren befördert, bleibt in einer Schneewehe stecken.
   d) Ein als IC-Kuriergut aufgegebenen Päckchen kommt nicht am Zielort an.

8. Herr Kreipe will verhindern, dass die am 14. Juli per Luftfracht versandten Blusen an McDouglas Ltd. in Edinburgh ausgeliefert werden. Was kann er tun?

9. Die Hoffmann KG muss folgende Warenlieferungen ausführen:
   a) Lieferung von 1000 Damenblusen an das Kaufhaus Beyer in Karlsruhe; das Kaufhaus Beyer benötigt die Ware spätestens in einer Woche.
   b) Lieferung von 200 Herrenhosen an das Textilfachgeschäft Lorenz in Osnabrück; das Textilfachgeschäft Lorenz benötigt die Ware in spätestens zwei Tagen.
   c) Lieferung von 200 Seidentüchern an das Warenhaus McIvor in Edinburgh; McIvor benötigt die Seidentücher in einer Woche.
   d) Lieferung von 500 Badehandtüchern an die Impex in Gdansk (Polen); die Impex benötigt die Handtücher in 14 Tagen.

   Wählen Sie für jede der vier Lieferungen das jeweils günstigste Transportmittel aus.

AKTIONEN

1. Ermitteln Sie die Anteile der einzelnen Transportarten Seefrachtverkehr, Luftfrachtverkehr, Binnenschifffahrtsverkehr, Eisenbahngüterverkehr und Straßengüterverkehr am gesamten Gütertransportaufkommen in der Bundesrepublik Deutschland.
   a) Führen Sie zur Informationsbeschaffung eine Internetrecherche durch.
   b) Bereiten Sie die Ergebnisse grafisch auf.
   c) Stellen Sie die Vor- und Nachteile der beiden bevorzugten Transportarten in einer Übersicht gegenüber.
   d) Präsentieren Sie Ihre Arbeitsergebnisse in Ihrer Klasse.

2. a) Stellen Sie fest, welche Transportarten von Ihrem Ausbildungsunternehmen bevorzugt eingesetzt werden.
   b) Ermitteln Sie die Gründe für die Auswahl dieser Transportmittel.
   c) Informieren Sie Ihre Mitschülerinnen und Mitschüler über die Transportmittelwahl Ihres Ausbildungsbetriebs.

3. Herr Kreipe beauftragt Carolin Saager, 500 Jeanshosen, Gewicht 500 kg, an das Kaufhaus Weinert, Hansaplatz 2 in Leipzig, durch das Unternehmen des Güterkraftverkehrs Friedrich zu versenden.
   a) Versetzen Sie sich in die Rolle von Carolin Saager und stellen Sie die Versandpapiere zusammen.
   b) Ermitteln Sie die Fracht für die Sendung.

3560 160

ZUSAMMENFASSUNG

Warenzustellung

firmeneigene Zustellung

firmenfremde Zustellung

- durch die Post
- durch Frachtführer, z. B.:
  - Eisenbahn
  - private Paketdienste
  - Unternehmen des gewerblichen Güterkraftverkehrs
  - Unternehmen der Binnenschifffahrt
  - Luftverkehrsgesellschaften, sofern sie Güter befördern

Pflichten des Frachtführers

- Beförderungs- und Ablieferungspflicht
- Befolgungspflicht
- Haftpflicht

Rechte des Frachtführers

- Frachtbriefaustellung
- Vergütungsanspruch
- Pfandrecht

Einflussfaktoren der Transportmittelauswahl

- Art der Güter und deren Eigenschaften
- Beförderungszeit
- Pünktlichkeit des Transportmittels
- Sicherheit des Transportmittels
- Transportkosten
- Umweltverträglichkeit

6.8 Wir setzen Instrumente der Kommunikationspolitik ein

Einstieg

Herr Hoffmann berichtet den Abteilungsleitern:
„... Wir haben jetzt einmal die Ursachen für die schlechten Verkaufszahlen dieser Warengruppe im Einzelhandel untersucht: Unsere Reisenden waren dort weniger häufig als die der Mitbewerber. Die Artikel hatten auch im Einzelhandel höhere Preise. Im Gegensatz zu uns hatte die Konkurrenz den Geschäften passende Regale zur Verfügung gestellt und die Ware optimal präsentiert. Sie haben auch mehrmals Verkaufsaktionen durchgeführt.
Ich glaube, wir sollten auch mal an Verkaufsförderungsmaßnahmen denken."

1. Geben Sie an, welche der aufgeführten Maßnahmen der Konkurrenz zur Verkaufsförderung gehören.
2. Schlagen Sie weitere Maßnahmen der Verkaufsförderung vor.

INFORMATIONEN

Die Kommunikationspolitik plant und steuert die Verständigung zwischen dem Unternehmen und seiner Umwelt beziehungsweise Teilen davon (= Zielgruppen).

Zur Kommunikationspolitik gehören die Teilinstrumente:

- Absatzwerbung[1]
- Verkaufsförderung (Salespromotion)
- Direktwerbung
- Öffentlichkeitsarbeit (Public Relations)
- Sponsoring
- Human Relations
- Product-Placement
- persönlicher Verkauf

Verkaufsförderung

Die Verkaufsförderung (Salespromotion) ist eine oft wirkungsvolle Ergänzung der klassischen Absatzwerbung. Ihr Ziel ist es, den am Absatz Beteiligten das Verkaufen zu erleichtern.

BEISPIEL

Carolin Saager erläutert Dominik Schlote den Unterschied zwischen Werbung und Verkaufsförderung: „Grob und salopp gesagt, soll Werbung die Kunden zur Ware bringen, Verkaufsförderung dagegen die Ware zum Kunden."

Kurzfristig soll mithilfe von Verkaufsförderungsaktionen der Absatz am Ort des Verkaufs erhöht oder die Bekanntmachung und Profilierung neuer Produkte erzielt werden.

BEISPIEL

Die Kunden werden in einem Einzelhandelsgeschäft auf ein Produkt aufmerksam gemacht oder zum Kauf angeregt. Umsatzsteigerungen sollen erreicht werden durch:

- Gewinnspiele
- Produktproben
- Warengutscheine
- Produktvorführungen

Verschiedene Maßnahmen der Verkaufsförderung

1 siehe Kap. 6.9

Abhängig von der Zielgruppe, an die sich die Verkaufsförderung jeweils richtet, können drei Arten der Verkaufsförderung unterschieden werden:

Direktwerbung

Im Gegensatz zur anonymen Massenwerbung werden bei der Direktwerbung die Zielpersonen direkt individuell angesprochen. Die direkte Ansprache schafft Vertrauen und verbindet. Diese Form der Werbung hat an Bedeutung stark zugenommen. Hierbei kommen beispielsweise folgende Instrumente zur Anwendung:

- personalisierte Briefe (adressierte oder unadressierte postalische Werbeansprache)
- telefonische oder faxgestützte Werbeansprache
- E-Mail
- SMS

BEISPIEL

Die Hoffmann KG schreibt alle Eltern von Kommunions- und Konfirmationskindern vor Ort an und bietet Kommunions- und Konfirmationsanzüge und -kleider an.

Die Direktwerbung erlaubt es, genau festgelegte Zielgruppen anzusprechen. Im Vergleich zur eher anonymen Absatzwerbung kommt es daher zu geringeren Streuverlusten. Über die Rückläufe kann sehr schnell der Erfolg der Maßnahme kontrolliert werden. Als problematisch kann angesehen werden, dass Direktwerbung von den Angesprochenen eventuell als aufdringlich und nervend empfunden wird.

Öffentlichkeitsarbeit

DEFINITION

Im Mittelpunkt der **Öffentlichkeitsarbeit** (Public Relations, kurz: PR) steht die Bereitschaft des Unternehmens, umfassend über seine vielfältigen Aktivitäten zu informieren und mit der Öffentlichkeit in einen Dialog einzutreten. Damit soll die Einstellung der Öffentlichkeit zur Unternehmung positiv beeinflusst werden, was sich letztendlich auch auf die Erreichung der ökonomischen Kommunikationsziele (Umsätze, Marktanteile) auswirken soll.

Es wird nicht das Produkt, sondern das Unternehmen dargestellt. Bei der Öffentlichkeitsarbeit geht es einem Unternehmen darum, permanent und systematisch positive Beziehungen zum Kunden und Lieferanten aufzubauen. Die Öffentlichkeit soll von der Glaubwürdigkeit der Aussagen des Unternehmens überzeugt werden. Das Unternehmen zeigt auf, dass es sich seiner gesellschaftlichen Verpflichtungen bewusst ist. Auf diese Weise soll in der Öffentlichkeit ein positives Image geschaffen werden. Dies ist gerade in Zeiten eines harten Konkurrenzkampfs sowie ausgeprägter Käufermärkte besonders wichtig, denn es hat sich gezeigt, dass ein positives Unternehmensimage eine absatzfördernde Wirkung hat.

„Öffentlichkeitsarbeit (PR) ist die Kunst, etwas dafür zu tun, ohne viel Aufwand ins (wenn es denn geht) gute Gerede zu kommen!" Sven Lehmann

Mögliche PR-Maßnahmen sind u. a.:

- Einrichtung von Pressestellen
- Auftreten von Unternehmensvertretern in der Öffentlichkeit (z. B. in Interviews)
- Veranstaltungen und Ausstellungen (z. B. Informationstage)
- Besichtigungen, Tag der offenen Tür (Aktivitäten für ausgewählte Zielgruppen)
- Zeitschriften und Broschüren (z. B. Werks- und Kundenzeitschriften, Jubiläumsschriften)
- Maßnahmen zur Förderung des Allgemeinwohls (z. B. Stiftungen, Spenden)
- Internet-PR
  Sie nimmt stark zu und reicht von E-Mail-Newslettern bis zu Unternehmenshomepages.

Besondere Bedeutung gewinnt die Öffentlichkeit in Krisenzeiten für das Unternehmen.

BEISPIEL

Nach Bekanntwerden der BSE-Problematik startete die Fleischindustrie mehrere Maßnahmen zur Öffentlichkeitsarbeit.

Der PR-Gedanke wird bei der Gestaltung einer Corporate Identity (Unternehmensidentität) aufgegriffen. Ein einheitliches Bild des Unternehmens nach außen, eine Unternehmenskultur soll geschaffen werden. Dies geschieht z. B. durch Schaffung von einheitlichen Zeichen (Symbolen) des Unternehmens, die sich auf Briefbögen, Visitenkarten, Firmen-Pkws und -Lkws wiederfinden. Auch besondere Verhaltensregeln, die von den Mitarbeiterinnen und Mitarbeitern gegenüber Kunden, Lieferanten und der Öffentlichkeit einzuhalten sind, tragen zu einem einheitlichen Unternehmensbild bei.

Unterschiede zwischen Public Relations, Werbung und Verkaufsförderung

	bezogen auf das Unternehmen	bezogen auf das Produkt
Information	Public Relations	Absatzwerbung
Aktion (über Information hinaus)		Salespromotion

Sponsoring

DEFINITION

Sponsoring beruht auf dem Prinzip von Leistung und Gegenleistung. Das Unternehmen (der Sponsor) unterstützt durch Finanz-, Sach- oder Dienstleistungen Personen, Organisationen oder Institutionen (Gesponserte) und erwartet dafür bestimmte Gegenleistungen (z. B. besondere Werbemöglichkeiten), die vertraglich abgesichert sind und zur Erreichung der Marketingziele beitragen sollen.

Mithilfe des Sponsorings versucht das Unternehmen, das positive Image des Gesponserten auf sich zu übertragen. Die Sponsoring-Aktivitäten erreichen auch Zielgruppen, die sich mit herkömmlichen Mitteln der Kommunikationspolitik nicht oder kaum ansprechen lassen.

Ziel aller Sponsoring-Aktivitäten ist:

- die Erzielung und Aufrechterhaltung von Kontakten zu bestimmten Zielgruppen
- die Steigerung des Bekanntheitsgrades
- die individuelle Gestaltung des Produkt- und/oder Unternehmensimages

Sponsoring ist in fast allen Bereichen der Kommunikationspolitik möglich. Es kann in drei Bereichen erfolgen:

- **Sportsponsoring**

BEISPIEL

Die Hoffmann KG unterstützt die E-Jugend eines örtlichen Fußballvereins. Auf den Spielertrikots erscheint der Namenszug Hoffmann KG.

3560 164

- **Kultursponsoring**

BEISPIEL

Die Hoffmann KG sponsert das örtliche Stadttheater. Im Programmheft wird jedes Theaterstück angekündigt mit „Die Hoffmann KG präsentiert ...".

- **Sozialsponsoring**

BEISPIEL

Die Hoffmann KG spendet für das Sommerfest eines Kinderheims.

Seit Anfang der 70er-Jahre gewinnt Sponsoring an Bedeutung. Ein Grund hierfür ist z. B., dass klassische Werbeformen bei manchen Verbrauchern mehr und mehr abgelehnt werden.

Örtliche Unternehmen sponsern den Handballbundesligisten Eintracht Hildesheim.

Human Relations

DEFINITION

Unter **Human Relations** versteht man die Pflege zwischenmenschlicher Beziehungen innerhalb eines Unternehmens.

Die Maßnahmen der Human Relations dienen der Verbesserung der internen Kommunikation und fördern den Informationsaustausch und die Kommunikation mit den Mitarbeitern. Sie richten sich nicht nur an Mitarbeiter, sondern auch an deren Angehörige sowie an frühere und potenzielle Mitarbeiter. Ihr Ziel ist die Verbesserung der zwischenmenschlichen Beziehungen, der Motivation und des allgemeinen Betriebsklimas innerhalb eines Unternehmens. Der Human-Relations-Ansatz geht von der Annahme aus, dass durch die Interaktion der Mitarbeiter deren Arbeitszufriedenheit und Motivation gesteigert wird und es dadurch auch zu einer Verbesserung der Leistung des Unternehmens kommt, z. B. im Absatzbereich.

Product-Placement

DEFINITION

Werden Waren oder Dienstleistungen bewusst in Kinofilme oder Fernsehsendungen integriert, so spricht man von **Product-Placement.**

Markenartikel werden dabei so platziert, dass sie vom Zuschauer nicht als Werbemaßnahme erkannt werden können. Die beworbenen Produkte tauchen als Requisiten in der Handlung auf und werden vom Zuschauer unbewusst wahrgenommen. Im Mittelpunkt des Product-Placements steht also im Gegensatz zu Public Relations-Maßnahmen das Produkt, nicht das Unternehmen. Als Gegenleistung für die Platzierung stellt das Unternehmen, dessen Artikel in dem Medienprogramm untergebracht werden, Geld- oder Sachleistungen in Form von Produkten zur Verfügung.

Angewandt wird Product-Placement häufig bei sehr hochwertigen Markenartikeln. Kritisiert wird oft eine Irreführung der Verbraucher. Als problematisch wird ebenfalls die Gefahr eines Verstoßes gegen das Wettbewerbsrecht angesehen.

Product-Placement als millionenschwerer Markt. Angeblich wendete BMW dafür 10 Millionen Euro auf: James Bond mit seinem BMW Z3.

Persönlicher Verkauf

Viele Unternehmen bieten heute komplizierte Produkte an, die einen hohen Erklärungsbedarf haben. Die Absatzwerbung kann dies allein nicht leisten. Deshalb haben persönliche Beratungsgespräche zwischen Verkäufern und Kunden heute eine große Bedeutung.

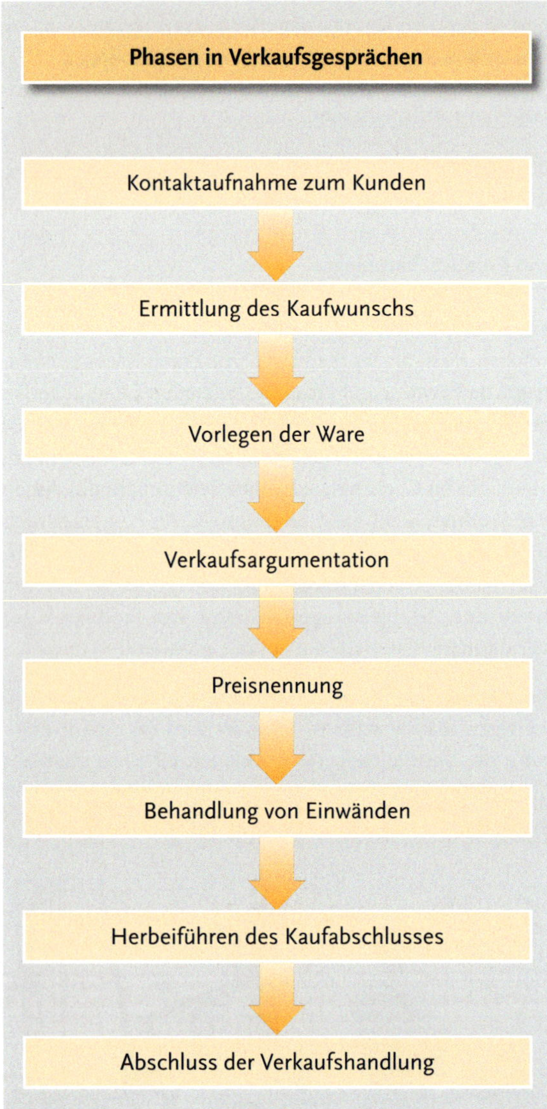

Dieser Teil der Kommunikationspolitik versucht mit geschulten Verkäufern gezielt auf die Bedürfnisse der Kunden einzugehen, ihnen den Nutzen der Artikel zu verdeutlichen und sie somit zur Kaufentscheidung zu bringen.

AUFGABEN

1. Welche der aufgeführten Marketingmaßnahmen gehören zur Verkaufsförderung?
   a) Werbung auf dem Trikot von Werder Bremen
   b) Werbefilm im Kino
   c) Preisausschreiben
   d) Firmenzeitschrift der Hoffmann KG
   e) Proben
   f) Werbeständer
   g) Prospekte
   h) Schulung der Verkäufer

2. Wodurch unterscheidet sich die Verkaufsförderung von der Absatzwerbung?

3. Die Hoffmann KG unterstützt das Handballteam von Eintracht Hildesheim. Wozu dient das Sponsoring hauptsächlich aus unternehmerischer Sicht?
   a) Verkauf der Produkte
   b) Nutzung steuerlicher Vorteile
   c) Verbesserung des Images
   d) Steigerung des Umsatzes
   e) Erkennen des Verhaltens der Konsumenten

4. Erläutern Sie den Begriff Direktwerbung.

5. Wodurch unterscheidet sich die Absatzwerbung von der Öffentlichkeitsarbeit?

6. Was versteht man unter Corporate Identity?

7. Welches Marketinginstrument ist hier angesprochen?
   a) „Ein gutes Betriebsklima wird als absatzsteigernd angesehen."
   b) „Dies ist die kreative Einbindung eines Markenartikels im Sinne der notwendigen Requisite in eine Spielfilmunterhaltung. Das Produkt wird dabei im Gebrauchs- oder Verbrauchsumfeld von bekannten Schauspielern – in der Regel von Hauptdarstellern – gezeigt, wobei die Marke für den Filmbetrachter deutlich erkennbar ist."
   c) „Ein relativ teures, aber wirksames Instrument ist die gekonnte Präsentation des Produkts im Rahmen eines Gesprächs zwischen einem Mitarbeiter des Unternehmens und einem möglichen Kunden."

AKTIONEN

1. Berichten Sie in der Klasse, wenn Sie schon einmal an einer Verkaufsförderungsmaßnahme teilgenommen haben, um welche Art von Salespromotion es sich handelte.

2. Erkunden Sie ein Einzelhandelsgeschäft Ihrer Wahl. Beachten Sie, dass Sie dabei Ihre Schule repräsentieren.
   a) Stellen Sie fest, welche Verkaufsförderungsmaßnahmen angewendet werden, und notieren Sie diese.
   b) Erläutern Sie in der Klasse die jeweils gefundenen Verkaufsförderungsmaßnahmen.

3. Berichten Sie Ihrer Klasse, ob und wie Ihr Unternehmen Sponsoring betreibt.

ZUSAMMENFASSUNG

Instrumente der Kommunikationspolitik

- **Product-Placement**
  Ein Produkt wird in Medienprogramme integriert, um den Absatz zu fördern.
- **Sponsoring**
  Personen, Institutionen oder Veranstaltungen werden systematisch unterstützt, um eine Verbesserung des Images oder Bekanntheitsgrades zu erhalten.
- **Human Relations**
  Über die Förderung der Motivation der Mitarbeiter soll der Absatz gesteigert werden.
- **Salespromotion**
  Förderung des Absatzes am Verkaufspunkt
- **Public Relations**
  Öffentlichkeitsarbeit zur Imagepflege des Unternehmens
- **Direktwerbung**
  Mit personalisierten Werbebotschaften wendet man sich direkt an den Kunden.
- **Persönlicher Verkauf**
  Verkäufer berät Kunde persönlich.
- **Absatzwerbung**
  soll Nachfrage nach einem bestimmten Produkt schaffen durch Informationen über das Produkt.

6.9 Wir werben

Einstieg

Michael Hoffmann:
„In einigen Filialen sowie bei einigen Warengruppen haben wir deutliche Umsatzeinbußen zu verzeichnen ..."

Cornelia Saager:
„Dann müssen wir einfach etwas Werbung machen."

Michael Hoffmann:
„Das sagt sich leicht. Dabei müssen wir allerdings allerhand beachten ..."

Machen Sie Vorschläge, was man bei der Vorbereitung und Durchführung von Werbemaßnahmen beachten sollte.

INFORMATIONEN

Absatzwerbung

DEFINITION

Absatzwerbung – im normalen Sprachgebrauch auch Werbung genannt – stellt die von einem Unternehmen gesteuerte und geplante Form der Käuferbeeinflussung zur Erreichung der unternehmerischen Absatzziele dar. Werbung ist eine Kommunikationsform, die
- unpersönlich (richtet sich grundsätzlich an alle) und
- in räumlicher Distanz vom Verkaufsort

durchgeführt wird.

Die Absatzwerbung verfolgt zunächst einmal vier aufeinander aufbauende Ziele:

- **Bekanntmachung**
  Potenziellen Kunden wird die Existenz des Produkts bewusst gemacht.
- **Information**
  Den Kunden werden Produktmerkmale (technische Daten, Preise usw.) mitgeteilt.
- **Imagebildung**
  Produkt oder Unternehmen sollen bei der Zielgruppe positiv aufgenommen werden.
- **Handlungsauslösung**
  Die Kunden sollen zum Kauf bewegt werden.

Die Absatzwerbung ist das Bindeglied zwischen den Anbietern (den anbietenden Unternehmen) und den Nachfragern von Produkten (den Kunden). Sie nimmt gezielt Einfluss auf die Kaufentscheidungen.

„Wer nicht wirbt, stirbt!"
Henry Ford

Grundlage dieser zielgerichteten Kommunikation ist die ausgesendete Botschaft des Verkäufers mit dem Ziel, die Bedürfnisse des Käufers für ein bestimmtes Produkt zu wecken. Um dieses Ziel zu erreichen, muss die Werbung „werbewirksam" bei den Nachfragern ankommen (Einwirkung auf Sinne, Aufmerksamkeit, Gedächtnis, Vorstellung, Gefühl). Damit dies geschieht, muss eine Werbemaßnahme genau geplant werden. Hierfür wird ein Werbeplan aufgestellt, der die Details für die Durchführung der Werbemaßnahme enthält.

Investitionen in Werbung
nominal in Mrd. Euro (gerundet)

	2006	2007	2008	2009[1]
gesamt Honorare, Werbemittelproduktion, Medienkosten	30,23 + 2,1 %	30,83 + 2,0 %	30,67 – 0,5 %	28,84 – 0,6 %
davon Netto-Werbeeinnahmen der Medien	20,35 + 2,6 %	20,81 + 2,3 %	20,36 – 2,2 %	18,37 – 9,8 %

Quelle: Zentralverband der deutschen Werbewirtschaft ZAW, 25. Mai 2010

1 Der Rückgang in 2009 lässt sich auf die Finanzkrise zurückführen.

Werbeplan

Im Werbeplan sind folgende Aspekte enthalten:

- **Wer?**
  z. B. ein Unternehmen, ein Verbund von Unternehmen oder eine Werbeagentur
- (sagt) **was?**
  Inhalt der Werbebotschaft
- **mit welchem Ziel?**
  - ökonomische Werbeziele, z. B. Erhöhung des Marktanteils, Umsatzsteigerung
  - vorökonomische (kommunikative) Werbeziele, z. B. Erhöhung der Bekanntheit/des Images einer Marke
- **wann?**
  Bedacht werden sollte der günstigste Zeitpunkt der Werbemaßnahme:
  - Streuzeit (Werbezeit), z. B. eine bestimmte Jahreszeit
  - Beginn und Dauer der Werbemaßnahme
- **wem?**
  Die Zielgruppe (Streukreis) muss bestimmt werden: Der umworbene Personenkreis wird festgelegt.
- **wo?**
  Streugebiet (= geografischer Raum/Einsatzgebiet), z. B. lokal, international
- **wie?**
  Bestimmung der Werbemittel und Werbeträger

Der Werbeplan ist abhängig vom Werbeetat des Unternehmens. Dies ist der Betrag, der dem Unternehmen für Werbemaßnahmen zur Verfügung steht. Die Höhe des Werbeetats kann abhängen von:

- den Werbezielen
- der finanziellen Lage des Unternehmens
- den Werbemaßnahmen der Konkurrenten

Werbegrundsätze

Steht der Werbeplan, werden die Werbemaßnahmen durchgeführt. Damit die Werbung effektiv ist, sollten die vier Werbungsgrundsätze beachtet werden:

- **Werbewirksamkeit**
  Werbeträger und -mittel sind so auszuwählen, dass sie den Konsumenten in Übereinstimmung mit den angestrebten Werbezielen optimal beeinflussen.
- **Werbewahrheit**
  Die Werbung wird unglaubwürdig, wenn sie nicht sachlich informiert oder sogar irreführend und täuschend ist. Werbung darf zudem nicht gegen die „guten Sitten" verstoßen, wie sie im Gesetz gegen den unlauteren Wettbewerb[1] formuliert sind.
- **Werbeklarheit**
  Werbeaussagen müssen von allen Konsumenten schnell und leicht verstanden werden können.
- **Werbewirtschaftlichkeit**
  Der Erfolg der Absatzwerbung muss in einem vernünftigen Verhältnis zu den aufgewendeten Kosten stehen. Dies zu überprüfen ist Gegenstand der Werbeerfolgskontrolle.

Wird gegen mehrere oder gegen einen dieser Werbungsgrundsätze verstoßen, ist der Erfolg der Werbemaßnahme stark gefährdet.

Arten der Werbung

Nach verschiedenen Kriterien können unterschiedliche Werbearten unterschieden werden.

Werbearten nach dem Gegenstand der Werbung

Geht man vom Gegenstand der Werbung aus, kann die Werbung in Sachwerbung und Firmenwerbung unterteilt werden.

Sachwerbung
Die Sachwerbung bezieht sich auf ein einzelnes Produkt. Der Name des anbietenden Unternehmens bleibt weitgehend im Hintergrund oder tritt gar nicht in Erscheinung.

BEISPIEL

Werbung für das Waschmittel Ariel

Firmenwerbung
Die Firmenwerbung bezieht sich auf das Unternehmen als solches oder auf dessen gesamtes Produktionsprogramm. Stark in den Vordergrund gerückt wird deshalb der Name des Unternehmens. Im Gegensatz zu den Public Relations[2] ist jedoch noch ein gewisser Produktbezug vorhanden.

BEISPIEL

Fernsehspot für Audi-Automobile

1 siehe Kap. 6.10 2 siehe Kap. 6.8

Werbearten nach Anzahl der Werbenden

Nach der Anzahl der Werbenden wird unterschieden in Alleinwerbung, Sammelwerbung und Gemeinschaftswerbung.

Alleinwerbung
Die Alleinwerbung geht von einem einzelnen Unternehmen aus, weswegen sie oft auch Einzelwerbung genannt wird. Der Anbieter bewirbt seine eigenen Produkte.

BEISPIEL

Die Hoffmann KG wirbt in einer Fachzeitschrift.

Sammelwerbung
Bei der Sammelwerbung werben mehrere Unternehmen gemeinsam. Da dabei die Namen der jeweiligen Unternehmen genannt werden, ist jeweils klar erkennbar, wer wirbt.

BEISPIEL

Die Einzelhandelsunternehmen einer Straße in der Innenstadt entscheiden sich für eine gemeinsame Anzeige in der örtlichen Tageszeitung.

Maßnahmen der Sammelwerbung bleiben hinsichtlich der Effizienz hinter der Alleinwerbung zurück, können diese jedoch auf wirksame und preiswerte Art unterstützen.

BEISPIEL

Die Kosten der Anzeige werden geteilt. Es ist in der Anzeige jedoch nicht möglich, auf das Sortiment jedes Geschäfts speziell einzugehen.

Gemeinschaftwerbung
Auch bei der Gemeinschaftswerbung werben mehrere Unternehmen gemeinsam. Sie treten dabei namentlich aber nicht in Erscheinung. Oft wird für Produkte eines bestimmten Wirtschaftszweigs geworben. Häufig werden dabei Werbesprüche (Slogans) verwendet, die sich bei den Zielpersonen der Werbung tief ins Gedächtnis einprägen sollen.

BEISPIELE

- Butter ist durch nichts zu ersetzen – außer durch Butter.
- Trinkt mehr Milch.
- Milch macht müde Männer munter.
- Aus deutschen Landen frisch auf den Tisch.

Werbearten nach Anzahl der Umworbenen

Hinsichtlich der Anzahl der Umworbenen kann eine Einteilung in Direktwerbung und Massenwerbung getroffen werden.

Direktwerbung
Bei der Direktwerbung wendet man sich unmittelbar an namentlich bekannte einzelne Personen oder Zielgruppen. Wegen der gestiegenen Bedeutung der Direktwerbung wird sie zunehmend als eigenständiges Instrument der Kommunikationspolitik[1] neben der Absatzwerbung aufgefasst.

Massenwerbung
Normalfall der Werbung ist die Massenwerbung. Sie richtet sich an einen anonymen und großen Personenkreis. Der Vorteil dieser Werbeform liegt in der sehr großen Breitenwirkung bei verhältnismäßig geringen Kosten. Als Nachteil kann angesehen werden, dass es zu großen Streuverlusten kommen kann.

Werbearten im Hinblick auf den Produktlebenszyklus

Abhängig vom zeitlichen Auftritt im Produktlebenszyklus gibt es die folgenden Werbearten:

- **Einführungswerbung**
  Ziel: Ein neuer Artikel soll auf dem Markt bekanntgemacht werden.

- **Expansionswerbung**
  Ziel: Der Umsatz eines schon bekannten Produkts soll gesteigert werden.

- **Erinnerungswerbung**
  Ziel: Der Bekanntheitsgrad eines bereits gut auf dem Markt eingeführten Produkts soll erhalten werden.

Nicht immer, aber häufig werben Unternehmen **antizyklisch:** Steigen die Umsätze, wird die Intensität von Werbemaßnahmen zurückgefahren. Sinken die Umsätze dagegen, werden die Werbemaßnahmen ausgeweitet. Dadurch können saisonale Absatzschwankungen ausgeglichen werden. Zudem erhält man eine relativ ausgeglichene Kapazitätsauslastung.

1 siehe Kap. 6.8

Werbemittel und Werbeträger

Besondere Bedeutung kommt der Auswahl der Werbemittel und der Werbeträger in der Werbung zu.

Werbemittel

DEFINITION

Werbemittel sind alle in der Werbung eingesetzten Instrumente, um eine Werbebotschaft an die Zielgruppe zu bringen, wie Anzeigen, Prospekte, Plakate, Brief, Funkspots, Fernsehspots, Filme.

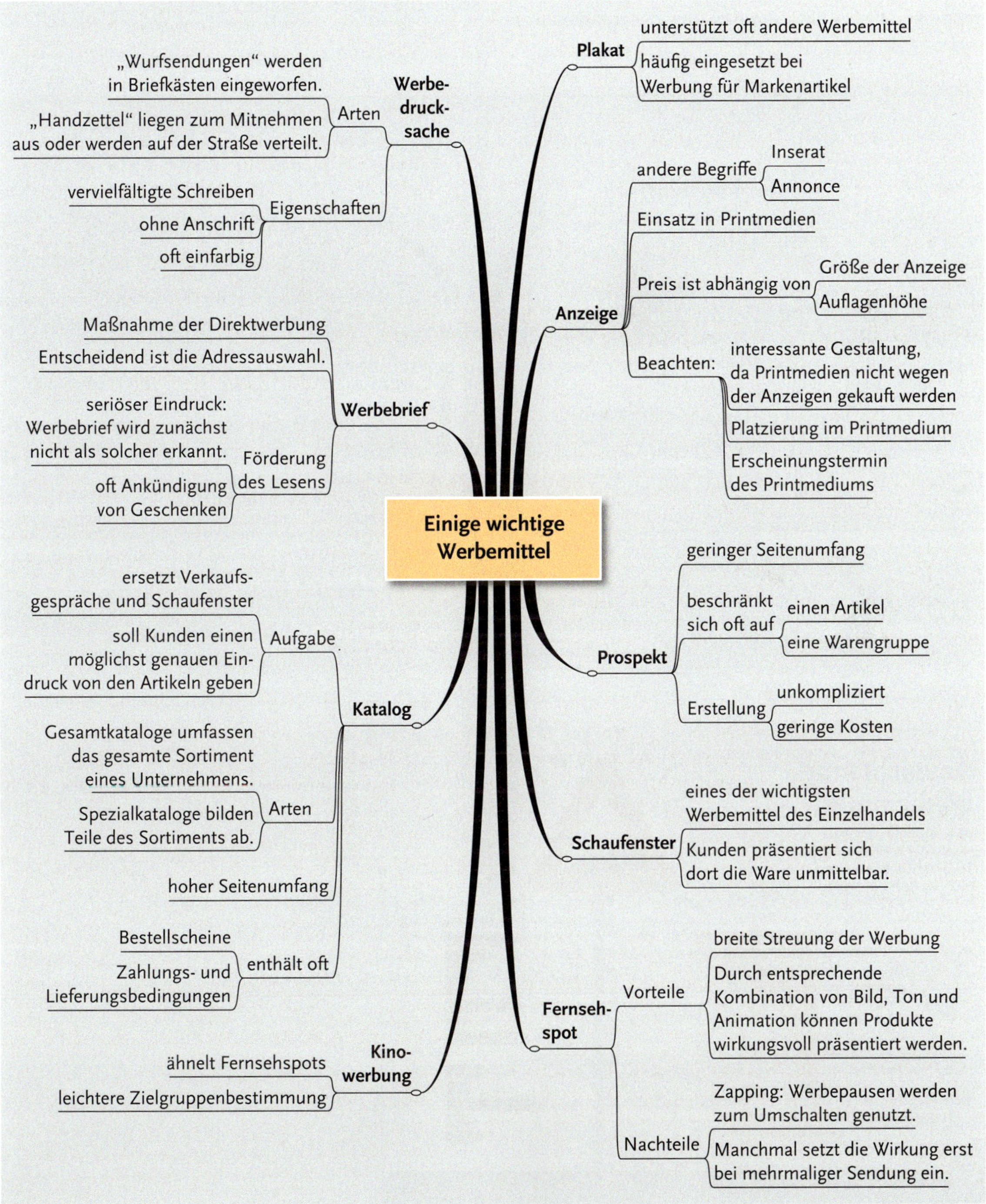

Werbeträger

DEFINITION

Unter einem **Werbeträger** wird das Medium verstanden, durch das ein Werbemittel an die Umworbenen herangetragen wird, z. B. Fernsehsendungen, Litfaßsäulen, Zeitungen und Zeitschriften.

Den Unternehmen stehen viele Werbeträger zur Verfügung. Sie werden nach Produkt und Zielgruppe ausgesucht.

BEISPIEL

Die Hoffmann KG hat sich entschieden, ihre Werbebotschaft mit dem Instrument (=Werbemittel) Anzeige an potenzielle Kunden zu bringen. Entschieden werden muss jetzt noch, durch welches Medium (= Werbeträger) die Anzeige den Kunden bekanntgemacht wird. Zur Auswahl stehen eine Anzeige in der Fachzeitung Textilwesen oder eine Anzeige in einer Beilage (Supplement), die verschiedene Fachzeitschriften beigelegt wird.

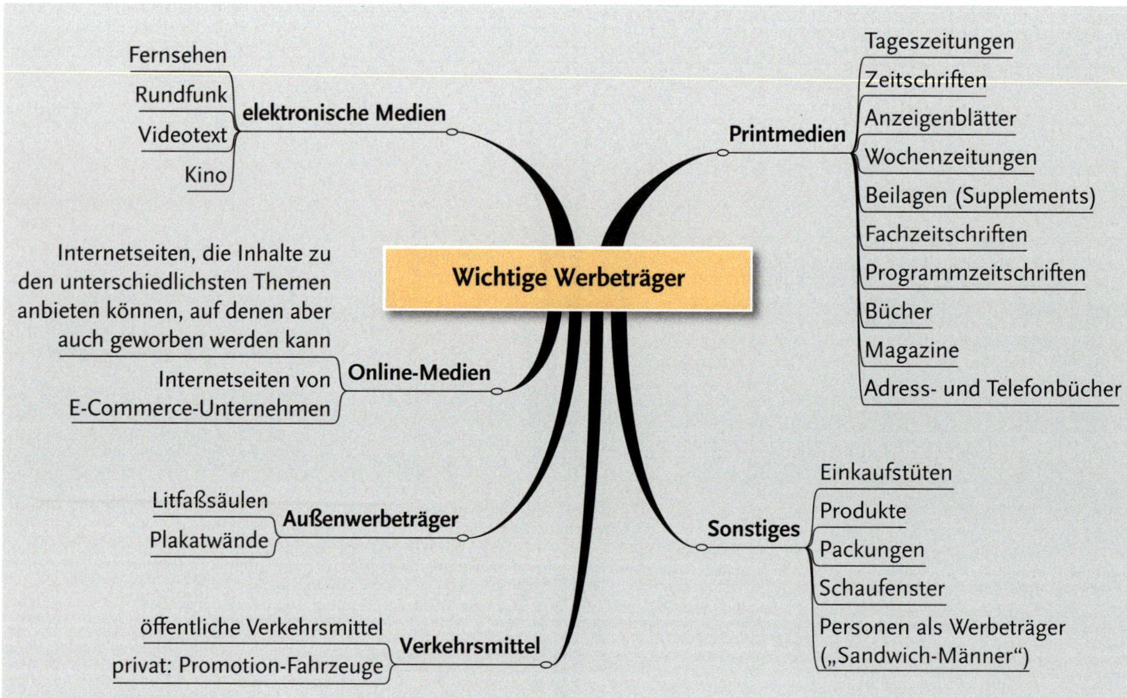

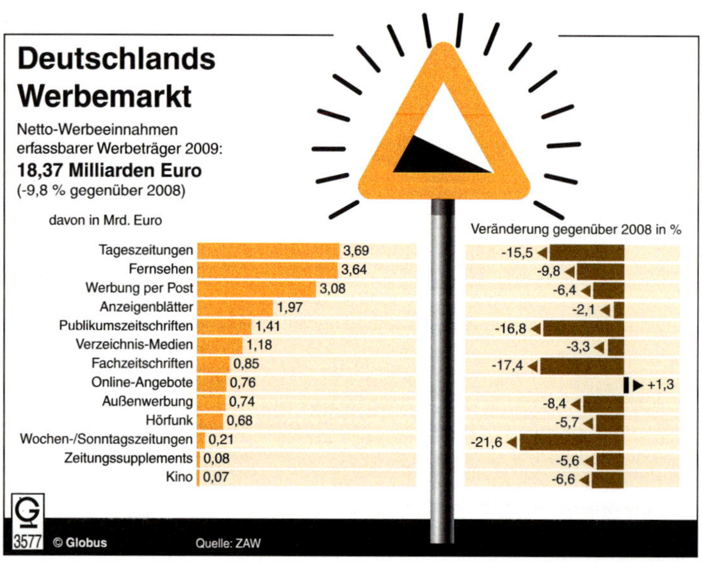

Übersicht über die wichtigsten Werbemittel und ihre potenziellen Werbeträger	
Werbemittel	**Werbeträger**
Inserate	Tages- und Wochenzeitungen, Anzeigeblätter, Illustrierte, Fachzeitschriften, Veranstaltungsprogramme
Banner (www)	Homepage (Internet)
Außen- und Innenplakate	Anschlagflächen an Verkehrswegen, Bauzäunen, öffentlichen Verkehrseinrichtungen (Bahnhöfen, U-Bahnhöfen, Zügen, Straßenbahnen usw.), Veranstaltungszentren (Sportstadien), Ladengeschäften, Messen und Ausstellungen
permanente Außen- und Innenwerbung mittels Leuchtschriften, Signeten und Dauerplakaten	private und öffentliche Gebäude, Veranstaltungszentren, Verkehrsmittel, Ladengeschäfte, Messen und Ausstellungen
Kataloge, Prospekte, Postkarten	Postversand, Hausverteilungsorganisationen, Verteilung auf Straße, an Veranstaltungen, Messen, Ausstellungen, durch Außendienstpersonal, als Beilage zum Schriftverkehr der Firma, in Produktpackungen, in Einzelhandelsgeschäften
individuell zu tragende Abzeichen und Signete, Abziehbilder und Kleber, Kleidungsstücke, Startnummern usw.	firmenangehöriges Personal, Käufer und Verwender, irgendwelche Dritte, Fahrzeuge, Teilnehmer an Sportveranstaltungen
Einpackpapier, Tragetaschen	Käufer und Besucher von Einzelhandelsgeschäften, Veranstaltungen usw.
Werbegeschenke wie Taschen- und Wandkalender, Arbeitstabellen, Werkzeuge, Taschenrechner, Fachbücher, Etuis usw.	Käufer und Verwender der Produkte, Händler und Absatzhelfer
Diapositive und Werbefilme	Kinos, Theater, Veranstaltungen
Fernsehspots	verschiedene Fernsehanstalten, eventuell auch verbilligte Abgabe von DVDs für Unterrichtszwecke
gesprochene und vertonte Werbetexte	Radiosender, Sport- und Unterhaltungsveranstaltungen, Einzelhandelsgeschäfte, Autos mit Lautsprechereinrichtungen

Jean-Paul Thommen: Managementorientierte Betriebswirtschaftslehre. Versus Verlag, Zürich 2004, S. 324

Werbemittel	**Werbeträger**
= Erscheinungsform der Werbebotschaft	= Medien, die die Werbebotschaft an die Zielpersonen herantragen

BEISPIEL

BEISPIEL

Wirksamkeit von Werbemaßnahmen

Die Werbewirksamkeit einer Werbemaßnahme hängt davon ab, ob es dem Werbenden gelingt, die Werbebotschaft so auszusenden, dass sich die umworbene Person (Personenkreis) angesprochen fühlt. Das bedeutet, dass dessen Bedürfnisse geweckt werden und dieser schließlich zum Kaufentschluss veranlasst wird. Dieser Verarbeitungsprozess kann mithilfe der AIDA -Formel dargestellt werden.

AIDA-Prinzip		
Attention = Aufmerksamkeit	Es muss ein erster Blick des möglichen Kunden gewonnen werden.	Aufmerksamkeit kann durch Hingucker erzielt werden: • nackte Haut • schöne Frauen/Männer • niedliche Tiere, Kinder • Fangfoto, das etwas zeigt, das neugierig macht • grelle Farben, große Sprüche • schiere Größe
Interest = Interesse	Der erste Blick des Betrachters soll gehalten werden.	Das Interesse des möglichen Kunden für die Werbung soll gebunden werden: Er soll vor der Werbung verweilen und sich mit ihr beschäftigen.
Desire = Verlangen	Das Verlangen des Betrachters nach dem beworbenen Produkt soll sowohl rational als auch emotional geweckt werden.	Der Betrachter bekommt Gründe dafür genannt, warum er das beworbene Produkt kaufen sollte: • rationale (= vernünftige) Gründe Nennen der Vorteile des Artikels, z. B. günstiger Preis, Bestandteile • emotionale (= gefühlsmäßige) Gründe Das Produkt bekommt ein bestimmtes Image zugewiesen, das auf den Käufer abfärben soll: Wenn das Produkt „cool" ist, dann soll diese Eigenschaft auch auf den Käufer übergehen.
Action = Handlung	Die Kaufhandlung soll ausgelöst und erleichtert werden.	Werbung soll den Kunden drängen, möglichst umgehend zu kaufen. Zur Kaufhandlung kann durch folgende Maßnahmen geführt werden: • Produktabbildung • Kontaktinformationen • befristete Sonderangebote • Drängen durch „jetzt", „sofort" oder andere Aufforderungen

BEISPIEL

I = Interest: Das Interesse der umworbenen Person wird durch das Versprechen geweckt, dass die Arbeiten im oder am Haus dem Auftraggeber keinen Stress verursachen und ein positives Gefühl erzeugen.

A = Attention: Die Fotos machen auf die Anzeige aufmerksam.

D = Desire: Der Wunsch, genau diesen Malerbetrieb zu beauftragen, wird unterstützt durch die Zusicherung von Kompetenz und Zuverlässigkeit.

A = Action: Der Adressat der Werbung soll einfach und schnell mit der Firma Kontakt aufnehmen können.

Werbeerfolgskontrolle

Jedes Unternehmen, das wirbt, möchte auch wissen, ob sich der Einsatz von Werbemaßnahmen – und der damit verbundene finanzielle Aufwand – auch gelohnt hat. In diesem Zusammenhang überprüft die Werbeerfolgskontrolle, ob die Ziele der Werbung erreicht wurden.

> „Fünfzig Prozent bei der Werbung sind immer rausgeworfenes Geld. Man weiß aber nicht, welche Hälfte das ist."
> Henry Ford

Ein großes Problem der Werbeerfolgskontrolle ist, dass die ermittelten Kennzahlen nicht eindeutig auf die Wirkung von Werbemaßnahmen zurückzuführen sind. Nicht auszuschließen ist der Einfluss anderer Marketinginstrumente.

Es gibt verschiedene Verfahren, die im Rahmen der Werbeerfolgskontrolle Anwendung finden.

Ermittlung der Werberendite

Mit der Ermittlung der Werberendite versucht man, die Wirtschaftlichkeit der Werbung zu messen. Hier wird der ökonomische Erfolg ermittelt. Der durch die Werbung erzielte Umsatzzuwachs wird dabei ins Verhältnis zu den Werbekosten gebracht

FORMEL

$$\text{Werberendite} = \frac{\text{Umsatzzuwachs} \cdot 100}{\text{Werbekosten}}$$

BEISPIEL

Eine Werbemaßnahme der Hoffmann KG für eine bestimmte Warengruppe kostet 75.000,00 €. Der Jahresumsatz vor der Werbemaßnahme betrug 525.000,00 €, nach der Werbemaßnahme 750.000,00 €.

$$\text{Umsatzzuwachs} = 750.000{,}00\,€ - 525.000{,}00\,€ = 225.000{,}00\,€$$

$$\text{Werberendite} = \frac{225.000{,}00\,€ \cdot 100}{75.000{,}00\,€} = 300\,\%$$

Für jeden Euro, den die Hoffmann KG in die Werbemaßnahme investiert hat, bekam sie 3,00 € zusätzlichen Umsatz.

Ermittlung des außerökonomischen Werbeerfolgs

Ein außerökonomischer Werbeerfolg – der sich also nicht wie bei der Werberendite in positiven Auswirkungen auf den Umsatz niederschlägt – kann mit dem Recall- oder dem Recognitionverfahren gemessen werden.

Recallverfahren
Beim Recallverfahren (Erinnerungsverfahren) stellt man durch eine Befragung fest, ob sich Personen an eine Werbung erinnern können und welche Details sie behalten haben.

Recognitionverfahren
Im Rahmen des Recognitionverfahrens (Wiedererkennungsverfahrens) werden den teilnehmenden Personen z. B. einzelne Anzeigen aus Zeitungen, Zeitschriften oder Werbespots präsentiert, um zu ermitteln, was – in welchem Umfang – sie schon einmal gesehen haben.

Kritik an der Werbung

Im Idealfall liegt eine rein informierende Werbung vor. Oft geht die Absatzwerbung jedoch darüber hinaus. Das grundsätzliche Ziel der Werbung – die Absatzsteigerung – soll dann mit Methoden der **Suggestion** und **Manipulation** erreicht werden. Dadurch gerät die Absatzwerbung häufig in die Kritik. Der Umworbene soll mit psychologischen Methoden zum Kauf von Produkten gebracht werden, ohne dass dies für ihn erkenntlich ist. Durch den Aufbau von Stimmungen, das Wecken von Sehnsüchten, das Hervorrufen von Schuldgefühlen sollen Bedürfnisse erzeugt werden, die ohne die Werbung nicht da wären. Erst die Werbung verleiht also manchen Artikeln ihre Bedeutung. Ohne die Werbung wären viele Artikel nicht gefragt. Unterschwellige Werbung verleitet Konsumenten, Produkte zu kaufen, die sie normalerweise nicht kaufen würden, da sie sie eigentlich nicht brauchen.

Eine andere Kritik an der Werbung zielt auf deren mangelhaftes Niveau. Oft ist in diesem Zusammenhang auch von **Reklame** die Rede. Darunter versteht man heutzutage

- schlechte,
- marktschreierische,
- übertriebene oder sogar
- unwahre Werbung.

AUFWACHEN!!!
AUFWACHEN!!!

Aus geplatzten Aufträgen bieten wir noch wenige

NIEGELNAGELNEUE

Fertiggaragen

zu absoluten Schleuderpreisen

www.garagen-fast-gratis.de

DAS IST DER TOTALE WAHNSINN!!!
DAS IST DER HAMMER!!!

Reklame heute = Werbung, die anrüchig, übertrieben oder marktschreierisch ist

Werbung, Reklame, PR – alles dasselbe ?

Nein! Im heutigen Sprachgebrauch werden zwar sowohl das Wort Werbung, Reklame als auch PR (Public Relations) als ein Synonym angesehen, dies ist aber nicht so.

Das Wort Public Relations bedeutet nichts anderes als Öffentlichkeitsarbeit. Das bedeutet, dass ein Unternehmen für die Öffentlichkeit Informationen zur Verfügung stellt, ohne dabei ein eigenes Produkt zu bewerben. Hier zwei Beispiele, um PR zu veranschaulichen:

Wenn eine Computerzeitung beschließt, Handys zu testen, fragt diese bei dem Hersteller nach Informationen über das Gerät an und bekommt zusätzlich ein Gerät zur Verfügung gestellt, um dieses zu testen. Danach veröffentlicht die Zeitung das Ergebnis. Dieser Artikel ist dann PR.

Rach der Restauranttester, eine Sendung von RTL, ist auch eine PR-Sendung. Hierbei testet ein Koch ein Restaurant und verbessert dieses, richtet es neu ein und erstellt eine neue Speisekarte. Dabei wird jedoch nicht gesagt, dass man nun in das Restaurant essen gehen soll, jedoch regt es eventuell einige Menschen an, in diesem Restaurant essen zu gehen.

Das Wort Reklame ist in den 50er-Jahren durch das Wort Werbung ersetzt worden. Heute gibt es jedoch einen bedeutenden Unterschied dieser beiden Worte.
Bei Reklame umwirbt der Verkäufer den Kunden nicht, sondern stellt lediglich sich selbst dar, ohne dabei darauf zu achten, wie er es tut. Ziel ist es nur, bekannt zu geben, dass man dieses Produkt verkauft.

Werbung früher: eine klassische Reklame-Tafel der 50er-Jahre

Patrick Mertens

Quelle: http://blog.doccheck.com/de/archive/1551-Werbung,-Reklame,-PR-alles-dasselbe.html, 19. Januar 2009

AUFGABEN

1. Was versteht man unter Absatzwerbung?

2. Was ist ein Werbeplan?

3. Welche Informationen sind im Werbeplan enthalten?

4. Was versteht man unter dem Werbeetat?
   a) rechtliche Vorgaben zur Gestaltung der Werbung seitens des Gesetzgebers
   b) finanzielle Mittel, die für eine bestimmte Werbekampagne zur Verfügung stehen
   c) Ermittlung des ökonomischen Werbeerfolgs
   d) Befriedigung der Kundenwünsche zwecks Gewinnerzielung
   e) Ermittlung des außerökonomischen Werbeerfolgs

5. Wovon hängt der Werbeetat eines Unternehmens ab?

6. Wodurch unterscheiden sich die Firmen- und die Sachwerbung?

7. Erläutern Sie die drei Werbearten nach der Zahl der Werbenden.

8. Was ist das entscheidende Merkmal der Massenwerbung?

9. Was versteht man unter Einführungswerbung?

10. Welche Aufzählung(en) enthält (enthalten) allein Werbemittel?
    a) Plakate, Lichtwerbung, Internet
    b) Plakate, Liftfasssäulen, Kino
    c) Kino, Fernsehen, Hörfunk
    d) Kino, Tageszeitung, Hörfunk
    e) Plakate, Lichtwerbung, Werbegeschenke

11. Was versteht man unter Werbeträgern?
    a) Werbeträger beinhalten die Werbebotschaft.
    b) Werbeträger werden über Werbemittel an die Zielgruppen herangebracht.
    c) Werbeträger sind Sachgegenstände und Personen, die Werbemittel an die Zielgruppen heranbringen.
    d) Werbeträger können auch Werbegeschenke sein.
    e) Werbeträger können nur innerhalb des Unternehmens eingesetzt werden.

12. Stellen Sie in einer Tabelle gegenüber, welche Eigenschaften auf Werbemittel bzw. auf Werbeträger zutreffen.

13. Entscheiden Sie in den folgenden Fällen, ob es sich um ein Werbemittel oder einen Werbeträger handelt.
    a) Fernsehsender ZDF
    b) Anzeige für den neuen VW-Golf
    c) Litfaßsäule
    d) Illustrierte STERN
    e) Prospekt
    f) Werbebrief an Herrn Schmidt

14. Erläutern Sie das AIDA-Prinzip am Beispiel der folgenden Internetseite:

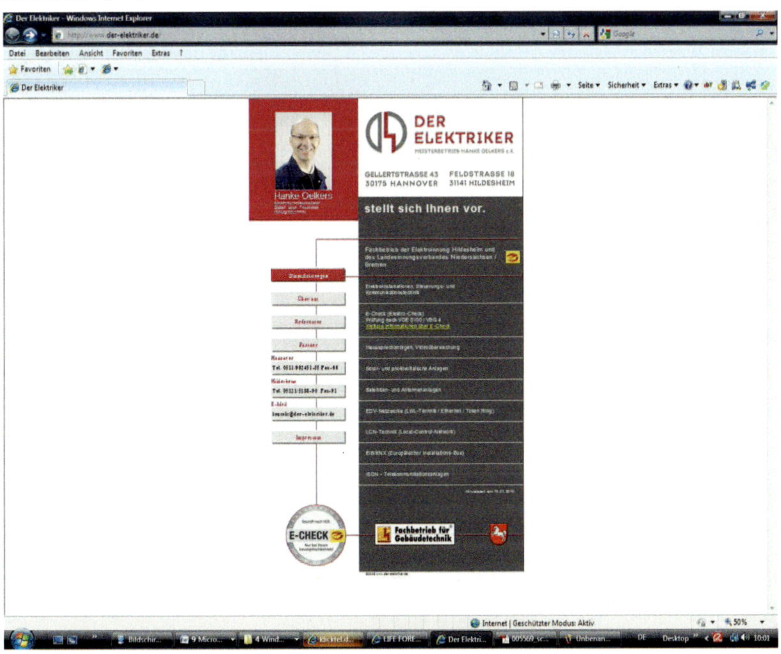

15. Was versteht man unter der Werberendite?

16 Eine Werbemaßnahme der Hoffmann KG für eine bestimmte Warengruppe kostet 200.000,00 €. Der Jahresumsatz vor der Werbemaßnahme betrug 1.600.000,00 €, nach der Werbemaßnahme 4.200.000,00 €. Berechnen Sie die Werberendite.

17. Stellen Sie das Hauptproblem der Werbeerfolgskontrolle dar.

AKTIONEN

1. Erstellen Sie eine Collage zum Thema: „Welche Erfahrungen verbinden Sie mit Werbung?".
   a) Schneiden Sie dazu aus Zeitungen oder Zeitschriften passende Überschriften, Abbildungen, Fotos usw. aus.
   b) Kleben Sie diese so auf eine Wandzeitung, dass sie Ihre Assoziationen wiedergeben.
   c) Bereiten Sie sich darauf vor, Ihre Collage der Klasse kurz vorzustellen.

2. Sie haben sich entschieden, im Rahmen Ihres Marketingkonzepts eine Werbeaktion mit einem Plakat für Schaufenster oder Litfaßsäulen und einer ganzseitige Anzeige für die örtliche Zeitung durchzuführen.
   a) Erstellen Sie einen Werbeplan.
   b) Fertigen Sie das Plakat und die Werbeanzeige an. Berücksichtigen Sie dabei die AIDA-Regel.
   c) Präsentieren Sie den Werbeplan, das Plakat und die Werbeanzeige.
   d) Untersuchen Sie bei den anderen Plakaten und Werbeanzeigen die Einhaltung der AIDA-Regel.
   e) Bereiten Sie sich darauf vor, bei dem Ihrer Ansicht nach gelungensten Werbemittel die AIDA-Regel vorzustellen.

3. Untersuchen Sie unterschiedliche Zeitungen bzw. Zeitschriften. Achten Sie auch unterwegs, beim Fernsehen oder im Kino auf Werbungen.
   - Finden Sie vier Beispiele für Absatzwerbung.
   - Führen Sie auf, welches Beispiel Sie für effektiv und gelungen halten.
   - Ordnen Sie den jeweiligen Werbemitteln die Werbeträger zu.

4. Arbeiten Sie den interaktiven Onlinekurs zu verschiedenen Aspekten der Werbung unter www.verbraucherbildung.de/projekt01/werbung/index.html durch.

5. a) Bilden Sie in der Klasse Gruppen. Jede der Gruppen erstellt eine Wandzeitung oder eine Folie, die kurz über eines der Marketinginstrumente
   - Produktpolitik
   - Sortimentspolitik
   - Preispolitik
   - Distributionspolitik
   - Absatzwerbung
   - Verkaufsförderung
   - Sponsoring
   - Öffentlichkeitsarbeit

   informiert.
   b) Beachten Sie die Regeln der Visualisierung („Ein Bild sagt oft mehr als 1000 Worte.").
   c) Bereiten Sie sich darauf vor, Ihr Handlungsprodukt vorzustellen.

6. Um wieder Umsatzsteigerungen zu erzielen, sollen Sie in Gruppenarbeit für die Hoffmann KG ein Marketingkonzept erstellen. Nach Möglichkeit sollen alle Marketinginstrumente berücksichtigt werden.
   a) Machen Sie für jedes Marketinginstrument Vorschläge, die die Situation der Hoffmann KG verbessern könnten.
   b) Suchen Sie aus Ihren Vorschlägen diejenigen aus, die zu einem stimmigen Marketingkonzept passen könnten.
   c) Stellen Sie dieses Konzept Ihrer Klasse vor.

ZUSAMMENFASSUNG

Absatzwerbung

= soll mögliche Verkäufer veranlassen, Bedürfnisse und Wünsche in Kaufhandlungen umzusetzen

Arten

Gegenstand der Werbung
- Sachwerbung
- Firmenwerbung

Anzahl der Werbenden
- Alleinwerbung
- Sammelwerbung
- Gemeinschaftswerbung

Anzahl der Umworbenen
- Direktwerbung
- Massenwerbung

zeitlicher Auftritt im Produktlebenszyklus
- Einführungswerbung
- Expansionswerbung
- Erinnerungswerbung

abhängig vom **Werbeetat**

Werbeplan
legt Einzelheiten der Werbemaßnahme fest

u. a.

Werbemittel
die in der Werbung eingesetzten Instrumente, um eine Werbebotschaft an die Zielgruppe zu bringen

Werbeträger
das Medium , durch das ein Werbemittel an die Umworbenen herangetragen wird

Für eine möglichst große Wirksamkeit der Maßnahmen sollte beachtet werden:

AIDA-Prinzip

Attention | Interest | Desire | Action

Wirksamkeit wird überprüft durch die **Werbeerfolgskontrolle.**

6.10 Wir beachten gesetzliche Regelungen des Wettbewerbs

Einstieg

Michael Hoffmann liest gerade in einer Fachzeitschrift und traut seinen Augen nicht. Ein amerikanisches Großhandelsunternehmen, das seit einem Jahr bundesweit als neuer Mitbewerber auftritt, hat eine große Anzeige geschaltet.

Frau Sander, die Sekretärin der Geschäftsführung, ist total erstaunt, als ihr Chef erzürnt mit der Zeitschrift aus seinem Zimmer kommt: „Na, das wollen wir ja mal sehen ..."

Texco fashion GmbH

Hoffmann KG

...

Zwei Drittel der Arbeitskräfte der Hoffmann KG sind Ungelernte. Bei uns werden Sie daher besser beraten.

...

Stellen Sie fest, ob hier ein Verstoß gegen das Gesetz gegen den unlauteren Wettbewerb vorliegt.

INFORMATIONEN

Gesetz gegen den unlauteren Wettbewerb

Idealerweise sollten sich Werbemaßnahmen nur an der Qualität und dem Preis der Waren orientieren. Oft bewusst, manchmal unbewusst verstoßen jedoch viele Unternehmen dagegen. Dadurch werden einerseits Mitbewerber um ihre Chancen betrogen, die potenziellen Kunden (andere Unternehmen, vor allem aber Verbraucher) andererseits getäuscht bzw. irregeführt.

Gegen ein solches unzulässiges Verhalten richtet sich das Gesetz gegen den unlauteren Wettbewerb (UWG). Als unlauteren Wettbewerb versteht man das unfaire Verhalten von Unternehmen, die gegen die guten Sitten im Geschäftsleben verstoßen.

Das Gesetz gegen den unlauteren Wettbewerb ist wegen seines weiten Anwendungsbereichs für jeden in der Wirtschaft Tätigen relevant:

- Es muss beachtet werden, damit man sich über das eigene Verhalten nicht angreifbar macht.
- Die Kenntnis des UWG ist wichtig, um unerwünschtes wettbewerbliches Verhalten Dritter abwehren zu können.

Gegen unlautere Handlungen vorgehen können:

- Mitbewerber
- Interessenverbände von Marktteilnehmern

BEISPIELE

- Wettbewerbsvereine
- Kammern
- Verbraucherschutzverbände

Verbraucher können dies jedoch nicht.

Machte das UWG in früheren Fassungen nur Angaben zu werberechtlichen Verstößen, erfasst es heute jedes wettbewerbswidrige Verhalten. Es richtet sich gegen alle geschäftlichen Handlungen, die als unlautere Geschäftspraktiken bezeichnet werden können.

Als geschäftliche Handlung gilt jedes Verhalten einer Person, das in einem tatsächlichen Zusammenhang mit der Förderung des Absatzes oder des Bezugs von Waren oder Dienstleistungen steht. Erfasst werden Verhaltensweisen der Unternehmen vor, während und nach dem Vertragsschluss.

Generalklausel des UWG

GESETZ

§ 3 Verbot unlauterer geschäftlicher Handlungen
(1) Unlautere geschäftliche Handlungen sind unzulässig, wenn sie geeignet sind, die Interessen von Mitbewerbern, Verbrauchern oder sonstigen Marktteilnehmern spürbar zu beeinträchtigen.

Diese allgemein formulierte Generalklausel des UWG verbietet also grundsätzlich alle unlauteren geschäftlichen Handlungen, soweit es sich um keine Bagatellfälle handelt. Die in der Generalklausel genannten Wirtschaftsteilnehmer werden folgendermaßen definiert:

- **Mitbewerber**
  Dies sind alle Unternehmen, die zu dem eigenen Unternehmen als Anbieter oder Nachfrager von Waren oder Dienstleistungen in einem konkreten Wettbewerbsverhältnis stehen.
- **Verbraucher**
  Darunter werden alle natürlichen Personen verstanden, die Rechtsgeschäfte abschließen, die weder beruflich noch gewerblich bedingt sind.
- **sonstige Marktteilnehmer**
  Dies sind neben Mitbewerbern und Verbrauchern alle Personen, die als Anbieter oder Nachfrager von Waren oder Dienstleistungen auftreten.

Schwarze Liste des UWG

Das UWG enthält zusätzlich einen Anhang mit stets unzulässigen Wettbewerbshandlungen. Dieser Katalog wird oft auch als Schwarze Liste bezeichnet. Diese Auflistung soll zu größerer Transparenz führen und es ermöglichen, unmittelbar dem UWG zu entnehmen, welches Verhalten in jedem Fall verboten ist.

Schwarze Liste	
verbietet in jedem Fall:	**BEISPIELE**
... die unwahre Angabe eines Unternehmens, zu den Unterzeichnern eines Verhaltenskodexes zu gehören.	Ein Mitbewerber der Hoffmann KG wirbt damit, Mitglied in der Vereinigung fair handelnder Unternehmen zu sein, ohne es tatsächlich zu sein.
... die Verwendung von Gütezeichen, Qualitätskennzeichen usw. ohne die erforderliche Genehmigung.	Ein Mitbewerber der Hoffmann KG bringt an seinen Textilien ein Biosiegel an, obwohl ihm dieses nie verliehen wurde.
... die unwahre Angabe, dass eine öffentliche oder andere private Stelle • einen Verhaltenskodex, • eine von einem Unternehmen vorgenommene geschäftliche Handlung bzw. • eine Ware oder Dienstleistung genehmigt, bestätigt oder gebilligt hat.	Ein Mitbewerber der Hoffmann KG wirbt mit „Unser Leistungsangebot ist staatlich anerkannt“.

→

... Angebote für Waren und Dienstleistungen zu einem bestimmten Preis, • falls nicht darüber aufgeklärt wird, dass diese nicht in angemessener Menge in einem angemessenen Zeitraum bereitgestellt werden können. Diese Art Angebote nennt man Lockvogelangebote. Es sind Angebote, die man nicht halten kann. • wenn das Unternehmen in der Absicht, stattdessen eine andere Ware oder Dienstleistung abzusetzen, etwas Fehlerhaftes vorführt, sich weigert zu zeigen, was es beworben hat, oder sich weigert, Bestellungen dafür anzunehmen oder die beworbene Leistung innerhalb einer vertretbaren Zeit zu erbringen.	Lockvogelangebot: Ein Elektromarkt wirbt für einen Fernseher zu einem sehr günstigen Preis. Carolin Saager nimmt einen Tag Urlaub. Gleich zur Öffnung des Elektromarkts betritt sie das Geschäft. Ein Kunde vor ihr bekommt ein Gerät. Nun ist sie an der Reihe. Ein Verkäufer sagt zu ihr: „Die Ware ist leider eben gerade ausverkauft."
... die unwahre Angabe, bestimmte Waren oder Dienstleistungen seien nur für einen sehr begrenzten Zeitraum verfügbar, um den Verbraucher zu einer sofortigen geschäftlichen Entscheidung zu veranlassen, ohne dass dieser Zeit und Gelegenheit hat, sich aufgrund von Informationen zu entscheiden.	In einem anderen Elektromarkt interessiert sich Carolin Saager für einen DVD-Rekorder zu einem sehr günstigen Preis, der mit „Gestern nicht! – Nur heute! – Und dann nie wieder!" beworben wird, obwohl das Gerät schon zwölf Monate im Angebot ist.
..., bei Kundendienstleistungen eine andere Sprache zu verwenden als diejenige, in der die Verhandlungen vor dem Abschluss des Geschäfts geführt worden sind. Dies gilt nicht, soweit Verbraucher vor dem Abschluss des Geschäfts darüber aufgeklärt werden, dass diese Leistungen in einer anderen als der ursprünglich verwendeten Sprache erbracht werden.	Ein französischer Onlineshop bietet Waren auch auf Deutsch an. Als Dominik Schlote bei einer bestellten Ware etwas reklamieren möchte, antwortet die Firma nur auf Französisch.
... die unwahre Angabe oder das Erwecken des unzutreffenden Eindrucks, eine Ware oder Dienstleistung sei verkehrsfähig.	Die Hoffmann KG kauft von einem taiwanesischen Importeur 5 000 Adidas-Trikots. Es stellt sich heraus, dass die Warenlieferung aus Billigprodukten besteht, auf denen zu Unrecht das Markensymbol angebracht wurde. Der Handel, Kauf oder Verkauf einer solchen Ware ist nicht erlaubt.
... die unwahre Angabe oder das Erwecken des unzutreffenden Eindrucks, gesetzlich bestehende Rechte stellten eine Besonderheit des Angebots dar.	Ein Unternehmen wirbt mit „Das kann keiner unserer Konkurrenten: Zwei Jahre Gewährleistung auf alle unsere Waren!" Dies ist irreführend, weil es sich um das jedem zustehende normale Recht im Fall einer mangelhaften Lieferung handelt.
... als Information getarnte Werbung (Schleichwerbung): Nicht erlaubt ist der von Unternehmern finanzierte Einsatz redaktioneller Inhalte zu Zwecken der Verkaufsförderung, ohne dass sich dieser Zusammenhang aus dem Inhalt oder aus der Art der optischen oder akustischen Darstellung eindeutig ergibt.	Ein Angestellter der betrü GmbH schreibt einen positiven Bericht über das Sortiment des Unternehmens, das „ökologisch vorbildlich" sein soll. Ohne dass der Bericht über die betrü GmbH als Anzeige erkennbar ist, wird er in einer überregionalen Zeitung veröffentlicht.

3560 182

... unwahre Angaben über Art und Ausmaß einer Gefahr für die persönliche Sicherheit des Verbrauchers oder seiner Familie für den Fall, dass er die angebotene Ware nicht erwirbt oder die angebotene Dienstleistung nicht in Anspruch nimmt.	Obwohl in dieser Region die wenigsten Einbrüche in ganz Deutschland zu verzeichnen sind, wirbt ein Unternehmen der Sicherheitstechnik mit „Unser Landkreis ist das Paradies für Einbrecher und Diebe ...“.
... Werbung für eine Ware oder Dienstleistung, die der Ware oder Dienstleistung eines Mitbewerbers ähnlich ist, wenn dies in der Absicht geschieht, über die betriebliche Herkunft der beworbenen Ware oder Dienstleistung zu täuschen.	Es wird für Plagiate geworben.
... die Einführung, der Betrieb oder die Förderung eines Systems zur Verkaufsförderung, das den Eindruck vermittelt, allein oder hauptsächlich durch die Einführung weiterer Teilnehmer in das System könne eine Vergütung erlangt werden (Schneeball- oder Pyramidensystem).	Ein Bekannter versucht Carolin Saager zu locken, ein Finanzanlageprodukt selbst zu vertreiben und dazu eigene Vertreter anzuwerben. Für deren Umsätze werden ihr Provisionen versprochen. An jedem Verkauf verdienen in einem solchen Schneeballsystem also mehrere Personen, da dieses eine Pyramidenstruktur aufweist.
... die unwahre Angabe, der Unternehmer werde demnächst sein Geschäft aufgeben oder seine Geschäftsräume verlegen.	Ein Einzelhändler wirbt mit „Geschäftsaufgabe! Auf alle Artikel 50 % Rabatt“. 14 Tage später wird das Geschäft zwei Häuser weiter wieder eröffnet.
... die Angabe, durch eine bestimmte Ware oder Dienstleistung ließen sich die Gewinnchancen bei einem Glücksspiel erhöhen.	Herr Hoffmann hat in seiner Privatpost: „Mit dem Kauf von Ovomaltol erhöhen sich Ihre Gewinnchancen bei unserem attraktiven Preisausschreiben.”
... die unwahre Angabe oder das Erwecken des unzutreffenden Eindrucks, der Verbraucher habe bereits einen Preis gewonnen oder werde ihn gewinnen, • wenn es einen solchen Preis oder Vorteil tatsächlich gar nicht gibt beziehungsweise • wenn die Möglichkeit, einen Preis oder sonstigen Vorteil zu erlangen, von der Zahlung eines Geldbetrags oder der Übernahme von Kosten abhängig gemacht wird .	In einem weiteren Schreiben liest Herr Hoffmann: „Hallo Herr Hoffmann, Sie haben gewonnen! Sichern Sie sich den Hauptpreis noch heute ...“
... die unwahre Angabe, eine Ware oder Dienstleistung könne Krankheiten, Funktionsstörungen oder Missbildungen heilen.	Anzeige einer Arzneimittelfirma: „CONTRAIDS heilt AIDS“. Tatsächlich gibt es noch kein heilendes Medikament.
... eine unwahre Angabe über die Marktbedingungen oder Bezugsquellen, um den Verbraucher dazu zu bewegen, eine Ware zu weniger günstigen Bedingungen als den allgemeinen Marktbedingungen abzunehmen.	• Obwohl die Ware in Taiwan hergestellt wurde, ist an den Artikeln „Made in Germany“ angebracht. • Eine Tankstelle wirbt mit „Letzte Tankstelle vor der A7“, obwohl noch drei weitere Tankstellen im Verlauf der A7 folgen.
... das Angebot eines Wettbewerbs oder Preisausschreibens, wenn weder die in Aussicht gestellten Preise noch ein angemessener Ersatz vergeben werden.	Ein Versandhandelsunternehmen führt ein Preisausschreiben durch, um an Adressen von möglichen Kunden zu kommen. Ein Gewinner wird aber gar nicht ermittelt. Keiner der Einsender bekommt einen Preis.

→

... das Angebot einer Ware oder Dienstleistung als „gratis“, „umsonst“, „kostenfrei“ oder dergleichen, wenn hierfür gleichwohl Kosten zu tragen sind. Dies gilt nicht für Kosten, die im Zusammenhang mit dem Eingehen auf das Waren- oder Dienstleistungsangebot oder für die Abholung oder Lieferung der Ware oder die Inanspruchnahme der Dienstleistung unvermeidbar sind.	Ein Mobiltelefonanbieter wirbt mit „1000 Gespräche gratis“. Nicht offen gelegt wird im Angebot, dass es Grundgebühren gibt und die 1000 Gespräche erst bei einem Gesprächsvolumen von über 2000 Gesprächen gratis sind.
... die Übermittlung von Werbematerial unter Beifügung einer Zahlungsaufforderung, wenn damit der unzutreffende Eindruck vermittelt wird, die beworbene Ware oder Dienstleistung sei bereits bestellt.	Die Hoffmann KG bekommt ein Schreiben: „Diesen Computer bestellt ... und Sie sind glücklich“. Dem Schreiben liegt ein ausgefüllter Zahlungsbeleg bei.
... die unwahre Angabe, der Unternehmer sei Verbraucher oder nicht für Zwecke seines Geschäfts, Handels, Gewerbes oder Berufs tätig.	Ein Ebay-Verkäufer gibt sich als Privatmann aus, obwohl er gewerblich Waren vertreibt.
... die unwahre Angabe, es sei im Zusammenhang mit Waren oder Dienstleistungen in einem anderen Mitgliedstaat der Europäischen Union als dem des Warenverkaufs oder der Dienstleistung ein Kundendienst verfügbar.	Die Hoffmann KG kauft eine Büromaschine bei einem englischen Hersteller, der in seiner Werbung deutlich auf den deutschen Kundendienst hinweist. Als bei einem Defekt der Kundendienst in Anspruch genommen werden soll, stellt sich heraus, dass sich die nächste Kundendienststelle in London befindet.
... die Ausübung von Druck, • indem der Eindruck erweckt wird, der Verbraucher könne bestimmte Räumlichkeiten nicht ohne vorherigen Vertragsabschluss verlassen, • indem bei persönlichem Besuch des Verbrauchers sich geweigert wird, diesen zu verlassen.	„Wenn Sie nicht unterschreiben wollen, ich kann hier noch lange warten!“
... Maßnahmen, durch die der Verbraucher von der Durchsetzung seiner vertraglichen Rechte aus einem Versicherungsverhältnis dadurch abgehalten werden soll, dass von ihm bei der Geltendmachung seines Anspruchs die Vorlage von Unterlagen verlangt wird, die zum Nachweis dieses Anspruchs nicht erforderlich sind, oder dass Schreiben zur Geltendmachung eines solchen Anspruchs systematisch nicht beantwortet werden.	Nicole Teubner zeigt ihrer Versicherung einen Sturmschaden an. Diese ignoriert mehrere Schreiben.
... die Aufforderung an Kinder, Produkte zu kaufen oder Eltern zum Kauf zu überreden.	Ein Einzelhandelsunternehmen fordert in einer Anzeige Kinder direkt auf, ein bestimmtes Produkt zu kaufen bzw. die Eltern dahingehend zu beeinflussen: „ Hey Kids, nur mit xxx-Jeans seid ihr modern. Sagt das euren Eltern und nervt sie!“
... die Aufforderung zur Bezahlung nicht bestellter Waren beziehungsweise eine Aufforderung zur Rücksendung oder Aufbewahrung nicht bestellter Sachen .	Die betrü GmbH schickt Kunden unbestellt Ware zu und fordert sie einen Tag später auf, unverzüglich die Rechnung zu begleichen.
... die ausdrückliche Angabe, dass der Arbeitsplatz oder Lebensunterhalt des Unternehmers gefährdet sei, wenn der Verbraucher die Ware oder Dienstleistung nicht abnimmt.	Es klingelt an der Haustür. Carolin Saager öffnet. Ein Mann steht vor der Tür und möchte etwas verkaufen: „Wenn ich das hier nicht loswerde, bin ich meinen Job los!“

Weitere Aussagen des UWG zur Werbung

Unabhängig davon, dass die Generalklausel des UWG bestimmte Wettbewerbshandlungen auch im Bereich der Werbung verbietet, wenn sie unlauter sind – sowie von vornherein bestimmte Werbemaßnahmen ausdrücklich im Rahmen der schwarzen Liste für nicht legal erklärt –, geht das UWG in weiteren Paragrafen noch einmal auf besondere Aspekte ein:

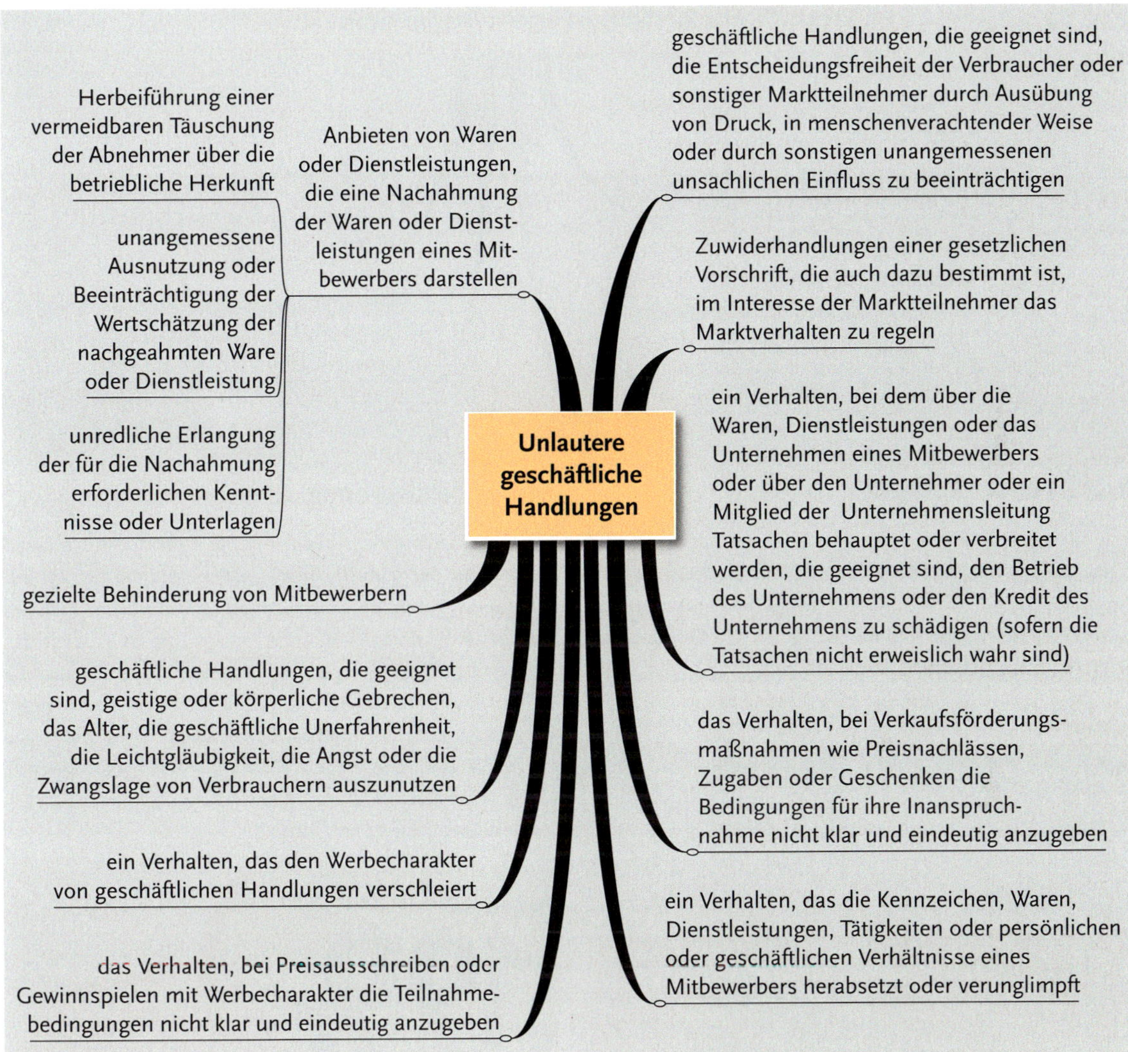

Vergleichende Werbung

Werbung, die unmittelbar oder mittelbar einen Mitbewerber oder die von einem Mitbewerber angebotenen Waren (oder Dienstleistungen) erkennbar macht, nennt man vergleichende Werbung. Diese ist in Deutschland zulässig, wenn nicht gegen bestimmte Kriterien verstoßen wird. Auch Preisvergleiche sind erlaubt. Sie müssen allerdings nachprüfbar sein.

Eine vergleichende Werbung, die erlaubt ist

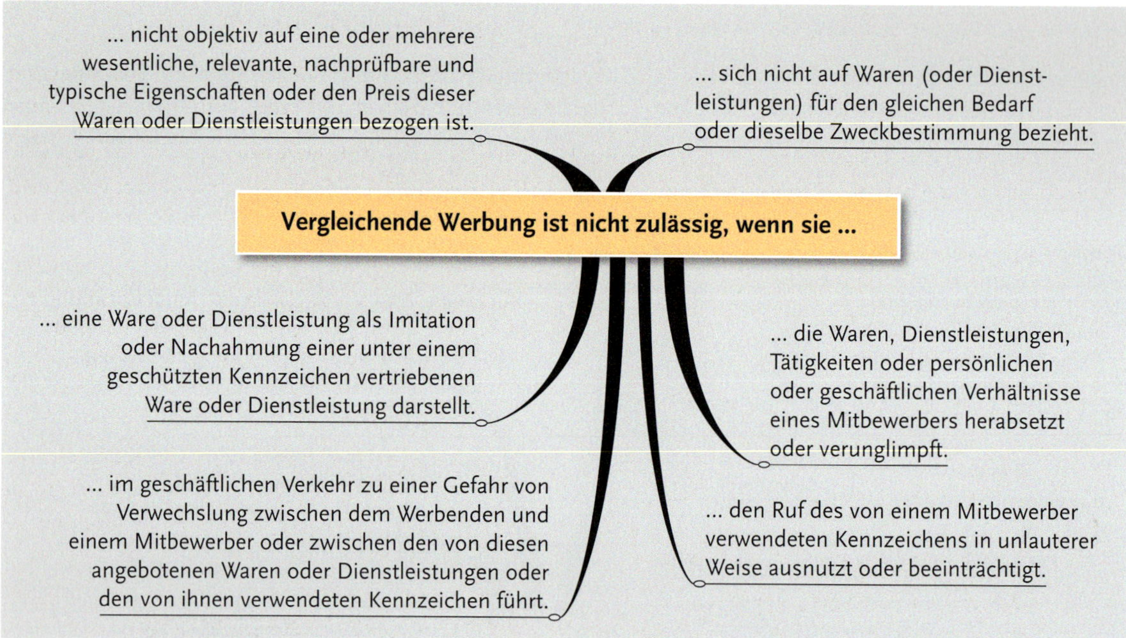

Irreführende Werbung

Jede Werbemaßnahme muss klar und wahr sein. Es darf keine Gefahr der Irreführung von Verbrauchern entstehen. Dies kann schon zutreffen, wenn die Aussagen von einem kleineren, aber nicht unbeachtlichen Teil der Verbraucher missverstanden werden kann.

BEISPIEL

Dieser auf den ersten Blick sehr günstige Preis stellte nicht den Endpreis dar: Wenn teure Gebühren, z. B. Flughafengebühren, und Steuern in diesem Preis nicht enthalten sind, liegt eine irreführende Werbung vor, die nicht erlaubt ist.

Mondpreiswerbung

Ein Unternehmen darf nicht mit reduzierten Preisen werben, wenn der frühere (höhere) Preis nur für einen unangemessen kurzen Zeitraum gefordert wurde. Ziel des Verbots einer solchen Mondpreiswerbung ist es, dass das werbende Unternehmen den Preis einer Ware nur deshalb einmal hoch ansetzt, um ihn kurz darauf werbewirksam herabzusetzen. Da man normalerweise nicht weiß, wie lange die Preise gefordert wurden, muss das werbende Unternehmen den Zeitraum der Forderung der Preise beweisen, wenn dies umstritten ist.

Solch drastische Preissenkungen können ein Hinweis auf eine Mondpreiswerbung sein

Lockvogelangebote

Wenn ein Unternehmen für den Verkauf bestimmter Waren öffentlichkeitswirksam hervorhebt und wirbt, dass das Angebot besonders günstig ist, können die Kunden erwarten, dass die Waren normalerweise in einer solchen Menge vorhanden sind, dass die zu erwartende Nachfrage gedeckt ist. Andernfalls wird der mögliche Käufer über die Leistungsfähigkeit des werbenden Unternehmens und dessen Warenvorrat irregeführt. Die Lockvogelwerbung wird dann unzulässig, wenn die beworbene Ware nicht oder nur in unzureichenden Mengen zur Verfügung steht. Das Unternehmen hat zumindest die Pflicht, darüber zu informieren, wenn es die Waren in einem angemessenen Zeitraum in einer angemessenen Menge zu den in der Werbung genannten Preisen nicht anbieten kann. Die „Angemessenheit" wird in der Rechtsprechung momentan unterschiedlich ausgelegt.

BEISPIEL

Ob ein Lockvogelangebot vorliegt, muss oft von einem Gericht geklärt werden:

9. Mai 2007

Gericht knöpft sich Media-Markt-Werbung vor

Von Susanne Amann

Irreführende Reklame, nichtexistente Sonderangebote: Solche Tricks werfen Verbraucherschützer dem Handelsriesen Media Markt vor. Jetzt melden sie einen ersten Teilerfolg: Ein Gericht will klären, ob mit Lockvogel-Angeboten geworben wird.

...

Es geht um einen DVD-Player, der zum Jahreswechsel 2005/2006 bundesweit im Fernsehen, Radio, im Internet und in Printmedien mit einem Preis von 19 Euro beworben wurde. Der Vorwurf: Das Gerät sei in verschiedenen Media-Märkten unmittelbar nach der Geschäftsöffnung schon nicht mehr erhältlich gewesen. „Wir haben stapelweise Beschwerden von Kunden aus ganz Deutschland bekommen, die aufgrund der Werbung extra in die Märkte gekommen sind", sagt Helke Heidemann-Peuser, Rechtsexpertin beim Bundesverband der Verbraucherzentrale, zu SPIEGEL ONLINE. „Aus unserer Sicht war das ein klarer Fall von zentral gesteuerter Lockvogelwerbung."

...

Die Werbung des Unternehmens ist nicht zum ersten Mal in der Kritik. „Die Werbung des Media Markts ist sehr aufmerksamsstark, oft laut und auffällig", sagt Volker Nickel vom Zentralverband der deutschen Werbewirtschaft. „Sie ist damit genau auf die Zielgruppe des Unternehmens ausgerichtet – auch wenn das manchem vielleicht nicht gefällt." Solange dies aber alles im Rahmen der gültigen Rechtslage stattfinde, sei dagegen nichts einzuwenden. „Wer Sonderangebote auslobt, muss die natürlich auch verfügbar haben", sagt Nickel.

...

Quelle: www.spiegel.de/wirtschaft/0,1518,481788,00.html

Unzumutbare Belästigung

Das UWG sieht unzumutbare Belästigungen grundsätzlich als nicht erlaubt an. Hierunter fallen unter anderem:

- **unerwünschte Werbemaßnahmen**
  Diese belästigen den Kunden unzumutbar, wenn deutlich wird, dass er erkennbar die Werbung nicht möchte.

BEISPIEL

Trotz eines Zettels „Bitte keine Werbung" am Briefkasten erhält Carolin Saager immer Prospekte einer bestimmten Firma. Hier liegt ein unlauteres Verhalten vor.

- **Telefonwerbung**
  Diese ist gegenüber Verbrauchern nur mit deren Einwilligung zulässig. Gegenüber Unternehmen ist sie erlaubt, wenn sie aufgrund einer vermutlichen Einwilligung erfolgt ist.

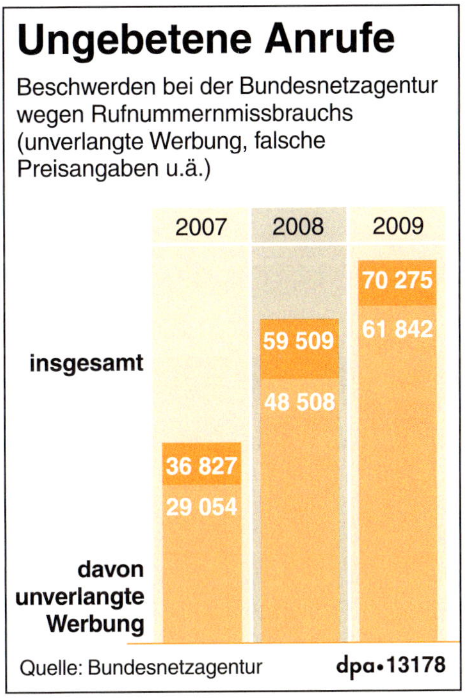

- **E-Mail-Werbung**
  Diese ist grundsätzlich ohne Einwilligung nicht zulässig. Hat aber ein Unternehmen z. B. im Zusammenhang mit einem Kaufvertrag die E-Mail-Adresse eines Kunden erhalten, dürfen diesem auch ohne Erlaubnis Werbe-E-Mails zu ähnlichen Waren geschickt werden. Dabei muss der Kunde darauf hingewiesen werden, dass er der Werbung auch widersprechen kann.

- **Faxwerbung**
  Faxwerbung ist nur mit Zustimmung des Faxempfängers zulässig.

AUFGABEN

1. Was ist unlauterer Wettbewerb?
2. Als was werden geschäftliche Handlungen nach dem UWG verstanden?
3. Welche Aussage trifft die Generalklausel des UWG?
4. Wodurch unterscheidet sich die Generalklausel des UWG von der schwarzen Liste?
5. Führen Sie fünf Handlungen auf, die nach der schwarzen Liste als unerlaubte geschäftliche Handlungen gelten.
6. Wie ist die Rechtslage in Deutschland bei vergleichender Werbung?
7. Erläutern Sie die Mondpreiswerbung.
8. Was sind unzumutbare Belästigungen im Sinne des UWG?
9. Welche Werbemaßnahme ist grundsätzlich nicht verboten?
   a) Mondpreiswerbung
   b) Lockvogelwerbung
   c) Benutzung fremder Firmenbezeichnungen
   d) geschäftsschädigende Behauptungen
   e) Preisgegenüberstellung
10. Herr Hoffmann beobachtet aufmerksam das Verhalten der Texco fashion GmbH. In fünf Fällen überprüft er, ob es sich um unlauteren Wettbewerb handelt.
   a) Die Texco fashion GmbH verspricht Kunden bei Abnahme einer bestimmten Menge eines bestimmten Artikels einen höheren Rabatt.
   b) Die Texco fashion GmbH wirbt anlässlich des 1-jährigen Firmenjubiläums in Zeitungsanzeigen mit Sonderangeboten.
   c) Die Texco fashion GmbH wirbt in Zeitungsanzeigen für Badeanzüge, die in Nordkorea hergestellt wurden, mit der Bezeichnung „Made in Germany".
   d) Die Texco fashion GmbH vergleicht in Werbeprospekten die Preise ihrer Artikel mit den Preisen der entsprechenden Artikel der Hoffmann KG. Der Preisvergleich ist zutreffend.
   e) Die Texco fashion GmbH bietet in einer Stellenanzeige Reisenden ein überdurchschnittliches Fixum an.

   Geben Sie an, in welchen Fällen Verstöße gegen das UWG vorliegen.

AKTIONEN

1. Erstellen Sie eine kleine PowerPoint-Präsentation, die informiert über
   a) das Ziel des UWG und die Generalklausel,
   b) die schwarze Liste,
   c) weitere Aussagen, die das UWG macht.

   Bereiten Sie sich darauf vor, Ihre Präsentation vorzustellen.
2. Das saubillige Notebook im Elektromarkt, die aktuellen Kinderbermudas zum Minipreis beim Discounter, die unschlagbar günstige Bohrmaschine im Baumarkt – beinah täglich lockt die Werbung preisbewusste Kunden, sich lange vor Geschäftsöffnung geduldig in Warteschlangen einzureihen. Nur allzu oft müssen sie dann jedoch erfahren, dass sich das reißerisch angepriesene Schnäppchen als weißer Rabe erweist: Die Verbraucherzentrale NRW verzeichnet eine Flut an Beschwerden, weil Käufer beim Run auf Sonderangebote leer ausgingen. Mit „Stopp den Lockvogel!" schaltet sie jetzt im Internet ein Beschwerdeforum frei, bei dem enttäuschte Schnäppchenjäger Dampf ablassen können, wenn Angebote mal wieder schon nach wenigen Minuten oder Stunden ausverkauft waren. „Wir wollen diesem Dauerärgernis die Flügel stutzen", verspricht NRW-Verbraucherzentralenvorstand Klaus Müller.

   Wenn Aktionswaren flugs ausverkauft sind, steht der Kunde ohne rechtliche Handhabe da: Er kann vom Händler weder eine Nachbestellung noch den Erhalt der Ware zum angegebenen Preis verlangen. „Zwar können Verbraucherverbände Anbieter wegen irreführender Werbung abmahnen, doch müssten sie für jede Werbung und jede Produktgruppe einzelne und auch immer wieder neue Verfahren einleiten", kennzeichnet Müller eher flügellahme Instrumentarien, um der Lockvogelwerbung Einhalt zu gebieten. Mit dem Internet-Forum „Stopp den Lockvogel!" gibt die Verbraucherzentrale NRW enttäuschten Schnäppchenjägern nun die Möglichkeit, fehlgeschlagene Kaufversuche mitzuteilen: In einer Datenbank werden – von der Werbung über das tatsächliche

Angebot bis zu Reaktionen des Verkaufspersonals – alle wichtigen Informationen erfasst. „Wer vergeblich auf Schnäppchenfang ging, kann seinen Unmut hier kundtun." Der Vorstand erhofft sich von einer regen Nutzung marktbereinigende Wirkung: „Unternehmen, die am häufigsten auffallen und deren Werbepraxis ein strategisches Vorgehen vermuten lässt, werden wir abmahnen."

Nicht zuletzt setzt die Verbraucherzentrale NRW auf den Öffentlichkeitseffekt: „Keinem Anbieter kann es daran gelegen sein, in unserem Internet-Forum als unseriöser ‚(Lock-)Vogel' geoutet zu werden. Wir erwarten daher, dass Unternehmen bei der Bevorratung von Aktionswaren gründlich nachbessern."

Auch will die Verbraucherzentrale NRW gesetzgeberische Aktivitäten anschieben, um Kunden besser vor Lockvögeln zu schützen: klarere gesetzliche Regelungen zur Bevorratungspflicht oder eine Verpflichtung der Unternehmen, das beworbene Produkt zum genannten Preis zu beschaffen, sind dabei die zentralen Forderungen.

Quelle: www.vz-nrw.de, 23. Mai 2007

a) Besuchen Sie die Internetseite der Verbraucherschutzzentrale Nordrhein-Westfalen: www.vz-nrw.de. Rufen Sie dort auf der linken Seite im Frame *Markt und Recht* auf und klicken Sie *Stopp dem Lockvogel* bzw. *Werbung* an.

b) Suchen Sie auf dieser Seite nach Beispielen für Verstöße gegen das UWG und stellen Sie diese Ihren Mitschülern vor.

ZUSAMMENFASSUNG

Gesetz gegen den unlauteren Wettbewerb (UWG)

richtet sich gegen das unfaire Verhalten von Unternehmen, die gegen die guten Sitten im Geschäftsleben verstoßen

Generalklausel

- allgemein formuliert
- verbietet grundsätzlich alle unlauteren geschäftlichen Handlungen, soweit es sich um keine Bagatellfälle handelt

schwarze Liste

zusätzliche konkrete Auflistung stets unzulässiger Wettbewerbshandlungen

weitere Aussagen des UWG

- unzumutbare Belästigungen
- Mondpreiswerbung
- Lockvogelwerbung
- vergleichende Werbung
- irreführende Werbung

6.11 Wir nutzen im Rahmen von Electronic Commerce elektronische Dienste als Handelsplattform

Einstieg

Carolin Saager besucht im Internet die Internetseite der Hoffmann KG.

1. Geben Sie an, über welche Funktionen ein Internetshop verfügen muss.
2. Stellen Sie fest, zu welcher Art von E-Commerce der Internetshop gehört.

INFORMATIONEN

E-Commerce

Unter E-Commerce wird die elektronische Geschäftsabwicklung über das Internet verstanden. Dazu zählen also alle Formen des Einkaufs und Verkaufs von Waren und Dienstleistungen auf der Basis von Rechnernetzen.
Es gibt zwei Arten des E-Commerce:

- **Business-to-Business (B2B)**
  Darunter fallen alle elektronisch durchgeführten Geschäftstransaktionen zwischen Betrieben.
- **Business-to-Consumer (B2C)**
  Dies ist der elektronische Versandhandel mit Endkunden.

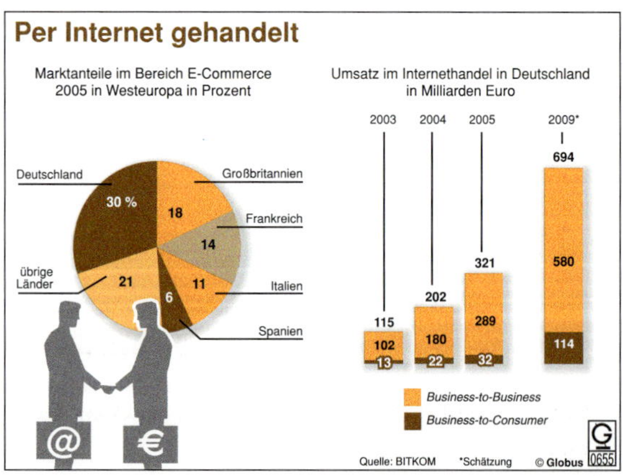

Business-to-Business (B2B)

Der weitaus größere Teil (ca. 90 %) von E-Commerce ist der Teilbereich Business-to-Business. Darunter versteht man alle Formen des elektronischen Handels zwischen Unternehmen. Man rechnet damit, dass in den nächsten Jahren bis zu 50 % der Geschäftsprozesse zwischen Unternehmen über das Internet abgewickelt werden.

Business-to-Business kann in verschiedenen Erscheinungsformen auftreten:

- WWW-Informationssysteme
- B2B-Shop
- EDI (Electronic Data Interchange)

WWW-Informationssysteme
Ein Unternehmen informiert lediglich im Internet über Unternehmensdaten und Warenangebot.

B2B-Shop
Ein Unternehmen bietet anderen Firmen Waren im Internet an. Bestellungen und Statusmeldungen beim Einkaufsprozess erfolgen über E-Mail oder über einen eigenen, nur dem Kunden zuständigen Bereich im Internetshop.

EDI
EDI (Electronic Data Interchange) ist die rechnergestützte Zusammenarbeit von Geschäftspartnern, die sich immer mehr von anderen Formen der Datenübertragung ins Internet verlagert. Hier findet ein elektronischer Dokumentenaustausch über Geschäftstransaktionen zwischen Betrieben statt. Daten wie z. B. Bestellungen, Rechnungen, Überweisungen, Warenerklärungen usw. werden in Form von strukturierten, nach vereinbarten Regeln formatierten Nachrichten übertragen. Der Empfänger kann die Daten dann direkt – ohne eigene Erfassungsarbeiten – sofort in seinen Anwendungsprogrammen weiterverarbeiten.

Vorteile von EDI:

- viele manuelle Tätigkeiten (mehrfaches Erfassen, Nachfragen, Klären) entfallen
- automatisches Sammeln, Verteilen, Archivieren von Dokumenten
- unternehmensinterne Laufzeiten bei Kunde und Händler entfallen
- Postweg entfällt
- Erreichbarkeit der anderen Person ist nicht notwendig
- Missverständnisse und Sprachbarrieren entfallen
- keine wiederholten Erfassungsfehler (Flüchtigkeitsfehler)

Business-to-Consumer (B2C)

Hierunter versteht man die elektronischen Handelsbeziehungen zu Endkunden. Erscheinungsformen sind:

- www-Informationssysteme für internetgestützte Marketingmaßnahmen, die Konsumenten z. B. über neue Produkte informieren
- Webshops: Onlineangebot von Produkten an Endverbraucher, die über das Internet Waren bestellen können

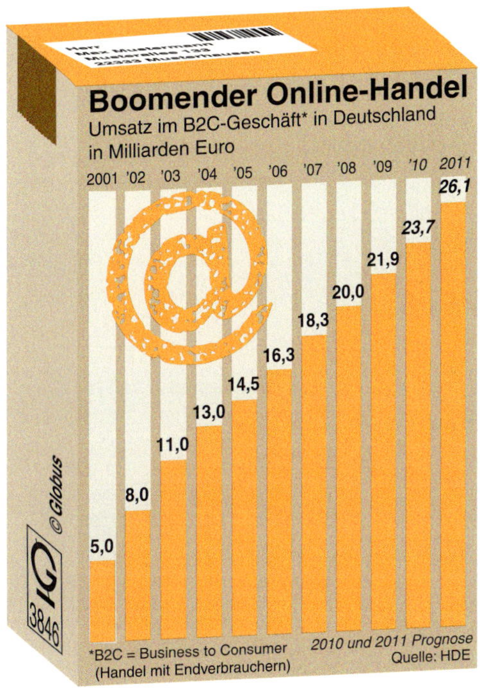

Wer im Internet Einkaufen geht, liegt im Trend. Auch immer mehr ältere Menschen gehen online einkaufen. Mittlerweile rund 40 Prozent der 50- bis 69-Jährigen ordern dabei vor allem Mietwagen, Computer, Medikamente und Nahrungsergänzungsmittel per Mausklick.

Auch wenn momentan der weitaus größere Teil von E-Commerce im Business-to-Business-Bereich liegt, nach Ansicht aller Experten etabliert sich Business-to-Consumer als neuartige Form des Einkaufens als eine echte Alternative zum herkömmlichen Einkaufen.
Der heutige Kunde möchte

- seine Wünsche schneller als bisher erfüllt haben,
- die Produkte billiger einkaufen,
- bessere Qualität für Waren und Dienstleistungen bekommen.

Durch die Möglichkeit, diese Forderung zu erfüllen, werden E-Commerce und das Internet populär. Auf die Unternehmen hat dies mit Sicherheit große Auswirkungen.

Electronic Commerce im Bereich Business-to-Consumer	
Vorteile	
für den Kunden	**für Unternehmen**
• Bestellung „vom Lehnstuhl aus" • stets aktuelle elektronische Kataloge, eventuell in multimedialer Form • variable Präsentationsformen • Sonderwünsche: einfache Artikulation und rasche Beantwortung • einfachere Angebotsvergleiche • Transparenz und Preis • ständige Verfügbarkeit der Waren • Kaufen rund um die Uhr (keine Ladenschlusszeiten) • kein Gedränge und Warten an den Kassen • kein Stau und keine Parkplatzprobleme • bei Waren immaterieller Natur: Auslieferung elektronisch	• Möglichkeit, neue Märkte zu erschließen • direkte Ansprache der Zielgruppe der Internetnutzer • optimale Information und Angebotspräsentation durch die vielfältigen multimedialen Möglichkeiten des Internets • optimale Kundenorientierung durch die Interaktivität • Verkürzung und weitgehende Automatisierung der Vertriebsprozesse • Kundenprofile und Vertriebsdaten: – lassen sich kontinuierlich und automatisch sammeln – stehen aufbereitet jederzeit aktuell zur Verfügung
Nachteile	
für den Kunden (entsprechen jenen des Versandhandels)	**für Unternehmen**
• Produkte können nicht real betrachtet und physisch geprüft werden • Einkaufsspaß geht verloren • Impulskäufe werden provoziert • unzureichende Schutzmaßnahmen gegen Irreführung und Missbrauch	Die erhöhte Markttransparenz führt zu einer Erhöhung des Wettbewerbs.

Onlineshop

Der Handel von Waren und Dienstleistungen über das Internet erfordert eine dem realen Geschäft vergleichbare Verkaufsstelle, die *Onlineshop* genannt wird. Damit der Kunde – egal ob Endverbraucher oder Firma – eine solche Verkaufsstelle annimmt und dort Waren oder Dienstleistungen bestellt, sollte ein möglichst umfassendes Sortiment angeboten werden. Auch die angebotene Zahlungsweise sollte kundenfreundlich sein und auf möglichst bekannten Verfahren basieren.

Im Gegensatz zu einer realen Verkaufsstelle ist ein Onlineshop nur über das Internet zu erreichen, sodass sein Standort für den Kunden nicht transparent ist. Dies wirkt sich insbesondere bei Lieferproblemen und sonstigen Reklamationen aus. Werden die Onlineshops von den Betreibern als Ergänzungen zu realen Verkaufsstellen und als zusätzlicher Verkaufskanal eingesetzt, so entsteht kein zusätzliches Problem. Ein Onlineshop ist eine virtuelle Verkaufsstelle, die sich vom Angebot und vom Kundenservice her möglichst nicht von einem realen Geschäft unterscheiden sollte.

Ein Onlineshop besteht aus einer Software, die auf einem Server installiert ist. Die für einen Onlineshop benötigte Software kann eine modulare und anpassbare Standardsoftware oder eine speziell für das Unternehmen erstellte Software sein. Sie unterstützt die Präsentation der angebotenen Waren/Dienstleistungen, die Bestellung der ausgewählten Angebote und gegebenenfalls auch die Zahlungsabwicklung.

Gerade bei dem Bestellvorgang unterscheiden sich die Systeme in starkem Maß. Um den Kunden einen möglichst großen Komfort anzubieten, sollte ein Warenkorbsystem integriert sein. Ein solches System präsentiert einerseits das angebotene Sortiment und erlaubt andererseits eine komfortable Zusammenstellung der bestellten Waren, sodass nach Plausibilitätskontrollen und sonstigen Überprüfungen ein Gesamtbestellvorgang vom Kunden ausgelöst wird.

Der nach außen sichtbare Teil (*front end*) eines Onlineshops beinhaltet dann ein großes Rationalisierungspotenzial für das Unternehmen, wenn er in das im Unternehmen installierte Warenwirtschafts-, Lagerhaltungs- oder Fakturierungssystem (*back end*) integriert ist.

Ein idealer Shop umfasst folgende Aufgaben:

- Begrüßung
- News
- Firmenpräsentation
- Sonderangebote
- Feststellung und Prüfung der Kundenidentität
- Produktkatalog mit weitgehenden Informationen wie z. B. Testberichten
- Produktverfügbarkeit
- Warenkorb und Preisberechnung
- Bestellung
- Bestellbestätigung
- Zahlungsabwicklung
- AGB

Quelle: SUXXESS, Dezember 2000, S. 18

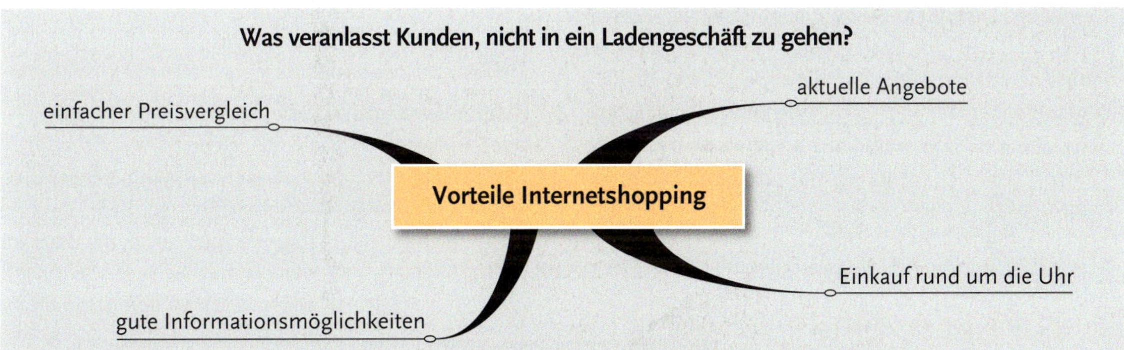

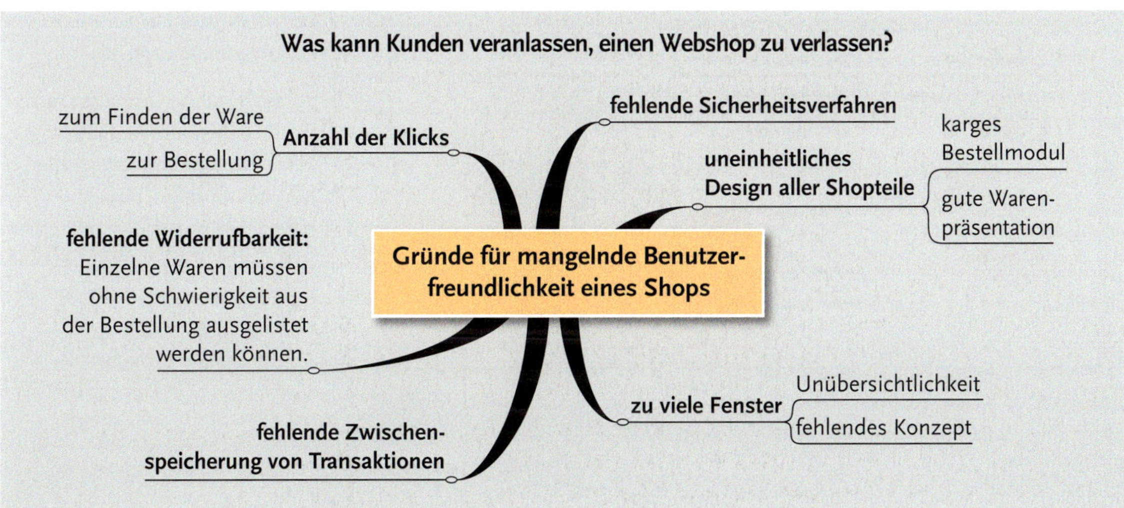

Zahlungsverkehr beim Onlinekauf

Zahlungsmittel und -methoden im Internet

Die Probleme bei Zahlungen im Internet sind: Wie kann sich ein Käufer gegenüber dem Verkäufer ausweisen und wie bezahlt er die bestellte Ware? Als Zahlungsalternativen stehen zur Auswahl:

- **Kreditkarten**
  Ihr größter Vorteil ist, dass sie weltweit verbreitet sind und sich deshalb auch für die Onlineabrechnung anbieten. Vor allem aber das unverschlüsselte Versenden von Kreditkartennummern und Kontoangaben über das Internet gilt vielen Nutzern als zu unsicher, was E-Commerce nicht unwesentlich einschränkt.
- **per Nachnahme**
  Diese Variante ist oft umständlich, da der Käufer anwesend sein muss, wenn die Ware geliefert wird.
- **auf Rechnung**
  Eine Lieferung auf Rechnung birgt ein größeres Risiko für den Verkäufer als für den Käufer.
- **per Bankeinzug (elektronisches Lastschriftverfahren)**
  Der Käufer teilt dem Verkäufer seine Bankinformationen mit und der Betrag wird abgebucht. Gibt es Probleme mit der Lieferung, kann der Käufer die Abbuchung innerhalb von sechs Wochen rückgängig machen. Der Verkäufer weiß jedoch weder, ob das Konto existiert, noch, ob es mit dem Kunden in Zusammenhang steht.
- **auf Vorkasse**
  Diese Variante ist sehr gefährlich für den Käufer (vor allem, wenn der Lieferant nicht bekannt ist).
- **elektronisches Geld**
  Zahlungsform der Zukunft werden die verschiedenen Methoden des digitalen Geldes werden. Da sich viele dieser Zahlungssysteme aber noch in der Test- und Entwicklungsphase befinden, hat sich ein allgemeiner Standard noch nicht durchsetzen können. Ein weiterer Nachteil: Elektronische Zahlungen dieser Art sind nur zwischen Mitgliedern des gleichen Verfahrens möglich.

Es werden verschiedene Verfahren des elektronischen Zahlungsverkehrs (E-Payment) unterschieden:

- **E-Mail-basierte Verfahren**
  Bei diesen Verfahren (z. B. PayPal) werden die Buchungsinformationen über E-Mails übertragen. Hinter der verwendeten E-Mail-Adresse liegen beim Anbieter des Zahlungsverfahrens entweder die Bank- bzw. Kreditkartendaten oder ein Guthaben des Kunden.
- **mobiltelefonbasierte Verfahren**
  Das Mobiltelefon des Kunden dient seiner Identifizierung und der Übertragung der Rechnungsinformationen.
- **elektronische Inkassoverfahren**
  Der Kunde legt ein Konto mit seinen Bankverbindungen oder Kreditkarteninformationen beim Anbieter des Zahlungsverfahrens (z. B. ClickandBuy) an. Beim Kauf im Internet gibt er dem Internethändler nur seine E-Mail-Adresse (bzw. seinen Benutzernamen) und ein Passwort an. Die Anbieter sammeln alle Beträge über einen bestimmten Zeitraum und rechnen diese dann ab.
- **vorausbezahlte Guthabenkarten**
  Der Kunde kauft eine Guthabenkarte (z. B. paysafecard) über einen bestimmten Betrag und erhält einen Ausdruck mit einem PIN-Code. Dieser wird beim Internethändler im Falle des Einkaufs eingegeben.

ZAHLENBILDER 445 221 © Bergmoser + Höller Verlag AG

Absicherung der Händler beim Zahlungsverkehr

E-Commerce-Händler können verschiedene Strategien verfolgen, um ihre Zahlungsrisiken zu minimieren:

- **Registrierung des Kunden**
  Der beste Weg, sich abzusichern, besteht darin, seine Kunden kennenzulernen. So ist in vielen Internetshops Voraussetzung für die Benutzung des Bankeinzugs (elektronischer Lastschrifteinzug), dass sich der Kunde beim ersten Einkauf registrieren lässt und zunächst einmal mit einer für den Händler relativ sicheren Zahlungsform bezahlt. Wer beim ersten Kauf korrekt bezahlt hat, genießt zukünftig einen gewissen Zuverlässigkeitsbonus.

- **Sicherung der Datenübertragung**
  Kunden und Verkäufer können auch das Protokoll SSL (*Secure Socket Layer*) zur sicheren Datenübertragung verwenden. Sensible Informationen wie Personen oder Kreditkarteninformationen sind so vor Hackern geschützt.
  SSL – momentan zu *Transport Layer Security* (TLS) weiterentwickelt – bietet die Möglichkeit, Übertragungen über das Internet, unabhängig vom verwendeten Protokoll, gegen fremden Zugriff zu sichern. So können z. B. Daten sicher abgerufen werden und vertrauliche Daten über ein Formular gesichert an den Server übermittelt werden. Doch nicht nur die Verbindung ist gesichert, sondern auch die Echtheit des kontaktierten Servers und die Verbindung zu ihm werden durch ein Zertifikat garantiert. Die Übertragung erfolgt verschlüsselt und vor Dritten nicht sichtbar. Die Verbindung und die Daten werden ständig überprüft.
  Weitere sehr hochwertige Varianten des sicheren Zahlens im Internet wie z. B. SET (*Secure Electronic Transactions*) haben bisher nur geringe Verbreitung gefunden.

- **digitale Signatur**
  Seit 2001 ist die digitale Signatur rechtsgültig. Sie erlaubt das Unterschreiben beim Onlineeinkaufen, sodass dem Händler eine echte Zahlungsgarantie geboten wird. Voraussetzung hierfür ist, dass genügend Nutzer über Kartenleser und Signaturkarte verfügen.

In der Detailbetrachtung zeigt sich, dass der Gesamtablauf der Geschäftsprozesse konventionell wesentlich anders aussieht als im E-Commerce. Auch im Bereich Marketing müssen neue Produkt-, Preis-, Distributions- und Kommunikationskonzepte gefunden werden.

Fernabsatzrecht

Für den Bereich E-Commerce gelten oft besondere rechtliche Regelungen. Das Fernabsatzrecht gilt für Verträge, die zwischen Unternehmern und Verbrauchern abgeschlossen werden, ohne dass die Vertragsparteien in direktem, persönlichen Kontakt stehen. Dieses gilt für alle Unternehmen, die Waren (und Dienstleistungen) an Konsumenten verkaufen. Neben reinen Internetshops sind also auch der klassische Versandhandel und Teleshopping-Angebote vom Fernabsatzrecht betroffen.

Entscheidend ist in allen Fällen die Nutzung von Telekommunikationsmitteln.

BEISPIELE

Websites im Internet, E-Mails, Telefaxe, Telefonanrufe, Fernsehen, Hörfunk, Kataloge

Das Fernabsatzrecht schützt die Verbraucher bei der Abwicklung von Verträgen, die über Fernkommunikationsmittel, wie z. B. das Telefon, abgeschlossen werden.

Das ins BGB aufgenommene Fernabsatzrecht gilt u. a. nicht beim Abschluss von:

- Verträgen über die Lieferung von Gegenständen des täglichen Bedarfs, die von den Unternehmen in regelmäßigen und häufigen Fahrten geliefert werden

  BEISPIEL

  Pizzadienst

- Versicherungsverträgen
- Verträgen über Grundstücksgeschäfte
- Verträgen über Fernunterricht

- Verträgen über Dienstleistungen, die zu einem bestimmten Zeitpunkt zu erbringen sind

BEISPIELE

Unterbringung, Beförderung, Tourismus, Freizeitgestaltung

Im Fernabsatzrecht gibt es zwei wesentliche Regelungen: die Informationspflicht des Unternehmers und das Widerrufsrecht des Verbrauchers.

Informationspflicht des Unternehmers

Ein Unternehmer, der Fernabsatzverträge abschließen möchte, muss bereits bei der Produktwerbung den Verbraucher umfangreich informieren. Aufgeführt werden sollten:

- die vollständige Anschrift des Unternehmers
- die wesentlichen Merkmale der angebotenen Waren (bzw. Dienstleistungen)
- der Preis (einschließlich aller Steuern, Versand- und Lieferkosten)
- das Bestehen eines Widerrufs- oder Rückgaberechts
- Liefervorbehalte
- der Zeitpunkt des Zustandekommens des Vertrags
- die Gültigkeitsdauer befristeter Angebote

Vernachlässigt ein Unternehmen seine Informationspflicht, kann es von Konkurrenzunternehmen oder Verbraucherschutzverbänden kostenträchtig abgemahnt werden oder auf Unterlassung verklagt werden. Verbraucher können zudem den Fernabsatzvertrag unbegrenzt widerrufen, wenn beispielsweise die Widerrufsbelehrung fehlt oder fehlerhaft ist.

Widerrufs- und Rückgaberecht des Verbrauchers

Der Verbraucher kann innerhalb von 14 Tagen den Fernabsatzvertrag ohne Angabe von Gründen widerrufen. Er ist dann nicht mehr an den Vertrag gebunden.

Diese Regelung gilt u. a. nicht bei Fernabsatzverträgen zur Lieferung von:

- Frischeartikeln, z. B. Lebensmittel, Blumen
- Presseartikeln
- Waren, die ersteigert wurden
- Produkten, die entweder nach Kundenspezifikationen angefertigt wurden oder sich nicht für die Rücksendung eignen
- Software, wenn sie vom Käufer entsiegelt wurde
- Video- und Audioaufzeichnungen

Generell gilt zunächst einmal, dass die Widerrufsfrist beginnt, wenn der Verbraucher eine ordnungsgemäße Widerrrufsbelehrung in Textform erhalten hat. Das Fernabsatzrecht legt jedoch zusätzlich fest, dass bei Warenlieferungen die Frist bei Erhalt der Ware beginnt, bei Dienstleistungen beim Vertragsabschluss.

Das Widerrufsrecht wird nicht dadurch ausgeschlossen, dass der Verbraucher die Ware ausprobiert oder benutzt hat. Der Käufer muss jedoch – wenn er ausdrücklich darauf hingewiesen wurde – auch bei einer bestimmungsgemäßen Ingebrauchnahme der Ware gegebenenfalls Wertersatz leisten für eine Wertminderung.

Der Verkäufer hat nach der jüngsten Rechtsprechung die Rücksendungskosten zu tragen. Wenn allerdings der Wert der Ware 40,00 € nicht übersteigt, kann der Konsument vom Verkäufer die Übernahme der Rücksendekosten auferlegt bekommen, unter der Voraussetzung, dass dies ausdrücklich in einem Fernabsatzvertrag vereinbart wurde. Hat der Käufer bei einem höheren Preis der Ware die Gegenleistung (z. B. Zahlung) zum Zeitpunkt des Widerrufs noch nicht erbracht, kann dies bei einer entsprechenden vertraglichen Vereinbarung ebenfalls der Fall sein.

AUFGABEN

1. Was versteht man unter E-Commerce?
2. Wodurch unterscheiden sich die E-Commerce-Varianten Business-to-Business und Business-to-Consumer?
3. In welchen Erscheinungsformen kann Business-to-Business auftreten?
4. Erläutern Sie Begriff und Vorteile von EDI.

5. Welche Vorteile hat die Einführung von E-Commerce im Bereich Business-to-Consumer
   a) für den Kunden,
   b) für ein Unternehmen?
6. Erläutern Sie Begriff und Funktionen eines Onlineshops.
7. Welche Probleme treten bei Zahlungen im Internet auf?
8. Welche Zahlungsalternativen stehen dem Käufer bei E-Commerce-Geschäften zur Auswahl?
9. Führen Sie Telekommunikationsmittel auf.
10. Was sind Fernabsatzverträge?
11. In welchen Fällen gelten Fernabsatzverträge nicht?
12. Erläutern Sie die Informationspflicht des Unternehmens bei Fernabsatzverträgen.
13. In welchem Umfang hat der Verbraucher ein Widerruf- und Rückgaberecht ?

AKTIONEN

1. Wie allgemein im Marketing treten beim E-Commerce sowohl kommerzielle (profit) als auch nichtkommerzielle (non-profit) Anbieter und Nachfrager auf. Der Ort, wo sich Anbieter und Nachfrager treffen, wird als Markt bezeichnet und stellt hier im Grunde das elektronische Medium dar.
   In Anlehnung an die klassischen **Markttypen** lassen sich die folgenden Gruppen von Marktteilnehmern unterscheiden, wobei sich im E-Commerce die angelsächsischen Bezeichnungen durchgesetzt haben:
   - öffentliche Marktteilnehmer: öffentliche Verwaltung im weitesten Sinn, aber auch öffentliche Betriebe **(Administration = A)**
   - kommerzielle Marktteilnehmer: Unternehmen, Gewerbetreibende, Freiberufler **(Business = B)**
   - private sowie kleinere, nicht kommerzielle Gruppen von Marktteilnehmern: Privatpersonen, Vereine u. a. **(Consumer = C)**

   Arbeitsauftrag:
   a) Erläutern Sie die Interaktionsmatrix des E-Commerce unten und geben Sie für jeden Beitrag jeweils ein Beispiel an.
   b) Erläutern Sie, welche Beziehungen sich beim „B2E" ergeben können.

   Hilfen im Internet können Sie finden unter:
   - www.ecin.de/abc/
   - www.www-kurs.de/e-business.htm (Links verfolgen!)

   Die folgende Interaktionsmatrix zeigt, wie die Marktteilnehmer im Internet aufeinandertreffen.

Nachfrager / Anbieter	Administration	Business	Consumer
Administration	A2A	A2B	A2C
Business	B2A	B2B	B2C
Consumer	C2A	C2B	C2C

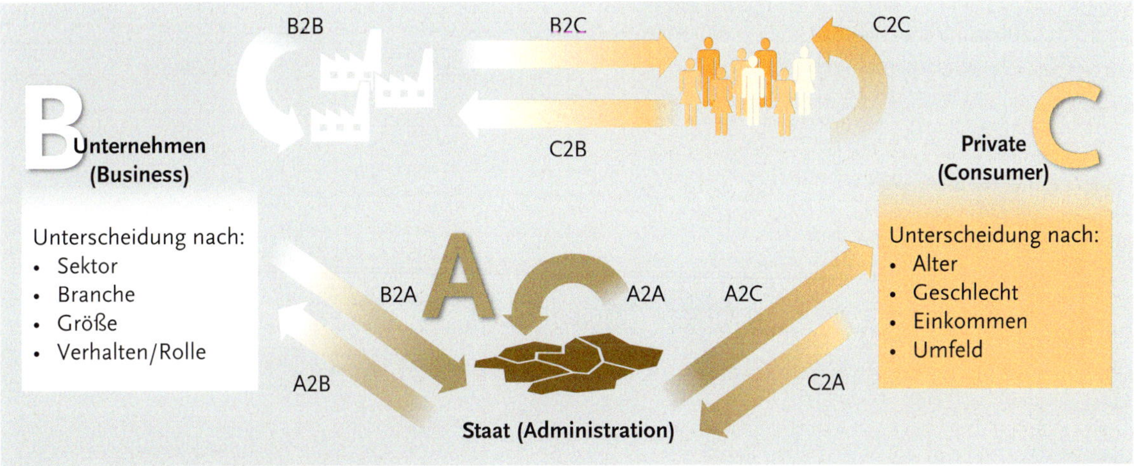

Neben A (= Administration), B (= Business) und C (= Consumer) wird heute häufig noch die Abkürzung E (= Employee = Mitarbeiter des Unternehmens) verwendet.

2. Um sich über die Abläufe und Geschäftsprozesse im E-Commerce (Business-to-Consumer) zu informieren, besuchen Sie den für Sie eingerichteten Shop unter der Adresse: www.hans.jecht.net/exclusiva im Internet. (Sie können dort jede Art geschäftlicher Transaktion vornehmen, ohne Furcht, für einen Artikel zahlen zu müssen.)
   a) Kaufen Sie drei Artikel Ihrer Wahl.
   b) Vergleichen Sie die AGB mit normal üblichen AGB. Gibt es Unterschiede?
   c) Unter welchen möglichen Zahlungsalternativen kann der Kunde dort auswählen? Erläutern Sie jeweils Vor- und Nachteile für Kunden und Unternehmen.
   d) Erkunden Sie, welche Chancen und Risiken sich für Kunden beim Einkauf im Internet ergeben.

3. Besuchen Sie die unter www.hans.jecht.net/buch/linkec.htm angegebenen Beispiele für verschiedene E-Commerce-Ausprägungen.
   a) Bereiten Sie sich darauf vor, Ihrer Klasse einen E-Commerce-Anbieter vorzustellen.
   b) Arbeiten Sie dabei heraus,
      - wodurch sich die B2C-Angebote von den B2B-Angeboten unterscheiden,
      - welche Webshops Ihnen benutzerfreundlich erscheinen.

4. Führen Sie eine Pro-und-Kontra-Diskussion zum Thema E-Commerce durch. Bereiten Sie für die Rollenspieler die Rollenkarten vor:
   - Silke Hartschwager, Geschäftsführerin eines Versandhandelsunternehmens: Pro
   - Mete Özcan, Kunde: Pro
   - Nicole Wagner, Kundin: Kontra
   - Jörg Sönckens, Inhaber eines Textilfachgeschäftes: Kontra

   Statten Sie die Rollenspieler mit den entsprechenden Pro- und Kontra-Argumenten aus.

ZUSAMMENFASSUNG

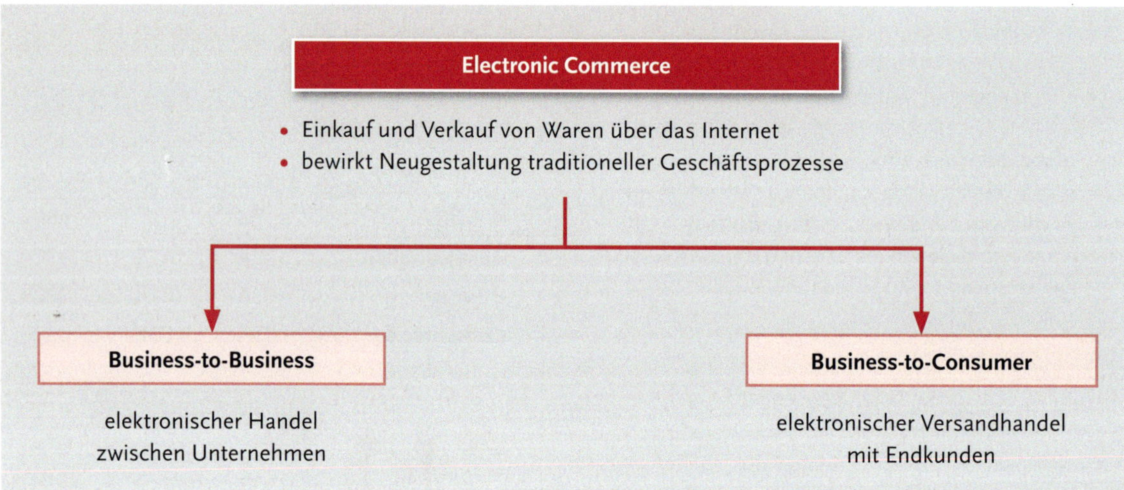

6.12 Wir beachten die Regelungen zur Produkthaftung

Einstieg

Carolin Saager möchte zu Frau Janssen, um mit ihr etwas abzusprechen.

Carolin Saager:
„Guten Morgen Volkan! Ist Frau Janssen nicht da?"

Volkan Karaca:
„Hallo Carolin! Sie hat Urlaub genommen. Hast du noch nicht gehört? ... Ihr fünfjähriger Sohn hat doch eine Unfall gehabt."

Carolin Saager:
„Oh Gott, nein!"

Volkan Karaca:
„Tim wollte aus dem Keller eine Flasche Limonade holen. Einen Kasten mit Limonade in Mehrwegflaschen aus Glas hatte Frau Janssen zwei Tage vorher in einem Getränkemarkt gekauft. Als Tim die Flasche herausziehen wollte, ist diese explodiert. Die Glassplitter haben ihn wohl ziemlich schwer verletzt ... Frau Janssen und ihr Mann überlegen nun, was sie machen sollen ..."

Carolin Saager:
„Gibt es da nicht so etwas wie ein Produkthaftungsgesetz?"

1. Stellen Sie fest, wen Frau Janssen haftbar machen kann.
2. Ermitteln Sie, welche Rechte die Janssens als Geschädigte haben.

INFORMATIONEN

Produkthaftung

Stellt ein Unternehmen Produkte her, die sich beim Kunden als mangelhaft erweisen, dann haftet das Unternehmen letztlich zunächst einmal im Rahmen der Mängelgewährleistung[1]. Hierbei geht es also um die Mängel am Produkt selbst.

BEISPIEL

Bereits eine Woche nach dem Kauf bricht bei dem Mountainbike von Rüdiger Knorr der Rahmen. Er reklamiert dies in seinem Fahrradgeschäft, das sich an die Hoffmann KG wendet. Rüdiger Knorr bekommt ein neues Mountainbike.

Das Produkthaftungsgesetz dagegen regelt die Haftung des Produzenten, die sich aus der Benutzung seiner fehlerhaften Produkte ergeben.

BEISPIEL

Durch den Rahmenbruch ist Rüdiger Knorr gestürzt. Dabei hat er sich einen Finger gebrochen. Zudem ist sein Fahrradhelm, der Schlimmeres verhinderte, nicht mehr brauchbar.

DEFINITION

Produkthaftung bedeutet, dass der Produzent oder Händler eines Produkts für durch das Produkt (z. B. Lebensmittel, technische Geräte, Medikamente, Kosmetika) beim Verbraucher verursachte Schäden haftet.

Das Produkthaftungsgesetz legt also fest, wann wer für Folgeschäden, die durch ein fehlerhaftes Produkt entstanden sind, einstehen muss. Ziel des Produkthaftungsgesetzes ist es, den Verbraucher in seinem persönlichen Eigentum und seiner persönlichen Unversehrtheit zu schützen.

Die rechtlichen Regelungen sind in den einzelnen Ländern jedoch unterschiedlich.

BEISPIEL

Die 81-jährige Kathleen Gilliam, die sich während der Autofahrt den zuvor gekauften Kaffee über die Beine schüttete und daraufhin zu Beginn der 1990er-Jahre die Fastfood-Kette McDonalds verklagte, bekam in einem legendären Urteil mehrere Millionen US-Dollar Schadensersatz zugesprochen. Nach deutschem Recht wäre sie leer ausgegangen.

Fehlerhafte Produkte können viele Folgen haben. Vor diesem Hintergrund werden heute Qualitätssicherungsmaßnahmen immer wichtiger.

1 siehe Kap. 7.9

Quelle: www.symposion.de

Voraussetzungen

Um bestimmte Rechte aus dem Produkthaftungsgesetz in Anspruch nehmen zu können, müssen bestimmte Voraussetzungen erfüllt sein:

- Das Produkt muss von Anfang an mangelhaft gewesen sein.
- Die Art und Weise der Herstellung ist nicht von Bedeutung.
- Der Schaden muss auf einen Produktfehler zurückzuführen sein:

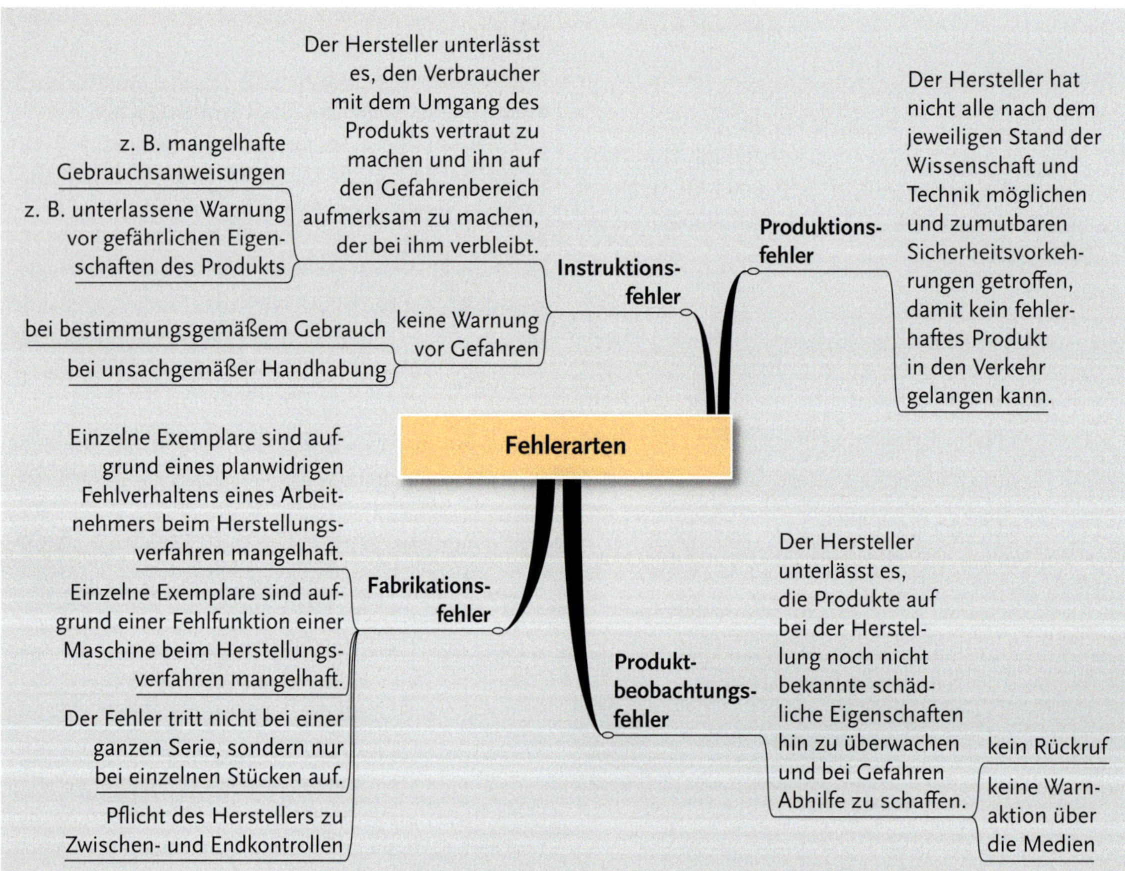

Unter das Produkthaftungsgesetz fallen unter anderem:
- Konsumgüter
- Maschinen
- Geräte
- chemische Erzeugnisse
- Nahrungsmittel
- Wasser, Strom, Gas

Nicht vom Produkthaftungsgesetz berührt werden:
- unbewegliche Gegenstände (Grundstücke, Gebäude)
- Dienstleistungen
- Naturprodukte
- Arzneimittel (Hier gilt das Arzneimittelgesetz.)

Haftung durch den Hersteller

Nach dem Produkthaftungsgesetz kann für die Folgeschäden eines fehlerhaften Produkts der „Hersteller" haftbar gemacht werden. Als solcher gilt:

- der gewerbsmäßige **Hersteller des Endprodukts**.
- der **Hersteller eines Teilprodukts,** wenn dieses fehlerhaft war und der Fehler nicht aufgrund einer fehlerhaften Konstruktion des Endprodukts entstanden ist.
- der **Importeur,** der das Produkt in die Europäische Union einführt.
- ein **Händler,** wenn er seinen Namen, seine Marke oder sein Warenzeichen auf der Ware anbringt. Er kann sich allerdings von der Haftung befreien, wenn er den Namen des tatsächlichen Herstellers auf dem Artikel anbringt oder es klar ist, dass er diesen Artikel lediglich verkauft.
- der **Händler,** wenn er den Namen des Vorlieferanten oder Herstellers nicht innerhalb eines Monats nennen kann. Für Händler und Lieferanten ist es also empfehlenswert, die Vertriebskette lückenlos zu dokumentieren.

Der Geschädigte kann mehrere dieser „Hersteller" haftbar machen. Die Hersteller haften zunächst als Gesamtschuldner. Der Geschädigte kann also in einem ersten Schritt frei wählen, wer haften soll. Anschließend findet ein Ausgleich nach dem Grad der Verantwortlichkeit statt.

Beweispflichtig ist der Geschädigte für das Vorliegen des Fehlers und dass dieser Ursache für den entstandenen Schaden war. Bewiesen werden muss nicht das Verschulden des Herstellers.

Der Hersteller dagegen muss die Umstände beweisen, die seine Haftung ausschließen.

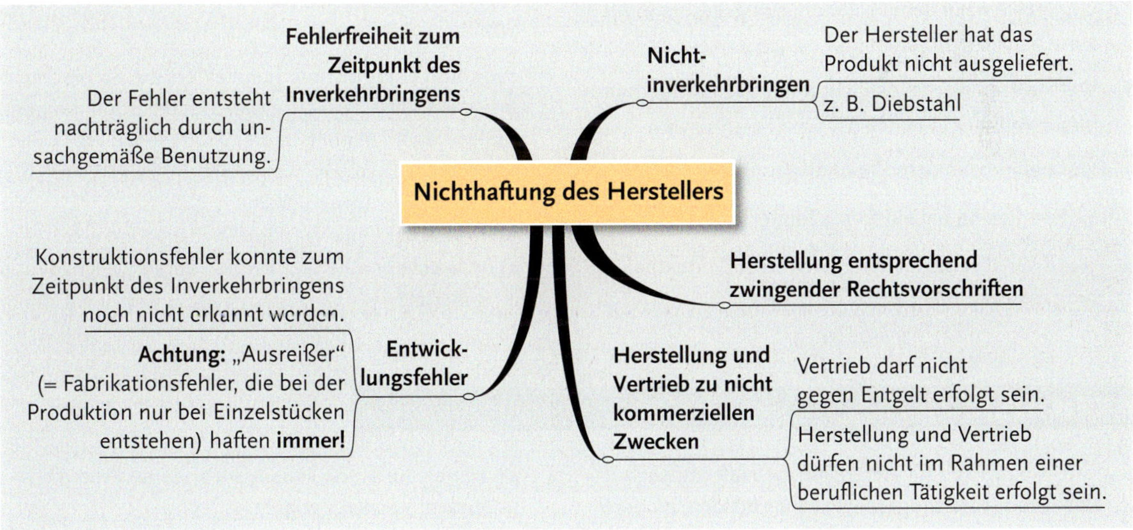

Umfang der Haftung

Personenschäden

Bei Personenschäden besteht ein Haftungshöchstbetrag von 85 Millionen Euro. Bei Körperschäden, die durch einen Produktfehler verursacht wurden, besteht eine Ersatzpflicht für:

- alle Heilungskosten
- die durch Erwerbseinbußen entstehenden Kosten

Zusätzlich kann Schmerzensgeld (allerdings nur bei Verschulden des Herstellers) verlangt werden. Im Todesfall muss für die Begleichung der Beerdigungskosten und die Versorgung der Unterhaltsberechtigten gesorgt werden.

Sachschäden

Bei Sachschäden wird nach dem Produkthaftungsgesetz nicht die fehlerhafte Sache selbst ersetzt. Es entsteht aber ein Anspruch auf Ersatz anderer durch das Produkt entstandener Sachschäden. Es gibt keine Haftungshöchstgrenze, allerdings eine Selbstbeteiligung des Geschädigten in Höhe von 500,00 €. Zu beachten ist, dass die Schäden nur für Sachen ersetzt werden, die für den Privatgebrauch bestimmt sind bzw. privat genutzt werden.

Diese Haftungsregelungen für Personen- und Sachschäden dürfen nicht durch vertragliche Vereinbarungen oder durch Allgemeine Geschäftsbedingungen ausgeschlossen oder beschränkt werden.

Verjährung

Die Haftung des Herstellers endet grundsätzlich zehn Jahre, nachdem das Produkt in den Verkehr gebracht wurde. Für den Hersteller empfiehlt sich daher eine lückenlose Dokumentation seiner Produktion, z. B. durch Vergabe von Seriennummern. Damit kann er den exakten Termin der Herstellung beweisen. Da oft zunächst auch mehrere Haftende (Produzent, Importeur, Lieferant) in Haftung genommen werden können, sind unterschiedliche Fristabläufe denkbar, denn der Zeitpunkt der Inverkehrbringung war bei jedem Haftenden unterschiedlich.

Der Haftungsanspruch eines Geschädigten verjährt nach drei Jahren. Diese Verjährungsfrist beginnt zu laufen, wenn der Geschädigte

- von dem Fehler,
- von dem Schaden,
- von dem Ersatzpflichtigen

Kenntnis erlangt hat oder hätte erlangen können.

AUFGABEN

1. Wodurch unterscheidet sich die Mängelgewährleistung von der Produkthaftung?
2. Welche Voraussetzungen müssen gegeben sein, um Rechte nach dem Produkthaftungsgesetz in Anspruch nehmen zu können.
3. Welche Produkte fallen nicht unter das Produkthaftungsgesetz?
4. Wer haftet nach dem Produkthaftungsgesetz?
5. Welche Rechte hat ein Geschädigter?
6. Wann verjährt die Haftung nach dem Produkthaftungsgesetz?
7. Ein deutscher Kaminofenhersteller unterlässt es, nach dem Inverkehrbringen seiner Ware darauf zu achten, ob irgendwelche bis dahin unbekannten Risiken bei der Ware auftreten. Welcher Fehler liegt vor?
8. Aufgrund eines technischen Fehlers am Kaminofen erleidet Sabine Sginini schwere Hautverbrennungen. In ihrer Wohnung entsteht ein Schaden in Höhe von 35.000,00 €.
   a) Wer hat die Beweislast?
   b) In welcher Höhe wird der Sachschaden ersetzt?
   c) In welcher Höhe wird für den Personenschaden gehaftet?

AKTIONEN

1. Eine Möglichkeit für Hersteller, die Haftung nach dem Produkthaftungsgesetz zu vermeiden, ist der rechtzeitige Produktrückruf.
   a) Schauen Sie sich eine Liste der Produktrückrufe unter folgender Internetadresse an: www.baua.de/de/Geraete-und-Produktsicherheit/Produktmaengel/Produktrueckrufe/Produktrueckrufe.html
   b) Kennen Sie eines der dort veröffentlichten Produkte?
   c) Haben Sie schon von einem anderen Produktrückruf Kenntnis erlangt?
2. In dieser Aktion soll das Kapitel 6.11 mithilfe der Fragenkettenmethode bearbeitet werden.
   - Lesen Sie das komplette Kapitel.
   - Formulieren Sie eine Frage zu einem bestimmten Inhalt des Textes und halten Sie diese und die Antwort dazu schriftlich fest.
   - Ihre Lehrkraft wählt einen Schüler aus, der seine Frage an die Klasse stellt.

3560 202

- Der Mitschüler, der sich als erstes meldet, beantwortet die Frage. War die Antwort richtig, darf er seine Frage der Klasse vorstellen.
- Jeder Mitschüler, der einmal richtig geantwortet hat, braucht nicht mehr zu antworten.
- Hat jeder geantwortet, ist diese Unterrichtsphase beendet.

ZUSAMMENFASSUNG

Haftung bei fehlerhaften Produkten

Fehler an der Sache selbst → Mängelgewährleistung

Folgeschäden (Sach- und Personenschäden) → Produkthaftung

Produkthaftungsgesetz

= Schutz des Verbrauchers in seinem persönlichen Eigentum und seiner persönlichen Unversehrtheit

Es haften die „Hersteller“:
- eigentliche Produzenten
- Teilhersteller
- Importeure
- Händler und Lieferanten

Haftung für

Personenschäden maximal 85 Millionen Euro

Sachschäden
- unbegrenzt
- aber Selbstbeteiligung von 800,00 €

zu beachten:
- verschiedene Haftungsausschlussgründe
- Beweislast liegt beim Geschädigten
- kein Ersatz des Schadens nach zehn Jahren
- Verjährungsfrist drei Jahre nach Kenntnis des Fehlers

KAPITEL 7

Wir beschaffen Waren

BESCHAFFUNGSPLANUNG
LIEFERANTENAUSWAHL
MÄNGELARTEN
UNTERNEHMERRÜCKGRIFF
WARENANNAHME
SCHLECHTLEISTUN
ZAHLUNGSBEDINGUNGEN
ZWEISEITIGES HANDELSGESCHÄFT
BESTELLUNG
ZEITPLANUNG
UMTAUSCH
MINDERUNG
SKONTO
DREINGABE
DRAUFGABE
ALLGEMEINE GESCHÄFTSBEDINGUNGEN
ABC-ANALYSE
BINDUNGSFRISTEN
HAFTUNGSVERSCHÄRFUNG

7 Wir beschaffen Waren

7.1 Wir führen eine Beschaffungsplanung durch

Einstieg

Die Geschäftsführung hat mit den Abteilungsleitern die Planzahlen für die Umsätze festgelegt. Anschließend wird die Einkaufsabteilung beauftragt, die Beschaffungsplanung für das nächste Quartal vorzunehmen.

1. Stellen Sie fest,
   a) welche Bereiche die Beschaffungsplanung umfasst,
   b) was im Rahmen der Beschaffungsplanung bedacht werden muss.
2. Begründen Sie die Bedeutung des Einkaufs für die Gewinnsituation.
3. Stellen Sie die optimale Bestellmenge für einen bestimmten Artikel fest. Die Beschaffungskosten betragen 40,00 € je Bestellung, unabhängig davon, wie viel bestellt wird. An Lagerkosten fallen 0,20 € je Stück an. Es sollen innerhalb eines bestimmten Zeitraums 1 500 Stück eines Artikels bestellt werden.
4. Die Geschäftsführung strebt in einer Warengruppe einen Umsatz von 500.000,00 € an. Sie möchte einen Kalkulationsabschlag von 35 % durchsetzen. Als Limitreserve plant sie 20 % ein. Wie hoch ist das Restlimit, wenn schon für 49.000,00 € Bestellungen vorliegen?

INFORMATIONEN

Im Rahmen der Beschaffungsplanung geht es für das beschaffende Unternehmen darum, die richtige Ware in der geforderten Menge und Qualität zum richtigen Zeitpunkt und zum günstigsten Preis beim richtigen Lieferer einzukaufen. Zwei Arten von Informationen sind für Einkaufsentscheidungen von Bedeutung:

- Bedarfsinformationen, aus denen Menge, Art und Zeit des Einkaufs ermittelt werden
- Informationen, die die Auswahl des günstigsten Lieferers ermöglichen

Bedarfsermittlung

Die Feststellung des Bedarfs ist die erste Voraussetzung für einen rationellen Einkauf. Der Bedarf ist die Warenmenge, die in angemessener Zeit durch den Betrieb voraussichtlich verkauft beziehungsweise verarbeitet werden kann.

Auch heute geschieht die Bedarfsfeststellung noch oft mit dem berühmten „Fingerspitzengefühl". Dieses kann richtig sein, erweist sich jedoch häufig als völlig irreführend. Daher werden in vielen Betrieben Ein- und Verkaufsstatistiken geführt, aus denen der Einkäufer beträchtliche Schlüsse hinsichtlich der Entwicklung des Bedarfs ziehen kann.

In diesem Zusammenhang werden z. B. Händler durch Computerprogramme, sogenannte EDV-gestützte Warenwirtschaftssysteme, unterstützt. Die EDV-gestützten Warenwirtschaftssysteme ermöglichen unter anderem eine Verkaufsdatenanalyse, mit der der zukünftige Bedarf ermittelt werden kann.

Sortiments- und Produktprogrammplanung (WAS?)

Zunächst einmal muss das Unternehmen festlegen, welche Waren überhaupt geführt beziehungsweise produziert werden sollen. Es wird versuchen, solche Artikel im Rahmen seines Verkaufsprogramms zusammenzustellen, die der Kunde erwartet. Dadurch kommt es zur Sortimentsbildung beziehungsweise Festlegung des Produktprogramms.[1]

Bei der Überlegung, was eingekauft werden soll, werden also Artikel nach Art und Qualität ausgesucht. Dabei müssen die Erfahrungen der Vergangenheit beachtet werden. Kundenwünsche oder Verkaufserfolge eines Mitbewerbers mit einem bestimmten Artikel können z. B. dazu führen, dass ein Händler ein neues Produkt in sein Sortiment aufnehmen möchte.

Aber auch Zukunftserwartungen müssen berücksichtigt werden. Hilfen hierzu bieten z. B. Marktuntersuchungen und Berichte von Außendienstmitarbeitern und Vertretern.

Schon beim Einkauf der Waren sollte man an den Absatz denken. Obwohl er zeitlich der Beschaffung der Waren folgt, ist er als übergeordnetes Ziel das bestimmende Element. Es dürfen nur solche Waren eingekauft werden, die sich auch absetzen lassen.

Mengenplanung (WIE VIEL?)

Bei der Mengenplanung wird entschieden, wie viel eingekauft werden soll. Die exakte Schätzung des Bedarfsumfangs ist schwierig. Ziel der Mengenplanung ist die Ermittlung der kostengünstigsten Bestellmenge (optimale Bestellmenge).

Das Unternehmen steht bei der Feststellung von Beschaffungsmengen vor zwei grundsätzlichen Möglichkeiten. Es beschafft

- große Mengen in großen Zeitabständen oder
- kleine Mengen in kleinen Zeitabständen.

Zwischen diesen beiden extremen Wahlmöglichkeiten hat der Einkäufer eine Fülle von weiteren Möglichkeiten. Zur Bestimmung der optimalen Bestellmenge muss er die Auswirkungen der verschiedenen möglichen Beschaffungsmengen auf die Höhe der Kosten untersuchen.

Dabei sind zwei Kostenarten zu unterscheiden:

- **Beschaffungskosten**
  Sie fallen z. B. für das Einholen des Angebots, das Schreiben der Bestellung oder die Wareneingangs- oder Rechnungsprüfung an. Mit zunehmender Bestellmenge werden die Beschaffungskosten je Wareneinheit geringer. Wird nur einmal innerhalb eines bestimmten Zeitraums bestellt, muss beispielsweise auch nur einmal eine Bestellung geschrieben werden. Bei größeren Bestellungen können außerdem mögliche Mengenrabatte in Anspruch genommen werden.
- **Lagerkosten**
  Sie nehmen bei einer Erhöhung der Beschaffungsmenge zu. Je mehr Ware bestellt und auf Lager genommen wird, desto mehr fallen z. B. Personalkosten für im Lager beschäftigte Personen an.

Diese beiden Kostenarten verlaufen also bei unterschiedlichen Beschaffungsmengen entgegengesetzt. Die Aufgabe der Mengenplanung besteht nun darin, die Beschaffungsmenge zu bestimmen, für die die Summe aus Beschaffungs- und Lagerhaltungskosten möglichst gering ist. Bei der optimalen Bestellmenge gleichen sich sinkende Bestellkosten und steigende Lagerhaltungskosten so aus, dass ein Minimum an Gesamtkosten entsteht.

Bestellkosten	Lagerkosten
• Gebühren (z. B. Porto, Telefon, Fax) • Material (z. B. Umschläge, Briefpapier, Druckerpatrone) • Personal (z. B. Buchhaltungspersonal, Schreibkräfte)	• Energiekosten (z. B. Strom, Heizung, Licht) • Gebäude • Personal (z. B. Mitarbeiter im Lager) • Warenpflege
Wird selten, aber in großen Mengen bestellt:	
▼ niedrige Bestellkosten	▲ hohe Lagerkosten
Wird oft, aber in kleinen Mengen bestellt:	
▲ hohe Bestellkosten	▼ niedrige Lagerkosten

1 siehe Kap. 6.3 und 6.4

BEISPIEL

In einem Unternehmen betragen die Beschaffungskosten 35,00 € je Bestellung, unabhängig davon, wie viel bestellt wird. An Lagerkosten fallen 0,25 € je Stück an. Es sollen innerhalb eines bestimmten Zeitraums 1000 Stück eines Artikels bestellt werden.

Anzahl der Bestellungen	Bestellmenge	Lagerhaltungskosten in €	Bestellkosten in €	Gesamtkosten in €
1	1000	250,00	35,00	285,00
2	500	125,00	70,00	195,00
3	333	83,25	105,00	188,25
4	250	62,50	140,00	202,50
5	200	50,00	175,00	225,00

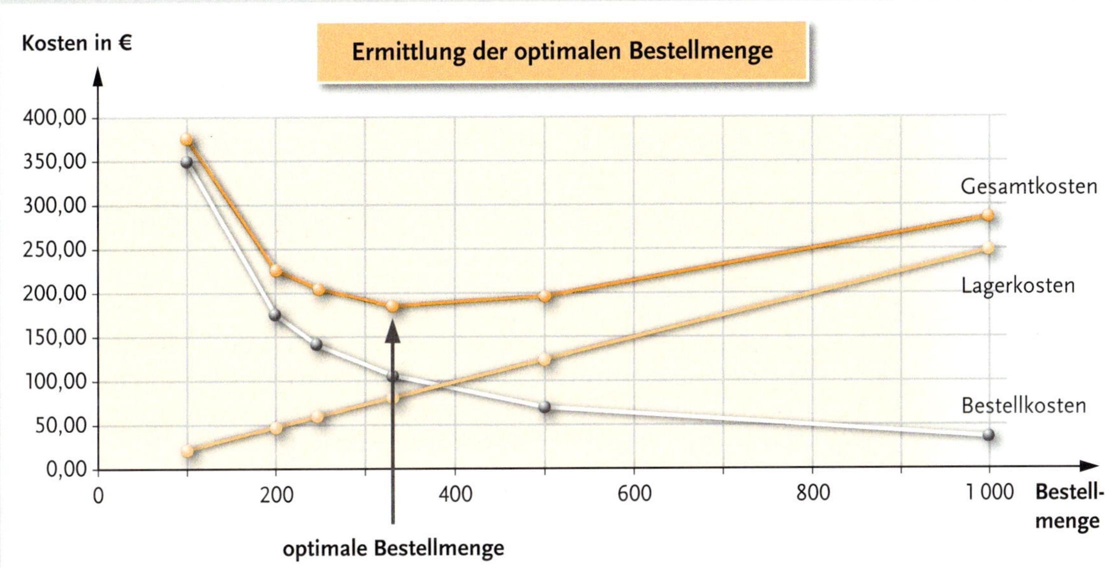

Die optimale Bestellmenge liegt bei 333 Stück. Dort entstehen Gesamtkosten von nur 188,25 €.

Die Höhe der Bestellmenge ist jedoch noch von weiteren Rahmenbedingungen abhängig:

- **wirtschaftliche Lage**
  Ist aufgrund konjunktureller Entwicklungen eine Verknappung von Artikeln zu erwarten, sollte das beschaffende Unternehmen sich mit größeren Mengen zu einem noch niedrigeren Preis eindecken.
- **Preis**
  Auf Märkten, die großen Preisschwankungen unterliegen, sollten bei niedrigen Preisen größere Mengen eingekauft werden.
- **Umsatz**
  Bei der Festlegung der Bestellmenge ist auch vom zu erwartenden Absatz auszugehen.

Bei der Planung der Einkaufsmenge kann auch die **Limitrechnung** angewandt werden. Sie ist ein Instrument, um die Finanzverhältnisse des Unternehmens zu kontrollieren und in Ordnung zu halten. Der Einkauf wird dadurch planbar und überprüfbar.

DEFINITION

Ein **Limit** gibt an, für wie viel Euro in einem bestimmten Zeitabschnitt Waren einer Warengruppe eingekauft werden dürfen. Diese Einkaufsgrenze sollte nicht überschritten werden.

BEISPIEL

Ein Textilgroßhändler führt mit einem EDV-gestützten Warenwirtschaftssystem eine Limitrechnung für eine bestimmte Warengruppe durch.

– **Limitrechnung** (Plan) –			
Haus 1 Abt. 1	WGR 1	Plansaison 1	Jahr
Umsatz			100.000
– erzielte Kalk.	50,0 %		50.000
= Planumsatz EK			50.000
: Umschlag	5,0		
= Durchschn.-Lager			10.000
= Saisonlimit			50.000
– Limitreserve	10,0 %		5.000
= freies Limit			45.000
– Ist-Bestellungen			35.537
= Restlimit			9.463
– Freigabe 16. Nov.			2.000
= Restlimit neu			7.463
Plan-/Ist-Vergleich? – J/N Speichern Planzahlen? – J/N Umsatzkontrolle? – J/N			

Der Großhändler strebt aufgrund früherer Umsatzzahlen für die Warengruppe innerhalb des Planungszeitraums einen Umsatz von 100.000,00 € an. Er hofft, einen Kalkulationsabschlag (erzielte Kalkulation) von 50 % durchsetzen zu können: Der Bruttogewinn soll also 50.000,00 € betragen. Für den Wareneinsatz (Planumsatz zu Einstandspreisen) müssen daher 50.000,00 € eingeplant werden.

Als Saisonlimit ergibt sich der Betrag von 50.000,00 €. Dies ist der Gesamtbetrag, der im Planungszeitraum ausgegeben werden darf. Das Saisonlimit wird aufgeteilt in die Limitreserve und das freie Limit. Die Limitreserve wird in der Regel als Prozentsatz ausgedrückt (10 % = 5.000,00 €) und ist für Sonderfälle – wie z. B. Sonderangebote oder kurzfristige Nachbestellungen – vorgesehen. Das freie Limit (45.000,00 €) ist der Betrag, für den im Rahmen vorhersehbarer Bestellungen eingekauft werden darf.

Vom freien Limit wird der bisherige Auftragswert (Ist-Bestellung = 35.537,00 €) abgezogen. Der für Bestellungen noch offene Betrag von 9.463,00 € ist das sogenannte Restlimit. In diesem vereinfachten Beispiel bestellt der Großhändler Waren für 2.000,00 €, sodass sich ein neues Restlimit von 7.463,00 € ergibt.

Zeitplanung (WANN?)

Hat man die Bestellmenge annähernd ermittelt, so tritt für den Einkäufer das nächste Problem auf: Wann soll eingekauft werden? Bei der Zeitplanung geht es um den richtigen Zeitpunkt der Bestellung.

BEISPIELE

- Ein Händler muss seine Waren so rechtzeitig einkaufen, dass sie zum Verkaufstermin vorhanden sind. Bei Nachbestellungen muss beachtet werden, dass die Ware im Verkauf nicht ausgeht.
- Ein Industriebetrieb muss Roh-, Hilfs- und Betriebsstoffe so rechtzeitig beschaffen, dass sie zum Produktionstermin zur Verfügung stehen.

Um dies zu erreichen, werden entweder das Bestellrhythmusverfahren oder das Bestellpunktverfahren angewandt:

- **Bestellrhythmusverfahren**
  Beim Bestellrhythmusverfahren wird nach Ablauf von bestimmten Zeitabständen (Tage, Wochen, Monate oder Quartale) überprüft, ob sich noch ausreichend Artikel auf Lager befinden. Die Kontrolle, ob nachbestellt werden muss, wird nicht bei jeder Entnahme von Ware durchgeführt, sondern nur zu bestimmten, vorgegebenen Zeitpunkten. Dieses Verfahren wird also durch den Zeitfaktor gesteuert.
- **Bestellpunktverfahren**
  Das häufiger angewandte Bestellpunktverfahren dagegen wird durch Verbrauchsmengen gesteuert. Eine Bestellung wird jedes Mal ausgelöst, wenn der Lagerbestand des Artikels nicht mehr ausreicht, um den während der Beschaffungszeit zu erwartenden Bedarf zu decken. Dazu sind Bestandsprüfungen nach jedem Lagerabgang nötig. Dies erfordert einen hohen Aufwand, der aber durch den Einsatz von EDV-Anlagen und entsprechenden Programmen automatisch bewältigt werden kann.

Der Zeitpunkt für eine Bestellung hängt weiterhin ab von:

- **Beschaffungsdauer**
  Ist die Ware einen Tag später da, kann man jeden Tag nachbestellen.
- **Lagerfähigkeit der Waren**
  Artikel, die nicht lange gelagert werden können, müssen häufig bestellt werden.
- **Preisentwicklung** auf dem Markt
- **Umsatzgeschwindigkeit**

Bezugsquellenermittlung (WO?)

Der Auswahl der Lieferanten muss besondere Aufmerksamkeit geschenkt werden. Von ihr hängt nämlich ganz entscheidend die Kostensituation eines Unternehmens ab. Grundsätzlich sollte dort eingekauft werden, wo es am günstigsten ist.

ABC-Analyse

Unternehmen z. B. müssen für ihre umfangreichen Sortimente oft bis zu 100 000 verschiedene Artikel beschaffen. Diese alle mit dem gleichen Aufwand hinsichtlich

- Bestellmengen,
- Bestellpunkten,
- durchschnittlicher Lagerdauer,
- Sicherheitsbeständen usw.

zu planen und zu kontrollieren, verbieten die Kosten eines solchen Vorgehens.

Daher wird häufig ein Verfahren angewandt, das die Kosten einer Planung und Kontrolle einzelner Artikel mit deren Bedeutung am Beschaffungsumfang in Beziehung setzt.

Die ABC-Analyse ist ein Verfahren, das eine bestehende Grundgesamtheit (in der Regel sind dies Artikel; es können aber beispielsweise auch Kunden oder Lieferanten sein) hinsichtlich bestimmter Kriterien wie Umsatz oder Rentabilität in drei Klassen einteilt. Angestrebt wird dabei das Auffinden derjenigen Artikel, Lieferanten oder Kunden, die am meisten (Klasse A), durchschnittlich (Klasse B) oder wenig (Klasse C) zum Unternehmenserfolg beitragen.

Im Rahmen der Beschaffung dient die ABC-Analyse als Instrument zur Minderung des Beschaffungsrisikos:

- Die wenigen umsatzstarken und damit sehr risikoreichen A-Artikel werden ihrer Bedeutung entsprechend mit besonderer Aufmerksamkeit behandelt. Ein Unternehmen kann umso erfolgreicher disponieren, je mehr Anstrengungen es bei den A-Artikeln unternimmt: Die Kosten für eine intensive und genaue Kontrolle halten sich angesichts der relativ geringen Zahl dieser Artikel in vertretbaren Grenzen. Bei diesen wichtigen Artikeln kommt es dadurch zu sehr großen Einsparungen. So werden z. B. für A-Artikel häufig Bestellungen durchgeführt, um kostenverursachende Lagerbestände zu verringern.

- Die zahlreichen C-Artikel dagegen werden nur mit einem einfachen System kontrolliert, das dem Disponenten wenig Mühe macht. Selbst wenn sich dadurch ein geringfügig erhöhter Lagerbestand ergeben sollte, lassen sich durch die Verminderung des Arbeitsaufwands große Einsparungen erzielen. Ist ein Artikel also unwichtig, so ist der Verlust, der durch eine Verminderung der Überwachungsarbeit entstehen könnte, sehr niedrig zu bewerten. Kontrollen und Lagerhaltung werden daher stark vereinfacht.

- Für B-Artikel kommt ein Mittelweg zwischen der Behandlung der A-Artikel und der C-Artikel in Betracht.

Die ABC-Analyse ist ein wichtiges, nicht nur auf den Bereich der Beschaffung beschränktes, Rationalisierungsinstrument. Sie hilft,

- sich auf wirtschaftlich bedeutende Artikel zu konzentrieren,
- hohen Arbeitsaufwand bei Artikeln untergeordneter Bedeutung zu vermeiden,
- die Transparenz der Lagerwirtschaft und Beschaffung und
- die Effizienz des Einkaufs zu steigern.

BEISPIEL

Für eine Warengruppe von zehn Artikeln soll eine ABC-Analyse durchgeführt werden. Dies geschieht in mehreren Schritten:

1. **Ermittlung des Stückpreises** in Euro und der Absatzmenge in Stück pro Jahr
2. **Berechnung des Umsatzes** in Euro pro Jahr
3. **Sortierung der Artikel** in absteigender Folge nach der Höhe ihres Umsatzes
4. **Berechnung des prozentualen Anteils** jedes Artikels am Gesamtumsatz

5. **Kumulierung der jeweiligen prozentualen Anteile jedes Artikels** am Umsatz: Der jeweilige prozentuale Anteil wird zu den vorhergehenden hinzugerechnet.

6. **Einteilung in A-, B-, C-Teile**

7. **Auswertung des Ergebnisses:** Mit 20 % der Artikel werden 60 % des Umsatzes erreicht:
   Nur zwei der insgesamt zehn Artikel bilden die A-Gruppe (Artikel 9 und 4). Die Hälfte der Artikel bildet die C-Gruppe (5, 8, 2, 10 und 1), die nur 10 % des gesamten Umsatzes erbringt.

8. **Anwendung von Maßnahmen:** Bei A-Artikeln könnten dies z. B. sein:
   - genaue Dispositionsverfahren
   - genaue Bestandsrechnung
   - strenge Terminkontrollen
   - sorgfältige Festlegung der wirtschaftlichen Bestellmengen
   - genaue Überwachung der Verweildauer im Betrieb

1. Schritt

Artikel	Stückpreis in €	Absatzmenge in Stück pro Jahr
1	32,00	125
2	0,02	500000
3	50,00	1000
4	2,50	50000
5	0,60	25000
6	1,00	60000
7	0,40	100000
8	20,00	625
9	1,75	100000
10	0,17	50000

2. Schritt

Umsatz in € pro Jahr
4.000,00
10.000,00
50.000,00
125.000,00
15.000,00
60.000,00
40.000,00
12.500,00
175.000,00
8.500,00

3. Schritt / **4. Schritt** / **5. Schritt**

Artikel		Umsatz in € pro Jahr	Prozent des Umsatzes	Kumulierter prozentualer Anteil am Gesamtumsatz
A	9	175.000,00	35	35
	4	125.000,00	25	60
B	6	60.000,00	12	72
	3	50.000,00	10	82
	7	40.000,00	8	90
C	5	15.000,00	3	93
	8	12.500,00	2,5	95,5
	2	10.000,00	2	97,5
	10	8.500,00	1,7	99,2
	1	4.000,00	0,8	100
Gesamtumsatz		500.000,00		

3560 210

AUFGABEN

1. Welches Ziel haben die Beschaffungstätigkeiten in einem Unternehmen?
2. Welche Maßnahmen müssen bei der Einkaufsvorbereitung getroffen werden?
3. Wie wirkt sich eine Erhöhung der Bestellmenge auf die Beschaffungs- oder Lagerkosten aus?
4. 400 Stück eines Artikels sollen bestellt werden. Die Lagerhaltungskosten betragen pro Stück 0,75 €, die Beschaffungskosten pro Bestellung 40,00 €. Ermitteln Sie die optimale Bestellmenge rechnerisch und grafisch.
5. In einem Industrieunternehmen betragen die Beschaffungskosten 135,00 € je Bestellung, unabhängig davon, wie viel bestellt wird. An Lagerkosten fallen 25 % des Werts der eingelagerten Ware an. Es sollen innerhalb eines bestimmten Zeitraums 12 000 Stück eines Artikels zum Einstandspreis von 3,00 € bestellt werden. Wie hoch ist die optimale Bestellmange?
6. Warum werden für den Einkauf von Artikeln häufig Limits festgesetzt?
7. Ein Händler strebt in einer Warengruppe einen Umsatz von 400.000,00 € an. Er möchte einen Kalkulationsabschlag von 40 % durchsetzen. Als Limitreserve plant er 20 % ein. Wie hoch ist das Restlimit, wenn für 45.000,00 € schon Bestellungen vorliegen?
8. Wodurch unterscheiden sich Bestellrhythmusverfahren und Bestellpunktverfahren?

AKTIONEN

1. Erstellen Sie mit Excel für drei typische Artikel des Sortiments Ihres Unternehmens im Lernbüro eine „Warendatei".
2. a) Legen Sie eine Excel-Tabellenkalkulation an, mit der Sie die optimale Bestellmenge berechnen können.
   b) Lösen Sie zur Kontrolle mithilfe der Excel-Tabelle die folgende Aufgabe: Für eine bestimmte Warengruppe sollen 200 Stück bestellt werden. Die Lagerhaltungskosten betragen pro Stück 0,80 €, die Beschaffungskosten pro Bestellung 50,00 €. Wie hoch ist die optimale Bestellmenge?
   c) Stellen Sie die Berechnung der optimalen Bestellmenge grafisch mithilfe von Excel dar.

ZUSAMMENFASSUNG

Beschaffungsplanung

- **Sortimentsplanung**
  Was soll eingekauft werden?
- **Mengenplanung**
  Wie viel soll eingekauft werden?
- **Zeitplanung**
  Wann soll eingekauft werden?
- **Bezugsquellenermittlung**
  Wo soll eingekauft werden?

7.2 Wir finden Bezugsquellen

Einstieg

In der Zentrale der Hoffmann KG geht ein Schreiben ihres Hauptlieferanten für Herrenfreizeithemden – der Albert & Bayer GmbH & Co. KG, Nelkenstr. 28, 52000 Aachen – ein.

In dem Schreiben wird mitgeteilt, dass wegen eines Großbrandes bis auf Weiteres die Produktion eingestellt werden muss. Da der Bestand an Herrenfreizeithemden nur noch einen Monat ausreicht, muss ein neuer Lieferant gesucht werden.

Suchen Sie nach Möglichkeiten, wie die Hoffmann KG einen neuen Lieferanten für Herrenfreizeithemden finden kann.

INFORMATIONEN

Das beschaffende Unternehmen muss ständig den Beschaffungsmarkt beobachten und analysieren, wenn es wirtschaftlich arbeiten will. Dabei ist die Kernaufgabe die Ermittlung geeigneter Bezugsquellen. Bei der Bezugsquellenermittlung geht es darum, einen sicheren, schnellen, stets aktuellen Überblick über sämtliche infrage kommenden Lieferanten zu schaffen.

Auswahl von Erstlieferanten

Können bei Lieferanten, mit denen bereits Geschäftsbeziehungen bestehen, bestimmte Artikel nicht bezogen werden, muss sich der Einkäufer nach neuen Lieferanten umsehen.

Hilfen beim Aufsuchen günstiger Bezugsquellen sind:

- **Kataloge, Prospekte, Preislisten**
  Sie gehören zum grundlegenden Handwerkszeug des Einkäufers.
- **Fachzeitschriften**
  Hier finden sich oft Hinweise auf neue Entwicklungen und Produkte.
- **Adressenverzeichnisse**
  Diese liegen in Buchform vor, stehen aber auch im Internet zur Verfügung, z. B. „ABC der deutschen Wirtschaft“, „Wer liefert was?“, „Branchenverzeichnis des Telefonbuchs (Gelbe Seiten)“.
- Besuch von **Messen und Ausstellungen**
  In diesem Zusammenhang bieten gerade Kataloge von Fachmessen eine fast lückenlose Übersicht.
- Unterlagen von **Vertreterbesuchen**
- **Datenbankrecherchen**
  Verschiedene Institutionen führen Datenbanken, in denen im Internet nach gewünschten Informationen gesucht werden kann.

BEISPIELE

- Die Hoffmann KG möchte mehrere neue Fotokopierer und das entsprechende Zubehör anschaffen. Herr Hickel schaut in ein Branchenadressbuch:

Fotografische
Laborapparate 6/9440
Fotogroßlabors 9/3409
Fotohüllen 6/2260
Fotokartons 6/2291
Fotokeramik 5/3805
Fotokissen 2/2387
Fotokoffer 6/2311
Fotokopier
-anstalten 9/4273
-bedarf 5/1763
-geräte 5/1753
-papiere 5/1783
Fotolabor
-einrichtungen 6/2285
-flaschen 6/2287
-taschen 6/2259
Fotolabors 9/3409
Fotolack-Beschriftungsmaschinen 5/6395
Fotolacke 4/2159

5
1783
Fotokopierpapiere
Photocopy paper
Papiers photocopiants
Carta per fotocopiatrics
Papeles para fotocopiadoras

HELLBUT & Co. GmbH
HELLBUT VERPACKUNGEN
Grosser Kamp 8
22457 Barsbüttel/Hamburg
Tel. 040 6702950
Fax 040 6702957

RANK XEROX GMBH
RANK XEROX
Emanuel-Leutze-Str. 20
40547 Düsseldorf
Tel. 0211 59930
Fax 0211 8584647

Über den Index – eine Art Inhaltsverzeichnis – kann er die Seiten mit den Bezugsquellen für Fotokopierpapier ermitteln.

- Ein importorientiertes, mittelständisches Einzelhandelsunternehmen sucht Schuhhersteller in Italien. In einer Datenbankrecherche werden die Suchworte „Italien“, „Herrenschuhe“, „Damenschuhe“ oder „Kinderschuhe“ verknüpft. Es wird ein Ergebnis von insgesamt 119 Dokumenten erzielt. Hier ein Beispiel für ein Firmenprofil:

```
DB  EURD, FIZ-Technik, Frankfurt: ABC Europa,
    (C)1988/06, ABC-Verlag
AN  E40724280
IN  SCARPA Calsaturificio, S.n.c., di Parisotto F.
    & C.
PS  Viale Tisiano, 26.
RE  I-31011 Asolo (TV).
CN  IT Italien
TL  Telefon: 0423 52132, Telegramm: SCARPA ASOLO.
PF  Schuhe fuer: Sport, Gebirgs- und Felswanderungen,
    Jagd, Gelaendemarsch, Telemark, Freizeit.
PE  Schuhe fuer Sport und Turnen, Skischuhe.
IC  Schuhe und Schuhteile.
MM  Francesco Parisotto, Luigi Parisotto.
    Geschäftsführung: Francesco Parisotto.
    Importleitung: Francesco Parisotto.
    Exportleitung: Dr. Miro Cremasco.
YR  Gegruendet: 1938.
EM  Beschäftigte: 110.
BK  Bankverbindungen: Banca Nazionale Del Lavoro,
    Banca Catolica Del Veneto, Cassa Di Risparmio
    Marca Trivigiana.
```

Exakte Artikelinformationen sind im Bestell- und Lieferverkehr eine absolut notwendige Forderung. Für Handel und Industrie ist mit der nationalen Artikeldatenbank SINFOS die Möglichkeit entwickelt worden, auf rationelle und preisgünstige Weise Artikelstammdaten für alle Interessenten bereitzustellen:

Die Hersteller senden ihre Artikelinformationen mittels Datenträgern (z. B. per DVD) oder per Datenfernübertragung an die SINFOS-Artikelstammdatenbank. Die Handels- und Industriebetriebe rufen mit den gleichen Methoden die benötigten Artikelinformationen (z. B. für die Beschaffung) aus dem Datenpool ab.

Es können u. a. gezielte Abfragen nach bestimmten Produktgruppen oder speziellen Artikeleigenschaften einzelner Produkte durchgeführt werden. Zunehmende Bedeutung gewinnt die SINFOS-Artikelstammdatenbank auch für die Logistik. Informationen über Versandeinheiten sorgen für eine effektive Auslastung der Lieferfahrzeuge beziehungsweise eine optimale Steuerung von Hochregallagern.

Ausschnitt aus dem Datenbestand über einen Artikel in der SINFOS-Artikelstammdatenbank:

EAN der Verbrauchereinheit	40 05500 20920 1
Umsatzsteuer	7 (7 %)
CCG-Klassifikation	1245 (Instantgetr. auf Basis Kakao)
Artikel-Langtext	Nesquik 400 g
Artikel-Kurztext	Nesquik 400 g
Kassenbontext	Nestle Nesquik
Hersteller	Nestle Erzeugnisse
EAN der Verbrauchereinheit	40 05500 20920 1
Strichcode?	1 (ja)
Länge (Tiefe)	70 mm
Breite (Facing)	120 mm
Höhe	180 mm
Bruttogewicht	500 g
Ladungsträger	02 (Euro-Palette)
Fakturiereinheit	1 Stück
Listenpreis der Fakturiereinheit	2,65 EUR

EAN der nächsthöheren Einheit (Transporteinheit)	40 05500 20921 8
Strichcode?	1 (ja)
Länge (Tiefe)	710 mm
Breite (Facing)	240 mm
Höhe	180 mm
Bruttogewicht	12.000 g
EAN der nächstniedrigeren Einheit	40 05500 20920 1
Anzahl der nächstniedrigeren Einheit	24
Ladungsträger	02 (Euro-Palette)
Anzahl Einheiten auf der Palette	20
Anzahl Lagen auf der Palette	4
Fakturiereinheit	1 Stück
Listenpreis der Fakturiereinheit	63,60 EUR
Anzahl der Verbrauchereinheiten	24
Paletten-Ladehöhe	720 mm ohne Holz

Lieferantenauswahl

Obwohl sich das beschaffende Unternehmen immer über neue Liefermöglichkeiten informieren sollte, wird es oft auf bestehende Geschäftsverbindungen zurückgreifen. Dazu werden die eigenen Einkaufsunterlagen der Vergangenheit ausgewertet. Häufig wird eine Bezugsquellenkartei geführt, die einen schnellen Überblick über die einmal ermittelten Bezugsquellen gibt. Sie kann als Waren- oder Liefererkartei geführt werden:

- **Liefererkartei**
  Sie ist nach Lieferanten geordnet und enthält Informationen über deren lieferbare Waren.
- **Warenkartei**
  Sie ist nach Waren geordnet und enthält Angaben über die betreffenden Lieferfirmen.

Moderne Unternehmen speichern die Einkaufsinformationen mithilfe computergestützter Warenwirtschaftssysteme in ihren EDV-Anlagen. Die entsprechenden Dateien sind dann ähnlich der Karteien aufgebaut.

Kann das beschaffende Unternehmen einen gewünschten Artikel von mehreren Lieferanten beziehen, muss es diese beurteilen beziehungsweise bewerten. Dazu werden mehrere Beurteilungspunkte herangezogen:

- **Einhaltung der Qualität**
  Die Lieferung einwandfreier Qualität ist eine der wesentlichen Voraussetzungen für die Wahl eines Lieferanten. Würde das Unternehmen mangelhafte Ware verkaufen, könnte sein Ruf beeinträchtigt werden.
- **Einhaltung der Liefertermine**
  Hält der Lieferant die vereinbarten Liefertermine nicht ein, kann es zu Absatzstockungen beziehungsweise Produktionsausfällen kommen. Diese verursachen beträchtliche Kosten.
- **Einhaltung der Menge**
  Wenn ständig statt der vereinbarten Gesamtmenge Teilmengen angeliefert werden, verursacht dies im einkaufenden Unternehmen hohe Kosten.
- **Preis**
  Bei der Auswahl von Lieferanten spielt der Preis eine ausschlaggebende Rolle. Bevor jedoch ein Preisvergleich angestellt werden kann, müssen die vorgenannten Beurteilungsmerkmale überprüft werden. Wenn beispielsweise der gewünschte Liefertermin nicht eingehalten werden kann, ist ein Bezug selbst bei günstigem Preis nicht sinnvoll. Dasselbe gilt bei Abweichungen in der Qualität und der Menge.
- **Konditionen**
  Beim Preisvergleich sind selbstverständlich die Liefer- und Zahlungsbedingungen zu berücksichtigen.
- **geografische Lage**
  Sie muss insbesondere bei Artikeln beachtet werden, bei denen der Frachtkostenanteil erheblich ist.
- **Umwelt- und Gesundheitsverträglichkeit** der angebotenen Waren

Elektronische Adressverzeichnisse

Viele Adressverzeichnisse können auch auf elektronischem Weg eingesehen werden. Die Anbieter solcher Adressbücher bieten diese auf CD-ROM an oder ermöglichen eine direkte Suche über das Internet.

BEISPIELE

Die Hoffmann KG möchte ein Multifunktionsgerät (Drucker/Scanner/Kopierer kombiniert in einem Gerät) kaufen. Herr Hickel informiert sich im Internet über das Produktangebot. Er geht zu einer Internetadresse, die über Produkte informiert.

Herr Hickel bevorzugt die Marke Hewlett Packard. Das Multifunktionsgerät braucht keine Faxe versenden zu können.

Nach der Eingabe der von ihm bevorzugten Produktmerkmale werden ihm drei Multifunktionsgeräte vorgeschlagen. Herr Hickel vergleicht alle drei Multifunktionsgeräte genau.

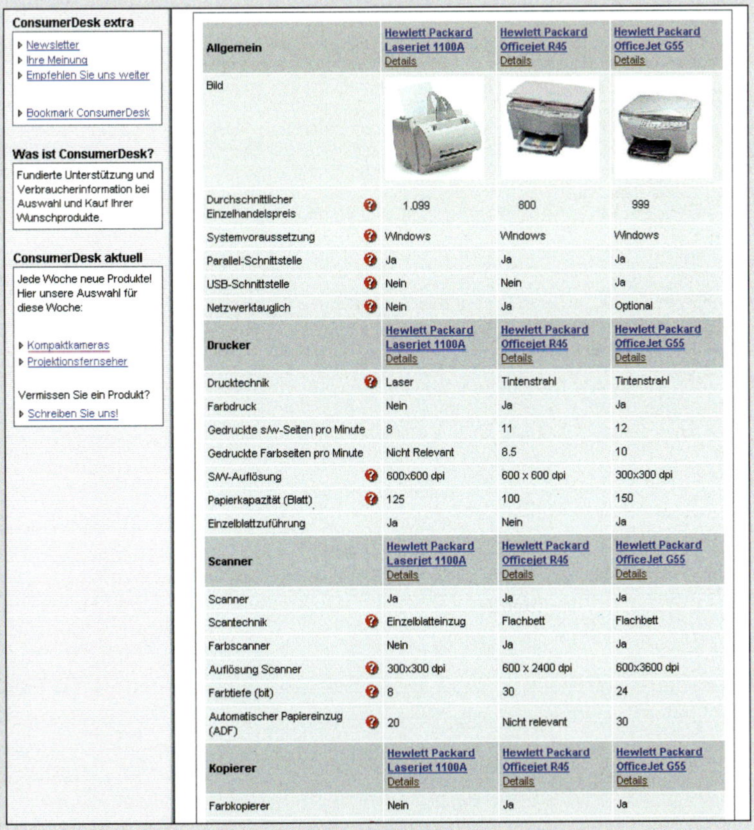

Herrn Hickel sagt das Modell G55 zu. Bei einer anderen Internetadresse kann er erfahren, wie andere Personen, die dieses Gerät schon gekauft haben, es beurteilen.

computeruniverse.net Elektronik und DVDs computeruniverse

discount24 Schnäppchenmarkt für preisgesenkte Markenartikel: discount24.de

IhrPreis.de Für Computer, Elektronik und Zubehör: IhrPreis.de

AVITOS www.avitos.com Ihr kompetenter Partner für Hardware, Software und DVDs - Avitos

BuyCentral.de Ihr Auktionsvergleich im Internet: Buycentral.de

Ciao Hitliste

Die besten All-in-One-Geräte

1. HP Officejet G85 Preise!
2. HP Officejet R45 Preise!
3. HP Officejet G55 Preise!
4. Brother HL-P2500 Preise!
5. HP Laserjet 1100A Preise!

Mehr...

Aktuellste Meinung

Lesen Sie die neueste Meinung:

Kaufentscheidung OfficeJet G55 versus PSC 500

Eine **sehr nützliche** Meinung über HP Officejet G55 von crazyharry1 (28.01.2001)

Produktbewertung: ★★★★★

Vor kurzem gab mein ca. 10 jahre alter HP Laserjet endgültig den Geist auf und ich mußte mich um ein... Meinung lesen

Alle Kategorien

Auto & Verkehr
Computer & Internet
Elektronik & Foto
Essen, Trinken & Genuss

HP Officejet G55

Bewertung: ★★★★☆
von 95% unserer Autoren empfohlen

Schnittstelle:
Auflösung:
Seiten/Minute Farbe:
Seiten/Minute s/w:
Speicher (KB):
Gewicht (KG):

Preise vergleichen!

Meinungen Meinung schreiben!

Sortieren nach: **Nützlichkeit** Datum

Gelungender Drucker ★★★★★

Eine Meinung über HP Officejet G55 von Jimmy02 (17.12.2000)

Sie wurde insgesamt **52** mal gelesen
und von den Lesern als **sehr nützlich** bewertet.

Nachdem bei mir ein neuer Drucker fällig war und ich außerdem endlich einen gescheiten Scanner kaufen wollte, war es natürlich eine Überlegung wert, sich bei den sogenannten All-in-One- oder Multifunk... Meinung lesen

Alleskönner fürs Büro ★★★★★

Eine Meinung über HP Officejet G55 von heidi666 (26.10.2000)

Sie wurde insgesamt **119** mal gelesen
und von den Lesern als **sehr nützlich** bewertet.

Das Grundmodell der neuen OfficeJet-Familie basiert auf denselben Technologien, die der Hersteller bei seinen derzeit leistungsfähigsten Tintenstrahldruckern und Flachbettscannern einsetzt. Das Druc... Meinung lesen

Multitalent ★★★★☆

Eine Meinung über HP Officejet G55 von fruitcake (13.12.2000)

Sie wurde insgesamt **47** mal gelesen
und von den Lesern als **sehr nützlich** bewertet.

Ich habe diesen Drucker/Scanner im Sommer gekauft und bin recht zufrieden damit. Die Geschwindigkeit und Qualität der Ausdrucke sind prima. Man kann Kopien machen, ohne den PC einzusc... Meinung lesen

Rundum gelungene Druck-Scan-Copy-Kombination ★★★★★

Eine Meinung über HP Officejet G55 von Emty (16.09.2000)

Herr Hickel hat sich für den Kauf des OfficeJet G55 entschieden. Anschließend lässt er im Internet einen Preisvergleich vornehmen.

Shop	Produktinformation	Preis	Einkaufen
OTTO Die neuen Trends: Otto weiß, was kommt.	Drucker, HP, OfficeJet G55	899, 00	Hier kaufen Otto
CONRAD.COM Klicken Sie sich in die Welt von Conrad!	HP OfficeJet: Bezeichnung OfficeJet G55, Drucker Auflösung 600 x 600 dpi, Geschwindigkeit s/w 12 S...	899, 00	Hier kaufen Conrad
Simtronic	HP OfficeJet G55	809, 00	Hier kaufen Simtronic
Printer Direct	HP OfficeJet G55	818, 00	Hier kaufen Printer Direct
PC Marketplace	HP OfficeJet G55 Fax, Kopierer, Scanner, Drucker	825, 00	Hier kaufen PC Marketplace
AVITOS	HP OfficeJet G55 Tinte Drucken / Scannen / Kopieren	829, 01	Hier kaufen AVITOS
Sound & PC	HP OfficeJet G55 Multifunktionsgerät:	835, 70	Hier kaufen Sound & PC
Padercomp	HP HP OfficeJet G55 nur für Austria	838, 53	Hier kaufen Padercomp
Padercomp	HP HP OfficeJet G55 Drucker/Scanner/ Kopierer	838, 53	Hier kaufen Padercomp
PC Planet	DRU HP OfficeJet G55 Color C6736A	849, 00	Hier kaufen PC Planet
Schiwi	HP-OfficeJet G55 Hewlett-Packard Tinte all-in-one	849, 00	Hier kaufen Schiwi
Guter-service	HP OfficeJet G55 (D) Farbdrucker, -kopierer, -flachbettscanner, PhotoREt III, DIN A4, WIN NT liefer...	865, 00	Hier kaufen Guter-service
Insel	HP OfficeJet G55 Drucker/Scanner/	878, 00	Hier kaufen Insel
Technik Direkt	Drucker: HP OfficeJet G 55	879, 00	Hier kaufen Technik Direkt

Primär- und Sekundärquellen

Die grundsätzlich möglichen Informationsquellen über Lieferanten, Waren und Dienstleistungen lassen sich einerseits durch eigene direkte und gezielte Erhebung von Beschaffungsmarktdaten (Primärquellen) und andererseits durch die Sammlung extern (außerhalb des Unternehmens) vorhandener Beschaffungsmarktdaten (Sekundärquellen) ermitteln.

A. Primärquellen
(eigene direkte und gezielte Erhebung von Beschaffungsmarktdaten)
- telefonische/schriftliche Lieferantenbefragung
- gezielte Anfragetätigkeit, Ausschreibung
- Lieferantenbesuch
- Betriebsbesichtigung
- Probelieferungen
- Erfahrungsaustausch mit Wettbewerbern, Kollegen in Einkäuferverbänden
- Messebesuch
- Besuch von Fachtagungen

B. Sekundärquellen
(Sammlung/gezielte Anfrage extern vorhandener Beschaffungsmarktdaten)
- Kataloge, Prospekte, Preislisten, Werbematerial
- Geschäftsberichte, Hauszeitschriften der Lieferanten
- Veröffentlichungen oder Anfragen
  - Banken, Auskunfteien
  - IHK, Wirtschaftsverbände
  - deutsche und ausländische Handelskammern, Handelsabteilungen der Botschaften, Konsulate
  - Markt-, Wirtschaftsforschungsinstitute
  - Makler, Vertreter
  - Informationsdienstleistungsunternehmen
  - statistische Ämter
  - nationale und internationale Einkäuferverbände
- Verzeichnisse
  - Bezugsquellennachweise
  - Firmenhandbücher
  - Branchenverzeichnisse
  - Adressbücher
- Fach-/Allgemeinpresse
  - Tageszeitungen
  - Fachzeitschriften
  - Börsen- und Marktberichte
- Messekataloge

AUFGABEN

1. Welche Informationsquellen dienen der Auswahl von Erstlieferanten?
2. Welche Informationen enthält eine Bezugsquellenkartei beziehungsweise -datei?
3. Welche Kriterien müssen herangezogen werden, wenn ein Artikel von mehreren Lieferanten bezogen werden kann?
4. Welche Vorteile hat eine Suche nach Bezugsquellen mithilfe elektronischer Medien?
5. Nach welchen Kriterien würden Sie einen Lieferanten beurteilen?

AKTIONEN

1. Bearbeiten Sie in Gruppen jeweils eine der folgenden Leitfragen:
   - Welche Informationen benötigt die Hoffmann KG über Lieferanten? Halten Sie Ihre Ergebnisse auf Metaplankarten fest und beachten Sie hierbei die eingeführten Regeln zur Beschriftung von Karten.
   - Welche Anforderungen stellt die Hoffmann KG an Bezugsquellen? Halten Sie Ihre Ergebnisse in Form einer Mindmap auf Folie fest.

   Sie haben zehn Minuten Zeit zur Bearbeitung.
2. Untersuchen Sie in Gruppenarbeit eine der folgenden Seiten hinsichtlich der Eignung als Hilfsmittel zur Ermittlung von Bezugsquellen:
   - Gruppen 1 und 4: www.branchenbuch.com
   - Gruppen 2 und 3: www.mercateo.com

   a) Zur Überprüfung der Leistungsfähigkeit sollen Recherchen durchgeführt werden:
      - Gruppen 1 und 4:
        Begeben Sie sich auf die Suche nach Büromate-

rialzulieferern. Geben Sie in die Suchmaske den Suchbegriff „Bürobedarf" ein und starten Sie die Suche. Wie viele Einträge erhalten Sie:
  - bundesweit?
  - für Hannover?
- Gruppen 2 und 3:
  Begeben Sie sich auf die Suche nach Büromaterialzulieferern. Geben Sie in die Suchmaske den Suchbegriff „Bürobedarf" ein und starten Sie die Suche. Wie viele Artikel sind erhältlich?

b) Erstellen Sie eine Wandzeitung. Beachten Sie dabei den Gliederungsvorschlag sowie die folgenden Punkte:
- Schreiben Sie groß und deutlich.
- Nutzen Sie Farben zur Strukturierung.
- Kopieren Sie Auszüge der jeweiligen Internetseiten (Schriftzüge, Symbole usw.) zur Illustration.
- Zur Fertigstellung Ihrer Wandzeitung haben Sie 45 Minuten Zeit.

Nebenstehend ein Gliederungsvorschlag für die Wandzeitung.

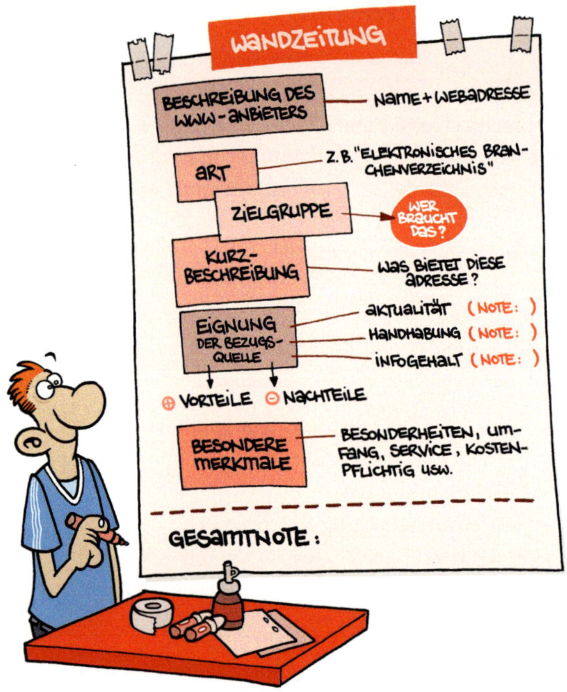

c) Für die mündliche Erläuterung teilen Sie die verschiedenen Bereiche Ihres Anbieters auf die Personen Ihrer Arbeitsgruppe auf (jeder Teilnehmer übernimmt einen Anteil bei der Vorstellung).

3. Entwerfen Sie jeweils ein Muster einer Lieferer- oder Warenkarteikarte für einen typischen Artikel beziehungsweise Lieferers Ihres Ausbildungsbetriebs.

ZUSAMMENFASSUNG

Bezugsquellenermittlung

= Suche nach Informationen über mögliche Lieferanten

Auswahl von Erstlieferanten
Informationen z. B. aus Katalogen, Fachzeitschriften, Messebesuchen, Adressverzeichnissen und Datenbankrecherchen

Bestehende Gechäftsbeziehungen
Informationen aus eigener Bezugsquellenkartei/-datei

7.3 Wir erstellen Anfragen zur Anbahnung eines Kaufvertrags

Einstieg

Volkan Karaca, der gerade in der Abteilung Einkauf tätig ist, wird zu Herrn Hetzel gerufen.

Volkan Karaca:
„Guten Morgen Herr Hetzel. Frau Janssen sagte mir, dass Sie mich sprechen wollen."

Herr Hetzel:
„Guten Morgen Volkan. Ja, das ist richtig. Sie haben sicherlich von unserem Stammlieferanten Albert & Bayer GmbH gehört. Aufgrund eines Großbrands im Betrieb kann das Unternehmen nicht mehr fristgerecht die bestellten 100 Herrenfreizeithemden mit ½ Arm liefern."

Volkan Karaca:
„Können wir die nicht woanders bestellen?"

Herr Hetzel:
„Das müssen wir, weil ein Großkunde in zwei Wochen beliefert werden muss. Die Albert & Bayer GmbH kann erst in einigen Monaten wieder liefern."

Volkan Karaca:
„Na, dann mache ich mich gleich an die Arbeit und suche neue Lieferanten in Branchenverzeichnissen und dem Internet."

Herr Hetzel:
„Sie sind ja sehr motiviert. Das hat Frau Janssen aber bereits erledigt. Die Leinenmeister GmbH und die Spengler & Sohn GmbH sind mögliche Lieferanten."

Volkan Karaca:
„Super, dann bestellen wir doch direkt."

Herr Hetzel:
„So einfach geht das nicht. Wir müssen zunächst die Lieferkonditionen erfragen."

1. Welche Konsequenzen kann eine verspätete Lieferung haben?
2. Schreiben Sie eine Anfrage über 100 Herrenfreizeithemden mit ½ Arm an die Spengler & Sohn OHG, Lahnstraße 14, 35578 Wetzlar.

INFORMATIONEN

Wenn sich ein Kaufinteressent entschließt, Ware einzukaufen, dann schreibt er in der Regel zunächst eine Anfrage. Der Zweck dieser Anfrage kann unterschiedliche Ziele verfolgen. So ist es möglich, lediglich Informationen über die Lieferungsbedingungen (Lieferzeit, Zahlungsbedingungen) oder die Produktpalette des möglichen Lieferers einzuholen. Häufig geht es aber auch um die Ermittlung des günstigsten Lieferers.

Um die Preise von Lieferern miteinander vergleichen zu können, benötigt man verschiedene Angebote. Somit ist ein wesentlicher Grund für die Anfrage die Bitte um ein konkretes Angebot. Nur so lässt sich ein aussagekräftiger Angebotsvergleich durchführen.

DEFINITION

Die **Anfrage** hat noch keine rechtliche Wirkung. Es liegt hier noch keine Willenserklärung vor, weil sie unverbindlich ist und noch nicht zum Kauf verpflichtet. Es soll lediglich ein Kaufvertrag angebahnt werden.

Formal kann die Anfrage schriftlich (z. B. Brief, Fax, E-Mail) oder mündlich (z. B. per Telefon) erfolgen. Tendenziell sind mündliche Anfragen eher bei langjährigen Geschäftsbeziehungen üblich. Die schriftlichen Anfragen sollten nach den Anforderungen der Norm DIN 5008 angefertigt werden[1].

1 Geschäftsbrief nach DIN 5008 siehe Büro & Co. – SBL, Kap. 9.5

Inhaltlich können beispielsweise folgende Aspekte enthalten sein:

- Bitte um Übersendung eines Katalogs
- Informationen über die Lieferbedingungen und/oder die Allgemeinen Geschäftsbedingungen
- Preise
- besondere Wünsche (z. B. Besuch eines Außendienstmitarbeiters)

Briefkopf
Absenderangaben mit Firmenlogo

Anschriftenfeld
besteht aus 9 Zeilen (1–3 = Zusatz- und Vermerkzone, 1–6 = Anschriftenzone

Informationsblock
Bezugszeichenzeile oder Kommunikationszeile

Betreff

Anrede

Brieftext
Fließtext, Sinnabsätze, ggf. Hervorhebungen durch Einrücken und Zentrieren

Briefabschluss
Grußformel, Wiederholung des Firmennamens, Name

ggf. Anlage/-n, Verteiler

Fußzeile

Hoffmann KG
seit 1949

Hoffmann KG | Goseriede 41 | 30159 Hannover

Leinenmeister GmbH
Obernstraße 8
33602 Bielefeld

Hoffmann KG | Goseriede 41 | 30159 Hannover
Telefon | 0551 4155-0
Telefax | 0551 4155-10
Internet | www.hoffmann-kg-wvd.de
E-Mail | info@hoffmann-kg-wvd.de

Ihr Zeichen, Ihre Nachricht vom	Unser Zeichen, unsere Nachricht vom	Telefon, Name	Datum
	vk	0511 4155-67 Volkan Karaca	..-02-04

Anfrage

Sehr geehrte Damen und Herren,

wir benötigen dringend

100 Herrenfreizeithemden mit 1/2 Arm, weiß.

Senden Sie uns daher ein verbindliches Angebot mit konkretem Liefertermin.

Über eine schnelle Antwort würden wir uns sehr freuen.

Mit freundlichen Grüßen

Hoffmann KG

i. A. *Volkan Karaca*

Volkan Karaca

USt-IdNr. 183 631 402 | Steuernummer 1430 671 722 | Zollnummer 5318043 | HRA 3380 Hannover | Erfüllungsort und Gerichtsstand Hannover

Hannoversche Volksbank eG
Konto 12 345 | BLZ 251 900 01
IBAN DE73 2519 0001 0000 0123 45
BIC VOHADE2H

Sparkasse Hannover
Konto 88 230 | BLZ 250 501 80
IBAN DE24 2505 0180 0000 0882 30
BIC SPKHDE2H

Postbank Hannover
Konto 1 582 300 | BLZ 250 100 30
IBAN DE95 2501 0030 0001 5823 00
BIC PBNKDEFF250

AUFGABEN

1. Sie arbeiten in der Einkaufsabteilung und benötigen kurzfristig neue Ware. Welche Form wählen Sie, um Ihrem Stammlieferanten eine Anfrage zu stellen? Begründen Sie Ihre Entscheidung.

2. Welche Angaben und Inhalte sind wichtig, um eine schriftliche Anfrage zu stellen?

3. Warum hat eine Anfrage rechtlich keine Wirkung?

AKTION

Erstellen Sie zwei Anfragen am PC unter Berücksichtigung der Vorgaben der Norm DIN 5008. Berücksichtigen Sie dabei jeweils die folgenden Angaben:

a) Wählen Sie bei der ersten Anfrage ein Produkt Ihres Unternehmens, das Sie bei einem bekannten Lieferanten bestellen. Die Lieferung sollte kurzfristig erfolgen.

b) Wählen Sie bei der zweiten Anfrage ein Produkt aus, das Sie bei einem möglichen neuen Lieferanten kaufen wollen. Fragen Sie sämtliche Informationen nach, die Ihnen wichtig erscheinen.

ZUSAMMENFASSUNG

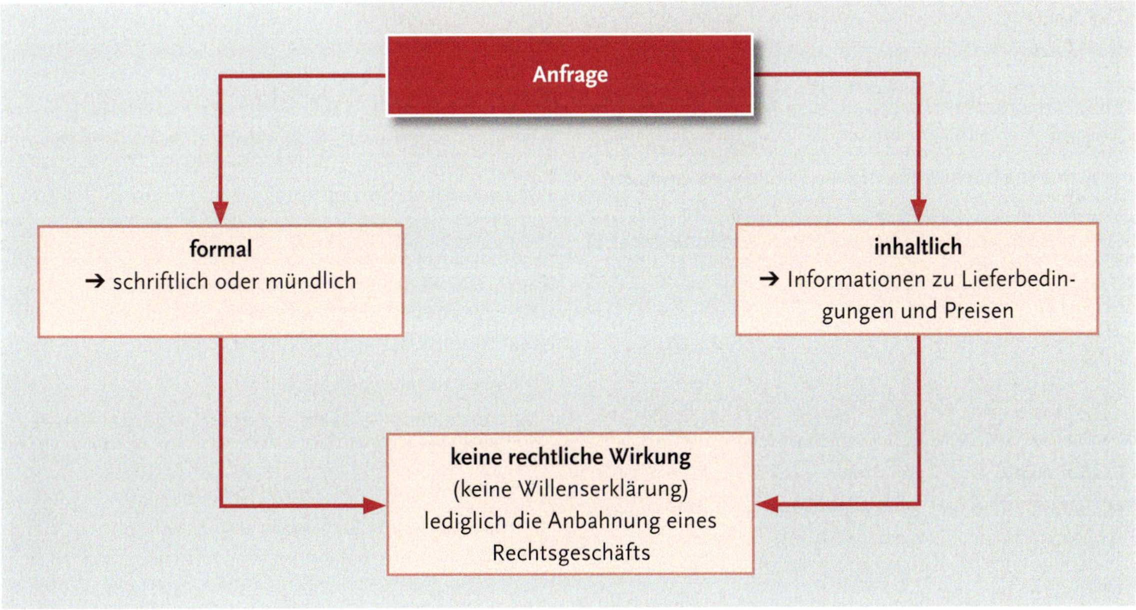

7.4 Wir berücksichtigen die Allgemeinen Geschäftsbedingungen bei der Lieferung

Einstieg

Volkan Karaca hat bei der Spengler & Sohn OHG eine Anfrage gestellt und bekommt nun das Angebot. Zunächst liest er das sogenannte *Kleingedruckte* auf der Rückseite:

Allgemeine Geschäftsbedingungen

1. Allgemeines

Unsere Lieferungen, Leistungen und Angebote erfolgen ausschließlich aufgrund dieser AGB. Alle weiteren Vereinbarungen sowie Abänderungen sind nur gültig, wenn sie von uns schriftlich bestätigt werden.

2. Vertragsabschluss

Unsere Angebote sind nur bei unverzüglicher Bestellung als verbindlich anzusehen, andernfalls freibleibend. Lieferungsangebote aufgrund von Prospekten, Katalogen oder Anzeigen sind freibleibend.

3. Auftragserteilung

An uns gerichtete Aufträge gelten erst dann als angenommen, wenn die Annahme von uns schriftlich bestätigt wurde.

Der Kaufvertrag kommt zu unseren AGB zustande.

Nachträgliche Auftragsänderungen können nur berücksichtigt werden, wenn sie im Bereich unserer Möglichkeiten liegen und von uns schriftlich bestätigt werden.

4. Konstruktionsänderungen, Farbabweichungen

Vertraglich vereinbart sind auch Abweichungen von der in Prospekten vorhandenen Darstellung oder in Angeboten beschriebenen Beschaffenheit (Form und Farbe), soweit sie aus der natürlichen Unregelmäßigkeit der verwendeten Materialien erfolgen.

5. Lieferung

Die Lieferung erfolgt ab Werk auf Rechnung und Gefahr des Kunden.

6. Lieferzeit

Nicht eingehaltene Lieferfristen oder Liefertermine berechtigen zur Geltendmachung von Rechten erst nach angemessener Nachfrist. Diese muss mindestens acht Werktage betragen.

7. Preise

Die Preise gelten ab Werk.

Bei Rücksendungen hat die Frachtkosten der Kunde zu tragen.

Sämtliche Preise sind Nettopreise ohne Umsatzsteuer.

8. Garantie

Wir leisten Garantie für Fabrikations- und Materialfehler. Die Garantiezeit beträgt zwei Jahre, gerechnet vom Empfang der Ware.

9. Mängelrügen

Mängel sind unverzüglich, spätestens innerhalb von vier Werktagen zu rügen.

10. Zahlungsbedingungen

Abzüge irgendwelcher Art sind nicht gestattet, es sei denn, sie werden auf der Rechnung speziell eingeräumt. Wechsel werden nur nach Absprache angenommen. Diskontspesen sind vom Bezogenen zu tragen.

Alle Zahlungen müssen so rechtzeitig bei uns eingegangen sein, dass uns die Beträge beim Fälligkeitstag gutgeschrieben worden sind.

Bei Überschreitung der Zahlungsfrist sind wir zur Geltendmachung eines Verzugsschadens nach § 247 BGB und § 288 BGB berechtigt. Dabei können wir, vorbehaltlich eines höheren Schadens, einen Zinssatz von 8 % über dem Basiszinssatz berechnen.

11. Eigentumsvorbehalt

Alle Waren bleiben bis zur vollständigen Bezahlung unser Eigentum.

12. Erfüllungsort und Gerichtsstand

Erfüllungsort für Lieferung und Zahlung ist 35578 Wetzlar.

1. Welche Bedeutung haben diese AGB für die Hoffmann KG?
2. Welche Inhalte zu den Allgemeinen Geschäftsbedingungen sind Ihnen aus Ihrem Unternehmen bekannt?

INFORMATIONEN

Beim Abschluss von Verträgen ist es notwendig, dass Vertragsbestimmungen im Vorfeld geregelt werden. Dabei sind ein sehr bedeutender Bestandteil der Vertragsgestaltung die Allgemeinen Geschäftsbedingungen (AGB), das sogenannte *Kleingedruckte*.

DEFINITION

Allgemeine Geschäftsbedingungen sind alle für eine Vielzahl von Verträgen vorformulierten Vertragsbedingungen, die eine Vertragspartei (Verwender) der anderen Vertragspartei bei Abschluss eines Vertrags stellt (§ 305 BGB).

Auf diese Weise werden Vertragsabschlüsse für Käufer und Verkäufer vereinfacht, weil man nicht jedes Mal individuelle Bedingungen aushandeln muss.

Der Verwender, also der Vertragspartner, der die AGB formuliert hat, trifft damit Vereinbarungen, die von gesetzlichen Bestimmungen abweichen können. Die gesetzlichen Bestimmungen sind im Bürgerlichen Gesetzbuch (BGB) formuliert. Die §§ 305-310 BGB ersetzen seit dem 1. Januar 2002 das alte AGB-Gesetz.

Eine Problematik bei Kaufverträgen ist der Interessenkonflikt, den Käufer und Verkäufer miteinander haben können.

BEISPIEL

Die Hoffmann KG möchte gern 2 % Skonto bei frühzeitiger Zahlung eingeräumt bekommen. Wenn sie nun auf das in der Einstiegssituation dargestellte Angebot eingehen sollte, akzeptiert sie die Zahlungsbedingungen der Spengler & Sohn OHG und hat kein Recht auf Skontoabzug.

Es sind durchaus individuelle Änderungen möglich. Die AGB dürfen aber nicht unlauter sein, das heißt, sie müssen sich im Rahmen der in den §§ 305-310 BGB geregelten Klauseln bewegen. Dabei ist zwischen einem einseitigen und einem zweiseitigen Handelsgeschäft zu unterscheiden.

Ein zweiseitiges Handelsgeschäft besteht zwischen zwei Kaufleuten, ein einseitiges Handelsgeschäft existiert zwischen einem Kaufmann und einer Privatperson. Durch die gesetzlichen Regelungen soll der schwächere Vertragspartner besonders geschützt werden.

Damit ist der **Verbraucherschutz** ein Hauptzweck der in den §§ 305-310 BGB geregelten Bestimmungen zu den AGB. Der Verbraucher ist in der Regel der „schwächere" Vertragspartner, weil er kein Kaufmann ist und als Privatmann über seine Rechte häufig nicht informiert ist. Neben den AGB gibt es auch Behörden beziehungsweise Institutionen, die den Schutz des Verbrauchers besonders beachten. Dies sind beispielsweise:

- verschiedene Landesministerien in den Bundesländern (z. B. Senatsverwaltung Verbraucherschutz Berlin, Verbraucherschutzinformationssystem Bayern usw.)
- Bundesministerium für Ernährung, Landwirtschaft und Verbraucherschutz
- Bundesamt für Verbraucherschutz und Lebensmittelsicherheit
- Verbraucherzentralen
- Stiftung Warentest
- Foodwatch

AGB	
Vorteile	• Vertragsinhalte müssen nicht jedes Mal neu ausgehandelt werden. • Vereinheitlichung der Vertragsinhalte • Rationalisierung (Zeit- und Geldersparnis)
Nachteile (in der Regel Gefahren für den Käufer)	• Käufer muss oftmals AGB akzeptieren • Verlagerung der Risiken auf den Käufer (Benachteiligung des Käufers)

Kommentierte Gesetzesauszüge BGB			
§	Überschrift	Gesetzesauszug	Kommentar/Beispiel
305	Einbeziehung Allgemeiner Geschäftsbedingungen in den Vertrag	(...) (2) AGB werden nur dann Bestandteil eines Vertrags, wenn der Verwender bei Vertragsschluss die andere Vertragspartei ausdrücklich oder, wenn ein ausdrücklicher Hinweis wegen der Art des Vertragsschlusses nur unter unverhältnismäßigen Schwierigkeiten möglich ist, durch deutlich sichtbaren Aushang am Ort des Vertragsschlusses auf sie hinweist und der anderen Vertragspartei die Möglichkeit verschafft, in zumutbarer Weise (...) von ihrem Inhalt Kenntnis zu nehmen. (...)	Der Verwender (meistens der Verkäufer) muss auf die AGB hinweisen.
305 b	Vorrang der Individualabrede	Individuelle Vertragsabreden haben Vorrang vor AGB.	In den AGB steht z. B. „Lieferung so schnell wie möglich“, es wurde aber ein fester Termin vereinbart.
305 c	überraschende und mehrdeutige Klauseln	(1) Bestimmungen in AGB, die (...) so ungewöhnlich sind, dass der Vertragspartner des Verwenders mit ihnen nicht zu rechnen braucht, werden nicht Vertragsbestandteil.	Überraschend ist z. B.: „Bei Kauf dieser Kaffeemaschine verpflichtet sich der Käufer zum Kauf von Kaffeepulver in unserem Unternehmen“.
306	Rechtsfolgen bei Nichteinbeziehung und Unwirksamkeit	(1) Sind AGB ganz oder teilweise nicht Vertragsbestandteil geworden oder unwirksam, so bleibt der Vertrag im Übrigen wirksam. (2) Soweit die Bestimmungen nicht Vertragsbestandteil geworden oder unwirksam sind, richtet sich der Inhalt des Vertrags nach den gesetzlichen Vorschriften.	In den AGB steht z. B. „Der Käufer muss Mängel innerhalb von einer Woche nach Entdeckung rügen“. Als Privatperson kann ein Kunde offene und versteckte Mängel innerhalb der Gewährleistungsfrist rügen. Dieser Vertragsbestandteil ist unwirksam, der Rest ist aber gültig.
307	Inhaltskontrolle	(1) Bestimmungen in AGB sind unwirksam, wenn sie den Vertragspartner des Verwenders entgegen den Geboten von Treu und Glauben unangemessen benachteiligen. (...)	Die AGB müssen z. B. klar verständlich, das heißt frei von Widersprüchen oder mit den gesetzlichen Regelungen vereinbar sein. Zweck ist auch ein besonderer Verbraucherschutz.
308	Klauselverbote mit Wertungsmöglichkeit	In Allgemeinen Geschäftsbedingungen ist insbesondere unwirksam (...)	Die in den AGB genannten Bestimmungen sind nur dann unwirksam, wenn sie den Käufer unangemessen benachteiligen. Schwer zu werten ist dabei, was mit „unangemessen“ der acht Unterpunkte des § 308 gemeint ist (juristische Abwägung ist notwendig).
309	Klauselverbote ohne Wertungsmöglichkeit	Auch soweit eine Abweichung von den gesetzlichen Vorschriften zulässig ist, ist in Allgemeinen Geschäftsbedingungen unwirksam (...)	Jede der in den AGB genannten 13 Klauseln, die in § 309 stehen, ist grundsätzlich unwirksam.
Bei den beiden Paragrafen 308 und 309 soll der Verbraucher besonders geschützt werden, unwirksam sind z. B. Klauseln wie „Modelländerungen vorbehalten“, „Der Verkäufer kann ohne Angabe von Gründen zurücktreten“, „Der Verkäufer übernimmt grundsätzlich keine Gewähr“.			

3560 224

AUFGABEN

1. Warum haben viele Unternehmen ihre AGB bereits vorformuliert?
2. Erläutern Sie folgende Paragrafen jeweils anhand eines praktischen Beispiels aus Ihrem Unternehmen.
   a) § 305 BGB
   b) § 305 b BGB
   c) § 307 BGB
3. Begründen Sie, ob nachfolgende AGB-Klauseln die §§ 305-310 BGB verletzen:
   a) Die Lieferung erfolgt ab Werk auf Rechnung und Gefahr des Kunden.
   b) Bei Vertragsrücktritt betragen die Gebühren 75 % des Preises.
   c) Bei verspäteter Zahlung wird direkt das gerichtliche Mahnverfahren eingeleitet.
   d) Unsere Angebote sind nur bei unverzüglicher Bestellung als verbindlich anzusehen, andernfalls freibleibend.
   e) Ein offener Mangel muss durch den Kunden innerhalb von sieben Tagen erfolgen, ansonsten entfallen die Gewährleistungsrechte.
   f) Bei Rücksendungen hat die Frachtkosten der Kunde zu tragen.
4. In § 305 c BGB ist von einer „überraschenden Klausel" die Rede. Warum sind überraschende Klauseln nicht erlaubt?

AKTIONEN

1. Bringen Sie aus Ihren Betrieben gültige AGB mit. Bilden Sie branchenähnliche Gruppen und erstellen Sie branchenspezifische AGB.
2. Vergleichen Sie die erstellten AGB mit denen einer branchenfremden Gruppe. Wo gibt es Unterschiede, wo Gemeinsamkeiten?

ZUSAMMENFASSUNG

Allgemeine Geschäftsbedingungen (AGB)

Gesetzliche Bestimmungen
(§§ 305 – 310 BGB)

- Schutz vor unseriösen AGB
- Individuelle Absprachen haben Vorrang.
- Überraschende Klauseln sind unwirksam.
- Bestimmungen, die gegen den Grundsatz von Treu und Glauben verstoßen, sind unwirksam.
- Bei unwirksamen Klauseln gelten die gesetzlichen Bestimmungen.

Allgemeiner Zweck

- vorformulierte Vertragsbedingungen
- grundsätzliche Ausgestaltung von Verträgen
- besonderer Verbraucherschutz
- Rationalisierung (Zeitersparnis)

7.5 Wir führen einen Angebotsvergleich durch

Einstieg

Auf ihre Anfragen über 100 Herrenfreizeithemden mit ½ Arm erhält die Hoffmann KG folgende Angebote:

Leinenmeister GmbH
Obernstraße 8
33602 Bielefeld

Leinenmeister GmbH • Obernstraße 8 • 33602 Bielefeld

Hoffmann KG
Goseriede 41
30159 Hannover

Ihr Zeichen, Ihre Nachricht vom	Unser Zeichen, unsere Nachricht vom	Telefon, Name 0521 8384-	Datum
vk ..-02-04	B/L	20 Frau Baumeister	..-02-07

Angebot in Freizeithemden

Sehr geehrter Herr Karaca,

wir danken für Ihre Anfrage. Folgende Sonderposten Freizeithemden können wir Ihnen zu einem besonders günstigen Preis anbieten:

Bestell-Nr. 245 — Herrenfreizeithemden mit 1/2 Arm, bunt, kariert, 100 % Baumwolle, schadstoffgeprüft nach Öko-Tex-Standard 100, Gr. 36 bis 45, zum Preis von 7,40 € pro Stück einschließlich Verpackung

Der Preis gilt frei Haus.

Ihre Zahlung erbitten wir innerhalb von 14 Tagen abzüglich 3 % Skonto oder innerhalb von 30 Tagen ohne Abzug.

Wir freuen uns auf Ihren Auftrag.

Mit freundlichen Grüßen

Leinenmeister

i. V. *Baumeister*

Baumeister

Spengler & Sohn OHG
Lahnstraße 14 • 35578 Wetzlar

Spengler & Sohn OHG • Lahnstraße 14 • 35578 Wetzlar

Hoffmann KG
Goseriede 41
30159 Hannover

Ihr Zeichen, Ihre Nachricht vom	Unser Zeichen, unsere Nachricht vom	Telefon, Name 06441 7328-	Datum
vk ..-02-04	O/S	55 Herr Gerhard	..-02-07

Angebot in Freizeithemden

Sehr geehrter Herr Karaca,

wir danken für Ihre Anfrage. Folgende Freizeithemden können wir Ihnen zu einem äußerst günstigen Preis anbieten:

Bestell-Nr. 4537 — Herrenfreizeithemden mit 1/2 Arm, bunt, kariert, 55 % Baumwolle, 45 % Polyester, Gr. 36 bis 45, zum Preis von 8,10 €/Stück einschließlich Verpackung

Bei Abnahme von mindestens 50 Stück gewähren wir Ihnen einen Mengenrabatt von 15 %.

Bei unserer Lieferung ab Lager Wetzlar stellen wir Ihnen pro Hemd 0,10 € Transportkosten in Rechnung. Die Hemden sind innerhalb 2 Wochen lieferbar.

Ihre Zahlung erbitten wir innerhalb von 4 Wochen ab Rechnungsdatum netto Kasse.

Wir freuen uns auf Ihren Auftrag.

Mit freundlichen Grüßen

Spengler & Sohn

i. V. *Gerhard*

Gerhard

Der Leiter der Einkaufsabteilung, Herr Hetzel, bittet die Auszubildenden Katarzyna Lindemann und Volkan Karaca, das günstigste Angebot auszusuchen.

Versetzen Sie sich in die Rolle von Katarzyna Lindemann oder Volkan Karaca und führen Sie den Angebotsvergleich durch.

Wesen des Angebots

DEFINITION

Ein **Angebot** ist eine Willenserklärung, Waren zu den angegebenen Bedingungen zu verkaufen.

Angebote richten sich an eine genau bestimmte Person oder Personengruppe. Deshalb sind Zeitungsanzeigen, Prospekte, Kataloge, Plakate, Werbefernsehen, Werbefunk und Schaufensterauslagen keine Angebote, sondern **Anpreisungen.**

Auch die Präsentation von Waren in Selbstbedienungsgeschäften gilt nicht als Angebot, sondern lediglich als Anpreisung. In Selbstbedienungsgeschäften kommt der Kaufvertrag erst durch das Bringen der Ware zur Kasse und das Kassieren des Kaufpreises zustande. Andererseits gilt die Aufstellung eines Automaten als Angebot an jeden, der die richtige Münze einwirft.

Form des Angebots

Die Abgabe eines Angebots ist an keine Formvorschrift gebunden. Sie kann schriftlich (Brief, Telegramm, E-Mail), mündlich oder telefonisch erfolgen.

Bindungsfristen

Angebote, die ohne Einschränkungen gemacht wurden, sind grundsätzlich verbindlich.

Gesetzliche Bindungsfrist

Angebote müssen unverzüglich angenommen werden, wenn in dem Angebot keine Frist genannt wurde:

- **Mündliche** und **telefonische** Angebote sind deshalb nur so lange bindend, wie das Gespräch dauert.

- **Schriftliche** Angebote werden in dem Moment verbindlich, in dem sie dem Empfänger zugehen. Der Anbieter ist so lange an dieses Angebot gebunden, wie er unter verkehrsüblichen Bedingungen mit einer Antwort rechnen muss.

Die Bindungsfrist beträgt bei einem Angebotsbrief nach Handelsbrauch gewöhnlich eine Woche. Bei Angeboten per Fax beträgt sie 24 Stunden.

BEISPIEL

Eine Tischlerei erhält von einem Holzhändler am 1. Dezember einen Angebotsbrief. Das Angebot ist nur bis zum 8. Dezember bindend. Der Holzhändler muss zu den Angebotsbedingungen nur dann liefern, wenn die Bestellung der Tischlerei bis zu diesem Zeitpunkt bei ihm eingetroffen ist.

Vertragliche Bindungsfrist

Wird in einem Angebot eine Frist angegeben (z. B. „gültig bis 31. März 20..“), so muss die Bestellung bis Ablauf dieser Frist beim Anbieter eingegangen sein.

Freizeichnungsklauseln

Durch Freizeichnungsklauseln kann die Verbindlichkeit eines Angebots ganz oder teilweise ausgeschlossen werden.

BEISPIEL

„Preisänderungen vorbehalten“ ➔ Preis ist unverbindlich
„solange Vorrat reicht“ ➔ Menge ist unverbindlich
„freibleibend“, „unverbindlich“, „ohne Obligo“ ➔ das ganze Angebot ist unverbindlich

Erlöschen der Bindung

Der Anbieter ist nicht mehr an sein Angebot gebunden, wenn

- der Empfänger das Angebot ablehnt,
- die Bestellung zu spät eintrifft,
- die Bestellung vom Angebot abweicht.

Außerdem erlischt die Bindung an das Angebot, wenn der Anbieter sein Angebot rechtzeitig widerruft. Der **Widerruf** muss möglichst vor, spätestens aber mit dem Angebot beim Empfänger eingetroffen sein.

Inhalte des Angebots

Angebote können Vereinbarungen enthalten über:
- Art, Beschaffenheit und Güte der Ware
- Menge der Ware
- Preis der Ware und Preisabzüge
- Lieferungsbedingungen (Kosten der Versandverpackung, Versandkosten, Lieferzeit)
- Zahlungsbedingungen
- Eigentumsvorbehalt
- Erfüllungsort
- Gerichtsstand

Art, Beschaffenheit und Güte der Ware

Die Art der Ware wird durch handelsübliche Bezeichnungen gekennzeichnet. Die Beschaffenheit und Güte der Ware kann durch Abbildungen und Beschreibungen in Katalogen oder Prospekten, durch Güteklassen, Gütezeichen, Muster und Proben oder nach Augenschein festgelegt werden. Fehlt im Angebot eine Angabe über Beschaffenheit und Güte der Ware, so ist bei einer Gattungsschuld eine Ware mittlerer Art und Güte zu liefern (gesetzliche Bestimmung).

Menge der Ware

Normalerweise wird die Menge in handelsüblichen Maßeinheiten angegeben (z. B. kg, m, Stück).

Der Anbieter kann in seinem Angebot Mindestbestellmengen und Höchstbestellmengen festlegen.

Bei Angabe einer Mindestbestellmenge werden nur solche Bestellungen ausgeführt, die über diese Mindestmenge oder eine größere Bestellmenge lauten.

Mit der Angabe einer Höchstbestellmenge beschränkt der Anbieter die Abgabemenge an einen Besteller.

Preis der Ware

Der Preis ist der in Geld ausgedrückte Wert einer Ware. Er kann sich beziehen auf

- gesetzliche Maßeinheiten (kg, l, m, m², m³) oder
- handelsübliche Bezeichnungen (Stück, Kisten, Ballen usw.).

Preisabzüge

Rabatt

Rabatt ist ein Preisnachlass. Er wird gewährt als:

- Mengenrabatt für Abnahme größerer Mengen
- Wiederverkäuferrabatt für Händler
- Sonderrabatt bei bestimmten Anlässen (z. B. Jubiläum)
- Personalrabatt für Betriebsangehörige

Naturalrabatte sind Rabatte, die in Form von Waren gewährt werden. Hierbei kann es sich um eine Draufgabe oder Dreingabe handeln:

- **Draufgabe**
  Es wird eine bestimmte Menge zusätzlich unentgeltlich geliefert (z. B. 50 Stück bestellt, 60 Stück geliefert, 50 Stück berechnet).
- **Dreingabe**
  Es wird weniger berechnet, als geliefert wurde (z. B. 50 Stück bestellt, 50 Stück geliefert, 40 Stück berechnet).

Bonus

Ein Bonus ist ein nachträglich gewährter Preisnachlass, der in der Regel am Jahresende gewährt wird, wenn der Kunde einen Mindestumsatz erreicht oder überschritten hat.

Skonto

Skonto ist ein Preisnachlass für vorzeitige Zahlung.

Versandkosten

Zu den Versandkosten (Beförderungskosten) gehören:

- Hausfracht am Ort des Verkäufers, die durch den Transport von der Geschäftsniederlassung des Verkäufers zur Versandstation (z. B. Versandbahnhof) entsteht
- Wiege- und Verladekosten
- Fracht, die für den Transport von der Versandstation bis zur Empfangsstation zu zahlen ist
- Entladekosten
- Hausfracht am Ort des Käufers, die durch den Transport von der Empfangsstation bis zur Geschäftsniederlassung des Käufers entsteht

Gesetzliche Regelung

Wenn zwischen dem Verkäufer und dem Käufer keine besondere Vereinbarung getroffen wurde, trägt der Käufer die Versandkosten. Das bedeutet:

- Beim **Platzkauf,** das heißt, wenn Verkäufer und Käufer ihren Geschäftssitz am selben Ort haben, muss der Käufer die Versandkosten ab der Geschäftsniederlassung des Verkäufers bezahlen.

- Beim **Versendungskauf,** das heißt, wenn Verkäufer und Käufer ihren Geschäftssitz nicht am selben Ort haben, muss der Verkäufer die Versandkosten bis zur Versandstation (= Hausfracht am Versendungsort und Wiegekosten) bezahlen. Die Versandkosten ab Versandstation (Verladekosten, Fracht, Entladekosten, Hausfracht am Bestimmungsort) muss der Käufer bezahlen (Warenschulden sind Holschulden).

BEISPIEL

Die Hoffmann KG bestellt Mäntel bei der Mantelfabrik Meyer in Bielefeld. Die Mantelfabrik schickt die Mäntel mit der Eisenbahn. Für den Transport zum Versandbahnhof Bielefeld entstehen 20,00 € Hausfracht. Die Fracht der Bahn beträgt 200,00 €. Für den Transport von der Empfangsstation Hildesheim bis zur Filiale der Hoffmann KG berechnet der Bahnspediteur 25,00 € Hausfracht. Wenn keine vertragliche Vereinbarung über die Versandkosten erfolgte, muss die Hoffmann KG die 200,00 € Fracht zuzüglich 25,00 € Hausfracht in Hildesheim = 225,00 € bezahlen.

Vertragliche Regelungen

Abweichend von der gesetzlichen Regelung können zwischen Käufer und Verkäufer anderslautende vertragliche Regelungen vereinbart werden.

Vertragliche Regelungen der Versandkosten		
Beförderungsbedingungen	**Verkäufer zahlt**	**Käufer zahlt**
ab Werk, Lager oder Fabrik = gesetzliche Regelung beim Platzkauf	keine Versandkosten	alle Versandkosten
unfrei, ab hier, ab Versandstation, ab Bahnhof hier = gesetzliche Regelung beim Versendungskauf	Versandkosten bis zur Versandstation (Hausfracht am Versendungsort, Wiegekosten)	Versandkosten ab Versandstation (Verladekosten, Fracht, Entladekosten, Hausfracht am Bestimmungsort)
frachtfrei, frei dort, frei Bahnhof dort, frei	Versandkosten bis zur Empfangsstation (Hausfracht am Versandort, Verladekosten, Fracht)	Versandkosten ab Empfangsstation (Entladekosten, Hausfracht am Empfangsort)
frei Haus, frei Lager	alle Versandkosten	keine Versandkosten

Kosten der Versandverpackung

Gesetzliche Regelung

Wenn zwischen Käufer und Verkäufer keine besonderen Vereinbarungen getroffen wurden, trägt die Kosten der Versandverpackung grundsätzlich der Käufer.

Vertragliche Regelungen

Vertraglich kann vereinbart werden:

- Preis für **Reingewicht** (= Nettogewicht) **einschließlich Verpackung** (netto einschließlich Verpackung): Der Preis wird nur vom Gewicht der Ware (Rein- beziehungsweise Nettogewicht) berechnet. Die Verpackung erhält der Käufer unberechnet.
- Preis für **Reingewicht ausschließlich Verpackung** (netto ausschließlich Verpackung): Der Preis wird vom Reingewicht (Nettogewicht) berechnet. Die Verpackung wird dem Käufer zusätzlich, normalerweise zum Selbstkostenpreis, in Rechnung gestellt (= gesetzliche Regelung).
- Preis für das **Bruttogewicht einschließlich Verpackung** (brutto für netto [b/n; bfn]): Für die Berechnung wird das Bruttogewicht (= Reingewicht + Verpackungsgewicht) zugrunde gelegt. Die Verpackung wird wie die Ware berechnet.

BEISPIEL

Das Nettogewicht einer Ware beträgt 20 kg. Das Verpackungsgewicht (Tara) beträgt 2 kg. Der Preis der Ware beläuft sich auf 2,00 € je kg. Der Selbstkostenpreis der Verpackung beträgt 1,00 €.

Vertragliche Regelung	Preis für Ware und Verpackung
Preis einschließlich Verpackung	Nettogewicht 20 kg · 2,00 € = 40,00 €
Preis zuzüglich 1,00 € Verpackung	Nettogewicht 20 kg · 2,00 € + 1,00 € = 41,00 €
brutto für netto (b/n)	Bruttogewicht 22 kg · 2,00 € = 44,00 €

Lieferzeit

Gesetzliche Regelung

Wurde zwischen den Vertragspartnern keine Lieferfrist vereinbart, dann ist der Verkäufer verpflichtet, die Ware unverzüglich zu liefern[1].

Vertragliche Regelungen

Abweichend von der gesetzlichen Regelung kann vereinbart werden:

1 Nicht-Rechtzeitig-Lieferung siehe Kap. 7.10

- Lieferung innerhalb eines bestimmten Zeitraums, z. B. „Lieferung innerhalb von 14 Tagen"
- Lieferung bis zu einem bestimmten Termin, z. B. „Lieferung bis Ende August"
- Lieferung zu einem genau festgelegten Datum (Fixkauf), z. B. „Lieferung am 5. Nov. 20.. fix"

Zahlungsbedingungen

Gesetzliche Regelungen

Der Käufer ist verpflichtet, die Ware unverzüglich bei Lieferung zu bezahlen, wenn zwischen ihm und dem Verkäufer kein anderer Zahlungszeitpunkt vereinbart worden ist[1]. Die Kosten der Zahlung (z. B. Überweisungsgebühren) muss der Käufer tragen.

Vertragliche Regelungen

Vertraglich kann zwischen Verkäufer und Käufer vereinbart werden:

- **Zahlung vor der Lieferung**
  Vor der Lieferung muss ein Teil des Kaufpreises oder der gesamte Kaufpreis bezahlt werden.

  BEISPIELE
  - Anzahlung
  - Vorauszahlung

- **Zahlung bei Lieferung**
  Die Zahlung erfolgt Zug um Zug, das heißt, der Verkäufer händigt die Ware aus und der Käufer bezahlt den Kaufpreis.

  BEISPIELE
  - „sofort netto Kasse" = sofortige Zahlung ohne Abzug
  - „gegen Nachnahme" = Aushändigung einer Warensendung nur gegen Zahlung

- **Zahlung nach der Lieferung**
  Der Käufer muss die Ware erst eine bestimmte Zeit nach der Lieferung bezahlen.

  BEISPIELE
  - Zielkauf, z. B. „Zahlung innerhalb 30 Tagen"
  - Ratenkauf: Der Käufer kann den Kaufpreis in Raten begleichen.

Eigentumsvorbehalt

Durch die ordnungsgemäße Übergabe einer Ware wird der Käufer Eigentümer dieser Ware, auch wenn er den Kaufpreis noch nicht bezahlt hat.

Als Eigentümer kann er über diese Ware frei verfügen. Er kann sie z. B. weiterverkaufen, verschenken oder weiterverarbeiten. Darum ist es für den Verkäufer häufig nicht möglich, die Rückgabe der Ware zu verlangen, sofern der Käufer den Kaufpreis der Ware nicht oder nicht fristgerecht zahlt.

Dieses Risiko kann der Verkäufer durch die Vereinbarung eines Eigentumsvorbehalts verringern.

Beim Eigentumsvorbehalt unterscheidet man:
- einfacher Eigentumsvorbehalt
- verlängerter Eigentumsvorbehalt
- erweiterter Eigentumsvorbehalt

Einfacher Eigentumsvorbehalt

Beim einfachen Eigentumsvorbehalt wird vertraglich vereinbart, dass die Ware solange das Eigentum des Verkäufers bleibt, bis der Käufer den Kaufpreis vollständig bezahlt hat.

Dieser einfache Eigentumsvorbehalt erlischt jedoch, wenn
- die gelieferte Ware weiterverarbeitet wurde,
- mit einem Gebäude oder Grundstück fest verbunden wurde,
- weiterverkauft wurde.

Damit bietet der einfache Eigentumsvorbehalt nur einen unzureichenden Schutz vor Zahlungsausfällen.

Verlängerter Eigentumsvorbehalt

Beim verlängerten Eigentumsvorbehalt erlischt der Eigentumsvorbehalt nicht, wenn der Käufer die Ware weiterverkauft. Beim Weiterverkauf wird die entstehende Forderung an den ursprünglichen Verkäufer übertragen.

Erweiterter Eigentumsvorbehalt

Beim erweiterten Eigentumsvorbehalt erstreckt sich der Eigentumsvorbehalt nicht nur auf das Eigentum an der Ware, die noch nicht bezahlt wurde, sondern auf alle von dem Verkäufer an den Käufer gelieferten Waren. Beim erweiterten Eigentumsvorbehalt bleiben alle vom Verkäufer an den Käufer gelieferten Waren solange Eigentum des Verkäufers, bis alle gelieferten Waren vollständig bezahlt wurden.

---

1 Nicht-Rechtzeitig-Zahlung siehe Kap. 8.5

3560 230

Erfüllungsort

DEFINITION

Der **Erfüllungsort** ist der Ort, an dem der Schuldner seine Leistung zu erbringen hat.

Gesetzliche Regelung

Wenn zwischen Käufer und Verkäufer keine vertragliche Regelung getroffen wurde, ist der Erfüllungsort der Wohn- oder Geschäftssitz des Schuldners (= gesetzlicher Erfüllungsort).

Da durch den Abschluss eines Kaufvertrags sowohl der Verkäufer als auch der Käufer Leistungsverpflichtungen übernommen haben, gibt es auch zwei Erfüllungsorte:

- Der Verkäufer schuldet dem Käufer die ordnungsgemäße Lieferung der Ware (= Warenschulden). Deshalb ist der Erfüllungsort für die Warenlieferung der Wohn- oder Geschäftssitz des Verkäufers.
- Der Käufer schuldet dem Verkäufer die fristgerechte Zahlung des Kaufpreises (= Geldschulden). Deshalb ist der Erfüllungsort für die Zahlung der Wohn- oder Geschäftssitz des Käufers.

Bedeutung des gesetzlichen Erfüllungsorts für die Warenschulden

Der Verkäufer muss die Ware fristgerecht an seinem Geschäfts- oder Wohnsitz übergeben oder zur Abholung bereitstellen (Warenschulden sind Holschulden):

- Beim Handkauf muss er dem Käufer die Ware in seinem Geschäft übergeben.
- Beim Platzkauf muss er dem Käufer die Ware zum vereinbarten Zeitpunkt in dessen Geschäft oder Wohnung übergeben.
- Beim Versendungskauf muss er die Ware zum vereinbarten Zeitpunkt an den mit dem Warentransport beauftragten Frachtführer übergeben.

Am Erfüllungsort geht die Haftung für die Beschädigung und den Verlust der Ware vom Verkäufer auf den Käufer über. Dies geschieht

- beim Handkauf und Platzkauf durch die Übergabe der Ware an den Käufer und
- beim Versendungskauf durch die Übergabe an den Frachtführer.

Der Erfüllungsort regelt auch die Übernahme der Versandkosten. Sofern vertraglich nichts anderes vereinbart wurde, muss der Käufer bei einem Versendungskauf die Transportkosten ab Versandstation am Geschäfts- oder Wohnsitz des Verkäufers bis zu seinem Geschäfts- oder Wohnsitz bezahlen.

Bedeutung des gesetzlichen Erfüllungsorts für die Geldschulden

Der Käufer muss die Ware zum vereinbarten Zeitpunkt an seinem Geschäfts- oder Wohnsitz bezahlen oder auf das Konto des Verkäufers überweisen (Geldschulden sind Bring- oder Schickschulden). Die Überweisungskosten trägt der Käufer.

Anders als bei den Warenschulden geht die Haftung für den Verlust des Geldbetrags aber nicht schon am Erfüllungsort (Geschäfts- oder Wohnsitz des Käufers), sondern erst am Geschäfts- oder Wohnsitz des Verkäufers auf den Verkäufer über. Der Geldversand erfolgt also auf Risiko des Käufers.

Vertragliche Regelung

Verkäufer und Käufer können Abweichungen von der gesetzlichen Regelung vertraglich vereinbaren (= vertraglicher Erfüllungsort).

BEISPIEL

Erfüllungsort für beide Teile ist der Geschäftssitz des Verkäufers.

Gerichtsstand

DEFINITION

Der **Gerichtsstand** ist der Ort, an dem die Vertragsparteien klagen oder verklagt werden können.

Gesetzliche Regelung

Der gesetzliche Erfüllungsort bestimmt den Gerichtsstand, wenn vertraglich nichts anderes vereinbart wurde. Für Warenschulden ist der Gerichtsstand somit der Geschäfts- oder Wohnsitz des Verkäufers. Für Geldschulden ist der Gerichtsstand der Geschäfts- oder Wohnsitz des Käufers.

Vertragliche Regelung

Zwischen Kaufleuten kann der Gerichtsstand abweichend von der gesetzlichen Regelung vertraglich vereinbart werden. Bei Verträgen mit Verbrauchern ist eine vertragliche Vereinbarung, die von der gesetzlichen Regelung abweicht, nicht zulässig.

Aspekte des Gesundheits- und Umweltschutzes

Unternehmen sollten bei ihrem Warenangebot auch die Gesundheits- und Umweltverträglichkeit der angebotenen Waren beachten. In der Bevölkerung hat in den letzten Jahren das Umweltbewusstsein stark zugenommen. Dies hat Auswirkungen auf ihr Einkaufsverhalten. Unternehmen können diesem Bewusstseinswandel durch die Aufnahme umweltverträglicher Waren in ihr Sortiment Rechnung tragen. Sie können z. B. Waren, deren Herstellung, Verwendung oder Beseitigung die Gesundheit und Umwelt belasten, aus ihrem Sortiment herausnehmen und durch umweltverträgliche Waren ersetzen.

Angebotsvergleich

Um das günstigste Angebot für eine Ware zu ermitteln, vergleicht der Käufer die Angebote mehrerer Lieferer.

Zunächst berechnet der Käufer die Bezugspreise der angebotenen Waren. Dazu werden erst von dem im Angebot des Lieferers genannten Listenpreis für die angebotene Ware der Liefererrabatt und das Liefererskonto abgezogen und dann die Bezugskosten hinzugerechnet. Bezugskosten sind:

- Versandkosten (Fracht, Hausfracht, Wiege- und Verladekosten, Entladekosten)
- Kosten der Versandverpackung
- Transportversicherungsprämien
- Zoll
- Einkaufsvermittlungsgebühren (Einkaufsprovision, Maklergebühr)

Beim Angebotsvergleich achtet der Käufer aber nicht nur auf den Bezugspreis, sondern auch auf die Lieferzeit, die Zahlungsbedingungen, die Qualität und die Umweltverträglichkeit der angebotenen Waren.

BEISPIEL

Die Hoffmann KG hat auf ihre Anfrage von zwei verschiedenen Anbietern Angebote über Freizeithemden mit ½ Arm erhalten (siehe S. 226). Da das Unternehmen 100 Stück benötigt, wird der Angebotsvergleich für diese Bestellmenge durchgeführt.

Artikel	Herrenfreizeithemden Gr. 36–45			
Menge	100 Stück			
Lieferer	Spengler & Sohn, Wetzlar		Leinenmeister, Bielefeld	
Listeneinkaufspreis **– Liefererrabatt** ①	8,10 €/Stück 15 %	810,00 € 121,50 €	7,40 €/Stück	740,00 €
Zieleinkaufspreis ② **– Liefererskonto** ③		688,50 € –	 3 % innerhalb 14 Tg.	740,00 € 22,20 €
Bareinkaufspreis ④ **+ Bezugskosten (Verpackungs- und Versandkosten)**		688,50 € 10,00 €	–	717,80 € –
Bezugspreis ⑤ **(= Einstandspreis)**	698,50 €		717,80 €	
Qualität	55 % Baumwolle/45 % Polyester		100 % Baumwolle	
Umwelt- und Gesundheitsverträglichkeit			schadstoffgeprüft nach Öko-Tex-Standard 100	
Lieferzeit	2 Wochen		sofort	
Zahlungsziel	4 Wochen		30 Tage	

Rechenweg

① $\text{Liefererrabatt} = \frac{\text{Listeneinkaufspreis} \cdot \text{Liefererrabatt (\%)}}{100}$

② Zieleinkaufspreis = Listeneinkaufspreis – Liefererrabatt

③ $\text{Liefererskonto} = \frac{\text{Zieleinkaufspreis} \cdot \text{Liefererskonto (\%)}}{100}$

④ Bareinkaufspreis = Zieleinkaufspreis – Liefererskonto

⑤ Bezugspreis = Bareinkaufspreis + Bezugskosten

AUFGABEN

1. In welchen der folgenden Fälle liegt ein Angebot vor?
   a) Ein Lebensmittelhändler lässt Handzettel mit aktuellen Sonderangeboten an die Haushalte in seinem Stadtbezirk verteilen.
   b) Ein Verkäufer bietet einem Kunden in der Elektroabteilung eines Cash-and-carry-Betriebs einen Staubsauger an.
   c) Ein Möbelhaus lässt seine Kataloge von der Post an alle Haushalte verteilen.
   d) Ein Weinhändler bietet einem Stammkunden telefonisch einen besonders günstigen Posten Rotwein an.

2. Der Textilhändler Gauß macht seiner Stammkundin Frau Lorenzen in seinem Geschäft ein Angebot für ein wertvolles Abendkleid. Frau Lorenzen kann sich jedoch nicht sofort entscheiden. Drei Tage später sucht sie das Geschäft noch einmal auf, um das Abendkleid zu kaufen. Herr Gauß hat das Kleid jedoch mittlerweile verkauft. Warum war er nicht mehr an das Angebot gebunden?

3. Karl Lang, Mainz, macht seinen langjährigen Kunden Fritz Kaiser, Hannover, und Gertrud Meyer, Göttingen, ein schriftliches Angebot über „Margaret Öster" Feuchtigkeitscreme zu 3,00 € je Tube. Der Brief wird von ihm am 20. Mai zur Post gegeben.
   a) Am 22. Mai bestellt Herr Kaiser 40 Tuben zu 2,80 € je Tube. Wie kann Herr Lang auf die Bestellung reagieren?
   b) Am 31. Mai bestellt Frau Meyer 100 Tuben zu 3,00 € je Tube. Warum muss Herr Lang nicht mehr liefern?

4. Erläutern Sie folgende Freizeichnungsklauseln:
   a) „freibleibend"
   b) „solange Vorrat reicht"
   c) „Preis freibleibend"

5. Bis zu welchem Zeitpunkt kann ein schriftliches Angebot widerrufen werden?

6. Was bedeutet das Einräumen eines Zahlungsziels für den Käufer einer Ware?

7. Welchen Teil der Transportkosten trägt beim Bahnversand der Käufer, wenn im Angebot des Lieferers keine Angabe über die Transportkostenverteilung enthalten ist?

8. Die Lieferungsbedingung lautet „frachtfrei", die Fracht beträgt 50,00 €, die Hausfracht für die An- und Abfuhr je 10,00 €. Wie viel Euro muss der Käufer für den Transport bezahlen?

9. Wann muss der Käufer zahlen, wenn im Angebot keine Klausel darüber enthalten ist?

10. Wer zahlt die Versandverpackung, wenn im Angebot keine Angabe darüber enthalten ist?

11. Was bedeutet die Zahlungsbedingung „netto Kasse"?

12. Ein Großhändler bietet an: „Beim Kauf von 20 Flaschen erhalten Sie eine Flasche gratis!" Um welchen Rabatt handelt es sich hierbei?

13. Wann muss geliefert werden, wenn im Kaufvertrag keine Lieferfrist vereinbart wurde?

14. In einem Angebot findet sich der Satz „Die Ware bleibt bis zur vollständigen Bezahlung des Kaufpreises unser Eigentum".
    a) Aus welchem Grund hat der Anbieter diese Klausel in sein Angebot aufgenommen?
    b) Wodurch erlischt dieser einfache Eigentumsvorbehalt?

15. Unterscheiden Sie den erweiterten Eigentumsvorbehalt vom verlängerten Eigentumsvorbehalt.

16. Der Inhaber eines Herrenoberbekleidungsgeschäfts in Göttingen bestellt aufgrund eines Angebots der Hoffmann KG, Hannover, 50 Herrenoberhemden. Die Bestellung trifft am 15.11.20.. bei der Hoffman KG ein. Die Lieferung soll gemäß Angebot spätestens 14 Tage nach Eingang der Bestellung erfolgen. Die Ware wird am 29.11.20.. mit einem Paketdienst an das Herrenoberbekleidungsgeschäft versandt und trifft dort erst am 01.12.20.. ein.
    a) Prüfen Sie, ob die Ware rechtzeitig geliefert wurde.
    b) Stellen Sie fest, wer für eine Beschädigung oder den Verlust der Ware auf dem Transport von Hannover nach Göttingen haftet.
    c) Wo befindet sich der Erfüllungsort für die Zahlung, wenn darüber vertraglich nichts vereinbart wurde?
    d) An welchem Ort muss die Hoffmann KG klagen, wenn sie den Kunden wegen nicht rechtzeitiger Zahlung verklagen möchte?

17. Ein Früchtegroßhändler erhält zwei Angebote. Entscheiden Sie, welches Angebot (bei gleicher Qualität und Lieferzeit) angenommen werden soll.

Angebot 1: 400 Kisten Äpfel; Bruttogewicht: 8 800 kg; Tara: 0,5 kg pro Kiste; Preis (ohne USt) pro 100 kg Nettogewicht: 13,50 €; Mengenrabatt: 10 %; Skonto: 3 %; frachtfrei; Hausfracht (ohne USt): 95,20 €

Angebot 2: 400 Kisten Äpfel; Bruttogewicht: 8 800 kg; Tara: 0,5 kg pro Kiste; Preis (ohne USt) pro 100 kg Nettogewicht: 11,50 €; Skonto: 1 %; Fracht (ohne USt): 420,00 €; Hausfracht (ohne USt): 80,00 €

18. Sie sind Angestellte(r) der Großhandlung Hoffmann KG in Hannover. Die Personalabteilung soll mit Bürostühlen der Modellreihe „Comfort XL" ausgestattet werden. Es liegen ein Angebot der Kessler KG, Hannover, und ein Angebot der Bürosystem OHG, Göttingen, vor:

Angebot der Kessler KG, Hannover: Listenpreis: 395,00 € (ohne USt); Rabatt: 12,5 %; Zahlungsziel: 60 Tage netto Kasse, bei Zahlung innerhalb von 20 Tagen 3 % Skonto; Bezugskosten: Lieferung frei Haus; Lieferzeit: sofort nach Auftragserteilung

Angebot der Bürosystem OHG, Göttingen: Listenpreis: 375,00 € (ohne USt); Rabatt: 4 %; Zahlungsziel: 60 Tage netto Kasse, bei Zahlung innerhalb von 20 Tagen 1,5 % Skonto; Bezugskosten: 10,00 € (ohne USt); Lieferzeit: vier Wochen nach Auftragserteilung

Entscheiden Sie, welchem Lieferer Sie den Auftrag erteilen. Begründen Sie Ihre Entscheidung.

19. Einem Großhändler liegen drei Angebote über Pfirsichkonserven (Dose zu 400 g) vor. Für welches dieser Angebote sollte er sich entscheiden, wenn er 100 Dosen in spätestens zwei Wochen benötigt?

Angebot 1: 0,60 € je Dose, netto einschließlich Verpackung, frei Haus, 10 % Rabatt bei Abnahme von 100 Dosen, Lieferung sofort, Zahlung innerhalb von 30 Tagen netto Kasse

Angebot 2: 0,55 € je Dose, netto ausschließlich Verpackung, Verpackungskosten für 100 Dosen: 2,70 €, Lieferung ab Werk (Transportkosten für 100 Dosen: 4,90 €) innerhalb von 14 Tagen, 15 % Rabatt bei Abnahme von 100 Dosen, Zahlung innerhalb von 30 Tagen netto Kasse

Angebot 3: 0,50 € je Dose, netto einschließlich Verpackung, Lieferung frei Haus innerhalb von drei Wochen, 15 % Rabatt bei Abnahme von 100 Dosen, Zahlung innerhalb von 14 Tagen abzüglich 3 % Skonto oder innerhalb 30 Tagen netto Kasse

AKTIONEN

1. Da im Beschaffungsbereich eine Vielzahl von Angebotsvergleichen durchzuführen ist, möchte der Leiter der Einkaufsabteilung, Herr Hetzel, diese Arbeit durch den Einsatz des Tabellenkalkulationsprogramms Excel vereinfachen. Er bittet Carolin Saager und Volkan Karaca, eine Excel-Arbeitsmappe für den Angebotsvergleich zu entwickeln.

Versetzen Sie sich in die Rolle von Carolin Saager oder Volkan Karaca und entwickeln Sie zusammen mit einer Mitschülerin oder einem Mitschüler eine Arbeitsmappe zur Durchführung eines Angebotsvergleichs.

2. Die Hoffmann KG benötigt 1000 Geschirrtücher, Halbleinen. Es liegen folgende drei Angebote vor:

Angebot 1: 1,20 € je Geschirrtuch, netto ausschließlich Verpackung, Verpackungskosten für 1000 Geschirrtücher: 2,80 €, frei Haus, 15 % Rabatt bei Abnahme von 1000 Stück, Lieferung innerhalb einer Woche, Zahlung innerhalb von 30 Tagen netto Kasse

Angebot 2: 1,05 € je Geschirrtuch, netto einschließlich Verpackung, Lieferung ab Werk (Transportkosten für 1000 Geschirrtücher: 8,75 €), 10 % Rabatt bei Abnahme von 1000 Stück, Zahlung innerhalb von 20 Tagen netto Kasse

Angebot 3: 1,35 € je Geschirrtuch, netto einschließlich Verpackung, Lieferung frei Haus innerhalb von drei Wochen, 20 % Rabatt bei Abnahme von 1000 Stück, Zahlung innerhalb von 14 Tagen abzüglich 3 % Skonto oder innerhalb 30 Tagen netto Kasse

Ermitteln Sie das preiswerteste Angebot mithilfe der von Ihnen entwickelten Excel-Arbeitsmappe zur Durchführung eines Angebotsvergleichs.

3. Der Bezugspreis ist nur ein Kriterium für die Auswahl des günstigsten Angebots. Darüber hinaus sollten weitere qualitative Kriterien bei der Auswahl eines Angebots berücksichtigt werden.
   a) Bilden Sie eine Arbeitsgruppe mit drei weiteren Mitschülern.
   b) Sammeln Sie in Ihrer Gruppe qualitative Kriterien für einen Angebotsvergleich.
   c) Gewichten Sie diese Kriterien.
   d) Dokumentieren Sie die Übersicht der gewichteten Kriterien auf einem Plakat.
   e) Vergleichen Sie die Angebote auf S. 226 unter Berücksichtigung dieser Kriterien.
   f) Präsentieren Sie Ihre Arbeitsergebnisse in Ihrer Klasse.

ZUSAMMENFASSUNG

Angebot und **Anpreisung**

Angebot
- an eine **genau bestimmte** Person oder Personengruppe gerichtet
- grundsätzlich **verbindlich**

Anpreisung
- an die **Allgemeinheit** gerichtet
- **unverbindlich**

Bindungsfristen bei

unbefristeten Angeboten (= gesetzlich)
- mündliche und telefonische Angebote: solange das Gespräch dauert
- Angebotsbriefe: ca. 1 Woche
- Angebote per Fax: 24 Stunden

befristeten Angeboten (= vertraglich)
- bindend bis zum Ablauf der Frist

Angeboten mit Freizeichnungsklauseln
- ganz oder teilweise unverbindlich

Erlöschen der Bindung an das Angebot bei

- Ablehnung des Angebots
- verspäteter Bestellung
- vom Angebot abweichender Bestellung
- rechtzeitigem Widerruf des Angebots

Inhalte des Angebots	gesetzliche Regelung	vertragliche Regelungen
Art, Beschaffenheit und Güte der Ware	• mittlere Art und Güte	• nach Augenschein • Güteklassen • Abbildungen und Beschreibungen • nach Probe
Menge	• Bezeichnung: m, kg, Stück usw. • Mindestbestellmenge • Höchstbestellmenge	
Preisabzüge	**Rabatt** • Mengenrabatt • Wiederverkäuferrabatt • Sonderrabatt • Personalrabatt • Naturalrabatt (Draufgabe; Dreingabe) • Bonus	**Skonto**
Kosten der Versandverpackung	• Kosten sind vom Käufer zu tragen	• netto, einschließlich Verpackung • netto, ausschl. Verpackung (= gesetzl. Regelung) • brutto, einschl. Verpackung (brutto für netto)
Versandkosten	• Versandkosten trägt der Käufer	• ab Werk, ab Lager • ab hier, ab Bahnhof, hier, unfrei • frei Haus • frei dort, frei Bahnhof dort, frachtfrei
Lieferzeit	• sofortige Lieferung	• Lieferung innerhalb eines bestimmten Zeitraums • Lieferung bis zu einem bestimmten Termin • Fixkauf
Zahlungsbedingungen	• sofortige Zahlung • Kosten der Zahlung trägt der Käufer	• Anzahlung • Vorauszahlung • „netto Kasse“ • „gegen Nachnahme“ • Zielkauf • Ratenkauf
Eigentumsvorbehalt		• einfacher Eigentumsvorbehalt • verlängerter Eigentumsvorbehalt • erweiterter Eigentumsvorbehalt
Erfüllungsort	• für die Ware: Wohn- und Geschäftssitz des Verkäufers • für Geld: Wohn- und Geschäftssitz des Käufers	von der gesetzlichen Regelung abweichende Vereinbarungen möglich
Gerichtsstand	Erfüllungsort bestimmt den Gerichtsstand	von der gesetzlichen Regelung abweichende Vereinbarungen nur zwischen Kaufleuten möglich

Angebotsvergleich

Vergleich der Angebote mehrerer Lieferer, um das günstigste Angebot für eine Ware zu ermitteln.

Vergleich der

- Bezugspreise
- Qualität
- Lieferzeiten
- Umwelt- und Gesundheitsverträglichkeit
- Zahlungsbedingungen
- usw.

Ermittlung des Bezugspreises

	Listeneinkaufspreis (ohne USt)
–	Liefererrabatt
=	Zieleinkaufspreis
–	Liefererskonto
=	Bareinkaufspreis
+	Bezugskosten (ohne USt)
=	Bezugspreis/Einstandspreis

7.6 Wir bestellen Waren

Einstieg

Aufgrund des Angebots der Spengler & Sohn OHG vom 7. Febr. 20.. (siehe S. 226) schickt die Hoffmann KG folgende Bestellung:

Hoffmann KG
seit 1949

Hoffmann KG | Goseriede 41 | 30159 Hannover

Hemdenfabrik
Spengler & Sohn OHG
Lahnstraße 14
35578 Wetzlar

Hoffmann KG | Goseriede 41 | 30159 Hannover
Telefon | 0551 4155-0
Telefax | 0551 4155-10
Internet | www.hoffmann-kg-wvd.de
E-Mail | info@hoffmann-kg-wvd.de

Ihr Zeichen, Ihre Nachricht vom	Unser Zeichen, unsere Nachricht vom	Telefon, Name	Datum
o/s ..02-07	ek-ja ..-02-04	0511 4155-42 Petra Janssen	..-02-09

Bestellung

Sehr geehrter Herr Gerhard,

wir danken Ihnen für Ihr Angebot. Wir bestellen Herrenfreizeithemden Bestell-Nr. 4537:

20 Stück Größe 38
20 Stück Größe 39
40 Stück Größe 40
20 Stück Größe 41

zum Stückpreis von 8,10 € einschließlich Verpackung, abzüglich 15 % Rabatt.

Die Lieferung soll innerhalb von zwei Wochen frachtfrei erfolgen. Die Zahlung erfolgt innerhalb von vier Wochen ab Rechnungsdatum ohne Abzug.

Wir hoffen auf baldige Lieferung.

Mit freundlichem Gruß

Hoffmann KG

i. A. Petra Janssen

Petra Janssen

USt-IdNr. 183 631 402 | Steuernummer 1430 671 722 | Zollnummer 5318043 | HRA 3380 Hannover | Erfüllungsort und Gerichtsstand Hannover

Hannoversche Volksbank eG
Konto 12 345 | BLZ 251 900 01
IBAN DE73 2519 0001 0000 0123 45
BIC VOHADE2H

Sparkasse Hannover
Konto 88 230 | BLZ 250 501 80
IBAN DE24 2505 0180 0000 0882 30
BIC SPKHDE2H

Postbank Hannover
Konto 1 582 300 | BLZ 250 100 30
IBAN DE95 2501 0030 0001 5823 00
BIC PBNKDEFF250

Begründen Sie, warum durch diese Bestellung kein Kaufvertrag zustande gekommen ist.

INFORMATIONEN

Bestellung

DEFINITION

Eine **Bestellung** (Auftragserteilung) ist eine Willenserklärung, Ware zu den angegebenen Bedingungen zu kaufen.

Die Abgabe einer Bestellung ist an keine Formvorschrift gebunden. Sie kann also ebenso wie ein Angebot schriftlich, mündlich oder telefonisch erfolgen.

Eine Bestellung beinhaltet Angaben über:

- Art, Beschaffenheit und Güte der Ware
- Menge
- Preis und Preisabzüge
- Lieferbedingungen
- Zahlungsbedingungen

Eine Bestellung per Computerfax ist in der Zwischenzeit handelsüblich geworden. Daher ist bei deutschen Gerichten auch ihre Form als Beweis für eine Bestellung nicht mehr fraglich. Ein Computerfax kann den Beweiswert eines Originalschriftstücks mit Originalunterschrift ersetzen. Richterliche Begründung des technikfreundlichen Beschlusses: Lange anerkannte Kommunikationswege wie Telegramm oder Fernschreiben kommen auch ohne Unterschrift aus.

Wird in der Bestellung auf ein ausführliches Angebot Bezug genommen, erübrigt sich eine Wiederholung aller Angebotsbedingungen. Es genügt dann die Angabe von Warenart, Bestellmenge und Preis der Ware.

Bestellungen sind grundsätzlich verbindlich. Durch rechtzeitigen Widerruf erlischt die Bindung an die Bestellung. Ein Widerruf muss spätestens mit der Bestellung beim Lieferer eingetroffen sein.

Abweichend davon beträgt bei Verträgen, die zwischen Unternehmen und Verbrauchern unter ausschließlicher Verwendung von Fernkommunikationsmitteln (z. B. Internet, E-Mails, Telefon, Brief) abgeschlossen wurden, die Widerrufsfrist 14 Tage nach Erhalt der Ware.

Bestellt ein Käufer aufgrund eines verbindlichen Angebots rechtzeitig zu den angegebenen Angebotsbedingungen, so kommt ein Kaufvertrag zustande.

Bestellt ein Käufer, ohne dass ihm ein verbindliches Angebot vorliegt, so gilt diese Bestellung als Antrag auf Abschluss eines Kaufvertrags.

Bestellungsannahme

Für das Zustandekommen eines Kaufvertrags ist eine Bestellungsannahme notwendig, wenn der Bestellung kein Angebot vorausging oder wenn sie aufgrund eines freibleibenden Angebots erfolgte. Auch wenn die Bestellung vom vorausgehenden Angebot abweicht, kommt der Kaufvertrag erst durch eine Bestellungsannahme zustande.

Die Bestellungsannahme ist an keine Formvorschrift gebunden.

Der Verkäufer kann in den Fällen, in denen eine Bestellungsannahme erforderlich ist, auch auf eine ausdrückliche Auftragsbestätigung verzichten und sofort liefern. In diesem Fall gilt die Lieferung als Annahme der Bestellung (= schlüssige Handlung).

Bestellt ein Käufer aufgrund eines Angebots rechtzeitig zu den angegebenen Angebotsbedingungen, so ist eine Bestellungsannahme für das Zustandekommen des Kaufvertrags nicht erforderlich.

AUFGABEN

1. In welchen der folgenden Fälle kommt durch die Bestellung ein Kaufvertrag zustande?
   a) Ein Kunde bestellt am 17. Juli aufgrund eines Angebots vom 15. Juli zu den angegebenen Angebotsbedingungen.
   b) Ein Kunde bestellt aufgrund eines Angebots vom 10. August am 12. August. Er ändert die Lieferungsbedingung „ab Werk“ in „unfrei“ ab.
   c) Ein Kunde bestellt am 7. März aufgrund eines freibleibenden Angebots vom 4. März.
   d) Ein Kunde bestellt am 4. April telefonisch aufgrund eines schriftlichen Angebots vom 2. April.
2. Welche Angaben sollte eine ausführliche schriftliche Bestellung enthalten?
3. In welchen der folgenden Fälle ist eine Bestellungsannahme für das Zustandekommen eines Kaufvertrags erforderlich?
   a) Der Verkäufer macht ein freibleibendes Angebot. Der Käufer bestellt.
   b) Der Verkäufer unterbreitet ein schriftliches Angebot. Der Käufer bestellt rechtzeitig.
   c) Der Verkäufer macht ein schriftliches Angebot. Der Käufer bestellt rechtzeitig mit abgeänderten Bedingungen.
   d) Der Verkäufer macht ein telefonisches Angebot. Der Käufer bestellt am folgenden Tag schriftlich zu den während des Telefongesprächs vereinbarten Bedingungen.

AKTIONEN

1. Die Hoffmann KG bezieht regelmäßig Geschirr- und Frottiertücher von der Leistner Wäsche GmbH, Ritterstraße 37, 28865 Lilienthal.
   Da die Niederlassung Hannover der Hoffmann KG nur noch wenige Geschirrtücher und Frottiertücher am Lager hat, beauftragt der Leiter der Einkaufsabteilung, Herr Hetzel, die Auszubildende Katarzyna Lindemann, folgende Artikel bei der Leistner Wäsche GmbH zu bestellen:
   - 500 Geschirrtücher, Artikelnummer 112/2 zum Preis von 1,50 € je Stück und
   - 500 Walkfrottiertücher, Artikelnummer 156/3 zum Preis von 4,50 € je Stück

   Die Liefer- und Zahlungsbedingungen der Leistner Wäsche GmbH findet Katarzyna Lindemann in der Liefererdatei der Hoffmann KG.

Lieferer: 46213 Leistner Wäsche GmbH	Datum: 17. Juni 20..
1. Anschrift:	Ritterstr. 37, 28865 Lilienthal
2. Artikel:	Haushaltswäsche
3. Versandkosten:	frei Haus
4. Kosten der Versandverpackung:	netto einschl. Verpackung
5. Lieferzeit:	innerhalb 14 Tagen
6. Zahlungsbedingungen:	innerhalb 10 Tagen 3 % Skonto; innerhalb 30 Tagen ohne Abzug

   Versetzen Sie sich in die Rolle von Katarzyna Lindemann und erstellen Sie einen Entwurf für das Bestellschreiben.

2. Erkunden Sie den Ablauf des Beschaffungsprozesses in Ihrem Ausbildungsbetrieb. Stellen Sie den Ablauf dieses Beschaffungsprozesses in Ihrer Klasse vor. Benutzen Sie dazu ein Präsentationsmittel Ihrer Wahl.

ZUSAMMENFASSUNG

Bestellung

= die Willenserklärung des Käufers, eine bestimmte Ware zu den angegebenen Bedingungen zu kaufen.

Form
- schriftlich
- fernschriftlich
- mündlich
- telefonisch

Inhalt

Wiederholung möglichst aller Angaben des Angebots, mindestens jedoch:
- Warenart
- Menge
- Preis je Einheit

rechtliche Wirkung
- Bestellung muss dem Empfänger zugegangen sein.
- Besteller ist an seine Bestellung gebunden.
- Durch rechtzeitigen Widerruf erlischt die Bindung an die Bestellung.

Bestellungsannahme

notwendig, wenn
- die Bestellung vom Angebot abweicht.
- die Bestellung aufgrund eines freibleibenden Angebots erfolgte.
- der Bestellung kein Angebot vorausging.

7.7 Wir nehmen Waren an

Einstieg

Zentrallager der Hoffmann KG:

Ein Spediteur bringt eine Sendung mit 500 Geschirrtüchern und 500 Walkfrottiertüchern der Leistner Wäsche GmbH, Ritterstraße 37, 28865 Lilienthal. Herr Landsberg nimmt im Lager die Sendung entgegen. Ein Paket ist außen beschädigt.

1. Führen Sie auf, wie ein Unternehmen bei der Annahme von Waren vorgehen muss.
2. Erstellen Sie eine Tatbestandsaufnahme für das beschädigte Paket.

INFORMATIONEN

Vorgehensweise beim Wareneingang

Bestellte Waren werden durch die Post oder die Bahn, durch Paketdienste oder gewerbliche Güterverkehrsunternehmer zugestellt. Vertragsmäßig gelieferte Ware muss abgenommen werden. Nicht immer jedoch ist die Lieferung einwandfrei. Die Ware kann Mängel aufweisen, die entweder der Hersteller zu verantworten hat oder die durch den Transporteur verursacht wurden. Damit das einkaufende Unternehmen als Käufer nicht das Recht zur Reklamation[1] verliert, müssen beim Wareneingang verschiedene Prüfungen vorgenommen werden.

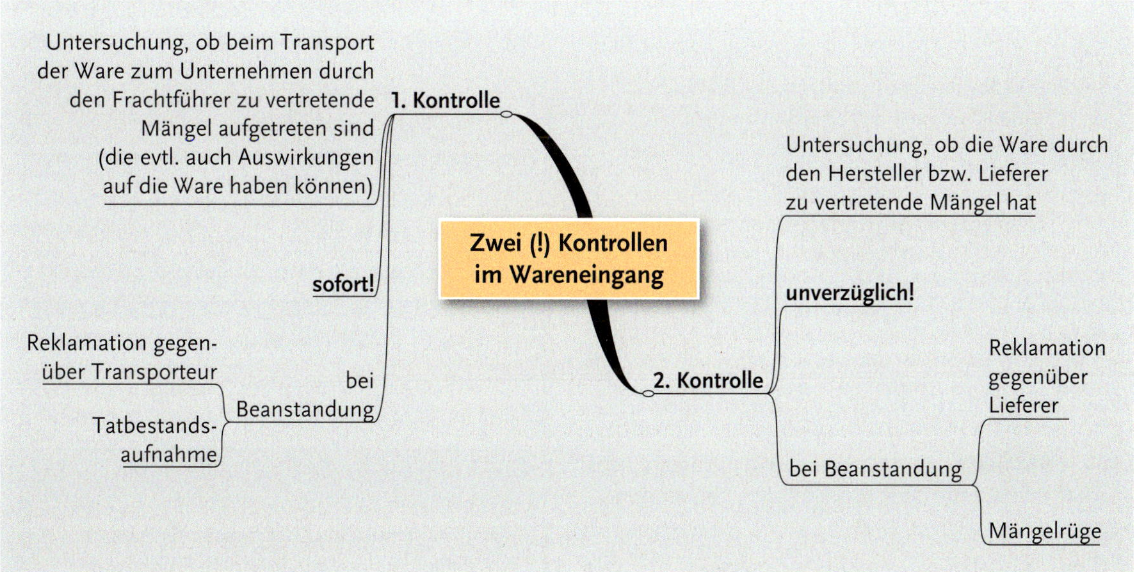

1 siehe Kap. 7.9

Kontrolle gegenüber dem Frachtführer

Es wird sofort – also auf der Stelle – mithilfe der Warenbegleitpapiere die Berechtigung der Lieferung kontrolliert. Es könnte sich z. B. um Irrläufer oder unverlangte Ware handeln. Irrläufer ergeben sich meist schon durch die falsche Adresse. Unverlangte Sendungen sind zu erkennen, wenn die Warenannahme im Betrieb (z. B. durch die Einkaufsabteilung) rechtzeitig über jeden zu erwartenden Eingang unterrichtet ist.

Auch die Verpackung muss sofort überprüft werden. Noch in Gegenwart des Überbringers ist festzustellen, ob die Verpackung in irgendeiner Weise beschädigt ist. Bei Artikeln, die nicht verpackt sind, ist das Äußere der Ware auf Mängel hin zu untersuchen.

Anschließend wird eine Mengenprüfung vorgenommen. Es wird dabei geklärt, ob die Anzahl beziehungsweise das Gewicht der Versandstücke mit den Versandpapieren überein-stimmt.

Als Papiere zur Kontrolle können im Wareneingang herangezogen werden:

- Lieferscheine
- Ladescheine
- Frachtbriefe
- Paketkarten

Ergeben sich bei den genannten Kontrollen Mängel, verlangt der Mitarbeiter des beschaffenden Unternehmens eine **Tatbestandsaufnahme.** Diese richtet sich gegen den Transporteur der Ware. Das Unternehmen ist dann berechtigt, die Abnahme der Ware zu verweigern oder die Ware nur unter Vorbehalt anzunehmen.

Kontrolle von Anschrift, äußerer Beschaffenheit und Richtigkeit des Transportmittels

↓

Abgleich der gelieferten Waren nach Menge und Art mit Lieferscheinen

↓

Dokumentation der Mängel auf Lieferscheinen

↓

Bestätigung der Mängel durch Anlieferer

↓

Empfangsbestätigung und Quittung

Kontrolle gegenüber dem Lieferer

Auch der Zustand der Waren muss untersucht werden. Nach dem Auspacken der Ware ist zu prüfen, ob die gelieferten Artikel den im Kaufvertrag vereinbarten Eigenschaften entsprechen. Eine genaue Kontrolle lässt sich aus zeitlichen Gründen nicht immer sofort bei der Übergabe der Ware durchführen. Sie hat aber „unverzüglich“ zu erfolgen. Unverzüglich bedeutet: die Prüfung darf ohne wichtigen Grund nicht verzögert werden; die Ware muss zum nächstmöglichen Zeitpunkt auf eventuelle Mängel hin untersucht werden. Bei größeren Mengen kann eine Stichprobenkontrolle erfolgen.

Als Kontrollunterlagen bei dieser zweiten Prüfung im Wareneingang können herangezogen werden:

- Lieferscheine
- Packzettel
- Rechnungen
- Versandanzeigen
- Bestellunterlagen des Betriebs

Kontrolle der Indentität:
Wurde die Ware richtig geliefert?

↓

Quantitätsprüfung:
Entspricht die gelieferte der bestellten Menge?

↓

Überprüfung der Qualität:
Hat die gelieferte Ware die vereinbarte Güte?

↓

Untersuchung der Beschaffenheit:
Fallen an der Ware Beschädigungen auf?

Stellt das beschaffende Unternehmen fest, dass die Ware beispielsweise beschädigt ist, teilt es dies dem Lieferanten mit. Die fehlerhafte Ware wird mit der **Mängelrüge**[1] beim Lieferanten beanstandet, damit das Unternehmen keine Ansprüche verliert.

Ist die Ware einwandfrei, wird sie ins Lager oder in die Verkaufsräume gebracht. Gleichzeitig wird der Einkaufsabteilung und der Buchhaltung gemeldet, dass bestellte Ware eingetroffen ist.

EDV-gestützte Warenwirtschaftssysteme im Wareneingang

Damit die Arbeiten des Wareneingangs im belieferten Unternehmen lagergerecht erfüllt werden können, werden detaillierte Informationen pro Artikel über die bei Lieferanten getätigten Bestellungen benötigt. Das EDV-gestützte Warenwirtschaftssystem stellt die zum Zeitpunkt der Anlieferung notwendigen Daten für die Übernahme der Ware und deren Kontrolle zur Verfügung.

Bei fortgeschrittenen Warenwirtschaftssystemen wird der erwartete Wareneingang mit Angaben aus der Bestelldatei über die Menge, das Gewicht und das Volumen der Ware pro entsprechenden Lagerbereich und Lagergang angekündigt. Die Wareneingangsabteilung kann dann schon rechtzeitig alle erforderlichen Vorkehrungen treffen, um die Ware später rasch und reibungslos zu übernehmen, zu kontrollieren und einzulagern.

Aufgrund dieser Informationen sollte das belieferte Unternehmen:

- freie Abladestellen für die Lkw-Anlieferung bereithalten
- ausreichenden Platz für das Abstellen der Ware reservieren
- innerbetriebliche Transportmittel bereithalten
- Personal- und Lagerkapazität vorhalten

Die tatsächlich gelieferte Ware wird im Rahmen der Wareneingangserfassung hinsichtlich verschiedener Kriterien mit der vom EDV-gestützten Warenwirtschaftssystem früher erfassten Bestellung überprüft. Grundlage für die Annahme und Kontrolle der Ware sind die Warenbegleitpapiere.

Dabei muss das belieferte Unternehmen äußerst sorgfältig vorgehen: Im Wareneingang, bei der Wareneingangskontrolle und der entsprechenden Datenerfassung verursachte Fehler wirken sich in allen übrigen Bereichen der Warenwirtschaft des Unternehmens aus. Die nachfolgend an das EDV-gestützte Warenwirtschaftssystem angeschlossenen Betriebsstellen würden dann zwangsläufig auf falsche oder unvollständige Angaben zugreifen.

Im Normalfall erfolgt die Wareneingangserfassung als integrierte Bestellabwicklung. Dadurch wird die kostspielige Mehrfacherfassung von Daten an den verschiedenen Stellen des Unternehmens zum großen Teil vermieden. Es werden nur die Bestelldaten aufgerufen und bestätigt, lediglich Abweichungen werden neu erfasst und in das Warenwirtschaftssystem eingegeben.

Die festgestellten Abweichungen stellen die Grundlage für unterschiedliche Auswertungen des EDV-gestützten Warenwirtschaftssystems dar.

Untersucht werden in diesem Zusammenhang:

- **Termintreue**
  Terminüber- oder -unterschreitungen
- **Menge**
  Über- beziehungsweise Untermengen
- **Qualität**
  Vergleich bestimmter qualitativer Werte

Oft genügen diese beim Wareneingang gewonnenen Informationen. In vielen Fällen werden diese Daten jedoch in weitere Unterprogramme des Warenwirtschaftssystems übertragen und dort zu anderen Auswertungen weiterverarbeitet.

BEISPIELE

- Lieferantenauswahl nach den oben ausgeführten Kriterien
- Soll-Ist-Abweichungen bei bestimmten Warengruppen oder Produkten

AUFGABEN

1. Warum muss das belieferte Unternehmen bei der Annahme von Waren bestimmte Kontrollen vornehmen?
2. Erklären Sie den Unterschied zwischen einer sofortigen und einer unverzüglichen Prüfung.
3. Welche Kontrollen müssen sofort vorgenommen werden?
4. Was kann unverzüglich kontrolliert werden?
5. Welche Maßnahmen hat das belieferte Unternehmen bei Beanstandungen zu ergreifen?

1 siehe Kap. 7.9

6. Welche Maßnahmen muss der Einkauf ergreifen, wenn das EDV-gestützte Warenwirtschaftssystem den Wareneingang von Ware ankündigt?

7. Wie unterstützen Warenwirtschaftssysteme den Wareneingangsbereich z. B. eines Großhandelsbetriebs? Was muss der Großhändler bei der Annahme von Waren beachten?

8. Es werden 18 000 Konserven angeliefert. Welche Aussage ist richtig?
   a) Die Ware muss bei der Annahme in Anwesenheit des Unternehmers geprüft werden.
   b) 15 % der Ware sind zu prüfen.
   c) Die Ware kann ohne Prüfung eingelagert werden, wenn der Spediteur erklärt, die Ware sei sachgemäß verpackt worden.
   d) Bei Lieferung von Massengütern kann die Einlagerung der Ware ohne Kontrolle erfolgen.
   e) Die Ware muss durch Stichproben in angemessener Zahl geprüft werden.

9. Am 21. Juli trifft eine Lieferung bei der Hoffmann KG ein. Was müssen Sie in Anwesenheit des Frachtführers prüfen, bevor Sie den Empfang der Ware quittieren?
   a) die äußere Verpackung
   b) den Preis der Ware
   c) die Art der Ware
   d) die Qualität der Ware
   e) die Beschaffenheit der Ware

AKTIONEN

1. a) Erkunden Sie, wie die Warenannahme in Ihrem Ausbildungsbetrieb geregelt ist.
   b) Informieren Sie in einem Kurzreferat Ihre Klasse.

2. Bis jetzt haben Sie schon eine Menge Klassenarbeiten geschrieben. Auch die Abschlussprüfung rückt immer näher. Damit diese erfolgreich wird, sollten Sie versuchen, alle eventuellen Lernschwierigkeiten auszuschließen. Betrachten Sie die unten stehende Mindmap über Lernprobleme.
   a) Überprüfen Sie, ob eine der vorgestellten Lernschwierigkeiten auf Sie zutrifft.
   b) Überlegen Sie, welche Ursache diese Lernschwierigkeiten bei Ihnen haben könnte.
   c) Versuchen Sie, eine mögliche Lösung zu finden.

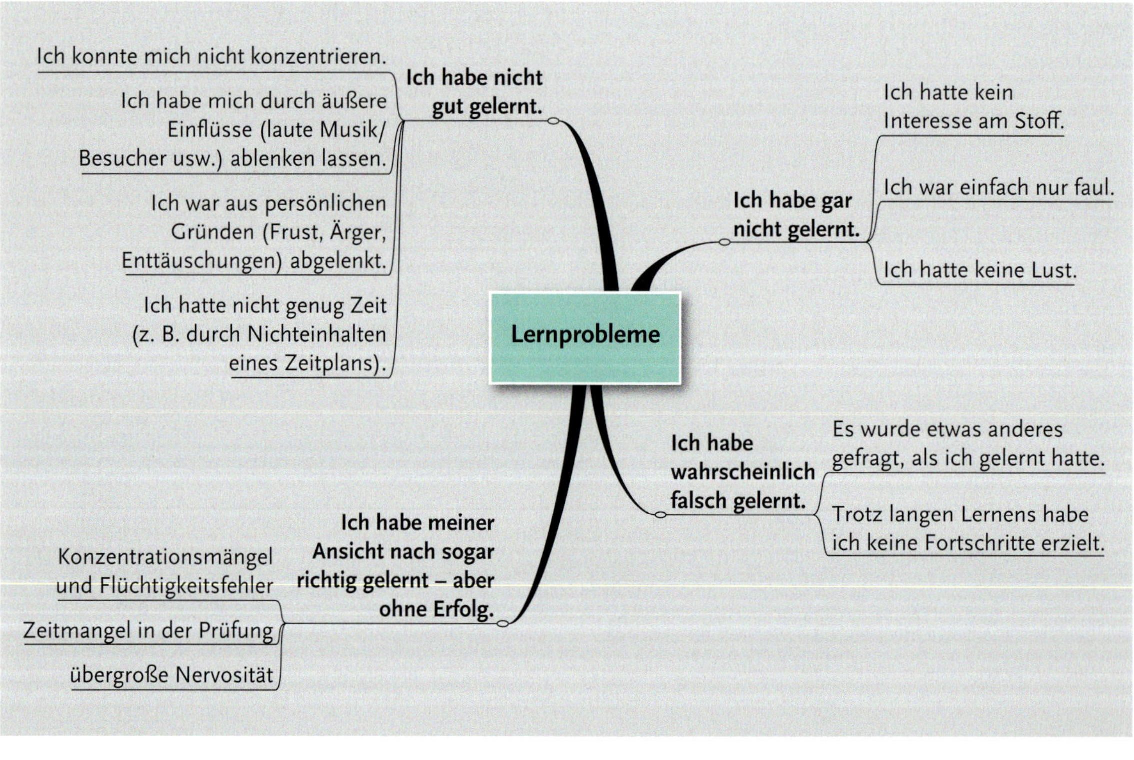

ZUSAMMENFASSUNG

In der Warenannahme

muss die gelieferte **Ware kontrolliert** werden, damit der Betrieb nicht das Recht zur Reklamation verliert.

sofort

d. h.
- auf der Stelle
- in Anwesenheit des Überbringers

unverzüglich

d. h. ohne schuldhafte Verzögerung

bei Beanstandungen

Tatbestandsaufnahme

über
- **Berechtigung der Lieferung**
- **Zustand der Verpackung**
- **richtige Menge**

Mängelrüge

über
Zustand der Ware

Die Warenannahme wird unterstützt durch:

EDV-gestützte Warenwirtschaftssysteme

- Bereitstellung von entscheidungsrelevanten Informationen im Vorfeld des Wareneingangs
- Datenerfassung nur der Abweichungen des Wareneingangs von den Bestellungen
- Auswertungen für den Wareneingangsbereich des Betriebs
- Bereitstellung von Informationen für andere Bereiche der Warenwirtschaft

7.8 Wir handeln richtig bei einem Annahmeverzug

Einstieg

Dominik Schlote und Carolin Saager treffen sich in der Mittagspause.

Carolin Saager:
„Hallo Dominik!“

Dominik Schlote:
„Hi Carolin, was gibt es Neues?“

Carolin Saager:
„Herr Kruk hat gerade berichtet, dass sie im Lager ein Problem haben. Vereinbart war gestern eine Lieferung von Jeans an das Textilhaus Harrissen in Göttingen. Heute steht der Fahrer unseres Frachtführers mit der Ladung an der Rampe und erzählt, dass es in Göttingen Ärger gegeben hat. Dort wollte man nicht, dass er die Ware ablädt. Ihm ist gesagt worden, dass man sich günstigere Jeans in Taiwan besorgt hätte ... Das zusätzliche Problem bei uns: Wegen der neuen Kollektion ist das Lager proppevoll.“

Dominik Schlote:
„Was kann man da machen?“

1. Stellen Sie fest, ob die Voraussetzungen für einen Annahmeverzug vorliegen.
2. Geben Sie die möglichen Rechte an, die die Hoffmann KG wählen könnte.
3. Machen Sie einen Vorschlag, welches Recht die Hoffmann KG tatsächlich in Anspruch nimmt.

INFORMATIONEN

Wird ein Kaufvertrag abgeschlossen, ergibt sich für den Käufer die Pflicht, die ihm angebotene Ware auch abzunehmen.

DEFINITION

Ein **Annahmeverzug** liegt vor, wenn der Käufer die von ihm bestellte und vom Verkäufer zur rechten Zeit, am rechten Ort und in der richtigen Menge und Qualität gelieferte Ware nicht annimmt.

Beim Vorliegen bestimmter Voraussetzungen kann der Verkäufer dann rechtliche Maßnahmen ergreifen.

Voraussetzungen

Fälligkeit der Lieferung

Die Lieferung muss fällig sein: Es muss sich also um den vereinbarten Liefertermin oder um einen Zeitpunkt innerhalb der verabredeten Lieferfrist handeln.

Wurde zwischen Verkäufer und Käufer keine Lieferfrist beziehungsweise kein Liefertermin verabredet, kann der Verkäufer sofort liefern.

BEISPIEL

In einem Kaufvertrag wurde die „Lieferung ab 1.8.“ vereinbart. Der Verkäufer versucht, die Ware schon am 10.7. zuzustellen. Wegen Betriebsferien ist die Firma des Käufers allerdings geschlossen. Es liegt kein Annahmeverzug vor, da die Lieferung nicht fällig war.

Hätte die Lieferungsbedingung gelautet „Lieferung ab 1.8., ein früherer Termin ist möglich“, dann würde der Käufer in Annahmeverzug geraten.

Tatsächliches Anbieten der Leistung

Die Warenlieferung muss dem Käufer so, wie sie vereinbart war, tatsächlich angeboten werden.

BEISPIEL

Carolin Saager erklärt Dominik Schlote eine der Voraussetzungen des Annahmeverzugs: „Die Leistung des Verkäufers muss beim Käufer so ankommen, dass dieser praktisch nur noch zuzugreifen braucht."

Der Verkäufer muss also versuchen, die Ware physisch zu übergeben. In zwei Ausnahmefällen reicht es aus, die Warenlieferung wörtlich anzukündigen:

- Der Käufer erklärt, dass er die Ware nicht annehmen werde.
- Der Käufer unterlässt eine erforderliche Mitwirkungshandlung.

BEISPIEL

Obwohl dies vereinbart wurde, holt ein Käufer die Ware nicht bei der Hoffmann KG ab.

Nichtannahme

Der Annahmeverzug setzt kein Verschulden des Käufers voraus. Allein durch die tatsächliche Nichtabnahme der Ware am Liefertermin kommt es zum Annahmeverzug.

BEISPIEL

Die Hoffmann KG hat im Juli Betriebsferien und hat daher in dieser Zeit geschlossen. Da für eine Lieferung als Liefertermin der 21. Juli vereinbart wurde, wird Herr Kruk beauftragt, extra für diese Lieferung ins Unternehmen zu kommen und diese entgegenzunehmen. Herr Kruk ist auch am 21. Juli ab 7 Uhr im Lager der Hoffmann KG. Wegen der Hitze erleidet er um 8 Uhr einen Kreislaufkollaps und muss ins Krankenhaus eingeliefert werden.

Um 9 Uhr möchte ein Lkw-Fahrer wie vereinbart die Ware abliefern. Er trifft niemanden an. Die Hoffmann KG befindet sich im Annahmeverzug.

Rechte des Verkäufers

Im Fall eines Annahmeverzugs kann der Verkäufer verschiedene Rechte in Anspruch nehmen:

Rücktritt vom Vertrag

Ein mögliches Recht des Verkäufers ist der Rücktritt vom Vertrag: Er nimmt die Ware zurück und versucht, sie an andere Unternehmen beziehungsweise Personen zu verkaufen. Dazu benötigt er jedoch die Zustimmung des Käufers. Beide Seiten verzichten dann auf die ordnungsgemäße Erfüllung des Kaufvertrags.

Die Inanspruchnahme dieses Rechts lohnt sich für den Verkäufer aber nur, wenn

- die Ware auf dem Markt stark nachgefragt wird,
- der Preis der Ware sich zwischenzeitlich stark erhöht hat,
- sich die Kreditwürdigkeit des Käufers verschlechtert hat und eventuell eine Zahlungsausfall droht oder
- der Kunde aus Kulanzgründen zufriedengestellt werden soll.

Klage auf Abnahme der Ware

Ein anderes Recht, das der Verkäufer wählen kann, ist die Klage auf Abnahme der Ware. Dazu muss er die Ware bis zur möglichen Abnahme durch den Käufer ordnungsgemäß lagern.

Alle in diesem Zusammenhang anfallenden Kosten muss der Käufer tragen. Dieses Recht wird häufig angewendet, wenn in der Zwischenzeit

- der Preis der Ware gesunken ist,
- die Ware nicht mehr an andere Kunden verkauft werden kann.

Da der Verkäufer einerseits im Normalfall lange auf ein Urteil warten muss und andererseits zunächst einmal Kosten (Klagekosten, ausgelegte Lagerkosten) in Kauf nehmen muss, kann die Wahl dieses Rechts auch Nachteile mit sich bringen. Wo gelagert werden darf, hängt einerseits von der Rechtsstellung des Käufers ab, andererseits von der Art der Waren. Es wird unterschieden zwischen hinterlegungsfähigen und nicht hinterlegungsfähigen Sachen. Als hinterlegungsfähig gilt zunächst einmal jede Sache, die problemlos aufbewahrt werden kann. Zur Sicherung können bestimmte Waren einem Treuhänder übergeben werden.

Lagerung hinterlegungsfähiger Ware bei Klage auf Abnahme	
Käufer ist Kaufmann	Käufer ist kein Kaufmann
Die ordnungsgemäße Einlagerung ist an jedem möglichen Ort möglich: Der Verkäufer kann die Ware bei sich oder bei jeder Art einer Lagergesellschaft abstellen.	Ist der Käufer kein Kaufmann, sieht die Hinterlegungsordnung nur noch wenige Sachen als hinterlegungsfähig an, z. B. Wertpapiere, Urkunden, Schmuck und Geld. Diese müssen vom Verkäufer auf Gefahr und Kosten des Käufers bei einer örtlichen Hinterlegungsstelle –in der Regel ist dies ein Amtsgericht – hinterlegt werden. Der Käufer muss dann von der Hinterlegung benachrichtigt werden.

Selbsthilfeverkauf

Als weiteres Recht steht dem Verkäufer die Möglichkeit des Selbsthilfeverkaufs zu. Er kann nicht hinterlegungsfähige Ware öffentlich versteigern lassen, wenn er dem Käufer dies angedroht hat. Der Verkäufer muss dem Käufer dann auch den Termin und den Ort der Versteigerung bekannt geben. Beide Parteien können bei der Versteigerung mitbieten.

Nach der öffentlichen Versteigerung muss der Verkäufer dem Käufer das Ergebnis des Selbsthilfeverkaufs mitteilen. Hat der Versteigerungserlös die Höhe des ursprünglichen Kaufpreises nicht erreicht, so muss der (ehemalige) Käufer noch die Differenz an den Verkäufer zahlen. Umgekehrt muss der Verkäufer einen höheren Erlös in Höhe der Differenz an den Käufer herausgeben.

Wenn dieses Recht in Anspruch genommen wird, ergeben sich folgende Vorteile:

- Es fallen keine Rechtsanwaltskosten und Gerichtskosten an.
- Den Selbsthilfeverkauf durchzuführen ist schneller als das Klageverfahren.

Zu beachten ist, dass es noch zwei Varianten des Selbsthilfeverkaufs gibt:

- **Notverkauf**
  Der Notverkauf ist eine eingeschränkte Art des Selbsthilfeverkaufs, die bei leicht verderblichen Waren erlaubt ist. Hier entfällt die Pflicht des Verkäufers, dem Käufer eine Nachfrist zur Annahme der Ware zu setzen und den Selbsthilfeverkauf anzudrohen.
- **freihändiger Verkauf**
  Bei Waren, die an der Börse gehandelt werden oder für die es Tagespreise gibt, kann die Ware auch ohne Versteigerung verkauft werden. Erforderlich dafür sind das Setzen einer Nachfrist und deren Verstreichen. Der freihändige Verkauf wird in der Regel durch einen öffentlich bestellten Handelsmakler durchgeführt.

BEISPIELE

Baumwolle, Getreide, Wertpapiere, Tee, Kaffee

Gefahrenübergang beim Annahmeverzug

Befindet sich der Käufer im Annahmeverzug, geht das Risiko auf den Käufer über, falls die Ware durch Zufall vernichtet wird beziehungsweise sich verschlechtert. Lediglich bei Vorsatz oder grober Fahrlässigkeit muss der Verkäufer weiter haften.

AUFGABEN

1. Was versteht man unter einem Annahmeverzug?
2. Welche Voraussetzungen müssen gegeben sein, damit ein Käufer in Annahmeverzug gerät?
3. Die Hoffmann KG schließt einen Kaufvertrag mit der Boutique „Stephanie“ in Peine ab. Es wurde keine Vereinbarung über die Lieferzeit getroffen. Die Hoffmann KG liefert die bestellte Ware schon kurz nach der Bestellung. Stephanie Rindelhardt – Eigentümerin der Boutique – ist damit nicht einverstanden. Beurteilen Sie diesen Fall.
4. Wer trägt das Gefahrenrisiko für die Ware im Falle der Nichtabnahme?
5. Wann wird ein Verkäufer versuchen, vom Vertrag zurückzutreten?
6. Wo darf im Fall der Klage auf Abnahme gelagert werden?
7. Welche Nachteile kann eine Klage auf Abnahme für den Verkäufer haben?
8. Was versteht man unter dem Selbsthilfeverkauf?
9. Wodurch unterscheidet sich der Selbsthilfeverkauf
   a) vom Notverkauf?
   b) vom freihändigen Verkauf?
10. Wann wird der Lieferant auf jeden Fall auf Abnahme der Ware bestehen, wenn der Kunde die Annahme der ordnungsgemäß gelieferten Ware verweigert?
    a) bei guten Kunden
    b) bei Sonderanfertigungen
    c) Verkaufspreis der Ware ist gestiegen
    d) bei leicht verderblichen Waren
    e) bei geringen Rechnungsbeträgen
    f) bei einem Neukunden
11. Wann wird der Lieferant vom Kaufvertrag zurücktreten, wenn der Kunde die Annahme verweigert?
    a) Verkaufspreis der Ware ist gestiegen

b) bei einem Kunden, der schon öfters wegen unbegründeten Annahmeverweigerungen unangenehm aufgefallen ist

c) bei sehr hohen Rechnungsbeträgen

d) Verkaufspreis der Ware ist gesunken

e) bei Sonderanfertigungen

AKTIONEN

1. Erstellen Sie eine Mindmap, die die wichtigsten Informationen über den Annahmeverzug wiedergibt.

2. In dieser Aktion soll das Kapitel mithilfe der Fragenkettenmethode bearbeitet werden.
   a) Lesen Sie das Kapitel.
   b) Formulieren Sie eine Frage zu einem bestimmten Inhalt des Textes und halten Sie diese und die Antwort dazu schriftlich fest.
   c) Ihre Lehrkraft wählt einen Schüler aus, der seine Frage an die Klasse stellt.
   d) Der Mitschüler, der sich als erstes meldet, beantwortet die Frage. War die Antwort richtig, darf er seine Frage der Klasse vorstellen.
   e) Jeder Mitschüler, der einmal richtig geantwortet hat, braucht nicht mehr zu antworten.

   Hat jeder geantwortet, ist diese Unterrichtsphase beendet.

ZUSAMMENFASSUNG

Annahmeverzug

= Käufer nimmt die angebotene Warenlieferung nicht an

Voraussetzungen

Die Lieferung ist fällig.

Die Lieferung erfolgt innerhalb der vereinbarten Lieferfrist oder zum vereinbarten Liefertermin, aber nicht früher oder später.

Die Lieferung wird tatsächlich angeboten.

Ware wird physisch angeboten:
- zum richtigen Zeitpunkt
- am richtigen Ort
- in der richtigen Menge und Qualität

Die Lieferung wird nicht angenommen.

Es ist kein Verschulden des Käufers notwendig.

Rechte des Verkäufers

mit Zustimmung des Käufers

Rücktritt vom Kaufvertrag

Ware wird an andere Kunden verkauft.

Klage auf Abnahme

Einlagerung bis zur Abnahme durch den Käufer

Selbsthilfeverkauf

- nach Androhung öffentliche Versteigerung der Waren
- Sonderfälle:
  – Notverkauf
  – eigenhändiger Verkauf

7.9 Wir nehmen unsere Rechte bei einer Schlechtleistung wahr

Einstieg

In der Clique von Carolin Saager diskutiert man kontrovers.

Dominik Schlote:
„Schenken ist eine wunderbare Sache, aber Geschmack ist häufig reine Glückssache. Und ebenso häufig hat man leider kein Glück – und dann öffnet der Beschenkte zu Weihnachten sein Paket und lächelt eher gequält als selig. Da liegt nun ein Ding auf dem Gabentisch, das keiner haben will – und was jetzt? ... Schon schlimm genug: und dann ist das Geschenk auch noch beschädigt. Also umtauschen! Gleich nach Weihnachten ab zum Händler und das Unding auf den Ladentisch gewuchtet, damit er es zurücknimmt. Nur – häufig will er es nicht mehr, denn er war froh, es vor Weihnachten endlich noch losgeworden zu sein. Und er hat leider auch noch Recht!“

Carolin Saager:
„So ganz eindeutig, wie du das gesagt hast, ist die Sache nicht ... Ah, da kommt ja Katarzyna ...“

Katarzyna Lindemann:
„Hallo, ihr zwei. Im Lager gibt es gerade mal wieder Ärger: Die Bernhard Müller OHG hat falsche Ware geliefert. Herr Hoffmann hat mich beauftragt, den Fall zu bearbeiten. Wie gehe ich denn nun vor?“

1. Beurteilen Sie die Rechtslage in beiden Fällen.
2. Schlagen Sie Maßnahmen vor, die Katarzyna Lindemann ergreifen sollte.

INFORMATIONEN

Umtausch – Garantie – Gewährleistung

Oft beschweren sich Kunden über Ware. Sind tatsächlich Mängel vorhanden, so hat der Kunde Rechte im Rahmen der gesetzlichen Gewährleistung. Unter Gewährleistung versteht man die durch gesetzliche Regelungen entstehende Verpflichtung eines Schuldners – in diesem Falle also des Verkäufers – Sachen (z. B. Waren) in einem mangelfreien Zustand zu liefern. Nicht zu verwechseln sind die Rechte im Rahmen der gesetzlichen Gewährleistung mit Rechten aus Umtausch- oder Garantieverpflichtungen.

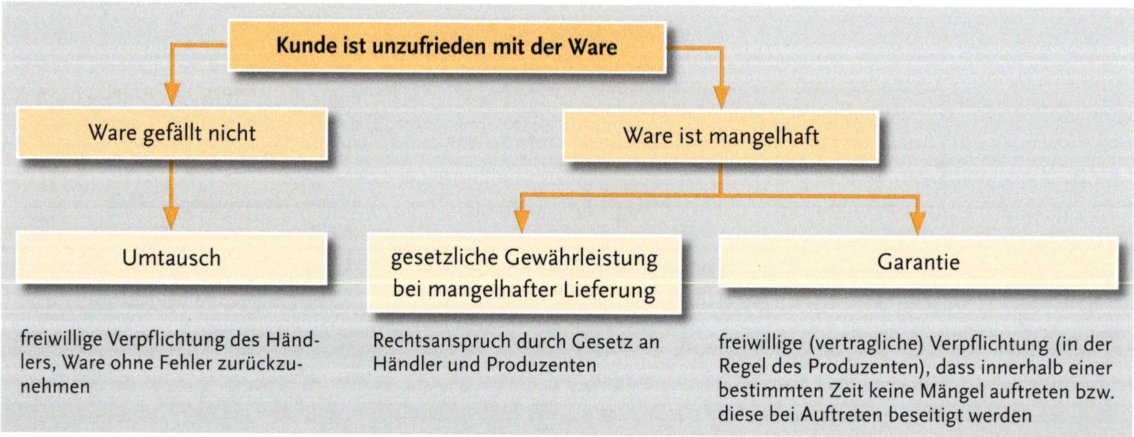

Umtausch

DEFINITION

Beim **Umtausch** nimmt das Unternehmen (in den meisten Fällen sind dies Einzelhandelsunternehmen) Ware ohne Mängel freiwillig zurück.

Es gibt eine Reihe von Gründen, die bei Kunden zu Umtauschwünschen führen können:

- Dem Kunden gefällt der gekaufte Artikel nicht mehr.
- Angehörigen sagt die Ware nicht zu.
- Der Kauf war unüberlegt.
- Größe, Form, Farbe usw. der Ware passen nicht.
- Die für einen Dritten gekaufte Ware (Geschenke) ist schon vorhanden, gefällt oder passt nicht.
- Der Kunde sieht den gleichen Artikel günstiger bei einem Konkurrenzunternehmen.

Im deutschen Recht herrscht der Grundsatz, dass einmal geschlossene Verträge eingehalten werden müssen. Ein Rechtsanspruch auf Umtausch einer mangelfreien Ware besteht deshalb nach dem Gesetz nicht.

BEISPIEL

Corinna Schwarz möchte in der Textilabteilung der Kaufstadt Warenhaus AG einen Pullover für ihren 14-jährigen Sohn Birk kaufen. Sie geht zur Kasse. Dadurch macht sie ein Angebot zum Abschluss des Kaufvertrags, das vom Einzelhandelsunternehmen angenommen wird. Corinna Schwarz zahlt den Kaufpreis und bekommt den Pullover von der Verkäuferin in einer Tragetasche übergeben (Besitz- und Eigentumsübertragung).

Kurze Zeit später möchte Corinna Schwarz den Pullover umtauschen, weil ihrem Sohn der Pullover nicht gefällt und er außerdem schon wieder gewachsen ist.

Das Einzelhandelsunternehmen könnte den gewünschten Umtausch mit dem Hinweis auf den ordnungsgemäß abgeschlossenen Kaufvertrag ablehnen.

Ohne Einverständnis des Kaufmanns ist ein Umtausch zunächst einmal nicht möglich. Doch dies geschieht nur in den seltensten Fällen: Umtausch wird als Kundendienstleistung betrachtet und Großzügigkeit beim Umtauschen ist eine sehr kostengünstige Werbung für das Unternehmen.

Wird nicht besonders auf das Umtauschrecht des Kunden hingewiesen, muss jeder Kunde, der etwas kauft und sich die Rückgabe vorbehalten will, den Einzelhändler also fragen, ob die Ware zurückgegeben werden kann. Deshalb weisen viele Unternehmen extra darauf hin, dass Waren bei Nichtgefallen umgetauscht werden.

Will man Missverständnisse vermeiden, sollten Einzelhändler und Kunde ausdrücklich vereinbaren, dass der Kaufmann die Ware aus Kulanzgründen zurücknimmt, falls der Umtausch gewünscht wird.

Viele Unternehmen haben für den problemlosen Umtausch eigene Bereiche eingerichtet.

Insbesondere wenn das Unternehmen dem Kunden die Umtauschrechte schriftlich einräumt, muss es klar und deutlich darauf hinweisen, welche Artikel vom Umtausch ausgeschlossen sein sollen.

BEISPIELE

- Bestimmte Artikel sind aus hygienischen Gründen vom Umtausch ausgeschlossen, z. B. Kosmetikartikel, Perücken oder Unterwäsche.
- Auch in den Saison-Schlussverkäufen wird das generelle Umtauschrecht meistens ausdrücklich von den Einzelhandelsunternehmen ausgeschlossen. Von der Absicht her, in kurzer Zeit die Lager zu räumen, ist dieses Verhalten des Einzelhandels verständlich.

In weiten Kreisen des Einzelhandels hat sich jedoch die Einräumung von Umtauschrechten ohne vorherige besondere Vereinbarung eingebürgert.

Der Einzelhändler kann die Umtauschmodalitäten beim Umtausch aus Kulanzgründen selbst gestalten.

Bei einem Umtausch sind vom Verkaufspersonal die folgenden Punkte zu prüfen:

- Ist der Artikel unbeschädigt (kann er damit wiederverkauft werden)?
- Liegt der Kassenbon vor?
- Ist die betriebliche Umtauschfrist eingehalten worden?

Wie großzügig dabei verfahren wird, ist von Unternehmen zu Unternehmen unterschiedlich.

BEISPIEL

Die Kaufstadt Warenhaus AG hat eine Umtauschfrist bestimmt, auf die sie schriftlich hinweist. In aller Regel wird lediglich eine Gutschrift über die Kaufsumme ausgestellt und nicht der Kaufpreis zurückerstattet. Eine anderslautende Vereinbarung kann jedoch jederzeit vom Abteilungsleiter getroffen werden.

All dies gilt selbstverständlich nur, wenn die Ware nicht mangelhaft ist. Liegt eine berechtigte Reklamation vor, stehen dem Kunden die Rechte im Rahmen der gesetzlichen Gewährleistung zu.

Garantie

Im Gegensatz zum Umtausch geht es sowohl bei der Garantie als auch der gesetzlichen Gewährleistung um die rechtliche Behandlung von Mängeln der Ware.

Die Übernahme einer Garantie muss klar von der gesetzlichen Gewährleistung unterschieden werden. Dies wird in der geschäftlichen Praxis oft versäumt. Auch Kunden verwechseln Garantie und Gewährleistung häufig beziehungsweise (er)kennen den Unterschied nicht.

Der entscheidende Unterschied zwischen Garantie und Gewährleistung besteht darin, dass

- die Garantie auf einem freiwilligen Vertrag, die Gewährleistung aber auf einem Gesetz beruht,
- bei der Gewährleistung der Mangel bereits bei der Übergabe vorhanden sein musste.

Die Garantierechte des Käufers stehen also selbstständig neben den gesetzlichen Gewährleistungsrechten.

DEFINITION

Unter **Garantie** versteht man das freiwillige Versprechen eines Unternehmens, dass während einer bestimmten Zeitdauer ab Übergabe der Ware keine Mängel auftreten und der Unternehmer für die Mängelfreiheit einsteht. Zumeist übernimmt diese Haftung der Hersteller.

Unternehmen sind nicht gesetzlich verpflichtet, eine Garantie zu übernehmen. Sie bedarf daher der ausdrücklichen vertraglichen Vereinbarung, in der Inhalt und Umfang sowie die Garantiefrist bestimmt werden sollten.

Die Garantieübernahme von Herstellern erfolgt oft über Garantiekarten, die der Hersteller seinen Erzeugnissen beilegt. Darin werden dem Endverbraucher Rechte zumeist auf Nachbesserung oder Ersatzlieferung eingeräumt. Da diese Rechte eine freiwillige und zusätzliche Leistung des Herstellers sind, kann er sie nach seinen Vorstellungen inhaltlich ausgestalten. Es kommt ein Garantievertrag direkt zwischen dem Endkunden und dem Hersteller zustande.

BEISPIEL

Susanne Eilers kauft bei der Kaufstadt Warenhaus AG einen Geschirrspüler des Herstellers Dosch, dem eine Garantiekarte des Herstellerwerks beigefügt ist. Diese weist eine Garantiefrist von 48 Monaten nach Kauf aus.

Wenn beispielsweise nach drei Jahren der Geschirrspüler defekt würde, müsste der Hersteller Dosch je nach eingegangener Verpflichtung auf der Garantiekarte entweder eine Reparatur vornehmen oder Susanne Eilers ein neues Gerät zur Verfügung stellen.

Gesetzliche Gewährleistung

DEFINITION

Durch die **Gewährleistung** haftet der Unternehmer aufgrund gesetzlicher Vorschriften dafür, dass die Ware zum Zeitpunkt der Übergabe die zugesicherten Eigenschaften besitzt und mangelfrei ist.

Das deutsche Recht legt fest, dass ein Verkäufer dem Käufer seine Sache grundsätzlich fehlerfrei übergeben und ihm daran das Eigentum verschaffen muss. Bestimmte Rechte, die ein Kunde aufgrund gesetzlicher Wege im Rahmen der Schlechtleistung in Anspruch nehmen kann, hängen ab von der Art des Mangels. Der Käufer muss also zunächst feststellen, um welche Fehlerart es sich handelt, um reklamieren zu können.

Mängelarten		
Mängelarten im Hinblick auf die Erkennbarkeit		
Art	**Beschreibung**	**BEISPIELE**
offene Mängel	Beim Übergang der Ware ist für den Käufer deutlich erkennbar, dass die Ware einen Mangel hat.	Bei einem angelieferten Büroschrank ist die Oberfläche stark verkratzt.
versteckte Mängel	Diese Mangelart liegt vor, wenn trotz einer gewissenhaften Überprüfung der Ware der Mangel zunächst nicht erkennbar ist.	Bei einem Computer funktioniert ein Teil des Hauptspeichers nicht.
arglistig verschwiegene Mängel	Bei allen arglistig verschwiegenen Mängeln verheimlicht der Verkäufer dem Käufer einen versteckten Mangel absichtlich.	Die Hoffmann KG kauft eine größere Menge Wollpullover. Der Verkäufer verschweigt dabei, dass die Pullover durch einen Wasserschaden in seinem Lager nass geworden sind.
Sachmängel		
Mangel in der Beschaffenheit	Ein Mangel in der Beschaffenheit liegt vor, wenn die Ware fehlerhaft ist. Die Ware ist ganz oder teilweise beschädigt. Sie entspricht also nicht der vertraglich vereinbarten Beschaffenheit.	Ein der Hoffman KG gelieferter Schreibtisch hat eine zerkratzte Arbeitsfläche.
Mangel in der Güte	Die Ware ist zwar einwandfrei, erfüllt jedoch nicht vertraglich zugesicherte Eigenschaften.	Ein Monitor funktioniert einwandfrei. Die Bildwiederholfrequenz ist jedoch erheblich geringer als vertraglich zugesichert.
falsche Werbeaussagen	Ein Mangel liegt auch vor, wenn Eigenschaften der Ware nach öffentlichen Äußerungen des Verkäufers nicht vorhanden sind.	Ein Drucker soll nach Aussagen des Herstellers in Werbeanzeigen 60 Seiten pro Minute drucken können. Tatsächlich schafft er aber nur 20 Seiten in der Zeit.
Montagefehler	Wird etwas unsachgemäß durch den Verkäufer montiert, liegt ein Montagefehler vor	Ein Möbelhaus liefert die neue Teeküche für die Hoffmann KG und baut diese auf. Zwei Türen eines Schranks lassen sich anschließend nicht öffnen.
mangelhafte Montageanleitung	Fehlt eine Montageanleitung oder hat diese Fehler, so dass es zu einer falschen Montage durch den Käufer kommt, gilt dies auch als – scherzhaft häufig Ikea-Klausel genannter – Sachmangel.	• Uwe Otte kauft einen hoch technisierten DVD-Player mit japanischer Bedienungsanleitung, die nicht zu verstehen ist. Er kann daher das Gerät nicht bedienen. Es ist damit mangelhaft. • Klaus Peter Marx kauft in der Möbelabteilung von Kaufstadt ein Regal, das aufgrund unverständlicher Montageanleitung nicht aufzubauen ist. Er kann sich auf einen Mangel des Regals berufen. • Michael Hoffmann hat eine kleine Anrichte gekauft. Am Paket steht groß und deutlich: „Problemloser Aufbau! Auspacken und Zusammenbau in fünf Minuten!" Da Michael Hoffmann wegen der fehlenden Bedienungsanleitung falsche Teile zusammengeschraubt hat, tritt an diesen ein Schaden auf.
Mangel in der Art	Bei diesem Mangel wird eine andere Ware als bestellt geliefert.	Statt des Druckers HAPE t400 wird ein einwandfreies Gerät HAPE t200 geliefert.
Mangel in der Menge	Hier liegt eine nicht vollständige Warenlieferung vor.	Die Hoffmann KG hat 1000 Packungen Kopierpapier bestellt. Geliefert werden aber nur 500 Stück.

Rechtsmangel	
Ein Rechtsmangel liegt vor, wenn Dritte im Hinblick auf die Ware Rechtsansprüche stellen können, ohne dass dies beim Kauf vereinbart wurde.	• Ein Verkäufer ist nicht Eigentümer der Ware. • Eine Ware ist zur Absicherung eines Kredits mit einem Pfandrecht belastet.

Pflichten des Käufers

Der Käufer einer Ware ist verpflichtet, zunächst die Ware zu prüfen und dann bei Vorliegen von Mängeln dies dem Verkäufer mitzuteilen. Versäumt der Käufer, einer dieser beiden Pflichten nachzukommen, kann er Rechtsansprüche gegenüber dem Verkäufer verlieren.

Mängelrüge

Wird also ein Mangel entdeckt, muss der Käufer dies beim Verkäufer reklamieren. Diese Mitteilung heißt Mängelrüge. Dabei muss der entsprechende Mangel sehr genau beschrieben werden. Die Mängelrüge ist grundsätzlich formfrei. Aus Beweissicherungsgründen sollte man diese jedoch in Schriftform an den Verkäufer senden.

Hoffmann KG
seit 1949

Hoffmann KG | Goseriede 41 | 30159 Hannover

Bernhard Müller OHG
Im Weiher 1
69121 Heidelberg

Hoffmann KG | Goseriede 41 | 30159 Hannover
Telefon | 0551 4155-0
Telefax | 0551 4155-10
Internet | www.hoffmann-kg-wvd.de
E-Mail | info@hoffmann-kg-wvd.de

Ihr Zeichen, Ihre Nachricht vom	Unser Zeichen, unsere Nachricht vom	Telefon, Name	Datum
Vk-we ..-03-11	ek-ja ..-02-01	0511 4155-42 Petra Janssen	..-03-13

Mangelhafte Lieferung: Unsere Bestellung 2398 vom 1. Februar d. J.

Sehr geehrte Damen und Herren,

wir haben Ihre Lieferung fristgerecht am 12. März erhalten.

Bei der unverzüglichen Überprüfung der Sendung stellten wir allerdings folgenden Mangel fest:

Statt der bestellten 500 Jeans mit der Bestellnummer 768543 haben Sie uns nur 300 Stück geliefert.

Zur Behebung dieses Mangels bitten wir Sie, die fehlenden Artikel umgehend frachtfrei nachzuliefern.

Trotz dieser mangelhaften Lieferung hoffen wir auch zukünftig auf gute Zusammenarbeit.

Mit freundlichem Gruß

Hoffmann KG

Petra Janssen

Petra Janssen

Reklamationsfristen

Zu beachten ist, dass eine Mängelrüge innerhalb bestimmter Fristen – den sogenannten Rügefristen – bei dem Verkäufer eingegangen sein muss. Diese Fristen unterscheiden sich abhängig von der Art des Verkaufs.

<table>
<tr><th></th><th colspan="3">Reklamationsfristen</th></tr>
<tr><th></th><th>offene Mängel</th><th>versteckte Mängel</th><th>arglistig verschwiegene Mängel</th></tr>
<tr><td rowspan="2">zweiseitiger Handelskauf</td><td>unverzüglich</td><td colspan="2">unverzüglich nach Entdeckung</td></tr>
<tr><td></td><td>spätestens innerhalb der Gewährleistungspflicht von zwei Jahren</td><td rowspan="3">innerhalb von drei Jahren</td></tr>
<tr><td>einseitiger Handelskauf</td><td colspan="2" rowspan="2">innerhalb der Gewährleistungspflicht von zwei Jahren</td></tr>
<tr><td>bürgerlicher Kauf</td></tr>
</table>

Bei einem **zweiseitigen Handelskauf** verkauft ein Unternehmer (z. B. ein Industrieunternehmen) einem anderen Unternehmen (z. B. einem Großhandelsunternehmen) eine Ware. Gibt es einen offenen Mangel, so muss unverzüglich gemahnt werden. Ist der Mangel versteckt, hat die Reklamation innerhalb von zwei Jahren zu erfolgen, jedoch unverzüglich nach Entdeckung in diesem Zeitraum. Bei arglistig verschwiegenen Mängeln gilt eine Reklamationsfrist von drei Jahren.

Bei einem **einseitigen Handelskauf** verkauft ein Kaufmann (z. B. ein Einzelhandelsunternehmen) einem Privatmann eine Ware. Für feste Sachen (z. B. Grundstücke) oder bewegliche Sachen (dann spricht man vom Verbrauchsgüterkauf) gilt zunächst einmal für offene und versteckte Mängel eine zweijährige Rügefrist. Für arglistig verschwiegene Mängel beträgt die Rügefrist drei Jahre.

Zum Schutz des Verbrauchers gelten im Rahmen des **Verbrauchsgüterkaufs** zwei Besonderheiten:

- Tritt in den ersten sechs Monaten nach Kauf der Ware ein Mangel auf, geht man davon aus, dass er schon bei Lieferung bestand und somit vom Verkäufer verschuldet wurde. Im Streitfall muss der Verkäufer nachweisen, dass die Ware zum Zeitpunkt des Verkaufs mangelfrei war. Erst nach Ablauf der sechs Monate findet eine **Beweislastumkehr** statt. Nun muss der Käufer beweisen, dass der Mangel nicht von ihm verursacht wurde.
- Zudem dürften hier Bestimmungen der Allgemeinen Geschäftsbedingungen nicht zulasten des Verbrauchers verändert werden. Lediglich bei gebrauchten Sachen darf eine Verkürzung der Reklamationsfrist auf ein Jahr erfolgen.

Der **bürgerliche Kauf** ist ein Kauf unter Privatleuten. Auch hier gilt die Reklamationsfrist von zwei Jahren. Gewährleistungsansprüche können aber beim bürgerlichen Kauf vertraglich ausgeschlossen werden.

Beim zweiseitigen Handelskauf muss ein Käufer noch die Problematik der Aufbewahrung der mangelhaften Ware beachten.

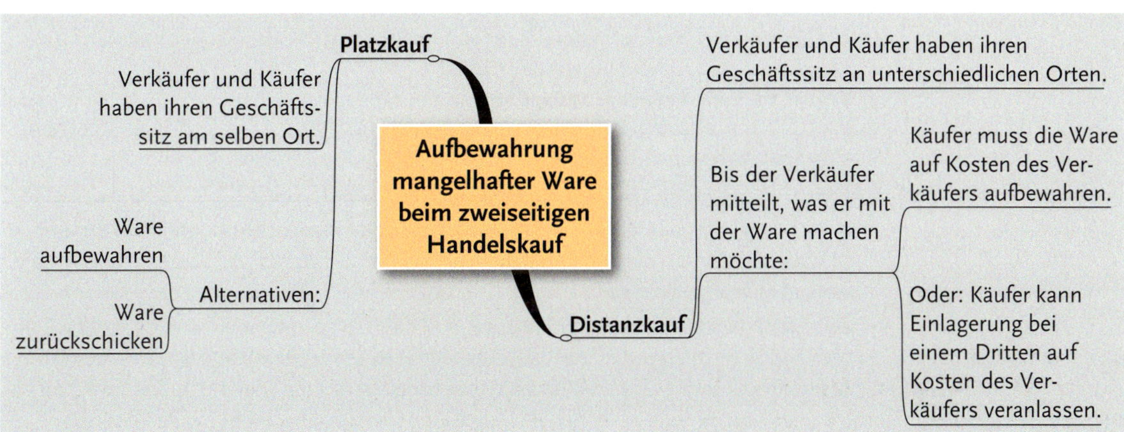

Rechte des Käufers

Zunächst einmal hat der Käufer einen **Nacherfüllungsanspruch,** den er geltend machen muss, bevor er auf die anderen Gewährleistungsrechte zurückgreifen kann. Die Nacherfüllung kann grundsätzlich nach freier Wahl des Käufers

- entweder in der Beseitigung des Mangels (Nachbesserung)
- oder in Neulieferung einer mangelfreien Sache

bestehen.

Diese Ersatzlieferung kann der Verkäufer allerdings zurückweisen, wenn

- dies mit unverhältnismäßig hohen Kosten verbunden ist,
- die Neulieferung unmöglich ist (z. B. bei einem Unikat) oder
- für den Verkäufer unzumutbar ist.

BEISPIELE

- In der Uhrenabteilung von Kaufstadt wird eine neue Uhr verkauft, die in der Folgezeit nicht funktioniert. Der Käufer kann wählen, ob er sich eine neue Uhr geben lässt oder die mangelhafte reparieren lässt.
- Sabine Wiegand bestellt bei einem Autohaus einen Neuwagen. Bei der Auslieferung stellt sich heraus, dass die Benzinpumpe nicht richtig eingestellt ist. In Anbetracht der Geringfügigkeit dieses Mangels wäre es wohl für den Verkäufer unzumutbar, von ihm die Neulieferung eines Wagens zu verlangen. Hier besteht nur Anspruch auf Nachbesserung.

Für die Nacherfüllung muss der Käufer dem Verkäufer zunächst eine angemessene Frist setzen. Eine Nachfristsetzung ist allerdings nicht notwendig, wenn

- zwei Nacherfüllungsversuche fehlgeschlagen sind,
- die Nacherfüllung für den Käufer beziehungsweise Verkäufer unzumutbar ist,
- der Verkäufer die Nacherfüllung verweigert,
- der Mangel nicht behebbar ist.

Erst wenn die Nacherfüllung gescheitert ist, weil sie beispielsweise unmöglich oder unverhältnismäßig ist oder weil die dem Verkäufer zur Nacherfüllung gesetzte Frist erfolglos abgelaufen ist, kann der Käufer die anderen Gewährleistungsansprüche geltend machen, also vom Vertrag zurücktreten, den Kaufpreis herabsetzen (Minderung) oder Schadensersatz verlangen.

Rechte der Käufer bei mangelhafter Lieferung und ihre Voraussetzungen	
Rücktritt vom Vertrag	1. Ein Sach- oder Rechtsmangel liegt vor. 2. Es darf **kein unerheblicher Mangel** sein. 3. Eine angemessene Frist zur Nacherfüllung muss erfolglos abgelaufen beziehungsweise entbehrlich sein.
Minderung (Herabsetzung des Kaufpreises)	1. Ein Sach- oder Rechtsmangel liegt vor. 2. Dieses Recht kann **auch bei unerheblichen Mängeln** (anders als beim Rücktritt!) in Anspruch genommen werden. 3. Eine angemessene Frist zur Nacherfüllung muss erfolglos abgelaufen beziehungsweise entbehrlich sein.
Schadensersatz	1. Ein Sach- oder Rechtsmangel liegt vor. 2. Ein Verschulden des Verkäufers muss vorliegen (Im Streitfall trägt der Verkäufer die Beweislast, dass er kein Verschulden hat). 3. Es darf **kein unerheblicher Mangel** sein. 4. Eine angemessene Frist zur Nacherfüllung muss erfolglos abgelaufen beziehungsweise entbehrlich sein. Unterschieden werden zwei Arten des Schadensersatzes: • Beim **Schadensersatz neben der Leistung** behält der Käufer die mit Mängeln versehene Ware. Der Anspruch auf zusätzlichen Schadensersatz soll die Kosten ersetzen, die Mängel beseitigen können. • Beim **Schadensersatz statt der Leistung** verzichtet der Käufer auf die Ware und gibt sie zurück (Rücktritt vom Kaufvertrag). Abgedeckt wird der Schaden, der durch die nicht zustande gekommene Warenlieferung entstanden ist.

3560 256

Einschränkung von Gewährleistungsfristen

Beim Verbrauchsgüterkauf im Rahmen des einseitigen Handelskaufs darf – wie oben schon dargestellt – bei neuen Sachen die Gewährleistungsfrist nicht verkürzt werden. Bei gebrauchten Sachen ist eine Verkürzung auf ein Jahr möglich.

Etwas anders sieht es beim zweiseitigen Handelskauf aus: Hier ist eine komplette Streichung der Gewährleistungspflicht für Mängelansprüche möglich. Voraussetzung dafür ist, dass es sich um eine eindeutige individuelle Absprache zwischen Lieferant und Käufer handelt. Die Mängel dürfen zudem vom Verkäufer nicht arglistig verschwiegen worden sein.

Verwendet der Lieferant Allgemeine Geschäftsbedingungen, kann bei der Lieferung neuer Waren eine kürzere Frist als die normale Gewährleistungsfrist vereinbart werden. Möglich ist hier allerdings eine Begrenzung des Gewährleistungsanspruchs auf mindestens ein Jahr.

Unternehmerrückgriff

Wenn ein Unternehmen als letzter Verkäufer eine gelieferte Ware wegen eines Mangels vom Endkunden wieder zurücknehmen oder den Kaufpreis mindern muss, kann er die gleichen Rechte gegenüber seinem Lieferanten geltend machen.

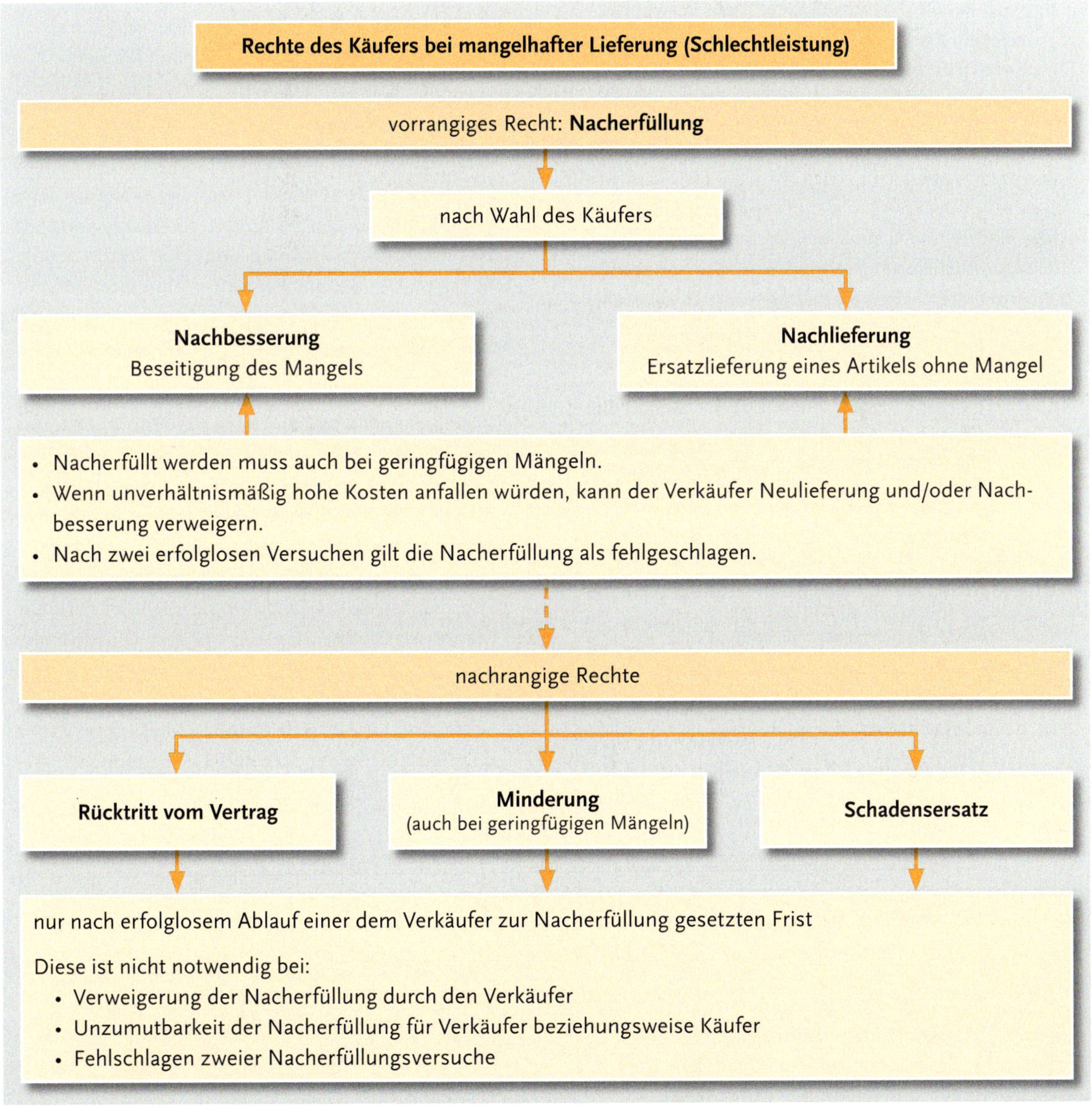

AUFGABEN

1. Nennen Sie Umtauschgründe.
2. Wodurch unterscheidet sich ein Umtausch von der Neulieferung im Rahmen der gesetzlichen Gewährleistung?
3. Wodurch unterscheidet sich die Garantie von der gesetzlichen Gewährleistung?
4. Stellen Sie für die folgenden Fälle die Mängelarten fest:
   a) Die Hoffmann KG kauft ein Kaffeeservice. Bei zwei Tassen sind die Henkel abgebrochen.
   b) Die Hoffmann KG liefert an einen Einzelhändler schwarze statt blaue Jeans.
   c) Aufgrund fehlerhafter Nähte können Sportschuhe nach kurzer Einsatzzeit nicht mehr verwendet werden. Dies reklamieren mehrere Einzelhandelsunternehmen.
   d) Ein italienischer Pullover hat einen Webfehler.
   e) Die Nichte von Herrn Hoffmann kauft einen Fernseher. Es stellt sich heraus, dass ein Pfandsiegel auf der Rückseite entfernt wurde.
5. Die Hoffmann KG kauft bei einem Händler einen Lkw für Auslieferungsfahrten. Vier Wochen später – beim ersten kalten Herbsttag – wird festgestellt, dass die Heizung nicht funktioniert. Beurteilen Sie die Situation.
6. Carolin Saager kauft bei einem Sportartikelhändler ein japanisches Laufband. Der Aufbau (fünf Monate später, weil Carolin Saager sich zwischenzeitlich eine Verletzung zugezogen hatte und das Gerät daher nicht benötigte) misslingt, da sie die japanischen Schriftzeichen in einer dem Paket beiliegenden Broschüre nicht entziffern kann. Beurteilen Sie die Situation.
7. Wie lang ist die gesetzliche Gewährleistung
   a) bei neuen Sachen,
   b) bei gebrauchten Sachen?
8. Erläutern Sie den Begriff der Beweislastumkehr.
9. Wann ist eine Ware mangelhaft?
10. Welche Rechte hat der Käufer, wenn die Nacherfüllung gescheitert ist?
11. Welche Voraussetzungen müssen gegeben sein, damit die Käufer ihre Rechte bei der mangelhaften Lieferung in Anspruch nehmen können?
12. In der Warenannahme wird festgestellt, dass bei einer Lieferung von 200 Herrenhemden bei 24 Hemden jeweils ein Knopf fehlt. Verkäufer war die Grotex GmbH. Dominik Schlote wird beauftragt, diesen Fall von Schlechtleistung weiter zu bearbeiten.
    a) Zunächst einmal muss er feststellen, um was für einen Fehler es sich handelt. Welche Mängelart liegt vor?
    b) Wie muss Dominik Schlote weiter vorgehen?
    c) Welches Recht wird die Hoffmann KG wahrscheinlich wahrnehmen?
13. Die Hoffmann KG kauft bei der Bürobedarfs-Spezialisten-GmbH fünf neue Computersysteme. Nach der Inbetriebnahme zeigt sich, dass vier Monitore defekt sind. Carolin Saager reklamiert im Auftrag von Herrn Hoffmann telefonisch und setzt eine Nachfrist von 14 Tagen. Der Gesprächspartner lehnt dies jedoch empört ab mit der Begründung: „Unser Experte ist seit gestern für vier Wochen im Urlaub." Kann die Hoffmann KG daraufhin vom Vertrag zurücktreten?
14. Auch bei einer weiteren Lieferung der Bürobedarfs-Spezialisten-GmbH gibt es Probleme. Vor sechs Wochen wurden drei Schreibtische zum Selbstaufbau geliefert. Die Lieferung war weitgehend in Ordnung, es fehlten lediglich fünf Schrauben. Der Verkäufer wurde sofort – mit einer Nachfristsetzung – darüber informiert. Nach 14 Tagen wurde per Brief noch einmal zur Nachbesserung aufgefordert. Die fehlenden Schrauben wurden aber immer noch nicht geliefert. Herr Hoffmann lässt Dominik Schlote die fehlenden Schrauben für 3,20 € im Baumarkt besorgen. Es wird mit dem Aufbau der Schreibtische begonnen. Welches Recht kann die Hoffmann KG in Anspruch nehmen?

AKTIONEN

1. Bereiten Sie Rollenspiele mit einem Partner vor: Ein Kunde reklamiert, dass ein Artikel Ihres Ausbildungssortiments einen Fehler aufweist. Beachten Sie in den jeweiligen Fällen die korrekte rechtliche Argumentation.
2. Bilden Sie in Ihrer Klasse verschiedene Arbeitsgruppen. Jede der Arbeitsgruppen ist für einen der Bereiche
   - Umtausch
   - mangelhafte Lieferung
   - Garantie

   zuständig.

a) Arbeiten Sie sich mithilfe des Buchs in Ihr Thema ein.
b) Bereiten Sie sich darauf vor, Ihr Thema der Klasse zu präsentieren.
c) Erstellen Sie eine Wandzeitung/eine Folie unter Beachtung der Regeln der Visualisierung zur Unterstützung Ihrer Präsentation.

3. Erstellen Sie eine Tabelle, die für die unten stehenden Situationen die folgenden Fragen beantwortet:
   - Welche Art Kaufvertrag liegt vor?
   - Welche Mängelart liegt vor?
   - Welche Reklamationsfristen muss der Käufer einhalten?
   - Welche Rechte kann er geltend machen?

   a) Fall 1: Die Hoffmann KG bekommt statt der bestellten Farblaserdrucker Schwarz-Weiß-Laser-Drucker geliefert.
   b) Fall 2: Die Hoffmann KG bekommt statt der bestellten 100 Pakete Kopierpapier nur 60.
   c) Fall 3: Herr Hoffmann hat in einem Möbelhaus ein Küchenschrankset gekauft, das er selbst zusammenbauen muss. Beiliegende Hinweise sind nur auf Schwedisch. Der Aufbau misslingt.
   d) Fall 4: Das Privatauto von Herrn Hoffmann verbraucht dreimal soviel Benzin wie in der Werbung versprochen.
   e) Fall 5: Sabine Wiegand verkauft an Herrn Hoffmann eine alte, von ihrer Großmutter geerbte Halskette. Diese schenkt er seiner Frau. Frau Hoffmann bemerkt, dass sich der Verschluss nicht richtig schließen und öffnen lässt.

4. Entwerfen Sie für Fall 2 aus der Aktion 3 eine Mängelrüge.

5. Die in diesem Kapitel vorgestellten Regelungen zur mangelhaften Lieferung basieren auf den rechtlichen Grundsätzen des BGB (Bürgerliches Gesetzbuch). In manchen Zweifelsfällen ist es ratsam, immer auch den jeweiligen Gesetzestext zu untersuchen. Deshalb soll in dieser Aktion die Arbeit mit Gesetzestexten geübt werden.
   - Gehen Sie zur Internetadresse http://bundesrecht.juris.de/aktuell.html
   - Suchen Sie unter der dort angegebenen Sortierung unter dem Buchstaben B das BGB (Bürgerliche Gesetzbuch).
   - Beantworten Sie die folgenden Fragen mithilfe der angegebenen Paragrafen des BGB.

   a) Erläutern Sie die vorrangigen Rechte, die der Käufer im Falle eines Sachmangels geltend machen kann.
   → § 439 (1) BGB
   b) Wann kann neben den vorrangigen Rechten auch Schadensersatz neben der Leistung geltend gemacht werden?
   → § 280 (1) BGB
   c) Wann kann der Verkäufer die Nacherfüllung verweigern?
   → § 439 (3) BGB
   d) Geben Sie an, wann die Nacherfüllung gescheitert ist.
   → § 440 BGB
   e) Führen Sie die nachrangigen Rechte auf, die der Käufer bei Mängeln geltend machen kann.
   → §§ 281 (1), 323 (2) und 284 BGB

ZUSAMMENFASSUNG

Verkäufer ← Kaufvertrag → Käufer

→ Pflicht für den Verkäufer, die Ware mangelfrei zu liefern

wird verletzt

↓

gesetzliche Gewährleistungen

= Unternehmer haftet aufgrund gesetzlicher Vorschriften dafür, dass die Ware zum Zeitpunkt der Übergabe die zugesicherten Eigenschaften besitzt und mangelfrei ist

Mängelarten

nach Erkennbarkeit
- offener Mangel
- versteckter Mangel
- arglistig verschwiegener Mangel

Rechtsmangel
- Ware gehört nicht dem Verkäufer
- Ware ist mit Rechten Dritter belastet

Sachmangel
- Mangel in der Beschaffenheit
- Mangel in der Güte
- Mangel in der Menge (Zuweniglieferung)
- Mangel in der Art (Falschlieferung)
- Mangel aufgrund falscher Werbeaussagen
- mangelhafte Montageanleitung
- Montagefehler

Pflichten des Käufers

= müssen erfüllt werden, um keine Reklamationsrechte zu verlieren

- Ein festgestellter Mangel muss dem Verkäufer mit einer **Mängelrüge** mitgeteilt werden.
- Der Käufer muss bestimmte **Rügefristen** einhalten.

einseitiger Handelskauf
- keine unverzügliche Prüfung der Ware nötig
- Rügefrist für offene und versteckte Mängel bei neuen Sachen: zwei Jahre
- Verbrauchsgüterkauf: Beweislastumkehr nach sechs Monaten

zweiseitiger Handelskauf
- offene Mängel: unverzüglich
- versteckte Mängel: unverzüglich nach Entdeckung, innerhalb von zwei Jahren

bürgerlicher Kauf
- Rügefrist: zwei Jahre
- Gewährleistungsansprüche können aber vertraglich ausgeschlossen werden

Rechte des Käufers

vorrangiges Recht: Nacherfüllung

grundsätzliches Wahlrecht des Käufers zwischen

Nachbesserung

Nachlieferung

nachrangige Rechte, wenn
- Nacherfüllungsfrist erfolglos abgelaufen
- Nacherfüllung zweimal fehlgeschlagen
- Verkäufer Nacherfüllung verweigert
- Mangel nicht behebbar

Rücktritt vom Kaufvertrag

Kaufpreisminderung

Schadensersatz

7.10 Wir handeln bei einer nicht rechtzeitigen Warenlieferung

Einstieg

Die Hoffmann KG bestellte am 21. Juli des Jahres 1000 Anzüge bei der Vödisch AG, Neue Str. 17, 30457 Hannover. Im Angebot war verbindliche „Lieferung bis Ende August" zugesagt worden. Dies wird noch einmal in der Auftragsbestätigung vom 24. Juli bestätigt.

Am 15. September hat die Vödisch AG immer noch nicht geliefert. Ein Mitarbeiter hat dort nach Abschicken der Auftragsbestätigung die Bestellung verlegt. Zwischenzeitlich hat der Hersteller andere Aufträge angenommen. Die Hoffmann KG selber hat mittlerweile eine Bestellung der Ambiente Warenhaus AG über 1000 Anzüge vorliegen.

1. Stellen Sie fest, ob eine Nicht-Rechtzeitig-Lieferung vorliegt.
2. Beurteilen Sie die rechtlichen Möglichkeiten der Hoffmann KG.

INFORMATIONEN

Eine selbstverständliche Pflicht des Verkäufers ist die rechtzeitige, also termingerechte Lieferung der vereinbarten Ware. Wenn ein Lieferant seinen Kunden eine Ware aber gar nicht oder verspätet liefert, dann liegt eine sogenannte **Nicht-Rechtzeitig-Lieferung** vor. Früher wurde diese Kaufvertragsstörung auch Lieferungsverzug genannt.

Voraussetzungen

Um überhaupt Rechte in Anspruch nehmen zu können, muss geprüft werden, ob tatsächlich eine Nicht-Rechtzeitig-Lieferung vorliegt. Für diesen Fall müssen nämlich bestimmte Voraussetzungen gegeben sein.

Fälligkeit der Lieferung

Erste Voraussetzung für die Nicht-Rechtzeitig-Lieferung ist die Fälligkeit der Lieferung: Der Zeitpunkt der Lieferung muss tatsächlich gekommen sein. Dies ist unproblematisch, wenn der Lieferzeitpunkt kalendermäßig genau bestimmt oder bestimmbar ist. Ist dies jedoch nicht der Fall, muss der Lieferant durch eine Mahnung in Verzug gesetzt werden. Die Nicht-Rechtzeitig-Lieferung gilt dann ab Zugang der Mahnung. Die Mahnung ist formfrei. Aus Beweissicherungsgründen sollte sie jedoch schriftlich sein und ihre Zustellung bewiesen werden können.

Liefertermin kalendermäßig nicht bestimmt bzw. nicht bestimmbar	**Liefertermin kalendermäßig bestimmt bzw. bestimmbar**
Eine Mahnung ist beispielsweise bei den folgenden Formulierungen erforderlich.	Keine Mahnung ist beispielsweise bei den folgenden Formulierungen erforderlich.
• Lieferung acht Wochen nach Bestellung • Lieferung sofort • Lieferung bald • Lieferung demnächst • Lieferung ab dem 1.6.20.. • Lieferung 30 Tage nach Rechnungserhalt	• Lieferung bis zum 28.2.20.. • Lieferung bis Ende März • Lieferung in der 20. Kalenderwoche • Lieferung 30 Tage nach Bestelldatum

Die Mahnung selber sollte eindeutig darauf hinweisen, dass sich der Lieferant in Verzug befindet. Abhängig davon, welche Rechte der Käufer in Anspruch nehmen möchte, sollte die Mahnung zudem

- entweder zur Lieferung auffordern oder
- eine Nachfrist setzen und die Inanspruchnahme weiterer Rechte androhen.

Neben der Nicht-Rechtzeitig-Lieferung bei kalendermäßig genau bestimmbaren Terminen muss in drei weiteren Fällen nicht gemahnt werden:

- **bei Verweigerung der Leistung**
  Dadurch setzt sich der Verkäufer selber in Verzug.

- **beim Fixkauf**
  Dies ist eine Kaufvertragsart, deren wichtigster Vertragsbestandteil ist, dass der Verkäufer an einem ganz bestimmten, vereinbarten Termin (also weder vorher noch nachher) liefern muss.

  BEISPIEL

  Wenn die Hoffmann KG mit der Vödisch AG eine „ Lieferung am 30. August fix" vereinbart, dann ist die entscheidende – von beiden Vertragsparteien anerkannte – Vertragsleistung die Lieferung genau am 30. August.

- **beim Zweckkauf**
  Hier ist beiden Vertragspartnern klar, dass eine spätere Lieferung für den Käufer keinen Sinn mehr macht.

  BEISPIEL

  verspätete Lieferung von Badeanzügen nach der Badesaison

Verschulden des Verkäufers

Eine weitere Voraussetzung des Lieferungsverzugs ist das Verschulden des Verkäufers. Dieses liegt vor, wenn er

- entweder mit Absicht die Ware nicht rechtzeitig liefert (Vorsatz)
- oder bei der Lieferung nicht mit der Sorgfalt handelt, die angebracht wäre (Fahrlässigkeit).

Handelt es sich um Gattungswaren, muss ein Verschulden des Lieferanten nicht nachgewiesen werden. Gattungswaren werden durch Gattungsmerkmale beschrieben und können ersetzt werden: Gattungswaren sind also vertretbare Sachen. Dem Empfänger genügt es, wenn er die bestellte Menge in einer bestimmten Qualität erhält. Der Gesetzgeber geht davon aus, dass der Lieferant diese Art von Waren noch woanders hätte beschaffen können.

BEISPIELE

- Jeans
- neue Autos
- Kartoffeln

Liegt höhere Gewalt vor, trifft den Verkäufer keine Schuld. In diesem Fall ist es dem Käufer jedoch möglich, vom Rücktrittsrecht Gebrauch zu machen.

Höhere Gewalt: Durch einen Streik der Lokführer im Güterverkehr bleiben die Züge mit den Containern im Überseehafen in Bremerhaven stehen.

Rechte des Käufers

Welche Rechte der Käufer in Anspruch nimmt, hängt davon ab, ob er weiterhin ein Interesse an der Lieferung hat.

Bestehen auf Lieferung

Der Käufer kann auf der Erfüllung des Kaufvertrags bestehen. Dies wird oft gemacht, z. B. wenn

- die Ware woanders überhaupt nicht zu kaufen ist,
- die Ware bei anderen Lieferanten nur mit noch größerem Zeitaufwand zu beschaffen ist,
- es sich um einen Stückkauf handelt. Hier liegt ein Kaufvertrag vor, der sich auf eine individuell bestimmte Sache bezieht.

BEISPIEL

Der Gebrauchtwagen von Rudolf Schmidt ist ein Einzelstück und somit eine nicht vertretbare Sache.

Ist ein Verzugsschaden beweisbar und ist zudem eine entsprechende Mahnung erfolgt, kann zusätzlich noch ein **Schadensersatz wegen verspäteter Lieferung** verlangt werden.

Rücktritt vom Vertrag

Kann der Käufer die benötigte Ware woanders preisgünstiger oder schneller beschaffen, hat er die Möglichkeit, vom Vertrag zurückzutreten und dies dem Lieferanten gegenüber mitzuteilen. Dies geht jedoch nur nach erfolglosem Ablauf einer Nachfrist.

Diese kann entfallen, wenn
- der Verkäufer die Lieferung endgültig verweigert,
- es sich um einen Zweckkauf oder Fixkauf handelt,
- in bestimmten Fällen besondere Umstände gelten.

BEISPIEL

Die Fahrradproduktionsabteilung der Hoffmann KG wartet am vereinbarten Termin vergeblich auf eine Just-in-Time-Lieferung eines Lieferanten.

Warten auf die Lieferung

Gleichzeitig zum Rücktritt kann der Käufer, dem ein Nichterfüllungsschaden entsteht, **Schadensersatz statt der Leistung** verlangen.

Hier kann auf eine Nachfristsetzung verzichtet werden, wenn

- der Lieferant endgültig die Lieferung ablehnt,
- besondere Umstände auftreten.

Bei den Schäden, die ersetzt werden müssen, können zwei Arten unterschieden werden:

- Bei **konkreten Schäden** kann deren Höhe genau berechnet werden.

BEISPIEL

Die Hoffmann KG kauft wegen einer ausgebliebenen Lieferung von Waren im Wert von 1.200,00 € identische Artikel bei einem anderen Lieferanten zu einem Preis von 1.500,00 €. Es fallen noch 100,00 € Kosten für Büromaterial, Schreibarbeiten und Telefonate an. Bei diesem Deckungskauf kann der Schaden konkret berechnet werden:

höherer Preis für die Waren des Deckungskaufs	1.500,00 €
– Preis für die Waren des Lieferungsverzugs	– 1.200,00 €
+ sonstige Kosten	+ 100,00 €
= Schadensersatzanspruch gegenüber dem nicht liefernden Verkäufer	= 400,00 €

- Bei **abstrakten Schäden** handelt es sich um Schätzgrößen für den Fall, dass keine Deckungskäufe vorgenommen werden. Dabei geht es in der Regel um den entgangenen Gewinn, der bei rechtzeitiger Lieferung mit großer Wahrscheinlichkeit hätte erzielt werden können.

Gerade bei der abstrakten Schadensberechnung gibt es oft Streitereien zwischen den beiden Vertragsparteien, die durch die Vereinbarung von Konventionalstrafen vermieden werden können. Unabhängig davon, wie hoch der tatsächlich entstandene Schaden ist, verpflichtet sich der Verkäufer zur Zahlung einer Geldsumme als Strafe für eine Nicht-Rechtzeitig-Lieferung.

Haftungsverschärfung

Während des Lieferungsverzugs gilt die sogenannte *Haftungsverschärfung:* Der Lieferant muss Schadensersatz leisten bei zufälligem Untergang der zu liefernden Sache während der Nicht-Rechtzeitig-Lieferung.

BEISPIEL

Bei der Emut GmbH, Hohler Weg 3, 34369 Hofgeismar ist eine Bestellung der Hoffmann KG verloren gegangen. Daraufhin mahnte die Hoffmann KG und setzte die Emut GmbH in Lieferungsverzug.

Die Emut GmbH produziert daraufhin die Artikel, verliert diese aber direkt vor der Auslieferung durch einen selbst verschuldeten Wasserschaden. Da der Schaden nicht passiert wäre, wenn vor dem Lieferungsverzug ordentlich geliefert worden wäre, haftet die Emut GmbH.

Die Haftungsverschärfung gilt nicht bei höherer Gewalt.

Unmöglichkeit der Lieferung

Die Nicht-Rechtzeitig-Lieferung wird als vorübergehende Leistungsstörung angesehen. Man geht dabei davon aus, dass der Lieferant zwar noch nicht geliefert hat, aber liefern könnte. Sollte sich nach Vertragsabschluss herausstellen, dass endgültig nicht geliefert werden kann, hat der Käufer keinen Anspruch auf eine Lieferung. Er kann jedoch Schadensersatz statt der Lieferung bekommen.

AUFGABEN

1. Was ist eine Nicht-Rechtzeitig-Lieferung?

2. Führen Sie die Voraussetzungen auf, die bei einer Nicht-Rechtzeitig-Lieferung vorliegen müssen.

3. In welchen Fällen kann auf eine Mahnung verzichtet werden?

4. Die Hoffmann KG hat mit verschiedenen Lieferanten Kaufverträge abgeschlossen. Deren Angebote enthielten die folgenden Formulierungen:
   a) Lieferung sofort
   b) Lieferung 60 Tage nach Rechnungserhalt
   c) Lieferung bis zum 1.10. diesen Jahres
   d) Lieferung in der 10. Kalenderwoche nächsten Jahres
   e) Lieferung ab 15.7.

   Entscheiden Sie, in welchen Fällen bei verspäteter Lieferung gemahnt werden muss.

5. In welchem Fall kommt ein Lieferant trotz Lieferfristüberschreitung eines kalendermäßig genau bestimmten Termins nicht in Lieferungsverzug?

6. Die Hoffmann KG kauft bei der Bernhard Müller OHG, Im Weiher 1, 69121 Heidelberg, 2000 Hosen. Vereinbart wurde eine „Lieferung ab der 12. Kalenderwoche". In der 14. Kalenderwoche ist immer noch kein Wareneingang zu verzeichnen.
   a) Ist die Bernhard Müller OHG bereits im Lieferungsverzug?
   b) Welche rechtlichen Möglichkeiten hat die Hoffmann KG?

7. Die Hoffmann KG hat bei der Kartonagenfabrik Andrea Lange GmbH & Co. KG, Brabeckstr. 48, 30539 Hannover, am 5. April Verpackungsmaterial bestellt. In der Auftragsbestätigung wurde noch einmal auf die Lieferbedingung „so schnell wie möglich" hingewiesen. Am 1. Juni ist die Ware immer noch nicht geliefert worden. Das Verpackungsmaterial wird dringend benötigt. Es kann leider nicht auf andere Anbieter ausgewichen werden.
   a) Sind die Voraussetzungen für eine Nicht-Rechtzeitig-Lieferung gegeben?
   b) Welche Rechte kann die Hoffmann KG in Anspruch nehmen?

8. Die Hoffmann KG bestellt aufgrund eines Angebots am 5. Juni bei einem Erftstädter Unternehmen 15 Regale. Als Lieferungstermin wird eine Lieferung am 19. Juni vereinbart. Der Termin wird vom Lieferanten bestätigt. Am 27. Juni ist noch keine Lieferung zu verzeichnen gewesen.
   Beurteilen Sie diesen Fall.

9. Wodurch unterscheiden sich konkrete und abstrakte Schäden im Rahmen der Nicht-Rechtzeitig-Lieferung?

10. Die Hoffmann KG wollte für 5.000,00 € Waren bei einem Göttinger Unternehmen kaufen, das jedoch nicht liefert. Stattdessen müssen die Artikel bei einer Hamburger Großhandlung für 6.200,00 € bestellt werden. Es fallen 400,00 € zusätzliche Kosten im Rahmen dieses Deckungskaufs an. Berechnen Sie den konkreten Schaden.

11. Die Hoffmann KG hat mit einem Lieferanten einen Kaufvertrag abgeschlossen, der die folgende Klausel enthält: „Erfolgt die Lieferung nicht bis zum 15. November, dann muss für jeden Tag der Verspätung eine Vertragsstrafe von 200,00 € an den Käufer gezahlt werden."
    a) Wie wird eine solche Vereinbarung genannt?
    b) Welchen Zweck hat eine solche Vereinbarung?

12. Erläutern Sie die Haftungsverschärfung.

AKTION

Die in diesem Kapitel vorgestellten Regelungen zur Nicht-Rechtzeitig-Lieferung basieren auf den rechtlichen Grundsätzen des BGB (Bürgerliches Gesetzbuch). In manchen Zweifelsfällen ist es ratsam, immer auch den jeweiligen Gesetzestext zu untersuchen. Deshalb soll in dieser Aktion die Arbeit mit Gesetzestexten geübt werden.

- Gehen Sie zur Internetadresse http://bundesrecht.juris.de/aktuell.html
- Suchen Sie unter der dort angegebenen Sortierung unter dem Buchstaben B das BGB (Bürgerliche Gesetzbuch).
- Beantworten Sie die folgenden Fragen mithilfe der angegebenen Paragrafen des BGB.

a) Was sind die Voraussetzungen für den Eintritt einer Nicht-Rechtzeitig-Lieferung?
➔ § 286(1) und 286(4) BGB

b) Wann wird von einem Verschulden des Verkäufers gesprochen?
➔ §§ 276 bis 278 BGB

c) Wann muss der Käufer keine Nachfrist setzen?
➔ § 281 BGB

d) Welche Rechte hat der Käufer bei einer Nicht-Rechtzeitig-Lieferung?
➔ § 281, §284, § 286 und § 323 BGB

ZUSAMMENFASSUNG

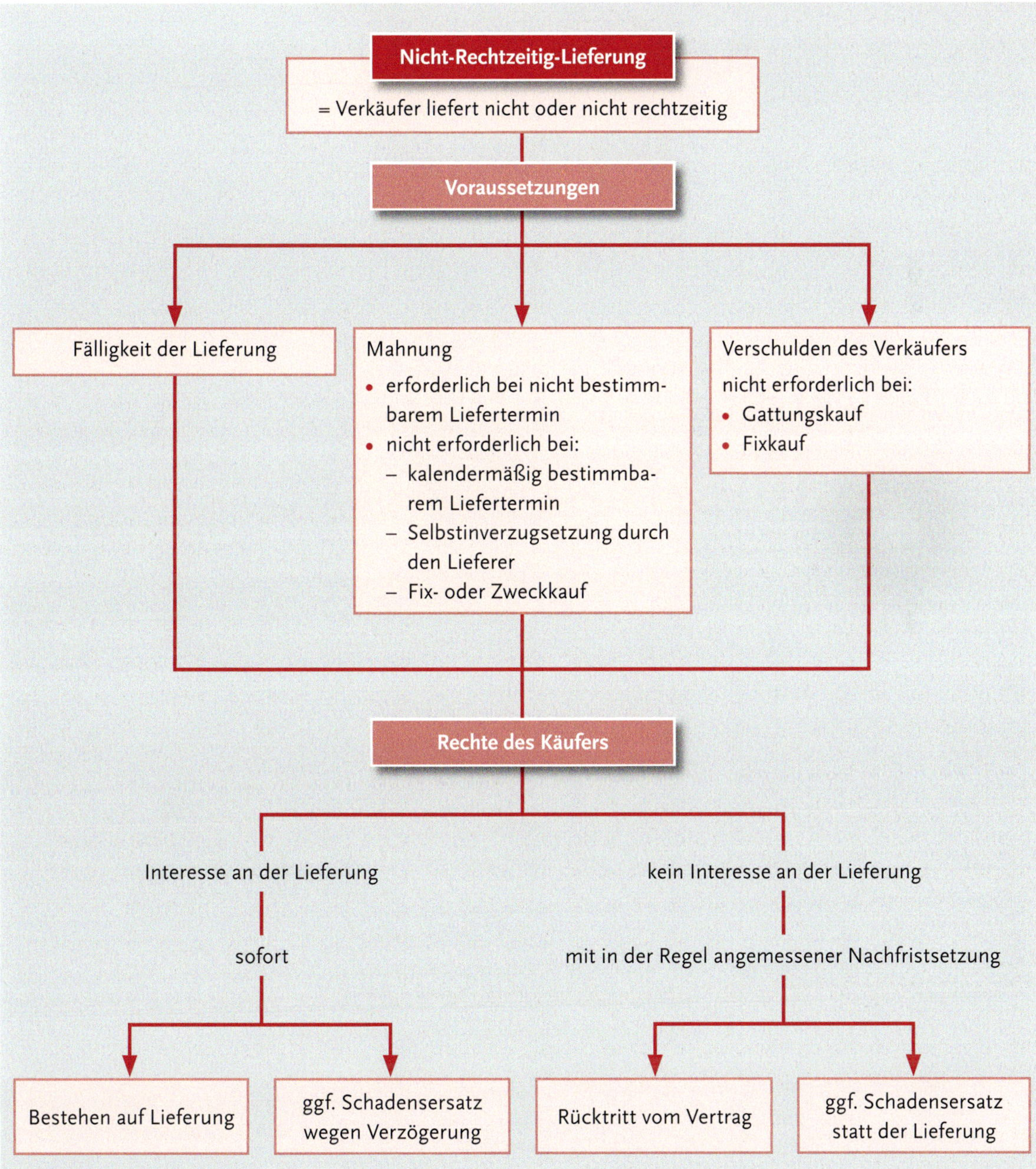

KAPITEL 8

Wir bearbeiten Zahlungen

GLÄUBIGER
FÄLLIGKEIT
FORDERUNGSMANAGEMENT
FACTORING
ABBUCHUNGSVERFAHREN
INKASSOINSTITUT
DAUERAUFTRAG
LIQUIDITÄT
INTERNATIONALER ZAHLUNGSVERK
PFANDSIEGEL
BONITÄT
ÜBERWEISUNG
SCHECK
DEBITOR
EINZUGSERMÄCHTIGUNG
ELECTRONIC CASH
WERTBRIEF
QUITTUNG
MAHNUNG
SAMMELÜBERWEISUNGSAUFTRAG
VOLLSTRECKUNGSTIT
BARGELDLOSER ZAHLUNGSVERKEHR
BARZAHLUNG

8 Wir bearbeiten Zahlungen

8.1 Wir bezahlen bar

Einstieg

Die Hoffmann KG hatte zwei Gärtner beauftragt, das Firmengelände mit Blumen zu verschönern. Die Gärtner wollten gern bar bezahlt werden.

Frau Duchnik:
„Das ist ja sehr schön geworden …“

Gärtner Müller:
„Ja, wir haben uns Mühe gegeben. So, dann kommen wir mal zur Bezahlung!“

Frau Duchnik:
„Bezahlung??? Wieso?? Ich habe doch heute Morgen Ihrem Kollegen den Geldbetrag übergeben!“

Gärtner Müller:
„Das glaube ich nicht.“

1. Stellen Sie fest, wie die Hoffmann KG die Zahlung nachweisen kann.
2. Führen Sie Nachteile der Barzahlung aus Sicht der Hoffmann KG auf.

INFORMATIONEN

DEFINITION

Bei der **Barzahlung** wechselt das Geld physisch den Besitzer: Übergeben werden Münzen beziehungsweise Banknoten. Weder der Schuldner noch der Gläubiger benutzen ein Konto.

Quittung

Bei jeder Form der Barzahlung ist es wichtig, dass die Übergabe des Bargelds später auch bewiesen werden kann. Daher muss die Übergabe von Bargeld durch Quittungen bestätigt werden.

Eine Quittung ist eine Empfangsbestätigung für den Erhalt einer Leistung, also in der Regel eines Geldbetrags. Mit der Quittung kann der Schuldner nachweisen, dass eine Forderung nicht mehr besteht. Der Gläubiger ist verpflichtet, die Quittung auszustellen.

Eine Quittung muss immer mindestens die folgenden Angaben enthalten:

- Name des Zahlers
- Zahlungsbetrag in Buchstaben und Ziffern
- Grund der Zahlung
- Ort und Tag der Ausstellung
- Empfangsbestätigung
- Unterschrift des Zahlungsempfängers

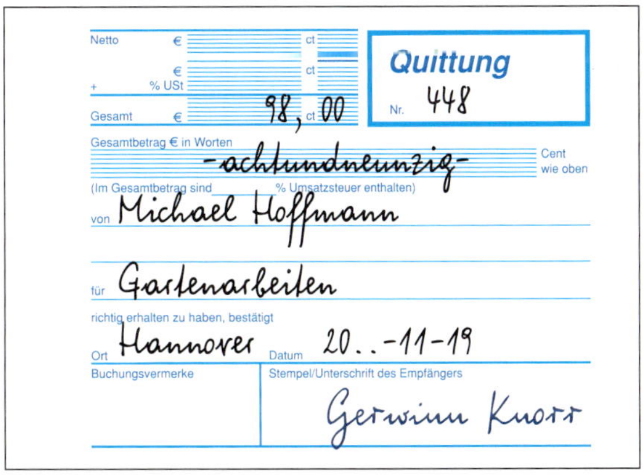

Netto € ct
+ % USt € ct
Gesamt € 98, ct 00
Quittung Nr. 448
Gesamtbetrag € in Worten -achtundneunzig- Cent wie oben
(Im Gesamtbetrag sind % Umsatzsteuer enthalten)
von Michael Hoffmann
für Gartenarbeiten
richtig erhalten zu haben, bestätigt
Ort Hannover Datum 20..-11-19
Buchungsvermerke
Stempel/Unterschrift des Empfängers Gerwinn Knorr

ausgefüllter Quittungsvordruck

Als Quittungen gelten:

- ausgefüllte Quittungsvordrucke
- eigenständig erstellte schriftliche Quittungen
- Kassenzettel
- Kassenbons
- auf Rechnungen angebrachte Quittungsvermerke

Bis zu einem Betrag von 150,00 € muss bei zweiseitigen Handelsgeschäften die Umsatzsteuer nicht ausgewiesen werden (Kleinbetragsrechnung).

Boutique Petra
Inh. Petra Maier
Nordendstr. 4
82357 München
Tel.: 089/123456

Artikel	Menge	Summe
012345 Leuchter Ciao	1	3,45
012345 Leuchter Ciao	1	3,45
033421 Kerzen	2	2,50
	Gesamt EURO	9,40
	Betrag, netto	7,90
	MWST 19%	1,50
	Bar	10,00
	Rückgeld	0,60

Vielen Dank für Ihren Besuch!
Umtausch nur mit Kassenbon
Es bediente Sie Frau Hafner
Datum 19.01.2007
Bon Nr.: 00000212304

Kassenbon

Annahmepflicht von Bargeld

In der Eurozone sind Banknoten gesetzliches Zahlungsmittel: Aufgrund gesetzlicher Bestimmung muss jeder dieses Geld annehmen, wenn damit finanzielle Verpflichtungen erfüllt werden sollen. Es kann jedoch per Vertrag oder AGBs vereinbart werden, dass

- eine Verbindlichkeit nicht mit Bargeld beglichen werden kann,
- die Annahme von Banknoten auf eine bestimmte Höhe beschränkt ist.

BEISPIEL

Ein Schild an einer Zapfsäule weist darauf hin, dass keine 500-Euro-Noten angenommen werden.

Für Münzen gilt die folgende Regelung: Niemand ist im Geltungsbereich des Euros verpflichtet, mehr als fünfzig Münzen in einer Zahlung anzunehmen. Mit dieser Regelung ist keine Wertangabe verbunden.

Arten der Barzahlung

Bei der **unmittelbaren** Barzahlung erfolgt die Zahlung von Hand zu Hand. Das Bargeld wird persönlich oder durch eine Boten übergeben. Bei der **mittelbaren** Barzahlung wird das Bargeld unter Einbeziehung der Post oder anderer Anbieter über größere räumliche Entfernungen weitergegeben. Hierbei werden allerdings immer relativ hohe Gebühren fällig.

Expressbrief

Mit einem DHL-Expressbrief der Deutschen Post kann Bargeld im Laufe des folgenden Tages dem Empfänger zugestellt werden. Gegen eine zusätzliche Gebühr ist auch eine Zustellung vor 9:00, 10:00 oder 12:00 Uhr möglich. Gehaftet wird im Regelfall bis 500,00 € bei Verlust oder Beschädigung. Es sind viele zusätzliche Services möglich, z. B. Eigenhändig oder Rückschein.

Bargeldtransfer mit Western Union

In allen Postbank Finanzcentern, in größeren Filialen der Post sowie bei weiteren Western Union-Vertriebspartnern (Travelex, diverse Sparkassen und Kreissparkassen, AGw in Hamburg sowie Schiller 5 in München, in letzter Zeit vermehrt auch Tankstellen, Kioske, Einzelhandelsunternehmen) kann Bargeld eingezahlt werden. Dazu muss ein Formular ausgefüllt werden. Benötigt wird nur ein gültiger Ausweis. Es gibt keine Betragsgrenze. Die Gebühren richten sich nach der Höhe der Summe und dem jeweiligen Empfängerland. Sie werden nur dem Absender berechnet; der Empfänger zahlt keine Gebühren.

BEISPIEL

Das Entgelt beträgt in Euroländern 4 % des Zahlungsbetrags, mindestens 20,00 € – maximal 200,00 €. In das sonstige Ausland 5 %, mindestens 26,00 € – maximal 260,00 €.

Nach der Einzahlung erhält der Absender eine Transaktionsnummer (Money Transfer Control Number = MTCN), die er zur Sendungsverfolgung verwenden kann. Anschließend muss er sich mit dem Empfänger in Verbindung setzen und ihm den Bargeldtransfer ankündigen.

Damit der Empfänger das Bargeld an einem von mehr als 355 000 Vertriebsstandorten in 200 Ländern weltweit ausgezahlt bekommt, benötigt er:

- den Namen des Absenders der Barzahlung
- Höhe und Ursprungsland des Geldtransfers
- den eigenen Ausweis mit Lichtbild
- MTCN (nicht unbedingt nötig, aber empfehlenswert)

Bedeutung der Barzahlung

Die Barzahlung spielt noch eine relativ große Rolle – wenn auch mit abnehmender Tendenz – im Einzelhandel sowie im Personenbeförderungsgewerbe.

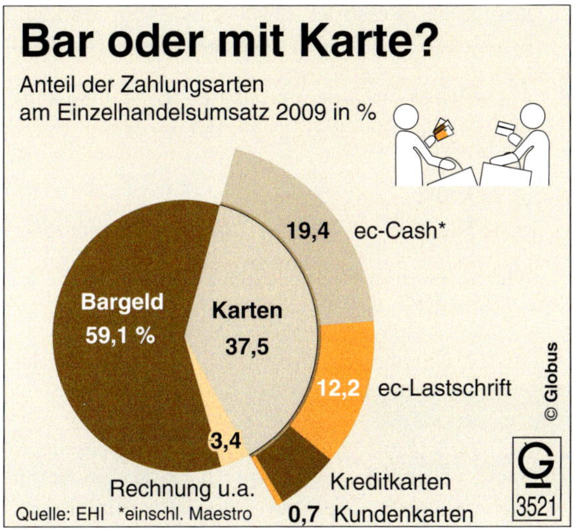

Halbbare Zahlung

Nicht zu verwechseln mit den Formen der Barzahlung sind die halbbaren Zahlungsformen. Diese sind eine Zwischenstufe zwischen der Barzahlung und dem bargeldlosen Zahlungsverkehr: Entweder der Zahlungsempfänger eines Zahlungsvorgangs erhält Bargeld oder der Zahlungspflichtige zahlt Bargeld ein. Der jeweils andere Geschäftspartner besitzt jedoch ein Konto, auf dem er eine Lastschrift bzw. eine Gutschrift erhält.

Hat der Schuldner – also der Zahlungspflichtige – ein Konto, der Empfänger soll aber Bargeld ausbezahlt bekommen, kann ein **Barscheck**[1] ausgestellt werden.

Im umgekehrten Fall zahlt der Schuldner Bargeld auf ein Konto des Zahlungsempfängers ein: Dies kann er mit einem **Zahlschein**[2] (teurer als bei einer normalen Überweisung von Konto zu Konto) bei allen Banken oder der Postbank machen.

Eine weitere Möglichkeit ist die Zahlung per **Nachnahme:** Der Schuldner bezahlt beim Empfang der Ware diese bar beim liefernden Post- bzw. Logistikunternehmen, das den Betrag auf das Konto des Lieferanten weiterleitet.

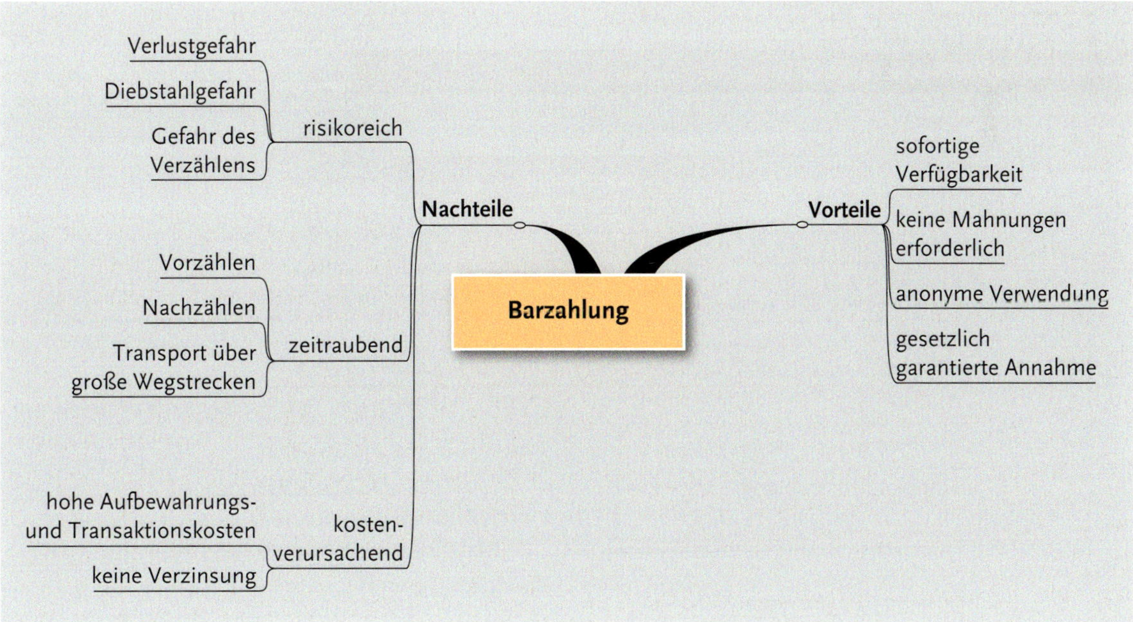

1 siehe Kap. 8.2 2 siehe Kap. 8.3

AUFGABEN

1. Beschreiben Sie, wie eine Barzahlung abläuft.
2. Was ist eine Quittung?
3. Was gilt als Quittung?
4. Führen Sie die Bestandteile einer Quittung auf.
5. Auf zwei Rechnungen sind Vermerke angebracht:
   a) „Von Frau Diedrichs habe ich dankenswerterweise den Rechnungsbetrag erhalten. Meier"
   b) „Für kleinere Tapezierarbeiten habe ich von Frau Diedrichs 112,00 € erhalten. 21.7.20.. Schiech"
   Welche Fehler wurden hier gemacht?
6. Wodurch unterscheidet sich die unmittelbare von der mittelbaren Barzahlung?
7. Erläutern Sie die Barzahlung mit:
   a) einem Expressbrief
   b) einem Bargeldtransfer mit der Western Union
8. Mit welchen Arten der mittelbaren Barzahlung können die folgenden Beträge gezahlt werden?
   a) 80,00 €
   b) 340,00 €
   c) 12.500,00 €
9. Welche Vor- und Nachteile hat die Barzahlung?

AKTIONEN

1. Die Hoffmann KG möchte Bargeld versenden. Berechnen Sie mithilfe der Internetadresse www.dhl.de/de/express/filialprodukte.html den Preis für einen Expressbrief mit dem Gewicht von 1 kg, der vor 9:00 Uhr am nächsten Tag zugesandt werden soll.
2. Suchen Sie unter www.westernunion.de (Link Vertriebsstandort suchen) den nächsten Vertriebspartner
   a) in der Nähe Ihrer Berufsschule,
   b) in der Nähe Ihres Ausbildungsunternehmens.

ZUSAMMENFASSUNG

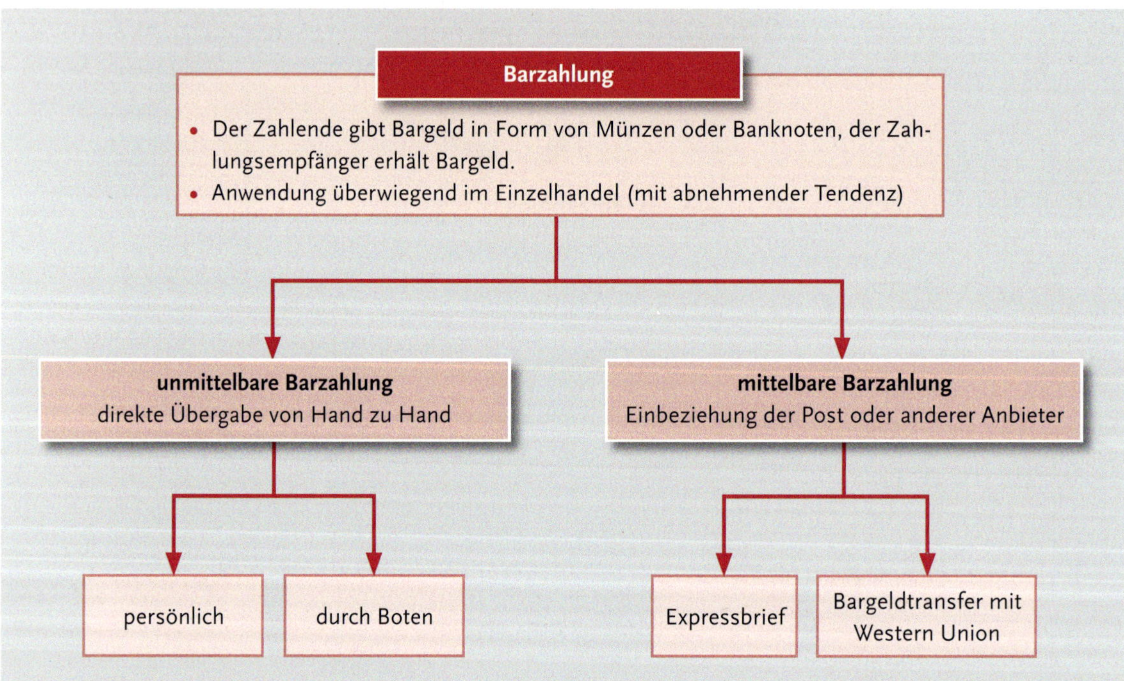

8.2 Wir wickeln Zahlungen mit Scheck und Girocard ab

Einstieg

Herr Hickel, Sachbearbeiter im Einkauf der Hoffmann KG, möchte eine Rechnung der Vödisch AG, Hannover, über 360,00 € in deren Büro bei Frau Lieberwirth mit einem Barscheck bezahlen. Frau Lieberwirth lehnt die Annahme des Schecks ab, weil sie Herrn Hickel nicht persönlich kennt.

1. Begründen Sie, warum Frau Lieberwirth den Scheck nicht bedenkenlos annehmen kann.
2. Prüfen Sie, welche Zahlungsalternativen Frau Lieberwirth Herrn Hickel anbieten kann.

INFORMATIONEN

Zahlungen mit Scheck

DEFINITION

Der **Scheck** ist eine Anweisung an ein Geldinstitut, bei Vorlage einen bestimmten Geldbetrag zulasten des Scheckausstellers auszuzahlen.

Voraussetzung für das Ausstellen eines Schecks: Der Aussteller eines Schecks muss ein Konto haben.

Er darf einen Scheck nur ausstellen, wenn

- sein Konto ein Guthaben über den Scheckbetrag aufweist oder
- das kontoführende Geldinstitut dem Aussteller einen entsprechenden Kredit (= Dispositionskredit) eingeräumt hat.

Bestandteile des Schecks

Gemäß Scheckgesetz muss der Scheck sechs **gesetzliche Bestandteile** enthalten:

① Bezeichnung „Scheck" im Text der Urkunde
② unbedingte Anweisung, eine bestimmte Geldsumme zu zahlen
③ Namen dessen, der zahlen soll (= bezogenes Geldinstitut)
④ Zahlungsort (= Geschäftssitz des Geldinstituts)
⑤ Ort und Tag der Ausstellung
⑥ Unterschrift des Ausstellers

Fehlt **einer** dieser gesetzlichen Bestandteile, so ist der Scheck ungültig.

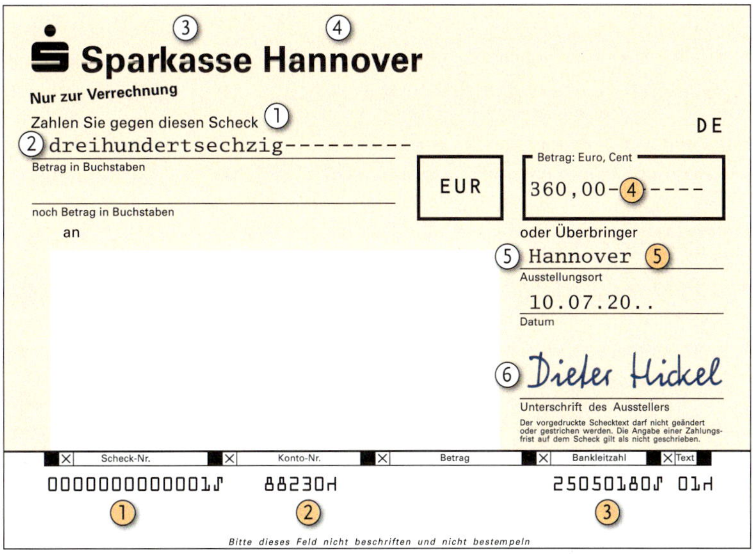

Die übrigen Bestandteile des abgebildeten Schecks sind **kaufmännische Bestandteile:**

1. Schecknummer
2. Kontonummer
3. Bankleitzahl
4. Betrag in Ziffern
5. Überbringerklausel

Sie sollen den Geldinstituten die Scheckbearbeitung erleichtern.

Weicht in einem Scheck der in Buchstaben angegebene Geldbetrag von dem Betrag in Ziffern ab, ist der Scheck trotzdem gültig. Es gilt dann der in Buchstaben angegebene Geldbetrag.

Scheckarten nach Art der Weitergabe

Inhaberscheck
Die von den Geldinstituten ausgegebenen Scheckformulare tragen den Zusatz „oder Überbringer". Dies macht den Scheck zu einem Inhaberpapier. Das bezogene Geldinstitut zahlt an jede Person, die den Scheck vorlegt. Eine Streichung dieser Überbringerklausel wird von dem Geldinstitut nicht anerkannt, das heißt, es zahlt auch dann an den Überbringer des Schecks. Die Angabe des Zahlungsempfängers ist deshalb bei einem Inhaberscheck nicht erforderlich.

Namensscheck
Er wird nur in besonderen Fällen (z. B. bei hohen Scheckbeträgen) verwendet. Er enthält den Namen des Zahlungsempfängers, aber keine Überbringerklausel. Das Geldinstitut zahlt den Scheckbetrag nur an den Zahlungsempfänger oder eine dritte Person aus, auf die der Namensscheck durch einen schriftlichen Übergabevermerk auf dem Scheck oder eine schriftliche Abtretung übertragen wurde.

Scheckarten nach Art der Verwendung

Barscheck
- Der Inhaber eines Barschecks kann sich den Scheckbetrag an einem Schalter des bezogenen Geldinstituts bar auszahlen lassen.
- Er kann den Barscheck aber auch seiner Bank oder Sparkasse einreichen. Das Geldinstitut zieht dann den Scheckbetrag bei der bezogenen Bank ein und schreibt ihn dem Konto des Einreichers gut.
- Ein Scheck kann auch zur Bezahlung einer Schuld an einen Gläubiger weitergegeben werden.

Schecks sind stets Barschecks, es sei denn, die Verwendung als Barscheck wurde durch den schriftlichen Vermerk „Nur zur Verrechnung" auf dem Scheck ausdrücklich ausgeschlossen.

Verrechnungsscheck
Bei einem Verrechnungsscheck wird dem Überbringer des Schecks der Scheckbetrag nicht bar ausgezahlt, sondern seinem Konto gutgeschrieben. Verrechnungsschecks sind deshalb sicherer als Barschecks. Wenn z. B. ein Verrechnungsscheck gestohlen würde, könnte der Dieb nur an das Geld kommen, wenn er den Scheck seinem Konto gutschreiben ließe. Dazu müsste er aber seinen Namen angeben.

Aus Sicherheitsgründen kann man erhaltene Barschecks in Verrechnungsschecks umwandeln. Dazu muss man auf den Scheck nur den Vermerk „Nur zur Verrechnung" schreiben. Umgekehrt kann ein Verrechnungsscheck nicht durch Streichung des Vermerks „Nur zur Verrechnung" in einen Barscheck umgewandelt werden.

Scheckeinlösung

Ein Scheck ist bei Sicht zahlbar. Der Scheckinhaber kann einen Scheck also unmittelbar, nachdem er ihn erhalten hat, dem bezogenen Geldinstitut zur Einlösung vorlegen. Dies gilt auch bei Schecks, in die als Ausstellungsdatum erst ein Tag in der Zukunft eingetragen wurde. Diese vordatierten Schecks können schon vor dem Ausstellungsdatum vorgelegt und eingelöst werden.

BEISPIEL

Ein Heizungsinstallateur erhält am 1. Juli 20.. einen Scheck mit dem Ausstellungsdatum 10. Juli 20.. Der Heizungsinstallateur kann den Scheck schon am 1. Juli einlösen. Er muss nicht bis zum 10. Juli warten.

Ein Scheck muss dem bezogenen Geldinstitut innerhalb einer bestimmten Frist zur Zahlung vorgelegt werden. Die Vorlegefristen bei einem Geldinstitut in der Bundesrepublik Deutschland betragen für

- im Inland ausgestellte Schecks: acht Tage,
- im europäischen Ausland ausgestellte Schecks: 20 Tage,
- im außereuropäischen Ausland ausgestellte Schecks: 70 Tage

ab Ausstellungsdatum.

BEISPIEL

Das Ausstellungsdatum auf dem von Herrn Hickel vorgelegten Scheck ist der 10. Juli 20.. Damit die Vorlegefrist eingehalten wird, muss der Scheck der Sparkasse Hannover bis zum 18. Juli 20.. zur Einlösung vorgelegt werden.

Wenn ein Scheck erst nach Ablauf der Vorlegefrist vorgelegt wird, darf ihn das bezogene Geldinstitut noch einlösen, sofern er bis dahin vom Aussteller nicht gesperrt (widerrufen) wurde. Gesperrte Schecks dürfen von dem bezogenen Geldinstitut nicht eingelöst werden.

Löst das bezogene Kreditinstitut dennoch einen widerrufenen Scheck ein, muss es dem Kunden den Scheckbetrag wertstellungsgleich wieder gutschreiben und macht sich unter Umständen darüber hinaus schadenersatzpflichtig.

Weigert sich das bezogene Geldinstitut, den Scheck einzulösen, so hat der Inhaber des Schecks ein Rückgriffsrecht gegenüber dem Aussteller, das heißt, er kann vom Aussteller die Schecksumme und eventuell anfallende Auslagen verlangen.

Voraussetzung für das Rückgriffsrecht ist, dass
- der Scheck vor Ablauf der Vorlegefrist vorgelegt wurde und
- die Verweigerung der Zahlung festgestellt wurde (z. B. durch einen schriftlichen Vermerk des bezogenen Geldinstituts auf dem Scheck).

Electronic Cash

DEFINITION

Unter **Electronic Cash** wird das bargeldlose Zahlen nur mit der Girocard (der früheren Scheckkarte) verstanden.

Sobald der zu zahlende Betrag feststeht, schiebt der Kunde seine Girocard in das bereitstehende elektronische Lesegerät und bestätigt den angezeigten Betrag per Tastendruck. Als Nächstes wird die persönliche Geheimnummer PIN (Personal Identification Number) eingetippt. Damit ist der Zahlungsvorgang für den Kunden abgeschlossen, eine Unterschrift ist nicht erforderlich.

Die Abwicklung ist schnell, denn es entfällt bei Electronic Cash das zeitaufwendige Ausfüllen eines Scheckformulars beziehungsweise das Wechseln von Bargeld. Für das Unternehmen verringert sich wegen des geringeren Bargeldbestands das Beraubungsrisiko, auch Kassenfehlbeträge sind mit Electronic Cash weitgehend ausgeschlossen. Um die hohen Sicherheitsanforderungen zu erfüllen, sind alle Electronic-Cash-fähigen Datenkassen online mit Netzknotenrechnern privater Betreibergesellschaften verbunden, die den elektronischen Zahlungsverkehr abwickeln.

Sobald also ein Zahlungsvorgang eingeleitet wird, erfolgt innerhalb weniger Sekunden – für Verkäufer und Kunden unbemerkbar – eine Autorisierungsanfrage, die über den Netzknotenrechner an den jeweiligen Zentralrechner der Bankengruppe weitergeleitet wird. Dort wird dann je nach individueller Programmierung der Zahlungsvorgang unmittelbar untersucht oder nochmal weitergeleitet zum Computer des kontoführenden Instituts.

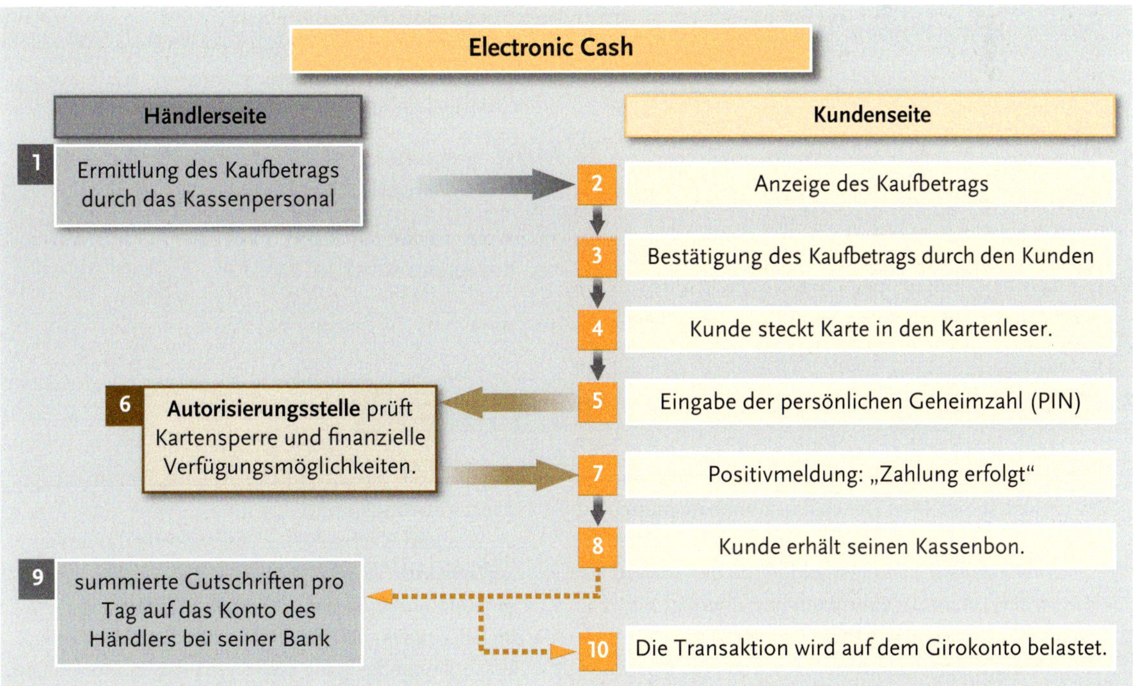

Nach: www.electronic-cash.de, Zugriff 30. März 2008

Geprüft werden u. a. die richtige Eingabe der Geheimnummer sowie eine eventuelle Sperre der Karte. Das ebenso überwachte Ausgabenlimit kann von jeder Bankengruppe individuell vorgegeben werden. Möglich ist sowohl die Festlegung eines bestimmten Höchstbetrags (z. B. 1.000,00 € pro Woche) wie auch der unmittelbare Zugriff auf das Kundenkonto und das darin gespeicherte Guthaben beziehungsweise Kreditlimit.

Untersuchungen haben gezeigt, dass mit Electronic Cash die Höhe der einzelnen Einkäufe und die Zahl der Spontankäufe deutlich zunimmt. Zudem kann eine höhere Kundenbindung erreicht werden.

Verbraucherschutzverbände weisen in diesem Zusammenhang auf folgende Probleme hin:

- Der Kauf mit der Girocard kostet den Kunden häufig Geld. Viele Banken berechnen für die einzelnen Kontenbewegungen Postengebühren.
- Electronic Cash kann zu einer „Entsinnlichung“ des Zahlens führen. Die Kunden verlieren den Überblick über ihre Käufe. Es besteht eine größere Neigung, sich zu verschulden.

Lastschriftverfahren

Die mit Electronic Cash verbundenen Kosten für die Händler (Bankgebühren, Leitungskosten, Hardwareausstattung) führten dazu, dass einige experimentierfreudige Händler Alternativen entwickelten. Bei dem von verschiedenen Händlern angewandten Lastschriftverfahren benötigt der Kunde nur seine Girocard, mit deren Hilfe über einen Magnetstreifenleser Kontonummer und Bankleitzahl ermittelt sowie ein Lastschriftbeleg erstellt wird.

Mit seiner Unterschrift auf dieser Einzugsermächtigung bevollmächtigt der Kunde den Händler, den Zahlbetrag von seinem Konto einzuziehen. Es findet dabei keine Prüfung der persönlichen Identifikationsnummer statt. Die Unternehmen sparen Kosten, da keine Gebühren für eine Verbindung zu einer Autorisierungszentrale anfallen. Das Unternehmen trägt jedoch das volle Risiko für die Zahlbeträge.

AUFGABEN

1. Wozu dienen die kaufmännischen Bestandteile eines Schecks?
2. Wodurch unterscheiden sich Inhaberscheck und Namensscheck?
3. Welcher Scheck gehört zur bargeldlosen Zahlung?
4. Woran erkennt man einen Verrechnungsscheck?
5. Was kann der Scheckempfänger mit einem Barscheck tun?
6. Ein Scheck wurde im Inland am 3. August 20.. mit dem Ausstellungsdatum 5. August 20.. ausgestellt.
   a) Wann darf dieser Scheck dem bezogenen Geldinstitut frühestens zur Einlösung vorgelegt werden?
   b) Bis zu welchem Tag muss dieser Scheck dem bezogenen Geldinstitut spätestens zur Einlösung vorgelegt werden?
7. Ein gesperrter Scheck wird von der Bank des Ausstellers eingelöst. Wer trägt den Schaden?
8. Welche Vorteile hat Electronic Cash für Handelsbetriebe?

AKTIONEN

1. Die Vödisch AG bietet ihren Kunden seit mehreren Jahren an, die in ihren Geschäftsräumen gekaufte Ware mit ihrer Girocard im Lastschriftverfahren zu bezahlen. Da laut Zeitungsmeldungen der Kartenmissbrauch stark zugenommen hat, überlegt die Geschäftsleitung, ob sie ihren Kunden diese Zahlungsmöglichkeit weiterhin einräumen soll. Dazu fordert sie von Frau Lieberwirth eine schriftliche Stellungnahme an.

   Erstellen Sie die schriftliche Stellungnahme, die Auskunft geben soll über:
   a) Vor- und Nachteile des Lastschriftverfahrens mit Girocard
   b) Bedeutung dieses Zahlungsverfahrens
   c) Alternativen zum Lastschrifteinzugsverfahren

   Präsentieren Sie diese Stellungnahme in Ihrer Klasse.

3560 274

2. Carolin Saager möchte ein Kostüm zum Preis von 549,00 € mit einem Scheck bezahlen. Versetzen Sie sich in die Rolle des Verkäufers des Kostüms und stellen Sie die folgenden Situationen im Rollenspiel dar:
   a) Der Verkäufer akzeptiert die Scheckzahlung.
   b) Der Verkäufer lehnt die Scheckzahlung ab und schlägt Carolin Saager Zahlungsalternativen vor.

ZUSAMMENFASSUNG

Bestandteile des Schecks

sechs **gesetzliche** Bestandteile:
Sie sind im Scheckgesetz vorgeschrieben.

kaufmännische Bestandteile:
Sie sind zusätzliche Bestandteile, die den Geldinstituten die Bearbeitung der Schecks erleichtern.

Scheckarten

unterscheiden sich

nach Art der Weitergabe
- Inhaberscheck
- Namensscheck

nach der Verwendung
- Barscheck
- Verrechnungsscheck

Scheckeinlösung
- bei Sicht zahlbar
- Vorlegefristen:
  - im Inland ausgestellte Schecks: acht Tage
  - im europäischen Ausland ausgestellte Schecks: 20 Tage
  - im außereuropäischen Ausland ausgestellte Schecks: 70 Tage

Electronic Cash

= bargeldlose Zahlung nur mit der Girocard

8.3 Wir nehmen Möglichkeiten der bargeldlosen Zahlung wahr

Einstieg

Die Spengler & Sohn OHG fügt der Lieferung von 100 Herrenfreizeithemden an die Hoffmann KG die nebenstehende Rechnung bei[1].

Die Hoffmann KG begleicht die Rechnung der Spengler & Sohn OHG mit einer Banküberweisung.

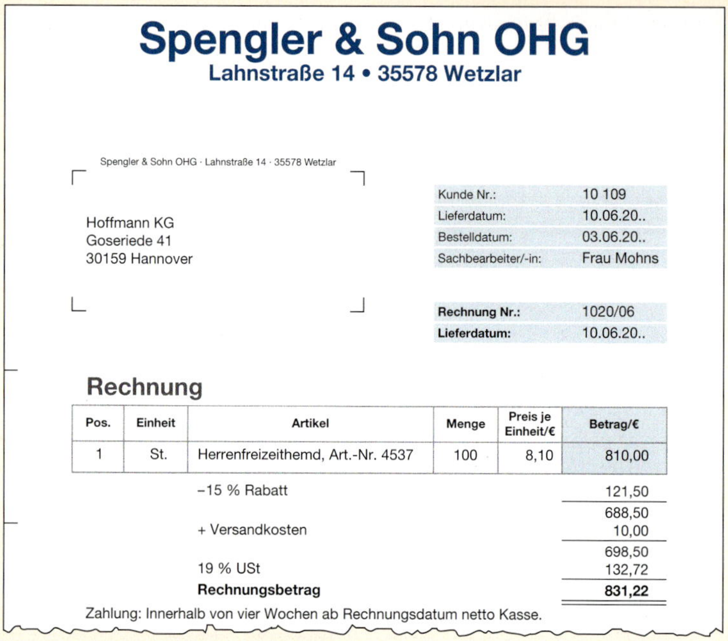
Spengler & Sohn OHG
Lahnstraße 14 • 35578 Wetzlar

Spengler & Sohn OHG · Lahnstraße 14 · 35578 Wetzlar

Hoffmann KG
Goseriede 41
30159 Hannover

Kunde Nr.:	10 109
Lieferdatum:	10.06.20..
Bestelldatum:	03.06.20..
Sachbearbeiter/-in:	Frau Mohns

Rechnung Nr.:	1020/06
Lieferdatum:	10.06.20..

Rechnung

Pos.	Einheit	Artikel	Menge	Preis je Einheit/€	Betrag/€
1	St.	Herrenfreizeithemd, Art.-Nr. 4537	100	8,10	810,00
		–15 % Rabatt			121,50
					688,50
		+ Versandkosten			10,00
					698,50
		19 % USt			132,72
		Rechnungsbetrag			**831,22**

Zahlung: Innerhalb von vier Wochen ab Rechnungsdatum netto Kasse.

Erläutern Sie die Vorteile der Zahlung durch Banküberweisung für
- die Spengler & Sohn OHG sowie
- die Hoffmann KG.

INFORMATIONEN

Überweisung

DEFINITION

Mit **Überweisungen** werden Geldbeträge von einem Konto auf ein anderes Konto umgebucht. Der Überweisungsbetrag wird vom Konto des Zahlers abgezogen.

Man sagt dazu auch „Der Betrag wird abgebucht" oder „Das Konto wird belastet". Der Betrag wird dem Konto des Zahlungsempfängers gutgeschrieben, das heißt, sein Konto wird um den Überweisungsbetrag erhöht.

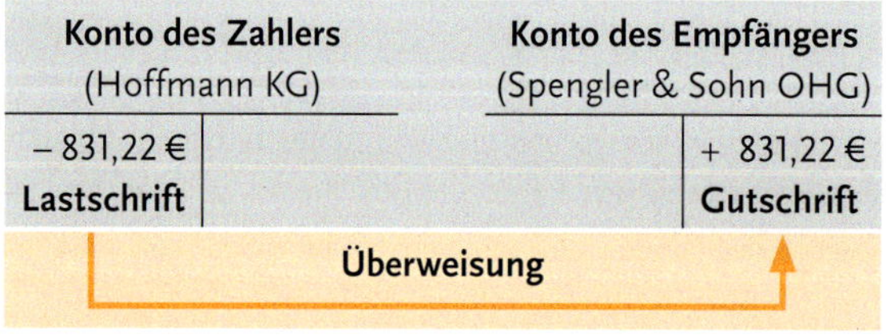

Überweisungen werden von Banken und Sparkassen ausgeführt.

Überweisungsauftrag

In den Überweisungsauftrag muss der Zahler Folgendes eintragen:
- Namen des Empfängers
- Kontonummer und Geldinstitut des Empfängers (mit Bankleitzahl)
- Überweisungsbetrag
- seinen Namen und seine Kontonummer
- Ausstellungsdatum und seine Unterschrift

Außerdem sollte er den Verwendungszweck angeben (z. B. Rechnungsnummer), damit der Empfänger daraus ersehen kann, wofür er das Geld erhält.

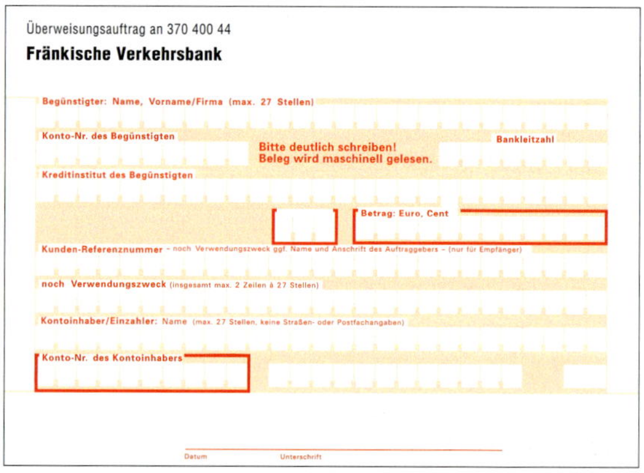

1 siehe Kap. 7.6

Eine Überweisung kann auch mit dem kombinierten Formblatt „Zahlschein/Überweisung“ erfolgen. Die kombinierten Formblätter werden häufig einer Rechnung beigefügt. Sie können als Zahlschein für Bareinzahlungen oder für Überweisungen auf das Girokonto des Zahlungsempfängers benutzt werden.

Soll das Formblatt als Überweisung verwendet werden, muss der Zahler seinen Namen, seine Kontonummer, Name und Sitz des beauftragten Kreditinstituts (mit Bankleitzahl) und das Ausstellungsdatum eintragen und den Überweisungsauftrag unterschreiben.

Internationaler Zahlungsverkehr

Euro-Überweisungen im neuen einheitlichen Eurozahlungsraum in Europa (*Single Euro Payments Area* [SEPA]) werden mit einer **SEPA-Überweisung** durchgeführt. In den SEPA-Überweisungsauftrag muss der Auftraggeber statt seiner Kontonummer und der Bankleitzahl die IBAN (*International Bank Account Number* = Internationale Bankkontonummer) und den BIC (*Bank Identifier Code* = internationale Bankleitzahl) des Zahlungsempfängers eintragen.

SEPA-Überweisungen können ausschließlich in Euro abgewickelt werden. Zahlungen in anderen Währungen müssen mit einer **Auslandsüberweisung** durchgeführt werden.

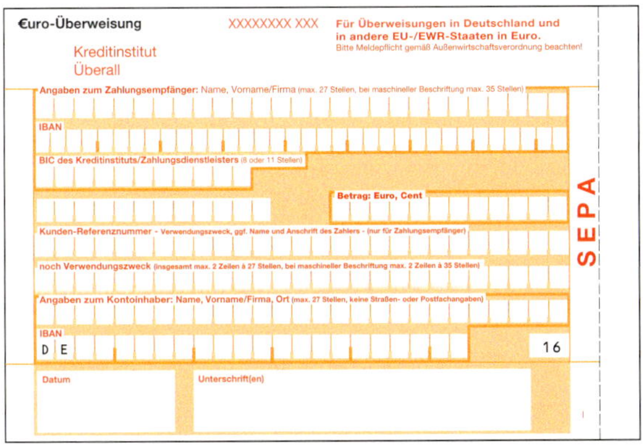
€uro-Überweisung
XXXXXXXX XXX
Für Überweisungen in Deutschland und in andere EU-/EWR-Staaten in Euro.
Bitte Meldepflicht gemäß Außenwirtschaftsverordnung beachten!
Kreditinstitut Überall
Angaben zum Zahlungsempfänger: Name, Vorname/Firma (max. 27 Stellen, bei maschineller Beschriftung max. 35 Stellen)
IBAN
BIC des Kreditinstituts/Zahlungsdienstleisters (8 oder 11 Stellen)
Betrag: Euro, Cent
Kunden-Referenznummer - Verwendungszweck, ggf. Name und Anschrift des Zahlers - (nur für Zahlungsempfänger)
noch Verwendungszweck (insgesamt max. 2 Zeilen à 27 Stellen, bei maschineller Beschriftung max. 2 Zeilen à 35 Stellen)
Angaben zum Kontoinhaber: Name, Vorname/Firma, Ort (max. 27 Stellen, keine Straßen- oder Postfachangaben)
IBAN
D E
16
Datum
Unterschrift(en)
SEPA

Standard-SEPA-Überweisungsformular

Überweisungsfristen

Wird ein Überweisungsauftrag erteilt, wird das Konto des Auftraggebers noch am selben Tag belastet. Hat der Zahlungsempfänger sein Konto bei demselben Geldinstitut, erfolgt die Gutschrift meist schon am selben Geschäftstag. Bei Überweisungen auf Konten anderer Geldinstitute kann es einige Tage dauern, bis der Überweisungsbetrag gutgeschrieben wird.

Soweit keine anderen Fristen vereinbart werden, sind Überweisungen im Rahmen der gesetzlichen Fristen gemäß § 675s Abs. 1 BGB durchzuführen.

GESETZ

§ 675 s Ausführungsfrist für Zahlungsvorgänge

(1) Der Zahlungsdienstleister des Zahlers ist verpflichtet sicherzustellen, dass der Zahlungsbetrag spätestens am Ende des auf den Zugangszeitpunkt des Zahlungsauftrags folgenden Geschäftstags beim Zahlungsdienstleister des Zahlungsempfängers eingeht; bis zum 1. Januar 2012 können ein Zahler und sein Zahlungsdienstleister eine Frist von bis zu drei Geschäftstagen vereinbaren. Für Zahlungsvorgänge innerhalb des Europäischen Wirtschaftsraums, die nicht in Euro erfolgen, können ein Zahler und sein Zahlungsdienstleister eine Frist von maximal vier Geschäftstagen vereinbaren. Für in Papierform ausgelöste Zahlungsvorgänge können die Fristen nach Satz 1 um einen weiteren Geschäftstag verlängert werden.

Besondere Formen der Überweisung

Besondere Formen der Überweisung sind:

- Sammelüberweisungsauftrag
- Dauerauftrag
- Lastschriftverfahren

Sammelüberweisungsauftrag

Inhaber von Girokonten können mehrere Überweisungsaufträge an verschiedene Zahlungsempfänger in einem Sammelüberweisungsauftrag zusammenfassen.

Sammelüberweisungsaufträge sind zeit- und kostensparend. Mit einem einzigen ordnungsgemäß unterschriebenen Sammelüberweisungsauftrag können beliebig viele zusammengefasste Überweisungen zum Preis einer einzigen Buchung durchgeführt werden.

In den Sammelüberweisungsauftrag wird nur die Gesamtsumme der Überweisungen eingetragen. Für jeden Zahlungsempfänger muss ein Überweisungsträger ausgestellt werden. Die dafür notwendigen Endlosformulare erhält der Auftraggeber bei seiner Bank oder Sparkasse.

Dauerauftrag

Mit einem Dauerauftrag beauftragt ein Kontoinhaber sein Geldinstitut, regelmäßig zu einem bestimmten Termin einen bestimmten Betrag auf das Konto des Zahlungsempfängers zu überweisen.

Daueraufträge eignen sich für wiederkehrende Zahlungen in derselben Höhe (z. B. Miete, Versicherungsprämien).

Lastschriftverfahren

Beim Lastschriftverfahren erlaubt der Zahlungspflichtige dem Zahlungsempfänger, Zahlungen für einen bestimmten Zweck von seinem Girokonto abzubuchen. Dazu kann er dem Zahlungsempfänger eine Einzugsermächtigung (= Einzugsermächtigungsverfahren) oder seinem Geldinstitut einen Abbuchungsauftrag (= Abbuchungsverfahren) erteilen.

- **Einzugsermächtigungsverfahren**
  Das Einzugsermächtigungsverfahren bietet sich bei regelmäßigen Zahlungen von Beträgen in unterschiedlicher Höhe an (z. B. Telefongebühren, Strom-, Gas- und Wasserkosten).
  Im Rahmen des Einzugsermächtigungsverfahrens kann der Zahlungspflichtige gegen eine ungerechtfertigte Belastung jederzeit bei seinem kontoführenden Geldinstitut Widerspruch einlegen. Der belastete Betrag wird dann sofort wieder gutgeschrieben.
- **Abbuchungsverfahren**
  Das Abbuchungsverfahren findet vornehmlich Anwendung beim Einzug von größeren Beträgen, z. B. bei Zahlungen der Bauträger an ihre Subunternehmen. Beim Abbuchungsverfahren ist eine Aufhebung der Belastung nicht möglich.

Einzugsermächtigung

Hiermit ermächtige(n) ich/wir Sie widerruflich, die von mir/uns zu entrichtenden Zahlungen wegen (Zahlungsgrund)

Beitrag Lebensversicherung — Kundennummer o. Ä.: 0 0 1 2 3 8 5 6 7 5 9

bei Fälligkeit zulasten meines/unseres

Postbankkonto Nr. 2 1 9 9 9 9 – 6 7 4 bei der Postbank Luhfn

Bankleitzahl 5 4 5 1 0 0 6 7

mittels Einziehungsauftrag/Lastschrift einzuziehen.
Wenn mein/unser Konto die erforderliche Deckung nicht aufweist, besteht seitens der Postbank keine Verpflichtung zur Einlösung.

Ort, Datum
67661 Kaiserslautern, ..-02-15

Kluge
(Unterschrift des Zahlungspflichtigen)

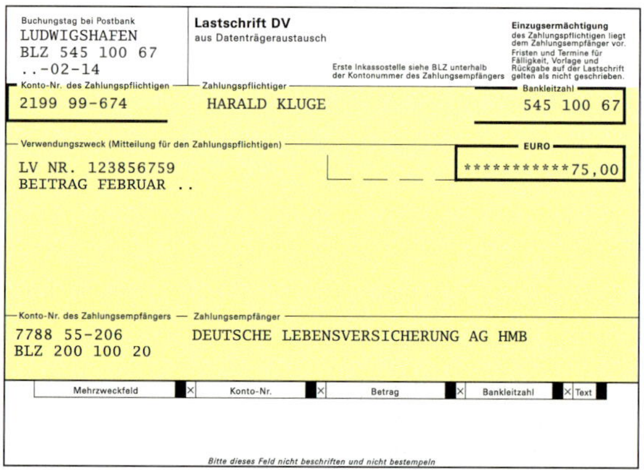

Buchungstag bei Postbank
LUDWIGSHAFEN
BLZ 545 100 67
..-02-14

Lastschrift DV
aus Datenträgeraustausch

Erste Inkassostelle siehe BLZ unterhalb der Kontonummer des Zahlungsempfängers

Einzugsermächtigung des Zahlungspflichtigen liegt dem Zahlungsempfänger vor. Fristen und Termine für Fälligkeit, Vorlage und Rückgabe auf der Lastschrift gelten als nicht geschrieben.

Konto-Nr. des Zahlungspflichtigen: 2199 99-674
Zahlungspflichtiger: HARALD KLUGE
Bankleitzahl: 545 100 67

Verwendungszweck (Mitteilung für den Zahlungspflichtigen):
LV NR. 123856759
BEITRAG FEBRUAR ..

EURO: ***********75,00

Konto-Nr. des Zahlungsempfängers: 7788 55-206, BLZ 200 100 20
Zahlungsempfänger: DEUTSCHE LEBENSVERSICHERUNG AG HMB

Mehrzweckfeld | Konto-Nr. | Betrag | Bankleitzahl | Text

Bitte dieses Feld nicht beschriften und nicht bestempeln

Electronic Banking

Beim Electronic Banking erfolgt eine beleglose Auftragserteilung durch den Kunden und eine Weiterleitung der Daten an die Bank auf elektronischem Weg. Alle wichtigen Bankgeschäfte werden durch die Geschäftskunden der Bank vom Betrieb aus oder durch die Privatkunden – im Rahmen des sogenannten *Homebanking* – von zuhause aus mittels Datenfernübertragung erledigt. Dies geschieht überwiegend auf dem Übertragungsweg Internet.

BEISPIEL

Die Hoffmann KG kann – ohne Papierbelege auszufüllen und die Bank direkt aufzusuchen – die folgenden Bankgeschäfte in Auftrag geben:

- Kontenstand-Abfragen
- Überweisungen
- Daueraufträge
- Mitteilungen an die Bank

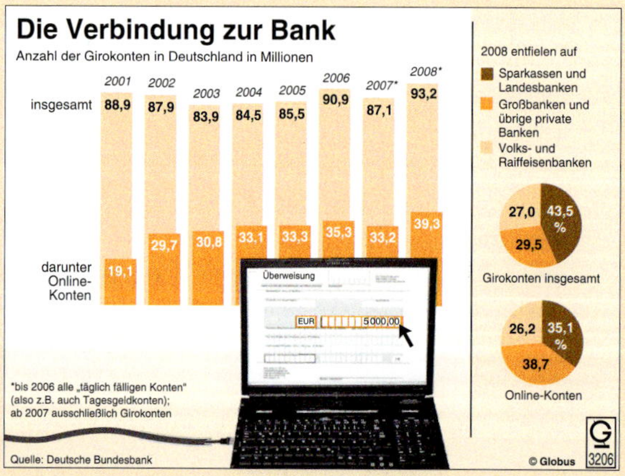

Die Kontoführung übers Internet wird immer beliebter. 2008 wurden 39,3 Millionen oder 42 Prozent der insgesamt 93,2 Millionen Girokonten in Deutschland von den Kunden online verwaltet. Vier Jahre zuvor (2004) lag der Anteil noch bei 39 Prozent. Vor allem jüngere Menschen nutzen den Computer für Kontoabfragen, Überweisungen und andere Bankgeschäfte. Von den Online-Konten entfallen 15,2 Millionen auf die privaten Banken. An zweiter Stelle stehen die Sparkassen und Landesbanken mit 13,8 Millionen Online-Konten. Bei den Volks- und Raiffeisenbanken sind es insgesamt 10,3 Millionen.

Beim Electronic Banking wendet man sich über das Internet an seine Hausbank. Um eine Überweisung auszuführen, geht man folgendermaßen vor:

- Einstieg in das System
- Auswahl der Leitseite der Bank
- Eingabe der Kontonummer und der PIN
  Die PIN (Persönliche Identifikationsnummer) ist eine Geheimzahl, die den Zugang zum Bankrechner und dem dort geführten Konto ermöglicht.
- Auswahl der Bankleistung
- Eingabe der TAN
  Die TAN (Transaktionsnummer) berechtigt als zusätzliches Sicherungsmittel zu bestimmten Handlungen: Überweisungen können beispielsweise nur mit ihr durchgeführt werden. Die TAN „verbraucht" sich, das heißt, sie kann jeweils nur für eine Handlung verwendet werden.
- Durchführung des Dialogs mit dem Bankcomputer

Das Electronic Banking bringt folgende **Vorteile:**

- Zeitersparnis
- Kostenersparnis
- sichere Übergabe von Überweisungen und Lastschriften
- Verkürzung der Einreichungszeiten
- Aufträge außerhalb der Schalteröffnungszeiten

BEISPIEL

Die Hoffmann KG nahm früher 3 000 beleghafte Buchungen vor. Achtmal in der Woche besuchte der zuständige Sachbearbeiter (Gehaltskosten: Stundensatz 50,00 €) die Hausbank für jeweils 30 Minuten.

	beleghafte Buchungen	beleglose Buchungen
Anzahl der monatlichen Buchungen	3 000 Stück	3 000 Stück
Preis für eine Buchung	0,25 €	0,05 €
monatliche Kosten der Buchungen	750,00 €	150,00 €
monatliche Kosten durch Zeitaufwand für Bankbesuche	200,00 € (4 Stunden à 50,00 €)	–

Gegenüber der bisher angewandten herkömmlichen Methode bringt die elektronische Kontenführung der Hoffmann KG folgende Kostenvorteile:
Kostenvorteil aufgrund der elektronischen Zahlung: 750,00 € – 150,00 € = 600,00 €
Kostenvorteil durch Zeitersparnis: 200,00 €
Gesamtkostenvorteil: 600,00 € + 200,00 € = 800,00 €

AUFGABEN

1. Wie kann ein Zahler nachweisen, dass er seiner Bank einen Überweisungsauftrag erteilt hat?
2. Welche besonderen Formen der Überweisung würden Sie in folgenden Fällen jeweils wählen? Begründen Sie Ihre Meinung.
   a) Zahlung der Telefongebühren
   b) Zahlung des IHK-Beitrags
   c) Zahlung von Mitgliedsbeiträgen (Partei, Sportverein)
   d) Zahlungen an mehrere Zahlungsempfänger
   e) Zahlung der Miete
   f) Zahlung der Stromrechnung
   g) Zahlung der Gehälter an die Angestellten des Betriebs
3. Wozu dienen beim Electronic Banking
   a) die PIN,
   b) die TAN?
4. Welche Vorteile hat das Electronic Banking?

AKTIONEN

1. Die Hoffmann KG hat bei der Leistner Wäsche GmbH folgende Artikel bestellt:
   - 500 Geschirrtücher, Artikelnummer 112/2, zum Preis von 1,50 € netto je Stück
   - 500 Walkfrottiertücher, Artikelnummer 156/3, zum Preis von 4,50 € netto je Stück

   Erstellen Sie die Rechnung für die Hoffmann KG.
2. Die Leistner Wäsche GmbH bietet der Hoffmann KG an, der Leistner Wäsche GmbH für alle zukünftigen Zahlungen eine Einzugsermächtigung zu erteilen. Der Leiter der Einkaufsabteilung, Herr Hetzel, bittet Carolin Saager, eine Übersicht mit den Vorteilen dieses Zahlungsverfahrens für die Hoffmann KG und die Leistner Wäsche GmbH zu erstellen.
3. Erstellen Sie eine Übersicht über mögliche Risiken des Electronic Banking.
   Führen Sie dazu eine Internetrecherche durch.

ZUSAMMENFASSUNG

Überweisung

= Umbuchung von Konto zu Konto

Zahler
hat ein Girokonto bei einer Bank oder Sparkasse

Empfänger
hat ein Girokonto bei einer Bank oder Sparkasse

Besondere Formen der Überweisung

Sammelüberweisungsauftrag
für zusammengefasste Überweisungen an mehrere Zahlungsempfänger

Dauerauftrag
für regelmäßige Zahlungen in derselben Höhe

Lastschriftverfahren
für regelmäßige Zahlungen in unterschiedlicher Höhe

Internationaler Zahlungsverkehr

SEPA-Überweisungen
Euro-Überweisungen im neuen einheitlichen Eurozahlungsraum in Europa (Single Euro Payments Area [SEPA])

Auslandsüberweisungen
Zahlungen in Länder des einheitlichen Eurozahlungsraums in anderen Währungen und in Länder außerhalb des einheitlichen Eurozahlungsraums

Electronic Banking

- beleglose Weiterleitung von Zahlungsdaten per Datenfernübertragung
- Erledigung aller wichtigen Bankgeschäfte von zuhause (Homebanking) oder vom Betrieb aus

8.4 Wir wickeln Zahlungen mit Kreditkarten ab

Einstieg

Auf dem Vormarsch

Immer mehr nutzen Kreditkarten

Der Umsatz mit Kreditkarten in Deutschland beträgt 2007 ein Sechstel des Bundeshaushalts. 25,2 Millionen Kreditkarten sind im Umlauf, jeder dritte Deutsche besitzt eine. Von Steffen Hebestreit

Berlin. In Deutschland sind derzeit nach Branchenschätzungen 25,2 Millionen Kreditkarten im Umlauf. Damit ist, statistisch gesehen, fast jeder dritte Deutsche im Besitz eines solchen Plastikvierecks.

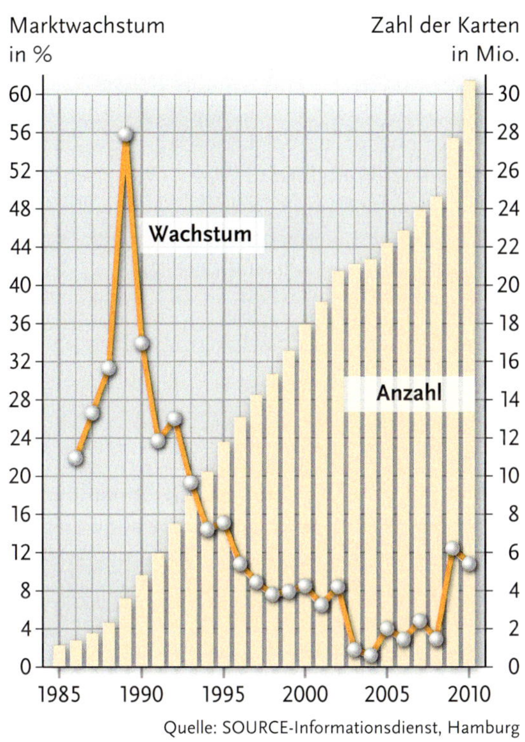

Quelle: SOURCE-Informationsdienst, Hamburg

Das Gros der Karten trägt das Logo der Marktführer Mastercard (13,3 Millionen) oder Visa (elf Millionen Kunden). Die Möglichkeit, einfach mit ihrem guten Namen zu zahlen (Eigenwerbung von American Express), nehmen 1,4 Millionen Menschen wahr. Mit 100000 Kunden ist der Diners Club in Deutschland mit weitem Abstand der vierte größere Anbieter.

Im Gegensatz zur Girocard erhält der Kreditkartenkunde in der Regel nicht nach wenigen Tagen einzelne Abbuchungen von seinem Konto, sondern einmal im Monat eine Gesamtrechnung seiner mit der Karte getätigten Geschäfte. Zwischen Kauf und Bezahlung können dadurch bis zu vier Wochen vergehen, daher der Name Kreditkarte.

Mastercard und Visa geben ihre Karten in der Regel im Verbund mit anderen Anbietern wie Banken, Autoclubs oder der Bahn heraus. American Express hingegen ist seit der Finanzkrise eine eigene US-Bank geworden, die die Abrechnungen vornimmt.

Das Gros der Gebühren für die Kreditkartenabrechnung trägt der Händler, der zwischen einem bis zehn Prozent des Preises begleichen muss. Deshalb sind Kreditkarten bei Händlern weniger beliebt als die Girocard, bei denen eine deutlich geringere Gebühr fällig wird. Allein die Firma Visa Europe setzt pro Jahr knapp sechs Milliarden Euro durch den Einsatz ihrer Kreditkarten um.

Die Visa-Karte ist hierzulande in einer halben Million Geschäften, Restaurants und Tankstellen einzusetzen, gefolgt von Mastercard mit 405000 Annahmestellen. American Express verfügt über 255000 Einsatzstellen und Diners Club immerhin noch 120000 Einsatzmöglichkeiten.

Der Umsatz mit Kreditkarten in Deutschland wächst kontinuierlich. Im Jahr 2007 betrug er 54,9 Milliarden Euro – etwa ein Sechstel des Bundeshaushalts. Damit hat sich der Umsatz in den vergangenen zehn Jahren verdoppelt.

Die Vorläufer der Kreditkarte reichen bis ans Ende des 19. Jahrhunderts zurück, nach dem Zweiten Weltkrieg begann dann ihr Siegeszug in den USA. Seit Mitte der sechziger Jahre haben die großen Anbieter ihr Geschäft auch auf Europa und die Bundesrepublik ausgedehnt. Das Internet-Shopping hat den Siegeszug der Kreditkarte weiter befördert. Zugleich steigt aber auch der Betrug mit dem Plastikgeld.

Quelle: Frankfurter Rundschau, www.fr-online.de, 19. November 2009

Welche Vor- und Nachteile bietet die Kreditkarte dem Karteninhaber?

INFORMATIONEN

Kreditkartenarten

In der Bundesrepublik Deutschland werden Kreditkarten von Einzelhandelsbetrieben in eigener Regie oder von Kreditkartenorganisationen und Banken ausgegeben.

Die Kreditkarten, die einzelne Einzelhandelsbetriebe (meist Waren- und Kaufhäuser) kreditwürdigen Kunden auf Antrag ausstellen (sogenannte Kundenkarten), berechtigen zum Kauf auf Kredit in dem jeweiligen Einzelhandelsbetrieb. Solche Kundenkarten werden an die Kunden kostenlos oder gegen eine geringe Servicegebühr abgegeben.

Mit einer Kreditkarte, die von einer Kreditkartenorganisation oder Bank ausgegeben wurde, kann der Karteninhaber bei allen in- und ausländischen Vertragsunternehmen des Kreditkartenherausgebers Waren oder Dienstleistungen bis zu einer bestimmten Höchstsumme auf Kredit erhalten. Zur Bezahlung muss er nur seine Kreditkarte vorlegen und auf der Rechnung unterschreiben. Für die von Kreditkartenorganisationen und Banken ausgegebenen Kreditkarten muss der Inhaber in der Regel einen festen Jahresbeitrag bezahlen.

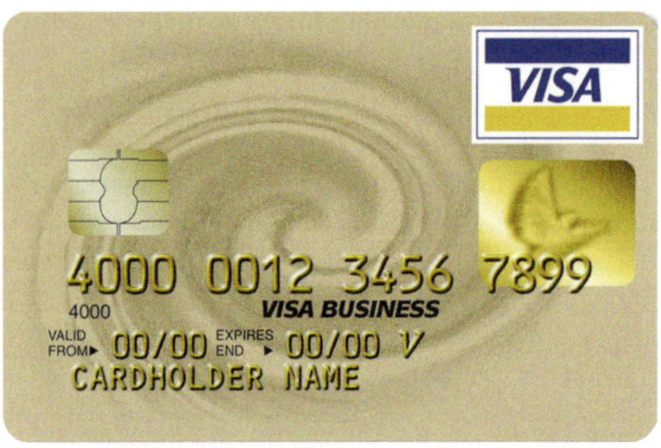

Die wichtigsten Kreditkartenorganisationen auf dem deutschen Markt sind zurzeit VISA, MasterCard, American Express und Diners Club.

Hier sind Kreditkarten willkommen.

Vertragsunternehmen sind hauptsächlich Einzelhandelsbetriebe, Hotels und Gaststätten, aber auch Banken, Tankstellen, Reisebüros und Fluggesellschaften.

Abwicklung der Zahlung mit Kreditkarte

Der Karteninhaber legt beim Kauf seine Kreditkarte vor. Auf dieser Plastikkarte sind der Name des Karteninhabers und verschiedene Nummerierungen (u. a. Kartennummer und Verfalldatum) in erhabenem Druck eingeprägt. Der Verkäufer stellt die Kreditkartenrechnung aus und lässt sie von dem Kreditkarteninhaber unterschreiben.

Kreditkartenrechnungen können elektronisch mit einem Kartenlesegerät oder mechanisch mit einem Handdrucker erstellt werden.

Zur Erstellung der Kreditkartenrechnung mit einer Datenkasse muss der Kassierer zunächst die Zahlungsartentaste „Kreditkarte" drücken und der Kunde seine Kreditkarte in das mit der Datenkasse verbundene Kartenlesegerät stecken. Nachdem durch eine Online-Überprüfung festgestellt wurde, dass die Kreditkarte nicht gesperrt ist, erstellt die Datenkasse zwei Kreditkartenbelege.

Bei der mechanischen Erstellung der Kreditkartenrechnung legt der Verkäufer die Kreditkarte in den Handdrucker, der eine zweite Plastikkarte mit der Kontonummer und Anschrift des Vertragsunternehmers enthält. Über beide Karten legt er dann die Kreditkartenrechnung. Durch die Betätigung des Handdruckers werden die erhabenen Daten beider Plastikkarten auf die Rechnung übertragen. Der Verkäufer trägt dann nur noch den Rechnungsbetrag in die Rechnung.

Eine Kopie wird dem Karteninhaber ausgehändigt. Eine zweite Kopie behält der Vertragsunternehmer (z. B. Einzelhändler) als Beleg. Die dritte Kopie schickt er zum Rechnungsausgleich an den Kreditkartenherausgeber.

Der Kreditkartenherausgeber begleicht dann diese Rechnung innerhalb einer vertraglich festgesetzten Frist. Von der Rechnungssumme behält er eine ebenfalls vertraglich vereinbarte Umsatzprovision (zurzeit zwischen 3 % und 6 % des Rechnungsbetrags) ein. Dafür trägt er das volle Kreditrisiko, das heißt, wenn der Karteninhaber seine Rechnungen nicht begleicht, geht dies zulasten des Kreditkartenherausgebers.

Der Kreditkartenherausgeber verlangt meist einmal monatlich von dem Karteninhaber die Bezahlung aller Rechnungen. Sofern der Karteninhaber eine Einzugsermächtigung erteilt hat, lässt der Kreditkartenherausgeber den Betrag vom Konto des Karteninhabers durch Lastschrift einziehen. Der Karteninhaber braucht keine Zuschläge auf die von ihm unterschriebenen Rechnungen zu zahlen.

Vor- und Nachteile der Kreditkarte

	Kreditkarteninhaber	**Vertragsunternehmen**
Vorteile	• zinsfreier Kredit bis zum Fälligkeitsdatum der Monatsrechnung • übersichtliche Abrechnung: exakte und detaillierte Aufstellung aller Zahlungen mit Kreditkarte während eines Monats • bequemes Zahlungsmittel: Zahlung mit Karte und Unterschrift • sicheres Zahlungsmittel: Anstelle größerer Geldmengen braucht man nur eine Kreditkarte zum Einkauf mitzunehmen. Das Verlustrisiko wird dadurch erheblich vermindert.	• Steigerung des Umsatzes: Kreditkarten können zu Mehreinkäufen führen. • kein Kreditrisiko, wenn der Kunde mit Kreditkarte zahlt, die von einer Kreditkartenorganisation oder Bank herausgegeben wurde • Einsatz der Kreditkarte im Electronic Cash
Nachteile	• Einkauf mit Kreditkarte nur bei Vertragsunternehmen • Gefahr, mehr einzukaufen, als wenn mit Bargeld bezahlt würde • Offenlegen persönlicher Daten: Im Kreditkartenantrag werden u. a. Angaben über Familienstand, Monatseinkommen und Arbeitgeber verlangt. • Gefahr des Kreditkartenmissbrauchs im Internet	• höhere Kosten: Der Kreditkartenherausgeber behält von den Kreditkartenumsätzen eine Umsatzprovision ein. • größerer Verwaltungsaufwand durch Abwicklungsformalitäten

AUFGABEN

1. Welche Unterschiede bestehen zwischen Kreditkarten, die von Kreditkartenorganisationen herausgegeben werden, und Kundenkarten einzelner Einzelhandelsbetriebe?
2. Weshalb geben Einzelhändler an ihre Kunden Kundenkarten aus?
3. Ein Kunde will in einem Fachgeschäft mit Kreditkarte bezahlen. Wie verhält sich der Verkäufer, wenn das Fachgeschäft Vertragsunternehmen des Kreditkartenherausgebers ist?
4. Wer trägt die Kosten, die bei der Zahlung mit Kreditkarte entstehen?
5. Weshalb ist der Anteil der Kunden, die mit Kreditkarte bezahlen, in der Bundesrepublik Deutschland im Vergleich zu anderen Ländern noch relativ klein?
6. Ein Gastwirt entschließt sich, Vertragsunternehmer einer Kreditkartenorganisation zu werden. Welche Vorteile verspricht er sich davon?
7. Wie kann eine Kreditkartenrechnung erstellt werden?
8. Wie kann sich ein Kreditkarteninhaber gegen Kreditkartenmissbrauch schützen?

AKTIONEN

1. Vergleichen Sie die Konditionen von drei Kreditkartenanbietern.
   a) Führen Sie dazu gemeinsam mit einem Mitschüler eine Internetrecherche durch.
   b) Erstellen Sie eine Übersicht der Konditionen auf einem Plakat.
   c) Präsentieren Sie Ihr Ergebnis in Ihrer Klasse.

2. a) Sammeln Sie Vor- und Nachteile von Kundenkarten für die Kunden.
   b) Erstellen Sie dazu eine Mindmap.
   c) Präsentieren Sie die Mindmap in Ihrer Klasse.

ZUSAMMENFASSUNG

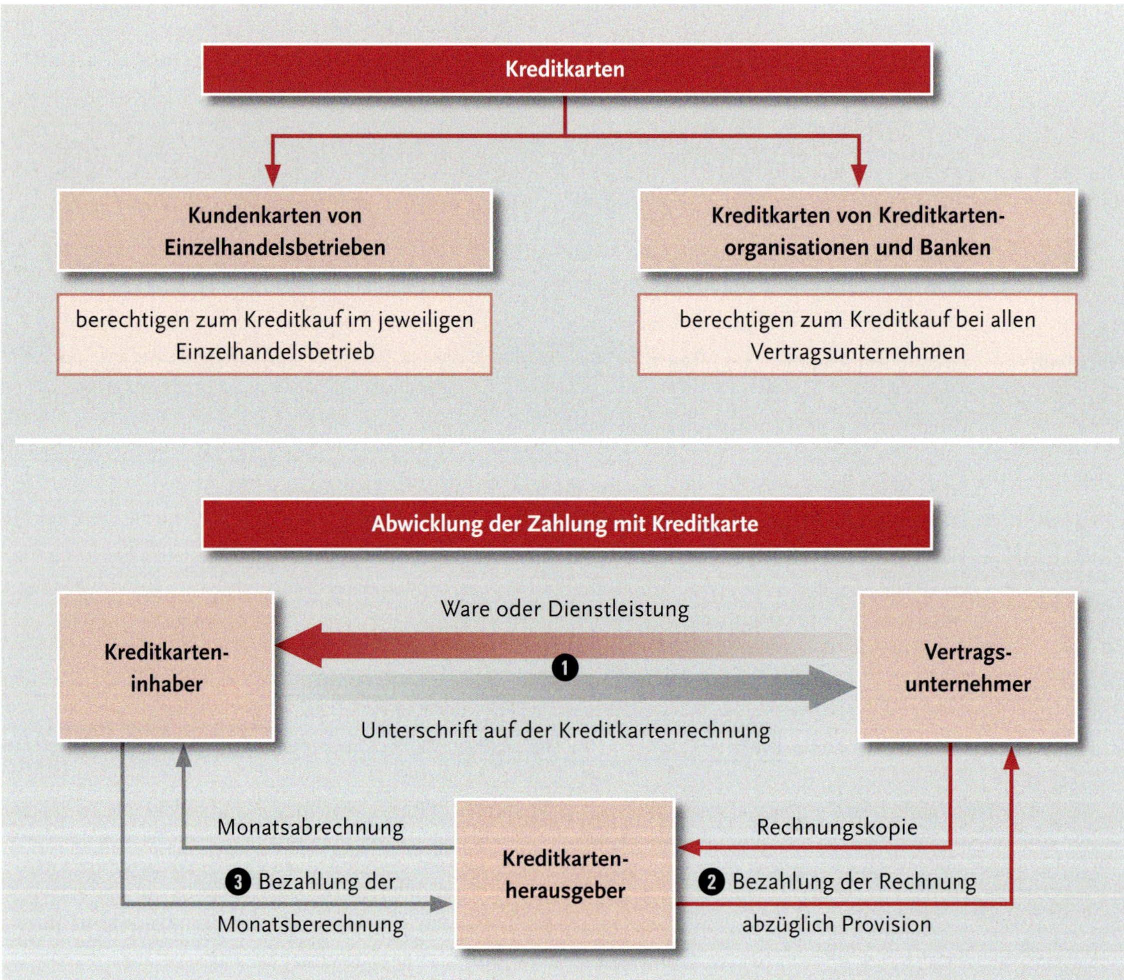

8.5 Wir überprüfen die Zahlungseingänge

Einstieg

Carolin Saager und Dominik Schlote treffen sich in der Mittagspause.

Carolin Saager:
„Bei uns gibt es gerade Ärger. Gestern wurde entdeckt, dass eine Firma seit sechs Monaten nicht gezahlt hat.“

Dominik Schlote:
„Wie konnte das denn passieren? Die Abteilung ist doch optimal organisiert. Ich war ja selber schon drei Monate dort eingesetzt.“

Carolin Saager:
„Hängt irgendwie damit zusammen, dass Frau Schellack, die die Firma betreute, vor sechs Monaten nach München gegangen ist. Dann hat sich wohl keiner richtig zuständig gefühlt. Frau Duchnik hat ja gerade angefangen bei uns und hat das jetzt – während sie sich eingearbeitet hat – entdeckt.“

Dominik Schlote:
„Und was nun?“

Carolin Saager:
„Jetzt habe ich von Herrn Hoffmann die Aufgabe bekommen, das ausstehende Geld einzutreiben. Ich habe aber erst vor drei Tagen in der Abteilung angefangen und muss mich in die ganze Thematik erst mal einarbeiten.“

Dominik Schlote:
„Das habe ich in der Abteilung schon mehrmals mitmachen können – da kann ich dir helfen. Ich brauche allerdings noch ein paar Informationen, um beurteilen zu können, ob und was wir machen können.“

Carolin Saager:
„Es geht um eine Lieferung von Waren im Wert von 13.800,00 € an die Firma Gertrud Schön e. Kffr., Textileinzelhandel, Sundernstr. 34, 22159 Hamburg. Ausgeliefert wurde am 17.3 dieses Jahres. Das Rechnungsdatum war der 15.3. Vereinbart war sofortige Zahlung. Bis heute am 30.10. ist kein Zahlungseingang zu verzeichnen gewesen.“

1. Beurteilen Sie, ob die Hoffmann KG gegen die Firma Gertrud Schön e. Kffr. vorgehen kann.
2. Stellen Sie fest, welche Rechte die Hoffmann KG im Fall einer ausstehenden Zahlung in Anspruch nehmen kann.

INFORMATIONEN

Nicht-Rechtzeitig-Zahlung

DEFINITION

Eine **Nicht-Rechtzeitig-Zahlung** liegt vor, wenn jemand seine Geldschulden nicht oder nicht rechtzeitig begleicht.

Bei dieser häufig auch Zahlungsverzug genannten Kaufvertragsstörung stehen dem Gläubiger bestimmte Rechte zu. Um diese in Anspruch nehmen zu können, müssen jedoch bestimmte Voraussetzungen erfüllt sein.

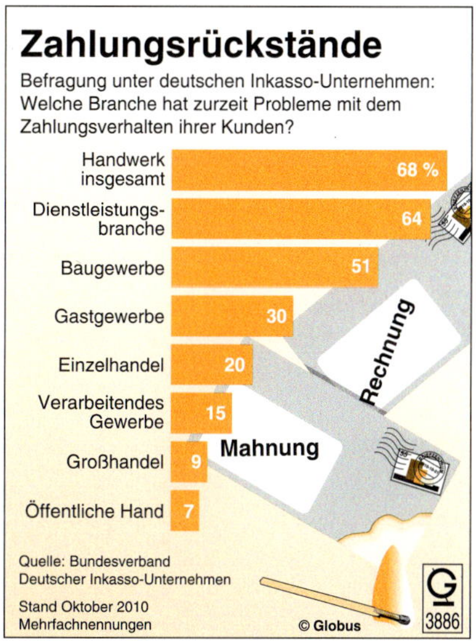

Voraussetzungen des Zahlungsverzugs

Der Zahlungsverzug gilt bei fehlender Zahlungsfähigkeit immer als verschuldet, auch wenn der Grund der Zahlungsunfähigkeit unverschuldet eingetreten ist.

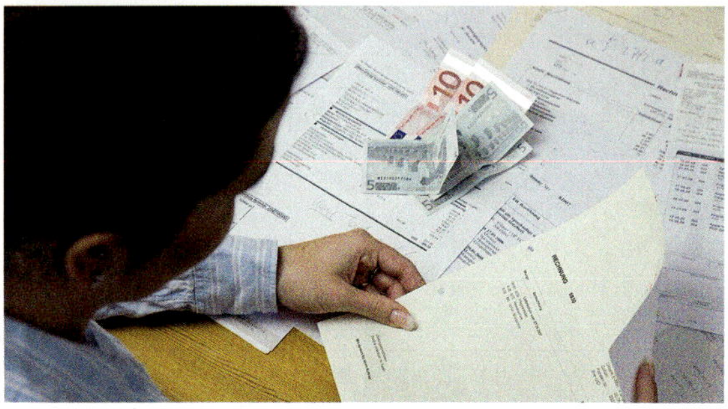

Die offenen Rechnungen übersteigen die finanziellen Mittel.

Zahlungsverzug bei Fälligkeit und Mahnung
Erste Voraussetzung ist, dass die Zahlung tatsächlich fällig sein muss. Abgesehen von einigen gesetzlich bestimmten Fällen muss immer noch eine Mahnung erfolgen, um den Schuldner in Verzug zu setzen. Als Mahnung gilt auch die Zustellung eines Mahnbescheids[1] beziehungsweise die Erhebung einer Zahlungsklage.

Zahlungsverzug bei Fälligkeit ohne Mahnung
In bestimmten Fällen kann der Schuldner auch ohne Mahnung in Verzug geraten:

- Der Zahlungstermin ist kalendermäßig bestimmt oder in Abhängigkeit von einem bestimmten Ereignis bestimmbar.
- Der Schuldner verweigert ernsthaft und endgültig die Zahlung.
- Es sind 30 Tage seit Rechnungszugang vergangen. Dann kommt ein Schuldner automatisch in Verzug. Beim einseitigen Handelskauf gilt diese Regelung nur, wenn der Endverbraucher ausdrücklich auf diese Rechtsfolge hingewiesen wurde.

BEISPIEL

Aus der Rechnung eines Einzelhandelsunternehmens an einen Endverbraucher:
„Kann innerhalb von 30 Tagen nach Zugang kein Zahlungseingang festgestellt werden, kommt der Zahlungspflichtige automatisch in Verzug."

Voraussetzungen des Zahlungsverzugs	
Fälligkeit	
Mahnung	keine Mahnung
Der Zahlungstermin ist kalendermäßig nicht bestimmt oder nicht bestimmbar.	Der Zahlungstermin ist kalendermäßig genau bestimmt beziehungsweise bestimmbar.
BEISPIELE	**BEISPIELE**
• Formulierung „Zahlung sofort" • kein Hinweis in einer Rechnung an einen Endverbraucher, dass er nach 30 Tagen automatisch in Zahlungsverzug gerät • bei Hinweis auf 30-Tage-Klausel, wenn der Gläubiger die Zahlung vor Ablauf der 30-Tage-Frist wünscht	• zahlbar bis zum 15. Juli 20.. • zahlbar bis Ende August • zahlbar in der 40. Kalenderwoche

Rechte beim Zahlungsverzug

Liegt ein Zahlungsverzug vor, hat der Gläubiger zwei Alternativen:

- Er besteht auf der Zahlung.
- Er lehnt die Zahlung ab und fordert die Ware zurück.

Bestehen auf der Zahlung
Der Gläubiger kann auf der Zahlung bestehen. Zusätzlich kann er den Ersatz des Verzögerungsschadens sowie Verzugszinsen verlangen:

- Als **Schadensersatz** wegen der Verzögerung der Zahlung kann der Gläubiger alle für die Durchsetzung seines Anspruchs notwendigen Auslagen geltend machen.

BEISPIELE

- Kosten der Mahnung (Papier, Porto, Telefonkosten)
- Rechtsanwaltskosten oder Kosten für ein Inkassobüro nach Eintritt des Verzugs

1 siehe Kap. 8.7

- Ab Eintritt des Zahlungsverzugs kann der Gläubiger **Verzugszinsen** verlangen. Angewendet werden im Normalfall die gesetzlichen Verzugszinsen. Beim einseitigen Handelskauf und beim bürgerlichen Handelskauf betragen die gesetzlichen Verzugszinsen 5 % über dem aktuellen Basiszinssatz der Deutschen Bundesbank.

BEISPIEL

Da der aktuelle Basiszinssatz am 1. Januar 2011 0,12 % beträgt, muss ein Schuldner 5,12 % Verzugszinsen bei einer Nicht-Rechtzeitig-Zahlung im Rahmen einseitiger Handelskäufe oder bürgerlicher Käufe zahlen.

Bei zweiseitigen Handelskäufen liegt der gesetzliche Zinssatz 8 % über dem aktuellen Basiszinssatz der Deutschen Bundesbank.

BEISPIEL

Bei einem aktuellen Basiszinssatz von 0,12 % muss die Firma Gertrud Schön e. Kffr. 8,12 % gesetzliche Verzugszinsen zahlen.

Falls vertraglich ein höherer Verzugszinssatz vereinbart wurde oder tatsächlich angefallene höhere Bankzinsen nachgewiesen werden können, hat der Gläubiger auch die Möglichkeit, diese einzufordern.

Ablehnen der Zahlung

Der Gläubiger kann die vereinbarte Zahlung ablehnen. Im Normalfall muss er dies aber dem Schuldner androhen und ihm eine **angemessene Nachfrist** setzen. Diese ist nicht notwendig, falls

- die Zahlung durch den Schuldner endgültig verweigert wird,
- ein Fix- oder Zweckkauf vorliegt,
- ein besonderer Umstand gegeben ist, der den sofortigen Rücktritt bei Abwägung der beiderseitigen Interessen rechtfertigt.

Ist nach Ablauf der Nachfrist immer noch kein Zahlungseingang zu verzeichnen, wird der Gläubiger die Herausgabe der Ware fordern. Zusätzlich kann er Schadensersatz statt der Leistung verlangen.

Forderungsmanagement

Um Fälle von Zahlungsverzug möglichst gering zu halten, betreiben viele Unternehmen ein systematisches Forderungsmanagement: Dabei werden systematisch die Zahlungen der Kunden kontrolliert mit dem Ziel, Forderungsausfälle zu vermeiden. Es wird versucht, mit verschiedenen Maßnahmen die Zahlungseingänge zu sichern.

Unternehmen, die ein systematisches Forderungsmanagement betreiben, stellen sicher, dass

- sich die eigene Zahlungsfähigkeit nicht verringert,
- es zu keinen Zinsverlusten kommt,
- nicht selber Kredite aufgenommen werden müssen,
- es nicht zur Verjährung von Forderungen kommt.

Unterstützt wird das Forderungsmanagement oft durch Fälligkeitslisten beziehungsweise Offene-Posten-Dateien von EDV-gestützten Warenwirtschaftssystemen beziehungsweise Finanzbuchführungsprogrammen.

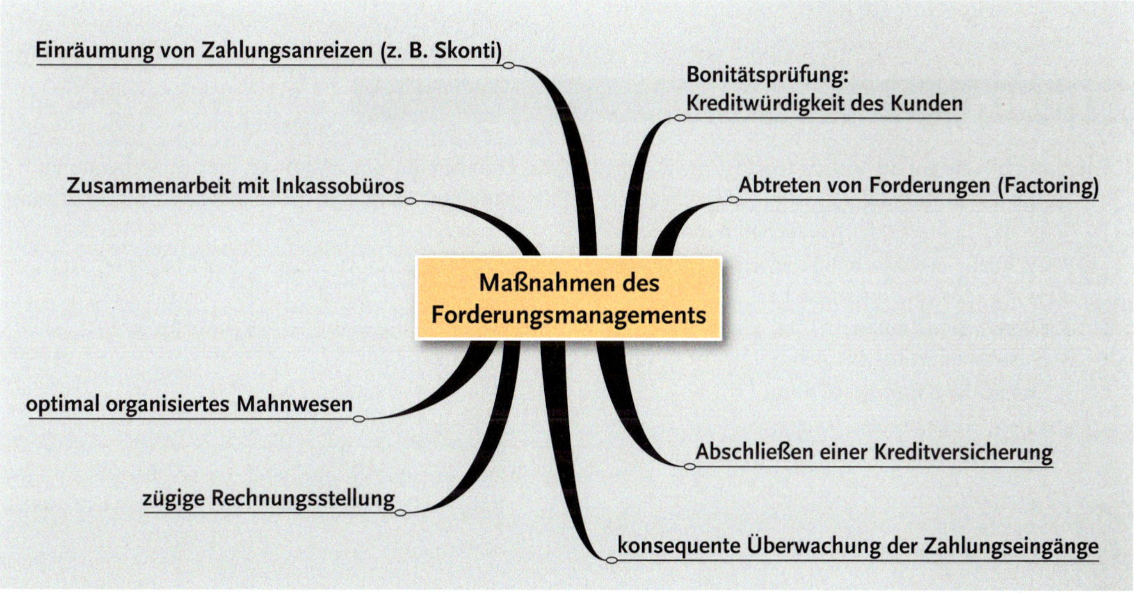

AUFGABEN

1. Was versteht man unter einer Nicht-Rechtzeitig-Zahlung?

2. Die Hoffmann KG vermisst einen Zahlungseingang der Hampe KG, Textilgroßhandel, Südstraße 6, 06132 Halle.
   a) Welche Voraussetzungen müssen gegeben sein, damit die Hampe KG sich im Zahlungsverzug befindet?
   b) Welche Rechte kann die Hoffmann KG bei einem Zahlungsverzug gegenüber der Hampe KG geltend machen?

3. Muss in den folgenden Fällen gemahnt werden?
   a) „zahlbar bis Ende Juli"
   b) „zahlbar sofort"
   c) „zahlbar bis zur 20. Kalenderwoche"

4. Die Hoffmann KG besteht gegenüber der Hampe KG auf Zahlung. Welche Kosten können beim Schadensersatz wegen Verzögerung der Zahlung geltend gemacht werden?

5. Wie hoch sind die gesetzlichen Verzugszinsen bei
   a) bürgerlichen Käufen,
   b) einseitigen Handelskäufen,
   c) zweiseitigen Handelskäufen?

6. Die Hoffmann KG hat 500 Herrenanzüge an die Firma Wolfgang Mehlert e. Kfm, Textileinzelhandel, Böhmerstr. 5, 60437 Frankfurt geliefert. Der Zugang der Rechnung dort erfolgt am 14. Februar 20... Stellen Sie für die folgenden Situationen fest, ab wann sich die Firma Wolfgang Mehlert in Zahlungsverzug befindet.
   a) Die Rechnung der Hoffmann KG enthält die Formulierung „zahlbar sofort". Am 22. Februar hat die Hoffmann KG eine Mahnung versandt.
   b) Die Rechnung der Hoffmann KG enthält die Formulierung „zahlbar sofort". Es wird keine Mahnung versandt.
   c) Die Rechnung der Hoffmann KG enthält die Formulierung „ Zahlung bis spätestens 3. März".

7. Svenja Ambroß kauft am 1. Februar ein Notebook bei der Notebooks-günstiger GmbH. Als Zahlungsbedingung wurde „Zahlung sofort nach Rechnungserhalt" vereinbart. Am 11. Februar tritt Svenja ihren fünfwöchigen Kuraufenthalt an der Ostsee an. Am 12. Februar wird in ihren Briefkasten die Rechnung eingeworfen. Am 19. März ist Svenja aus dem Urlaub zurück. Prüfen Sie, ob bereits ein Zahlungsverzug vorliegt.

8. Was versteht man unter einem Forderungsmanagement?

9. Führen Sie einige Maßnahmen des Forderungsmanagements auf.

AKTIONEN

1. a) Ermitteln Sie auf der Internetadresse www.bundesbank.de/info/info_zinssaetze.php den aktuellen Basiszinssatz der Deutschen Bundesbank.
   b) Berechnen Sie daraufhin die momentan gültigen Zinssätze für Verzugszinsen bei:
      - bürgerlichen Käufen
      - einseitigen Handelskäufen
      - zweiseitigen Handelskäufen

2. Erstellen Sie eine Mindmap, die alle wichtigen Inhalte des Themas Nicht-Rechtzeitig-Zahlung zusammenfasst.

3560 288

ZUSAMMENFASSUNG

Nicht-Rechtzeitig-Zahlung (Zahlungsverzug)

= Schuldner zahlt nicht rechtzeitig oder gar nicht

Voraussetzungen

- **Fälligkeit**
- **Mahnung**
  - Grundsätzlich muss immer eine Mahnung erfolgen.
  - Ohne Mahnung kommt der Schuldner nach 30 Tagen automatisch in Verzug.
  - keine Mahnung erforderlich, wenn der Zahlungstermin kalendermäßig bestimmt oder bestimmbar ist

Rechte des Gläubigers

- **Bestehen auf Zahlung**
  - Es wird weiter auf Zahlung beharrt.
  - Zusätzlich kann verlangt werden:
    - Schadensersatz wegen Verzögerung der Zahlung
    - Verzugszinsen
- **Ablehnen der Zahlung**
  - Die Zahlung wird abgelehnt und die Herausgabe der Ware gefordert.
  - Zusätzlich kann verlangt werden: Schadensersatz statt der Leistung
  - (für beide:)
    - im Normalfall nur nach Androhen und Setzen einer angemessenen Nachfrist
    - keine Nachfristsetzung u. a. bei:
      - endgültiger Verweigerung der Zahlung
      - Fix- oder Zweckkauf

8.6 Wir mahnen kaufmännisch

Einstieg

Heute in der Rechnungswesenabteilung der Hoffmann KG:

Frau Bertram:
„Hallo Carolin, haben Sie mal die Offene-Posten-Liste durchgeguckt? Irgendetwas auffällig?"

Carolin Saager:
„Eigentlich alles in Ordnung, bis auf eine Forderung. Die Firma Söffgen OHG – Rechnungsdatum war vor 14 Tagen – hat noch nicht gezahlt. Es geht immerhin um einen Betrag von 3.476,00 €. Müssen wir da jetzt eine Klage vorbereiten?"

Frau Bertram:
„Nein, da machen wir erst einmal etwas anderes."

1. Stellen Sie fest, warum die Hoffmann KG zunächst nicht den Klageweg einschlägt.
2. Machen Sie Vorschläge, wie die Hoffmann KG vorgehen könnte, um an den ausstehenden Geldbetrag zu kommen.

INFORMATIONEN

Außergerichtliches Mahnverfahren

Leistet ein Schuldner absichtlich oder versehentlich eine Zahlung trotz Fälligkeit nicht, wird ein Gläubiger ihm in der Regel im Rahmen des außergerichtlichen Mahnverfahrens Mahnungen schicken.

Im kaufmännischen Geschäftsleben hat sich die Praxis bewährt, ein oder mehrere Mahnschreiben in abgestufter Form an den Schuldner zu verschicken. Man möchte dabei den säumigen Kunden (der die Rechnung ja vielleicht nur versehentlich verlegt hat) nicht durch sofortiges gerichtliches Vorgehen verärgern. Stattdessen wird er zunächst mehr, dann etwas weniger höflich an seine Zahlungspflicht erinnert.

Mahnung

DEFINITION

Eine **Mahnung** ist eine einseitige, empfangsbedürftige Willenserklärung. Sie fordert den Schuldner auf, die fällige Zahlung zu leisten.

Ziel der Mahnung ist es, einerseits den Schuldner rechtlich in Verzug zu setzen und andererseits schnell und kostengünstig den Schuldner zur Zahlung zu bringen.

Zu beachten bei einer Mahnung ist: Eine Mahnung ist grundsätzlich formfrei. Sie kann schriftlich, mündlich oder auch durch schlüssiges Verhalten erfolgen. Zu empfehlen ist aus Beweissicherungsgründen jedoch immer, die Mahnung in schriftlicher Form abzugeben.

Damit klar ist, was der Gläubiger anmahnt, sollte eine schriftliche Mahnung nach Möglichkeit folgende Punkte enthalten:

- Datum und Nummer der Rechnung
- gegebenenfalls Datum und Nummer des Lieferscheins
- Zahlungsziel

Ablauf des außergerichtlichen Mahnverfahrens

Das außergerichtliche Mahnverfahren wird oft angewandt in den Fällen, in denen der Schuldner sich auch ohne Mahnung in Verzug befindet. Dabei möchte man z. B. schon seit längerem bestehende gute Geschäftsbeziehungen nicht belasten. Befindet sich der Schuldner bei einer fälligen Forderung noch nicht in Verzug, ist gesetzlich eine Mahnung notwendig, damit die Rechte aus einer Nicht-Rechtzeitig-Zahlung in Anspruch genommen werden können.

Für das außergerichtliche Mahnverfahren gibt es kein allgemeingültiges Schema. Typisch für ein kaufmännisches Vorgehen sind jedoch drei Mahnungen.

Zahlungserinnerung

Die Zahlungserinnerung ist die erste Mahnung. Der Schuldner wird höflich darauf hingewiesen, dass die ausstehende Rechnung noch nicht beglichen wurde.

Der Gläubiger bittet den Schuldner, die Forderung zu begleichen. Für den Fall, dass die Rechnung auf dem Postweg verloren gegangen sein sollte oder beim Kunden versehentlich verlegt wurde, sollte der Zahlungserinnerung eine Kopie der Rechnung beigelegt werden.

Hoffmann KG
seit 1949

Hoffmann KG | Goseriede 41 | 30159 Hannover

Söffgen OHG
Bergstr. 11
51503 Rösrath

Hoffmann KG | Goseriede 41 | 30159 Hannover

Telefon	0551 4155-0
Telefax	0551 4155-10
Internet	www.hoffmann-kg-wvd.de
E-Mail	info@hoffmann-kg-wvd.de

Ihr Zeichen, Ihre Nachricht vom	Unser Zeichen, unsere Nachricht vom	Telefon, Name	Datum
	re-be ..-06-14	0511 4155-52 Martina Bertram	..-06-28

Zahlungserinnerung: Rechnung 2010140632 vom 14. Juni d. J.

Sehr geehrte Damen und Herren,

leider konnten wir bei der Überprüfung unserer Konten für die Rechnung 2010140632 vom 14. Juni d. J. in Höhe von 3.476,00 € keinen Zahlungseingang feststellen. Wir haben diesem Schreiben eine Kopie der Rechnung beigelegt, da diese vielleicht bei Ihnen übersehen wurde. Wir freuen uns auf den Eingang Ihrer Zahlung.

Sollte die Zahlung zwischenzeitlich schon erfolgt sein, bitten wir Sie, dieses Schreiben als gegenstandslos anzusehen.

Mit freundlichen Grüßen

Hoffmann KG

Martina Bertram

Martina Bertram

Anlage
Rechnung 2010140632 vom 14. Juni d. J.

Ausdrückliche Mahnung

Ist nach der Zahlungserinnerung kein Zahlungseingang zu verzeichnen, sollte an den Schuldner eine zweite Mahnung verschickt werden: die ausdrückliche Mahnung. Diese ist eindeutig formuliert. Es wird nachhaltig zum Ausdruck gebracht, dass die Zahlung verlangt wird. Oft wird auch schon eine Zahlungsfrist angegeben.

Hoffmann KG
seit 1949

Hoffmann KG | Goseriede 41 | 30159 Hannover

Söffgen OHG
Bergstr. 11
51503 Rösrath

Hoffmann KG | Goseriede 41 | 30159 Hannover

Telefon | 0551 4155-0
Telefax | 0551 4155-10
Internet | www.hoffmann-kg-wvd.de
E-Mail | info@hoffmann-kg-wvd.de

Ihr Zeichen, Ihre Nachricht vom	Unser Zeichen, unsere Nachricht vom	Telefon, Name 0511 4155-	Datum
	re-be ..-06-28	52 Martina Bertram	..-07-15

Mahnung: Rechnung 2010140632 vom 14. Juni d. J.

Sehr geehrte Damen und Herren,

leider konnten wir nach unserer Zahlungserinnerung vom 28. Juni für unsere Rechnung 2010140632 vom 14. Juni auf unseren Konten noch keinen Zahlungseingang verzeichnen. Wir fordern Sie daher höflich auf, den Betrag von 3.476,00 € bis zum 22. Juli d. J. auf eines unserer Konten zu überweisen.

Bedenken Sie bitte, dass wir Ihnen im Fall einer nicht rechtzeitigen Zahlung Mahnkosten und Verzugszinsen berechnen müssen.

Sollte die Zahlung zwischenzeitlich schon erfolgt sein, bitten wir Sie, dieses Schreiben als gegenstandslos anzusehen.

Mit freundlichen Grüßen

Hoffmann KG

Martina Bertram

Martina Bertram

Verschärfte Mahnung

Reagiert der Schuldner auf die zweite Mahnung nicht, wird häufig noch eine verschärfte Mahnung geschickt. Als letzte Mahnung droht der Gläubiger dem säumigen Zahler die Einleitung weiterer rechtlicher Schritte an. Dies können sein:

- Beauftragung eines Inkassoinstituts
- Einschaltung eines Rechtsanwalts
- Übergang in das gerichtliche Mahnverfahren
- Klage zur Zahlung des ausstehenden Betrags

Bei der verschärften Mahnung werden dem Schuldner oft auch die schon angefallenen Kosten in Rechnung gestellt.

Einige Unternehmen versuchen manchmal noch vor oder nach der dritten Mahnung den überfälligen Betrag durch Postnachnahme einzuziehen.

3560 292

Hoffmann KG
seit 1949

Hoffmann KG | Goseriede 41 | 30159 Hannover

Söffgen OHG
Bergstr. 11
51503 Rösrath

Hoffmann KG | Goseriede 41 | 30159 Hannover
Telefon | 0551 4155-0
Telefax | 0551 4155-10
Internet | www.hoffmann-kg-wvd.de
E-Mail | info@hoffmann-kg-wvd.de

Ihr Zeichen, Ihre Nachricht vom	Unser Zeichen, unsere Nachricht vom	Telefon, Name 0511 4155-	Datum
	re-be ..-07-15	52 Martina Bertram	..-08-01

Letzte Mahnung: Rechnung 2010140632 vom 14. Juni d. J.

Sehr geehrte Damen und Herren,

trotz einer Zahlungserinnerung vom 28. Juni und einer Mahnung vom 15. Juli wurde unsere Rechnung 2010140632 vom 14. Juni leider immer noch nicht beglichen.

Wir fordern Sie daher letztmals auf, die Zahlung des Rechnungsbetrags in Höhe von 3.476,00 € zuzüglich 15,00 € Mahnkosten spätestens bis zum 15. August d. J. vorzunehmen.

Sollte nach diesem Termin bei uns kein Zahlungseingang zu verzeichnen sein, werden wir unverzüglich gerichtliche Schritte ergreifen.

Mit freundlichen Grüßen

Hoffmann KG

Martina Bertram

Martina Bertram

AUFGABEN

1. Was versteht man unter dem außergerichtlichen Mahnverfahren?
2. Warum wendet ein Unternehmen das außergerichtliche Mahnverfahren an?
3. In welcher Form kann gemahnt werden?
4. Wodurch unterscheiden sich die drei typischen Mahnstufen?
5. Ab welchem Zeitpunkt gerät der Schuldner beim außergerichtlichen Mahnverfahren spätestens in Verzug (wenn der Zahlungstermin nicht genau festgelegt ist)?
   a) mit der 3. Mahnung
   b) mit 2. Mahnung
   c) mit der 1. Mahnung
   d) mit der Postnachnahme
   e) mit dem Mahnbescheid
6. Geben Sie an, welche Art Mahnung bei dem jeweiligen Auszug aus einem Mahnschreiben vorliegt.
   a) „... Leider haben Sie unser Schreiben vom 19.1. nicht beachtet. Der Rechnungsbetrag von 1.376,80 € ist seit dem 12.1. überfällig. Wir fordern Sie daher auf, den fälligen Rechnungsbetrag bis zum 1.3. zu begleichen ..."
   b) „... bei Durchsicht unserer Konten mussten wir feststellen, dass noch die folgende Rechnung trotz einer Zahlungserinnerung vom 3.1. sowie einer Mahnung vom 1.2. zur Zahlung offensteht: Rechnung vom 18.11. über die Lieferung von 100 Jeans. Zahlungstermin für den Betrag von 4.250,00 € war der 15.12. Zusätzlich sind uns Mahnkosten von 24,98 € entstanden, die wir Ihnen jetzt ebenfalls in Rechnung stellen. Wegen unserer langjährigen guten Geschäftsbezie-

hungen setzen wir Ihnen einen letzten Zahlungstermin. Sollte bis dahin nicht gezahlt werden, werden wir gerichtlich gegen Sie vorgehen ..."

c) „... Wir haben großes Verständnis dafür, wenn bei der täglichen Hektik die pünktliche Bezahlung einer Rechnung beziehungsweise die Rechung selbst einmal übersehen wird. Daher erinnern wir Sie heute an die Begleichung des Rechnungsbetrags über 4.500,00 €. In der Anlage befindet sich zu Ihrer Information eine Kopie der Rechnung. Wir bitten Sie, den fälligen Betrag von 4.500,00 € in den nächsten Tagen zu überweisen ..."

AKTIONEN

1. Die Hoffmann KG hat eine Forderung gegenüber der Firma
   Ivakno GmbH
   Schützenwiese 34
   31139 Hildesheim
   in Höhe von 2.448,00 €. Grundlage dafür ist die Rechnung 214078 vom 12.4. des Jahres.
   Spielen Sie mithilfe eines Textverarbeitungsprogramms das außergerichtliche Mahnverfahren durch. Erstellen Sie in diesem Zusammenhang alle drei Mahnungen, die im Rahmen des außergerichtlichen Mahnverfahrens normalerweise an den Schuldner geschickt werden.

2. Hat eine verschärfte Mahnung keinen Erfolg, versuchen einige Unternehmen, den fälligen Betrag über Postnachnahme oder die Einschaltung eines Inkassounternehmens einzutreiben.
   Informieren Sie sich im Internet über diese beiden Maßnahmen. Erstellen Sie ein Wandplakat, das die beiden Maßnahmen vorstellt.

ZUSAMMENFASSUNG

Außergerichtliches Mahnverfahren

Der Schuldner erhält vom Gläubiger in abgestufter Form

Mahnungen

= Aufforderungen an den Schuldner, umgehend zu zahlen

- sind formfrei, sollten aber aus Beweissicherungsgründen schriftlich erfolgen

Ziele:
- Möglichkeit, eine schnelle Zahlung zu bewirken
- den Schuldner in Verzug setzen

Typischer Ablauf des außergerichtlichen Mahnverfahrens

Zahlungserinnerung
- 1. Mahnung
- Schuldner wird höflich um Zahlung gebeten.
- oft mit Kopie der Rechnung

ausdrückliche Mahnung
- 2. Mahnung
- Schuldner wird mit Hinweis auf die Zahlungserinnerung deutlich zur Zahlung aufgefordert.

verschärfte Mahnung
- 3. Mahnung
- Hinweis „Letzte Mahnung"
- Dem Schuldner werden rechtliche Schritte angedroht, wenn er den letzten Zahlungstermin nicht einhält.

8.7 Wir wenden das gerichtliche Mahnverfahren an

Einstieg

Frau Bertram:
„Hat die Söffgen OHG eigentlich auf die dritte Mahnung reagiert?"

Carolin Saager:
„Nein, die dort gesetzte Frist ist abgelaufen."

Frau Bertram:
„Tja, dann wird es jetzt so richtig ernst ..."

Stellen Sie fest, welche zwei Möglichkeiten die Hoffmann KG hat, um den Zahlungsanspruch durchzusetzen.

INFORMATIONEN

Alternativen: gerichtliches Mahnverfahren – Zahlungsklage

Hat das kaufmännische Mahnverfahren gegenüber einem säumigen Schuldner keinen Erfolg gehabt, gibt es für das Unternehmen noch zwei Möglichkeiten, das zustehende Geld einzutreiben:

- Das Unternehmen erhebt vor Gericht Klage gegen den Schuldner. Einen Prozess vorzubereiten, kostet Zeit, und man benötigt in der Regel einen Rechtsanwalt. Es fallen zunächst einmal Kosten an.
- Das Unternehmen leitet ein gerichtliches Mahnverfahren ein.

Das gerichtliche Mahnverfahren ist ein einfaches Verfahren, um einen Zahlungsanspruch durchzusetzen. Hierbei wird der Schuldner durch das Gericht aufgefordert, den Forderungsbetrag zu begleichen. Dabei ist ein Gericht zwar für die Durchführung des Mahnverfahrens sachlich zuständig. Es finden jedoch
- weder eine Prüfung, ob die Forderung des Gläubigers zu Recht besteht,
- noch eine Beweiserhebung statt.

Dadurch wird im Normalfall das gerichtliche Mahnverfahren schneller und kostengünstiger als eine aufwendige Klage. Es empfiehlt sich vor allem dann, wenn mit keinen Einwänden des Schuldners gerechnet wird.

Ziel des gerichtlichen Mahnverfahrens ist es, für den Gläubiger einen Vollstreckungstitel zu erhalten. Mit diesem kann er den offenstehenden Geldbetrag durch einen Gerichtsvollzieher eintreiben lassen.

Kann dagegen damit gerechnet werden, dass der Schuldner Einwendungen macht, sollte überlegt werden, ob nicht die Klage der direktere und damit schnellere Weg ist.

Sämtliche Kosten für das Erwirken eines gerichtlichen Mahnbescheids sind in voller Höhe vom Schuldner zu tragen, vorausgesetzt dass
- die Forderung berechtigt ist,
- der Schuldner sich in Zahlungsverzug befindet und
- nicht zahlungsunfähig ist.

Voraussetzungen des gerichtlichen Mahnverfahrens

Um ein gerichtliches Mahnverfahren durchführen zu können, müssen bestimmte Voraussetzungen beachtet werden:

- Es dürfen nur Zahlungsansprüche auf eine bestimmte Geldsumme geltend gemacht werden.
- Der Betrag der Geldsumme muss auf Euro lauten. Geldforderungen in ausländischer Währung müssen durch Klage geltend gemacht werden. Dies gilt auch für Zinsforderungen aus Verbraucherdarlehensverträgen.
- Der Anspruch muss fällig sein.
- Der Anspruch darf nicht abhängig sein von einer nicht erbrachten Gegenleistung.

Einleitung des gerichtlichen Mahnverfahrens

Ein Unternehmen, das ein gerichtliches Mahnverfahren einleiten möchte, muss sich – z. B. im örtlichen Schreibwarenhandel oder auch bei Fachverlagen – zunächst einmal einen Vordruck für einen Antrag auf Erlass eines Mahnbescheids besorgen. Dem Antrag, der zwingend zu verwenden ist, liegen Ausfüllhinweise bei.

Der Antragsteller füllt das offizielle Formular vollständig aus.

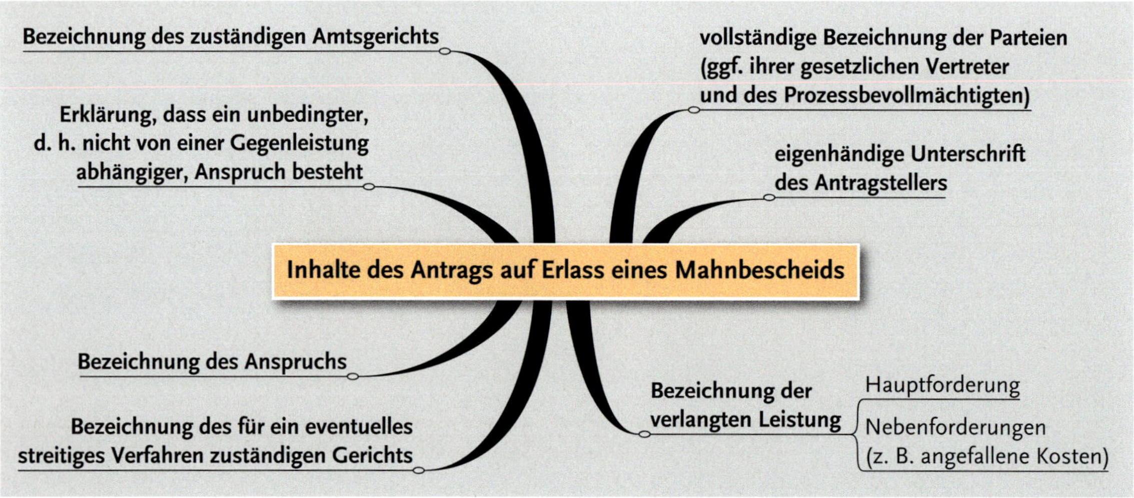

Der ausgefüllte Vordruck ist beim Amtsgericht des Antragstellers abzugeben. Davon abweichend haben die Landesregierungen einiger Bundesländer die Verordnung erlassen, dass Mahnbescheide ausschließlich von bestimmten, eigens damit beauftragten Amtsgerichten bearbeitet werden dürfen.

Mittlerweile kann der Antrag auf Erlass eines Mahnbescheids auch online gestellt werden. Dazu wird der Antrag im Internet ausgefüllt und anschließend elektronisch an das zuständige Mahngericht geschickt. Notwendig ist dazu allerdings eine qualifizierte elektronische Signatur.

Wird der Mahnbescheid beantragt, muss der Antragsteller Gebühren zahlen, die sich nach der Höhe der offenen Forderung richten. Der Gläubiger erhält vom Gericht eine Kostenrechnung.

Ablauf des gerichtlichen Mahnverfahrens

Liegen nach Abgabe des Antrags auf Erlass eines Mahnbescheids alle formellen Voraussetzungen vor, wird der Mahnbescheid vom zuständigen Amtsgericht unverzüglich erlassen und dem Schuldner förmlich durch die Post zugestellt. Es findet dabei keine Prüfung statt, ob dem Gläubiger der geltend gemachte Anspruch auch tatsächlich zusteht.

Von Seiten des Schuldners, dem eine zweiwöchige Widerrufsfrist eingeräumt wird, sind nun drei Reaktionen denkbar:

Schuldner zahlt
Der Schuldner bezahlt innerhalb der 14 Tage die komplette Forderung. Das gerichtliche Mahnverfahren hat seinen Zweck erfüllt. Der Zahlungsanspruch ist durchgesetzt.

Schuldner reagiert nicht
Reagiert der Schuldner innerhalb der Widerspruchsfrist von zwei Wochen nicht (beziehungsweise verspätet), kann der Gläubiger beim zuständigen Amtsgericht einen Vollstreckungsbescheid beantragen. Dies muss er allerdings innerhalb einer Frist von sechs Monaten nach Zustellung des Mahnbescheids machen.

Das Amtsgericht wird dann auf der Grundlage des durch den Schuldner nicht angefochtenen Mahnbescheids einen Vollstreckungsbescheid erlassen. Dies ist ein Vollstreckungstitel, mit dem das Zwangsvollstreckungsverfahren[1] eingeleitet werden kann. Damit erfüllt das gerichtliche Mahnverfahren auch hier seinen Zweck.

Den Vollstreckungsbescheid schickt das Amtsgericht an die im Mahnbescheid angegebene Adresse. Der Vollstreckungsbescheid kann innerhalb von zwei Wochen teilweise oder im Ganzen schriftlich und ohne Begründung angefochten werden: Das Verfahren wird an das zuständige Prozessgericht abgegeben.

1 siehe Kap. 8.8

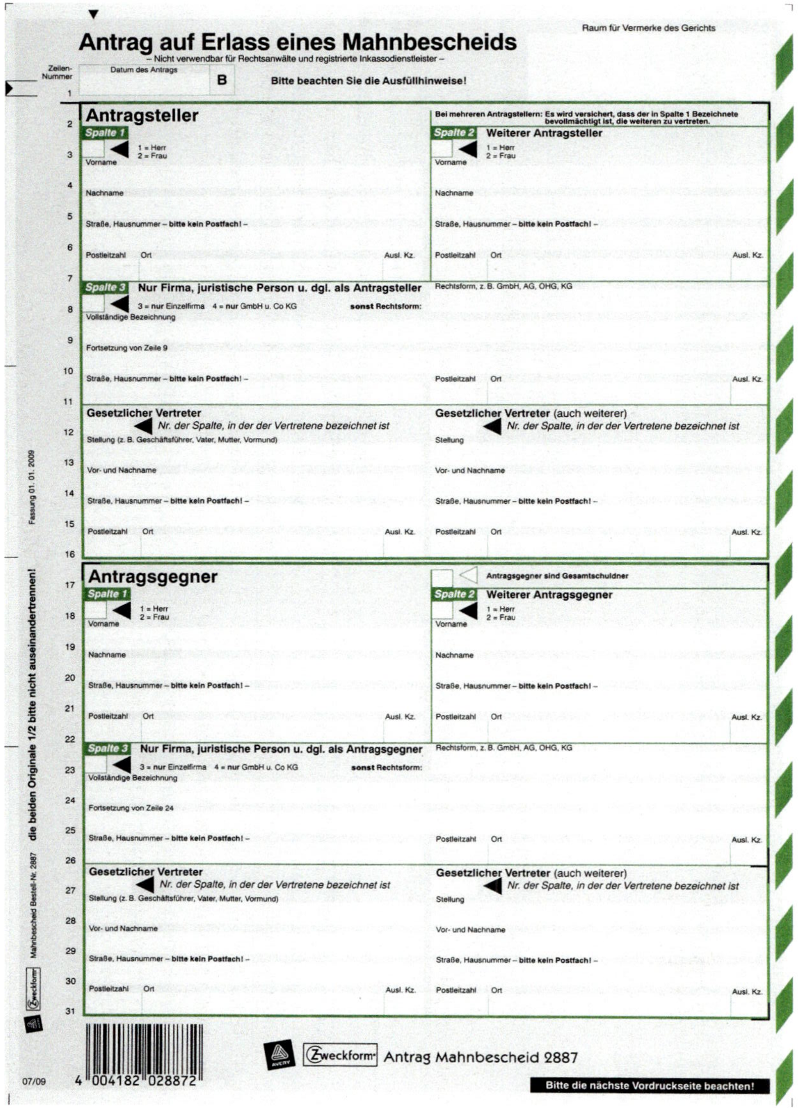

Antrag auf Erlass eines Mahnbescheids

– Nicht verwendbar für Rechtsanwälte und registrierte Inkassodienstleister –

Raum für Vermerke des Gerichts

Zeilen-Nummer

1 Datum des Antrags B Bitte beachten Sie die Ausfüllhinweise!

2 **Antragsteller**

Bei mehreren Antragstellern: Es wird versichert, dass der in Spalte 1 Bezeichnete bevollmächtigt ist, die weiteren zu vertreten.

Spalte 1 — 1 = Herr 2 = Frau | Spalte 2 Weiterer Antragsteller — 1 = Herr 2 = Frau

3 Vorname | Vorname

4 Nachname | Nachname

5 Straße, Hausnummer – bitte kein Postfach! – | Straße, Hausnummer – bitte kein Postfach! –

6 Postleitzahl Ort Ausl. Kz. | Postleitzahl Ort Ausl. Kz.

7 Spalte 3 Nur Firma, juristische Person u. dgl. als Antragsteller | Rechtsform, z. B. GmbH, AG, OHG, KG

8 3 = nur Einzelfirma 4 = nur GmbH u. Co KG sonst Rechtsform: Vollständige Bezeichnung

9 Fortsetzung von Zeile 9

10 Straße, Hausnummer – bitte kein Postfach! – Postleitzahl Ort Ausl. Kz.

11 Gesetzlicher Vertreter — Nr. der Spalte, in der der Vertretene bezeichnet ist | Gesetzlicher Vertreter (auch weiterer) — Nr. der Spalte, in der der Vertretene bezeichnet ist

12 Stellung (z. B. Geschäftsführer, Vater, Mutter, Vormund) | Stellung

13 Vor- und Nachname | Vor- und Nachname

14 Straße, Hausnummer – bitte kein Postfach! – | Straße, Hausnummer – bitte kein Postfach! –

15 Postleitzahl Ort Ausl. Kz. | Postleitzahl Ort Ausl. Kz.

16

17 **Antragsgegner** — Antragsgegner sind Gesamtschuldner

Spalte 1 — 1 = Herr 2 = Frau | Spalte 2 Weiterer Antragsgegner — 1 = Herr 2 = Frau

18 Vorname | Vorname

19 Nachname | Nachname

20 Straße, Hausnummer – bitte kein Postfach! – | Straße, Hausnummer – bitte kein Postfach! –

21 Postleitzahl Ort Ausl. Kz. | Postleitzahl Ort Ausl. Kz.

22 Spalte 3 Nur Firma, juristische Person u. dgl. als Antragsgegner | Rechtsform, z. B. GmbH, AG, OHG, KG

23 3 = nur Einzelfirma 4 = nur GmbH u. Co KG sonst Rechtsform: Vollständige Bezeichnung

24 Fortsetzung von Zeile 24

25 Straße, Hausnummer – bitte kein Postfach! – Postleitzahl Ort Ausl. Kz.

26 Gesetzlicher Vertreter — Nr. der Spalte, in der der Vertretene bezeichnet ist | Gesetzlicher Vertreter (auch weiterer) — Nr. der Spalte, in der der Vertretene bezeichnet ist

27 Stellung (z. B. Geschäftsführer, Vater, Mutter, Vormund) | Stellung

28 Vor- und Nachname | Vor- und Nachname

29 Straße, Hausnummer – bitte kein Postfach! – | Straße, Hausnummer – bitte kein Postfach! –

30 Postleitzahl Ort Ausl. Kz. | Postleitzahl Ort Ausl. Kz.

31

Fassung 01. 01. 2009 — die beiden Originale 1/2 bitte nicht auseinandertrennen! — Mahnbescheid Bestell-Nr. 2887 Zweckform

07/09 4 004182 028872

Zweckform Antrag Mahnbescheid 2887

Bitte die nächste Vordruckseite beachten!

Antragsformular auf Erlass eines Mahnbescheids – Vorderseite

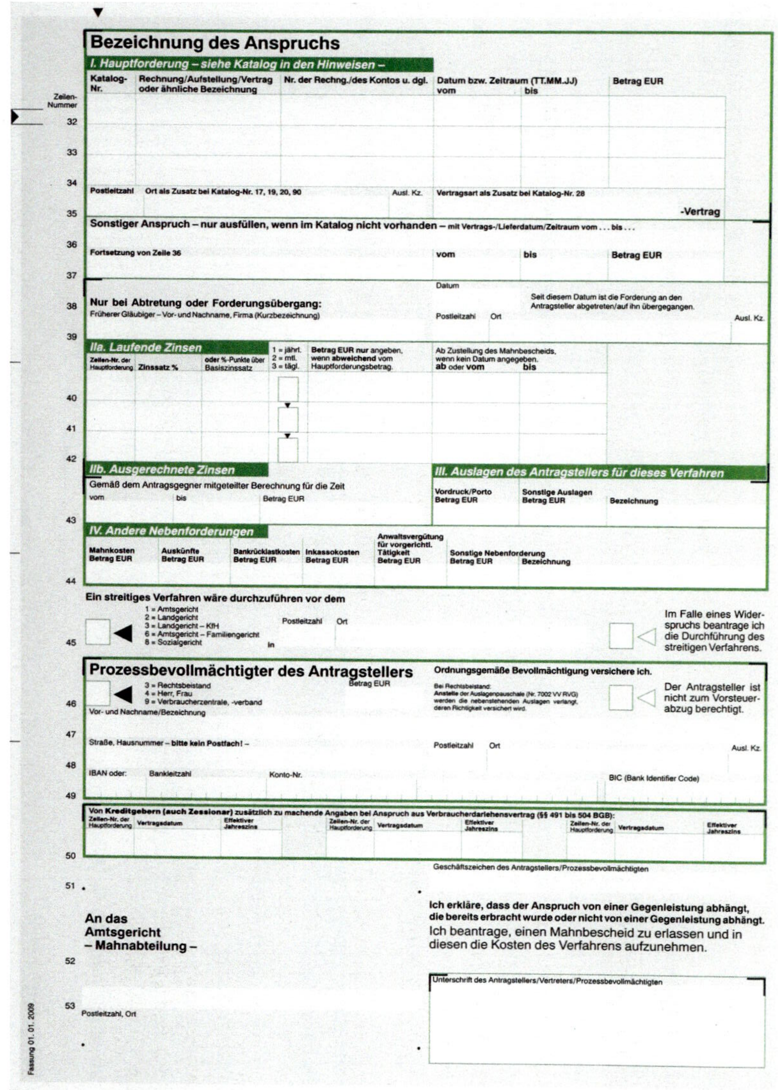

Bezeichnung des Anspruchs

I. Hauptforderung – siehe Katalog in den Hinweisen –

Zeilen-Nummer

Katalog-Nr.	Rechnung/Aufstellung/Vertrag oder ähnliche Bezeichnung	Nr. der Rechng./des Kontos u. dgl.	Datum bzw. Zeitraum (TT.MM.JJ) vom bis	Betrag EUR
32				
33				

34 Postleitzahl Ort als Zusatz bei Katalog-Nr. 17, 19, 20, 90 Ausl. Kz. Vertragsart als Zusatz bei Katalog-Nr. 28 -Vertrag

35 Sonstiger Anspruch – nur ausfüllen, wenn im Katalog nicht vorhanden – mit Vertrags-/Lieferdatum/Zeitraum vom ... bis ...

36 Fortsetzung von Zeile 36 vom bis Betrag EUR

37 Nur bei Abtretung oder Forderungsübergang: Datum — Seit diesem Datum ist die Forderung an den Antragsteller abgetreten/auf ihn übergegangen.

38 Früherer Gläubiger – Vor- und Nachname, Firma (Kurzbezeichnung) Postleitzahl Ort Ausl. Kz.

39 IIa. Laufende Zinsen

Zeilen-Nr. der Hauptforderung | Zinssatz % | oder %-Punkte über Basiszinssatz | 1 = jährl. 2 = mtl. 3 = tägl. | Betrag EUR nur angeben, wenn abweichend vom Hauptforderungsbetrag. | Ab Zustellung des Mahnbescheids, wenn kein Datum angegeben. ab oder vom bis

40

41

42 IIb. Ausgerechnete Zinsen — Gemäß dem Antragsgegner mitgeteilter Berechnung für die Zeit vom bis Betrag EUR | III. Auslagen des Antragstellers für dieses Verfahren — Vordruck/Porto Betrag EUR | Sonstige Auslagen Betrag EUR | Bezeichnung

43 IV. Andere Nebenforderungen

Mahnkosten Betrag EUR | Auskünfte Betrag EUR | Bankrücklastkosten Betrag EUR | Inkassokosten Betrag EUR | Anwaltsvergütung für vorgerichtl. Tätigkeit Betrag EUR | Sonstige Nebenforderung Betrag EUR | Bezeichnung

44 Ein streitiges Verfahren wäre durchzuführen vor dem

1 = Amtsgericht 2 = Landgericht 3 = Landgericht – KfH 6 = Amtsgericht – Familiengericht 8 = Sozialgericht — Postleitzahl Ort in

45 Im Falle eines Widerspruchs beantrage ich die Durchführung des streitigen Verfahrens.

Prozessbevollmächtigter des Antragstellers — Ordnungsgemäße Bevollmächtigung versichere ich.

3 = Rechtsbeistand 4 = Herr, Frau 9 = Verbraucherzentrale, -verband — Betrag EUR — Bei Rechtsbeistand: Anstelle der Auslagenpauschale (Nr. 7002 VV RVG) werden die nebenstehenden Auslagen verlangt, deren Richtigkeit versichert wird. — Der Antragsteller ist nicht zum Vorsteuerabzug berechtigt.

46 Vor- und Nachname/Bezeichnung

47 Straße, Hausnummer – bitte kein Postfach! – Postleitzahl Ort Ausl. Kz.

48 IBAN oder: Bankleitzahl Konto-Nr. BIC (Bank Identifier Code)

49 Von Kreditgebern (auch Zessionar) zusätzlich zu machende Angaben bei Anspruch aus Verbraucherdarlehensvertrag (§§ 491 bis 504 BGB):

Zeilen-Nr. der Hauptforderung | Vertragsdatum | Effektiver Jahreszins | Zeilen-Nr. der Hauptforderung | Vertragsdatum | Effektiver Jahreszins | Zeilen-Nr. der Hauptforderung | Vertragsdatum | Effektiver Jahreszins

50 Geschäftszeichen des Antragstellers/Prozessbevollmächtigten

51 An das Amtsgericht – Mahnabteilung –

Ich erkläre, dass der Anspruch von einer Gegenleistung abhängt, die bereits erbracht wurde oder nicht von einer Gegenleistung abhängt. Ich beantrage, einen Mahnbescheid zu erlassen und in diesen die Kosten des Verfahrens aufzunehmen.

52

Unterschrift des Antragstellers/Vertreters/Prozessbevollmächtigten

53 Postleitzahl, Ort

Fassung 01. 01. 2009

Antragsformular auf Erlass eines Mahnbescheids – Rückseite

Reagiert aber der Schuldner weiterhin nicht, kann die Zwangsvollstreckung eingeleitet werden.

Schuldner legt Widerspruch ein

Der Schuldner legt Widerspruch ein. In der Regel wird dies mit dem Vordruck für das Einlegen eines Widerspruchs, der dem Mahnbescheid beiliegt, gemacht. Der Widerspruch muss nicht begründet werden. Beginn der zweiwöchigen Widerspruchsfrist ist die Zustellung des Mahnbescheids. Sollte danach noch kein Vollstreckungsbescheid erlassen worden sein, ist auch ein späterer Widerspruch ausnahmsweise noch wirksam.

Wurde rechtswirksam Widerspruch eingelegt, kann jede der beiden Parteien die Durchführung des streitigen Verfahrens beantragen. Das für das Mahnverfahren zuständige Amtsgericht gibt dann den Rechtsstreit an das zuständige Prozessgericht ab. Dieses fordert den Gläubiger innerhalb von zwei Wochen auf, seinen Zahlungsanspruch zu begründen. Der Schuldner kann sich hier gegen die Forderung mit sachlichen Argumenten wehren.

AUFGABEN

1. Dominik Schlote meint: „Manchmal ist es bei einem Zahlungsverzug sinnvoll, zunächst einmal mit dem kaufmännischen Mahnverfahren sanft zu mahnen." Beurteilen Sie diese Aussage.

2. Was ist das gerichtliche Mahnverfahren?

3. Welche Vorteile hat das gerichtliche Mahnverfahren gegenüber einer Klage?

4. In welchem Fall sollte – um ausstehende Geldbeträge einzutreiben – gleich Klage eingereicht werden?

5. Führen Sie die Voraussetzungen des gerichtlichen Mahnverfahrens auf.

6. Auf welche Weise kann der Antrag auf Erlass eines Mahnbescheids beim Amtsgericht gestellt werden?

7. Was muss der Antrag auf Erlass eines Mahnbescheids enthalten?

8. Wie lang ist die Widerspruchsfrist nach Zustellung des Mahnbescheids?

9. Welche drei Reaktionen sind nach Zustellung des Mahnbescheids denkbar?

10. Was geschieht, wenn der Schuldner beim gerichtlichen Mahnverfahren innerhalb von zwei Wochen dem Mahnbescheid des Gläubigers widerspricht?
    a) Der Gläubiger kann einen Vollstreckungsbescheid beantragen.
    b) Das strittige Verfahren wird vor Gericht durchgeführt.
    c) Der Gläubiger kann die Zwangsvollstreckung beantragen.
    d) Es geschieht nichts.
    e) Das Gericht zwingt den Schuldner zur Zahlung des Betrags.

11. Welche Aussage trifft auf das gerichtliche Mahnverfahren zu?
    a) Das gerichtliche Mahnverfahren wird immer von einem Landgericht durchgeführt.
    b) Die Hoffmann KG als Antragsteller muss dem zuständigen Gericht nachweisen, dass sein Anspruch zu Recht besteht.
    c) Wenn der Schuldner der Hoffmann KG gegen den Mahnbescheid Widerspruch erhebt, kann die Hoffmann KG die Zustellung eines Vollsteckungsbescheids beantragen.
    d) Wenn der Schuldner der Hoffmann KG nichts gegen den Vollstreckungsbescheid unternimmt, kann eine Zwangsvollstreckung durchgeführt werden.

12. Die Milchreit GmbH hat mehrere Rechnungen der Hoffmann KG nicht gezahlt. Obwohl im Rahmen des außergerichtlichen Mahnverfahrens drei Schreiben an den Schuldner gingen, hat dieser bisher nicht gezahlt. Bei der Hoffmann KG wird entschieden, einen Antrag auf Erlass eines Mahnbescheids zu stellen.
    a) Wo muss der Antrag gestellt werden?
    b) Die Milchreit GmbH legt nach Zustellung des Mahnbescheids Widerspruch ein. Welche Folgen hat dies?

AKTIONEN

1. Berechnen Sie mithilfe der Internetadresse www.mahngerichte.de/verfahrenshilfen/kostenrechner.htm die Kosten für einen Mahnbescheid, wenn das gerichtliche Mahnverfahren selber durchgeführt wird, für eine ausstehende Forderung in Höhe von:
   a) 500,00 €
   b) 5.000,00 €

2. Ermitteln Sie mithilfe der Internetadresse aus der Aktion 1 die Höhe der Gesamtkosten, wenn mit der Durchführung des Verfahrens ein Rechtsanwalt beauftragt wird.

3. Gehen Sie zur Internetadresse www.lernen-mit-webquests.de/wq/wq44/vorlage/startseite.html und bearbeiten Sie das dort aufgeführte Webquest zum Thema Mahnwesen.

ZUSAMMENFASSUNG

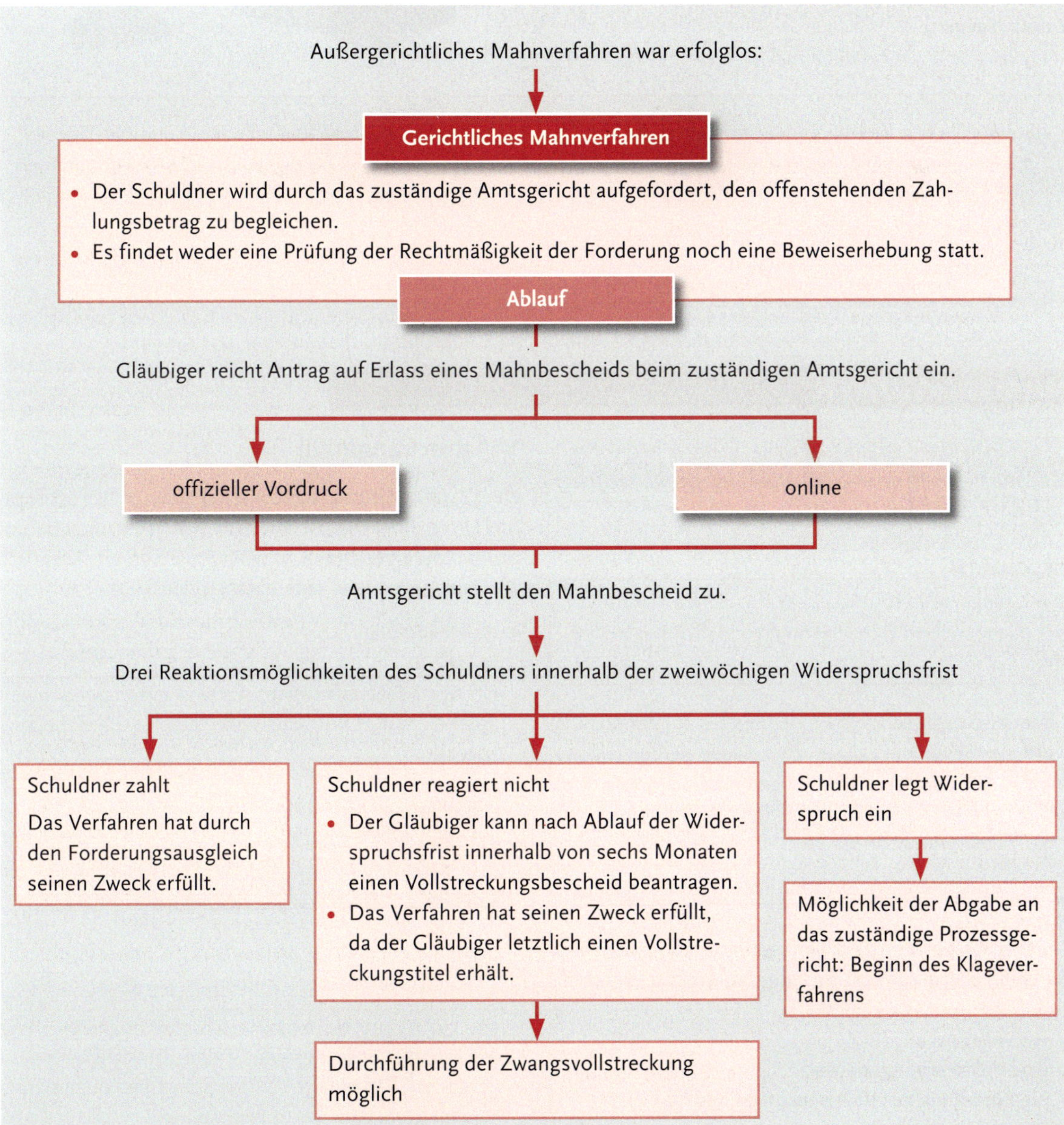

8.8 Wir lassen eine Zwangsvollstreckung durchführen

Einstieg

Carolin Saager:
„Jetzt haben wir ja im Rahmen des gerichtlichen Mahnverfahrens einen Vollstreckungsbescheid gegenüber der Söffgen OHG. Wie kommen wir denn jetzt endlich an unser Geld?"

Frau Bertram:
„Eigentlich sind wir nur noch zwei Schritte vor unserem Geld. Wir müssen bestimmte Voraussetzungen prüfen. Liegen diese vor, müssen wir eine passende Zwangsvollstreckungsmaßnahme auswählen und beantragen."

Carolin Saager:
„Na, dann schauen wir doch mal ..."

1. Stellen Sie fest, welche Voraussetzungen vorliegen müssen, damit ein Zwangsvollstreckungsverfahren eingeleitet werden kann.
2. Führen Sie mögliche Zwangsvollstreckungsmaßnahmen auf.
3. Erläutern Sie, welche Maßnahme ergriffen werden kann, wenn das Zwangsvollstreckungsverfahren erfolglos blieb.

INFORMATIONEN

Ist ein Schuldner zahlungsunwillig, kann er letztlich mit Maßnahmen der Zwangsvollstreckung gezwungen werden, doch zu zahlen.

DEFINITION
Die **Zwangsvollstreckung** ist ein staatliches Verfahren zur zwangsweisen Durchsetzung von Leistungsansprüchen.

Dabei wird mit Machtmitteln des Staates auf Vermögenswerte des Schuldners zugegriffen. Diese werden zugunsten des Gläubigers verwertbar gemacht oder verwertet. Der Staat besitzt hierzu ein Vollstreckungsmonopol: Nur er darf dazu Gewalt anwenden.

Voraussetzungen

Um als Gläubiger das Zwangsvollstreckungsverfahren durchführen zu können, sind drei Voraussetzungen nötig:
- ein Vollstreckungstitel
- eine Vollstreckungsklausel
- die Zustellung des Vollstreckungstitels

Vollstreckungstitel

Der Gläubiger muss sich zunächst einen Vollstreckungstitel beschaffen. Dies ist eine gerichtlich bestätigte Urkunde, aus der hervorgeht, dass einer Person ein Anspruch auf Zahlung zusteht, aber eventuell auch auf:

- eine Handlung
  BEISPIEL
  Ein Schuldner zahlt nicht. Er wird gezwungen, einen unter Eigentumsvorbehalt stehenden Artikel herauszugeben.
- Unterlassung
  BEISPIEL
  Eine Person wird gezwungen, beleidigende Äußerungen in Zukunft nicht mehr abzugeben.
- Duldung
  BEISPIEL
  Ein Unternehmen weigert sich, Kontrolleuren einer Aufsichtsbehörde Zugang zu den Betriebsräumen zu gewähren. Mit einem Vollstreckungstitel kann sie gezwungen werden, dies zuzulassen.

Als Vollstreckungstitel gelten u. a.:

- Vollstreckungsbescheide im Rahmen des gerichtlichen Mahnverfahrens[1]
- rechtskräftige oder für vorläufig vollstreckbar erklärte Endurteile
- in bestimmten Fällen auch Teil-, Versäumnis-, Anerkenntnis- und Vorbehaltsurteile (§ 704 Absatz 1 ZPO)
- gerichtliche Vergleiche
- notarielle Urkunden
- Kostenfestsetzungsbeschlüsse
- bestandskräftig gewordene Zahlungsaufforderungen von Behörden

Vollstreckungsklausel

Ein Vollstreckungstitel muss zusätzlich – dies trifft nur auf den Vollstreckungsbescheid und einige wenige Ausnahmen nicht zu – eine Vollstreckungsklausel enthalten. Diese bezeugt das Bestehen des Vollstreckungstitels. Nur mit ihr entsteht eine vollstreckbare Ausfertigung des Vollstreckungstitels, mit der das Zwangsvollstreckungsverfahren betrieben werden kann.

BEISPIEL

Eine Vollstreckungsklausel könnte lauten:
„Vorstehende Ausfertigung wird der Hoffmann KG zum Zwecke der Zwangsvollstreckung erteilt."

Man erhält die Vollstreckungsklausel, indem man

- bei der Stelle, die den Vollstreckungstitel erlassen hat, die Erteilung der Vollstreckungsklausel auf den Vollstreckungstitel beantragt.
- bereits vorher – z. B. in der Klageschrift – die Erteilung einer vollstreckbaren Ausfertigung (nebst Zustellvermerk) beantragt.

Zustellung des Vollstreckungstitels

Damit der Schuldner noch eine letzte Chance hat, dem Anspruch nachzukommen, muss fast jeder Vollstreckungstitel dem Schuldner vor der Vollstreckung zugestellt werden. Die Zustellung wird als ein gesonderter Schritt angesehen, der nicht mit anderen Vollstreckungshandlungen kombiniert werden kann.

Bei den meisten Vollstreckungstiteln darf mit der Zwangsvollstreckung erst begonnen werden, wenn seit der Zustellung an den Schuldner zwei Wochen vergangen sind. Eine Ausnahme ist die Vollstreckung durch den Gerichtsvollzieher.

---

1 siehe Kap. 8.7

BEISPIEL

Gerichtsvollzieher Hansen hat einen Vollstreckungstitel zugestellt. Unmittelbar nach der Zustellung kann er mit der Zwangsvollstreckung beginnen, ohne dass es dadurch zu einer großen zeitlichen Verzögerung kommt.

Vollstreckungsmaßnahmen

Der Gläubiger hat verschiedene Möglichkeiten, wie er das Zwangsvollstreckungsverfahren betreiben möchte, wenn die Voraussetzungen erfüllt sind.

Pfändung beweglicher Sachen

Der Gläubiger kann die Pfändung beweglicher Sachen des Schuldners beim zuständigen Amtsgericht beantragen. Dieses beauftragt einen Gerichtsvollzieher, der sich zum Wohnort beziehungsweise Sitz des Schuldners begibt. Der Gerichtsvollzieher fordert dort den Schuldner zur Zahlung auf. Zahlt dieser wider Erwarten, wird ihm der Vollstreckungstitel ausgehändigt. Zahlt er dagegen nicht, wird die Pfändung durchgeführt.

Trifft der Gerichtsvollzieher den Schuldner nicht an, fordert er diesen auf, sich mit ihm in Verbindung zu setzen. Gleichzeitig hinterlässt der Gerichtsvollzieher eine Nachricht, dass er beim nächsten Besuch – wenn der Gläubiger dies beantragt – sich gewaltsam, eventuell mit Unterstützung von Polizei und Schlüsseldiensten, Zugang zu den Räumen verschaffen wird.

Bei der Pfändung beweglicher Sachen nimmt der Gerichtsvollzieher Gegenstände, über die der Schuldner die tatsächliche Verfügungsgewalt hat, in Besitz. Geld und Wertsachen des Schuldners werden mitgenommen. Andere Sachen können zwar zunächst noch beim Schuldner bleiben, an ihnen wird aber ein Pfandsiegel angebracht.

Die Pfandsiegelmarke darf nie eigenmächtig entfernt werden. Dies ist strafbar, auch wenn der Schuldner beziehungsweise der rechtmäßige Eigentümer die Pfändung für unrechtmäßig hält.

Verwertet werden die mitgenommenen beziehungsweise gepfändeten Sachen später meist durch Versteigerung. Der sich daraus ergebende Betrag wird dem Gläubiger ausgehändigt. Gepfändete Geldbeträge werden dem Gläubiger direkt übergeben.

Der Gerichtsvollzieher muss beachten, dass

- nicht mehr gepfändet wird, als es zur Befriedigung des Gläubigers und zur Deckung der Kosten der Zwangsvollstreckung erforderlich ist;
- bestimmte Sachen von der Pfändung ausgeschlossen sind.

BEISPIEL

Zum Schutz der wirtschaftlichen Existenz und unter Berücksichtigung der sozialen Belange des Schuldners sehen die Gesetze Ausnahmen von der Pfändbarkeit vor. Nicht gepfändet werden dürfen Sachen, die dem persönlichen Gebrauch oder dem Haushalt dienen, wie z. B.:

- Kleidungsstücke
- Möbel
- Kühlschrank
- Fernsehgerät
- Wäsche
- Betten
- Nahrungsmittel
- Haustiere

Höherwertige Sachen, die unpfändbar sind, können jedoch im Wege der sogenannten Austauschpfändung durch geringwertige Gegenstände ersetzt werden.

Der PC des Büroarbeitsplatzes kann als Grundlage der wirtschaftlichen Existenz nicht gepfändet werden.

Lohnpfändung

Eine offene Forderung kann auch im Zuge der Lohnpfändung eingetrieben werden. Dazu wird beim Amtsgericht, in dem der Schuldner seinen Sitz hat, ein entsprechender Antrag gestellt. Das Amtsgericht lässt dann sowohl dem Schuldner als auch dessen Arbeitgeber den Pfändungs- und Überweisungsbeschluss zukommen. Der Arbeitgeber muss dann so lange Geldbeträge an den Gläubiger abführen, bis dessen Forderung einschließlich Zinsen und Kosten ausgeglichen ist. Der Arbeitgeber muss aber nicht den gesamten Lohn abführen: ein gewisser Betrag muss dem Schuldner bleiben, damit er seinen Lebensunterhalt bestreiten kann. Wie hoch diese Pfändungsfreigrenze ist, hängt von der jeweiligen Situation des Schuldners ab (unterhaltsberechtigter Ehegatte, Kinder).

Kontopfändung

Ähnlich wie eine Lohnpfändung funktioniert auch eine Kontopfändung. Hauptunterschied ist, dass die Zahlungen nicht vom Arbeitgeber, sondern von der Bank des Schuldners an den Gläubiger erfolgen.

Forderungspfändungen

Es können alle weiteren Forderungen und Ansprüche des Schuldners gepfändet werden.

BEISPIELE

- Sozialansprüche
- Ansprüche aus Lebensversicherungen
- Steuererstattungsansprüche
- Anteile an Gesellschaften

Pfändung unbeweglicher Vermögensgegenstände

Unbewegliche Vermögensgegenstände wie z. B. Grundstücke, Wohnungen, Häuser können entweder mit Zwangshypotheken belegt oder zwangsversteigert werden. Ebenfalls möglich ist die Anordnung der Zwangsverwaltung.

Eidesstattliche Versicherung

Ist eine Zwangsvollstreckungsmaßnahme erfolglos gewesen, hat der Gläubiger noch die Möglichkeit, beim zuständigen Gerichtsvollzieher zu beantragen, dass der Schuldner eine eidesstattliche Versicherung abgibt. Diese ähnelt in verschiedenen Punkten dem früheren „Offenbarungseid". Dieser Begriff wird heute häufig noch umgangssprachlich verwendet, obwohl er nicht ganz korrekt ist. Mit der eidesstattlichen Versicherung soll die Offenlegung des Vermögens des Schuldners erzwungen werden, um dem Gläubiger die erfolgreiche Zwangsvollstreckung zu erleichtern.

Der Schuldner muss einen mehrseitigen Vordruck – das sogenannte *Vermögensverzeichnis* – ausfüllen und die Richtigkeit und Vollzähligkeit seiner Angaben an Eides statt versichern. Vorsätzliche und fahrlässige Falschangaben sind strafbar: Sie gelten als Meineide und werden mit Gefängnis bestraft.

Falls der Schuldner die eidesstattliche Versicherung nicht freiwillig abgibt, kann das Amtsgericht auf Antrag des Gläubigers einen Haftbefehl erlassen. Die Haft dauert so lange, bis die eidesstattliche Versicherung abgegeben wird, jedoch maximal sechs Monate.

Nach Abgabe der eidesstattlichen Versicherung wird der Schuldner grundsätzlich für drei Jahre beim zuständigen Amtsgericht im Schuldnerverzeichnis geführt. Für den Schuldner bedeutet dies einen Riesennachteil: Er verliert endgültig seine Kreditwürdigkeit.

BEISPIEL

Kreditauskunfteien wie z. B. creditreform oder die Schufa werten die Schuldnerverzeichnisse bundesweit aus und geben die Informationen an ihre Mitglieder oder Kunden weiter.

Die Löschung des Eintrags im Schuldnerverzeichnis erfolgt taggenau automatisch nach drei Jahren. Der Schuldner kann vorher eine Löschung beantragen, wenn er die Befriedigung desjenigen Gläubigers nachweist, der die eidesstattliche Versicherung veranlasst hatte.

AUFGABEN

1. Was ist eine Zwangsvollstreckung?
2. Beurteilen Sie die folgende Meinung: „Falls einer meiner Schuldner nicht zahlt, beauftrage ich ein russisches Unternehmen zum Forderungseinzug, das eine Zweigstelle in Berlin hat. Deren Vertreter fackeln nicht lang und holen mit Gewalt die mir zustehenden Beträge.“
3. Führen Sie Beispiele für einen Vollstreckungstitel auf.
4. Was ist Aufgabe der Vollstreckungsklausel?
5. Was passiert, wenn der Schuldner bei der Pfändung beweglicher Sachen doch noch zahlt?
6. Wie läuft die Pfändung beweglicher Sachen ab?
7. Was muss im Zusammenhang mit Pfandsiegeln beachtet werden?
8. Auf welche Arten kann die Pfändung unbeweglicher Sachen erfolgen?
9. Bei Jan Verstraaten taucht der Gerichtsvollzieher auf. Als er einen 9.000,00 € teuren Fernseher pfänden möchte, weist Jan Verstraaten auf die Notwendigkeit aktueller Informationen für seine beruflichen Chancen hin. Welche Möglichkeit hat hier der Gerichtsvollzieher?
10. Unterscheiden Sie Lohn- und Kontopfändung.
11. Was ist eine Pfändungsfreigrenze?
12. Was ist Aufgabe einer eidesstattlichen Versicherung?

AKTIONEN

1. Ein Unternehmer nimmt bei einem Arbeitnehmer eine Lohnpfändung vor. Dieser hat eine Frau und zwei Kinder. Sein bereinigtes Nettoeinkommen beträgt 2.499,00 €. Berechnen Sie mithilfe der Internetadresse www.sozialleistungen.info/con/themen/pfaendungstabelle.html, wie viel Euro gepfändet werden können.
2. Bearbeiten Sie den Inhalt dieses Kapitels zur Zwangsvollstreckung mit der Methode des Gruppenlesens.

Warum hat Ihre Lehrkraft diese Aktion mit dieser Methode ausgewählt?
Das Gruppenlesen (auch *reziprokes Lesen* genannt) ist eine Methode, mit der durch das gewählte Vorgehen

- einerseits die Texte besser verstanden werden, als wenn sie allein bearbeitet werden,
- andererseits die Inhalte der Texte besser behalten werden (dafür sorgt die aktive Auseinandersetzung mit dem Text in der Gruppe), als wenn sie nur einmal kurz gelesen werden.

a) Bilden Sie aus drei Personen bestehende Gruppen.
b) Die drei Personen werden abwechselnd – parallel zu den Abschnitten des Textes – die Gruppenleitung übernehmen.
c) Die erste Person, die die Gruppenleitung übernimmt, sorgt dafür, dass der erste Abschnitt in Einzelarbeit still gelesen wird.
d) Anschließend sorgt die Gruppenleitung für folgendes Vorgehen:

- Die Gruppenleitung fragt nach schwierigen Wörtern beziehungsweise gegebenenfalls nach Sätzen, die nicht verstanden wurden. Zusammen in der Gruppe wird versucht, die Erklärung zu finden.
- Das zweite Gruppenmitglied stellt Fragen zu den verschiedenen Inhalten des Abschnitts. Die anderen Gruppenmitglieder beantworten diese.
- Das dritte Gruppenmitglied fasst den Inhalt des Abschnitts kurz zusammen.
- Da nun ein neuer Absatz ansteht, wechselt die Gruppenleitung.

ZUSAMMENFASSUNG

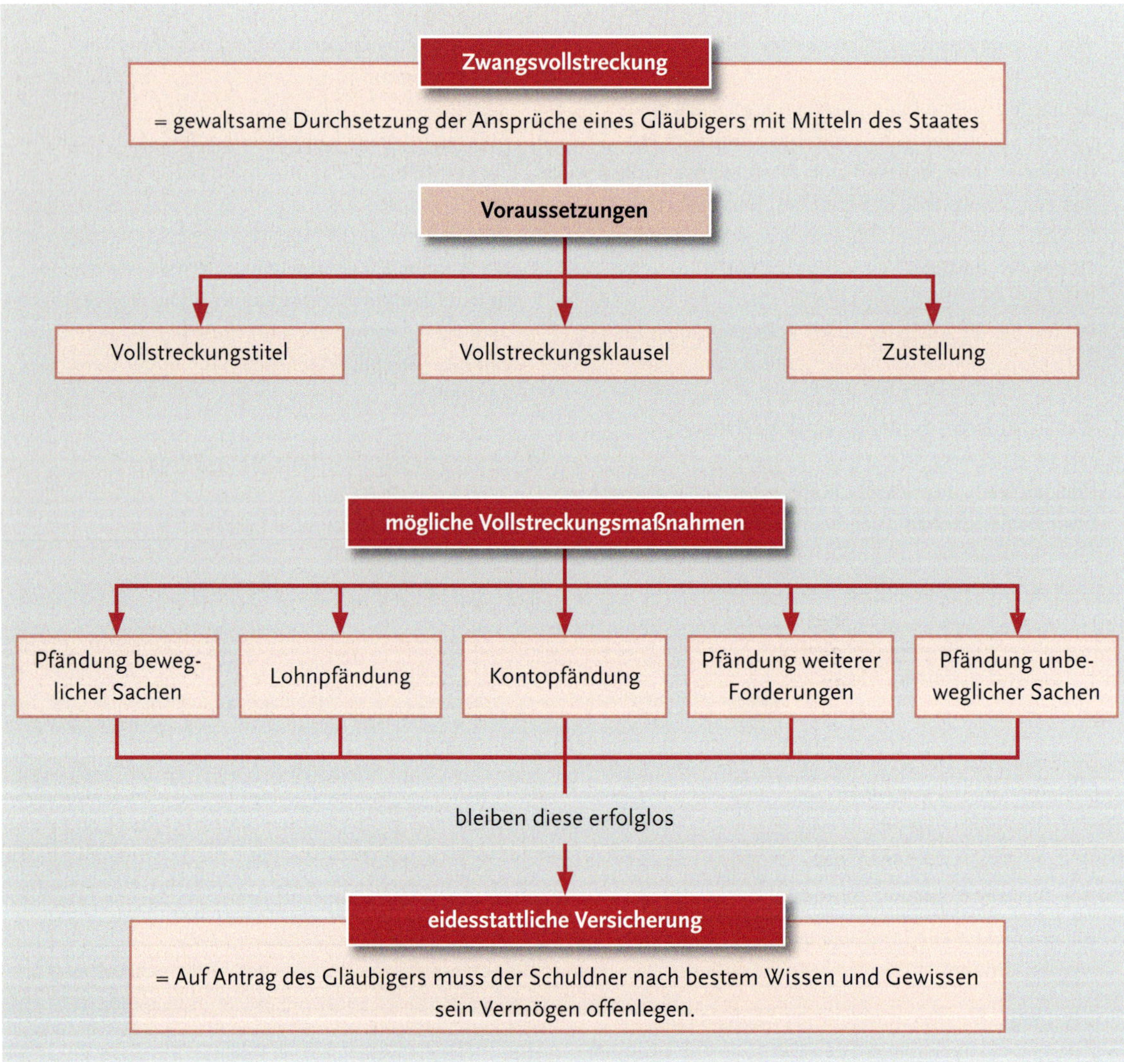

8.9 Wir beachten Verjährungsfristen

Einstieg

Dominik Schlote unterhält sich während der Pause in der Berufsschule mit Sven Lakenmacher, der seine Ausbildung in der Lohde KG macht.

Dominik Schlote:
„Und? Was gibt es bei euch Neues?"

Sven Lakenmacher:
„Wir haben gerade mal wieder ein Problem. Obwohl wir das kaufmännische Mahnverfahren angewandt haben, hat ein Textileinzelhändler seit dem 11. Juli 2007 nicht gezahlt – und jetzt haben wir den 14. Dezember 2010! Ich frage mich, ob wir an das Geld überhaupt noch herankommen?"

Dominik Schlote:
„Doch, da hat man Möglichkeiten. Ihr müsst nur die Verjährung beachten. Das ist aber eine wichtige Sache!"

1. Stellen Sie fest, welche rechtlichen Folgen eine Verjährung hat.
2. Berechnen Sie den Beginn der Verjährung.
3. Wie kann der Endzeitpunkt der Verjährung herausgeschoben werden?

INFORMATIONEN

Verjährung

Eine entscheidende Voraussetzung für den Erhalt von Forderungen ist, dass diese innerhalb der gesetzlich bestimmten Verjährungsfristen geltend gemacht werden. Mit Eintritt der Verjährung kann der Schuldner die Zahlung von Forderungen berechtigt verweigern.

Die Forderung bleibt dabei trotz der Verjährung weiterhin bestehen, der Gläubiger kann sie nur nicht mehr mit rechtlichen Mitteln eintreiben. Zahlt ein Schuldner in Unkenntnis der Verjährungsfrist nach deren Ablauf, kann er daher den Geldbetrag nicht zurückfordern.

BEISPIELE

Bei der Lohde KG sind durch ein Versehen eines Mitarbeiters drei Rechnungen nicht bezahlt worden.

- Eine Gläubigerfirma versucht, mit rechtlichen Mitteln vor Ablauf der Verjährungsfrist die Forderung einzutreiben: Da die Verjährung noch nicht eingetreten ist, wird ihr dies gelingen.
- Bei einer zweiten Rechnung verweigert die Lohde KG nach Ablauf der Verjährungsfrist die Zahlung: Die Verjährung ändert die rechtliche Durchsetzbarkeit eines an sich bestehenden Anspruchs. Daher bleibt der Anspruch gegen den Schuldner bestehen, auch wenn er verjährt ist. Der Schuldner muss ihn jedoch nicht erfüllen, sondern kann sich auf das Vorliegen der Verjährung berufen.
- Eine dritte Rechnung wird von der Lohde KG nach Ablauf der Verjährungsfrist überwiesen: Da die Forderung des Gläubigers berechtigt war, kann die Lohde KG trotz der Verjährung den Geldbetrag nicht zurückfordern.

Verjährungsfristen

Regelmäßige Verjährungsfrist von drei Jahren

Die regelmäßige Verjährungsfrist ist eine gesetzliche Vorschrift. Sie beträgt drei Jahre und gilt grundsätzlich für alle Ansprüche des täglichen Lebens, soweit diese nicht anderweitig geregelt sind. Es gibt dabei keinen Unterschied zwischen Kaufleuten und Privatpersonen.

BEISPIELE

- Lieferansprüche aus Kaufverträgen
- Lieferansprüche aus Werkverträgen
- Ansprüche auf Erfüllung aus Aufträgen
- Ansprüche auf Erfüllung aus Dienstleistungsverträgen
- Zahlungsansprüche aus sämtlichen Verträgen

Die dreijährige Verjährungsfrist beginnt mit dem Ende des Jahres, in dem der Anspruch entstanden ist.

BEISPIEL

Die Hoffmann KG liefert der Spindler KG am 15.06.2011 Waren im Wert von 1.678,00 €, die sie am 15.07. in Rechnung stellt. Trotz dreier Mahnungen am 15.9, 15.10 und 15.11 erfolgt keine Zahlung.

Die Verjährungsfrist beginnt am 31.12.2011 (24:00 Uhr) und endet am 31.12.2014 (24:00 Uhr).

In Ausnahmefällen kann die regelmäßige Verjährung zehn oder 30 Jahre dauern. Dies ist der Fall, wenn

- es erst Jahre später in zumutbarer Weise möglich war zu erfahren, dass eine Forderung überhaupt existiert;
- trotz Durchführung zumutbarer Maßnahmen der Schuldner nicht ermittelbar war.

Besondere Verjährungsfristen

Zu der regelmäßigen Verjährungsfrist von drei Jahren gibt es viele Ausnahmen.

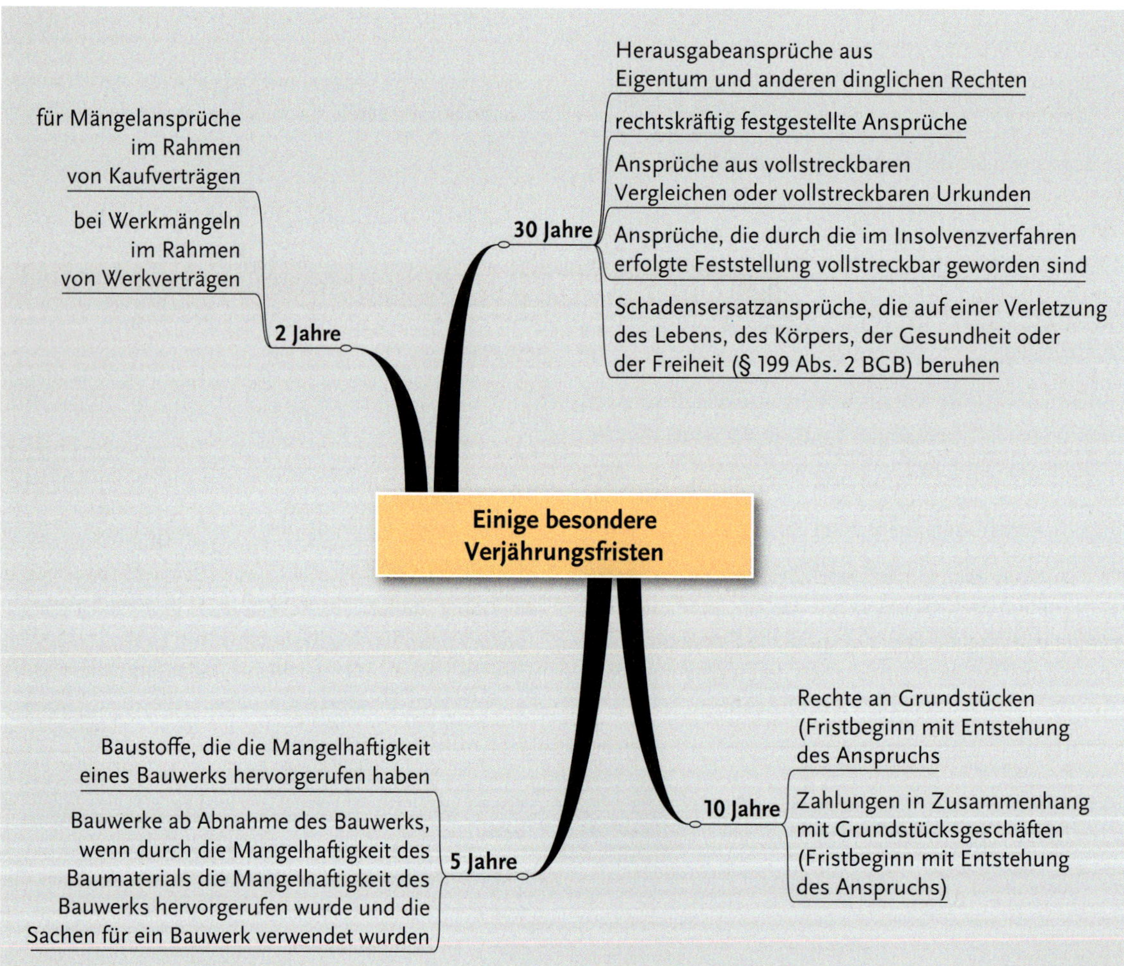

Hemmung und Neubeginn der Verjährung

Hemmung und Neubeginn der Verjährung führen zu einem Hinausschieben des Endzeitpunkts der Verjährung.

Hemmung der Verjährung

Durch bestimmte Ereignisse kann die Verjährung gehemmt werden. Das bedeutet, dass die Verjährung gewissermaßen pausiert: Bei der Hemmung kommt die Verjährung also durch einen Hemmungsgrund zu einem Stillstand. Nach Wegfall des Hemmungsgrunds läuft die Verjährung weiter. Die Zeit, während der die Verjährung gehemmt war, wird nicht in die Verjährungsfrist eingerechnet.

Eine Hemmung endet sechs Monate nach
- rechtskräftiger Entscheidung oder
- anderweitiger Erledigung des eingeleiteten Verfahrens oder
- der letzten Verfahrenshandlung bei Stillstand wegen Nichtbetreiben des Verfahrens durch die Parteien.

Hemmungsgründe können sein:
- Klageerhebung
- Zustellung eines gerichtlichen Mahnbescheids
- Anmeldung des Anspruchs im Insolvenzverfahren
- Einreichung eines Antrags auf Prozesskostenhilfe
- Verhandlungen zwischen Schuldner und Gläubiger (dieser muss die Verhandlungen beweisen können)

Neubeginn der Verjährung

Der Neubeginn der Verjährung wurde früher oft auch Unterbrechung der Verjährung genannt: Hier wird die bereits verstrichene Frist – anders als bei der Hemmung – nicht berücksichtigt. Die zu Beginn des Ereignisses angelaufene Verjährungsfrist wird hinfällig. Die Verjährungsfrist beginnt komplett wieder von vorn zu laufen.

Gründe für den Neubeginn können sein:

- die Anerkenntnis des Anspruchs durch den Schuldner

BEISPIEL
- Abschlagszahlungen
- Zinszahlungen
- Leistung von Sicherheiten
- Handlungen des Schuldners, die sich als Anerkennung der Forderungen deuten lassen

- Beantragung und Durchführung einer gerichtlichen beziehungsweise behördlichen Vollstreckungshandlung.

BEISPIELE

Die Hoffmann KG hat zweimal Waren verkauft, die nicht bezahlt wurden.

Fall 1:

Die Hoffmann KG hat am 17.06.2011 an die Firma Ria Knorr Boutique KG in Überlingen Waren im Wert von 1.200,00 € mit 30 Tagen Ziel geliefert. Da bis dahin kein Zahlungseingang zu verzeichnen ist, schickt die Hoffmann KG am 17.09.2011 eine Mahnung. Die Verjährungsfrist beginnt am 31.12.2011 (24:00 Uhr) und endet regulär am 31.12.2014 (24:00 Uhr).

Nach mehr als zwei Jahren entschließt sich die Hoffmann KG, das gerichtliche Mahnverfahren einzuleiten. Der Firma Ria Knorr Boutique KG wird am 01.04.2014 ein Mahnbescheid zugestellt. Damit beginnt die **Hemmung.**

Am 15.04.2014 bekommt die Hoffmann KG die Nachricht, dass Widerspruch eingelegt wurde. Da wegen organisatorischer Schwierigkeiten und interner Abspracheprobleme die Angelegenheit bei der Hoffmann KG nicht weiterverfolgt wird, ist damit der 15.04.2014 die letzte Verfahrenshandlung. 6 Monate später endet die Hemmung, also am 15.10.2014 (24:00 Uhr).

Die Zeit der Hemmung dauerte 6,5 Monate (6 Monate nach Ende der letzten Verfahrenshandlung und die 14 Tage zwischen Mahnbescheidzustellung und Widerspruch). Diese Zeit wird nun zu dem Datum, an dem die Verjährung normalerweise endet, addiert. Damit tritt die Verjährung am 15.07.2015 (24:00 Uhr) in Kraft.

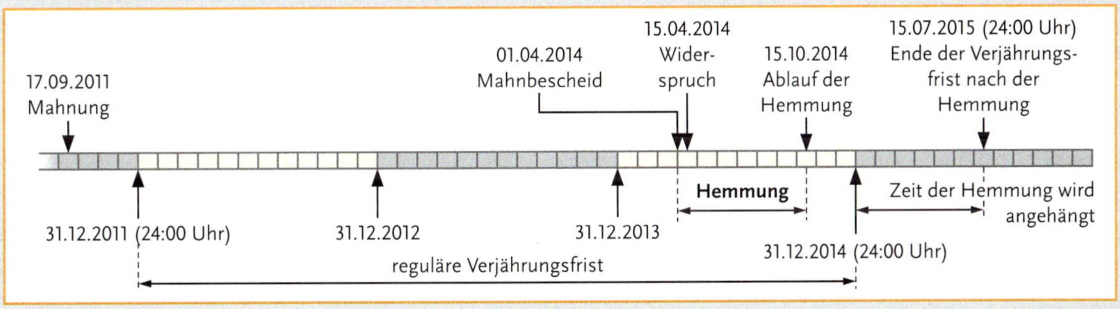

Fall 2:

Die Hoffmann KG hat am 23.06.2011 an die Firma Schneider Moden GmbH in Hildesheim Waren im Wert von 3.600,00 € mit 30 Tagen Ziel geliefert. Da bis dahin kein Zahlungseingang zu verzeichnen ist, schickt die Hoffmann KG am 18.09.2011 eine Mahnung. Die Verjährungsfrist beginnt am 31.12.2011 (24:00 Uhr) und endet regulär am 31.12.2014 (24:00 Uhr).

Am 02.05.2013 überweist Schneider Moden GmbH einen Teilbetrag von 900,00 €. Da dies als Anerkenntnis der Schuld zu werten ist, beginnt die Verjährungsfrist neu zu laufen. Es kommt zu einem **Neubeginn der Verjährung.** Die Verjährungsfrist beginnt nun am 31.12.2013 (24:00 Uhr) und endet am 31.12.2016 (24:00 Uhr).

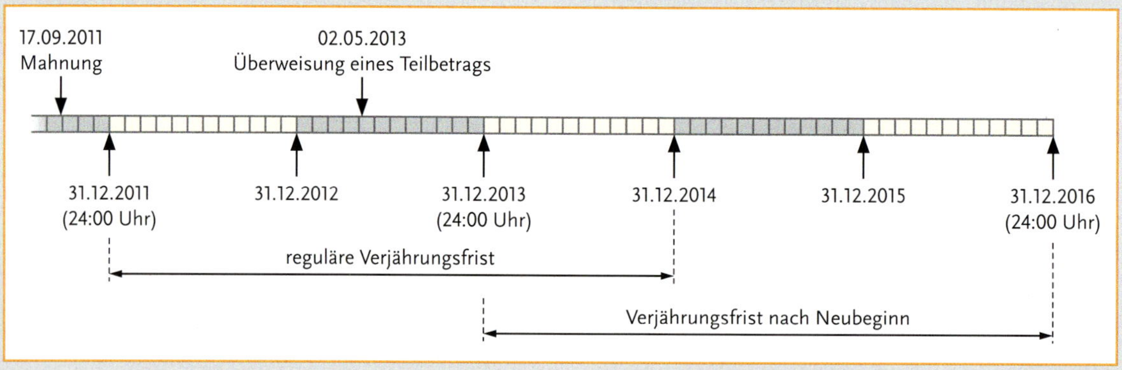

AUFGABEN

1. Welche rechtlichen Folgen hat eine Verjährung?

2. Wie lange dauert die regelmäßige Verjährungsfrist?

3. In welchen Fällen gilt die besondere Verjährungsfrist von 30 Jahren?

4. Die Hoffmann KG kauft am 27. März 2014 Waren ein. Ab wann tritt die Verjährung ein?

5. Die Hoffmann KG verkaufte am 7. April 2010 eine Lieferung Herrenanzüge an die Grotex GmbH. Da am 14. Juli 2012 noch kein Zahlungseingang zu verzeichnen ist, ergreift die Hoffmann KG den Klageweg. Am 20. Oktober 2012 wird die Grotex GmbH zur Zahlung rechtskräftig verurteilt. Wann ist die Forderung der Hoffmann KG verjährt?

6. Zwei wichtige Begriffe im Verjährungsrecht sind Hemmung und Neubeginn der Verjährung.
   a) Was haben die Hemmung und der Neubeginn gemeinsam?
   b) Wodurch unterscheiden sie sich?

7. Entscheiden Sie, ob in den folgenden Fällen eine Hemmung oder ein Neubeginn der Verjährung eintritt.
   a) Der Grotex GmbH wird ein Mahnbescheid zugestellt.
   b) Die Spindler KG zahlt überraschend einen Teil der ausstehenden Forderung.
   c) Die Firma Roswitha Warnke e. Kffr. bittet die Hoffmann KG um Stundung der Forderung in Höhe von 12.786,00 €.
   d) Die Rudolf Schmidt KG reicht Klage gegen die Emmermann Textil GmbH wegen ausstehender Zahlungen ein.

8. Die Boutique Bijou hat die am 12. September 2010 fällige Zahlung am 15. Dezember 2013 immer noch nicht bezahlt. An diesem Tag setzt sich Herr Hoffmann mit der Inhaberin der Boutique zusammen und verhandelt über die Zahlungsabwicklung. Man kann sich aber nicht einigen, sodass es am 15. März 2014 zu einem Abbruch der Verhandlungen kommt. Herr Hoffmann verlangt daraufhin die sofortige Zahlung aller ausstehenden Forderungen.

   Die Inhaberin der Boutique beruft sich auf die Verjährung: „Die Verjährungsfrist ist am 31. Dezember 2013 abgelaufen.“
   Hat sie recht?

AKTIONEN

1. Suchen Sie sich drei Termine aus, an denen eine Forderung entstanden sein könnte.
   a) Stellen Sie fest, ab wann diese verjährt sind.
   b) Überprüfen Sie Ihre Lösung mit einem Verjährungsrechner: www.creditreform.de/Deutsch/Creditreform/Info-Center/Online-Rechner/verjaehrungsrechner.jsp

2. In dieser Aktion soll das gesamte Kapitel mithilfe der Fragenkettenmethode bearbeitet werden.
   a) Lesen Sie das Kapitel.
   b) Formulieren Sie eine Frage zu einem bestimmten Inhalt des Textes und halten Sie diese und die Antwort dazu schriftlich fest.
   c) Ihre Lehrkraft wählt einen Schüler aus, der seine Frage an die Klasse stellt.
   d) Der Mitschüler, der sich als erstes meldet, beantwortet die Frage. War die Antwort richtig, darf er seine Frage der Klasse vorstellen.
   e) Jeder Mitschüler, der einmal richtig geantwortet hat, braucht nicht mehr zu antworten.
   f) Hat jeder geantwortet, ist diese Unterrichtsphase beendet.

ZUSAMMENFASSUNG

Verjährung

= Der Schuldner kann nach Ablauf der Verjährungsfrist die Leistung (z. B. eine Zahlung) verweigern.

Rechtsfolgen

- Der Gläubiger kann keine rechtlichen Mittel ergreifen.
- Die Forderung bleibt aber bestehen.
- Leistet ein Schuldner in Unkenntnis, kann der Zahlungsbetrag nicht zurückgefordert werden.

Fristen

regelmäßige Verjährungsfrist

- drei Jahre
- Berechnung ab Ende des Jahres, in dem der Anspruch entstand

besondere Verjährungsfrist

Der Endzeitpunkt der Verjährung kann hinausgeschoben werden durch

Hemmung der Verjährung

Die Verjährungsfrist wird verlängert um die Zeitspanne der Hemmung, z. B. durch:

- Maßnahmen der Rechtsverfolgung
- Verhandlungen über die Forderung

Neubeginn der Verjährung

Die Verjährungsfrist beginnt neu ab der Unterbrechung, z. B. durch:

- Anerkennung der Forderung durch den Schuldner
- Beantragung oder Durchführung einer gerichtlichen Vollstreckungshandlung durch den Gläubiger

8.10 Wir sichern uns mit Factoringmaßnahmen gegen Forderungsausfälle ab

Einstieg

Am 15. August verkauft die Hoffmann KG Waren im Wert von 120.000,00 € an die Gero Schenke GmbH. Das Zahlungsziel beträgt 90 Tage. Anschließend verkauft die Hoffmann KG die Forderung an das Factoringinstitut defacto GmbH.

1. Stellen Sie fest, was Factoring ist.
2. Erläutern Sie, welche Vorteile die Hoffmann KG durch den Verkauf der Forderung hat.

INFORMATIONEN

DEFINITION

Beim **Factoring** verkauft ein Unternehmen seine Forderungen gegen Kunden an eine spezielle Finanzierungsgesellschaft, den sogenannten Factor. Der Factor zahlt dem Unternehmen dafür sofort den Kaufpreis der Forderung abzüglich einer Factoringgebühr sowie oft auch eines Sicherheitseinbehalts.

Factoringvertrag

Der Factor schließt mit dem Factoringkunden zunächst einen Factoringvertrag, der normalerweise eine Laufzeit von ein bis zwei Jahren hat. In diesem verpflichtet sich der Factoringkunde, alle zukünftigen Forderungen dem Factor zum Kauf anzubieten.

Ablauf des Factorings

BEISPIEL

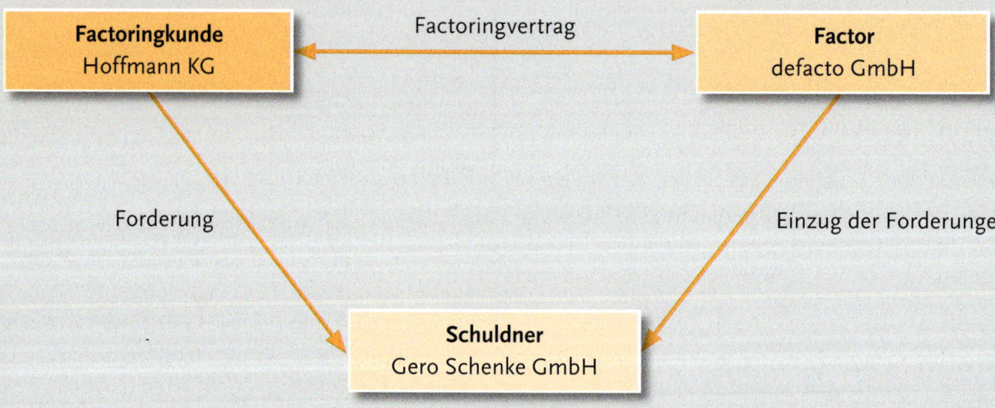

Die Hoffmann KG ist der sogenannte Factoringkunde. Er hat eine Forderung an seinen eigenen Kunden – die Gero Schenke GmbH – und verkauft diese an den Factor, die defacto GmbH.
Die defacto GmbH bezahlt der Hoffmann KG die Forderungen unter Abzug der Factoringgebühr und übernimmt für die Hoffmann KG die Aufgaben rund um die Forderungen, u. a. die Bonitätsprüfung der Gero Schenke GmbH.
Die Gero Schenke GmbH als Schuldner zahlt auf das in der Rechnung angegebene Konto des Factors, die defacto GmbH.

Der Factoringkunde nummeriert die Rechnungen fortlaufend und reicht sie in regelmäßigen Abständen beim Factor ein. Die Rechnungen enthalten einen Vermerk, dass nur an den Factor mit schuldbefreiender Wirkung gezahlt werden kann. Der Factor versendet die Rechnungen dann an die Schuldner weiter.

Innerhalb kurzer Zeit nach Einreichung der Rechnungen überweist der Factor dem Factorkunden zunächst zwischen 80 % und 90 % des Bruttorechnungsbetrags.

Der Restbetrag setzt sich aus der Factoringgebühr und dem Sicherheitseinbehalt zusammen.

- **Factoringgebühr**
  Diese Gebühr berechnet der Factor dem Factoringkunden für seinen Service sowie die damit verbundenen Kosten wie z. B.:
  - Kontoführung
  - Schriftverkehr
  - Inkasso
  - Zinskosten
  - Übernahme des Kreditrisikos
- **Sicherheitseinbehalt**
  Zudem behält der Factor einen gewissen Betrag des Forderungskaufpreises ein, um etwaige Preisnachlässe aufgrund von Mängeln, Reklamationen, Skonti, Rückgaben und Ähnlichem auszugleichen. Hat der Schuldner dem Factor dann die Rechnung bezahlt, überweist der Factor dem Factoringkunden den Sicherheitseinbehalt beziehungsweise das, was nach eventuellen Abzügen davon übrig geblieben ist.

Funktionen des Factorings

Das Factoring bringt einem Unternehmen viele Vorteile:

Verbesserung der Liquidität

Der Factor zahlt dem Unternehmen die Forderungen sofort – also vor Fälligkeit – aus. Dadurch erhält das Unternehmen einen größeren finanziellen Spielraum. Die eigene Bonität wird verbessert. Skonti können eher genutzt werden.

Verbesserung der Sicherheit

Mit dem Ankauf der Forderung übernimmt der Factor auch das Ausfallrisiko in voller Höhe. Diese Übernahme der Haftung für den Forderungsverlust durch Zahlungsunfähigkeit eines Drittschuldners nennt man Delkredere.

Die Übernahme des Delkredererisikos stellt für das Unternehmen eine Kreditsicherung dar. Im Gegensatz zu Kreditversicherungen zahlt der Factor dem Unternehmen im Falle eines Forderungsausfalls den gesamten Forderungsbetrag (abzüglich der Factoringgebühr und eventuellen Abzügen im Rahmen des Sicherheitseinbehalts).

Service

Über die Finanzierungs- und Sicherungsfunktion hinaus bietet der Factor noch eine ganze Reihe von Serviceleistungen. Hierzu gehören u. a.:

- Überwachen und Einziehen der Forderungen
- Führen der Debitorenbuchhaltung
- Übernahme des Mahn- und Inkassowesens
- Überprüfung der Bonität der Schuldner
  Factoringgesellschaften haben häufig ausgeklügelte und detaillierte Kundeninformationssysteme zur Überprüfung und Einschätzung der Schuldner.

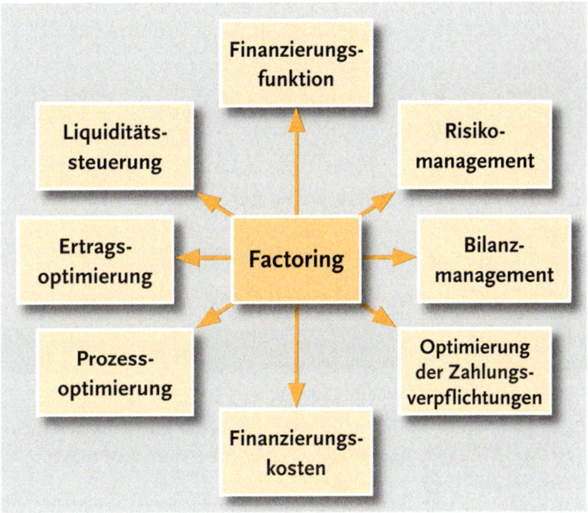

nach: www.commerzfactoring.de/de/basiswissenfactoring/vorteile_factoring/main.htm

Arten des Factorings

Offenes Factoring

In Deutschland wird überwiegend das offene Factoring praktiziert. Beim offenen Factoring-Verfahren wird der Schuldner über den Forderungsverkauf informiert. Dabei wird er aufgefordert, direkt an den Factor zu zahlen.

Stilles Factoring

Wird die Forderungsabtretung dem Debitor gegenüber nicht offengelegt, liegt das stille Factoring vor. Dadurch werden Irritationen zwischen Factoringkunden und Debitoren vermieden. Das Debitorenmanagement verbleibt damit zwar beim Factoringkunden. Dieser hat jedoch weiterhin eine 100%ige Ausfallabsicherung seiner verkauften Forderungen.

Echtes Factoring

Echtes Factoring bedeutet, dass der Factor das Ausfallrisiko (Delkredererisiko) übernimmt. Dies ist in Deutschland beim Factoring der Normalfall.

Unechtes Factoring

Wenn der Factor die Forderungen nur ankauft, liegt das unechte Factoring vor.

AUFGABEN

1. Was ist Factoring?
2. Wie heißen die beiden Parteien, die einen Factoringvertrag abschließen?
3. Erläutern Sie den Ablauf des Factorings.
4. Wie viel Prozent des Rechnungsbetrags bekommt der Factoringkunde sofort vom Factor ausgezahlt?
5. Welche Aufgaben übernimmt der Factor für den Factoringkunden?
6. Welchen Nutzen hat der Factoringkunde vom Factoring?
7. Die Grotex GmbH schließt am 1. März mit der NIFA GmbH einen Factoringvertrag ab. Gleichzeitig verkauft sie am 15. März Waren im Wert von 19.000,00 € an die Firma Adamski in Hildesheim mit einem Zahlungsziel von 120 Tagen.
   a) Stellen Sie fest, wer Factoringkunde, Factor und Schuldner ist.
   b) Welche Pflichten ergeben sich für die NIFA GmbH aus dem Factoringvertrag?
   c) Über welchen Betrag kann der Factoringkunde sofort verfügen?
   d) Warum wird nicht der gesamte Forderungsbetrag sofort überwiesen?

AKTIONEN

1. Gehen Sie zur Internetadresse www.impulse.de/the/fin/157495.html und bearbeiten Sie die folgenden Fragen:
   a) Was ist Factoring?
   b) Wer sind die Beteiligten am Factoring?
   c) In welcher Weise finanziert sich ein Unternehmen durch Factoring?
   d) Welche Leistungen werden von Factoringgesellschaften angeboten?
   e) Welche Vorteile ergeben sich beim Factoring?
2. a) Überlegen Sie ansatzweise, warum und wie in den beiden Fällen die Probleme der Unternehmen mit Factoring gelöst werden können.

   Fall 1: Großhandelsbetrieb
   Die Kontokorrentlinien bei zwei Banken sind dauerhaft vollständig ausgeschöpft (insgesamt 100.000,00 €). Zu einer Ausweitung ist keine der Banken bereit, da keine weiteren Sicherheiten zur Verfügung stehen. Die bisher bestehenden Forderungen sind im Rahmen einer Zession an eine der Banken abgetreten.
   Der Großhändler kann aufgrund seiner finanziellen Situation kein Skonto ziehen (bis zu 4 % bei Hauptlieferant) oder große Mengen (Mengenrabatt) einkaufen. Großaufträge seiner Kunden kann er nur nach Vorkasse ausführen, was bereits zu Verstimmungen geführt hat.

   Fall 2: Produktionsbetrieb
   Das Unternehmen hat volle Auftragsbücher und erzielt ansehnliche Margen. Durch das starke Wachstum werden jedoch mehr liquide Mittel benötigt, als derzeit über Bankkredite zur Verfügung stehen.
   Das Unternehmen bezieht einzelne Bauteile aus dem Ausland und muss hier Vorkasse leisten.
   Die Bank möchte keine weiteren Kredite mehr vergeben (Fachausdruck: Die Bank steht nicht mit einem Akkreditiv zur Verfügung), da dies einer Kreditausweitung entspräche.
   Bei Verhandlungen mit neuen Interessenten wird neuerdings über außerordentliche Nachlässe verhandelt. Das Unternehmen möchte jedoch keine Nachlässe einräumen.

b) Gehen Sie anschließend im Internet zur Adresse www.keyfactors-deutschland.de/Referenzen.html. Vergleichen Sie Ihre Lösungsvorschläge mit den dort aufgeführten Lösungen aus der Praxis. Sollten Ihnen unbekannte Begriffe vorkommen, klären Sie diese mithilfe von Fachliteratur beziehungsweise dem Internet.

3. Bearbeiten Sie den Inhalt dieses Kapitels zum Factoring mit der Methode des Gruppenlesens.
   a) Bilden Sie aus drei Personen bestehende Gruppen.
   b) Die drei Personen werden abwechselnd – parallel zu den Abschnitten des Textes – die Gruppenleitung übernehmen.
   c) Die erste Person, die die Gruppenleitung übernimmt, sorgt dafür, dass der erste Abschnitt in Einzelarbeit still gelesen wird.
   d) Anschließend sorgt die Gruppenleitung für folgendes Vorgehen:
      - Die Gruppenleitung fragt nach schwierigen Wörtern beziehungsweise gegebenenfalls nach Sätzen, die nicht verstanden wurden. Zusammen in der Gruppe wird versucht, die Erklärung zu finden.
      - Das zweite Gruppenmitglied stellt Fragen zu den verschiedenen Inhalten des Abschnitts. Die anderen Gruppenmitglieder beantworten diese.
      - Das dritte Gruppenmitglied fasst den Inhalt des Abschnitts kurz zusammen.
      - Da nun ein neuer Absatz ansteht, wechselt die Gruppenleitung.

Diese auch *reziprokes Lesen* genannte Methode hat gegenüber dem Lesen in der reinen Einzelarbeit verschiedene Vorteile: Durch diese Art der aktiven Auseinandersetzung mit dem Text wird der Text besser verstanden. Untersuchungen haben auch gezeigt, dass deutlich mehr Informationen behalten werden.

ZUSAMMENFASSUNG

Factoring

= Eine Factoringgesellschaft (Factor) kauft die Forderungen eines Unternehmens (Factoringkunden), das sofort Zahlungseingänge erhalten möchte.

gegen eine Factoringgebühr bietet der Factor

Liquidität
- sofortige Zahlung von 80 % – 90 % des Forderungsbetrags
- nach Zahlungseingang des Schuldners Auszahlung des restlichen Betrags (eventuell abzüglich des Sicherheitseinbehalts)

Sicherheit

Übernahme des vollen Delkredererisikos

Service
- Forderungsmanagement
- Inkassowesen
- Bonitätsprüfung
- Debitorenbuchhaltung
- Mahnwesen

KAPITEL 9

Wir gründen ein Unternehmen

SOLIDARISCHE HAFTUNG
GESELLSCHAFT MIT BESCHRÄNKTER HAFTUNG
KOMMANDITGESELLSCHAFT
EINZELUNTERNEHMUNG
INNENVERHÄLTNIS
FREMDKAPITAL
STAMMKAPITAL
HAFTUNG
AKTIENGESELLSCHAFT
STANDORTFAKTOREN
EIGENKAPITAL
STILLE GESELLSCHAFT
VOLLHAFTER
PERSONENGESELLSCHAFTEN
TEILHAFTER
UNTERNEHMENSFORM
GESELLSCHAFTSVERMÖGEN
AKTIENKURSE
FREMDKAPITAL

9 Wir gründen ein Unternehmen

9.1 Wir stellen Überlegungen zur Gründung eines Unternehmens an

Einstieg

Heinz Müller arbeitet seit einigen Jahren bei der Hoffmann KG. Er ist fachkundig und tatkräftig. So macht er beispielsweise häufig Verbesserungsvorschläge, um die Umsatzsituation seiner Abteilung zu verbessern. Ihm schwebt z. B. die Aufnahme von Bekleidung im englischen Landhausstil in das Sortiment vor. Da diese Art Mode nach Ansicht von Geschäftsführung und Abteilungsleitung nicht in das Sortiment der Hoffmann KG passt, kann er diese Idee nicht verwirklichen.

An seinem Wohnort – einer Mittelstadt – hat Herr Müller nun eine Marktlücke entdeckt. Dort fehlt den Verbrauchern eine Einkaufsgelegenheit für Textilien des gehobenen Bedarfs. Er überlegt deshalb, sich mit einem English Fashion Shop selbstständig zu machen.

Stellen Sie fest, welche wirtschaftlichen Fragen Herr Müller zuvor klären muss.

INFORMATIONEN

Persönliche Voraussetzungen

Wer ein Unternehmen gründen oder übernehmen will, muss voll geschäftsfähig sein, damit er Rechtsgeschäfte selbstständig abschließen kann.

Um sein Unternehmen erfolgreich führen zu können, muss der zukünftige selbstständige Unternehmer Erfahrungen und umfassende Fachkenntnisse in der Branche mitbringen, in der er sich selbstständig machen will.

Darüber hinaus sollte er über ausreichende Kenntnisse verfügen in:
- Vertragsrecht
- Handelsbräuchen
- Rechnungs- und Steuerwesen
- Wettbewerbsrecht
- Arbeits- und Sozialrecht

Ein besonderer Sachkundenachweis wird von ihm verlangt, wenn er handeln will mit:
- frei verkäuflichen Arzneimitteln
- unedlen Metallen (z. B. Eisen)
- Milch
- Hackfleisch
- Waffen

Sachliche Voraussetzungen

Standort des Unternehmens

Die Wahl des Standorts ist eine Grundsatzentscheidung bei der Gründung eines Unternehmens, die dessen späteren wirtschaftlichen Erfolg maßgeblich bestimmt. Der Standort beeinflusst den zukünftigen Umsatz und die Kosten des Unternehmens. Deshalb muss die Standortentscheidung unter Berücksichtigung der Standortfaktoren sorgfältig geplant werden.

Kapital

Wer sich selbstständig machen will, benötigt neben einer tragfähigen **Geschäftsidee** ein ausreichendes Startkapital, damit er sein Geschäft mit den notwendigen Maschinen, Einrichtungsgegenständen und Waren ausstatten kann.

Der **Kapitalbedarf** ist u. a. von folgenden Einflussgrößen abhängig:

- **Branche**
  Ein Autohaus benötigt mehr Kapital als ein Papierwarengeschäft.

- **Größe**
  Eine Möbelfabrik benötigt mehr Kapital als eine Tischlerei.

- **Anbietform**
  Für die Geschäftsausstattung eines Selbstbedienungsgeschäfts ist normalerweise mehr Kapital erforderlich als für die Geschäftsausstattung eines Einzelhandelsbetriebs mit Vollbedienung.

- **Umschlagshäufigkeit**
  Je höher die Umschlagshäufigkeit ist, desto niedriger kann normalerweise der Lagerbestand sein. Ein geringer Lagerbestand bindet nur wenig, ein hoher Lagerbestand viel Kapital.

- **Liefererkredite**
  Je länger das Zahlungsziel der Lieferer ist, desto weniger Kapital benötigt der Unternehmer zur Finanzierung seiner Warenstände.

- **Kundenkredite**
  Unternehmen, die ihren Kunden Ware auf Kredit verkaufen, haben einen höheren Kapitalbedarf als Betriebe, die ihre Ware nur gegen sofortige Zahlung abgeben.

Das für die Unternehmensgründung benötigte Kapital stammt zum Teil aus dem privaten Vermögen des Unternehmers (= Eigenkapital). Das zusätzlich erforderliche Kapital (= Fremdkapital) kann von außen beschafft werden[1].

Rechtliche Voraussetzungen

Die Gewerbeordnung erlaubt es jedermann, ein selbstständiges Gewerbe zu betreiben. Unternehmen dürfen bis auf wenige Ausnahmen, die in der Gewerbeordnung genannt sind, ohne besondere Genehmigung betrieben werden.

Festlegung der Rechtsform

Die Rechtsform eines Unternehmens muss bei der Gründung festgelegt werden. Es muss dann entschieden werden, wie das Unternehmen im Hinblick auf die unternehmerische Zielsetzung rechtlich am besten gestaltet werden soll.

Änderungen der Rechtsform werden oft vorgenommen, wenn sich wesentliche persönliche, wirtschaftliche oder rechtliche Bedingungen im Umfeld eines schon bestehenden Unternehmens ändern.

Die richtige Wahl der Rechtsform ist abzuleiten von der Beantwortung folgender Fragen:

- Wer bringt das Eigenkapital auf?
- Wer soll die Entscheidungen im Unternehmen treffen?
- Wer soll das Unternehmen nach außen vertreten?
- Wer soll haften, wenn das Unternehmen – z. B. im Insolvenzfall – nicht mehr zahlen kann?
- Wer soll – in welchem Ausmaß – Anspruch auf Gewinn haben?

Ein Unternehmen kann von einer Person allein (Einzelunternehmen) oder aber mehreren Personen gemeinsam (Gesellschaftsunternehmen) geführt werden.

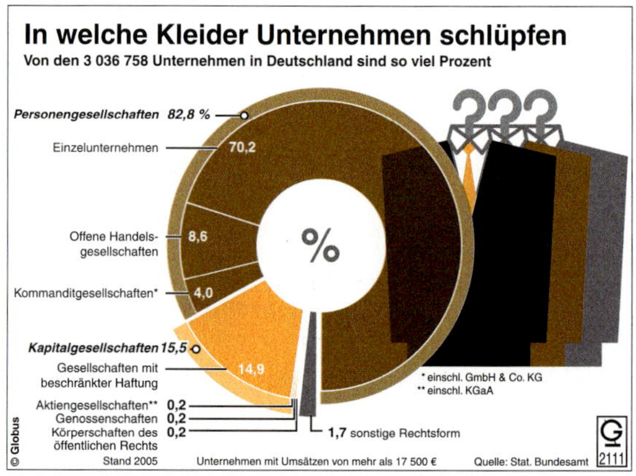

Meldepflichten bei der Unternehmensgründung

Die Eröffnung eines Unternehmens muss der zuständigen Ortsbehörde (Gewerbeaufsichtsamt) unverzüglich angezeigt werden **(= Gewerbeanzeige)**.

Außerdem muss das Unternehmen bei folgenden Stellen angemeldet werden:
- dem zuständigen Finanzamt
- der zuständigen Berufsgenossenschaft
- der zuständigen Industrie- und Handelskammer
- der zuständigen Agentur für Arbeit, wenn für Mitarbeiter Fördermittel aus der Arbeitslosenversicherung bezogen werden können

Jeder Kaufmann muss seine Firma und den Ort der Handelsniederlassung bei dem Amtsgericht, in dessen Bezirk sich die Niederlassung befindet, zur Eintragung in das Handelsregister anmelden. Durch die Eintragungen im Handelsregister wird die Öffentlichkeit über wichtige Sachverhalte und Rechtsverhältnisse des Kaufmanns informiert.

1 siehe Kap. 10.1

3560 316

Kaufmannseigenschaften

Istkaufmann (= Kaufmann kraft Gesetz)

Kaufmann im Sinne des Handelsgesetzbuches ist, wer ein Handelsgewerbe betreibt. Handelsgewerbe ist jeder Gewerbebetrieb, der nach Art und Umfang einen in kaufmännischer Weise eingerichteten Geschäftsbetrieb erfordert. Personen, die ein Handelsgewerbe betreiben, sind auch ohne Eintragung in das Handelsregister Kaufleute. Personen, die einen Gewerbebetrieb betreiben, der keine kaufmännische Organisation erfordert (Kleingewerbebetriebe, z. B. Kioske) und Inhaber von land- und forstwirtschaftlichen Betrieben sind keine Istkaufleute.

Kannkaufmann

Inhaber von Gewerbebetrieben, die keine kaufmännische Organisation erfordern (Kleingewerbetreibende) sowie Inhaber land- und forstwirtschaftlicher Betriebe und deren Nebenbetriebe (z. B. Mühlen, Brennereien, Molkereien) können sich in das Handelsregister eintragen lassen. Sie werden dadurch Kaufleute.

Formkaufmann (= Kaufmann kraft Rechtsform)

Alle Kapitalgesellschaften und Genossenschaften sind unabhängig von der Art ihrer Tätigkeit Kaufleute.

AUFGABEN

1. Welche persönlichen Voraussetzungen muss jemand erfüllen, der ein Unternehmen gründen will?
2. Für welche Waren muss ein Unternehmer einen besonderen Sachkundenachweis erbringen?
3. Wovon ist der Kapitalbedarf eines Unternehmens abhängig?
4. Welcher Zusammenhang besteht zwischen Kapitalbedarf und Umschlagshäufigkeit?
5. Wovon ist die Wahl der Rechtsform eines Unternehmens abhängig?
6. Wo muss ein neu gegründetes Unternehmen angemeldet werden?
7. Welche Kaufmannseigenschaft hat der Inhaber der Hoffmann KG?

AKTIONEN

1.

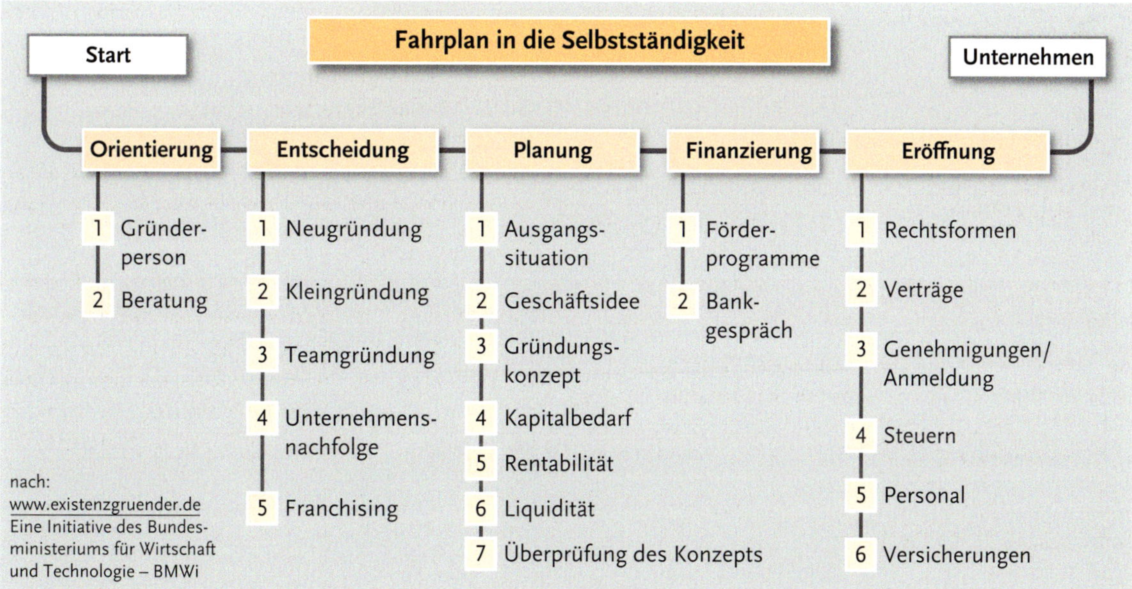

nach: www.existenzgruender.de – Eine Initiative des Bundesministeriums für Wirtschaft und Technologie – BMWi

Nach der Beendigung Ihrer Ausbildung bietet sich Ihnen die Chance, sich selbstständig zu machen.

a) Bilden Sie in Ihrer Klasse Gruppen zu je drei Personen.
b) Entwickeln Sie gemeinsam eine Geschäftsidee für die Gründung eines Unternehmens.
c) Planen Sie die Schritte in die Selbstständigkeit mithilfe des PC-Lernprogramms „Existenzgründungsberater“, abrufbar im Internet unter www.existenzgruender.de/gruendungswerkstatt/lernprogramme/existenz/HTML/start.html
d) Präsentieren Sie Ihre Planungsüberlegungen mit einem selbst gewählten Präsentationsmittel.

2. Herr Scholz möchte in Schönstadt einen Computershop gründen. Versetzen Sie sich in die Rolle von Herrn Scholz und entwickeln Sie einen Plan für die Gründung.
   a) Sammeln Sie Einflussgrößen für das Sortiment, die Standortwahl und den Kapitalbedarf des zu gründenden Computershops.
   b) Treffen Sie Entscheidungen über Sortiment, Standort und Kapitalbedarf.
   c) Präsentieren Sie Ihre Entscheidungen in Ihrer Klasse mit einem Präsentationsmittel Ihrer Wahl.

ZUSAMMENFASSUNG

Voraussetzungen für die Gründung eines Unternehmens

persönliche Voraussetzungen
- Geschäftsfähigkeit
- gute Branchenkenntnisse
- ausreichende kaufmännische Fachkenntnisse
- Sachkundenachweis beim Handel mit bestimmten Waren

sachliche Voraussetzungen
- günstiger Standort
- Kapital
  - Eigenkapital
  - Fremdkapital

rechtliche Voraussetzungen
- Gewerbeanzeige
- Festlegen der Rechtsform
- Anmeldung
  - beim Finanzamt
  - bei der Berufsgenossenschaft
  - bei der Industrie- und Handelskammer
- Anmeldung von Kaufleuten beim Amtsgericht zur Eintragung ins Handelsregister

Kaufmannseigenschaft

- Istkaufmann (§ 1 HGB)
- Kannkaufmann (§§ 2, 3 HGB)
- Formkaufmann (§ 6 HGB)

9.2 Wir gründen eine Einzelunternehmung

Einstieg

Herr Müller hat eine Erbschaft gemacht und verfügt nun über das notwendige Kapital für den Start in die Selbstständigkeit. Er mietet ein Ladenlokal in günstiger Lage, das er einzurichten beginnt. Für seinen Einstieg in die Selbstständigkeit hat er die Rechtsform der Einzelunternehmung gewählt.

Stellen Sie fest, durch welche Merkmale eine Einzelunternehmung gekennzeichnet ist.

INFORMATIONEN

DEFINITION

Eine **Einzelunternehmung** ist ein Unternehmen, dessen Eigenkapital von einer Person aufgebracht wird.

Diese Unternehmensform hat also nur einen Inhaber, der für die Unternehmung mit seinem ganzen Privatvermögen haftet. Da der Eigentümer daher das Unternehmensrisiko allein zu tragen hat, steht ihm als Ausgleich auch der gesamte erzielte Gewinn zu.

Der Eigentümer leitet die Einzelunternehmung sowohl im Innenbereich als auch in der Vertretung nach außen alleinverantwortlich. Er kann aber verschiedene Aufgaben der Geschäftsführung an von ihm dazu ermächtigte Personen (Handlungsbevollmächtigte oder Prokuristen) übertragen.

Seit 1. August 1998 müssen alle neu gegründeten im Handelsregister eingetragenen Unternehmen einen eindeutigen Rechtsformzusatz führen. Dies gilt auch für einen Einzelkaufmann oder eine Einzelkauffrau. Sie haben die Wahl, „e. K.", „e. Kfm." (eingetragener Kaufmann) oder „e. Kffr." (eingetragene Kauffrau) zu führen (§ 19 Abs. 1 HGB). Auch fantasievolle, werbewirksame und ins Auge springende Unternehmensnamen sind erlaubt.

BEISPIEL

Für die Einzelunternehmung Müller wäre also möglich:
„Heinz Müller e. Kfm."
„Heinz Müller e. K. – English Fashion Shop"
„Die feine englische Art e. K."

Die meisten Betriebe in der Bundesrepublik (ca. 90 %) sind Einzelunternehmungen. Sie beschäftigen aber nur ungefähr ein Drittel aller Arbeitnehmer. Es handelt sich dabei in der Regel um Kleinbetriebe mit wenigen Beschäftigten. Die Bedeutung dieser Unternehmungsform geht stark zurück.

Dies ist auch auf den Hauptnachteil der Einzelunternehmungen zurückzuführen. Ihre mangelnde Kapitalstärke bewirkt oft, dass notwendige Betriebsinvestitionen nicht durchgeführt werden können, die eventuell für die Zukunft des Unternehmens sehr wichtig sind. Ebenfalls negativ wirkt sich aus, dass das Geschick des Betriebs unlösbar mit dem Schicksal des Einzelunternehmers verbunden ist.

Die Einzelunternehmung hat aber auch Vorteile. Der Unternehmer kann seine Entscheidungen selbstständig, frei und vor allem schnell treffen. Das hat für das Marktgeschehen positive Auswirkungen. Der Einzelunternehmer ist unabhängig von kontrollierenden Organen und ist niemandem Rechenschaft schuldig. Es gibt auch keine Meinungsverschiedenheiten in der Geschäftsführung, wie es bei Gesellschaftsunternehmen häufig der Fall ist.

AUFGABEN

1. Durch welche Merkmale ist eine Einzelunternehmung gekennzeichnet?

2. Welche Vorteile bringt die Gründung einer Einzelunternehmung?

3. Wodurch könnte ein Unternehmer veranlasst sein, seine Einzelunternehmung in eine Gesellschaft umzuwandeln?

4. Welche Bedeutung hat die Einzelunternehmung?

5. Können Einzelunternehmungen folgendermaßen firmieren?
   a) „E. Surmann – Haushaltwaren"
   b) „Max Büsing – Spirituosen"
   c) „4812 – Parfümerie"
   d) „Gänseblümchen e. K."

AKTIONEN

1. Öffnen Sie folgende Website: www.existenzgruender.de/gruendungswerkstatt/lernprogramme/existenz/HTML/start.html
   - Starten Sie das Programm Existenzgründungsberater-online.
   - Gehen Sie auf den Link *Rechtsformen*.
   - Erstellen Sie mit Word eine Tabelle nach folgendem Muster (Querformat):

Art der Rechtsform	wesentliche Merkmale	Vorteile	Nachteile

2. Überprüfen Sie Ihre „Qualitäten" als Unternehmer/als Unternehmerin. Rufen Sie dazu den Persönlichkeitstest „Sind Sie ein Unternehmertyp?" im Internet auf und bearbeiten Sie ihn. www.existenzgruender.de/gruendungswerkstatt/lernprogram-me/existenz/HTML/kapitel_2/kapitel_2_1/index.html

ZUSAMMENFASSUNG

Einzelunternehmung

Eine Person bringt das Eigenkapital auf, leitet das Unternehmen und trägt das Risiko allein.

Gründerzahl	einer
Mindestkapital	keine Regelung
Haftung	unbeschränkt mit Privat- und Geschäftsvermögen
Geschäftsführung und -vertretung	der Einzelkaufmann allein
Gewinnverteilung	an den Einzelkaufmann allein

9.3 Wir kennen die Merkmale von Personengesellschaften

Einstieg

Das Unternehmen „Heinz Müller e. K. – English Fashion Shop" ist schnell sehr erfolgreich, und dementsprechend hoch wird die Arbeitsbelastung von Herrn Müller. Aus Gesprächen mit Kunden erfährt er, dass diese zu den hochwertigen Modeartikeln auch gern die passenden Schuhe kaufen möchten. Herr Müller überlegt also, sein Unternehmen auf eine breitere Kapitalbasis zu stellen und außerdem um eine Abteilung für Schuhe zu ergänzen.

In dieser Situation trifft er zufällig Sigrid Kurz, die, nachdem sie mehrere Jahre in einem Schuhgeschäft gearbeitet hatte, eine neue, anspruchsvolle Beschäftigung sucht. Da Frau Kurz sehr sparsam ist, verfügt sie über ein Kapital von 120.000,00 €.

Herr Müller schlägt Sigrid Kurz die Gründung einer offenen Handelsgesellschaft vor.

Stellen Sie fest, welche Überlegungen zur Gründung einer offenen Handelsgesellschaft führen.

INFORMATIONEN

Gesellschaften entstehen immer dann, wenn sich mindestens zwei Personen zur Erreichung eines genau bestimmten Zwecks zusammenschließen. Die Gründung erfolgt durch einen Gesellschaftsvertrag.

DEFINITION

Personengesellschaften sind dadurch gekennzeichnet, dass die persönliche Mitarbeit und Haftung der Unternehmer im Vordergrund stehen.

Der Zusammenschluss zu Personengesellschaften beruht auf dem persönlichen Vertrauen, das sich die einzelnen Gesellschafter entgegenbringen. Deshalb ist der Fortbestand einer Personengesellschaft grundsätzlich von der unveränderten Zusammensetzung des Personenkreises abhängig, der sich zu der Gesellschaft zusammengeschlossen hat. Das bedeutet u. a.: Im Zweifel endet die Gesellschaft mit dem Tod eines Gesellschafters, da sich grundsätzlich keiner der Gesellschafter gegen seinen Willen einen anderen Gesellschafter aufzwingen lassen muss.

Die Gründung einer Personengesellschaft erfordert einen geringen Kapitalbedarf und ist relativ einfach durchzuführen. Die Geschäftsführung ist auf einen oder mehrere Inhaber zugeschnitten. Kredite können wegen der persönlichen Haftung wenigstens einer Person leicht beschafft werden.

Offene Handelsgesellschaft

Ist die Kapitalgrundlage einer Einzelunternehmung zu schwach, kommt es oft zur Gründung einer offenen Handelsgesellschaft (abgekürzt OHG).

DEFINITION

Die **OHG** ist eine vertragliche Vereinigung von mindestens zwei Personen, die Eigenkapital zum Betrieb eines Handelsgewerbes zur Verfügung stellen. Alle Gesellschafter sind zur Geschäftsführung berechtigt und verpflichtet.

Gesellschafter und Haftung

Die Inhaber der OHG haften für die Verbindlichkeiten der Gesellschaft mit ihrem gesamten Privatvermögen und nicht nur mit ihren Anteilen am Gesellschaftsvermögen. Die Haftung ist also unbeschränkt. Darüber hinaus haftet jeder Gesellschafter unmittelbar. Die Gläubiger der OHG können jeden Gesellschafter daher direkt, ohne zuvor bei der Gesellschaft einen Ausgleich der Verbindlichkeiten gesucht zu haben, in Anspruch nehmen. Dabei liegt es im Ermessen der Gläubiger, ob ein Gesellschafter die Schulden der OHG in voller Höhe oder nur zu einem Teil begleichen soll. Jeder Gesellschafter haftet mit den anderen Gesellschaftern als Gesamtschuldner (solidarische Haftung).

Eine Regelung zur Beschränkung der Haftung ist zwar im Innenverhältnis möglich (Gesellschaftsvertrag), Dritten gegenüber (Außenverhältnis) jedoch unwirksam.

BEISPIEL

Die Gesellschafter einer OHG schließen einen Gesellschaftsvertrag. Einer der Gesellschafter soll im Fall einer Insolvenz nicht mit seinem Privatvermögen haften.

Rechtliche Wirkung: Dieser Gesellschafter haftet gegenüber den Gläubigern weiterhin unbeschränkt.

Ergebnisverteilung

Wegen der unbeschränkten Haftung wird das Risiko der Gesellschafter nicht von den Kapitaleinlagen, sondern von der Höhe des vorhandenen Privatvermögens bestimmt. Deshalb ist eine Gewinnverteilung nur nach Kapitalanteilen in der Regel nicht angemessen. Falls nichts anderes vereinbart wurde, gilt die gesetzliche Regelung, wonach sowohl die Kapitaleinlage als auch die Arbeitsleistung der Teilhaber bei der Verteilung der Gewinne berücksichtigt werden sollen. Die Gesellschafter erhalten zunächst vom Reingewinn der OHG 4 % ihrer Einlage als Kapitalverzinsung. Der sich ergebende Gewinnrest wird als Entgelt für die Arbeitsleistung nach Köpfen verteilt.

Firmierung

Die Firma (Name) muss einen Hinweis auf die Rechtsform enthalten (z. B. „offene Handelsgesellschaft" oder „oHG" oder „OHG"), im Übrigen aber darf der Name Fantasiebezeichnungen enthalten; die Nennung des Namens eines Gesellschafters ist nicht mehr erforderlich.

Kündigung von Gesellschaftern

Die Kündigung eines Gesellschafters kann, wenn die Gesellschaft für unbestimmte Zeit eingegangen worden ist, nur für den Schluss eines Geschäftsjahrs erfolgen. Sie muss mindestens sechs Monate vor diesem Zeitpunkt stattfinden. Die Ansprüche gegen einen Gesellschafter aus Verbindlichkeiten der Gesellschaft verjähren fünf Jahre nach dem Ausscheiden des Gesellschafters.

Auflösung

Die OHG wird aufgelöst:

- durch den Ablauf der Zeit, für die sie eingegangen worden ist
- durch den Beschluss der Gesellschafter
- durch die Eröffnung des Insolvenzverfahrens über das Vermögen der Gesellschaft
- durch den Tod eines Gesellschafters, sofern sich aus dem Gesellschaftsvertrag nicht anderes ergibt

Bedeutung

Die Unternehmensform der OHG hat besondere Bedeutung für klein- und mittelständische Unternehmen. Sie ist vor allem geeignet, wenn ein überschaubarer Kreis von Gesellschaftern ihr Kapital und ihre volle Arbeitskraft einsetzen wollen. Zwischen ihnen muss ein enges Vertrauensverhältnis bestehen. Wegen der strengen Haftungsgrundsätze genießt die OHG in der Regel hohen Kredit. Das volle Haftungsrisiko, das die Gesellschafter einer OHG zu tragen haben, ist der Hauptgrund dafür, dass Gesellschaftsgründer oft nach Unternehmensformen suchen, die eine geringere Haftungsgefahr mit sich bringen.

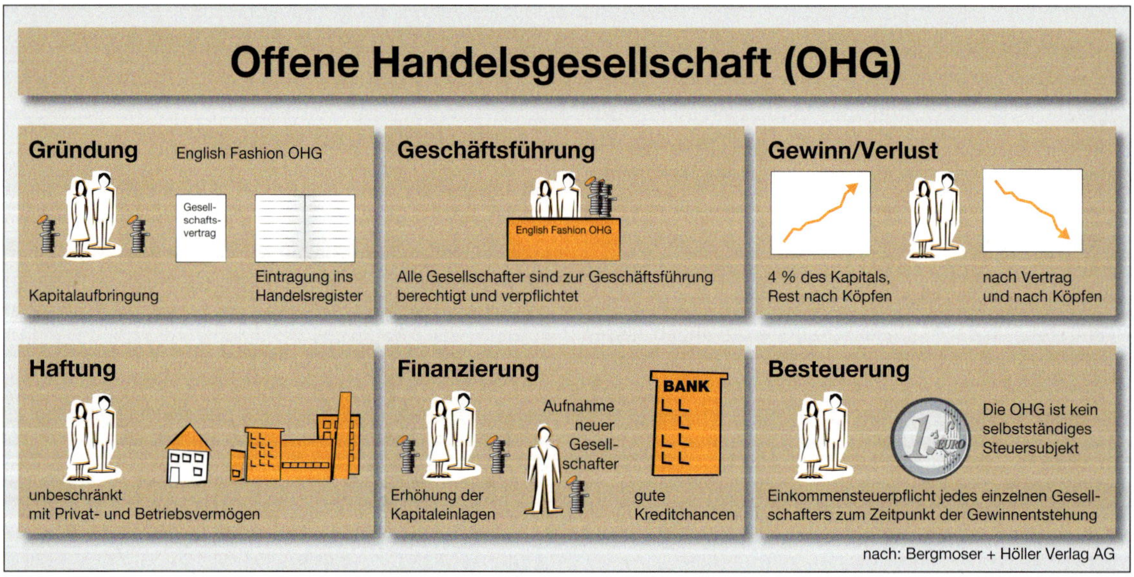

Kommanditgesellschaft

BEISPIEL

Die Verkaufsräume von Herrn Müller und Frau Kurz haben sich als zu klein erwiesen. Für die Anmietung und Einrichtung eines neuen, größeren Geschäfts benötigen die beiden Kapital, das sie allein nicht aufbringen können. Zwei Bekannte von Herrn Müller, der Rechtsanwalt Werner Naumann und die Steuerberaterin Anneliese Otto, sind bereit, sich zu beteiligen. Sie möchten allerdings im Geschäft nicht mitarbeiten und auch nicht mit ihrem Privatvermögen haften. Herr Müller schlägt die Gründung einer Kommanditgesellschaft vor.

Gesellschafter und Haftung

Die Kommanditgesellschaft (abgekürzt KG) unterscheidet sich von der OHG dadurch, dass bei einem oder einem Teil der Gesellschafter die Haftung gegenüber den Gesellschaftsgläubigern auf den Betrag einer bestimmten Vermögenseinlage beschränkt bleibt. Es gibt daher in einer KG zwei Arten von Gesellschaftern, von denen mindestens je einer vorhanden sein muss:

- **Komplementäre (= Vollhafter)**
  Sie haben als persönlich haftende Gesellschafter die gleiche Stellung wie die Gesellschafter einer OHG. Sie haften mit ihrem ganzen Vermögen. Das Recht, Entscheidungen im Unternehmen zu treffen, liegt allein bei ihnen. Auch nach außen vertreten nur die Komplementäre die Gesellschaft.
- **Kommanditisten (= Teilhafter)**
  So heißen die Gesellschafter, deren Haftung den Gesellschaftsgläubigern gegenüber auf den Betrag ihrer Kapitaleinlage beschränkt ist. Ihnen stehen gewisse Kontrollrechte zu. Sie dürfen Bilanzabschriften und Bucheinsichten verlangen.

Ergebnisverteilung

Bei der Gewinnverteilung bekommt zunächst einmal jeder Gesellschafter 4 % seines Kapitalanteils. Der Gewinnrest wird in einem angemessenen Verhältnis, das in dem Gesellschaftsvertrag festgelegt wird, verteilt. Dabei steht den Komplementären, die die Geschäftsführung innehaben und zudem mit ihrem ganzen Vermögen haften, im Allgemeinen ein größerer Gewinnanteil zu als den Kommanditisten.

Die Verteilung eines Verlusts wird im Gesellschaftsvertrag geregelt. An dem Verlust darf der Kommanditist aber nur bis zum Betrag seines Kapitalanteils beteiligt werden.

Firmierung

Die Firma (Name) muss einen Hinweis auf die Rechtsform enthalten (z. B. „Kommanditgesellschaft" oder „KG"), im Übrigen aber darf der Name Fantasiebezeichnungen enthalten; die Nennung des Namens des Komplementärs ist nicht mehr erforderlich.

BEISPIEL

„Gänseblümchen KG" für einen Bücherladen oder ein Bekleidungsgeschäft für Kindertextilien

nach: Bergmoser + Höller Verlag AG

Bedeutung

Die Kommanditgesellschaft hat im Wirtschaftsleben ständig an Bedeutung gewonnen. Die Möglichkeit der Aufnahme neuer Gesellschafter ist größer als bei der OHG. Kommanditisten gehen nicht das Risiko ein, auch ihr Privatvermögen bei Verlusten der Gesellschaft zu verlieren. Durch den Eintritt von Kommanditisten erhöht sich das Eigenkapital des Unternehmens, wodurch die Kreditwürdigkeit gestärkt wird.

Stille Gesellschaft

BEISPIEL

Der Rechtsanwalt Naumann, Kommanditist der Müller KG, ist mit einer Kapitaleinlage noch an einem anderen Unternehmen beteiligt. In einem Vertrag mit dem Einzelunternehmer Gerd Vesper wurde vereinbart, dass Herr Naumann in keiner Weise haften und das Verhältnis zu der Firma „Gerd Vesper – Eisenwaren e. Kfm." nach außen nicht in Erscheinung treten soll.

Gesellschafter und Haftung

Viele Einzelunternehmungen nehmen zur Erweiterung ihrer Kapitalgrundlage einen stillen Gesellschafter auf. Dieser ist nur mit einer Kapitaleinlage, die in das Vermögen der Firma übergeht, an der Einzelunternehmung beteiligt. Er muss kein Kaufmann sein.

Der stille Gesellschafter haftet nicht persönlich, auch nicht mit seiner Einlage. Gläubiger können sich nicht an den stillen Gesellschafter, sondern nur an den Geschäftsinhaber wenden.

Rechte des stillen Gesellschafters

Die Einlage des stillen Gesellschafters bildet einen Teil des langfristigen Fremdkapitals. Da der stille Gesellschafter – im Gegensatz zum Kommanditisten – nicht Mitinhaber, sondern lediglich Darlehensgeber ist, kann er selbst als Insolvenzgläubiger auftreten.

Der stille Gesellschafter hat keinen Einfluss auf die Geschäftsführung. Er ist nicht befugt, unternehmerische Entscheidungen zu treffen. Er hat auch bei außergewöhnlichen Geschäften kein Widerspruchsrecht, sondern ist bei Pflichtverletzungen auf Schadensersatzansprüche gegen den tätigen Teilhaber oder notfalls auf die Kündigung der Gesellschaft angewiesen. Da die stille Gesellschaft nach außen hin nicht in Erscheinung tritt, wird auch keine neue Firma gegründet.

BEISPIEL

Auch nach Aufnahme des stillen Gesellschafters Naumann lautet die Firma „Gerd Vesper – Eisenwaren e. Kfm."

Ergebnisverteilung

Bei einer stillen Gesellschaft muss der stille Gesellschafter am Gewinn beteiligt sein. Die Gewinnverteilung erfolgt nach Vereinbarung. Die Beteiligung am Verlust kann dagegen ausgeschlossen werden.

Bedeutung

Die stille Gesellschaft bietet sich als Unternehmensform an, wenn jemand mit seiner Beteiligung nach außen unerkannt bleiben will. Sie dient dem Zweck, mittels einer Vermögenseinlage Gewinn zu erzielen. Stille Gesellschafter sind auch bei einer OHG oder KG denkbar.

AUFGABEN

1. Was ist eine OHG?

2. Die Schulz & Otto OHG hat einen Jahresgewinn von 90.000,00 € erwirtschaftet. Herr Schulz hat sich mit 400.000,00 €, Herr Otto mit 150.000,00 € am Unternehmen beteiligt.
   Wie viel Euro erhält jeder der beiden Gesellschafter vom Gewinn, wenn der Gesellschaftsvertrag über die Gewinnverteilung nichts aussagt?

3. Erläutern Sie am Beispiel der OHG die folgenden Begriffe:
   a) unbeschränkte Haftung
   b) unmittelbare Haftung
   c) solidarische Haftung

4. Wie firmiert eine Kommanditgesellschaft?

5. Was sind
   a) Komplementäre,
   b) Kommanditisten?

6. Welche Stellung hat ein stiller Gesellschafter im Insolvenzfall seiner Gesellschaft?

3560 324

AKTIONEN

1. a) Erstellen Sie mithilfe von Excel eine Tabellenkalkulation, mit der Sie die gesetzliche Gewinnverteilung in einer OHG berechnen können.

   b) Testen Sie Ihre Kalkulation mit der folgenden Aufgabe:
   Herr Böttger bringt 60.000,00 €, Frau Greiser 40.000,00 € und Herr Dessin 20.000,00 € in die OHG ein. Erfreulicherweise machen sie im ersten Jahr 100.000,00 € Gewinn.

2. In dieser Aktion führen Sie eine Skriptkooperation zum Thema Personengesellschaften durch:

Ablauf

- Suchen Sie sich einen Partner.
- Teilen Sie das Kapitel in zwei Teile auf: Teil 1 umfasst den Abschnitt „Offene Handelsgesellschaft", Teil 2 besteht aus dem Abschnitt „Kommanditgesellschaft".
- Lesen Sie den Ihnen zugeteilten Teil in zirka zehn Minuten gründlich durch.
- Fassen Sie den Inhalt auf maximal einer handgeschriebenen Seite strukturiert oder thesenartig zusammen (zirka zehn Minuten).
- Tragen Sie nun Ihrem Partner den Inhalt in fünf Minuten mündlich vor. Sie sollten versuchen, den Text nicht nur einfach vorzulesen, sondern möglichst frei zu sprechen. Ebenso müssen Sie entscheiden, welche Informationen relevant und welche nicht so wichtig sind.
- Verständnisfragen sind zugelassen.
- Nun ist Ihr Partner an der Reihe, den Inhalt Ihres Vortrags in zirka fünf Minuten wiederzugeben. Achten Sie darauf, dass dies möglichst vollständig geschieht, und korrigieren beziehungsweise ergänzen Sie seine Ausführungen bei Bedarf.
- Sind alle Fragen zu Ihrem Fachtext geklärt, erfolgt ein Rollenwechsel. Ihr Partner trägt Ihnen nun seinen Text vor und Sie geben den Text mit eigenen Worten wieder.
- Gibt es zu Ihren Texten Fragen, werden diese anschließend im Plenum besprochen.

Bearbeitungszeit insgesamt: 45 Minuten

ZUSAMMENFASSUNG

Personengesellschaften	Offene Handelsgesellschaft alle Gesellschafter haften persönlich	Kommanditgesellschaft mindestens ein Vollhafter (Komplementär) und mindestens ein Teilhafter (Kommanditist)	Stille Gesellschaft Beteiligung an einer Einzelunternehmung, OHG oder KG, ohne dass dies öffentlich bekannt wird
Mindestgründerzahl	zwei	zwei	zwei
Mindestkapital	–	–	–
Haftung	alle Gesellschafter unbeschränkt, unmittelbar, solidarisch	Komplementär wie bei der OHG, Kommanditist mit Einlage	stiller Gesellschafter nur mit Einlage
Geschäftsführung und -vertretung	jeder Gesellschafter	nur Komplementäre	nur Geschäftsinhaber
Gewinnverteilung	falls keine vertragliche Regelung: 4 % der Kapitaleinlage, Rest nach Köpfen	falls keine vertragliche Regelung: 4 % der Kapitaleinlage, Rest im angemessenen Verhältnis	angemessene Anteile

9.4 Wir informieren uns über die Merkmale von Kapitalgesellschaften

Einstieg

Herr Müller, mittlerweile ja Komplementär der Müller KG, hat Sorgen. In der Nachbarschaft hat sich ein Warenhaus eine hochwertige Modeabteilung mit Textilien im Landhausstil zugelegt. Vor der Stadt bieten zwei neu gegründete Factory-Outlets ebenfalls Textilien des gehobenen Bedarfs an. Die Umsatzzahlen des bisher erfolgreichen Unternehmens gehen stark zurück.

Da die Situation momentan nicht gerade rosig ist, macht sich Herr Müller vorsichtshalber Gedanken um die Zukunft. Im Insolvenzfall würde er als Komplementär wegen der vollen Haftung sein ganzes Privatvermögen aufs Spiel setzen. Herr Müller sucht eine Unternehmensform, bei der er als Gesellschafter nicht persönlich haften muss. Nachdem er einige Erkundigungen eingezogen hat, wandelt er mit Zustimmung der übrigen Gesellschafter die bisherige Firma in die Müller GmbH um.

Klären Sie, warum Herr Müller die Unternehmensform der GmbH wählt.

INFORMATIONEN

Kapitalgesellschaften unterscheiden sich von den Einzelunternehmungen und den Personengesellschaften dadurch, dass das zum Betrieb erforderliche Kapital hier nicht von Einzelpersonen unter ihrem Namen gegeben wird, sondern von einem nicht mit Namen genannten größeren Personenkreis, der Anteile erwirbt. Kapitelgesellschaften sind dadurch anonymer als Einzelunternehmungen und Personengesellschaften.

DEFINITION

Bei den **Kapitalgesellschaften** haften die Kapitalgeber nicht mit dem eigenen privaten Vermögen, sondern nur mit der Kapitaleinlage.

Die Höhe der Kapitalbeteiligung ist die Grundlage für Haftung, Stimmrecht und Gewinnbeteiligung der Gesellschafter.

Die Gesellschafter sind meist nur an der Geldanlage und nicht an der Führung des Unternehmens interessiert. Die Geschäftsführung wird daher von besonderen, gesetzlich vorgeschriebenen Organen wahrgenommen.

Gesellschaft mit beschränkter Haftung

Die Gesellschaft mit beschränkter Haftung (abgekürzt GmbH) ist eine Kapitalgesellschaft, die nicht nur zum Betrieb eines Handelsgewerbes, sondern zu jedem gesetzlich zulässigen Zweck errichtet werden kann. Die GmbH hat eine eigene Rechtspersönlichkeit. Sie ist eine juristische Person, die selbstständig ihre Rechte und Pflichten hat. Sie kann beispielsweise Eigentum und Rechte an Grundstücken erwerben, vor Gericht klagen und verklagt werden.

Kapitalaufbringung

Das Gesellschaftskapital wird Stammkapital genannt und muss mindestens 25.000,00 € betragen. Stammeinlagen sind die Beiträge der einzelnen Gesellschafter zum Stammkapital. Die Höhe der Stammeinlage kann für die einzelnen Gesellschafter unterschiedlich groß sein.

Haftung

Für die Verbindlichkeiten der Gesellschaft haftet den Gläubigern grundsätzlich nur die GmbH mit ihrem Gesellschaftsvermögen. Die Gesellschafter haften nicht mit ihrem Privatvermögen.

nach: Bergmoser + Höller Verlag AG

Ergebnisverteilung

Die Gesellschafter haben Anspruch auf den von der GmbH erzielten Reingewinn. Falls der Gesellschaftsvertrag nichts anderes bestimmt, wird dieser nach dem Verhältnis der Geschäftsanteile verteilt.

Organe der GmbH

Die gesetzlich vorgesehenen Organe zur Vertretung, Überwachung und Beschlussfassung der GmbH sind:

- **Geschäftsführer**
  Durch die Geschäftsführer handelt die GmbH.
- **Gesellschafterversammlung**
  Die Gesellschafterversammlung, die in der Regel durch die Geschäftsführer einberufen wird, ist das oberste Organ der GmbH. Hier entscheiden die Gesellschafter über alle grundsätzlichen Angelegenheiten.
- **Aufsichtsrat**
  Als Kontrollorgan kann ein Aufsichtsrat eingerichtet werden. Gesetzlich vorgeschrieben ist er nur für Gesellschaften mit beschränkter Haftung, die mehr als 500 Arbeitnehmer beschäftigen.

Firmierung

Die Firma der GmbH muss sich durch einen eindeutigen Zusatz „GmbH“ identifizieren lassen. Wie bei anderen Rechtsformen sind auch bei der Gesellschaft mit beschränkter Haftung Fantasiefirmennamen möglich.

Bedeutung

Die GmbH wird als Unternehmensform oft gewählt, wenn eine einzelne Person oder ein überschaubarer Kreis mehrerer Personen ein kaufmännisches Unternehmen führen wollen, bei dem keiner die volle Haftung übernehmen will. Sie ist daher hauptsächlich bei kleineren und mittleren Unternehmen anzutreffen. Auch die meisten Neugründungen erfolgen als Gesellschaften mit beschränkter Haftung.

Neben der eingeschränkten Haftung hat die GmbH weitere Vorzüge:

- Die Zahl der Gesellschafter ist unbegrenzt.
- Das zur Gründung notwendige Mindestkapital beträgt lediglich 25.000,00 €.
- Die gesetzlichen Vorschriften, die für eine GmbH gelten, sind relativ einfach zu erfüllen. Daher kann die GmbH über den Gesellschaftsvertrag den Besonderheiten des Einzelfalls besonders gut angepasst werden.

Haftungsbeschränkte Unternehmergesellschaft
Am 26. Juni 2008 wurde vom Deutschen Bundestag das Gesetz zur Modernisierung des GmbH-Rechts und zur Bekämpfung von Missbräuchen (MoMiG) beschlossen. Die neue GmbH-Variante entsteht bereits mit der Einzahlung von einem Euro durch die Gesellschafter. Diese UG (haftungsbeschränkt) darf ihre jährlichen Gewinne allerdings nicht in vollem Umfang ausschütten, sondern muss das Mindeststammkapital der normalen GmbH von 25.000,00 € nach und nach ansparen.

GmbH & Co. KG

Eine spezielle Unternehmensform stellt die GmbH & Co. KG dar. Sie ist eine Personengesellschaft, als deren Komplementär eine Kapitalgesellschaft – nämlich die GmbH – auftritt. Der Unterschied zur KG liegt darin, dass in dieser Gesellschaft eine juristische Person die Unternehmung führt. Dadurch gelingt es, die unmittelbare und unbeschränkte Haftung des Komplementärs in eine mittelbare und beschränkte Haftung zu verwandeln.

Die Firma der GmbH & Co. KG muss die volle Bezeichnung der GmbH enthalten. Außerdem ist ein das Vorhandensein eines Gesellschaftsverhältnisses andeutender Zusatz („& Co. KG") enthalten.

BEISPIEL

Müller GmbH & Co. KG

Limited

Eine Alternative zur GmbH stellt seit einiger Zeit die Limited dar. Die Private Company Limited by Shares – so die komplette Bezeichnung für die Limited (Abkürzung: Ltd) – eignet sich vor allem für kleinere und mittlere Unternehmen. Bei dieser Rechtsform hat das Unternehmen seinen rechtlichen Sitz in England, seinen Verwaltungssitz aber in Deutschland. Wie bei der GmbH entfällt die persönliche Haftung. Die Limited ist aber erheblich leichter zu gründen:

- Die Gründungsdauer ist erheblich kürzer.
- Die Gründungskosten sind erheblich niedriger.
- Die Gründung muss nicht notariell beurkundet werden.
- Das notwendige Grundkapital beträgt nur 1,00 £ (Britisches Pfund).
- Als Sacheinlagen gelten auch Dienstleistungen.

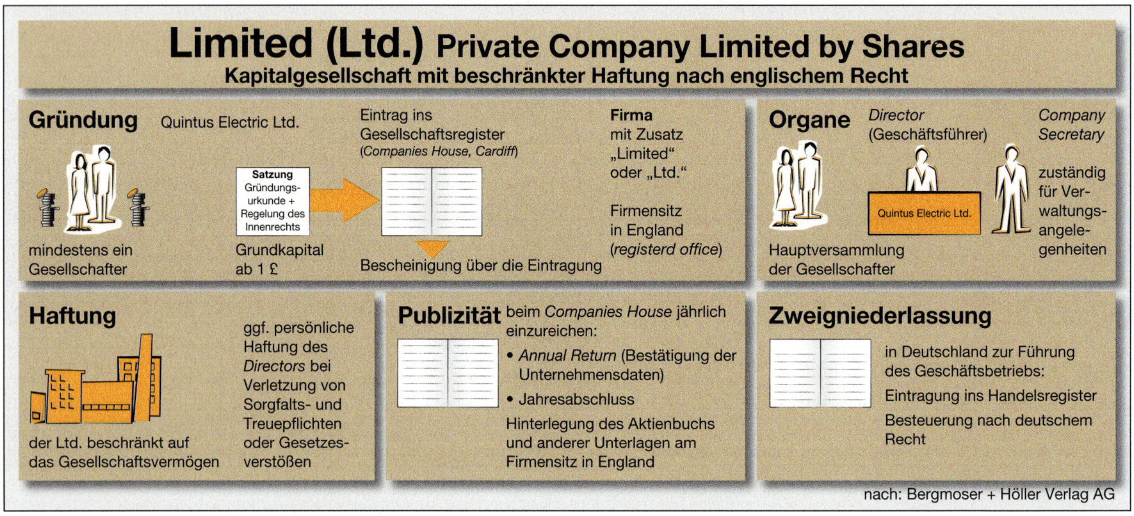

Aktiengesellschaft

BEISPIEL

Herr Schmitt, Inhaber der „Feinkost GmbH", hat eine Marktlücke entdeckt, die verspricht, viel Gewinn abzuwerfen: die Gründung eines Unternehmens, das hormonfreies Kalbfleisch produziert und vertreibt. Vier seiner Bekannten sind von dieser Idee begeistert und möchten sich beteiligen.

Die Aufzucht von Kälbern verursacht jedoch zunächst einmal riesige Kosten. Da Herr Schmitt und die anderen Gesellschafter den für die nötigen Investitionen erforderlichen Kapitalbetrag nicht allein aufbringen können, suchen sie eine große Zahl weiterer Kapitalgeber, die zur Finanzierung des Vorhabens beitragen wollen. Zu diesem Zweck gründen sie eine Aktiengesellschaft.

Die Aktiengesellschaft (abgekürzt AG) ist eine Kapitalgesellschaft. Zur Gründung einer AG ist nur eine Person nötig. In der Satzung (dem Gesellschaftsvertrag) wird die Höhe des Grundkapitals festgelegt, das mindestens 50.000,00 € betragen muss.

Kapitalaufbringung

Das Kapital der AG wird durch den Verkauf von Aktien aufgebracht.

DEFINITION

Aktien sind Urkunden über Anteils- und Besitzrechte an einer Aktiengesellschaft. Der Aktionär – der Inhaber von Aktien – ist somit Teilhaber am Vermögen und den Erträgen einer Aktiengesellschaft.

Die Aktien können einen unterschiedlichen Nennwert haben. Der Nennwert ist der auf einer Aktie aufgedruckte Betrag in Euro. Er drückt aus, mit welchem Euro-Betrag ein Aktionär am Grundkapital der AG beteiligt ist. Zum Nennwert wird eine Aktie meistens bei der Gründung der Aktiengesellschaft ausgegeben. Der Mindestnennwert beträgt 1,00 €.

BEISPIEL

Die Nordwestdeutsche Kalbfleisch AG hat ihr Grundkapital von 5.000.000,00 € in 100000 Aktien zum Nennwert von je 50,00 € gestückelt. Herr Otte besitzt eine dieser Aktien. Dadurch ist er zu 1/100000 am Vermögen und an den Erträgen des Unternehmens beteiligt. Außerdem hat er dadurch eine von insgesamt 100000 Stimmen auf der Hauptversammlung, dem jährlichen Treffen der Aktionäre.

Haftung

Die Anteilseigner haften – im Gegensatz zu einer Personengesellschaft – nicht mit ihrem persönlichen Vermögen für die Verbindlichkeiten des Unternehmens, sondern ausschließlich mit ihrer Kapitaleinlage.

Ergebnisverteilung

Ein Aktionär erhält den auf ihn entfallenden Gewinn nur zum Teil in Form der Dividende ausbezahlt.

DEFINITION

Die **Dividende** ist der auf die einzelne Aktie entfallende Anteil des Jahresüberschusses der AG.

Sie ist das Entgelt dafür, dass der Aktionär dem Unternehmen Geld zur Verfügung stellt, mit dem es arbeiten kann.

Der größere Teil des Gewinns wird jedoch einbehalten und wieder in die AG investiert, um deren wirtschaftliche Leistungsfähigkeit zu verbessern. Werden ständig finanzielle Mittel in eine Aktiengesellschaft investiert, so wird das Unternehmen natürlich immer wertvoller. Dadurch steigt in der Regel auch der tatsächliche Wert der Aktie über den Nennwert. Der Preis der an der Börse gehandelten Aktie steigt. Dieser Börsenpreis wird auch Kurs oder Kurswert genannt.

Für den Kapitalanleger hat die Aktie den Vorteil, dass er immer am Gewinn des Unternehmens beteiligt ist. Einerseits fließt ihm der Gewinn in Form der Dividende zu. Werden Jahresüberschüsse aber einbehalten, dann steigt in der Regel der Kurs der Aktie. In diesem Fall lässt sich ein Gewinn erzielen, indem der Aktionär seine Aktien verkauft.

Aktienarten

Die in der Bundesrepublik Deutschland übliche Form der Aktie ist die **Inhaberaktie.** Bei ihr sind alle Rechte aus der Aktie (z. B. auf Dividendenzahlung) allein an den Besitzer der Aktie und nicht an eine namentlich bestimmte Person geknüpft. Eine Inhaberaktie kann jederzeit wie eine bewegliche Sache veräußert werden.

Seltener ist die Ausgabe von **Namensaktien,** bei denen der Name des Inhabers auf der Aktie vermerkt ist. An der Ausgabe von Namensaktien kann die Aktiengesellschaft ein Interesse haben, wenn sie anhand des Aktienbuchs den Bestand der Aktionäre überwachen will. Nur der im Aktienbuch eingetragene Besitzer einer Aktie gilt als Aktionär.

Organe der Aktiengesellschaft

Eine Aktiengesellschaft muss über folgende Organe verfügen:

Hauptversammlung

Die Hauptversammlung ist die Zusammenkunft aller Aktionäre, die regelmäßig alle Jahre mindestens einmal einberufen wird. Die Aktionäre üben überwiegend hier ihre Rechte aus. Sie entscheiden u. a. über die Verwendung des ausgewiesenen Jahresgewinns oder über die Änderung von Grundkapital und Satzung. Die Hauptversammlung wählt mindestens die Hälfte der Mitglieder des Aufsichtsrats sowie den Aufsichtsratsvorsitzenden. Der Vorstand hat über die geschäftliche Lage zu berichten und sich vor den Aktionären zu verantworten.

Aufsichtsrat

Der Aufsichtsrat soll als Kontrollorgan der AG den Vorstand überwachen. Er wird auf vier Jahre gewählt. Der Aufsichtsrat besteht aus mindestens drei Personen, die nicht im Vorstand sein dürfen. Zu seinen Pflichten gehört die Berufung beziehungsweise Entlastung des Vorstands. Zusätzlich hat er den Jahresabschluss und den Geschäftsbericht zu prüfen.

Für die Zusammensetzung des Aufsichtsrats gilt das Betriebsverfassungsgesetz von 1952 für alle Unternehmen mit Ausnahme von Großunternehmen sowie Unternehmen des Bergbaus und der Eisen- und Stahlindustrie. Es sieht vor, dass in jeder AG mit mehr als 500 Beschäftigten zwei Drittel der Aufsichtsratmitglieder von den Aktionären, ein Drittel von den Belegschaftsangehörigen gewählt werden. Für Großunternehmen mit über 2000 Beschäftigten gilt das Mitbestimmungsgesetz von 1976. Dort stehen den Aktionärsvertretern im Aufsichtsrat ebenso viele Arbeitnehmervertreter (darunter ein Vertreter der leitenden Angestellten) gegenüber.

Vorstand

Der Vorstand führt als Leitungsorgan der Gesellschaft die Geschäfte. Er wird auf höchstens fünf Jahre bestellt, wobei aber eine wiederholte Bestellung zulässig ist. Der Vorstand vertritt die AG gerichtlich und außergerichtlich. Der Vorstand kann aus einer oder mehreren Personen bestehen, die nicht Aktionäre zu sein brauchen. Im Allgemeinen gehören dem Vorstand Fachleute („Manager") an, die keine Aktien des Unternehmens besitzen.

Es gehört zu den wesentlichen Merkmalen der Aktiengesellschaft, dass die Unternehmensleitung und die Mitgliedschaft an der Aktiengesellschaft grundsätzlich getrennt sind: Der einzelne Aktionär trägt zwar das wirtschaftliche Risiko – das allerdings auf den bei Erwerb der Aktien erbrachten Kapitaleinsatz beschränkt ist –, er ist aber nicht an der Unternehmensleitung beteiligt.

Firmierung

Die Firma muss den Zusatz „Aktiengesellschaft" enthalten.

BEISPIELE

Nordwestdeutsche Kalbfleisch AG, Bayerische Motoren Werke AG, Inktomi AG, Bookmark AG

Bedeutung

Die Aktiengesellschaft ist die geeignete Unternehmensform für Großunternehmen. Durch den Verkauf von Aktien an viele Personen kann der hohe Kapitalbedarf gedeckt werden. Das Vermögen Einzelner würde dafür nicht ausreichen.

Der Erwerb von Aktien wird für diese Personen interessant durch:

- die einfache Form der Beteiligung
- das geringe Risiko
- die freie Übertragbarkeit der Aktien
- den geringen Preis der einzelnen Aktie
- die Möglichkeit, sich ohne kaufmännische Fähigkeiten an einem Wirtschaftsunternehmen zu beteiligen

nach: Bergmoser + Höller Verlag AG

AUFGABEN

1. Welche Organe hat eine GmbH?
2. Welche Vorteile sprechen für die Unternehmensform der GmbH?
3. Was ist eine Einmann-GmbH?
4. Was ist eine GmbH & Co. KG?
5. Erklären Sie die folgenden Begriffe:
   a) Aktie
   b) Nennwert
   c) Kurs
   d) Grundkapital
   e) Dividende
6. Geben Sie fünf Beispiele für die Firma einer Aktiengesellschaft.
7. In welcher Situation wird die Unternehmensform der AG gewählt?

AKTIONEN

1. Die von Aktiengesellschaften herausgegebenen Aktien werden in der Regel an Börsen gehandelt. Zur Vertiefung des Wissens über Aktien sollen Sie in sechs Gruppen die folgenden Arbeitsaufträge bearbeiten:
   a) Gruppe 1 und 4:
   Welche Aktienarten gibt es und worin unterscheiden sich diese? Welche weiteren Wertpapiere können für die Anleger interessant sein?
   b) Gruppe 2 und 5:
   In welche Marktsegmente gliedert sich die Börse und welche Indizes zeigen dem Anleger Tendenzen auf?
   c) Gruppe 3 und 6:
   Wie ergeben sich die Kurse und was besagen die vielen Abkürzungen des Kursblatts?

   Denken Sie daran, Ihre Arbeit zu organisieren. So sind folgende Aufgaben innerhalb der Gruppe zu verteilen oder gemeinschaftlich zu erfüllen:
   - auf die von Ihrer Lehrerin beziehungsweise Ihrem Lehrer genannte Zeit achten
   - die Ergebnisse in Form einer PowerPoint-Präsentation festhalten und für die Präsentation aufbereiten
   - verschiedene Aspekte aufgreifen und bearbeiten
   - das Ergebnis der Klasse vorstellen

   Nutzen Sie zur Lösung Ihres Arbeitsauftrags die Internetseite www.boersenlexikon.de.

2. Nachdem Sie sich in Aktion 1 mit den grundlegenden Informationen zum Börsengeschehen vertraut gemacht haben, soll nun der Schritt an die Börse erfolgen. Aufgrund der doch meist eher knapp bemessenen finanziellen Mittel geschieht dies in Form eines Börsenspiels, das über einen längeren Zeitraum in den nächsten Wochen parallel zum Unterricht läuft. Sie spielen in Ihren bestehenden Arbeitsgruppen. Das Spielgeschehen erfolgt über das Internet (www.boersenspiel.faz.net). Ziel des Spiels ist es, die Ihnen fiktiv zur Verfügung gestellten 50.000,00 € durch geschicktes Anlegen möglichst zu vermehren.
   a) Machen Sie sich bei der angegebenen Internetadresse mit den Grundlagen des Spiels vertraut.
   b) Melden Sie sich individuell an.

ZUSAMMENFASSUNG

Kapitalgesellschaften	Gesellschaft mit beschränkter Haftung (GmbH) Eine Person (Einmann-GmbH) oder mehrere Personen beteiligen sich am Stammkapital, das mindestens 25.000,00 € betragen muss.	Aktiengesellschaft (AG) Eine oder mehrere Personen (Aktionäre) beteiligen sich an dem in Aktien zerlegten Grundkapital, das mindestens 50.000,00 € betragen muss.
Mindestgründerzahl	einer	einer
Mindestkapital	mindestens 25.000,00 € Stammkapital	mindestens 50.000,00 € Stammkapital
Haftung	Nur die Gesellschaft haftet mit ihrem Vermögen.	Nur die AG haftet.
Geschäftsführung und -vertretung	Geschäftsführer	Vorstand
Gewinnverteilung	im Verhältnis der Geschäftsanteile	im Verhältnis der Aktienanteile

KAPITEL 10

Wir finanzieren und investieren

ABSONDERUNG
LAUFZEIT
KAPITALBEDARFSRECHNUNG
NSOLVENZMASSE
PERSONALKREDIT
KREDIT
KONTOKORRENTKRED
TRATTE
RIMESSE
SELBSTSCHULDNERISCHE BÜRGSCHAFT
DARLEHEN
SANIERUNG
AUFRECHNUNG
REGELVERFAHREN
RATENTILGUNG
TARIFVERTRAG
LIQUIDATION
ZAHLUNGSUNFÄHIGKEIT
LEASING
WECHSEL
VOLLAMORTISATION
TEILAMORTISATION

10 Wir finanzieren und investieren

10.1 Wir treffen Finanzierungsentscheidungen für Investitionen

Einstieg

Michael Hoffmann und Susanne Hahne überdenken gerade die Situation der Hoffmann KG:

Susanne Hahne:
„Insgesamt stehen wir ja sehr gut da. Wir sind stark gewachsen. Die Produktion von Textilien, aber auch die Herstellung von Fahrrädern ist vom Markt sehr gut angenommen worden."

Michael Hoffmann:
„Ja gut, aber wir haben auch Konkurrenz bekommen. Insgesamt ist zudem das Preisniveau abgebröckelt und unsere Kunden möchten die Ware schneller geliefert bekommen. Dies alles gefährdet unsere Stellung. Wenn wir nicht bald etwas tun, kann es bei der Fahrradproduktion zu Lieferengpässen kommen. Außerdem sind die Kosten der Herstellung zu hoch."

Susanne Hahne:
„Stimmt schon, aber was sollen wir machen?"

Michael Hoffmann:
„Wir sollten einmal nachdenken über neue, leistungsfähigere Produktionsmaschinen ..."

Susanne Hahne:
„Wo nehmen wir die Mittel her? Wir haben gerade in das neue Lager in Magdeburg investiert!"

Schlagen Sie Möglichkeiten vor, wie die Hoffmann KG an finanzielle Mittel kommen kann.

INFORMATIONEN

Investitionen

Um als Unternehmen produktiv, wirtschaftlich und rentabel arbeiten zu können, benötigt ein Unternehmen Betriebsvermögen. Dazu gehören einerseits das Anlagevermögen und andererseits das Umlaufvermögen:

- Gegenstände des **Anlagevermögens** werden auf Dauer angeschafft. Mit dem Anlagevermögen wird die dauernde Betriebsbereitschaft des Unternehmens aufrechterhalten.
- Zum **Umlaufvermögen** gehören alle Vermögenswerte eines Unternehmens, die immer wieder kurzfristig umgeschlagen werden. Dazu zählen unter anderem Vorräte, Wertpapiere und Forderungen aus Warenlieferungen.

Um wettbewerbsfähig zu bleiben, muss ein Unternehmen in das Anlage- und Umlaufvermögen investieren. Dazu wird Kapital verwendet. Finanzielle Mittel werden zielgerecht eingesetzt, um Gegenstände des Vermögens, die den Unternehmenszwecken dienen, anzuschaffen.

DEFINITION

Eine **Investition** bedeutet die Beschaffung von Gegenständen des Anlage- und/oder Umlaufvermögens. Jede Investition hat damit Auswirkungen auf die Aktivseite der Bilanz.

Investitionsanlässe können sein:
- Gründung des Unternehmens
- Ersatz von Gütern des Anlagevermögens
- Rationalisierungserfordernisse
- Notwendigkeit von Erweiterungsinvestitionen

Beachtet werden sollte bei Investitionen:
- Die Investition sollte Vorteile bringen. Durch zielgerichteten Einsatz finanzieller Mittel sollten beispielsweise Erträge erwirtschaftet werden.
- Die Risiken sollten berechenbar sein und reduziert werden.

Finanzierung

Die benötigten finanziellen Mittel für Investitionen müssen beschafft werden. Dies ist Aufgabe der Finanzierung.

DEFINITION

Mit Maßnahmen der **Finanzierung** wird der Bedarf des Unternehmens an Kapital gedeckt. Dadurch wird die Passivseite der Bilanz berührt.

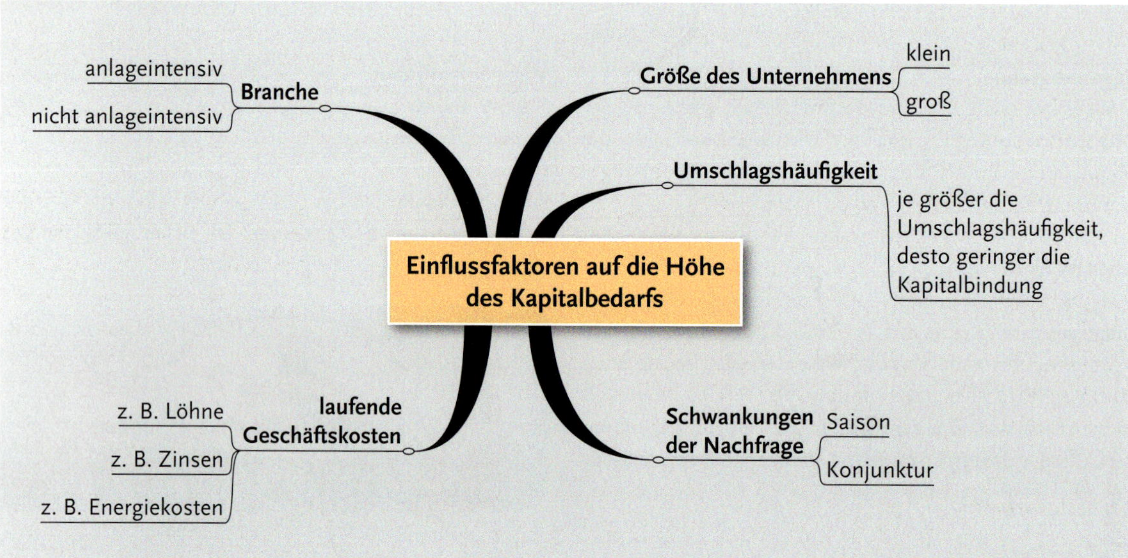

Kapitalbedarfsrechnung

Der Kapitalbedarf wird mithilfe der Kapitalbedarfsrechnung bestimmt. Dies ist eine Art langfristiger Vorschaurechnung, die den Kapitalbedarf als Soll- bzw. Plangrößen darstellt.

BEISPIEL

Die Hoffmann KG möchte eine neue Filiale in Weimar eröffnen. Herr Hoffmann ermittelt den zu erwartenden Kapitalbedarf aufgrund der folgenden Angaben:

Das Grundstück sowie die Baukosten betragen 2.000.000,00 €. Für die Betriebs- und Geschäftsausstattung müssen 600.000,00 € aufgewendet werden. Herr Hoffmann geht von einer Grundausstattung an Waren in Höhe von 1.000.000,00 € aus. Er rechnet damit, dass dann täglich für durchschnittlich 20.000,00 € Waren eingekauft werden.

Die Hoffmann KG bekommt von ihren Lieferanten 60 Tage Ziel eingeräumt, gewährt ihren Kunden selber 30 Tage Ziel. An Erfahrungswerten aus anderen Filialen lässt Herr Hoffmann in die Berechnung einfließen, dass die durchschnittliche Lagerdauer für einen Artikel 50 Tage beträgt und Handlungskosten (= alle Kosten der betrieblichen Tätigkeit wie z. B. Personalkosten, Raumkosten) von 4.000,00 € pro Tag anfallen.

Ermittlung des Anlagekapitalbedarfs		
Grundstück und Gebäude	2.000.000	
Betriebs- und Geschäftsausstattung	600.000	
Warengrundausstattung	1.000.000	
		3.600.000
Ermittlung des Umlaufkapitalbedarfs		
Waren	400.000	20.000 (50 + 30 – 60)
Handlungskosten	320.000	4.000 (50 + 30)
		720.000
Gesamtkapitalbedarf		**4.320.000**

3560 334

Finanzierungsarten

Wird das benötigte Kapital dem Unternehmen aus Finanzierungsquellen außerhalb des Unternehmens zugeführt, liegt eine Außenfinanzierung vor. Bei einer Innenfinanzierung dagegen wird das benötigte Kapitel im betrieblichen Leistungsprozess erwirtschaftet.

Außenfinanzierung

Das Kapital kommt von außen in die Unternehmung.

Eigenfinanzierung

Bei der Eigenfinanzierung wird dem Unternehmen

- entweder durch den Einzelunternehmer,
- durch die Gesellschafter einer Personengesellschaft oder
- durch die Anteilseigener einer Kapitalgesellschaft

Eigenkapital von außen zugeführt: die Kapitaleinlage der Gesellschafter wird also erhöht. Bei der Eigenfinanzierung haben bzw. erwerben die Kapitalgeber Mitentscheidungsrechte und das Recht auf Gewinn. Man spricht daher auch von Beteiligungsfinanzierung.

Fremdfinanzierung

Bei der Fremdfinanzierung wird Kapital durch Aufnahme von Krediten[1] oder auch durch Ausgabe von Anleihen beschafft. Anleihen, auch Schuldverschreibungen oder Obligationen genannt, sind festverzinsliche Wertpapiere mit einer Laufzeit von bis zu 30 Jahren. Ein Unternehmen, das Anleihen herausgibt, bekommt vom Käufer Kapital und verpflichtet sich, dafür jährliche Zinsen zu zahlen und am Ende der Laufzeit den Anleihenbetrag zurückzuzahlen. Es wird also Fremdkapital bei Betriebsfremden aufgenommen. Dadurch entsteht ein schuldrechtliches Verhältnis zwischen dem Kapitalgeber als Gläubiger und dem Fremdkapital aufnehmenden Unternehmen als Schuldner. Die Fremdfinanzierung wird daher auch Kreditfinanzierung genannt.

Innenfinanzierung

Bei der Innenfinanzierung kommt das benötigte Kapital aus der Unternehmung.

Selbstfinanzierung

Die Selbstfinanzierung erfolgt durch Zurückbehaltung von Gewinnen im Unternehmen:

- **Selbstfinanzierung aus offenen Gewinnen**
  Hierbei verbleibt der in einem Wirtschaftsjahr erwirtschaftete und im Gewinn- und Verlustkonto ausgewiesene Gewinn im Unternehmen: Damit erhöht er das Eigenkapital.

1 siehe Kap. 10.2

- **Selbstfinanzierung aus versteckten Gewinnen**
  Hierbei sind die Gewinne zwar vorhanden, erscheinen aber nicht im Gewinn- und Verlustkonto. Dies kann erreicht werden, wenn Aufwendungen in der Gewinn- und Verlustrechnung höher angesetzt werden, als sie in der Wirklichkeit angefallen sind. Der ausgewiesene Gewinn wird über Abschreibungsbeträge, die über die tatsächliche Wertminderung hinausgehen, oder durch überhöhte Rückstellungen gemindert. Diese Beträge stehen dem Unternehmen dann für Investitionen zur Verfügung.

BEISPIEL

Ein Unternehmen hat im Zusammenhang mit Gewährleistungen erfahrungsgemäß Kosten von 0,1 % des Umsatzes. Es bildet aus Vorsichtsgründen eine Rückstellung für solche Fälle, allerdings in Höhe von 0,8 % des Umsatzes. Durch diese Überbewertung entsteht eine stille Reserve.

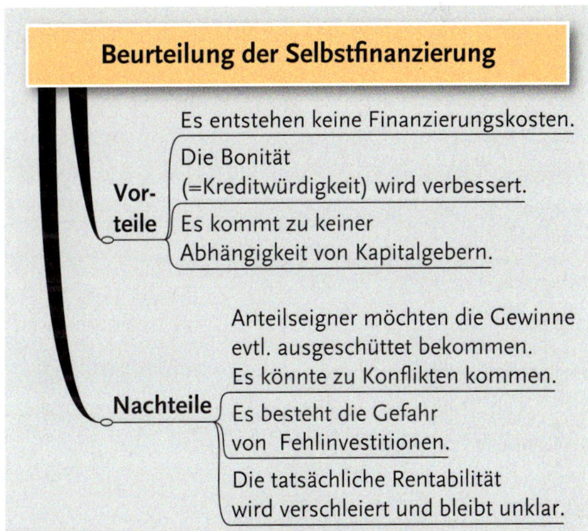

Abschreibungsfinanzierung

Abschreibungen sollen den jährlichen Wertverlust von Anlagegütern erfassen. Da sie in die Verkaufspreise einkalkuliert werden, kommen die Abschreibungsgegenwerte als liquide Mittel über die Verkaufserlöse in das Unternehmen zurück. Diese liquiden Mittel werden im Normalfall angesammelt und führen erst dann zu Ausgaben, wenn die Lebensdauer der Anlagegüter beendet ist und Ersatzinvestitionen notwendig sind. Über die Abschreibungsfinanzierung kann ein Unternehmen die Anschaffung neuer, zusätzlicher Investitionsgüter dadurch finanzieren, dass es die Abschreibungsbeträge nicht für die spätere Ersatzbeschaffung zur Seite legt, sondern sofort für neue Investitionen ausgibt.

BEISPIEL

Die Hoffmann KG kauft fünf Maschinen zur Textilherstellung à 4.000,00 €. Die Maschinen werden linear mit 20 % abgeschrieben.

Anfang des Jahres	Anzahl der Maschinen	Anschaffungswert	Gesamt-abschreibung	mögliche Neuanschaf-fungen	Abgang	Rest
1	5	20.000,00	4.000,00	1	–	–
2	6	24.000,00	4.800,00	1	–	800,00
3	7	28.000,00	5.600,00	1	–	2.400,00
4	8	32.000,00	6.400,00	2	–	800,00
5	10	40.000,00	8.000,00	2	5	800,00
6	7	28.000,00	5.600,00	1	1	2.400,00
7	7	28.000,00	5.600,00	2	1	–
8	8	32.000,00	6.400,00	1	1	2.400,00
9	8	32.000,00	6.400,00	2	1	800,00

Der Gesamtabschreibungsbetrag für die fünf Maschinen am Ende des ersten Jahres in Höhe von 4.000,00 € wird nicht für die Neuanschaffung aller Maschinen in fünf Jahren beiseitegelegt, sondern sofort für die Anschaffung einer zusätzlichen Maschine verwendet. Die in den nächsten Jahren über die Verkaufspreise in den Betrieb fließenden Mittel werden ebenfalls nicht für eine spätere Neuanschaffung der dann abgeschriebenen Anlagegüter genutzt, sondern auch zur Anschaffung zusätzlicher Maschinen verwendet. Langfristig kommt es zu einer nachhaltigen Erhöhung der ursprünglichen Maschinenzahl (statt fünf Maschinen können immer zwischen sieben und zehn Maschinen finanziert werden).

Finanzplan

Viele Unternehmen arbeiten mit einem Finanzplan (Liquiditätsplan). Mit einem Finanzplan wird kurzfristig die Erhaltung der Zahlungsfähigkeit überwacht. Dies geschieht durch Planung der zukünftigen Ein- und Auszahlungen. Die Zahlungen stehen bereits fest und werden detailliert aufgeführt.

BEISPIEL

In der Rostocker Filiale der Hoffmann KG soll ein Finanzplan (Liquiditätsplan) für die Monate April, Mai und Juni aufgestellt werden:
Der gesamte Zahlungsverkehr wird über ein Bankkonto abgewickelt. Bei der Bank besteht ein Dispositionskredit über 50.000,00 €. Zum 31. März besteht ein Bankguthaben von 50.000,00 €.

Der Finanzstatus zum 31. März weist folgende Planzahlen auf:

Ausgaben zur Begleichung von Verbindlichkeiten
- im April: 300.000,00 €
- im Mai: 400.000,00 €
- im Juni: 450.000,00 €

Umsatzerlöse nach Ziel
- im April: 150.000,00 €
- im Mai: 400.000,00 €
- im Juni: 650.000,00 €

Ausgaben für Einkauf, Produktion und Verwaltung
- im April: 100.000,00 €
- im Mai: 140.000,00 €
- im Juni: 220.000,00 €

Einnahmen aus Warenverkäufen bar
- im April: 250.000,00 €
- im Mai: 50.000,00 €
- im Juni: 150.000,00 €

Einnahmen von 25.000,00 € im Mai durch den Verkauf einer gebrauchten Maschine.

	April	Mai	Juni
Stand Bankkonto Anfang des Monats	50.000,00	50.000,00	−15.000,00
Einzahlungen: Umsatzerlöse (Ziel) Warenverkäufe (bar) Verkauf gebrauchte Maschine	 150.000,00 250.000,00	 400.000,00 50.000,00 25.000,00	 650.000,00 150.000,00
Summe der Einzahlungen	400.000,00	475.000,00	800.000,00
Auszahlungen: Verbindlichkeiten Einkauf, Produktion, Verwaltung	 300.000,00 100.000,00	 400.000,00 140.000,00	 450.000,00 220.000,00
Summe der Auszahlungen	400.000,00	540.000,00	670.000,00
= Endbestand Bankkonto	50.000,00	−15.000,00	115.000,00

AUFGABEN

1. Was versteht man unter einer Investition?
2. Erläutern Sie den Begriff Finanzierung.
3. Wodurch unterscheiden sich Eigen- und Fremdfinanzierung?
4. „Deren Buchung als Kosten ist ja nicht mit Geldabgang verbunden – der fand schon früher bei dem Kauf einer Maschine statt."
   Welche Finanzierungsart wird hier angesprochen?
5. Welche Arten der Selbstfinanzierung gibt es?
6. Die Hoffmann KG möchte ein neues Zentrallager für den süddeutschen Raum in Heilbronn errichten. Die Unternehmensleitung überlegt, auf welchen Wegen dies finanziert werden kann.
   a) Nennen Sie mindestens zwei Beispiele für die Innenfinanzierung.
   b) Nennen Sie mindestens zwei Beispiele der Eigenfinanzierung.
   c) Führen Sie Nachteile der Kreditfinanzierung gegenüber der Beteiligungsfinanzierung auf.
7. Entscheiden Sie bei den folgenden Geschäftsvorfällen, welche Finanzierungsart vorliegt.
   a) Aufnahme eines neuen OHG-Gesellschafters
   b) Aufnahme eines kurzfristigen Bankkredits
   c) Kauf eines Lkw aus Abschreibungsgegenwerten
   d) Kauf von Waren auf Ziel für 5.000,00 €
   e) Einstellung des Gewinns in die freiwilligen Rücklagen
   f) Ausgabe neuer Aktien durch eine Aktiengesellschaft
8. Die Hoffmann KG möchte eine neue Filiale in Dresden eröffnen. Herr Hoffmann ermittelt den zu erwartenden Kapitalbedarf aufgrund der folgenden Angaben:
   - Das Grundstück sowie die Baukosten betragen 4.000.000,00 €.
   - Für die Betriebs- und Geschäftsausstattung müssen 700.000,00 € aufgewendet werden.
   - Herr Hoffmann geht von einer Grundausstattung an Waren in Höhe von 1.500.000,00 € aus.
   - Er rechnet damit, dass dann täglich für durchschnittlich 20.000,00 € Waren eingekauft werden.
   - Die Hoffmann KG bekommt von ihren Lieferanten 60 Tage Ziel eingeräumt, gewährt ihren Kunden selber 30 Tage Ziel.
   - An Erfahrungswerten aus anderen Filialen lässt er in die Berechnung einfließen, dass die durchschnittliche Lagerdauer für einen Artikel 50 Tage beträgt und pro Tag 6.000,00 € Handlungskosten anfallen.

   Berechnen Sie den Kapitalbedarf.
9. Michael Hoffmann bittet die Verantwortlichen der neuen Heilbronner Filiale einen Finanzplan (Liquiditätsplan) für die Monate Oktober, November und Dezember aufzustellen:
   Der gesamte Zahlungsverkehr wird über ein Bankkonto abgewickelt. Bei der Bank besteht ein Dispositionskredit über 50.000,00 €. Zum 30. September besteht ein Bankguthaben von 50.000,00 €.
   Der Finanzstatus zum 30. September weist folgende Planzahlen auf:

Ausgaben zur Begleichung von Verbindlichkeiten

- im Oktober: 400.000,00 €
- im November: 300.000,00 €
- im Dezember: 250.000,00 €

Umsatzerlöse nach Ziel

- im Oktober: 200.000,00 €
- im November: 400.000,00 €
- im Dezember: 750.000,00 €

Ausgaben für Einkauf, Produktion und Verwaltung

- im Oktober: 100.000,00 €
- im November: 140.000,00 €
- im Dezember 220.000,00 €

Einnahmen aus Warenverkäufen bar

- im Oktober: 275.000,00 €
- im November: 50.000,00 €
- im Dezember: 200.000,00 €

AKTIONEN

1. Erstellen Sie eine Excel-Tabelle, mit der Sie den Kapitalbedarf berechnen können. Ziehen Sie zum Test die Aufgabe 3 hinzu.
2. Erstellen Sie eine Excel-Tabelle, mit der Sie eine Finanzplanung durchführen können. Ziehen Sie zum Test die Aufgabe 4 hinzu.

ZUSAMMENFASSUNG

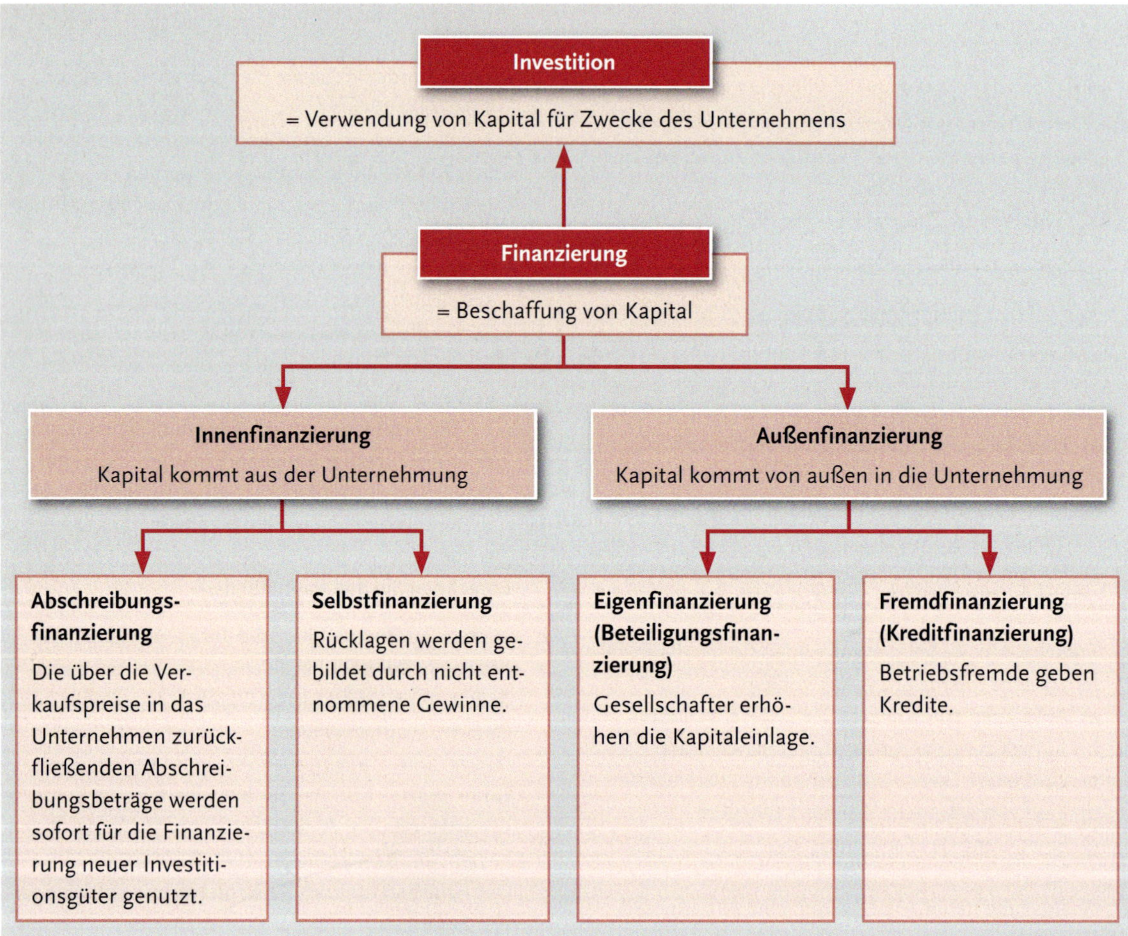

3560 338

10.2 Wir nehmen Kredite auf

Einstieg

Vor fünf Jahren hat Michael Hoffmann seinem langjährigen Geschäftspartner Peter Noll 200.000,00 € geliehen. Das Unternehmen von Peter Noll war jahrzehntelang finanziell sehr gesund. Vor drei Jahren aber geriet es überraschend in finanzielle Schwierigkeiten, die vor 15 Monaten zur Insolvenz führten. Peter Noll kann bis heute den Kredit an Michael Hoffmann nicht zurückzahlen.

Stellen Sie fest, auf welche Arten sich Michael Hoffmann gegen einen möglichen Zahlungsausfall hätte absichern können.

INFORMATIONEN

Kredit

Reichen eigene Mittel zur Finanzierung eines Investitionsvorhabens nicht aus, bietet sich die Aufnahme eines Kredits an. Bei einem Kredit werden Geldbeträge (manchmal auch Waren oder Dienstleistungen) von einer anderen Person auf Zeit gegen Zinszahlungen im Vertrauen auf eine Rückzahlung überlassen. Dies geschieht durch Abschluss eines Kreditvertrags zwischen dem Kreditgeber (dem Gläubiger oder Kreditor) und dem Kreditnehmer (dem Schuldner oder Debitor).

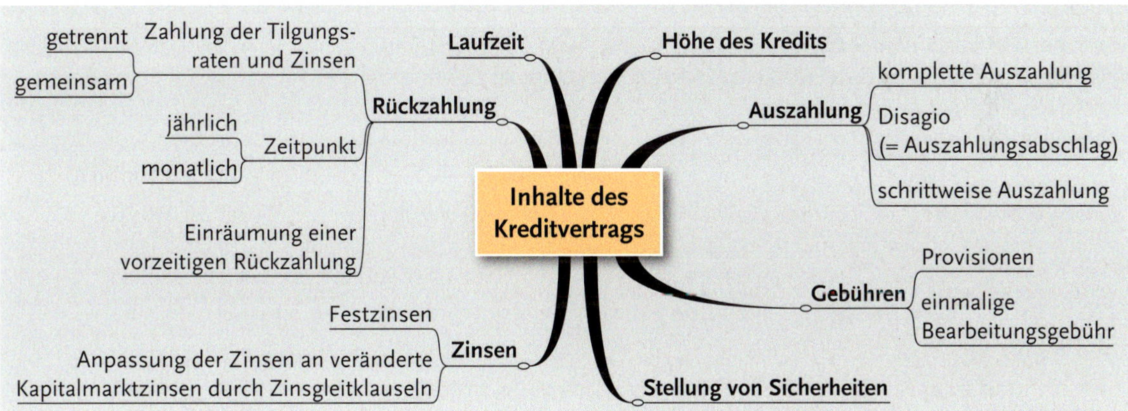

Kreditarten nach der Laufzeit

Nach der Dauer der Überlassung von Fremdkapital können kurzfristige, mittelfristige und langfristige Kredite unterschieden werden:

- **kurzfristige Kredite**
  Der Kreditnehmer muss das überlassene Fremdkapital innerhalb von sechs Monaten zurückzahlen.
- **mittelfristige Kredite**
  Mittelfristige Kredite haben eine Laufzeit von sechs Monaten bis vier Jahren. Sie dienen ähnlich wie die kurzfristigen Kredite häufig der Finanzierung von Umlaufvermögen.
- **langfristige Kredite**
  Zu den langfristigen Krediten zählen alle Kredite mit einer Laufzeit von über vier Jahren. Sie werden oft aufgenommen für die Finanzierung von Gütern des Anlagevermögens (z. B. für den Kauf oder Bau von Immobilien).

Kreditarten nach der Verfügbarkeit

Kredite können auf unterschiedliche Art und Weise zur Verfügung gestellt werden:
- Kontokorrentkredit
- Darlehen
- Lieferantenkredit

Kontokorrentkredit

Beim Kontokorrentkredit räumt der Kreditgeber dem Kreditnehmer einen bestimmten Höchstbetrag ein, die sogenannte Kreditlinie. Abhängig von seinem Finanzierungsbedarf kann dann der Kreditnehmer in wechselndem Umfang maximal bis zu diesem Höchstbetrag einen Kredit in Anspruch nehmen: Bis zu dieser Höhe darf das Konto des Kreditnehmers überzogen werden.

Für Unternehmen ist ein Kontokorrentkredit sehr komfortabel. Er kann jederzeit kurzfristig in Anspruch genommen werden. Berechnet werden ihm daher vom Kreditgeber – meist sind dies Banken – nur die tatsächlich beanspruchten Zinsen.

Darlehen

Ein Darlehen ist in der Regel ein langfristiger Kredit, bei dem ein Geldbetrag entweder in einer Summe oder in bestimmten Teilbeträgen an den Schuldner ausgezahlt wird. Häufig wird ein Darlehen für Investitionen im Bereich des Anlagevermögens aufgenommen.

Nach der Art der Tilgung unterscheidet man:

- **Fälligkeitsdarlehen**
  Das Fälligkeitsdarlehen wird oft auch Festdarlehen genannt. Der Kredit wird am Ende der Laufzeit in einer Summe getilgt.
- **Abzahlungsdarlehen (Ratentilgung)**
  Die Rückzahlung des Kredits erfolgt in Raten zu festgelegten Terminen. Dabei bleiben die Tilgungsbeträge gleich. Weil die Restschuld dadurch sinkt, ergeben sich sinkende Zinszahlungen. Die finanzielle Belastung des Schuldners wird daher von Jahr zu Jahr geringer.
- **Annuitätendarlehen**
  Über die gesamte Laufzeit werden an den Gläubiger gleich hohe – sich aus den Zins- und Tilgungsanteilen zusammensetzende – Beträge zurückgezahlt. Weil durch die Tilgung die Restschuld immer geringer wird, sinkt bei den gleich bleibenden Zahlungen des Schuldners die Zinsbelastung und der Tilgungsbetrag steigt.

BEISPIEL

Um Güter des Anlagevermögens in der neuen Filiale in Weimar finanzieren zu können, nimmt die Hoffmann KG ein Darlehen über 200.000,00 € auf. Die Laufzeit beträgt vier Jahre, der Zinssatz 10 %.

Fälligkeitsdarlehen

			Tilgung 200.000,00 €
Zinsen 20.000,00 €	Zinsen 20.000,00 €	Zinsen 20.000,00 €	Zinsen 20.000,00 €
1. Jahr	2. Jahr	3. Jahr	4. Jahr

Abzahlungsdarlehen

Zinsen 20.000,00 €	Zinsen 15.000,00 €	Zinsen 10.000,00 €	Zinsen 5.000,00 €
Tilgung 50.000,00 €	Tilgung 50.000,00 €	Tilgung 50.000,00 €	Tilgung 50.000,00 €
1. Jahr	2. Jahr	3. Jahr	4. Jahr

Annuitätendarlehen

Tilgung 43.094,00 €	Tilgung 47.404,00 €	Tilgung 52.144,00 €	Tilgung 57.358,00 €
Zinsen 20.000,00 €	Zinsen 15.690,00 €	Zinsen 10.950,00 €	Zinsen 5.736,00 €
1. Jahr	2. Jahr	3. Jahr	4. Jahr

Lieferantenkredit

Mithilfe eines Lieferantenkredits können Warenverkäufe finanziert werden. Diese Art des Kredits ist eine kurzfristige Form der Finanzierung. Dabei vereinbart der Einkäufer von Waren mit dem Lieferanten ein **Zahlungsziel.** Dies ist eine Frist, die der Lieferant für die Bezahlung der Rechnung setzt. In den meisten Fällen beträgt das Zahlungsziel 30, 60 oder 90 Tage. Da der Käufer innerhalb dieser Zahlungsfrist nicht zahlen muss, gewährt ihm der Lieferant einen Kredit.

Zahlt der Kunde die gelieferte Ware deutlich vor Ablauf des Zahlungsziels, darf er sich oft ein sogenanntes **Skonto** abziehen. Wartet er jedoch die volle Frist zur Bezahlung ab, muss er auf die Nutzung des Skonto verzichten.

Trotz der späteren Zahlung darf der Käufer ab dem Zeitpunkt der Lieferung über die Ware frei verfügen. Der Lieferant erhofft sich dadurch, dass die Ware innerhalb der Zahlungsfrist verkauft wird. Dadurch kann der Käufer dann die Rechnung begleichen. Der Lieferant sichert sich bis dahin aber oft durch einen Eigentumsvorbehalt[1] ab.

Kunden sollten beachten, dass der Lieferantenkredit zwar sehr bequem, aber eine der teuersten Finanzierungsmöglichkeiten überhaupt ist. Es ist häufig sinnvoller, einen Kontokorrentkredit aufzunehmen, mit dem man die Rechnung innerhalb der Skontofrist bezahlen kann.

BEISPIEL

Der Hoffmann KG liegt eine Rechnung der Firma Bernhard Müller OHG aus Heidelberg über 6.000,00 € vor. Die Zahlungsbedingung lautet: „30 Tage Ziel. Bei Zahlung innerhalb von zehn Tagen 2 % Skonto."

Zur sofortigen Zahlung fehlt der Hoffmann KG die Liquidität. Sie könnte jedoch einen Bankkredit zu 10 % aufnehmen.

6.000,00 €	Preis bei Zahlung nach 30 Tagen
– 120,00 €	2 % Skonto
= 5.880,00 €	Preis bei Zahlung innerhalb 10 Tage

Der Skontobetrag von 120,00 € ist als Zinsbetrag dafür zu sehen, dass die Hoffmann KG die Rechnung erst nach 30 Tagen dem Lieferanten bezahlen muss.

Es lohnt sich in diesem Fall, für 20 Tage (der Bankkredit wird ja erst am zehnten Tag benötigt) den Bankkredit aufzunehmen und den Skontoertrag sofort mitzunehmen. Die Kosten für die Aufnahme des Bankkredits betragen dann nach der Zinsformel 32,67 €.

FORMEL

$$Z = \frac{\text{Kapital} \cdot \text{Laufzeit in Tagen} \cdot \text{Zinssatz}}{100 \cdot 360}$$

$$Z = \frac{5.880{,}00\,€ \cdot 20 \cdot 10}{100 \cdot 360} = 32{,}67\,€$$

Zieht man die Kosten für den Bankkredit (32,67 €) vom Skontoertrag (120,00 €) ab, ergibt sich eine Einsparung von 87,33 €.

Kreditarten nach der Sicherheit

Einfacher Personalkredit

Wenn nur die Person des Kreditnehmers dem Kreditgeber als Sicherheit dient, liegt ein einfacher Personalkredit vor. Der Kredit wird also lediglich aufgrund der Kreditwürdigkeit des Schuldners gewährt. Personalkredite werden oft auch als Blankokredit oder als reiner Personalkredit bezeichnet.

Der Kreditgeber wird vor der Vergabe des Kredits eine umfangreiche Prüfung der Kreditfähigkeit und der Kreditwürdigkeit vornehmen. Dies geschieht mithilfe zahlreicher Unterlagen und Materialien, die der Kreditgeber sich selbst beschafft oder vom Schuldner erhält.

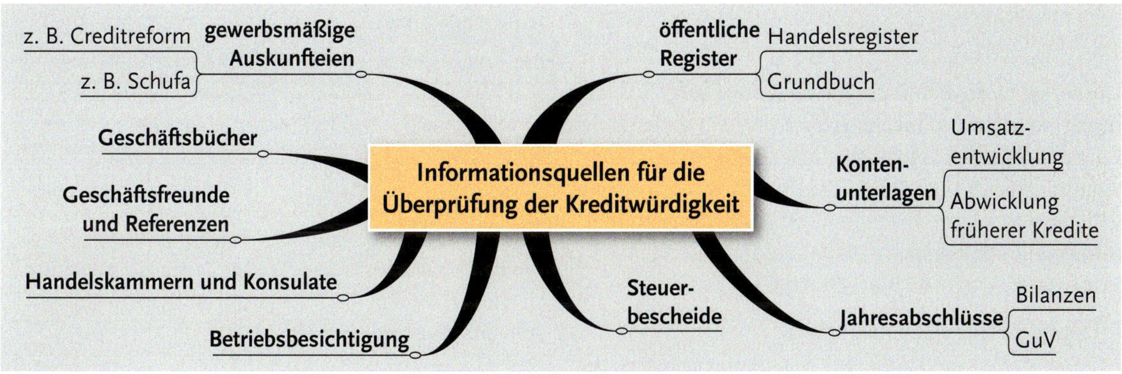

1 siehe Kap. 7.5

Verstärkte Personalkredite

Bei verstärkten Personalkrediten haftet neben der Person des Kreditnehmers mindestens noch eine weitere Person für die Erfüllung der Verbindlichkeit.

Bürgschaft

Bei einer Bürgschaft haftet eine weitere Person als Bürge für die Rückzahlung des Kredits. Der Kreditgeber hat damit für seine Forderung zwei Schuldner.

DEFINITION

Bei einer **Bürgschaft** verpflichtet sich der Bürge in einem Vertrag mit dem Gläubiger, für die Schuld des eigentlichen Kreditnehmers einzustehen.

BEISPIEL

Vor einiger Zeit befand sich die Hoffmann KG für kurze Zeit überraschend in Zahlungsschwierigkeiten. Sie konnte daraufhin aber einen Kredit bei der örtlichen Commerzbank aufnehmen, die zur Absicherung die Stellung eines Bürgen forderte. Michael Hoffmann konnte dafür den mit ihm befreundeten Gerd Spindler gewinnen.

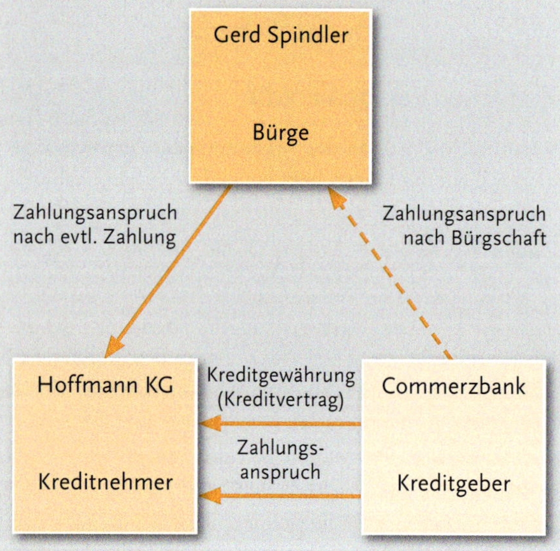

Der Bürge muss die Bürgschaftserklärung schriftlich abgeben. Bei einem Handelsgeschäft dürfen Kaufleute die Bürgschaft auch in mündlicher bzw. elektronischer Form abgeben. Aus Beweissicherungsgründen fordern Kreditgeber heute aber immer die Abgabe schriftlicher Erklärungen mithilfe standardmäßiger Vordrucke.
Es gibt zwei Arten von Bürgschaften:

- **selbstschuldnerische Bürgschaft**
  Bürgschaften von Kaufleuten sind immer selbstschuldnerisch. Banken verlangen aber von allen Kunden grundsätzlich selbstschuldnerische Bürgschaften. Bei dieser Form der Bürgschaft muss der Bürge ausdrücklich auf die Einrede der Vorausklage verzichten, das heißt, der Gläubiger darf sofort die Zahlung vom Bürgen verlangen, wenn der eigentliche Schuldner seinen Zahlungsverpflichtungen nicht nachkommt. Der Kreditgeber muss also weder eine erfolglose Zwangsvollstreckung in das Vermögen des Kreditnehmers nachweisen, noch sich erst einmal an andere Sicherheiten des Kreditnehmers halten.
- **Ausfallbürgschaft**
  Bei der Ausfallbürgschaft haftet der Bürge nur, soweit der Gläubiger seine Forderung durch Zwangsvollstreckung in das gesamte Vermögen des Schuldners nicht einzutreiben vermochte. Die Haftung erfolgt also erst dann, wenn der Ausfall nach Ausschöpfen aller gerichtlichen Möglichkeiten endgültig feststeht. Bei Insolvenz des Schuldners kann der Gläubiger erst nach Feststellung der Höhe des Ausfalls den Bürgen in Anspruch nehmen.

Die Verpflichtung aus der Bürgschaft ist abhängig (akzessorisch) von der Verbindlichkeit des eigentlichen Schuldners.

Das bedeutet:

- Der Umfang der Bürgschaft richtet sich, wenn nichts anderes vereinbart worden ist, nach der Hauptschuld.
- Stehen dem Schuldner Einwendungen gegen den Gläubiger zu, kann diese auch der Bürge geltend machen.
- Die Bürgschaft erlischt mit der Hauptschuld, z. B. durch Erfüllung. Der Bürge wird vorher von der Bürgschaftsverpflichtung nur dann befreit, wenn er sich lediglich für eine bestimmte Zeit verpflichtet hat.

BEISPIEL

Die Verbindlichkeit des Bürgen verringert sich, wenn die Verbindlichkeit des Schuldners geringer wird. Umgekehrt erhöht sich die Bürgschaftsverpflichtung, falls die Schuld des Kreditnehmers, z. B. durch Zinsen, größer wird.

Zession

DEFINITION

Eine **Zession** ist die Abtretung von Forderungen des Kreditnehmers gegenüber Dritten (sogenannter Drittschuldner) an den Kreditgeber zur Absicherung eines von ihm gewährten Kredits.

3560 342

Dazu wird neben dem eigentlichen Kreditvertrag zwischen dem Kreditgeber und dem Kreditnehmer ein Zessionsvertrag abgeschlossen. Durch diesen geht die Forderung des Kreditnehmers gegenüber dem Drittschuldner an den Kreditgeber über. Damit hat der Kreditgeber zwei Ansprüche:

- Anspruch aus dem Kreditvertrag an den Kreditnehmer
- Anspruch aus dem Zessionsvertrag an den Drittschuldner

BEISPIEL

Die Hoffmann KG kann eine größere Menge Waren sehr preisgünstig einkaufen. Sie nimmt dafür einen kurzfristigen Kredit auf. Zur Absicherung tritt sie eigene Forderungen, die sie gegenüber der Firma Tina Hempe e. Kffr. in München hat, an die Commerzbank ab.

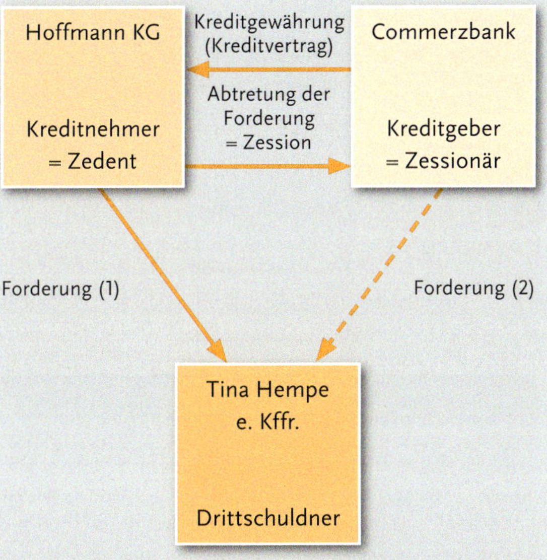

Die ursprüngliche Forderung des Zedenten (Forderung 1) an den Drittschuldner bekommt bei der Zession der Zessionär (Forderung 2).

Abhängig davon, inwieweit der Drittschuldner von der Abtretung benachrichtigt wird, werden zwei Arten der Zession unterschieden:

- **offene Zession**
  Bei der offenen Zession wird dem Drittschuldner mitgeteilt, dass die Forderungen abgetreten worden sind. Damit kann dieser mit schuldbefreiender Wirkung nur noch an den Kreditgeber zahlen. Der Nachteil einer offenen Zession liegt darin, dass der Drittschuldner von der Kreditaufnahme erfährt. Dies ist für den Kreditnehmer oft mit einer Rufschädigung verbunden.

- **stille Zession**
  Bei der stillen Zession wird der Drittschuldner über die Abtretung nicht informiert. Der Kreditnehmer leitet die Zahlungen des Drittschuldners zur Begleichung der Verbindlichkeiten aus dem Kreditvertrag weiter an den Kreditgeber. Es besteht hier die Gefahr, dass der Kreditnehmer die gleiche Forderung gegenüber einem Drittschuldner mehrfach abtritt oder den Forderungsbetrag einfach nicht weiterleitet.

Zessionen unterscheiden sich auch dadurch, wie viele Forderungen abgetreten werden:

- **Einzelzession**
  Bei einer Einzelzession wird lediglich eine Zession an den Kreditgeber abgetreten. Diese Form der Absicherung wird nur dann gewählt, wenn ein einmaliger und kurzfristiger Kreditbedarf besteht.

- **Mantelzession**
  Bei der Mantelzession tritt der Kreditnehmer mehrere bereits bestehende Forderungen an seine Kunden zur Sicherung an den Kreditgeber ab. Er verpflichtet sich, laufend andere Forderungen abzutreten, wenn sich der alte Forderungsbestand durch Zahlung verringert hat. Dazu werden in regelmäßigen Zeitabständen, z. B. monatlich, Listen mit der Beschreibung der Forderungen eingereicht. Mit Einreichung der Liste ist die Abtretung wirksam. Diese Art der Zession wird bei den Banken zunehmend unbeliebter.

- **Globalzession**
  Bei der Globalzession tritt der Kreditnehmer alle gegenwärtigen und zukünftigen Forderungen gegenüber bestimmten Kunden, z. B. die mit den Anfangsbuchstaben N bis Z, ab. Der Kreditgeber wird Gläubiger der Forderung zum Zeitpunkt ihrer Entstehung.

Wechselkredit

Ein Wechselkredit[1] diente früher häufig der Finanzierung von Warengeschäften. Dabei verpflichtet sich der Käufer (der Bezogene) durch Unterschrift einer vom Verkäufer ausgestellten Urkunde (dem Wechsel), eine bestimmte Geldsumme zu einem festgelegten Zeitpunkt (dem sogenannten Verfalltag) an ihn oder eine im Wechsel genannte Person zu zahlen.

Benötigt der Verkäufer nun selber liquide Mittel, kann er den Wechsel jederzeit – also auch vor dem Verfalltag – an eine Bank verkaufen. Die Bank stellt damit Geld zur Verfügung, das sie erst am Verfalltag vom Bezogenen erhält. Für diese Kreditgewährung berechnet sie sogenannte Diskontzinsen.

1 siehe Kap. 10.3

Der Wechsel ist ein sehr sicherer Kredit. Der Bank gegenüber haften alle Beteiligten für die Einlösung des Wechsels. Zudem kann der Wechselgläubiger bei gerichtlichen Auseinandersetzungen seine Ansprüche unter erleichterten Bedingungen durchsetzen.

Realkredite

Bei einem Realkredit dient – neben der Person des Kreditnehmers – eine reale Sache als Sicherheit.

Lombardkredit

Der Lombardkredit wird oft auch Pfandkredit genannt. Zur Absicherung eines Kredits bekommt der Kreditgeber als Sicherheit vom Kreditnehmer einen Gegenstand aus dessen beweglichem Vermögen als Pfand. Als Pfandgegenstände eignen sich Rechte oder bewegliche Sachen, die dem Kreditnehmer gehören.

Der Lombardkredit ist vor allem geeignet für bewegliche, wertbeständige Sachen. Dies können u. a. Waren, Edelmetalle, Schmuck oder Wertpapiere sein.

BEISPIEL

Die Hoffmann KG nimmt bei der örtlichen Commerzbank einen Kredit auf. Zur Absicherung des Kredits wird vereinbart, dass die Hoffmann KG der Commerzbank Aktien der Ambiente Warenhaus AG als Faustpfand übergibt.

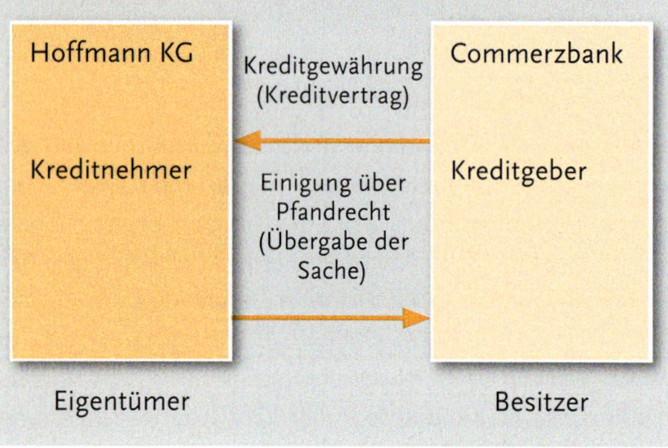

Durch die Übergabe des Pfands wird der Kreditgeber Besitzer der verpfändeten Sache. Der Kreditnehmer bleibt jedoch Eigentümer. Die Beleihungshöhe (= der Wert, der dem Pfandgegenstand zugeordnet wird) ist davon abhängig, wie leicht das Pfand zu veräußern ist.

Die Verwertung der Pfandgegenstände muss vorher angedroht werden. Wird der Kredit nicht zurückgezahlt, kann der Kreditgeber die Pfandgegenstände nach Ablauf einer Wartefrist öffentlich versteigern lassen oder nach einer öffentlichen Bekanntmachung über die Börse verkaufen. Der Kreditgeber bekommt dann den Verkaufserlös.

Sicherungsübereignung

Auch bei der Sicherungsübereignung dienen Gegenstände aus dem beweglichen Vermögen des Kreditnehmers als Kreditsicherung. Allerdings gehen sie in das Eigentum des Kreditgebers über. Der Kreditnehmer bleibt aber weiterhin Besitzer: Er übergibt die Sache nicht.

Es handelt sich dabei vor allem um Gegenstände, die der Kreditnehmer benötigt, um seiner Geschäftstätigkeit weiter nachgehen zu können. Aus den dadurch entstehenden Gewinnen kann dann der Kredit getilgt werden.

BEISPIEL

Die Hoffmann KG nimmt bei der örtlichen Commerzbank einen Kredit auf. Zur Absicherung des Kredits wird vereinbart, dass die Hoffmann KG der Commerzbank die Kfz-Briefe von zwei Firmen-Lkw übergibt.

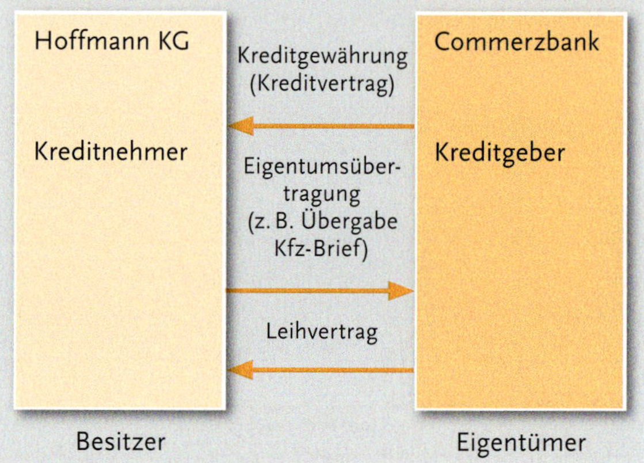

Mit der Tilgung der Schuld geht das Eigentum automatisch wieder auf den Kreditnehmer über. Wird der Kredit aber nicht zurückgezahlt, darf der Gläubiger den ihm gehörenden Gegenstand verkaufen.

Hypothek

Bei einer Hypothek wird unbewegliches Vermögen zur Absicherung meist langfristiger Kredite verpfändet. Da ein Grundstück und die damit verbundenen Gebäude nicht direkt als Faustpfand übergeben werden können, wird das Grundpfandrecht daher in ein amtliches Register eingetragen: das Grundbuch. Dieses ist ein vom Amtsgericht geführtes Verzeichnis aller Grundstückseigentümer einer Gemeinde.

Bei einer **Buchhypothek** erfolgt nur eine Eintragung in das Grundbuch. Bei einer **Briefhypothek** wird dem Gläubiger zusätzlich ein Hypothekenbrief übergeben.

Bei einem durch eine Hypothek abgesicherten Kredit besteht immer auch eine persönliche Haftung des Kreditnehmers. Er muss also beim Kreditausfall persönlich mit seinem ganzen Vermögen aufkommen. Das Grundstück dient dann nur zusätzlich als Pfand (dingliche Haftung).

Zahlt der Kreditnehmer den Kredit nicht zurück, kann der Kreditgeber das Grundstück zwangsversteigern oder auch zwangsverwalten lassen.

Oft ist ein Grundstück auch mit mehreren Hypotheken belastet. Die Hypothek, die als erste eingetragen wurde, hat bei der Rückzahlung den ersten Rang: Dieser Kredit wird aus dem Versteigerungsbeitrag als erster vollständig zurückgezahlt. Dann folgt der Kredit, dessen Hypothek sich auf dem zweiten Rang befindet. Da der Erlös aus der Versteigerung eventuell nicht ausreicht, um auch Hypotheken mit einem höheren Rang zurückzuzahlen, müssen für diese in der Regel höhere Zinsen gezahlt werden als für Kredite, die mit dem ersten Rang abgesichert sind.

BEISPIEL

Für das Grundstück eines Unternehmens wurden vor sieben Jahren eine erste Hypothek mit 150.000,00 €, vor fünf Jahren eine zweite Hypothek über 120.000,00 € und vor drei Jahren mit 60.000,00 € eine dritte Hypothek in das Grundbuch eingetragen. In diesem Jahr ging das Unternehmen in Insolvenz. Das Grundstück sowie die dazu gehörigen Gebäude wurden für 250.000,00 € zwangsversteigert.

Die zuerst eingetragene Hypothek hat den ersten Rang. Ausgezahlt werden die kompletten 150.000,00 €. Für die an zweiter Stelle stehende Hypothek werden nur noch 100.000,00 € ausgezahlt. Die dritte Hypothek geht leer aus.

Grundschuld

Bei einer Grundschuld gibt es ebenfalls ein Pfandrecht an einem Grundstück. Es besteht lediglich eine dingliche Haftung: Es haftet nur das Grundstück. Eine Forderung, die abgesichert werden soll, kann – muss aber nicht – vorliegen. Weil sie dadurch leichter zu handhaben ist, wird die Grundschuld mittlerweile in der Praxis häufiger verwendet als die Hypothek.

Die Eintragung einer Grundschuld dient dem Kreditgeber des Bauprojekts als Sicherheit.

BEISPIEL

Ein Kreditnehmer hat seine Schulden vollständig beglichen. Dadurch ist die Hypothek erloschen. Der Kreditgeber muss dies dem zuständigen Notar mitteilen, der die Löschung der Hypothek im Grundbuch beim Amtsgericht veranlasst.

Ein anderer Kreditnehmer hat ebenfalls seine Verbindlichkeiten aus einem Kreditvertrag zurückgezahlt. Mit dem Kreditgeber war aber vereinbart, dass die Grundschuld nach der Rückzahlung des Kredits bestehen bleibt. Falls der Kreditnehmer irgendwann wieder einen Kreditvertrag abschließen möchte, braucht er nicht erneut eine Grundschuld ins Grundbuch eintragen zu lassen. Es werden dadurch sehr hohe Notarkosten und ein erheblicher Zeitaufwand eingespart.

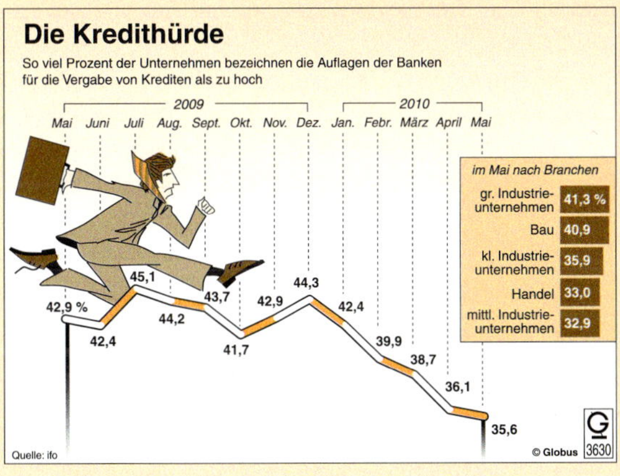

Die Unternehmen kommen bei den Banken wieder leichter an Geld. Etwas mehr als jedes dritte Unternehmen (35,6 Prozent) bezeichnet die Kreditvergabe der Banken als restriktiv. Das geht aus einer Erhebung des ifo-Instituts hervor. Damit sank die sogenannte Kredithürde bereits zum fünften Mal in Folge. Vor einem Jahr hatten noch 43 Prozent der Firmen über die zurückhaltende Kreditvergabe der Banken geklagt und damit Sorgen vor einer drohenden Kreditklemme genährt. Wirtschaftsexperten hatten davor gewarnt, dass die restriktive Geldversorgung durch die Banken die Erholung der deutschen Wirtschaft gefährden könnte, weil den Firmen das Geld für dringend notwendige Investitionen fehle.

AUFGABEN

1. Was ist ein Kredit?
2. Wodurch unterscheiden sich kurz-, mittel- und langfristige Kredite?
3. Erläutern Sie den Unterschied zwischen Darlehen und Kontokorrentkredit.
4. „Der Kredit wird in konstanten Raten zurückgezahlt. Dabei verringert sich der Zinsanteil der Rate zugunsten des Tilgungsanteils."
   Welche Art von Darlehen liegt vor?
5. Führen Sie einen Vorteil und einen Nachteil des Lieferantenkredits auf.
6. Die Hoffmann KG erhält Waren im Wert von 150.000,00 €. Die Zahlungsbedingung des Lieferanten lautet: „Zahlbar innerhalb von 30 Tagen netto Kasse oder 2 % Skonto bei Zahlung innerhalb von 10 Tagen." Die Hoffmann KG möchte zur Begleichung der Eingangsrechnung einen Kontokorrentkredit bei der Bank in Anspruch nehmen. Der Zinssatz für diesen beträgt momentan 15 % p. a. Lohnt sich die Aufnahme des Kredits, um den Skonto mitzunehmen?
7. Was versteht man unter einem einfachen Personalkredit?
8. Führen Sie Informationsquellen auf, die der Kreditgeber im Rahmen einer Kreditwürdigkeitsprüfung nutzen kann.
9. Was ist eine Bürgschaft?
10. Unterscheiden Sie die selbstschuldnerische Bürgschaft von der Ausfallbürgschaft.
11. Was ist eine Zession?
12. „Hierbei verzichtet der neue Gläubiger bei der Abtretung auf eine Benachrichtigung des Drittschuldners."
    a) Welche Art der Zession ist hier angesprochen?
    b) Welche Nachteile kann diese Zessionsart haben?
13. Wodurch unterscheiden sich Lombardkredit und Sicherungsübereignung?
14. Was ist eine Hypothek?
15. Für das Grundstück eines Unternehmens wurden vor sieben Jahren eine erste Hypothek mit 200.000,00 €, vor fünf Jahren eine zweite Hypothek über 240.000,00 € und vor drei Jahren mit 80.000,00 € und 100.000,00 € eine dritte und vierte Hypothek in das Grundbuch eingetragen. In diesem Jahr ging das Unternehmen in Insolvenz. Das Grundstück sowie die dazugehörigen Gebäude wurden für 460.000,00 € zwangsversteigert.
    Wie viel bekommen die einzelnen Gläubiger ausbezahlt?
16. „Eine Grundschuld ist eine Schuld ohne Grund."
    Erläutern Sie diese Aussage.

AKTIONEN

1. Wir gehen davon aus, dass Sie 7.000,00 € für den Kauf eines Pkw benötigen. Sie verfügen aber leider über kein eigenes Kapital. Besuchen Sie mit einer Mitschülerin/einem Mitschüler ein Kreditinstitut Ihrer Wahl.
   Bringen Sie dort in Erfahrung:
   a) Wie viel kostet der Kredit (Zinsen)?
   b) Zu welchen Konditionen würde er gewährt?
2. Bearbeiten Sie den Inhalt dieses Kapitels mit der Methode des Gruppenlesens.
   a) Bilden Sie aus drei Personen bestehende Gruppen.
   b) Die drei Personen werden abwechselnd – parallel zu den Abschnitten des Textes – die Gruppenleitung übernehmen.
   c) Die erste Person, die die Gruppenleitung übernimmt, sorgt dafür, dass der erste Abschnitt in Einzelarbeit still gelesen wird.
   d) Anschließend sorgt die Gruppenleitung für folgendes Vorgehen:
   - Die Gruppenleitung fragt nach schwierigen Wörtern bzw. gegebenenfalls nach Sätzen, die nicht verstanden wurden. Zusammen in der Gruppe wird versucht, die Erklärung zu finden.
   - Das zweite Gruppenmitglied stellt Fragen zu den verschiedenen Inhalten des Abschnitts. Die anderen Gruppenmitglieder beantworten diese.
   - Das dritte Gruppenmitglied fasst den Inhalt des Abschnitts kurz zusammen.
   - Da nun ein neuer Absatz ansteht, wechselt die Gruppenleitung.

3560 346

Diese auch *reziprokes Lesen* genannte Methode hat gegenüber dem Lesen in der reinen Einzelarbeit verschiedene Vorteile: Durch diese Art der aktiven Auseinandersetzung mit dem Text wird der Text besser verstanden. Untersuchungen haben auch gezeigt, dass deutlich mehr Informationen behalten werden.

ZUSAMMENFASSUNG

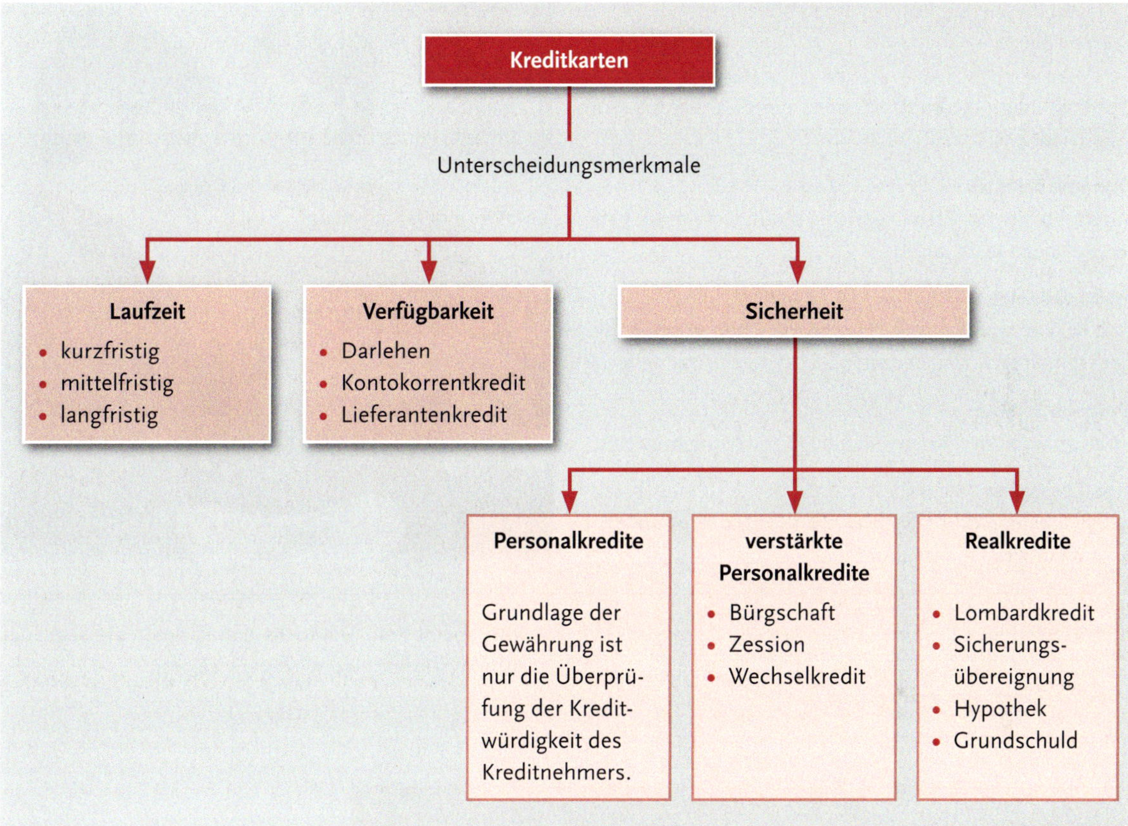

10.3 Wir nutzen den Wechsel als Kreditart und Zahlungsmittel

Einstieg

Dominik Schlote ist in der Abteilung Rechnungswesen momentan mit der Kontrolle des Zahlungsverkehrs beschäftigt. Er erhält ein Dokument mit der Aufschrift

„Gegen diesen Wechsel – erste Ausfertigung – zahlen Sie am ______________"

Dominik zeigt dieses Dokument der Sachbearbeiterin Frau Diedrichs.

Dominik Schlote:
„Schauen Sie mal, Frau Diedrichs, so ein Dokument habe ich hier noch nicht gesehen."

Frau Diedrichs:
„Oh, das ist ein Wechsel. Es gibt manchen Kunden, der gern auf diesem Wege bezahlt."

Dominik Schlote:
„Warum wählt der Kunde denn so ein Zahlungsmittel?"

Frau Diedrichs:
„Das ist eigentlich ganz clever. Damit kann der Kunde Liquiditätsengpässe überbrücken."

Dominik Schlote:
„Mmmhh, das verstehe ich nicht ..."

1. Was verstehen Sie unter einem Liquiditätsengpass?
2. Was meint Frau Diedrichs damit, wenn sie sagt, der Kunde handele eigentlich ganz clever?

INFORMATIONEN

Zahlung durch Wechsel

Der Wechsel ist ein mögliches Zahlungsmittel in Deutschland. Im Wechselgesetz vom 21. Juni 1933 sind die gesetzlichen Bestimmungen für den Umgang mit einem Wechsel festgehalten. Ein Grund für den Einsatz eines Wechsels ist häufig das Fehlen von baren Mitteln in einem Unternehmen.

BEISPIEL

Landwirt Lindner muss nächste Woche der Müller-Mühle GmbH 12.000,00 € für sein Saatgut zahlen, das er gerade eingesät hat. Die Ernte und somit auch der Eingang des Geldes sind aber erst in einigen Monaten zu erwarten. Herr Lindner hat daher das Problem, dass er heute schon bezahlen muss, aber erst in einigen Monaten Einnahmen zu verzeichnen hat.

Eine Möglichkeit der Überbrückung solcher Engpässe ist das Einräumen eines längeren Zahlungsziels seitens des Lieferanten. Aber häufig möchte der Lieferant dies nicht, weil er früher über sein Geld verfügen möchte, um nicht selbst in Zahlungsschwierigkeiten zu kommen. Hier ist der Wechsel ein geeignetes Zahlungsmittel. Über einen Wechsel kann der Lieferant die Zahlung auch besser absichern.

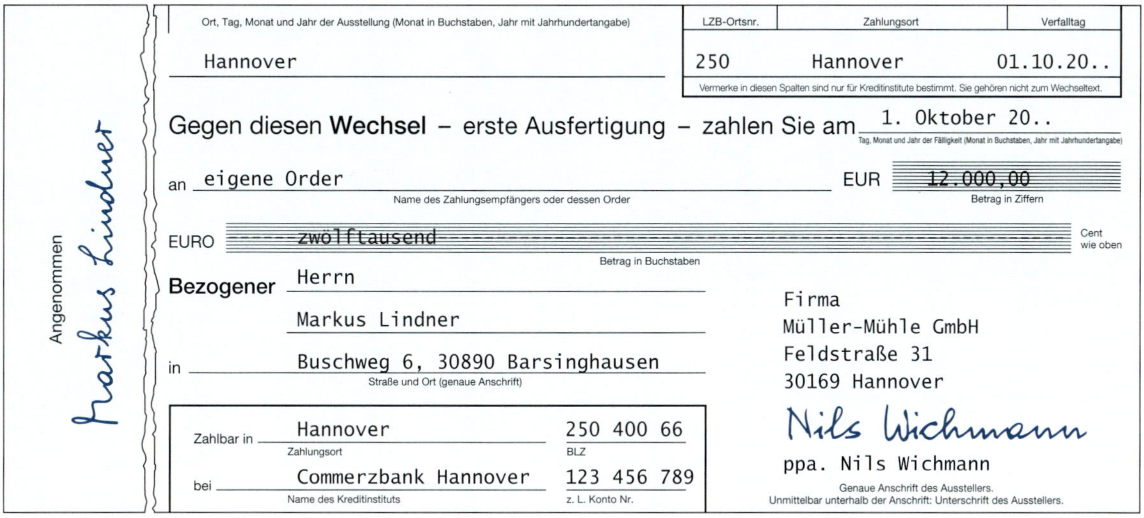

Angenommen Markus Lindner

Ort, Tag, Monat und Jahr der Ausstellung (Monat in Buchstaben, Jahr mit Jahrhundertangabe)
Hannover

LZB-Ortsnr.	Zahlungsort	Verfalltag
250	Hannover	01.10.20..

Vermerke in diesen Spalten sind nur für Kreditinstitute bestimmt. Sie gehören nicht zum Wechseltext.

Gegen diesen **Wechsel** – erste Ausfertigung – zahlen Sie am 1. Oktober 20..
Tag, Monat und Jahr der Fälligkeit (Monat in Buchstaben, Jahr mit Jahrhundertangabe)

an eigene Order EUR 12.000,00
Name des Zahlungsempfängers oder dessen Order — Betrag in Ziffern

EURO zwölftausend Cent wie oben
Betrag in Buchstaben

Bezogener Herrn
Markus Lindner
in Buschweg 6, 30890 Barsinghausen
Straße und Ort (genaue Anschrift)

Zahlbar in Hannover 250 400 66
Zahlungsort — BLZ
bei Commerzbank Hannover 123 456 789
Name des Kreditinstituts — z. L. Konto Nr.

Firma
Müller-Mühle GmbH
Feldstraße 31
30169 Hannover

Nils Wichmann
ppa. Nils Wichmann
Genaue Anschrift des Ausstellers.
Unmittelbar unterhalb der Anschrift: Unterschrift des Ausstellers.

DEFINITION

Der **Wechsel** ist ein Dokument (Wertpapier) in der Finanzwirtschaft, das eine Zahlungsanweisung des Ausstellers (Gläubiger) an den Bezogenen (Schuldner) beinhaltet, an einem festgelegten Ort zu einer bestimmten Zeit eine genannte Geldsumme zu zahlen.

Der Wechsel kann auch per Indossament[1] an Dritte als Zahlungsmittel weitergegeben werden.

Bestandteile des Wechsels

Der Wechsel besteht aus **gesetzlichen** und **kaufmännischen** Bestandteilen:

Gesetzliche Bestandteile des Wechsels:
- die Bezeichnung als Wechsel im Text der Urkunde, und zwar in der Sprache, in der sie ausgestellt ist
- die unbedingte Anweisung, eine bestimmte Geldsumme zu zahlen
- den Namen dessen, der zahlen soll (Bezogener)
- die Angabe der Verfallzeit
- die Angabe des Zahlungsorts
- den Namen dessen, an den oder an dessen Order gezahlt werden soll
- die Angabe des Tages und des Orts der Ausstellung
- die Unterschrift des Ausstellers

(vgl. Wechselgesetz Art. 1)

Die gesetzlichen Bestandteile sorgen für einen einheitlichen Rahmen. Wenn einer dieser Bestandteile fehlt, liegt kein Wechsel vor.

Die kaufmännischen Bestandteile sind optional, das heißt, diese müssen nicht enthalten sein.

Kaufmännische Bestandteile des Wechsels:
- Wiederholung des Zahlungsorts
- Wiederholung der Summe in Zahlen
- Anschrift des Ausstellers
- Ordervermerk (die Orderklausel)
- Zahlstellenvermerk (Domizilvermerk)
- Wechselnummer

Gezogener Wechsel

Als ein gezogener Wechsel wird eine **Urkunde** bezeichnet, bei der der Aussteller den Bezogenen (den Schuldner) dazu auffordert, an ihn oder eine andere Person zu einem festgelegten Zeitpunkt eine Summe zu zahlen.

Von einem **Waren- oder Handelswechsel** spricht man, wenn der Wechsel in einem direkten Zusammenhang mit der Ware steht.

BEISPIEL

Die Firma Müller-Mühle GmbH (Aussteller) stellt den Wechsel über 12.000,00 € aus und zieht ihn, das heißt, sie fordert den Schuldner auf, die Summe zu zahlen. Landwirt Lindner (Bezogener) nimmt den Wechsel mit einem Dreimonatsakzept (01.10.20..) an, indem er den Wechsel quer unterschreibt.

Es gibt auch **Finanzwechsel,** die der reinen Kapitalbeschaffung dienen. Diese werden etwa unter bestimmten Bedingungen von einer Bank akzeptiert.

1 siehe Seite 350

Verwendungsmöglichkeiten des Wechsels

Folgende Verwendungsmöglichkeiten hat der Aussteller eines Wechsels:

- **Aufbewahrung des Wechsels bis zum Verfalltag**
  Am Verfalltag kann der Wechselinhaber den Betrag dann selbst oder durch ein Kreditinstitut einziehen.
- **Verkauf des Wechsels vor Verfalltag an eine Bank (diskontieren)**
  Der Gegenwert wird unter Abzug eines Diskonts (Zinsabschlag) und eventueller Gebühren auf das Konto des Wechselinhabers gutgeschrieben. Diese Kosten bekommt in der Regel der Bezogene in Rechnung gestellt.
- **Verwendung als Zahlungsmittel**
  Der Wechsel wird als Zahlungsmittel weitergeben, um damit Verbindlichkeiten zu begleichen.

BEISPIEL

Die Müller-Mühle GmbH will den gezogenen Wechsel zum Ausgleich einer Verbindlichkeit an ihren Lieferanten, die Fa. Kleinert OHG, weitergeben.

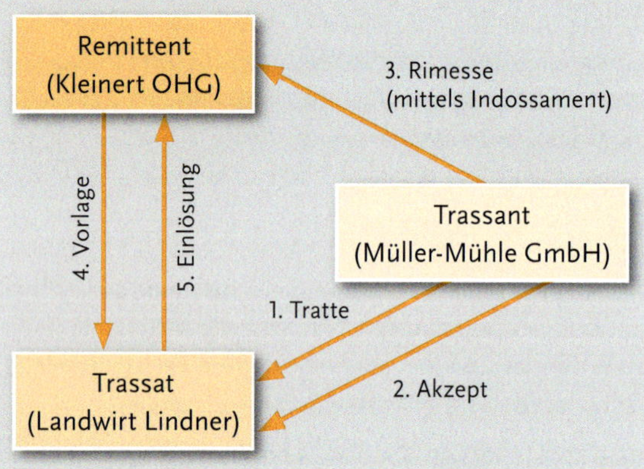

Der Wechsel ist ein Orderpapier, das durch Einigung, Indossament (Art. 11 WG) oder Übergabe übertragen werden kann. Das Indossament (der Übertragungsvermerk) wird auf der Rückseite des Wechsels eingetragen. Dabei ist es möglich, mehrere Indossaten dort einzutragen.

Begleichung der Wechselschuld

Der Bezogene hat sich durch das Akzept (quer geschriebene Unterschrift auf dem Wechsel) dazu verpflichtet, die Wechselschuld am Tag der Fälligkeit zu begleichen. Der Wechsel kann nach Art. 21 WG von dem Inhaber oder von jedem, der den Wechsel auch nur in Händen hat, bis zum Verfall dem Bezogenen an seinem Wohnort zur Annahme vorgelegt werden. Als Vorlagefrist gelten der Zahltag selbst und die zwei darauf folgenden Werktage.

Kleines Wechsellexikon

Begriff	Bedeutung
Akzept	akzeptierter Wechsel (auch die Unterschrift des Trassaten)
Indossament	(ital. in dosso = „auf dem Rücken") Übertragungsvermerk auf der Rückseite des Wechseldokuments: Der Wechselinhaber (Müller-Mühle GmbH) überträgt sein Recht auf den Wechsel auf eine andere Person bzw. ein anderes Unternehmen (Kleinert OHG)
Indossant	derjenige, der die Rechte des Wechsels an einen Dritten überträgt
Indossat	derjenige, an den die Rechte eines Wechsels durch Indossament übertragen werden
Remittent	Dies ist der erste Gläubiger/Wechselnehmer (hier Fa. Kleinert OHG) des Ausstellers (hier Müller-Mühle GmbH).
Rimesse	als Zahlungsmittel weitergegebener Wechsel
Trassant	Aussteller/Gläubiger (Müller-Mühle GmbH)
Trassat	Bezogener/Schuldner (Landwirt Lindner)
Tratte	Wechsel, der vom Aussteller an den Bezogenen geschickt wird (und noch nicht akzeptiert wurde)

Störungen am Verfalltag

Wenn am Verfalltag der Bezogene den Wechsel nicht einlöst, muss der letzte Wechselinhaber

- dies nach Art. 44 WG mittels Gerichtsvollzieher oder Notar beurkunden lassen;
- diesen Wechselprotest am ersten oder zweiten Werktag nach dem Zahltag durchführen;
- nach Art. 45 WG innerhalb von vier Werktagen seinen Vordermann und den Aussteller benachrichtigen.

Jeder weitere Indossant muss dann wiederum innerhalb von zwei Werktagen nach Erhalt der Nachricht den unmittelbaren Vordermann informieren (bis zum Aussteller).

Wenn der letzte Wechselinhaber alle oben genannten Schritte beachtet, kann er bei seinem Vordermann **Rückgriff** (Regress) nehmen, weil er eine Forderung gegenüber diesem Vordermann hatte. Der Vordermann wiederum kann auch bei seinem Vordermann **Rückgriff** nehmen usw. Diese Reihenfolge nennt sich **Reihenregress.** Der Wechselinhaber hat aber auch die Möglichkeit, Vorderleute zu überspringen. Dieser Vorgang nennt sich dann **Sprungregress.**

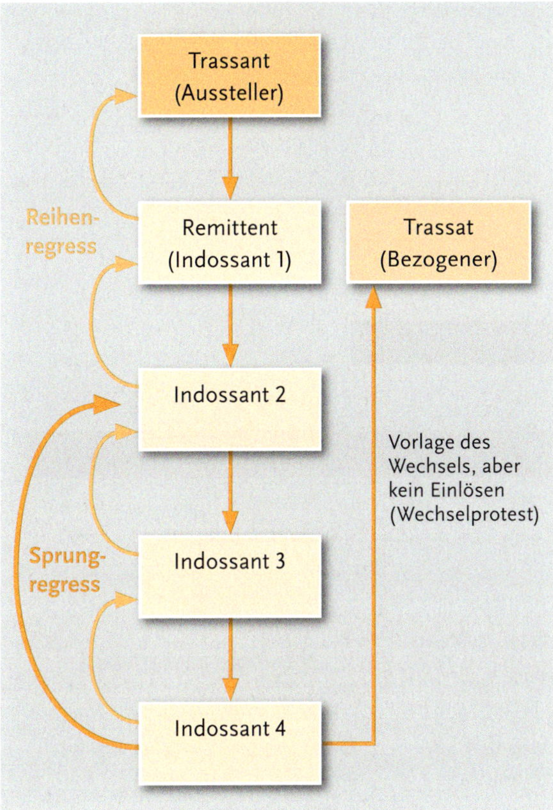

Nach Art. 47 WG haften alle, die einen Wechsel ausgestellt, angenommen, indossiert oder mit einer Bürgschaftserklärung versehen haben, dem Inhaber als Gesamtschuldner. Weiter kann der Inhaber jeden einzeln oder mehrere oder alle zusammen in Anspruch nehmen, ohne an die Reihenfolge gebunden zu sein, in der sie sich verpflichtet haben.

In den Art. 48 und 49 WG ist weiterhin geregelt, dass der Wechselinhaber die entstandenen Kosten (Zinsen, Protestkosten, Provisionen, Auslagen, Sonstiges) von seinem Vordermann verlangen kann.

Für den Bezogenen hat ein Wechselprotest meist fatale Wirkungen. Solche Ereignisse haben häufig einen Verlust der Kreditwürdigkeit und einen Vertrauensverlust der Geschäftspartner zur Folge. Bei einem wie in der Abbildung dargestellten Fall leidet aber auch das Ansehen des Ausstellers, der ja einen Wechsel gezogen hat, der einen Wechselprotest zur Folge hat.

Heutige Anwendung

Der Wechsel hat in der heutigen Zeit an Bedeutung verloren. Gründe hierfür sind:

- der hohe Verwaltungsaufwand für den Wechselverkehr
- die Zinskosten und weiteren Gebühren des Wechsels: Aufgrund der langen Niedrigzinsphase gibt es meist günstigere Finanzierungsmöglichkeiten aus Sicht des Bezogenen.
- das Risiko des Bezogenen, bei Nichteinlösen sehr hohe Kosten tragen zu müssen und einen Vertrauensverlust bei seinen Geschäftspartnern zu erleiden

AUFGABEN

1. Warum werden Übertragungsvermerke „Indossament" genannt?

2. Im Wechselverkehr gibt es den Spruch „Schreibe hin, schreibe her, aber schreibe niemals quer". Diskutieren Sie diese Aussage.

3. Konstruieren Sie ein Beispiel aus Ihrem Betrieb, bei dem ein Wechsel zum Einsatz kommen könnte. Erweitern Sie Ihr Beispiel auch um mindestens einen Indossanten.

4. Was motiviert den Aussteller, vor Verfalltag des Wechsels diesen an eine Bank weiterzuverkaufen?

5. Nehmen Sie Stellung zu folgender Aussage: „Der Wechsel ist zugleich Zahlungsmittel, Kreditmittel, Sicherungsmittel und Geldschöpfungsmittel."

6. Weshalb eignet sich der Wechsel zur Sicherung von Forderungen?

7. Warum kann es sinnvoll sein, nach einem Wechselprotest einen Sprungregress vorzunehmen?

AKTION

Recherchieren Sie im Internet unter http://dejure.org/gesetze/WechselG im Wechselgesetz und beantworten Sie die nachfolgenden Fragen. Geben Sie dabei auch die entsprechenden Rechtsquellen an.

a) Welche Bestandteile enthält ein gezogener Wechsel?
b) Muss das Indossament vom Indossanten unterschrieben werden?
c) Was passiert, wenn ein Indossant es untersagt hat, dass der Wechsel weiter indossiert wird, bezüglich seiner Haftung?
d) Ist es möglich, dass der Bezogene Teilzahlungen leistet?
e) Unter welchen Umständen kann der Wechselinhaber bei Verfall des Wechsels schon vorzeitig Rückgriff nehmen?
f) Kann bei einem Wechsel, der nicht bezahlt worden ist, direkt Rückgriff genommen werden?

ZUSAMMENFASSUNG

Wechsel

gezogener Wechsel

1. Aussteller (meist Verkäufer) fordert den Bezogenen (den Schuldner) dazu auf, an ihn oder eine andere Person zu einem festgelegten Zeitpunkt eine Summe zu zahlen.
2. Annahme des Wechsels durch den Bezogenen mittels Akzept

→ Nun handelt es sich um einen gezogenen Wechsel.

Verwendungsmöglichkeiten des Wechsels

Der **Aussteller** hat folgende Verwendungsmöglichkeiten:

- Aufbewahrung des Wechsels bis zum Verfalltag
- Verkauf des Wechsels vor Verfalltag an eine Bank (diskontieren)
- Weitergabe als Zahlungsmittel, um damit Verbindlichkeiten zu begleichen

Störungen am Verfalltag

Der Bezogene löst den Wechsel nicht ein. Folgen sind:

- Wechselprotest am ersten oder zweiten Werktag nach dem Zahltag mittels Gerichtsvollzieher oder Notar

Nun kann der Wechselinhaber

- Regress beim direkten Vordermann nehmen (Reihenregress);
- bei einem anderen Vordermann Regress nehmen (Sprungregress);
- die entstandenen Kosten vom Vordermann erstatten lassen.

10.4 Wir leasen Güter des Anlagevermögens

Einstieg

Herr Hoffmann:
„Hallo Herr Mitschke, wie läuft es denn?“

Herr Mitschke:
„Eigentlich ganz gut. Wir haben durch die Einführung der neuen Warenwirtschaftssoftware immense Rationalisierungsvorteile festgestellt. Auch unsere Informationsbasis wird dadurch erheblich verbessert. Aber – und deswegen bin ich vorbeigekommen – wir haben ein Problem!“

Herr Hoffmann:
„Nanu, worum geht es denn?“

Herr Mitschke:
„Ein Teil unserer EDV-Geräte schafft die Anforderungen, die die neue Software stellt, nur mit Schwierigkeiten. Wenn unser Datenvolumen steigt – und damit ist durch die Gründung unserer neuen Filialen zu rechnen – ist eventuell hier und da in der Zentrale mit Systemabstürzen zu rechnen.“

Herr Hoffmann:
„Diese Anschaffungen passen mir finanziell aber gar nicht ins Konzept. Durch die neuen Filialen sind wir kapitalmäßig schon ganz schön belastet.“

Herr Mitschke:
„Das habe ich auch schon gedacht. Vielleicht sollten wir uns mal dieses Angebot der Hannoverschen Leasinggesellschaft anschauen. Die bieten für uns passende EDV-Anlagen unseres favorisierten Computerherstellers zum Leasen an.“

1. Erklären Sie, welche Vorteile das Leasing der EDV-Anlagen für die Hoffmann KG hat.
2. Stellen Sie fest, welche Art Leasing hier angesprochen ist.

INFORMATIONEN

Leasing

Möchte ein Unternehmen für die Finanzierung eines Anlageguts weder Eigenkapital hinzuziehen noch einen Kredit aufnehmen, bietet sich das Leasing an. Das Leasing ist eine spezielle Art der Fremdfinanzierung. Ein Unternehmen erwirbt sich langfristige Nutzungsrechte an beweglichen und unbeweglichen Wirtschaftsgütern durch einen Mietvertrag.

Dabei übernimmt der Mieter, der Leasingnehmer, den Gegenstand vom Vermieter, dem Leasinggeber.

Für die Miete, z. B. einer Maschine oder eines Lkw, muss eine monatliche, manchmal auch vierteljährliche Leasingrate gezahlt werden. Deren Höhe richtet sich nach:

- der Laufzeit des Leasingvertrags
- den vom Leasinggeber zu erbringenden Serviceleistungen

DEFINITION

Unter **Leasing** versteht man das Mieten von Gegenständen des Anlagevermögens gegen Entgelt über einen bestimmten Zeitraum.

BEISPIEL

Geleast werden häufig:
- Büromaschinen
- Autos
- Immobilien
- EDV-Ausstattungen
- Produktionsanlagen

Der Unterschied zur eigentlichen Miete liegt darin, dass der Leasingnehmer nach Ablauf der Nutzungsdauer in der Regel mehrere Möglichkeiten hat, über das Leasingobjekt zu verfügen (Kauf-, Tausch-, Verlängerungsoption). Darüber hinaus beinhalten die meisten Leasingverträge Serviceleistungen des Leasinggebers, die in einem Mietvertrag gewöhnlich nicht enthalten sind.

Die Leasingrate geht beim Leasingnehmer als Aufwand in die Gewinn- und Verlustrechnung ein, der Gegenstand wird aber nicht ins Anlagevermögen in der Bilanz aufgenommen.

Eigentümer des Gegenstands ist nach wie vor die Leasinggesellschaft. Der Leasinggeber erhält nach Ablauf der Leasingdauer den überlassenen Gegenstand zurück.

Arten des Leasings

Abhängig von verschiedenen Kriterien können mehrere Arten des Leasings unterschieden werden.

Operate-Leasing und Finance-Leasing

Abhängig von der Art und Weise der Vertragsgestaltung kann man Operate-Leasing und Finance-Leasing unterscheiden.

Operate-Leasing

Das Operate-Leasing ist eine kurzfristige Vermietung von Wirtschaftsgütern. Es gibt keine fest vereinbarten Grundmietzeiten, beide Vertragsparteien können den Operate-Leasingvertrag jederzeit kündigen. Für diese Art des Leasings wird sich ein Leasingnehmer nur dann interessieren, wenn er das Anlagegut nur für kurze Zeit nutzen möchte. Ein Kauf kommt daher für ihn nicht in Frage. Das gesamte Investitionsrisiko wird vom Leasinggeber getragen. Bis die Investitionskosten sich amortisiert haben, muss er das Anlagegut in der Regel mehrmals vermieten.

Finance-Leasing

Beim Finanzierungsleasing (Finance-Leasing) kann der Leasingvertrag während der Laufzeit von beiden Seiten nicht gekündigt werden. Durch den Abschluss langfristiger Verträge hat der Leasingnehmer das Investitionsrisiko, da er das Anlagegut – im Gegensatz zum Operate-Leasing – nicht jederzeit zurückgeben kann.

In der Variante der **Vollamortisation** wird die finanzierte Sache innerhalb der Grundmietzeit beinahe vollständig abbezahlt. Sie geht damit dann nahezu vollständig in das Eigentum des Leasingnehmers über. Am Ende der Grundmietzeit verbleibt dann meist nur noch ein geringer Restwert, der noch zu entrichten ist.

Bei der **Teilamortisation** wird während der Laufzeit des Leasingvertrags (also innerhalb der Grundmietzeit) nur ein Teil des Sachwerts durch die Leasingraten abgedeckt. Durch im Vertrag festgehaltene Verpflichtungen ist jedoch auch hier eine volle Deckung der Gesamtkosten des Leasinggebers gewährleistet: Entweder wird der Verkaufserlös des Leasingobjekts oder aber eine Schlusszahlung des Leasingnehmers zum Ausgleich herangezogen. Bei dieser Art von Verträgen hat der Leasinggeber – vertraglich vereinbart – oft ein sogenanntes Andienungsrecht: Zum möglichen Ausgleich des Wertverlusts wird dem Leasinggeber das Recht, aber nicht die Pflicht gewährt, am Ende der Leasingzeit vom Leasingnehmer zum vereinbarten Restwert den Kauf des Leasingobjekts zu verlangen.

Direktes und indirektes Leasing

Nach Anzahl der Beteiligten unterscheidet man indirektes und direktes Leasing.

Indirektes Leasing

Beim indirekten Leasing finanziert eine Leasinggesellschaft eine vom Leasingnehmer getroffene Investitionsentscheidung. Mit dem Leasingnehmer, dem Leasinggeber – also der Leasinggesellschaft – sowie dem Hersteller des Leasingguts gibt es hier drei Beteiligte.

Das Leasingobjekt wird beim Hersteller vom Leasingnehmer ausgewählt. Der Leasinggeber (die Leasinggesellschaft) erwirbt dieses daraufhin und überlässt es dem Leasingnehmer gegen Zahlung der Leasingrate. Das Leasinggut wird vom Hersteller direkt an den Leasingnehmer geliefert.

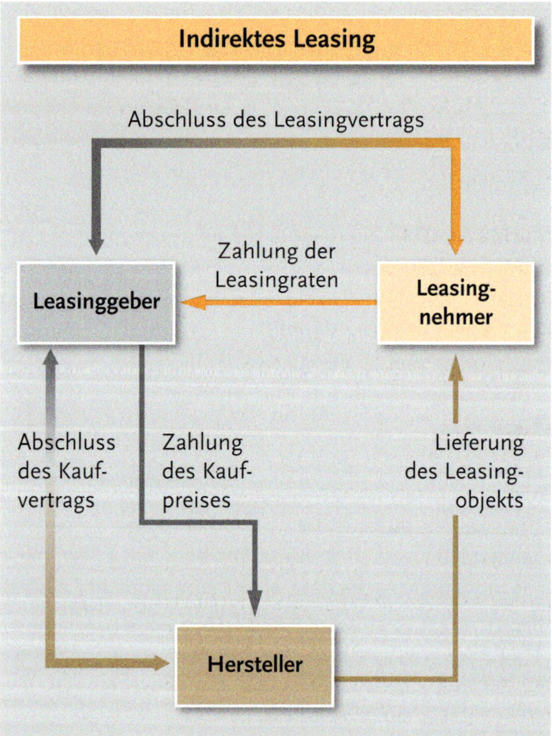

Direktes Leasing
Beim direkten Leasing gibt es nur zwei Beteiligte. Hier übernimmt der Hersteller die Finanzierung des Leasingobjekts und wird somit zum Leasinggeber. Das Hauptziel des Herstellers ist dabei die Absatzförderung: Es geht ihm darum, Kunden zu gewinnen und an sein Unternehmen zu binden.

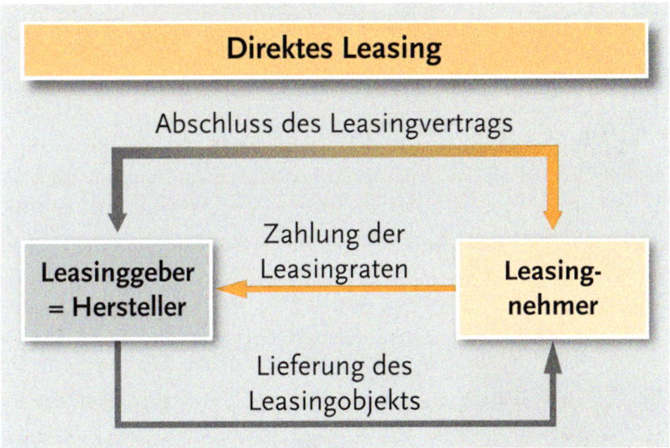

Immobilien-, Mobilien- und Plantleasing

Eine weitere Unterscheidung der Leasingarten ist nach Art der Leasingobjekte möglich.

Immobilienleasing
Beim Immobilienleasing erhält der Nutzer – statt die Immobilie zu kaufen – ein vertraglich eingeräumtes langfristiges Nutzungsrecht an einem Gebäude. Der Leasingnehmer kann das Gebäude nach seinen Vorstellungen planen und errichten. Der Leasinggeber kauft die Immobilie, die der Leasingnehmer dann mietet. Immobilien-Leasing hat sich als langfristige Investitionsfinanzierung bei hochwertigen Gewerbe- und Büroimmobilien bewährt.

Mobilienleasing
Beim Mobilienleasing handelt es sich um das Leasing beweglicher Güter. Werden Investitionsgüter geleast, so nennt man dies Equipment-Leasing. Leasingnehmer sind in der Regel gewerbliche Nutzer.

Plantleasing
Das Plantleasing ist eine Mischform aus Immobilien- und Mobilienleasing. Geleast werden ganze Industrieanlagen und Gebäude, aber auch deren Einrichtungen.

Investitions- und Konsumgüterleasing

Hauptanwendungsgebiet des Leasings ist das **Investitionsleasing.** Leasingnehmer ist ein Unternehmen, das Leasingobjekt ein Investitionsgut.

Beim **Konsumgüterleasing** sind – meist in Verbindung mit Servicepaketen – Konsumgüter Vertragsgegenstand. Diese Art des Leasings wird häufig durch Privatleute genutzt.

Sale-and-lease-back-Leasing

Das Sale-and-lease-back-Leasing ist eine Sonderform des Leasings. Beim Sale-and-lease-back-Leasing wird das Leasingobjekt vom Eigentümer zunächst an den Leasinggeber verkauft. Dieser verleast das Leasinggut dann an den früheren Eigentümer, den Leasingnehmer, zurück. Der Kauf- und der Leasingvertrag bilden bei dieser Form des Leasinggeschäfts eine rechtliche Einheit.

Leasingobjekte des Sale-and-lease-back-Vertrags können sowohl Wirtschaftsgüter sein, die von dem späteren Leasingnehmer neu erworben worden sind, als auch Wirtschaftsgüter, die sich bereits länger in seinem Eigentum befunden haben.

Vorteile des Leasings

Für Leasingnehmer können die folgenden Vorteile von Bedeutung sein:

- Der Hauptvorteil des Leasings liegt darin, dass, auch wenn das nötige Kapital zum Kauf fehlt, die Finanzierung von Gütern möglich ist. Das Unternehmen benötigt daher weniger Kapital, die Liquiditätslage verbessert sich. Zusätzlich verbessern sich verschiedene Bilanzkennzahlen. Dadurch bekommt der Leasingnehmer leichter Kredite. Sein Image verbessert sich.
- Wird im Leasingvertrag der Austausch der alten Leasingobjekte durch jeweils technisch neuere vereinbart, kann der Leasingnehmer das Risiko der technischen Überalterung auf den Leasinggeber übertragen.
- Häufig übernimmt der Leasinggeber zusätzliche Dienstleistungen wie Wartungen oder Reparaturen.
- Der Leasingnehmer hat kein Verwertungsrisiko am Ende der Vertragslaufzeit.
- Die Belastung durch gewinnabhängige Steuern wird durch die Leasingraten geringer. Leasingraten sind als Betriebsausgaben steuerlich voll absetzbar, wenn das Leasingobjekt steuerlich dem Leasinggeber zugeordnet ist.
- Leasing bietet Planungssicherheit: Die Vertragslaufzeit und die Höhe der Leasingraten stehen von Beginn an fest. Die Leasingrate wird auch langfristig nicht von Zinsänderungen oder Rating-Veränderungen beeinflusst. Sie dient so als sichere Kalkulationsgrundlage.

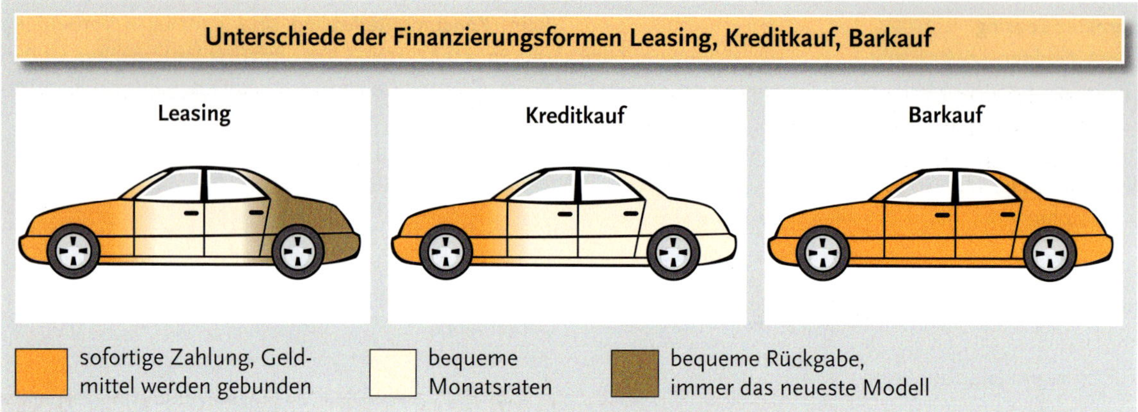

Nachteile des Leasings

Nicht immer überwiegen die Vorteile des Leasings. Zu prüfen ist in jedem Fall, ob sich die folgenden Nachteile möglicherweise negativ auf die Finanzierungssituation des Unternehmens auswirken:

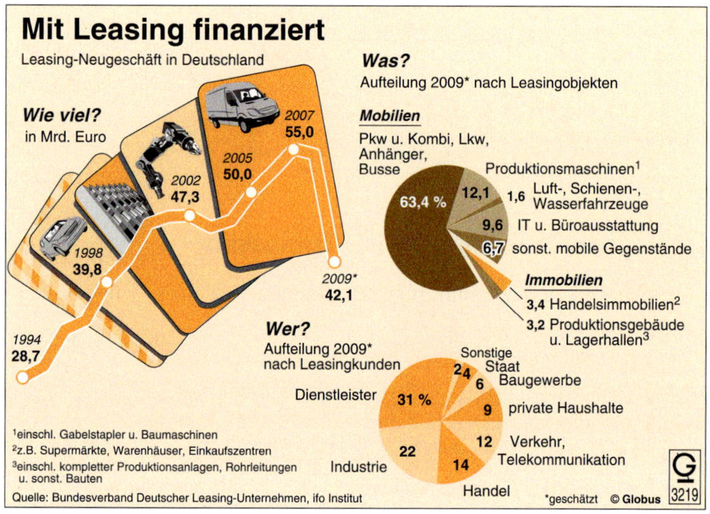

- Die Gesamtkosten beim Leasing sind in der Regel größer als beim fremdfinanzierten Kauf des Anlageguts: Langfristig ist der Aufwand beim Leasing um ca. 20 % bis 40 % höher als der Zinsaufwand beim Kauf. Neben Abschreibungen und Zinsen sind in die Leasingrate auch der Verwaltungsaufwand, die Gewinnspanne und die Risikoprämie des Leasinggebers einkalkuliert.
- Zumindest beim Finanzierungsleasing ist der Leasingnehmer während der Grundmietzeit an das Leasingobjekt gebunden. Die langfristigen und unkündbaren Verträge können sich bei schlechter Auftragslage dann negativ auswirken.
- Es kann zu einer bestimmten Abhängigkeit vom Leasinggeber kommen.

AUFGABEN

1. Nehmen Sie Stellung zu folgender Aussage: „Leasing ist doch nur eine andere Form des Kredits."
2. Welche Anlagegüter werden oft geleast?
3. Zahlt der Leasingnehmer beim direkten Leasing seine Leasingraten an denselben Empfänger wie beim indirekten Leasing? Begründen Sie Ihre Antwort.
4. Was sind die Merkmale des Finanzierungsleasings?
5. Erläutern Sie die Begriffe
   a) Plantleasing
   b) Immobilienleasing
   c) Sale-and-lease-back-Leasing
6. Das Leasing bietet viele Vor-, aber auch einige Nachteile. Stellen Sie diese jeweils für folgende Situationen tabellarisch gegenüber:
   a) Die Hoffmann KG least 5 Lkw für ihren Fuhrpark.
   b) Volkan Karaca least einen VW Polo.
7. Welche Art von Leasing liegt vor?
   a) Eine Leasinggesellschaft ist zwischen Hersteller und Leasingnehmer geschaltet.
   b) Hochwertige Fernseher, Waschmaschinen oder Kühlschränke werden vermietet.
   c) Der Leasingvertrag hat langfristigen Charakter.
   d) Der Hersteller ist gleichzeitig der Leasinggeber.

AKTIONEN

1. Frau Hahne möchte ein Auto für 40.000,00 € leasen. Das Angebot für den Leasingvertrag sieht eine 48-monatige Laufzeit vor. Es sind 5.000,00 € Anzahlung zu leisten. Die Leasingrate ist vorschüssig monatlich zu zahlen. Der Zinssatz beträgt 8 %.
Gehen Sie zu folgender Internetadresse:
www.zinsen-berechnen.de/leasingrechner.php
Lassen Sie sich dort die Leasingrate berechnen.

2. Erstellen Sie eine Powerpoint-Präsentation. Diese soll Ihre Mitschüler über die verschiedenen Leasingarten informieren.

ZUSAMMENFASSUNG

Leasing

= das Mieten von Gegenständen des Anlagevermögens gegen Entgelt über einen bestimmten Zeitraum

- **Anzahl der Beteiligten**
  - **direktes Leasing**
    Hersteller ist Leasinggeber
  - **indirektes Leasing**
    Leasinggeber ist eine vom Hersteller unabhängige Leasinggesellschaft
- **Art der Leasingobjekte**
  - **Immobilienleasing**
    Gebäude und Grundstücke
  - **Mobilienleasing**
    bewegliche Sachen
  - **Plantleasing**
    Mischform aus Mobilien- und Immobilienleasing
- **Art der geleasten Güter**
  - **Investitionsgüterleasing**
    Unternehmen least Investitionsgut
  - **Konsumgüterleasing**
    (meist) Privatleute leasen Konsumgut
- **Art der Vertragsgestaltung**
  - **Operate-Leasing**
    kurzfristiger, kündbarer Mietvertrag
  - **Finanzierungsleasing**
    unkündbare, langfristige Verträge

10.5 Wir informieren uns über Gründe und Ablauf eines Insolvenzverfahrens

Einstieg

Herr Hoffmann ist alarmiert. Am frühen Nachmittag meldet ihm die Rechnungswesenabteilung, dass zwei Kunden, denen gegenüber Forderungen von 37.000,00 € bestehen, einen Insolvenzantrag bei Gericht gestellt haben. Gerade heute Morgen noch hat er einen Zeitungsartikel über Unternehmensinsolvenzen gelesen.

Unternehmensinsolvenzen leicht rückläufig – weiter deutliche Steigerungen bei Privatinsolvenzen

Neuss, 29. November 20.. – 37900 Unternehmen mussten in diesem Jahr einen Insolvenzantrag bei Gericht stellen – das sind 1 370 oder 3,5 Prozent weniger als im Vorjahr. Insgesamt steigen die Insolvenzen jedoch auf einen neuen Höchststand an: 136300 Fälle sind im Gesamtjahr zu beklagen – 15,3 Prozent mehr als im vergangenen Jahr. Verursacht wird die Steigung von den Privatpersoneninsolvenzen: 66400 Verbraucher- (plus 35,2 Prozent) und 32000 sonstige Insolvenzen sind zu zählen. Zu den sonstigen Insolvenzen zählen überschuldete Nachlässe, Stiftungen und Vereine sowie die Insolvenzen von ehemals selbstständigen Personen. (...)

Den größten Anteil am Insolvenzaufkommen haben Betriebe mit einem jährlichen Umsatzvolumen zwischen 500.000 und 5,0 Millionen Euro. In diesem Jahr meldeten 12740 Unternehmen dieser Umsatzgrößenklasse Insolvenz an; das sind 33,6 Prozent des gesamten Insolvenzaufkommens (Vorjahr: 34,7 Prozent). Zugenommen hat der Anteil an Mikrobetrieben mit weniger als 100.000 Euro Umsatz pro Jahr, und zwar von 18,4 Prozent im Jahr 2004 auf aktuell 20,3 Prozent. Insolvenzgefährdet sind Betriebe insbesondere die ersten sechs Jahre nach ihrer Gründung. 45,5 Prozent der Unternehmensinsolvenzen werden von Unternehmen beantragt, die jünger als sechs Jahre sind. Im letzten Jahr waren es 1,3 Prozentpunkte mehr. Parallel zur Insolvenzentwicklung in den Umsatzgrößenklassen verläuft auch die Entwicklung in den Beschäftigtengrößenklassen.

Der Insolvenzanteil der Unternehmen mit bis zu fünf Beschäftigten stieg im Jahresverlauf um 1,6 Prozentpunkte auf 75,2 Prozent. Abgenommen hat hingegen der Anteil der Beschäftigtengrößenklasse von über 100 Personen, und zwar um 0,2 Prozentpunkte auf 0,7 Prozent.

Quelle: Verband der Vereine Creditreform e. V., Neuss

1. Stellen Sie fest, welche Gründe zur Insolvenz eines Unternehmens führen können.
2. Erläutern Sie, welche wirtschaftlichen Folgewirkungen die Insolvenz der beiden Kunden für die Hoffmann KG haben kann.

INFORMATIONEN

Gründe für Unternehmenskrisen

Anzeichen für Unternehmenskrisen sind:

- Umsatzrückgang
- immer geringer werdende Gewinne
- Verluste und Schrumpfen des Eigenkapitals
- eine zunehmende Verschuldung

Die **Folgen** sind:

- Zahlungsschwierigkeiten und schließlich
- Zahlungsunfähigkeit

Für eine solche Entwicklung können personelle, sachliche, organisatorische und finanzielle Gründe verantwortlich sein.

Personelle Gründe sind z. B.:

- Entscheidungsfehler der Geschäftsleitung bei der Sortimentsgestaltung und Umsatzplanung
- Verluste durch Fehlplanungen beim Einkauf
- Streitigkeiten unter den Gesellschaftern eines Unternehmens
- Ausscheiden eines Gesellschafters aus dem Unternehmen
- Nachlässigkeit des Verkaufspersonals im Umgang mit den Kunden

Sachliche Gründe sind z. B.:

- Nachfragerückgang durch eine allgemeine Verschlechterung der Wirtschaftslage (Konjunktur)

3560 358

- Rückgang der Kaufkraft infolge steigender Arbeitslosigkeit
- Änderungen der Verbrauchergewohnheiten
- Verschärfung des Wettbewerbs
- Verschlechterung der Standortbedingungen, z. B. durch Straßenbauarbeiten vor dem Geschäftshaus oder Änderung der Verkehrsführung

Organisatorische Gründe sind z. B.:

- veraltete Betriebsorganisation
- zu hohe Lagerbestände, hoher Schwund und Verderb infolge einer mangelhaften Organisation der Warenwirtschaft (Beschaffung, Lagerung und Verkauf)
- versäumte Rationalisierung durch Verzicht auf den Einsatz von EDV-gestützten Warenwirtschaftssystemen
- zu viel Personal durch mangelhafte Personaleinsatzplanung

Finanzielle Gründe sind unter anderem:

- zu geringes Eigenkapital
- falsche Kapitalverwendung, z. B. Verwendung kurzfristiger Kredite zur Beschaffung von Anlagevermögen (Geschäftsausstattung, Geschäftsfahrzeuge usw.)
- zu großzügige Kreditvergabe an Kunden
- hohe Forderungsausfälle
- zu hohe Privatentnahmen

Maßnahmen zur Lösung der Unternehmenskrise

Eine Unternehmenskrise kann

- durch die Auflösung des Unternehmens oder
- durch Sanierung des Unternehmens

gelöst werden.

DEFINITION

Die Auflösung eines Unternehmens wird als **Liquidation** bezeichnet.
Unter **Sanierung** versteht man die Gesamtheit aller Maßnahmen, die der Wiederherstellung der Leistungsfähigkeit eines in Zahlungsschwierigkeiten geratenen Unternehmens dienen. Sie erfolgt auf Kosten der Eigentümer des Unternehmens.

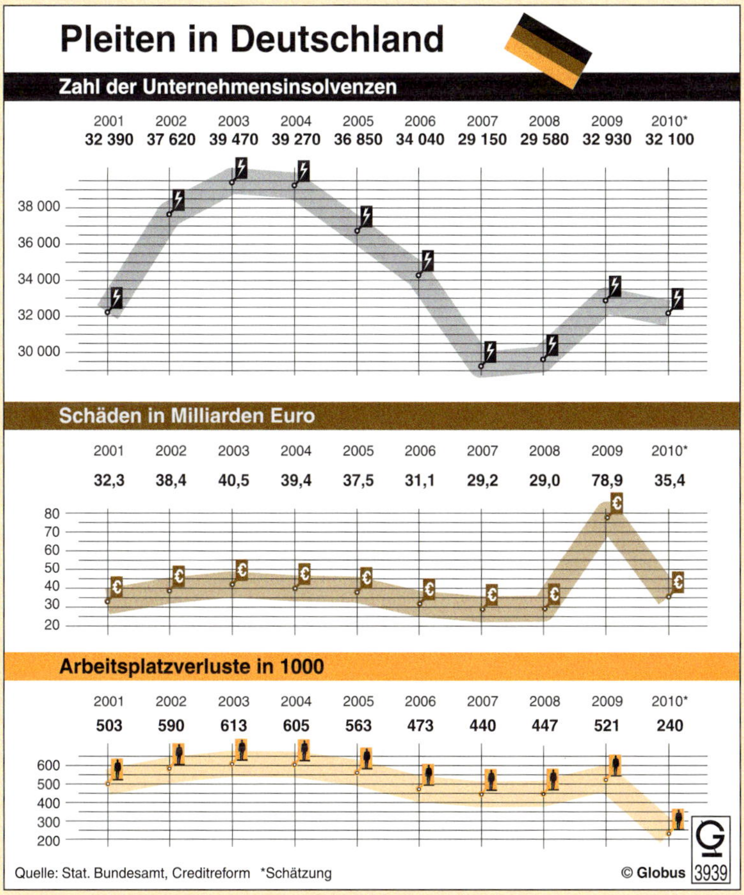

Erstmals seit 2007 sank in 2009 die Zahl der Unternehmensinsolvenzen wieder. Aus Zahlungsnot werden in 2010 schätzungsweise 32100 Unternehmen Insolvenz anmelden. Das erwartete die Wirtschaftsauskunftei Creditreform. Im Krisenjahr 2009 hatten 32930 Firmen Insolvenz angemeldet. Die Schäden aus Insolvenzen werden sich voraussichtlich auf über 35 Milliarden Euro belaufen und damit deutlich weniger als im Jahr 2009, als große Firmenzusammenbrüche wie beispielsweise Arcandor (Karstadt) das Insolvenzgeschehen bestimmten. 240000 Arbeitnehmer werden insolvenzbedingt ihren Job verlieren – auch wenn eine Insolvenz nicht immer den Verlust des Arbeitsplatzes bedeutet, sondern eine Sanierung oft Stellen retten kann.

Insolvenzverfahren

Die Insolvenz eines Schuldners liegt vor, wenn sein Vermögen nicht mehr ausreicht, um alle seine Gläubiger zu befriedigen, oder er überschuldet ist.

DEFINITION

Das **Insolvenzverfahren** ist ein Verfahren, bei dem
- das Vermögen eines Schuldners verwertet wird (z. B. Verkauf von Gebäude, Geschäftsausstattung, Waren des Unternehmens) und der Erlös nach den Vorschriften der Insolvenzordnung an die Gläubiger verteilt wird (Regelverfahren) oder
- in einem Insolvenzplan eine abweichende Regelung insbesondere zum Erhalt des Unternehmens getroffen wird.

Um ein Insolvenzverfahren eröffnen zu können, muss ein Insolvenzgrund vorliegen. Insolvenzgründe sind:

- **Zahlungsunfähigkeit** (§ 17 Abs. 2 InsO)
  Der Schuldner ist zahlungsunfähig, wenn er nicht in der Lage ist, die fälligen Zahlungsverpflichtungen zu erfüllen.
- **Überschuldung** (§ 19 Abs. 2 InsO)
  Bei einer juristischen Person (z. B. AG, GmbH) ist auch die Überschuldung ein Insolvenzgrund. Sie liegt vor, wenn das Vermögen des Schuldners die bestehenden Verbindlichkeiten nicht mehr deckt.
- **drohende Zahlungsunfähigkeit** (§ 18 InsO)
  Die drohende Zahlungsunfähigkeit liegt vor, wenn der Schuldner voraussichtlich nicht in der Lage sein wird, die bestehenden Zahlungsverpflichtungen zum Zeitpunkt der Fälligkeit zu erfüllen. Dieser Insolvenzgrund ist allerdings nur bei einem Eigenantrag des Schuldners und nicht bei einem Gläubigerantrag anzuwenden.

Ablauf des Regelverfahrens	
Antrag	• bei Zahlungsunfähigkeit oder Überschuldung durch Gläubiger oder Schuldner • bei drohender Zahlungsunfähigkeit nur durch Schuldner • Die Verfahrenskosten müssen gedeckt sein.
Durchführung	• Eröffnungsverfahren durch das Insolvenzgericht (Das Gericht prüft unter anderem, ob ein Eröffnungsgrund vorliegt und ob genügend Masse zur Verfahrensdurchführung vorhanden ist.) • Eröffnungsbeschluss des Insolvenzgerichts mit Ernennung des Insolvenzverwalters und Bestimmung eines Berichts- und Prüfungstermins • Anmeldung der Forderungen durch die Insolvenzgläubiger • Berichtstermin: In dieser ersten Gläubigerversammlung bestimmen die Gläubiger den Verfahrensweg (Regelverfahren oder nicht, Fortführung des Unternehmens oder nicht). Die Gläubigerversammlung kann den Insolvenzverwalter beauftragen, einen Insolvenzplan auszuarbeiten. • Prüfungstermin: Forderungen werden geprüft; Berichts- und Prüfungstermin können verbunden werden. • Verwertung (es sei denn, das Unternehmen wird noch fortgeführt) und Verteilung der Insolvenzmasse durch den Insolvenzverwalter • Schlusstermin • Aufhebung des Insolvenzverfahrens durch das Insolvenzgericht, Eintragung ins Handelsregister und Veröffentlichung

Insolvenzmasse

Feststellen der Insolvenzmasse

DEFINITION

Die **Insolvenzmasse** ist das gesamte Vermögen, das dem Schuldner zum Zeitpunkt der Eröffnung des Verfahrens gehört und das er während des Verfahrens erwirbt.

Nicht zur Insolvenzmasse gehören:

- unpfändbare Gegenstände, die dem persönlichen Gebrauch und der Berufsausübung dienen, z. B. notwendiger Hausrat, Bekleidungsstücke, PC
- Gegenstände, die sich bei der Eröffnung des Insolvenzverfahrens im Besitz des Schuldners befinden, ihm aber nicht gehören, z. B. unter Eigentumsvorbehalt gelieferte Waren, geliehene oder gemietete Gegenstände. Sie werden den Eigentümern zurückgegeben (= **Aussonderung**; § 47 InsO).

Verteilung der Insolvenzmasse

Die Insolvenzmasse muss im Regelverfahren nach einer genau vorgeschriebenen Reihenfolge verteilt werden:

I. Absonderung	Gläubigerforderungen, die durch ein Pfandrecht, eine Sicherungsübereignung oder eine Hypothek besonders gesichert sind, werden bevorzugt befriedigt.
II. Aufrechnung	Wenn ein Gläubiger nicht nur Forderungen, sondern auch Schulden gegenüber dem Gemeinschuldner hat, kann er sie gegeneinander aufrechnen.
III. Kosten des Insolvenzverfahrens und sonstige Masseverbindlichkeiten	Kosten des Insolvenzverfahrens sind: • die Gerichtskosten für das Insolvenzverfahren • Ausgaben für die Verwaltung, Verwertung und Verteilung der Insolvenzmasse (z. B. Ausgaben für den Gläubigerausschuss, Vergütung des Insolvenzverwalters) Sonstige Masseverbindlichkeiten sind Schulden, die erst nach der Insolvenzeröffnung entstanden sind, z. B. Käufe, Miete, Löhne und Gehälter.
IV. Forderungen der (nicht nachrangigen) Insolvenzgläubiger	Insolvenzgläubiger sind die Gläubiger, die bei der Eröffnung des Insolvenzverfahrens eine Forderung gegen den Schuldner haben.
V. Forderungen nachrangiger Insolvenzgläubiger	1. die seit der Eröffnung des Insolvenzverfahrens laufenden Zinsen der Forderungen der Insolvenzgläubiger 2. die Kosten, die den einzelnen Insolvenzgläubigern durch die Teilnahme am Verfahren entstehen 3. Geldstrafen, Geldbußen, Ordnungsgelder und Zwangsgelder sowie solche Nebenfolgen einer Straftat oder Ordnungswidrigkeit, die zu einer Geldzahlung verpflichten 4. Forderungen auf eine unentgeltliche Leistung des Schuldners 5. Forderungen auf Rückgewähr des kapitalersetzenden Darlehens eines Gesellschafters oder gleichstehende Forderungen

Nachdem die bevorrechtigten Ansprüche (I bis III) aus der Insolvenzmasse voll befriedigt worden sind, werden die Forderungen der (nicht nachrangigen) Gläubiger aus der Restmasse beglichen. Die Insolvenzgläubiger werden dabei insgesamt gleich behandelt. Bei nicht ausreichender Masse werden sie also anteilig befriedigt.

BEISPIEL

Forderungen der (nicht nachrangigen) Insolvenzgläubiger	50.000,00 € ≙ 100 %
Restmasse	5.000,00 € ≙ x %

$$x = \frac{100\,\% \cdot 5.000{,}00\,€}{50.000{,}00\,€} = 10\,\%$$

Da die Restmasse nur 10 % der Forderungen ausmacht, erhält jeder (nicht nachrangige) Insolvenzgläubiger nur 10 % seiner Forderungen beglichen.

Die Ansprüche der nachrangigen Insolvenzgläubiger werden erst nach den Ansprüchen der (nicht nachrangigen) Insolvenzgläubiger befriedigt. Das heißt, die Forderungen der nachrangigen Insolvenzgläubiger werden nur dann ganz oder teilweise beglichen, wenn noch eine Restvermögensmasse übrig bleibt, nachdem die Forderungen aller (nicht nachrangigen) Gläubiger zu 100 % befriedigt sind.

Insolvenzplanverfahren

In einem **Insolvenzplan** können abweichend von den gesetzlichen Vorschriften der Insolvenzordnung (Regelverfahren) geregelt werden:

- die Befriedigung der absonderungsberechtigten Gläubiger und der Insolvenzgläubiger
- die Verwertung der Insolvenzmasse und die Verteilung an die Beteiligten
- die Haftung des Schuldners nach Beendigung des Insolvenzverfahrens

Die inhaltliche Gestaltung des Insolvenzplans kann von den Gläubigern selbstständig vorgenommen werden. Die Insolvenzordnung enthält daher nur grobe Vorgaben zur Gestaltung des Insolvenzplans.

Arten des Insolvenzplans

Es gibt drei Grundtypen des Insolvenzplans:

- **Liquidationsplan**
  Die Vermögensgegenstände werden abweichend vom Gesetz veräußert.
- **Übertragungsplan**
  Das Unternehmen geht auf einen anderen Rechtsträger über.
- **Sanierungsplan**
  Das Unternehmen wird saniert und bleibt erhalten.

Diese Grundtypen können auch als Mischform auftreten, z. B. Liquidation eines Betriebsteils, Übertragung eines zweiten und Sanierung eines dritten Betriebsteils.

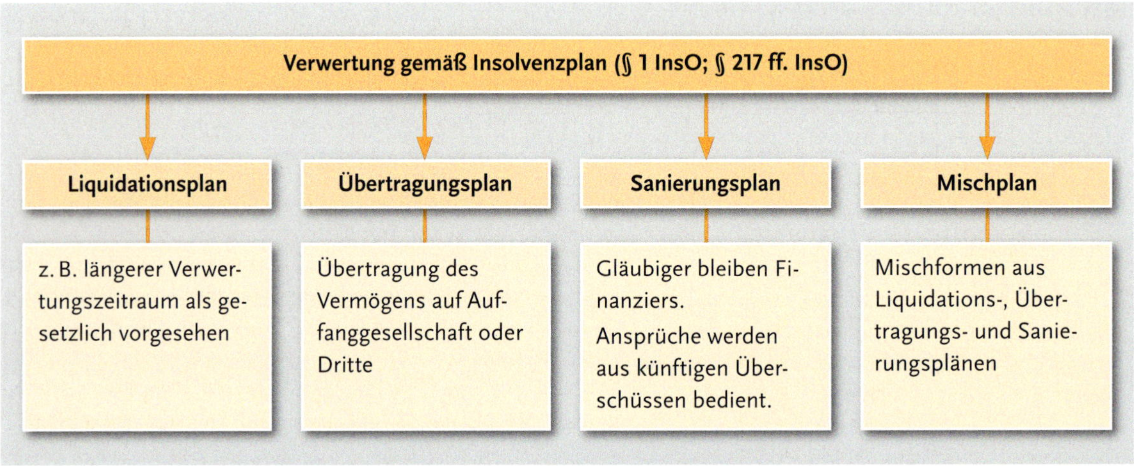

Ablauf des Insolvenzplanverfahrens

Vorlage des Insolvenzplans

Zur Vorlage eines Insolvenzplans sind nur der Schuldner und der Insolvenzverwalter berechtigt. Der Schuldner kann den Insolvenzplan bereits mit der Antragstellung auf Insolvenzeröffnung vorlegen.

Der Insolvenzverwalter muss einen Insolvenzplan ausarbeiten und vorlegen, wenn dies die Gläubigerversammlung so beschließt.

Gliederung des Insolvenzplans

Der Insolvenzplan besteht aus dem darstellenden Teil und dem gestaltenden Teil.

Im **darstellenden Teil** des Insolvenzplans wird beschrieben, welche Maßnahmen nach der Eröffnung des Insolvenzverfahrens getroffen sind oder noch getroffen werden sollen, um die Grundlagen für die geplante Gestaltung der Rechte der Beteiligten zu schaffen (§ 220 Abs. 1 InsO). Er hat die Grundlagen und die Auswirkungen des Plans so zu beschreiben und darzustellen, dass sich der Gläubiger sowohl ein Urteil über die Lage des Unternehmens als auch über den Sinn der im gestaltenden Teil für ihn getroffenen Regelungen bilden kann.

Im **gestaltenden Teil** des Insolvenzplans wird festgelegt, wie die Rechtsstellung der Beteiligten durch den Plan, z. B. die Regelungen über die Verteilung der Insolvenzmasse, geändert werden soll (§ 221 InsO).

Vorprüfung des Insolvenzplans durch das Insolvenzgericht

Das Insolvenzgericht muss den Insolvenzplan im Rahmen einer Vorprüfung prüfen. Es weist den Plan gegebenenfalls wegen Mängeln zurück, wenn z. B.

- der vom Schuldner oder Insolvenzverwalter eingereichte Plan formal und inhaltlich nicht dem Gesetz entspricht,
- der vom Schuldner eingereichte Plan offensichtlich keine Aussicht auf Annahme durch die Gläubiger oder auf Bestätigung durch das Gericht hat,
- der vom Schuldner eingereichte Plan Ansprüche enthält, die den Beteiligten nach dem gestaltenden Teil des Plans zustehen, die aber offensichtlich nicht erfüllt werden können.

Wird der Insolvenzplan zugelassen, leitet ihn das Insolvenzgericht dem Gläubigerausschuss, dem Betriebsrat, dem Sprecherausschuss der leitenden Angestellten sowie dem Schuldner (wenn der Insolvenzverwalter den Plan vorgelegt hat) bzw. dem Insolvenzverwalter (wenn der Schuldner den Plan vorgelegt hat) zur Stellungnahme zu.

Erörterungs- und Abstimmungstermin
Das Insolvenzgericht bestimmt einen Erörterungs- und Abstimmungstermin, zu dem die Insolvenzgläubiger, die absonderungsberechtigten Gläubiger, der Insolvenzverwalter, der Schuldner, der Betriebsrat und der Sprecherausschuss der leitenden Angestellten eingeladen werden.

Im Erörterungs- und Abstimmungstermin wird
- der Insolvenzplan mit den Beteiligten erörtert,
- das Stimmrecht der Insolvenzgläubiger und Absonderungsberechtigten festgestellt und anschließend
- über den Plan abgestimmt.

Die Abstimmung über den Plan wird in Gruppen durchgeführt. Jede Gruppe und jede Untergruppe der stimmberechtigten Gläubiger stimmt gesondert über den Insolvenzplan ab.

Welche Gruppen und Untergruppen abstimmen, hängt davon ab, welche Gruppen im vorgelegten Insolvenzplan gebildet wurden.

Wurde die Gruppenbildung entsprechend den beispielhaft erwähnten Gläubigergruppen des § 222 InsO vorgenommen, so erfolgt die Abstimmung in den folgenden Gruppen:

- absonderungsberechtigte Gläubiger, wenn durch den Plan in deren Rechte eingegriffen wird
- nicht nachrangige Insolvenzgläubiger
- einzelne Rangklassen der nachrangigen Insolvenzgläubiger, soweit deren Forderungen nicht nach § 225 InsO als erlassen gelten sollen (hier ist für jede Rangklasse eine eigene Gruppe zu bilden)
- Arbeitnehmergruppe
- Kleingläubigergruppe

Der Insolvenzplan ist angenommen, wenn in jeder Gruppe eine Mehrheit der abstimmenden Gläubiger (Kopfmehrheit) zustimmt und eine Mehrheit der Ansprüche (Forderungen) der abstimmenden Gläubiger (Summenmehrheit) besteht.

Die Erzielung einer Mehrheit wird durch das Obstruktionsverbot des § 245 InsO erleichtert. Danach gilt die Zustimmung einer Abstimmungsgruppe auch dann als erteilt, wenn die erforderlichen Mehrheiten nicht erreicht worden sind, sofern

- die Gläubiger dieser Gruppe durch den Plan nicht schlechter gestellt werden, als sie ohne Plan (also nach dem Regelverfahren) stünden,
- die Gläubiger dieser Gruppe angemessen an dem wirtschaftlichen Wert beteiligt werden, d.h., dass sie gegenüber den anderen Gruppen nicht benachteiligt sind, und
- die Mehrheit der abstimmenden Gruppen dem Plan mit den erforderlichen Mehrheiten zugestimmt hat.

Gerichtliche Bestätigung
Nach der Annahme des Insolvenzplans durch die Gläubiger und der Zustimmung des Schuldners muss der Plan durch das Insolvenzgericht bestätigt werden. Der Beschluss, durch den der Insolvenzplan bestätigt oder abgelehnt wird, muss am Abstimmungstermin oder an einem als bald zu bestimmenden besonderen Termin bekannt gegeben werden.

Auf Antrag eines Gläubigers ist die Bestätigung des Insolvenzplans zu verweigern, wenn der Gläubiger nachweist, dass er durch den Plan schlechter als ohne Insolvenzplan gestellt ist (Minderheitenschutz).

Aufhebung des Insolvenzverfahrens
Sobald die Bestätigung des Insolvenzplans rechtskräftig ist, beschließt das Insolvenzgericht die Aufhebung des Insolvenzverfahrens. Damit erlöschen die Ämter des Insolvenzverwalters und des Gläubigerausschusses. Mit der Aufhebung des Insolvenzverfahrens erhält der Schuldner das Recht zurück, über die Insolvenzmasse frei zu verfügen.

Ist die Überwachung der Planerfüllung im Insolvenzplan vorgesehen, besteht jedoch zu diesem Zweck das Amt des Insolvenzverwalters, des Gläubigerausschusses und des Insolvenzgerichts fort.

Verbraucherinsolvenzverfahren

Das Verbraucherinsolvenzverfahren ermöglicht natürlichen Personen (Privatpersonen), innerhalb von sieben Jahren schuldenfrei zu werden. Bedingung ist ein kooperatives Verhalten, das heißt, die Schuldner müssen:

- ihre Einkommens- und Vermögensverhältnisse offenlegen
- ernsthaft bemüht sein, sich mit ihren Gläubigern über die Schuldenbereinigung zu einigen
- einen aufgestellten Entschuldungsplan einhalten

In diesem Fall ist nach sieben Jahren eine Restschuldbefreiung und damit auch für überschuldete Personen ein finanzieller Neuanfang möglich.

Verbraucherinsolvenzverfahren Fünf Schritte zur Schuldenfreiheit	
Stufe 1	Versuch einer außergerichtlichen Einigung mit Gläubigern • erfolgreich: private Entschuldung ohne Gericht • nicht erfolgreich: Stufe 2 beantragen (vor Gericht)
Stufe 2	Verfahren über gerichtlichen Schuldenbereinigungsplan • Gläubiger stimmen dem Plan vor Gericht zu: Künftig läuft die Entschuldung nach diesem Plan. • Gericht ersetzt die Zustimmung der Gläubiger: Die Entschuldung läuft ebenfalls nach diesem Plan.
Stufe 3	Gericht macht aufgrund des Entschuldungsplans ein vereinfachtes Insolvenzverfahren; ein Treuhänder verwaltet das Vermögen des Schuldners und teilt es unter den Gläubigern auf. • Antrag auf Restschuldbefreiung wird im Insolvenzverfahren abgelehnt: Alles war umsonst. • Antrag auf Restschuldbefreiung wird angenommen: Es beginnt Stufe 4.
Stufe 4	Wohlverhaltensphase Sieben Jahre lebt der Schuldner vom pfändungsfreien Teil seines Einkommens, nimmt jede zumutbare Arbeit an und meldet alle persönlichen Veränderungen dem Treuhänder und dem Gericht.
Stufe 5	Entscheidung über Restschuld • Der Schuldner hält die sieben Jahre nicht durch: Restschuldversagung. • Der Schuldner hält die sieben Jahre durch: Restschuldbefreiung.

AUFGABEN

1. Welche personellen, sachlichen, organisatorischen und finanziellen Gründe können zu einer Unternehmenskrise führen?
2. Wodurch unterscheiden sich Liquidation und Sanierung?
3. Wer kann einen Antrag auf Eröffnung eines Insolvenzverfahrens stellen?
4. Warum wird der Eröffnungsbeschluss über ein Insolvenzverfahren veröffentlicht?
5. Welche Gegenstände gehören nicht zur Insolvenzmasse?
6. In welcher Reihenfolge müssen folgende Forderungen in einem Insolvenzverfahren befriedigt werden?
   a) Gerichtskosten für das Insolvenzverfahren
   b) unter Eigentumsvorbehalt gelieferte Ware
   c) ungesicherte Forderungen eines Lieferers
   d) rückständige Gewerbesteuerzahlung
   e) eine durch Sicherungsübereignung gesicherte Forderung
   f) die Forderung eines Arztes gegenüber dem Schuldner
7. Welche Vorteile bietet das Insolvenzplanverfahren gegenüber dem Regelverfahren
   a) dem Schuldner?
   b) den Gläubigern?

AKTION

Die Hoffmann KG ist nicht mehr in der Lage, ihre Zahlungsverpflichtungen zu erfüllen. Welche Maßnahmen können die Geschäftsführer Frau Hahne und Herr Hoffmann ergreifen, um das Unternehmen vor der Auflösung zu bewahren? Stellen Sie die notwendigen Schritte auf einem Plakat dar.

ZUSAMMENFASSUNG

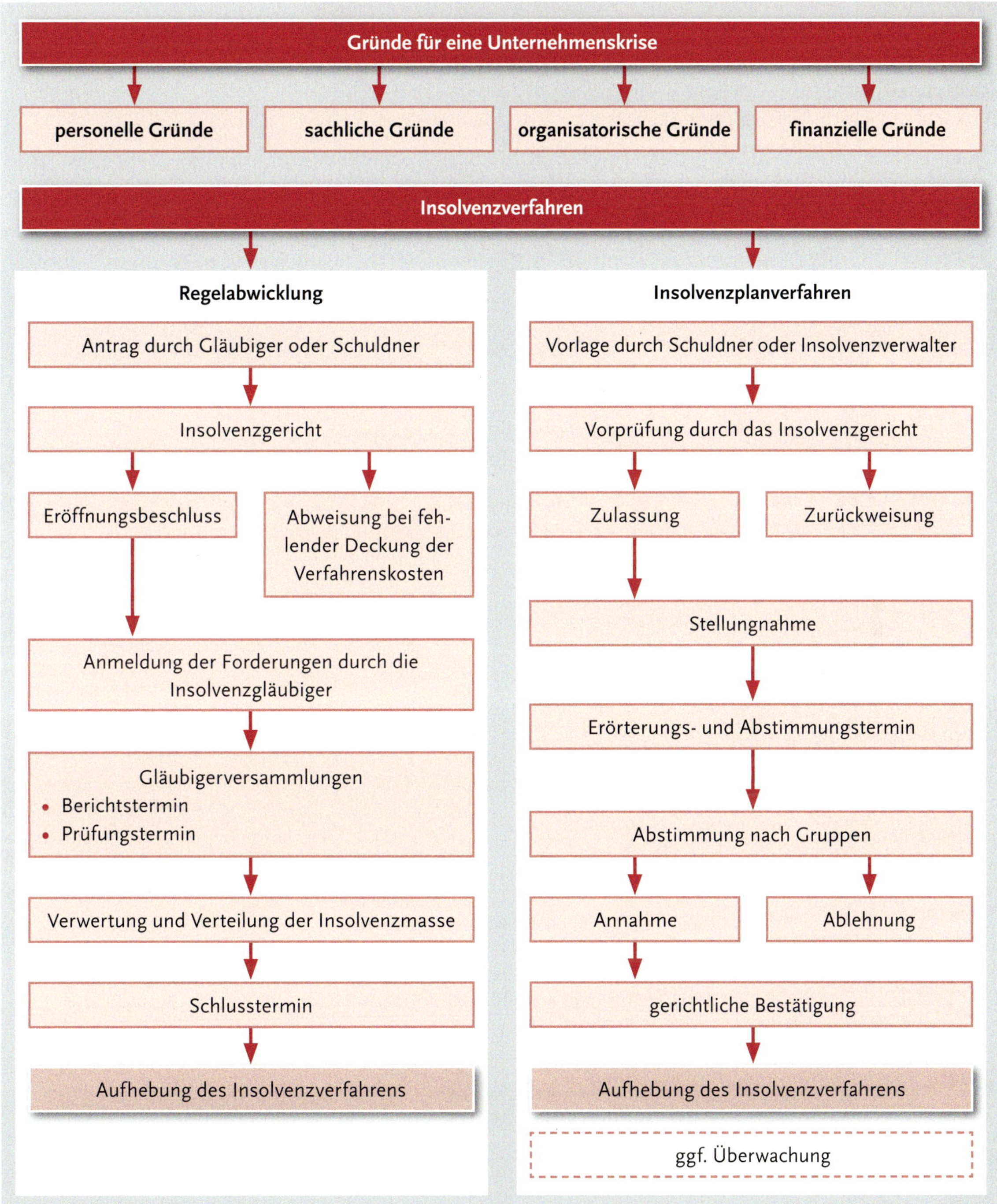

KAPITEL 11

Wir zahlen Steuern und Versicherungen

STEUERKLASSEN
VERMÖGENSSICHERUNG
EMESSUNGSGRUNDLAGE
GESETZLICHE UNFALLVERSICHERUNG
VORANMELDUNG
DIREKTE STEUERN
PERSONENVERSICHERUNGEN
PROGRESSIONSZONE
UMSATZSTEUE
SPITZENSTEUERSATZ
ÜBERSCHUSSEINKÜNFTE
PAUSCHBETRÄGE
ÜBERVERSICHERUNG
KÖRPERSCHAFTSSTEUER
KRANKENVERSICHERUNG
GEWINNEINKÜNFTE
GRUNDFREIBETRA
GEBÜHREN
INDIREKTE STEUERN

11 Wir zahlen Steuern und Versicherungen

11.1 Wir verschaffen uns einen Überblick über Einnahmen und Ausgaben des Staates

Einstieg

Die Abbildung zeigt eine Übersicht der Einnahmen und Ausgaben der Bundesregierung.

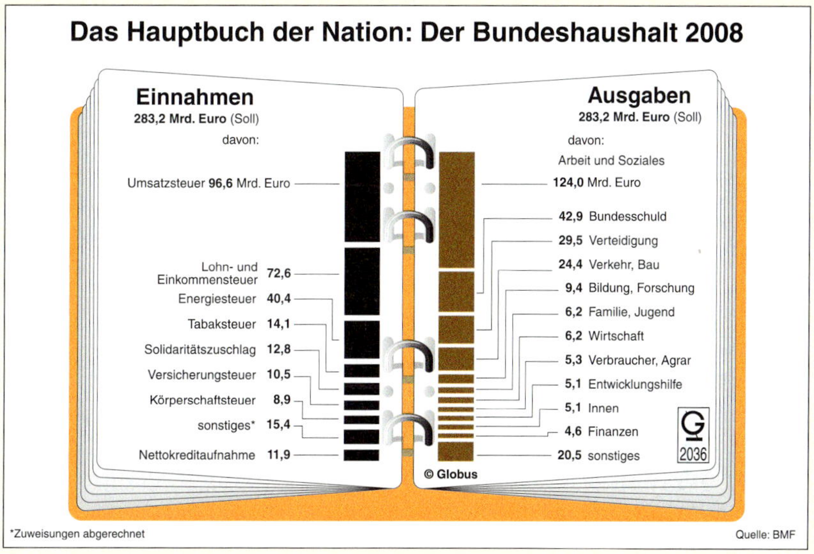

1. Wofür benötigt die Bundesregierung diese Einnahmen?
2. Welche Abgaben muss die Hoffmann KG bezahlen?
3. Welche Abgaben muss der geschäftsführende Gesellschafter der Hoffmann KG Herr Hoffmann bezahlen?
4. Welche Abgaben müssen Carolin Saager, Katarzyna Lindemann, Dominik Schlote und Volkan Karaca bezahlen?

INFORMATIONEN

Aufgaben des Staates

Der Staat – das sind der Bund, die Bundesländer und die Gemeinden – muss eine Vielzahl von Aufgaben erfüllen, z. B. in den folgenden Bereichen:

- soziale Sicherung (Zuschüsse zur Sozialversicherung, Kindergeld, Wohngeld usw.)
- Verteidigung
- öffentliche Sicherheit und Ordnung
- Bau- und Wohnungswesen (z. B. Straßenbau, Wohnungsbau)
- Wirtschaftsförderung (z. B. Zuschüsse an die Landwirtschaft und gefährdete Wirtschaftszweige)
- Bildung, Wissenschaft und Forschung

Diese Aufgaben können nur erfüllt werden, wenn dem Staat die entsprechenden Geldmittel zur Verfügung stehen.

Einnahmequellen des Staates

Der Staat erhält die notwendigen Einnahmen aus folgenden Einnahmequellen:

- öffentlich-rechtliche Abgaben, das sind in erster Linie Steuern, Gebühren und Beiträge
- Erwerbseinkünfte aus öffentlichen Unternehmen, z. B. Erträge aus öffentlichen Verkehrsbetrieben
- Anleihen (= öffentliche Kreditaufnahme)

Steuern, Gebühren, Beiträge

Steuern

Steuern sind die wichtigste Einnahmequelle des Staates. Sie sind Geldleistungen, die der Steuerpflichtige an ein öffentliches Finanzwesen (Bund, Länder, Gemeinden, Kirchen) entrichten muss, ohne dass er dafür eine direkte Gegenleistung beanspruchen kann.

- **Bundessteuern** fließen ausschließlich dem Bund, **Landessteuern** ausschließlich den Bundesländern und **Gemeindesteuern** ausschließlich den Gemeinden zu.
- **Gemeinschaftsteuern** sind Steuern, die zwischen dem Bund und den Ländern oder dem Bund, den Ländern und den Gemeinden nach einem festgelegten Schlüssel aufgeteilt werden.
- **Kirchensteuer** darf nur von Religionsgemeinschaften erhoben werden, die Körperschaften des öffentlichen Rechts sind.

Gebühren und Beiträge unterscheiden sich von den Steuern dadurch, dass sie für eine Gegenleistung gezahlt werden.

Gebühren

Gebühren müssen für bestimmte Leistungen öffentlicher Einrichtungen bezahlt werden, z. B. Gebühr für die Ausstellung eines Passes oder Personalausweises, Bibliotheksbenutzungsgebühr, Müllabfuhrgebühr, Zulassung eines Kfz.

Beiträge

Beiträge dienen zur Deckung der Kosten bestimmter öffentlicher Einrichtungen. Der Beitragspflichtige erwirbt durch die Beitragszahlung das Recht, die Leistungen dieser Einrichtungen zu nutzen. Er muss die Beiträge aber auch dann zahlen, wenn er die Leistungen nicht in Anspruch nimmt.

BEISPIELE

Sozialversicherungsbeiträge, Kurtaxen, IHK-Beiträge

Einteilung der Steuern nach dem Gegenstand der Besteuerung

Nach dem Gegenstand der Besteuerung werden die Steuern in Besitzsteuern, Verkehrsteuern, Verbrauchsteuern und Zölle unterschieden.

Besitzsteuern

Besitzsteuern werden von Besitzwerten (z. B. Einkommen, Grundstücken) erhoben. Sie werden weiter unterteilt in Personensteuern und Realsteuern.

- Bei der Erhebung der **Personensteuer** werden die persönlichen Verhältnisse (z. B. Familienstand) und die Leistungsfähigkeit (z. B. Einkommen) einer Person zugrunde gelegt.
- Die Entrichtung der **Realsteuern** ist an den Besitz eines bestimmten Objekts (Grundstück, Gewerbebetrieb) gebunden.

Verkehrsteuern

Verkehrsteuern sind an rechtliche und wirtschaftliche Vorgänge gebunden. Sie besteuern in erster Linie den Austausch von Gütern und Leistungen.

Verbrauchsteuern

Verbrauchsteuern werden auf den Verbrauch von bestimmten Gütern erhoben.

Zölle

Zölle sind Steuern, die bei der Einfuhr von Waren aus dem Ausland und der Ausfuhr von Waren in das Ausland anfallen.

Steuerart / Empfänger	Besitzsteuern		Verkehrsteuern	Verbrauchsteuern	Zölle
	Personensteuern	Realsteuern			
Bundessteuern			Versicherungsteuer, Kapitalverkehrsteuer	Mineralölsteuer, Tabaksteuer, Einfuhrumsatzsteuer, Kaffeesteuer usw.	Einfuhrzölle, Ausfuhrzölle
Landessteuern	Erbschaftsteuer		Grunderwerbsteuer, Lotteriesteuer, Abgaben von Spielbanken, Kraftfahrzeugsteuer	Biersteuer	
Gemeindesteuern		Grundsteuer, Gewerbesteuer, Hundesteuer	Vergnügungsteuer, Schankerlaubnissteuer	Getränkesteuer	
Gemeinschaftsteuern	Einkommensteuer, Lohnsteuer, Körperschaftsteuer, Kapitalertragsteuer		Umsatzsteuer		
Kirchensteuern	Kirchensteuer				

Einteilung der Steuern nach der Art der Entrichtung

Nach der Art der Entrichtung können die Steuern in direkte und indirekte Steuern unterteilt werden.

Bei einer **direkten Steuer** muss die Person, die die Steuer an das Finanz- oder Zollamt abführen muss, sie auch selbst wirtschaftlich tragen. Das ist z. B. bei der Einkommensteuer, Körperschaftsteuer, Erbschaftsteuer und der Grundsteuer der Fall.

Bei einer **indirekten Steuer** muss die Person, die die Steuer abführen muss, die Steuer nicht selbst wirtschaftlich tragen. Sie kann sie auf eine andere Person abwälzen. Zu den indirekten Steuern gehören u. a. die Umsatzsteuer, alle Verbrauchsteuern, Versicherungsteuer, Kapitalverkehrsteuer und die Zölle.

AUFGABEN

1. Welche Einnahmequellen hat der Staat?
2. Welche der folgenden Abgaben sind Beiträge?
   a) Zahlung an die Sozialversicherung
   b) Zahlung für die Ausstellung eines Reisepasses
   c) Zahlung einer Kurtaxe
   d) Zölle
   e) Eintrittskarte für ein öffentliches Hallenbad
3. Nach dem Steuergegenstand unterscheidet man Besitzsteuern, Verkehrsteuern, Verbrauchsteuern und Zölle. Ordnen Sie diesen Gruppen folgende Steuern richtig zu: Einkommensteuer, Körperschaftsteuer, Kaffeesteuer, Hundesteuer, Grundsteuer, Tabaksteuer, Grunderwerbsteuer, Mineralölsteuer, Umsatzsteuer, Biersteuer, Erbschaftsteuer, Gewerbesteuer.
4. Wodurch unterscheiden sich direkte und indirekte Steuern?
5. Welche Steuer ist die wichtigste indirekte Steuer?

AKTION

Die folgende Übersicht zeigt die Veränderungen der Steuereinnahmen des 1. Halbjahrs 2009 gegenüber dem 1. Halbjahr 2008.

a) Stellen Sie die Veränderungen der Einnahmen der verschiedenen Steuerarten fest.
b) Diskutieren Sie in Gruppen die Auswirkungen dieser Veränderungen auf die Staatsausgaben.
c) Finden Sie mögliche Gründe für die Veränderungen der Steuereinnahmen heraus.
d) Diskutieren Sie mögliche Maßnahmen zur Verbesserung der Einnahmesituation des Bundes, der Länder und Gemeinden.

Steuereinnahmen (ohne reine Gemeindesteuern) – in Tsd. Euro – – Bundesgebiet insgesamt –

Steuerart	1. Halbjahr – nach Gebietskörperschaften –		Änderung ggü. Vorjahr in v. H.
	2009	2008	
Steuereinnahmen des Bundes			
Bundessteuern	38.446.160	38.214.471	0,6
+ Bundesanteil an den gemeinschaftlichen Steuern	89.992.239	95.410.361	– 5,7
Lohnsteuer (42,5 v. H.)	27.393.530	28.684.395	– 4,5
veranl. Einkommensteuer (42,5 v. H.)	5.147.412	5.978.092	– 13,9
nicht veranl. Steuern vom Ertrag (50v. H.)	4.653.435	5.330.889	– 12,7
Körperschaftsteuer (50v. H.)	2.370.282	4.773.909	– 50,3
Abgeltungsteuer (44 v. H.)	3.471.472	3.467.480	– 0,1
Steuern vom Umsatz (2009/2008: 53,9 v. H./54,7 v. H.)	46.637.137	46.783.729	– 0,3
Gewerbesteuerumlage (2009/2008: 13/32 bzw. 12/30)	318.972	391.866	– 18,6
– EU-MWSt-Eigenmittel	– 1.181.591	– 2.240.313	*.*
– EU-BNE-Eigenmittel	– 6.068.195	– 8.253.473	*.*
– Regionalisierungsmittel (ÖPNV)	– 3.387.563	– 3.337.500	*.*

Steuerart	1. Halbjahr		Änderung ggü. Vorjahr in v. H.
	2009	2008	
Steuereinnahmen des Bundes vor BEZ	117.801.051	119.793.546	– 1,7
– Bundesergänzungszuweisungen	– 6.906.440	– 7.258.658	**
Steuereinnahmen des Bundes nach BEZ	110.894.610	112.534.888	– 1,5
Steuereinnahmen der Länder			
Ländersteuern	10.536.602	11.790.297	– 10,6
+ Länderanteil an den gemeinschaftlichen Steuern	81.650.506	86.492.814	– 5,6
Lohnsteuer (42,5 v. H.)	27.393.530	28.684.395	– 4,5
veranl. Einkommensteuer (42,5 v. H.)	5.147.412	5.978.092	– 13,9
nicht veranl. Steuern vom Ertrag (50v. H.)	4.653.435	5.330.889	– 12,7
Körperschaftsteuer (50v. H.)	2.370.282	4.773.909	– 50,3
Abgeltungsteuer (44 v. H.)	3.471.472	3.467.480	0,1
Steuern vom Umsatz (2009/2008: 44,1 v. H./43,3 v. H.)	38.147.740	37.678.668	1,2
Gewerbesteuerumlage (2009/2008: 19/32 bzw. 18/30)	466.636	579.380	– 19,5
+ Regionalisierungsmittel (ÖPNV)	3.387.563	3.337.500	1,5
+ erhöhte Gewerbesteuerumlage	677.869	961.581	– 29,5
Steuereinnahmen der Länder vor BEZ	96.252.540	102.582.191	– 6,2
+ Bundesergänzungszuweisungen	6.906.440	7.258.658	– 4,9
Steuereinnahmen der Länder nach BEZ	103.158.980	109.840.849	– 6,1
EU-Eigenmittel			
Zölle	1.812.074	1.906.211	– 4,9
MWSt-Eigenmittel	1.181.591	2.240.313	– 47,3
BNE-Eigenmittel	6.068.195	8.253.473	– 26,5
EU-Eigenmittel insgesamt	9.061.860	12.399.997	– 26,9
Steuereinnahmen der Gemeinden			
Gemeindeanteil LSt/ESt/AbgSt	12.431.803	13.179.496	– 5,7
Gemeindeanteil StvU	1.726.722	1.720.707	0,3
Gemeindeanteil LSt/ESt/AbgSt/StvU	14.158.525	14.900.202	– 5,0
nachr.: Gemeindesteuern Stadtstaaten	2.103.740	2.395.766	– 12,2
Gewerbesteuer (100 v. H.)	1.521.441	1.811.221	– 16,0
Grundsteuer	555.022	562.920	– 1,4
sonstige Gemeindesteuern	27.276	21.624	26,1

Quelle: www.bundesfinanzministerium.de, Zugriff am 18. Januar 2011

ZUSAMMENFASSUNG

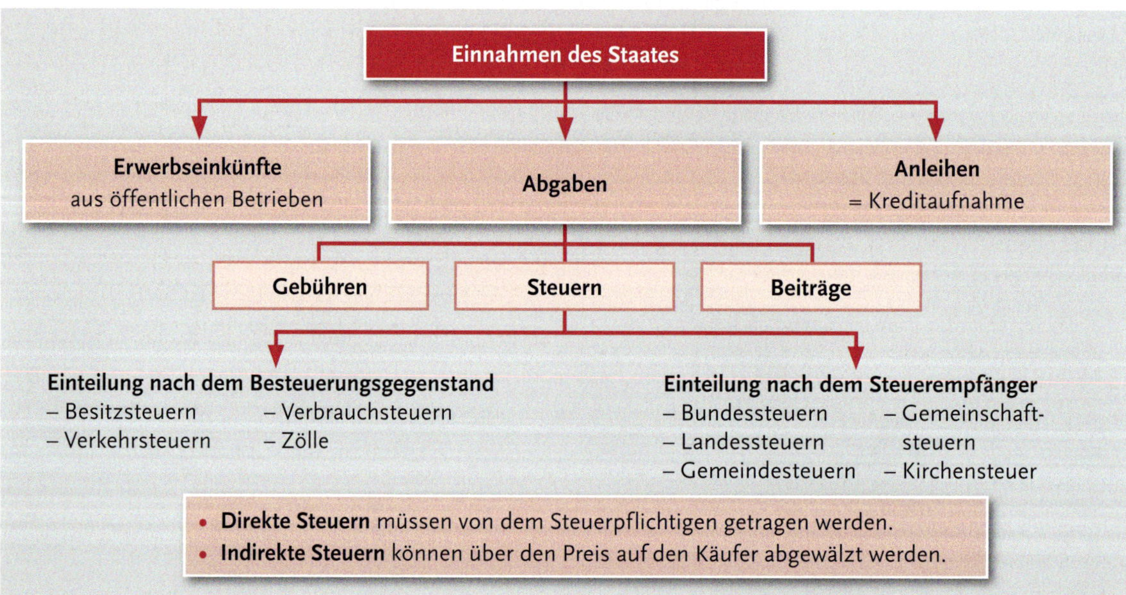

11.2 Wir stellen einen Antrag auf Einkommensteuerveranlagung

Einstieg

Michaela Diedrichs ist bei der Hoffmann KG als Sachbearbeiterin im Rechnungswesen beschäftigt. Sie hat im letzten Jahr insgesamt 23.000,00 € Gehalt bezogen. Von ihrem Bruttogehalt hat ihr Arbeitgeber im letzten Jahr 4.139,00 € Lohnsteuer, 227,65 € Solidaritätszuschlag, 207,00 € Kirchensteuer und Sozialversicherungsbeiträge von 5.060,00 € einbehalten. Der Arbeitgeberanteil zur Rentenversicherung beträgt 2.242,50 €.

Frau Diedrichs ist im letzten Jahr an 208 Tagen mit öffentlichen Verkehrsmitteln zu ihrem Arbeitsplatz gefahren, der 28 km von ihrer Wohnung entfernt liegt. Sie hat im letzten Jahr Gewerkschaftsbeiträge von 230,00 € gezahlt.

Außerdem zahlte sie Beiträge zur:

- privaten Unfallversicherung 48,00 €
- Lebensversicherung 220,00 €
- Hausratversicherung 118,00 €

Prüfen Sie, welche Aufwendungen Frau Diedrichs in ihrem Antrag auf Einkommensteuerveranlagung
a) als Werbungskosten,
b) als Sonderausgaben angeben kann.

INFORMATIONEN

Versteuerung des Einkommens

Die Einkommen natürlicher Personen unterliegen der Einkommensteuer.

Die Lohnsteuer ist keine eigenständige Steuer. Sie stellt nur eine besondere Erhebungsform der Einkommensteuer bei Einkünften aus nicht selbstständiger Arbeit dar.

Die Einkommensteuer ist eine Personensteuer, bei deren Ermittlung die persönlichen Verhältnisse des Steuerpflichtigen (z. B. Familienstand, Anzahl der Kinder, Alter) und besondere Umstände, die seine wirtschaftliche Leistungsfähigkeit beeinträchtigen (z. B. Unterstützung mittelloser Angehöriger), berücksichtigt werden. Besteuert wird das Einkommen eines Kalenderjahrs.

Juristische Personen (z. B. Aktiengesellschaften, Gesellschaften mit beschränkter Haftung, Genossenschaften) sind nicht einkommensteuerpflichtig. Ihr Einkommen unterliegt der Körperschaftsteuer.

Einkommensteuerpflichtige Einkunftsarten

Das steuerpflichtige Einkommen ergibt sich aus folgenden sieben im § 2 des Einkommensteuergesetzes aufgeführten Einkunftsarten:

1. Einkünfte aus Land- und Forstwirtschaft (z. B. aus landwirtschaftlichen Betrieben, Gartenbaubetrieben, Weinbaubetrieben, forstwirtschaftlichen Betrieben)
2. Einkünfte aus Gewerbebetrieben (z. B. aus Handelsbetrieben, Handwerksbetrieben, Industriebetrieben)
3. Einkünfte aus selbstständiger Arbeit (= Einkünfte von Selbstständigen, die keinen Gewerbebetrieb oder land- und forstwirtschaftlichen Betrieb haben, z. B. Ärzte, Rechtsanwälte, Architekten, Steuerberater)
4. Einkünfte aus nicht selbstständiger Arbeit (Löhne und Gehälter)
5. Einkünfte aus Kapitalvermögen (z. B. Gewinnanteile aus Aktien, Zinsen aus Sparguthaben)
6. Einkünfte aus Vermietungen und Verpachtungen
7. sonstige Einkünfte (z. B. Spekulationsgewinne, Einkünfte aus Unterhaltsleistungen, Renten, Einkünfte aus Vermietung beweglicher Gegenstände)

BEISPIEL

Frau Diedrichs muss Einkünfte aus nicht selbstständiger Arbeit versteuern.

Ermittlung der Einkünfte

Ermittlung der Gewinneinkünfte

Die ersten drei Einkunftsarten (aus Land- und Forstwirtschaft, Gewerbebetrieben, selbstständiger Arbeit) werden Gewinneinkünfte genannt, weil bei ihnen der Gewinn als Einkunft angesetzt wird. Der Gewinn wird durch Abzug der Betriebsausgaben von den Betriebseinnahmen ermittelt.

BEISPIEL

Der selbstständige Buchhändler Franke hatte Betriebs einnahmen von 500.000,00 €. Diese Betriebseinnahmen wurden durch den Verkauf von Waren an Endverbraucher erzielt. Im gleichen Zeitraum betrugen die Betriebsausgaben 420.000,00 €. In diesen Betriebsausgaben sind z. B. Miete für Geschäftsräume, Gehälter für das Verkaufspersonal, der Wareneinsatz und die Abschreibungen auf Anlagen enthalten. Durch Abzug der Betriebsausgaben von den Betriebseinnahmen ergibt sich ein Gewinn von 80.000,00 €. Diese 80.000,00 € muss Herr Franke als Einkünfte aus einem Gewerbebetrieb versteuern.

Ermittlung der Überschusseinkünfte

Die Einkünfte der Einkunftsarten 4 bis 7 (Einkünfte aus nicht selbstständiger Arbeit, aus Kapitalvermögen, aus Vermietungen und Verpachtungen, sonstige Einkünfte) sind die Überschüsse der Einnahmen aus den jeweiligen Einkunftsarten über die abzugsfähigen Werbungskosten. Sie werden deshalb Überschusseinkünfte genannt.

DEFINITION

Werbungskosten sind Ausgaben, die zu Erwerb, Sicherung und Erhalt der Einnahmen notwendig sind. Sie müssen immer bei der Einkunftsart abgezogen werden, für die sie aufgewendet wurden.

Die Werbungskosten sind bei den Überschusseinkünften das, was die Betriebsausgaben bei den Gewinneinkünften sind.

Werbungskosten bei Einkünften aus nicht selbstständiger Arbeit

Hierzu gehören vor allem:

- Aufwendungen für Fahrten zwischen Wohnung und Arbeitsstätte
- Beiträge zu Berufsverbänden, z. B. Gewerkschaftsbeiträge
- Aufwendungen für Arbeitsmittel, z. B. Berufsbekleidung, Werkzeuge, Fachbücher
- Mehraufwendungen für Verpflegung bei über achtstündiger berufsbedingter Abwesenheit von der Wohnung
- Mehraufwendungen für eine beruflich bedingte doppelte Haushaltsführung
- weitere Werbungskosten, z. B. Fortbildungskosten, Reisekosten, beruflich bedingte Umzugskosten

Pauschbeträge für Werbungskosten

Grundsätzlich müssen alle Werbungskosten, die der Steuerpflichtige absetzen will, einzeln nachgewiesen werden. Aus Gründen der Vereinfachung des Besteuerungsverfahrens wird jedoch bis zu einem bestimmten Gesamtbetrag auf den Einzelnachweis verzichtet.

Bei der Ermittlung der Einkünfte aus nicht selbstständiger Arbeit wird vom Lohn oder Gehalt ein Arbeitnehmerpauschbetrag von 1.000,00 € abgezogen, wenn nicht höhere Werbungskosten nachgewiesen werden (Stand 2011).

Die Einkünfte aus Kapitalvermögen werden direkt an der Quelle (z. B. der Bank, bei der der Steuerpflichtige Geld angelegt hat) mit 25 % versteuert. Der Anleger bekommt nur 75 % seiner Erträge ausgezahlt. Auch hier wird auf Antrag ein Pauschbetrag für Werbungskosten abgezogen. Dieser Sparerpauschbetrag beträgt zurzeit 801,00 €. Der Abzug der tatsächlichen Werbungskosten ist ausgeschlossen. Ehegatten, die zusammen veranlagt werden, wird ein gemeinsamer Sparerpauschbetrag von 1.602,00 € gewährt.

Ermittlung des zu versteuernden Einkommens

Bemessungsgrundlage für die Einkommensteuer ist das zu versteuernde Einkommen, das der Steuerpflichtige innerhalb eines Kalenderjahrs bezogen hat. Es wird nach folgendem Schema ermittelt:

  Gewinneinkünfte (Einkunftsarten 1–3)
\+ Überschusseinkünfte (Einkunftsarten 4–7)
= Summe der Einkünfte
– Altersentlastungsbetrag
= Gesamtbetrag der Einkünfte
– Sonderausgaben
– außergewöhnliche Belastungen
= Einkommen
– Kinderfreibetrag
– Entlastungsbetrag für Alleinerziehende
= zu versteuerndes Einkommen

Altersentlastungsbeitrag

Der Altersentlastungsbetrag wird einem Steuerpflichtigen gewährt, der vor dem Beginn des Kalenderjahrs, in dem er sein Einkommen bezogen hat, das 64. Lebensjahr vollendet hatte.

Sonderausgaben

Sonderausgaben sind Aufwendungen der Lebensführung, die aus sozialen, wirtschaftlichen und steuerpolitischen Gründen steuerlich begünstigt werden.

Die größte und wichtigste Gruppe innerhalb der Sonderausgaben bilden die **Vorsorgeaufwendungen.** Das sind:

- Beiträge zur gesetzlichen Renten- und Arbeitslosenversicherung
- Beiträge zu Kranken-, Unfall-, Lebens- und Haftpflichtversicherungen

Beiträge zu Sachversicherungen (z. B. Hausrat- und Kaskoversicherungen) sind keine Vorsorgeaufwendungen und damit auch nicht als Sonderausgaben abzugsfähig.

Die Vorsorgeaufwendungen sind nur beschränkt bis zu einem bestimmten Höchstbetrag abziehbar. Steuerpflichtigen mit Einkünften aus nicht selbstständiger Arbeit (Arbeitnehmer) wird eine Vorsorgepauschale abgezogen, sofern sie keine höheren Vorsorgeaufwendungen nachweisen können. Die Vorsorgepauschale ist kein Festbetrag. Sie ist nach der Höhe des Arbeitslohns gestaffelt.

Die **übrigen Sonderausgaben** sind:

- Unterhaltszahlungen an den geschiedenen oder dauernd getrennt lebenden Ehegatten
- Renten und dauernde Lasten, zu deren Zahlung sich der Steuerpflichtige verpflichtet hat
- Berufsausbildungskosten
- die gezahlte Kirchensteuer
- Spenden und Beiträge für wissenschaftliche, mildtätige und kulturelle Zwecke
- Spenden und Beiträge für kirchliche, religiöse und gemeinnützige Zwecke
- Spenden und Mitgliedsbeiträge an politische Parteien

Außergewöhnliche Belastungen

Eine außergewöhnliche Belastung ist gegeben, wenn ein Steuerpflichtiger zwangsläufig größere Aufwendungen bestreiten muss als die überwiegende Mehrzahl der Steuerpflichtigen gleicher Einkommens- und Vermögensverhältnisse. Wenn diese Aufwendungen eine zumutbare Eigenbelastung übersteigen, wird der übersteigende Betrag auf Antrag vom Gesamtbetrag der Einkünfte abgezogen.

BEISPIELE

- Krankheitskosten (z. B. Zahnersatz, Brillen), soweit sie nicht von dritter Seite (z. B. einer Krankenkasse) ersetzt werden
- Kurkosten
- Unterstützung bedürftiger Angehöriger (z. B. Eltern, Geschwister, Kinder)
- Anwalts- und Gerichtskosten bei Ehescheidungen
- Kinderbetreuungskosten (z. B. Aufwendungen für die Unterbringung von Kindern unter 16 Jahren alleinstehender Arbeitnehmer in Kindergärten und Kinderhorten)
- besondere Aufwendungen von Körperbehinderten
- Aufwendungen, die einem Steuerpflichtigen durch die persönliche häusliche Pflege eines Angehörigen entstehen

Kinderfreibetrag

Eltern erhalten für Kinder unter 18 Jahren einen Kinderfreibetrag von 4.368,00 € je Kind (Stand 2011).

Dieser Freibetrag steht ihnen auch für Kinder zwischen 18 und 25 Jahren zu, wenn diese sich in der Berufsausbildung befinden. Ein an die Eltern ausgezahltes Kindergeld wird mit dem Kinderfreibetrag verrechnet.

Entlastungsbetrag für Alleinerziehende

Alleinerziehende erhalten für ihre Kinder, mit denen sie allein in einem Haushalt leben, einen jährlichen Entlastungsbetrag von 1.308,00 €.

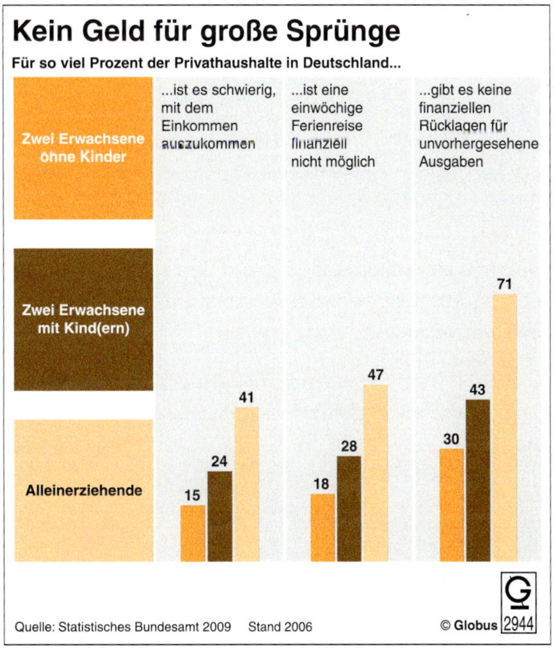

Einkommensteuertarif

Die Einkommensteuer wird von dem zu versteuernden Einkommen des Steuerpflichtigen berechnet. Maßgebend für die Höhe der Einkommensteuer ist der Einkommensteuertarif. Er umfasst drei verschiedene Tarifzonen (Stand 1. Januar 2011):

- **Grundfreibetrag**
  Jeder Steuerpflichtige bekommt einen Grundfreibetrag von 8.004,00 €, für den er keine Steuern bezahlen muss.
- **Progressionszone**
  Das den Grundfreibetrag übersteigende Einkommen unterliegt bis 52.882,00 € einem mit der Höhe des Einkommens steigenden Steuersatz von 14 % bis 42 %.
- **obere Proportionalzone**
  Der die Höchstgrenze der Progressionszone übersteigende Teil des Einkommens wird gleichbleibend mit einem Spitzensteuersatz von 42 % belastet.

Für privat zu versteuernde Einkommen über 250.730,00 € wird ein Zuschlag von drei Prozentpunkten auf den Einkommensteuerspitzensatz erhoben.

Für gemeinsam veranlagte Ehepartner verdoppeln sich die vorstehend aufgeführten Euro-Beträge (= Splittingtarif).

Einkommensteuererklärung

Die Einkommensteuer wird im Veranlagungsverfahren erhoben. Der Einkommensteuerpflichtige muss beim Finanzamt eine jährliche Einkommensteuererklärung für den vergangenen Veranlagungszeitraum (in der Regel das letzte Kalenderjahr) abgeben. Diese Erklärung muss auf einem amtlich vorgeschriebenen Vordruck bis zum 31. Mai des dem Veranlagungszeitraum folgenden Jahres abgegeben werden. Die Steuerschuld wird vom Finanzamt aufgrund dieser Steuererklärung ermittelt und dem Steuerpflichtigen in einem schriftlichen Steuerbescheid mitgeteilt.

Er erhält eine Abrechnung, in der bereits geleistete Vorauszahlungen (vierteljährliche Einkommensteuervorauszahlungen, bezahlte Lohnsteuer) von der ermittelten Steuerschuld abgezogen werden. Übersteigt die Steuerschuld die Vorauszahlungen, so muss der Steuerpflichtige die verbleibende Steuerschuld innerhalb eines Monats nach Erhalt des Steuerbescheids an das Finanzamt nachzahlen. Mit dem Steuerbescheid wird dem Steuerpflichtigen außerdem die Höhe der zukünftigen vierteljährlichen Einkommensteuervorauszahlung mitgeteilt.

Ehegatten können sich getrennt oder gemeinsam zur Einkommensteuer veranlagen lassen. Bei der gemeinsamen Veranlagung werden die Einkünfte der Ehegatten zusammengerechnet und gemeinsam besteuert.

Lohnsteuerabzugsverfahren

Bei Einkünften aus nicht selbstständiger Arbeit wird die Einkommensteuer in Form der Lohnsteuer im Abzugsverfahren erhoben. Der Arbeitgeber muss die Einkommensteuerschuld seiner Arbeitnehmer errechnen, den Betrag von deren Lohn oder Gehalt abziehen und in der Regel bis zum 10. des Folgemonats an das Finanzamt abführen. Er haftet für die Lohnsteuer, die er einzubehalten und abzuführen hat.

Der Arbeitgeber ermittelt die Lohnsteuer auf der Grundlage der von der Finanzverwaltung zur Verfügung gestellten Merkmale des Arbeitnehmers (Anschrift, Familienstand, Geburtsdatum, Steuerklasse, Religionszugehörigkeit, Zahl der Kinder und Zahl der Kinderfreibeträge des Arbeitnehmers).

Lohnsteuertabelle

Die einzubehaltende Lohnsteuer kann der Arbeitgeber mithilfe einer Lohnsteuertabelle feststellen. Diese Tabellen gibt es als Tages-, Wochen-, Monats- und Jahrestabelle. Den Steuerbeträgen in der Lohnsteuertabelle liegt der Einkommensteuertarif zugrunde. In die Tabelle sind eingearbeitet:

- Arbeitnehmerpauschbetrag von 1.000,00 €
- allgemeine Vorsorgepauschale
- Kinderfreibeträge
- Entlastungsbetrag für Alleinerziehende

Steuerklassen

Die Lohnsteuertabelle reiht die Arbeitnehmer in sechs Steuerklassen ein.

Steuer-klasse	Personenkreis
I	• ledige und geschiedene Arbeitnehmer • verheiratete Arbeitnehmer, die von ihrem Ehegatten dauernd getrennt leben oder deren Ehegatte im Ausland lebt • verwitwete Arbeitnehmer, wenn der Ehegatte vor dem vorangegangenen Kalenderjahr gestorben ist Steuerklasse I gilt nicht für Arbeitnehmer, die einen Entlastungbetrag für Alleinerziehende erhalten.
II	• ledige und geschiedene Arbeitnehmer • verheiratete Arbeitnehmer, die von ihrem Ehegatten dauernd getrennt leben oder deren Ehegatte im Ausland lebt • verwitwete Arbeitnehmer, wenn der Ehegatte vor dem vorangegangenen Kalenderjahr gestorben ist, die einen Entlastungsbetrag für Alleinerziehende erhalten
III	verheiratete Arbeitnehmer, wenn der Ehegatte • keinen Arbeitslohn bezieht oder • auf Antrag beider Ehegatten in die Steuerklasse V eingereiht wird verwitwete Arbeitnehmer, wenn der Ehegatte im vorangegangenen Kalenderjahr gestorben ist
IV	verheiratete Arbeitnehmer, wenn beide Ehegatten Arbeitslohn beziehen
V	verheiratete Arbeitnehmer, wenn der Ehegatte ebenfalls Arbeitslohn bezieht und auf Antrag beider Ehegatten in die Steuerklasse III eingereiht wird
VI	Arbeitnehmer, die aus mehreren Arbeitsverhältnissen gleichzeitig von verschiedenen Arbeitgebern Arbeitslohn beziehen.

Ehegatten, die beide Arbeitslohn beziehen, können zwischen der Steuerklassenkombination IV/IV und III/V wählen. Sie sollten die Kombination III/V nur dann wählen, wenn der Arbeitslohn des einen Ehegatten wesentlich höher ist als der des anderen. Der Ehegatte mit dem höheren Einkommen sollte sich dann in die günstigere Steuerklasse III, der mit dem niedrigeren Einkommen in die Steuerklasse V einstufen lassen.

Antrag auf Einkommensteuerveranlagung

Häufig übersteigt die von einem steuerpflichtigen Arbeitnehmer im Laufe des Kalenderjahrs einbehaltene Lohnsteuer die auf den gesamten Jahresarbeitslohn entfallende Steuer. Die zu viel gezahlte Lohnsteuer wird vom Finanzamt erstattet, wenn der steuerpflichtige Arbeitnehmer einen Antrag auf Einkommensteuerveranlagung stellt.

Der Antrag auf Einkommensteuerveranlagung ist freiwillig. Er kann nur von Arbeitnehmern gestellt werden, für die keine Einkommensteuererklärungspflicht besteht. Ein Antrag auf Einkommensteuerveranlagung lohnt sich für den steuerpflichtigen Arbeitnehmer insbesondere, wenn

- ihm Werbungskosten, Sonderausgaben oder außergewöhnliche Belastungen entstanden sind, für die kein Freibetrag auf seiner Lohnsteuerkarte eingetragen war,
- sein Gehalt im Laufe des Jahres gestiegen ist,
- Nach- oder Sonderzahlungen (z. B. Weihnachtsgeld, Gehaltsnachzahlungen) zu überproportionalen Steuerabzügen geführt haben,
- er nicht das ganze Jahr in einem Arbeitsverhältnis beschäftigt war (z. B. wegen Arbeitslosigkeit),
- auch sein Ehegatte Arbeitslohn bezogen hat,
- sich seine persönlichen Verhältnisse im Laufe des Jahres geändert haben (z. B. Heirat, Geburt eines Kindes).

Einkommensteuererklärungspflicht von Arbeitnehmern

Arbeitnehmer sind nur unter besonderen Voraussetzungen zur Abgabe einer Einkommensteuererklärung verpflichtet, z. B. wenn

- sie noch andere Einkünfte, die nicht Lohneinkünfte sind, von mehr als 410,00 € bezogen haben,

- auf ihrer Lohnsteuerkarte ein Freibetrag eingetragen ist,
- sie nebeneinander von mehreren Arbeitgebern Arbeitslohn bezogen haben.

Arbeitnehmer, die erklärungspflichtig sind, müssen eine Einkommensteuererklärung abgeben. Die im Laufe des Jahres einbehaltene Lohnsteuer rechnet das Finanzamt auf ihre Einkommensteuerschuld an.

AUFGABEN

1. Unterscheiden Sie Einkommen-, Lohn- und Körperschaftsteuer.

2. Der selbstständige Großhändler Franz Kraus hatte im letzten Jahr folgende Einkünfte:
   - Gewinn aus seinem Großhandelsbetrieb
   - Einnahmen aus der Vermietung von Wohnungen in seinem Dreifamilienhaus
   - Dividende aus seinem Aktienbesitz
   - Spekulationsgewinn aus einem Wertpapiergeschäft
   - Zinsen aus seinem Sparguthaben

   Zu welchen Einkunftsarten zählen die einzelnen Einkünfte?

3. Gabriele Sander arbeitet als Sekretärin der Geschäftsleitung der Hoffmann KG. Welche der folgenden Aufwendungen kann sie als Werbungskosten von der Steuer absetzen?
   - Gewerkschaftsbeitrag
   - Versicherungsbeiträge
   - Fahrtkosten vom Wohnort zum Arbeitsplatz
   - Sozialversicherungsbeiträge

4. Welche der folgenden Aufwendungen kann Frau Sander als Sonderausgaben absetzen?
   - Lebensversicherungsbeiträge
   - Hausratversicherungsbeitrag
   - Haftpflichtversicherungsbeitrag
   - Schuldzinsen für einen Anschaffungskredit
   - Sozialversicherungsbeiträge

5. Welche der folgenden Ausgaben kann Frau Sander als außergewöhnliche Belastungen absetzen?
   - Kosten für eine neue Brille (Eigenleistung)
   - Miete für eine Zweitwohnung
   - monatliche Unterstützungszahlung an ihre mittellose Mutter
   - Beitrag zu einer privaten Unfallversicherung

6. Ein lediger Angestellter hatte ein zu versteuerndes Jahreseinkommen von 36.000,00 €. Wie viel Euro seines Einkommens
   a) sind steuerfrei?
   b) werden progressiv versteuert?

7. Welche Angestellten müssen eine Einkommensteuererklärung abgeben?

AKTION

Nadine Voges möchte an das Finanzamt einen Antrag auf Einkommensteuerveranlagung stellen. Sie hat im Jahr 2010 ein Bruttogehalt von 36.000,00 € bezogen. Von ihrem Bruttogehalt hat ihr Arbeitgeber 2010 5.761,92 € Lohnsteuer, 316,80 € Solidaritätszuschlag, 460,92 € Kirchensteuer und Sozialversicherungsbeiträge von 7.371,00 € einbehalten. Der Arbeitgeberanteil zur Rentenversicherung beträgt 3.582,00 €. Frau Voges ist 2010 an 208 Tagen mit dem eigenen Pkw zu ihrer Arbeitsstelle gefahren, die 25 km von ihrer Wohnung entfernt liegt. Sie hat Gewerkschaftsbeiträge von 225,00 € gezahlt. Außerdem bezahlte sie folgende Beiträge:

- private Unfallversicherung 52,00 €
- Hausratversicherung 105,00 €
- Lebensversicherung 140,00 €
- Haftpflichtversicherung 123,00 €

a) Besorgen Sie ein Antragsformular für die Einkommensteuerveranlagung.
b) Füllen Sie diesen Antrag für Frau Voges aus. Antragsformulare und Informationen zur Einkommensteuerveranlagung finden Sie im Internet unter der Adresse www.steuerliches-info-center.de unter dem Menüpunkt *Finanzverwaltung der Länder.*

3560 376

ZUSAMMENFASSUNG

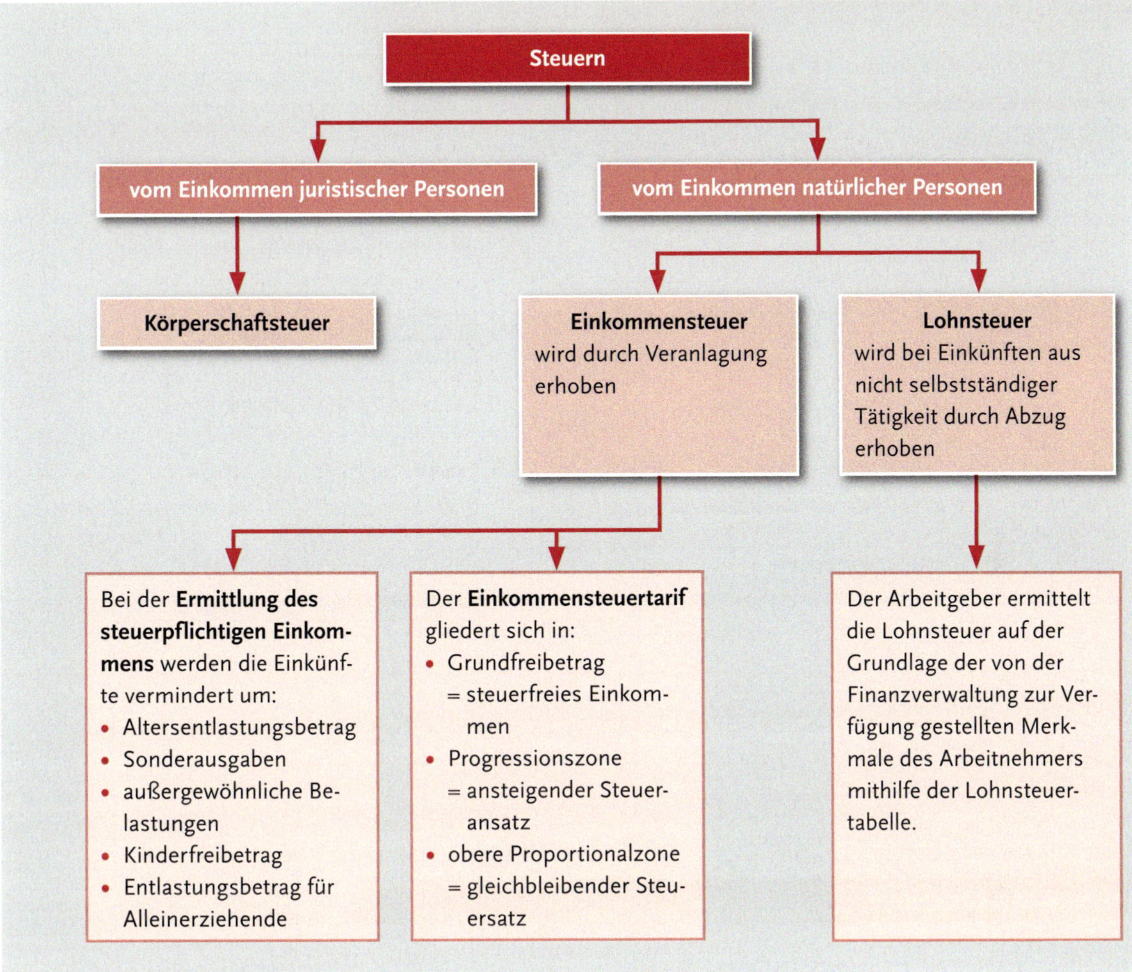

11.3 Wir berücksichtigen umsatzsteuerliche Bestimmungen

Einstieg

Das Fahrradfachgeschäft Turbo & Fly, Mitteldorfstraße 42, 37083 Göttingen hat bei der Hoffmann KG 50 Cityräder (Bestell-Nr. 4234) bestellt. Die Hoffmann KG liefert die Ware unter Beifügung der folgenden Rechnung:

Hoffmann KG | Goseriede 41 | 30159 Hannover

Turbo & Fly
Mitteldorfstraße 42
37083 Göttingen

Hoffmann KG | Goseriede 41 | 30159 Hannover
Telefon | 0551 4155-0
Telefax | 0551 4155-10
Internet | www.hoffmann-kg-wvd.de
E-Mail | info@hoffmann-kg-wvd.de

Kunden-Nr.:	10 109
Lieferdatum:	10.06.20..
Bestelldatum:	03.06.20..
Sachbearbeiter/-in:	Frau Staudt

Rechnung

Rechnungs-Nr.:	1020/06
Rechnungsdatum:	10.06.20..

Pos.	Einheit	Artikel	Menge	Preis je Einheit/€	Betrag/€
1	St.	Herrenfahrrad Modell „City“ Artikelnummer 4234	50	298,00	14.900,00
			19 % USt		2.831,00
			Rechnungsbetrag		**17.731,00**

Zahlungsbedingungen:
Innerhalb von 10 Tagen abzüglich 3 % Skonto,
innerhalb von 30 Tagen netto Kasse

Welche wirtschaftlichen Auswirkungen hat die Mehrwertsteuer (= Umsatzsteuer)
a) für die Hoffmann KG und
b) für das Fahrradgeschäft Turbo & Fly?

INFORMATIONEN

Die Umsatzsteuer ist eine der wichtigsten Einnahmequellen des Staates. 2008 betrugen die Einnahmen des Staates aus der Umsatzsteuer (inklusive Einfuhrumsatzsteuer) insgesamt 176 Milliarden Euro.

Schuldner und Träger der Umsatzsteuer

Die Umsatzsteuer ist eine indirekte Steuer, weil Steuerschuldner und wirtschaftlicher Träger der Steuer verschiedene Personen sind. Steuerschuldner ist der Unternehmer. Er ist verpflichtet, die Umsatzsteuer an das Finanzamt zu zahlen. Er trägt sie aber nicht selbst, sondern wälzt sie über den Verkaufspreis auf seine Kunden ab.

BEISPIEL

Die Hoffmann KG muss die Umsatzsteuer an das Finanzamt abführen. Das Fahrradgeschäft Turbo & Fly muss die Umsatzsteuer zwar an die Hoffmann KG bezahlen. Sie kann die bezahlte Umsatzsteuer jedoch wiederum über den Verkaufspreis auf ihre Kunden abwälzen. Damit müssen letztlich diese Kunden als Endverbraucher die Umsatzsteuer bezahlen. Sie sind damit der wirtschaftliche Träger der Umsatzsteuer.

Für Unternehmer ist die Umsatzsteuer also kein Kostenfaktor, sondern nur ein **durchlaufender Posten.** Wirtschaftliche Träger der Umsatzsteuer sind immer die Endverbraucher.

Steuerbare und steuerfreie Umsätze

Die Umsatzsteuer ist eine Verkehrsteuer, weil sie wirtschaftliche Vorgänge (Umsätze) erfasst. Der Umsatzsteuer unterliegen unter anderem:

- Lieferungen und sonstige Leistungen, die ein Unternehmer im Inland gegen Entgelt im Rahmen seines Unternehmens ausführt
- der Eigenverbrauch eines Unternehmers für private Zwecke
- die Einfuhr von ausländischen Gütern in das Inland (Einfuhrumsatzsteuer)

Von der Umsatzsteuer sind z. B. befreit:

- Ausfuhrlieferungen
- Umsätze im Geld- und Kapitalverkehr, z. B. Gewährung von Krediten
- Versicherungsumsätze
- Einnahmen aus Vermietungen und Verpachtungen

Berechnung der Umsatzsteuer

Für die Berechnung der Umsatzsteuer benötigt der Unternehmer die Bemessungsgrundlage und den Steuersatz.

Die Bemessungsgrundlage bei Warenumsätzen ist der Nettowarenwert (= Nettoverkaufspreis). Der allgemeine Steuersatz beträgt zurzeit 19 % der Bemessungsgrundlage. Bestimmte Umsätze unterliegen einem ermäßigten Steuersatz von 7 %. Dazu gehören z. B.:

- alle Lebensmittel mit Ausnahme von Kaviar, Langusten, Hummer, Austern, Schnecken sowie Zubereitungen aus diesen Waren
- Wasser, Milch und Milchmischgetränke mit einem Milchanteil von mindestens 75 %
- Kaffee und Tee
- Bücher, Zeitschriften und Noten
- die Personenbeförderung in Taxis

Ermittlung der Zahllast

Der Unternehmer muss die Umsatzsteuer, die er seinen Kunden in Rechnung gestellt hat, nicht vollständig an das Finanzamt abführen. Er darf die Umsatzsteuer, die er an seine Vorlieferer gezahlt hat, als Vorsteuer abziehen. Nur den Differenzbetrag zwischen der den Kunden in Rechnung gestellten Umsatzsteuer und der an die Vorlieferer gezahlten Vorsteuer muss er abführen (Zahllast).

  Umsatzsteuer
– Vorsteuer
= Zahllast

Durch den Vorsteuerabzug wird erreicht, dass der Unternehmer nur die Umsatzsteuer an das Finanzamt abführt, die auf den von ihm erzielten **Mehrwert** entfällt. Deshalb wird die Umsatzsteuer auch **Mehrwertsteuer** genannt.

Voranmeldung und Vorauszahlung

Der Unternehmer muss innerhalb von zehn Tagen nach Ablauf eines Kalendermonats (= Voranmeldezeitraum) beim Finanzamt eine Umsatzsteuervoranmeldung einreichen, wenn die Umsatzsteuerschuld für das vorangegangene Kalenderjahr mehr als 12.000,00 € betrug. Sonst beträgt der Voranmeldezeitraum drei Monate.

Die für den Voranmeldezeitraum von ihm errechnete Zahllast muss er gleichzeitig als Umsatzsteuervorauszahlung leisten.

Rechnungsausstellung

In Rechnungen, die ein Unternehmer für umsatzsteuerpflichtige Leistungen an Privatpersonen ausstellt, muss die Umsatzsteuer nicht gesondert ausgewiesen werden. Für umsatzsteuerpflichtige Leistungen an andere Unternehmer muss ein Unternehmer auf Wunsch Rechnungen ausstellen, die die Umsatzsteuer gesondert ausweisen.

Umsatzsteuererklärung

Nach Ablauf eines Kalenderjahrs muss der Unternehmer eine Umsatzsteuererklärung abgeben. Wenn die in der Steuererklärung errechnete Steuerschuld die Summe der geleisteten Umsatzsteuervorauszahlungen übersteigt, muss er eine Umsatzsteuernachzahlung (= Abschlusszahlung) an das Finanzamt leisten. Übersteigt die Summe der Umsatzsteuervorauszahlungen die Steuerschuld, so wird der Unterschiedsbetrag (= Erstattungsanspruch) an ihn zurückgezahlt.

AUFGABEN

1. Für welche der folgenden Vorgänge muss Umsatzsteuer gezahlt werden?
   a) Ein Textileinzelhändler verkauft an einen Kunden einen Anzug.
   b) Ein Rechtsanwalt gibt bei der Post ein Paket auf.
   c) Der Inhaber eines Fahrzeugbaubetriebs vermietet eine Wohnung in seinem Geschäftshaus.
   d) Der Bürokaufmann Klaus Reimann kauft einen gebrauchten Pkw von einem Kollegen.
   e) Ein Weingroßhändler nimmt aus seinem Geschäft eine Kiste Wein für eine Familienfeier mit.

2. Wie hoch ist in folgenden Fällen die Umsatzsteuer?
   a) 1/2 kg Kaffee: Nettopreis 4,00 €
   b) 1 DVD-Rekorder: Nettopreis 500,00 €
   c) 1 Brot: Nettopreis 1,50 €

3. Der Großhändler Bayer liefert an Franz Göbel, Inhaber eines Rundfunk- und Fernsehfachgeschäfts, ein Fernsehgerät zum Nettoverkaufspreis von 1.000,00 € + 19 % Umsatzsteuer. Der Einzelhändler Göbel verkauft das Fernsehgerät an einen Kunden zum Nettoverkaufspreis von 1.400,00 € + 19 % Umsatzsteuer. Ermitteln Sie die Zahllast, die Franz Göbel an das Finanzamt abführen muss.

4. Warum ist die Umsatzsteuer für Unternehmer ein durchlaufender Posten?

5. Bis zu welchem Termin muss ein Unternehmer die Zahllast für den Monat Mai an das Finanzamt abgeführt haben?

6. In welchen Fällen ist ein Unternehmer nicht verpflichtet, die Umsatzsteuer in einer Rechnung gesondert aufzuführen?

7. Warum zählt die Umsatzsteuer zu den indirekten Steuern?

AKTIONEN

1. Dominik Schlote verkauft an den Fahrradhändler Ralf Fördert, Bertha-von-Suttner-Str. 11, 34567 Schönstadt zehn Herrenfahrräder Modell „Rocky" zum Preis von 232,00 € pro Stück. Herr Fördert bittet darum, ihm die Fahrräder mit einer Rechnung zuzustellen. Versetzen Sie sich in die Rolle von Dominik Schlote und erstellen Sie die Rechnung.

2. Informieren Sie sich, welche Artikel des Sortiments Ihres Ausbildungsbetriebs dem allgemeinen Umsatzsteuersatz und welche dem ermäßigten Umsatzsteuersatz unterliegen. Tragen Sie die Ergebnisse in Ihrer Klasse vor.

ZUSAMMENFASSUNG

Umsatzsteuer

Umsatzsteuerpflichtig sind	alle Lieferungen und sonstigen Leistungen eines Unternehmens im Inland gegen Entgelt, Eigenverbrauch der Unternehmer und Wareneinfuhren, die nicht steuerbefreit sind.
Schuldner der Umsatzsteuer sind	Unternehmer
Träger der Umsatzsteuer sind	Endverbraucher
Steuersätze	allgemeiner Steuersatz: 19 %, ermäßigter Steuersatz: 7 %
Umsatzsteuervoranmeldung und -erklärung	• Umsatzsteuervoranmeldung und Umsatzsteuervorauszahlung grundsätzlich bis zum 10. des Folgemonats • Umsatzsteuererklärung nach Ablauf des Kalenderjahrs, bis zum 31. Mai des Folgejahrs
wirtschaftliche Bedeutung für den Unternehmer	Die Umsatzsteuer ist wettbewerbsneutral, weil sie ein durchlaufender Posten ist.

11.4 Wir versichern uns gegen Risiken

Einstieg

Herr Hoffmann beschäftigt am Standort Hannover der Hoffmann KG 38 Angestellte, acht Arbeiter und einen Auslieferungsfahrer. Die Produktions-, Büro- und Lagerräume befinden sich im eigenen Geschäftshaus. Die Waren an seine Kunden liefert er in der Region Hannover mit einem eigenen Lieferwagen aus.

Herr Hoffmann achtet darauf, dass er gegen folgende Schäden ausreichend versichert ist:

- Schäden, die ihm, seinem Personal oder seinem Betrieb zugefügt werden
- Schäden, die durch seinen Betrieb oder seine Angestellten verursacht werden können

Die Angestellten, die Arbeiter und Auslieferungsfahrer hat er pflichtgemäß bei der Krankenkasse zur Sozialversicherung angemeldet.

Dieses Betriebskapital muss gegen Gefahren abgesichert sein.

1. Welche Versicherungen musste Herr Hoffmann im Einzelnen abschließen?
2. Welche Versicherungen sichern seine Angestellten und Arbeiter gegen Risiken des Alltags ab?

INFORMATIONEN

Risikoabsicherung durch Versicherungen

Niemand kann aus eigenen Mitteln so viel Geld zurücklegen, um dadurch gegen alle Risiken finanziell abgesichert zu sein. Dies ist nur mithilfe von Versicherungen möglich. Wenn mehrere Personen von ein und derselben Gefahr bedroht sind, liegt es nahe, dass diese das finanzielle Risiko des Gefahreneintritts auf einen Versicherer übertragen und ihm dafür ein Entgelt bezahlen. Die versicherte Gefahr tritt nach den Gesetzen der Wahrscheinlichkeit innerhalb eines bestimmten Zeitraums nicht bei allen, sondern nur bei einzelnen Versicherten ein. Die Versicherung kann deshalb durch viele kleine Beitragszahlungen im Einzelfall auch für sehr große Schäden aufkommen.

Bei den Versicherungen unterscheidet man die Sozialversicherung und die Individualversicherung.

Sozialversicherung

Die Sozialversicherung ist eine gesetzliche Pflichtversicherung. Ihre Aufgabe besteht darin, die breite Bevölkerungsmehrheit im Alter, bei Erwerbsunfähigkeit, Arbeitslosigkeit und Krankheit zu schützen.[1]

1 siehe Büro & Co., SWL, Kap. 10.7

Sie ist in der Bundesrepublik Deutschland der weitaus wichtigste Teil der sozialen Sicherung. Die fünf Zweige der Sozialversicherung sind:

- die gesetzliche Rentenversicherung
- die gesetzliche Krankenversicherung
- die soziale Pflegeversicherung
- die Arbeitslosenversicherung
- die gesetzliche Unfallversicherung

Die Arbeitgeber sind verpflichtet, Arbeitnehmer innerhalb von vierzehn Tagen, nachdem sie sie eingestellt haben, bei der gesetzlichen Krankenkasse zur Sozialversicherung anzumelden.

Die Sozialversicherung wird durch Beiträge finanziert, die von den versicherten Arbeitnehmern und den Arbeitgebern aufgebracht werden müssen.

Die Beiträge zur Kranken-, Pflege-, Renten- und Arbeitslosenversicherung müssen von den Arbeitgebern an die gesetzliche Krankenkasse abgeführt werden. Die Krankenkasse leitet dann die Beiträge, die nicht für sie bestimmt sind, an die gesetzliche Rentenversicherung und die Arbeitslosenversicherung weiter.

Die Sozialversicherungszweige

	Versicherungsträger	Versicherungspflicht	Leistungen
Krankenversicherung	Allgemeine Ortskrankenkassen, Ersatzkassen, Betriebskrankenkassen usw.	für alle Auszubildenden, Rentner, für Angestellte und Arbeiter bis zur Versicherungspflichtgrenze	Krankenpflege, Krankengeld, Maßnahmen zur Früherkennung von Krankheiten, Mutterschaftshilfe, Familienhilfe
Pflegeversicherung	Pflegekassen	für alle in der gesetzlichen Krankenversicherung Versicherten	Leistungen bei ambulanter Pflege und stationärer Pflege von Pflegebedürftigen
Rentenversicherung	Deutsche Rentenversicherung	für alle Arbeiter, Angestellten, Auszubildenden	Altersruhegeld, Erwerbsminderungsrente, Hinterbliebenenrente, Beiträge für die Krankenversicherung der Rentner, Heilbehandlungen
Arbeitslosenversicherung	Bundesagentur für Arbeit	für alle Arbeiter, Angestellten, Auszubildenden	Arbeitslosengeld[1], Insolvenzgeld, Beiträge zur Renten- und Krankenversicherung der Arbeitslosen, Maßnahmen zur Arbeits- und Berufsförderung, Kurzarbeitergeld, Maßnahmen zur Arbeitsbeschaffung
Unfallversicherung	Berufsgenossenschaften	für alle Beschäftigten	Heilbehandlung, Berufshilfe, Verletztengeld, Verletztenrente, Witwen- und Waisenrente

Individualversicherung

Individualversicherungen sind private Versicherungen, die durch Abschluss eines Versicherungsvertrags zwischen einem Versicherer (= privatem Versicherungsunternehmen) und einem Versicherungsnehmer (z. B. Großhandelsbetrieb) zustande kommen.

Versicherungsvertrag

Im Versicherungsvertrag werden die Leistungen des Versicherers und die vom Versicherungsnehmer zu zahlenden Versicherungsbeiträge festgelegt. Die Versicherungsbeiträge (= Versicherungsprämien) richten sich dabei nach dem Risiko (= Wahrscheinlichkeit, dass der Versicherungsfall eintritt) und der vereinbarten Versicherungsleistung.

Im Gegensatz zur gesetzlichen Sozialversicherung sind die Leistungen der Individualversicherung nicht einheitlich durch Gesetze festgelegt, sondern können zwischen dem Versicherer und dem Versicherungsnehmer frei vereinbart werden. Zum Schutz des Versicherungsnehmers ist die Freiheit der Vertragsgestaltung allerdings durch das Versicherungsvertragsgesetz und die staatliche Aufsicht über das Versicherungswesen begrenzt.

1 Arbeitslosengeld II wird aus Mitteln der Bundesregierung finanziert

Die verschiedenen **Zweige der Individualversicherung** versichern:

- Sachen (z. B. Gebäude, Geschäfts- und Lagereinrichtungen, Maschinen, Fahrzeuge, Warenbestände)
- Vermögen (z. B. Kundenkredite)
- Personen (z. B. gegen Unfallschäden und Krankheit)

Sachversicherungen

Feuerversicherung

Die Feuerversicherung deckt Schäden, die an Gebäuden und deren Inhalt (Einrichtungsgegenstände, Warenvorräte, Maschinen usw.) verursacht werden durch:

- Brand
- Blitzschlag
- Explosion
- Anprall oder Absturz eines bemannten Flugkörpers, seiner Teile oder seiner Ladung

Sie ersetzt auch den Schaden, der durch die Brandbekämpfung (Löschen, Niederreißen, Ausräumen) entstanden ist.

Leitungswasserversicherung

Die Leitungswasserversicherung ersetzt Schäden, die an Gebäuden und deren Inhalt dadurch entstehen, dass Wasser aus Zu- oder Ableitungsrohren der Wasserversorgung, Warmwasserversorgungs-, Dampfheizungs- oder Klimaanlagen austritt. Schäden durch Regen-, Schnee-, Grund- und Hochwasser werden durch diese Versicherung nicht ersetzt.

Sturmversicherung

Sie deckt Schäden, die an Gebäuden und ihrem Inhalt durch Stürme ab Windstärke acht entstehen.

Glasversicherung

Durch die Glasversicherung sind Scheiben und Verglasungen aller Art versichert, z. B. Schaufenster, Wandbekleidungen, Schilder, Transparente und Leuchtröhrenanlagen.

Einbruchdiebstahlversicherung

Sie bezahlt die durch Einbruchdiebstahl entstandenen Schäden und Verluste an Vorräten, Bargeld und sonstigen Sachen.

Transportversicherung

Durch eine Transportversicherung kann sich ein Versender von Waren gegen Gefahren versichern, denen seine Waren auf einem Transport zu Lande, zu Wasser und in der Luft ausgesetzt sind.

Hausratversicherung

Die Hausratversicherung versichert Sachen, die in einem Haushalt zur Einrichtung gehören bzw. zum Gebrauch oder Verbrauch dienen (z. B. Möbel, Elektrogeräte, Bekleidung), gegen Feuer-, Einbruchdiebstahl-, Beraubungs-, Leitungswasser-, Sturm- und Glasbruchschäden.

Unter- und Überversicherung

Bei Sachversicherungen soll die Versicherungssumme dem Wert der versicherten Gegenstände (= Versicherungswert) entsprechen. Wenn die Versicherungssumme geringer als der Versicherungswert ist, liegt eine Unterversicherung vor.

BEISPIEL

Der Versicherungswert beträgt 100.000,00 €, die Versicherungssumme nur 70.000,00 €. Bei einem Schaden von 20.000,00 € ersetzt die Versicherung nur 14.000,00 €, weil die Versicherungssumme nur 70 % des Versicherungswerts ausmacht. In diesem Fall werden Schäden nur anteilig ersetzt.

Wenn die Versicherungssumme höher ist als der Versicherungswert (= Überversicherung), wird jedoch keine höhere Entschädigung als die Erstattung des tatsächlichen Schadens bezahlt.

Vermögensversicherungen

Haftpflichtversicherung

Sie zahlt Schadenersatz, zu dem der Versicherte verpflichtet ist, bis zur Höhe der vertraglich vereinbarten Deckungssumme oder leistet Rechtsschutz, um ungerechtfertigte Schadenersatzansprüche abzuwehren.

- **Privathaftpflichtversicherung**
  Sie schützt Privatpersonen gegen Haftpflichtansprüche.

- **Betriebshaftpflichtversicherung**
  Sie tritt ein, wenn gegen
  - den Inhaber eines Unternehmens,
  - die gesetzlichen Vertreter eines Unternehmens (z. B. Vorstandsmitglieder einer Aktiengesellschaft, Geschäftsführer) und
  - Betriebsangehörige

  Schadenersatzansprüche geltend gemacht werden, die sich aus ihrer betrieblichen Tätigkeit ergeben.

Rechtsschutzversicherung

Die Rechtsschutzversicherung zahlt u. a. die Rechtsanwaltskosten, alle Gerichtskosten und die Kosten des Prozessgegners, sofern sie erstattet werden müssen.

Die Firmen-Rechtsschutzversicherung umfasst:

- Schadenersatz-Rechtsschutz zur Durchsetzung von Schadenersatzansprüchen
- Straf-Rechtsschutz für die Verteidigung in einem Straf- oder Bußgeldverfahren
- Arbeits-Rechtsschutz für alle gerichtlichen und außergerichtlichen Streitigkeiten aus Arbeitsverhältnissen, z. B. Kündigungsschutzklagen
- Sozialversicherungs-Rechtsschutz für gerichtliche Streitigkeiten mit den Trägern der Sozialversicherung

Die Firmen-Rechtsschutzversicherung schützt auch die Arbeitnehmer des Betriebs bei rechtlichen Auseinandersetzungen, die sich aus ihrer Berufstätigkeit ergeben. Beim Arbeits-Rechtsschutz ist jedoch nur der Arbeitgeber versichert.

Warenkreditversicherung

Die Warenkreditversicherung zahlt, wenn ein Käufer einer auf Kredit erworbenen Ware zahlungsunfähig wird. Die Warenkreditversicherung begleicht den Schaden jedoch nicht in voller Höhe. Insofern muss der Versicherte einen Teil des Forderungsausfalls immer selbst tragen (= Selbstbeteiligung).

Betriebsunterbrechungsversicherung

Die Betriebsunterbrechungsversicherung ersetzt die wirtschaftlichen Folgeschäden, die entstehen, wenn die betriebliche Tätigkeit eines Betriebs durch einen Sachschaden (Brand, Maschinenschaden) unterbrochen wird. Sie ersetzt den entgangenen Geschäftsgewinn und die fortlaufenden Geschäftskosten.

Betriebsschließungsversicherung

Die Betriebsschließungsversicherung ersetzt die Schäden, die entstehen, wenn ein Betrieb wegen Seuchengefahr schließen muss. Sie ist z. B. für den Lebensmittelhandel von Bedeutung.

Personenversicherungen

Lebensversicherung

Die Lebensversicherung ist der (nach den Prämieneinnahmen) mit Abstand bedeutendste Zweig der Individualversicherung.

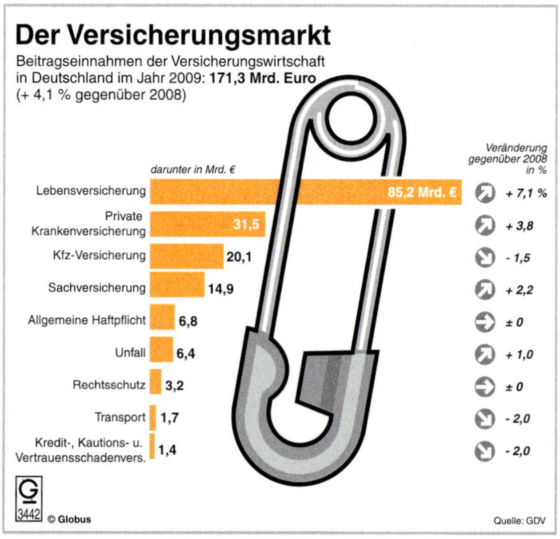

Die wichtigsten Arten der privaten Lebensversicherung sind:

- **reine Todesfallversicherung**
  Bei der reinen Todesfallversicherung wird die Versicherungssumme erst beim Tod des Versicherten fällig. Sie dient ausschließlich der Versorgung der Hinterbliebenen des Versicherten.
- **reine Erlebensfallversicherung**
  Bei der reinen Erlebensfallversicherung wird die Versicherungssumme fällig, wenn der Versicherte einen bestimmten im Vertrag festgelegten Zeitpunkt (z. B. das 65. Lebensjahr) erlebt. Diese Versicherung dient der Altersversorgung des Versicherten.
- **gemischte Lebensversicherung**
  Die gemischte Lebensversicherung ist eine Versicherung auf den Todes- und den Erlebensfall. Die Versicherungssumme wird an den Versicherten spätestens beim Ablauf der vereinbarten Versicherungsdauer ausgezahlt. Falls er vor Ablauf des Versicherungsvertrags stirbt, wird die Versicherungssumme schon vorher an seine Hinterbliebenen ausgezahlt. Die gemischte Lebensversicherung dient somit sowohl der Alterssicherung des Versicherten als auch der Hinterbliebenenversorgung.

3560 384

Private Krankenversicherung
In der privaten Krankenversicherung können sich Personen, die nicht in der gesetzlichen Krankenversicherung pflichtversichert sind (Selbstständige, Beamte, Angestellte und Arbeiter, deren Einkommen die gesetzliche Pflichtversicherungsgrenze überschreitet), gegen die finanziellen Folgen einer Erkrankung schützen.

Private Unfallversicherung
Einen umfassenden Unfallschutz für den privaten Bereich bietet die private Unfallversicherung.

Gegen die Folgen eines Arbeitsunfalls oder eines Unfalls auf dem Weg von und zu ihrer Arbeitsstätte sind die Beschäftigten eines Betriebs bei der zuständigen Berufsgenossenschaft gesetzlich versichert.

Private Rentenversicherung
Die private Rentenversicherung ist ein klassischer Weg, ein Vermögen für den Ruhestand anzusparen. Sie ist eine Altersvorsorgeform mit wenig Risiko und mittleren Ertragschancen.

In der Ansparphase zahlt der Versicherte monatlich Beträge ein, für die er eine garantierte Verzinsung erhält. Hinzu kommen eventuelle Überschussbeteiligungen, die aber nicht garantiert sind. Je früher Personen eine private Rentenversicherung abschließen, umso geringer sind die Beiträge, die sie monatlich einzahlen müssen.

Die Auszahlung der angesparten Versicherungssumme kann in Form einer monatlichen Rente, aber auch als einmalige Auszahlung des kompletten Betrags erfolgen.

Die private Rentenversicherung gehört zu den Vorsorgeformen, die von der Bundesregierung als Riester-Förderung oder als Rürup-Renten gefördert werden.

Rürup-Rente
Mittels einer Rürup- bzw. Basisrente können hohe Steuervorteile erzielt werden. Ab dem Jahr 2011 können 72 % der Beitragszahlungen bis 20.000,00 € in eine Rürup-Rente als Sonderausgaben beim Finanzamt geltend gemacht werden. Das heißt, dass Rürup-Sparer bis zu 14.400,00 € jährlich steuerlich absetzen können.

Eine Rürup-Rente kann von Arbeitnehmern und Selbstständigen abgeschlossen werden. Besonders interessant ist sie für Selbstständige, die nicht in der gesetzlichen Rentenversicherung pflichtversichert sind und daher die Riester-Förderung nicht in Anspruch nehmen können.

Riester-Förderung
Die Riester-Förderung ist eine freiwillige, staatlich geförderte Form der zusätzlichen Altersvorsorge. Sie fördert die private und betriebliche Altersvorsorge durch staatliche Zulagen oder Steuerfreiheit. Um eine Förderung zu erhalten, müssen bestimmte Mindestbeiträge von der Person, die die Förderung in Anspruch nehmen will, selbst bezahlt werden.

Folgende Personen können die Riester-Förderung in Anspruch nehmen:

- in der gesetzlichen Rentenversicherung pflichtversicherte Arbeitnehmerinnen und Arbeitnehmer
- Auszubildende
- Beamte sowie Empfänger von Amtsbezügen
- Berufs- und Zeitsoldaten
- Wehr- und Zivildienstleistende
- Mütter und Väter während der dreijährigen Elternzeit
- pflichtversicherte Selbstständige (z. B. Handwerker, Hebammen, Kurierfahrer, Künstler, Publizisten)
- arbeitnehmerähnliche Selbstständige
- nicht erwerbsmäßig tätige Pflegepersonen
- geringfügig Beschäftigte (Verdienst bis 400,00 € pro Monat), die auf die Sozialversicherungsfreiheit verzichtet haben
- Landwirte, die in der Alterssicherung der Landwirte pflichtversichert sind, und ihre Ehepartner
- Bezieher von Arbeitslosengeld und Arbeitslosengeld II (auch wenn sie wegen zu berücksichtigenden Einkommens keine Unterstützung erhalten)
- Bezieher von Vorruhestandsgeld, Krankengeld, Verletztengeld, Versorgungskrankengeld, Übergangsgeld und Unterhaltsgeld
- Bezieher des Existenzgründungszuschusses („Ich-AG")

nach: www.vdk.de/de9972, entnommen am 4. Januar 2011

Kraftfahrzeugversicherungen

Durch den Abschluss von Kraftfahrzeugversicherungen kann sich der Halter eines Kraftfahrzeugs gegen Haftpflichtansprüche Dritter (= Vermögensversicherung), Schäden am eigenen Fahrzeug (= Sachversicherung) und Personenschäden der Insassen des eigenen Fahrzeugs (= Personenversicherung) versichern.

Kraftfahrzeug-Haftpflichtversicherung
Jeder Halter eines Kraftfahrzeugs ist verpflichtet, eine Kraftfahrzeug-Haftpflichtversicherung abzuschließen. Sie ersetzt den Schaden, den ein Kraftfahrer anderen Personen oder deren Sachen mit einem Kraftfahrzeug zufügt.

Kraftfahrzeug-Fahrzeugversicherung
Gegen Beschädigung und Zerstörung des eigenen Fahrzeugs sichert eine Kraftfahrzeug-Fahrzeugversicherung (Teil- oder Vollkaskoversicherung) ab.

- **Teilkaskoversicherung**
  Sie deckt nur einen Teil der möglichen Schäden. Die Teilkaskoversicherung ersetzt Schäden durch Brand, Explosion, unmittelbare Einwirkung von Sturm, Hagel, Blitzschlag und Überschwemmung, Glasbruch, Kurzschluss, Zusammenstoß mit Haarwild (z. B. Rehe, Hasen), Diebstahl und unbefugten Gebrauch durch fremde Personen.

- **Vollkaskoversicherung**
  Die Vollkaskoversicherung ist teurer als die Teilkaskoversicherung. Dafür ersetzt sie zusätzlich zu den durch die Teilkaskoversicherung gedeckten Schäden auch Unfallschäden am eigenen Fahrzeug und solche Schäden, die von anderen Personen mut- oder böswillig am Fahrzeug angerichtet wurden (z. B. Zerstechen der Reifen, Abbrechen der Autoantenne). Sie kann mit und ohne Selbstbeteiligung abgeschlossen werden. Bei Selbstbeteiligung muss der Versicherte einen Teil des Schadens selbst tragen.

Kraftfahrzeug-Unfallversicherung
Durch die Kraftfahrzeug-Unfallversicherung sind alle Insassen eines Kraftfahrzeugs (auch der Fahrzeughalter und Familienangehörige) gegen die wirtschaftlichen Folgen von Personenschäden geschützt. Für Berufsfahrer und Berufsbeifahrer, die bei einem Versicherungsnehmer angestellt sind, muss eine besondere Berufsfahrerversicherung abgeschlossen werden.

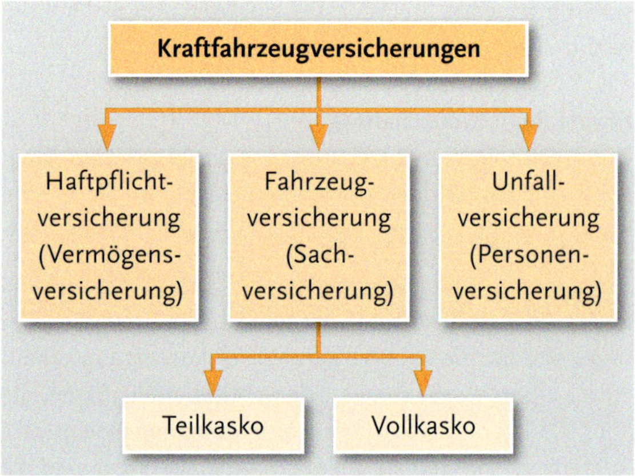

AUFGABEN

1. Wodurch unterscheiden sich Sozialversicherung und Individualversicherung?
2. Gegen welche Risiken versichert die Sozialversicherung Arbeiter und Angestellte?
3. Was wird in einem Versicherungsvertrag geregelt?
4. Wonach richtet sich bei einer Individualversicherung der Versicherungsbeitrag?
5. Welche Versicherungen können in folgenden Fällen in Anspruch genommen werden?
   a) Eine Ware, die an einen Kunden mit eigenem Lieferfahrzeug geliefert wird, wird auf dem Transport beschädigt.
   b) Der Auslieferungsfahrer einer Sanitärgroßhandlung verursacht mit dem betriebseigenen Lkw einen Verkehrsunfall. Bei dem Unfall wird ein fremder Pkw beschädigt und dessen Fahrer verletzt. Auch der Lkw weist erhebliche Schäden auf.
   c) Eine Kundin zerreißt ihre Strumpfhose an einer scharfen Stuhlkante.
   d) Von Randalierern wird die Eingangstür eines Geschäftshauses eingeschlagen.
   e) Aus dem Lager einer Großhandlung für Unterhaltungselektronik wurden nachts drei DVD-Rekorder entwendet.
   f) Ein Kunde, der Waren auf Kredit gekauft hat, wird zahlungsunfähig.
   g) Ein Angestellter bricht sich beim Volleyballspiel ein Bein.
   h) Im Lager eines Fachbuchverlags wird eine Heizungsleitung undicht. Das austretende Wasser beschädigt einen Teil der gelagerten Bücher.
   i) Der Inhaber eines Telefonshops muss wegen Herz-Kreislauf-Beschwerden einen Arzt aufsuchen.
6. Welcher Unterschied besteht zwischen einer gemischten Lebensversicherung und einer reinen Todesfallversicherung?

AKTIONEN

1. a) Erstellen Sie in Partnerarbeit eine PowerPoint-Präsentation, die die wichtigsten Sachversicherungen jeweils kurz vorstellt.
   b) Legen Sie ein besonderes Augenmerk auf die Visualisierung der Präsentation: Bauen Sie in die Präsentation Grafiken, Bilder und Animationen/Videos aus dem Internet ein (bzw. ClipArts aus dem Programm PowerPoint), die entsprechende Schäden darstellen.
   c) Bereiten Sie sich darauf vor, Ihre Präsentation vorzuführen.

2. a) Suchen Sie in Partnerarbeit für jeden Zweig der Personenversicherungen im Internet drei Angebote.
   b) Ermitteln Sie das jeweils günstigste Angebot.
   c) Führen Sie die Unterschiede zwischen verschiedenen Anbietern auf.

ZUSAMMENFASSUNG

Versicherungen

Individualversicherungen

s. u.

Sozialversicherung

- gesetzliche Rentenversicherung
- gesetzliche Krankenversicherung
- gesetzliche Pflegeversicherung
- Arbeitslosenversicherung
- gesetzliche Unfallversicherung

Individualversicherungen

Sachversicherung

- Feuerversicherung
- Leitungswasserversicherung
- Sturmversicherung
- Glasversicherung
- Einbruchdiebstahlversicherung
- Transportversicherung
- Hausratversicherung

Vermögensversicherung

- Haftpflichtversicherung
- Rechtsschutzversicherung
- Warenkreditversicherung
- Betriebsunterbrechungsversicherung
- Betriebsschließungsversicherung

Personenversicherung

- private Lebensversicherung
- private Krankenversicherung
- private Pflegeversicherung
- private Unfallversicherung
- private Rentenversicherung

Kraftfahrzeugversicherung

- Kraftfahrzeug-Haftpflichtversicherung
- Kraftfahrzeug-Fahrzeugversicherung
- Kraftfahrzeug-Unfallversicherung

KAPITEL 12

Wir informieren uns über die Grundzüge der Wirtschaftspolitik in der sozialen Marktwirtschaft

OFFENMARKTGESCHÄFTE
INTERNATIONALE HANDELSABKOMMEN
STABILITÄTSGESETZ
VERBRAUCHERPREISINDEX
ABSCHWUNG
BRUTTOINLANDSPRODUKT
MINDESTRESERVEPFLICHT
KONVERGENZKRITERIEN
GELDPOLITI
EUROPÄISCHER WIRTSCHAFTSRAUM
DEFLATION
HOCHKONJUNKTUR
KONJUNKTURPOLITIK
SAISONALE SCHWANKUNGEN
WIRTSCHAFTSORDNUNG
UMWELTPOLITIK
EMISSIONSHAND

12 Wir informieren uns über die Grundzüge der Wirtschaftspolitik in der sozialen Marktwirtschaft

12.1 Als Unternehmen sind wir Teilnehmer der sozialen Marktwirtschaft

Einstieg

Auf einer von Geschäftsführer Hoffmann besuchten Unternehmertagung wird heftig darüber diskutiert, wie sozial die Wirtschaftsordnung der Bundesrepublik Deutschland ausgestaltet sein soll.

Stellen Sie fest, wodurch sich die im Schaubild dargestellte soziale Marktwirtschaft der Bundesrepublik von der idealtypischen Wirtschaftsordnung der freien Marktwirtschaft unterscheidet.

INFORMATIONEN

Wirtschaftsordnungen

Eine moderne Volkswirtschaft ist durch Arbeitsteilung gekennzeichnet. Die spezialisierten Leistungen vieler Berufe, die Güterproduktion von einer großen Zahl unterschiedlicher Unternehmen sowie die vielfältige Nachfrage der Haushalte müssen jedoch auf irgendeine Weise aufeinander abgestimmt werden. Damit die arbeitsteilige Wirtschaft funktioniert, bedarf es also der Koordination (Abstimmung), anderenfalls wäre ein Chaos die Folge. Eine Wirtschaft muss also nach bestimmten Merkmalen organisiert sein.

DEFINITION

Unter einer **Wirtschaftsordnung** versteht man die Erscheinungsform einer Volkswirtschaft. Sie stellt die Summe aller Regeln dar, die für die Wirtschaft gelten.

Eine Wirtschaftsordnung umschreibt somit, auf welche Weise und durch welche Regelungen die am Wirtschaftsprozess Beteiligten (z. B. Unternehmen, Haushalte, Staat) zusammenwirken.

Es werden zwei große Gruppen von Wirtschaftsordnungen unterschieden:

- idealtypische Wirtschaftsordnungen
- realtypische Wirtschaftsordnungen

Idealtypische Wirtschaftsordnungen

Dies sind von der Wirklichkeit weitgehend losgelöste **theoretische Modelle.** Sie bestehen nur als Ideen. In der Praxis sind sie daher nicht in „reiner" Form anzutreffen. Mithilfe der idealtypischen Wirtschaftsordnungen können jedoch wesentliche wirtschaftliche Erkenntnisse gewonnen werden.

Zwei Denkmodelle stehen sich als absolute Gegensätze gegenüber:

- die freie Marktwirtschaft und
- die Zentralverwaltungswirtschaft.

Realtypische Wirtschaftsordnungen

Die Wirtschaftsordnungen verschiedener Staaten (wie z. B. die soziale Marktwirtschaft der Bundesrepublik oder die Wirtschaftsordnungen der USA oder der ehemaligen DDR) sind keine „reinen" Ordnungsformen, sondern „Mischformen" der beiden idealtypischen Modelle.

Unter realtypischen Wirtschaftsordnungen versteht man also die **tatsächlich in der Praxis bestehenden Wirtschaftsordnungen.** In ihnen sind in unterschiedlichem Ausmaß Tatbestände der idealtypischen freien Marktwirtschaft und der Zentralverwaltungswirtschaft miteinander verschmolzen.

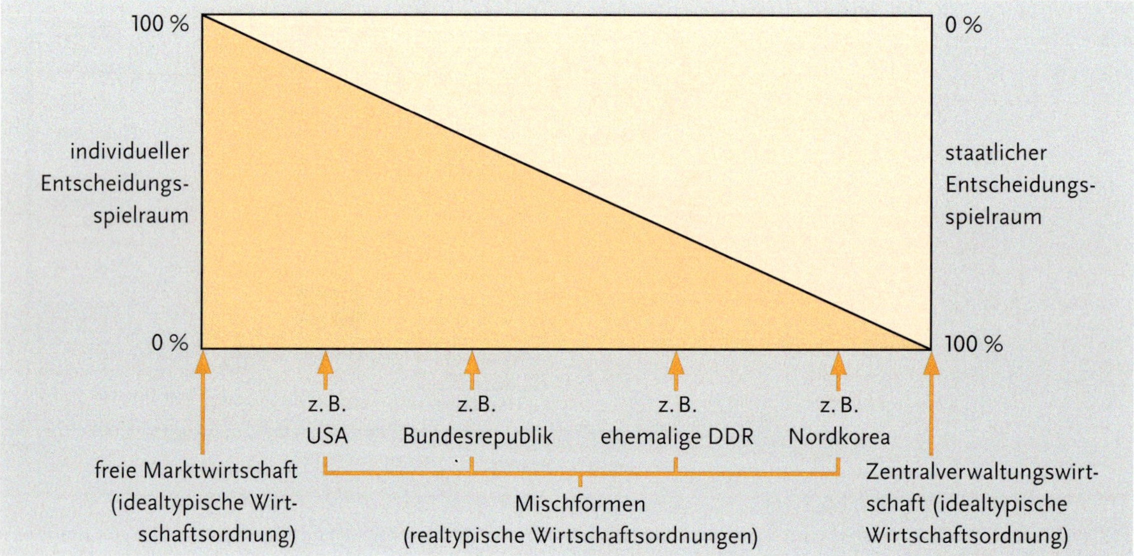

Idealtypischen Wirtschaftsordnungen

Grundprinzip

Der entscheidende Unterschied zwischen der freien Marktwirtschaft und der Zentralverwaltungswirtschaft liegt in der Planung der Aktivitäten der Wirtschaftsteilnehmer:

Die **freie Marktwirtschaft** ist eine Wirtschaftsordnung, in der in ihrer Handlungsfreiheit unbeeinträchtigte Unternehmen und Haushalte für sich einzelne Wirtschaftspläne aufstellen und durchführen.

Bei der **Zentralverwaltungswirtschaft** wird alles Wirtschaften zentral, also durch einen Plan einer Zentralstelle, gelenkt.

BEISPIEL

In der freien Marktwirtschaft entscheidet jedes Unternehmen für sich, welche Güter es produzieren möchte und zu welchen Preisen es sie anbietet.

In der Zentralverwaltungswirtschaft legt der Staat für alle Unternehmen fest, was sie zu welchen Preisen herzustellen haben.

Freie Marktwirtschaft

Die freie Marktwirtschaft überlässt die Planung, was produziert bzw. verbraucht werden soll, den einzelnen Wirtschaftsteilnehmern. Die Koordination (Abstimmung) übernehmen dabei die Märkte, auf denen sich die Einzelpläne aller Beteiligten in Form von Angebot und Nachfrage treffen und über die Preisbildung zum Ausgleich kommen[1]. Der Staat greift in die Wirtschaft nicht ein.

Die Betriebe in der freien Marktwirtschaft orientieren sich an den Marktgegebenheiten und den Preisen. Sie entscheiden selbst über Investitionen und streben nach Rentabilität. Die Dynamik der Märkte bietet die Chance des Gewinns, es droht aber auch ein Verlustrisiko. Es besteht eine freie Wahl von Beruf, Arbeitsplatz, Ausbildungsstätte, außerdem Niederlassungs- und Gewerbefreiheit.

1 siehe Kap. 3.7

Die freie Entscheidung und die freie Entfaltung der Wirtschaftsteilnehmer bewirken theoretisch

- eine optimale Herstellung,
- eine optimale Verteilung und
- einen optimalen Verbrauch der Güter.

Als **Nachteile** der freien Marktwirtschaft werden angesehen:

- Störungen durch die unternehmerische Freiheit
- Belästigung für die Bevölkerung, z. B. durch die freie Standortwahl
- Störung des ökologischen Haushalts
- Verschwendung von Rohstoffen
- Machtballungen entweder durch ungehemmten Wettbewerb oder durch Kartellbildungen
- Benachteiligung der wirtschaftlich Schwachen
- keine soziale Absicherung
- starke Abhängigkeit der Arbeitnehmer
- starke konjunkturelle Bewegungen

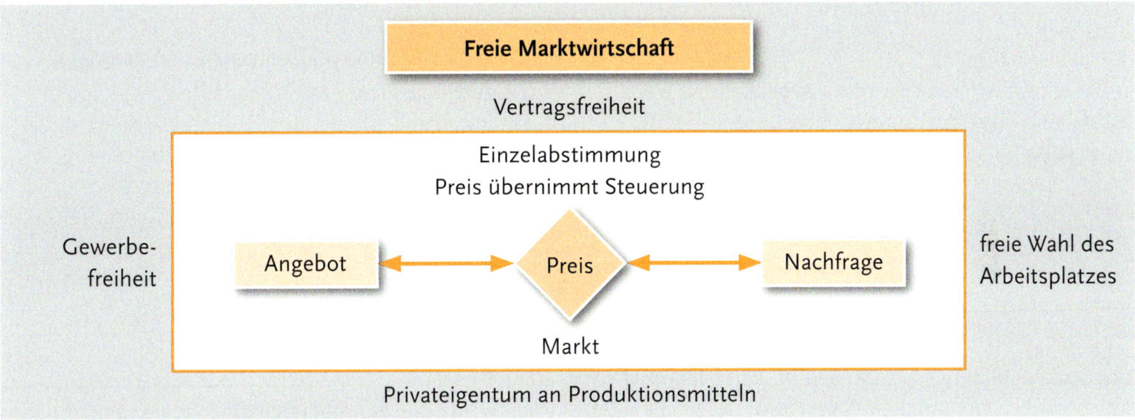

Zentralverwaltungswirtschaft

In der Zentralverwaltungswirtschaft sind die Wirtschaftsteilnehmer in ihren Dispositionen (= Entscheidungsfreiheit) beschränkt. Es erfolgt eine zentrale Planung, Lenkung und Kontrolle des gesamten Wirtschaftsgeschehens durch eine staatliche Behörde. Es besteht Staatseigentum an den Produktionsmitteln. Höhe und Art der Investitionen werden durch den staatlichen Plan festgelegt.

Die Preise bilden sich nicht am Markt, sondern werden administrativ (durch die Wirtschaftsverwaltung) vorgegeben. Oberstes Ziel allen wirtschaftlichen Handelns ist die Planerfüllung. Betriebe und Haushalte haben keine individuelle Entscheidungsfreiheit. Sie müssen sich den Planzielen unterordnen.

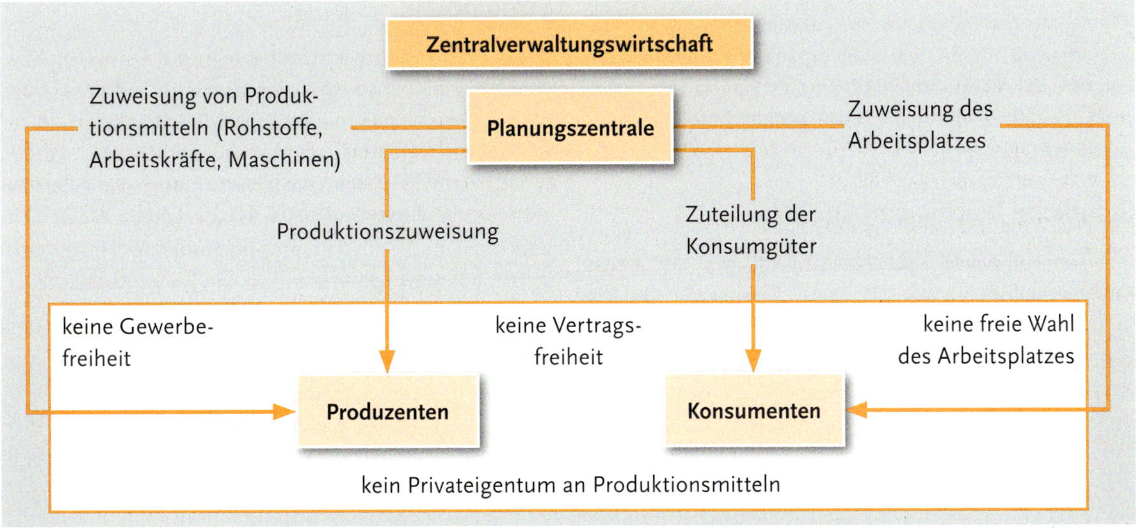

Zentralverwaltungswirtschaft	
Vorteile	**Nachteile**
• **keine Benachteiligung der wirtschaftlich Schwachen** Produktion und Konsum sind durch die staatlichen Planvorgaben am Gemeinwohl orientiert. • **keine konjunkturellen Schwankungen** Die wirtschaftliche Entwicklung kann durch die zentrale Planbehörde langfristig und krisenfrei geplant werden. • **kein Konkurrenzkampf** Die Betriebe müssen zur Planerfüllung zusammenarbeiten. • **Vollbeschäftigung** Jedem Arbeitnehmer wird ein Arbeitsplatz zugeteilt, um eine maximale Güterproduktion zur Bedarfsdeckung zu erreichen.	• **Eine genaue Planung ist unrealistisch.** Angesichts von ca. 20 Millionen Güterarten in der Volkswirtschaft ist es äußerst schwierig, einen genauen Überblick über die Bedürfnisse aller Haushalte und die Möglichkeiten aller Betriebe zu bekommen. • **große Auswirkungen von Planungsfehlern** Liegt auch nur ein Planungsfehler vor, wird das ganze Plansystem, dessen Daten zusammenhängen und voneinander abhängig sind, in Mitleidenschaft gezogen. • **schwerfällige Anpassung an Datenveränderungen** Die durch die Pläne starr festgelegte Produktion verhindert eine rasche Anpassung an veränderte Verhältnisse. • **mangelnder Einsatzwille** Infolge der Fremdbestimmung durch den Zentralplan wird die Eigeninitiative nicht gefördert.

Soziale Marktwirtschaft

Die soziale Marktwirtschaft beruht auf dynamischem Wettbewerb und sozialem Fortschritt. Auch die wirtschaftlich Schwachen, seien es nun kleine Unternehmen, Bauern oder Arbeiter, müssen die Chance erhalten, sich wirtschaftlich zu behaupten.

Dem Staat fällt die Aufgabe zu, für entsprechende Rahmenbedingungen zu sorgen. Somit geht die Wirtschaftsordnung der Bundesrepublik über das Modell der freien Marktwirtschaft weit hinaus. Zwar ist deren Grundelement – die Individualplanung der Wirtschaftsteilnehmer auf dem Markt – weitgehend verwirklicht. In bestimmten Bereichen beeinflusst bzw. lenkt der Staat jedoch das Wirtschaftsgeschehen, um für soziale Gerechtigkeit und Sicherheit zu sorgen. Der Staat ergänzt also durch aktive Eingriffe das marktwirtschaftliche Geschehen dort, wo es versagt oder zu unerwünschten gesellschaftlichen und sozialen Ergebnissen führt.

Staatliche Wettbewerbspolitik

Zu den volkswirtschaftlichen Grundlagen der freien Marktwirtschaft gehört der Wettbewerbsgedanke. Die Erfahrung zeigt aber, dass die Beibehaltung des Wettbewerbs in einer freien Marktwirtschaft nicht zwangsläufig ist.

DEFINITION

Ziel der **sozialen Marktwirtschaft** ist es, das Prinzip der Freiheit auf dem Markt, wo die Wirtschaftsteilnehmer ihre eigenen Pläne aufstellen, zu verbinden mit dem Prinzip des sozialen Ausgleichs, für das der Staat sorgt.

Zur Aufrechterhaltung und institutionellen Sicherung des Leistungswettbewerbs werden im Rahmen der staatlichen Wettbewerbspolitik verschiedene Gesetze erlassen. Daher sind Kartellverbote, Fusionskontrollen und Missbrauchsaufsicht Eckpfeiler der sozialen Marktwirtschaft.

Sozialpolitik

In der freien Marktwirtschaft erfolgt die Aufteilung bzw. die Umverteilung des Sozialprodukts nur auf der Grundlage von Leistungen, die der Einzelne erbracht hat. In der sozialen Marktwirtschaft der Bundesrepublik werden zusätzlich individuelle Lebensverhältnisse wie Alter, Familienstand, Gesundheit usw. berücksichtigt. Noch nicht oder nicht im Produktionsprozess Stehende (Heranwachsende, Rentner) haben ebenfalls am Sozialprodukt teil.

Der Staat definiert nämlich im Rahmen der Sozialpolitik soziale Schutzrechte und den Rahmen für Sicherungssysteme (z. B. Kranken-, Arbeitslosen- oder Rentenversicherung), die dem Einzelnen den Lebensunterhalt auch in den Lebensphasen sichern sollen, in denen er nicht in der Lage ist, für sich selbst zu sorgen.

3560 392

Das Sozialstaatsprinzip (Art. 20 Grundgesetz: „Die Bundesrepublik Deutschland ist ein demokratischer und sozialer Bundesstaat“) findet seinen Niederschlag in einer Reihe gesetzgeberischer Maßnahmen, wie z. B. im Berufsbildungsgesetz, im Entgeltfortzahlungsgesetz, im Mutterschutzgesetz usw.

Verteilungspolitik

Im Rahmen der Verteilungspolitik greift der Staat in die auf dem Markt erzielte primäre Einkommensverteilung ein. Er verändert also Marktergebnisse. Dahinter steht eine auf Ausgleich ausgerichtete Gerechtigkeitsvorstellung. Der Lebensstandard der Menschen soll nicht allein von ihren am Markt erzielten Einkommen abhängen.

Das wichtigste Umverteilungsinstrument ist die progressive Einkommensteuer[1]. Die Markteinkommen von Beziehern hoher Einkommen werden prozentual stärker besteuert als diejenigen von Beziehern niedriger Einkommen. Ein weiteres Instrument der Umverteilung sind Geldtransfers (Übertragung finanzieller Leistungen des Staates an andere Wirtschaftsteilnehmer ohne direkte Gegenleistung).

BEISPIELE

- Arbeitslosengeld II
- Wohngeld
- Kindergeld

1 siehe Kap. 11.2

Konjunkturpolitik

Bei krisenhaften Zuspitzungen kann der Staat im Rahmen der Konjunkturpolitik mit fiskalpolitischen Maßnahmen[1] einen nachhaltigen Einfluss auf das Wirtschaftsgeschehen ausüben.

Strukturpolitik

Freie Marktwirtschaften sind dynamisch. Ständig entstehen neue Märkte und damit Einkommensquellen, gleichzeitig gehen aber andere verloren. Ständig werden Besitzstände durch den Wettbewerb infrage gestellt.

In der sozialen Marktwirtschaft akzeptiert der Staat diesen Strukturwandel aus sozialen, ausgleichs- und arbeitsmarktpolitischen Gründen nicht. Er betreibt Strukturpolitik. Durch Interventionen (Eingriffe) in Märkte versucht er, Tempo und Richtung des Strukturwandels zu beeinflussen. Dies geschieht entweder dadurch, dass Wirtschaftszweige gestützt werden, die ohne diese Hilfe stärker schrumpfen würden, oder indem gezielt Zukunftsbranchen oder -technologien gefördert werden.

Öffentliche Unternehmen

Durch öffentliche Unternehmen übernimmt der Staat einzelne Wirtschaftsaufgaben. Teilbereiche der Wirtschaft werden somit aus sozialen und historischen Gründen aus dem Wettbewerb herausgehalten oder innerhalb des Wettbewerbs begünstigt. Der Staat besitzt und betreibt die verschiedensten Arten von Unternehmen.

BEISPIEL: Nahverkehrsbetriebe

Die öffentliche Versorgung könnte gefährdet sein, wenn Nahverkehrsbetriebe nur Privatunternehmen wären. Diese würden dann nur Strecken betreiben, die Gewinne abwerfen. Öffentliche Unternehmen hingegen decken auch den Bedarf der Bevölkerung in Orten oder Ortsteilen an unrentablen Strecken.

Bedeutung der sozialen Marktwirtschaft

Die Wirtschaftsordnung der sozialen Marktwirtschaft hat sich in der Vergangenheit als überaus erfolgreich erwiesen. Die Produktivkräfte, die nach dem 2. Weltkrieg freigesetzt wurden, haben zu einer historisch einmaligen Steigerung der Wirtschaft des Landes und des Wohlstands bei breiten Bevölkerungsschichten geführt („Wirtschaftswunder"). Das durchschnittliche Einkommen der Haushalte hat sich beispielsweise seit 1950 real um das Dreifache erhöht. Die Bundesrepublik ist zu einem der größten Exporteure auf den Weltmärkten geworden.

Vergleich der „freien Marktwirtschaft" mit der „sozialen Marktwirtschaft"	
freie Marktwirtschaft	**soziale Marktwirtschaft**
keine Staatseingriffe in die Wirtschaft	staatliches Eingreifen zur Gewährleistung sozialer Sicherheit und Gerechtigkeit
größtmögliche Freiheit des Einzelnen	Einschränkung der persönlichen Freiheit bei Gefährdung der Freiheit anderer
völlige Entscheidungsfreiheit der Unternehmer	Aufhebung der Entscheidungsfreiheit bei Gefährdung der Bevölkerung (z. B. keine Produktion von Sprengstoffen in dicht besiedelten Gebieten)
absolute Vertragsfreiheit	gesetzliche Regelungen zum Schutz des schwächeren Vertragspartners (z. B. Kündigungsschutz, AGB-Bestimmungen)
freie Konsumwahl	staatliches Eingreifen bei gesundheitsschädlichen Gütern (Verbot von Rauschgift)
nur Privateigentum an Produktionsmitteln	Auch Staatseigentum ist möglich (Nahverkehrsbetriebe usw.).
Geld hat reinen Zahlungsmittelcharakter.	Geld wird auch als konjunkturpolitisches Steuerungsmittel verwendet.
freier Außenhandel	staatliche Beeinflussung des Außenhandels durch Währungs- und Zollpolitik

1 siehe Kap. 12.4

AUFGABEN

1. Was sind Wirtschaftsordnungen?

2. Wodurch unterscheiden sich die idealtypischen von den realtypischen Wirtschaftsordnungen?

3. Welche Freiheiten haben Arbeitnehmer und Unternehmer in der freien Marktwirtschaft?

4. In der freien Marktwirtschaft hat der Staat lediglich die Funktion eines „Nachtwächters". Was versteht man darunter?

5. Welcher grundsätzliche Unterschied besteht zwischen der freien Marktwirtschaft und der Zentralverwaltungswirtschaft?

6. In Fantasien, einem Land mit realisierter Zentralverwaltungswirtschaft, plant der Staat den Bau einer Mähdrescherfabrik.
   a) Welche grundsätzlichen Daten muss die Planungszentrale für diesen Produktionsprozess in Erfahrung bringen, um den Bau planen zu können?
   b) Warum kann der Fall eintreten, dass sich die erhobenen Daten nicht miteinander vereinbaren lassen?
   c) Nachdem die fantas(t)ische Mähdrescherfabrik den Produktionsprozess aufgenommen hatte, stellte sich heraus, dass die Plandaten für den Zuliefererbetrieb von Luftfiltern für Mähdreschermotoren nicht entsprechend geändert wurden. Welche Folgen (bis hin zu den Haushalten) kann diese Fehlplanung auf die Wirtschaftsentwicklung der Zentralverwaltungswirtschaft haben?

7. Warum greift der Staat in der sozialen Marktwirtschaft der Bundesrepublik in das Wirtschaftsgeschehen ein?

8. Erläutern Sie, wo der Staat eine aktive Rolle in der sozialen Marktwirtschaft spielt.

AKTIONEN

1. Aufgrund einer Naturkatastrophe sind in Schlaraffien die bis dahin geltenden paradiesischen Zustände zu Ende gegangen: Es muss nun gewirtschaftet werden. Momentan ist Wahlkampf in Schlaraffien. Die beiden großen Parteien „Die Zentralen" und „Die Freien" streiten heftig um die zukünftige Wirtschaftsordnung.
   a) Bilden Sie in Ihrer Klasse mehrere Gruppen.
   b) Bearbeiten Sie in den Gruppen den jeweiligen Arbeitsauftrag. Bearbeitungszeit 30 Minuten.

   Arbeitsauftrag Gruppe 1, 3, 5 usw.:
   Erstellen Sie mithilfe Ihres Buchs ein Werbeplakat für die Partei „Die Zentralen", die die Zentralverwaltungswirtschaft bevorzugen. Wählen Sie einen Gruppensprecher aus, der Ihr Werbeplakat im Klassenplenum präsentiert.

   Arbeitsauftrag Gruppe 2, 4, 6 usw.
   Erstellen Sie mithilfe Ihres Buchs ein Werbeplakat für die Partei „Die Freien", die eine freie Marktwirtschaft anstreben.

   Regeln zur Beschriftung des Plakats
   - Schrift in angemessener Größe
   - Farbe funktional statt bunt
   - Überschrift, Titel angeben

   c) Wählen Sie einen Gruppensprecher aus, der Ihr Werbeplakat im Klassenplenum präsentiert.

   Regeln für Präsentationen
   - Blickkontakt zu den Teilnehmern
   - laut und deutlich sprechen
   - frei sprechen
   - Pausen machen
   - nicht zur Tafel/Wand sprechen
   - nicht im Bild stehen

2. In Schlaraffien haben inzwischen die Wahlen stattgefunden, in deren Mittelpunkt die Auseinandersetzung um die zu wählende Wirtschaftsordnung stand. „Die Freien" (für die freie Marktwirtschaft) gewannen 48 % der Wählerstimmen, „die Zentralen" (für

die Zentralverwaltungswirtschaft) erhielten 47 %.
Der Rest der Stimmen ging an die unbedeutende Partei „Die Auswanderer", die keine wirtschaftspolitischen Vorstellungen hat und auch keine der beiden anderen Parteien unterstützen will.
Durch die Umstände gezwungen gehen „Die Freien" und „Die Zentralen" eine große Koalition ein. Nach zähen Verhandlungen einigen sich beide Parteien auf eine Mischform zwischen Zentralverwaltungswirtschaft und freier Marktwirtschaft, die sie „Soziale Marktwirtschaft" nennen.

a) Bilden Sie in Ihrer Klasse Gruppen, die jeweils „Die Freien" oder „Die Zentralen" repräsentieren.
b) Erstellen Sie in Gruppenarbeit eine Folie, mit der Sie Ihren Parteianhängern das mit der anderen Partei vereinbarte Modell der sozialen Marktwirtschaft erläutern.
Die Folie soll Auskunft geben über die folgenden Merkmale:
   - Eigentumsverhältnisse
   - Konsumfreiheit
   - Berufs- und Arbeitsplatzwahl
   - Preisbildung
   - staatliche Eingriffe in das Wirtschaftsgeschehen
   - Vertragsfreiheit
   - Einkommensverteilung
c) Bereiten Sie sich auf eine Präsentation vor. Gehen Sie während der Präsentation auch auf die Vorteile der sozialen Marktwirtschaft gegenüber der bisher von Ihrer Partei vertretenen Wirtschaftsordnung ein.

ZUSAMMENFASSUNG

Idealtypische Wirtschaftsordnungen

- theoretische Denkmodelle über die Organisation einer Wirtschaft nach bestimmten Merkmalen
- dienen dem Erkenntnisgewinn

Freie Marktwirtschaft

Jeder Wirtschaftsteilnehmer stellt **eigene** Wirtschaftspläne auf und führt sie durch.

Zentralverwaltungswirtschaft

Alles Wirtschaften wird durch **einen** Plan **einer** Behörde gelenkt. Alle Wirtschaftsteilnehmer müssen dieser Entscheidung folgen.

Realtypische Wirtschaftsordnungen

in der Praxis vorkommende Wirtschaftsordnungen

wie beispielsweise

Soziale Marktwirtschaft der Bundesrepublik

- verbindet das marktwirtschaftliche Prinzip mit den Forderungen nach sozialer Gerechtigkeit und Sicherheit
- Eingreifen des Staates, um Nachteile der freien Marktwirtschaft zu vermeiden

12.2 Wir unterscheiden die wirtschaftspolitischen Ziele im Stabilitätsgesetz

Einstieg

Die Wirtschaftskrise 2008/2009 ist auch an der Hoffmann KG nicht spurlos vorbeigegangen. Aufgrund von starken Nachfragerückgängen im Textilbereich muss die Produktion in dem Bereich gedrosselt werden. Folge ist, dass die staatlich geförderte Kurzarbeit bei 50 Mitarbeitern der Textilproduktion angewendet werden muss. Sollte sich die Marktlage in den nächsten Monaten nicht ändern, drohen den entsprechenden Mitarbeitern Kündigungen.

Die Produktion bei der Hoffmann KG steht zeitweise still

1. Warum geht in einer Wirtschaftskrise die Nachfrage nach vielen Gütern zurück?
2. Wie könnte die Nachfrage angekurbelt werden?
3. Welche Gefahren sind mit den in zwei genannten Vorschlägen verbunden?
4. Warum fördert der Staat die Kurzarbeit?

INFORMATIONEN

Stabilitätsgesetz

Im letzten Kapitel wurden die Merkmale der sozialen Marktwirtschaft, wie sie in der Bundesrepublik Deutschland vorzufinden sind, näher erläutert. Es wurde also festgestellt, dass rein marktwirtschaftliche Prinzipien (alles wird durch den Markt geregelt → Selbststeuerungskräfte) vom Staat an bestimmten Stellen reguliert werden müssen, um vor allem Nachteile für den Menschen zu reduzieren. Diese Regulierungen und Rahmenbedingungen werden durch verschiedene Gesetze gesteuert. Eines dieser Gesetze ist das **Gesetz zur Förderung und Stabilität des Wachstums der Wirtschaft (Stabilitätsgesetz → StabG)** aus dem Jahr 1967.

GESETZ

§ 1 StabG

Bund und Länder haben bei ihren wirtschafts- und finanzpolitischen Maßnahmen die Erfordernisse des gesamtwirtschaftlichen Gleichgewichts zu beachten. Die Maßnahmen sind so zu treffen, dass sie im Rahmen der marktwirtschaftlichen Ordnung gleichzeitig zur Stabilität des Preisniveaus, zu einem hohen Beschäftigungsstand und außenwirtschaftlichem Gleichgewicht bei stetigem und angemessenem Wirtschaftswachstum beitragen.

In der nachfolgenden Grafik ist dargestellt, welche Zahlen zu den in § 1 StabG genannten Zielen in den Jahren 2007 bis 2009 für Deutschland festgestellt wurden.

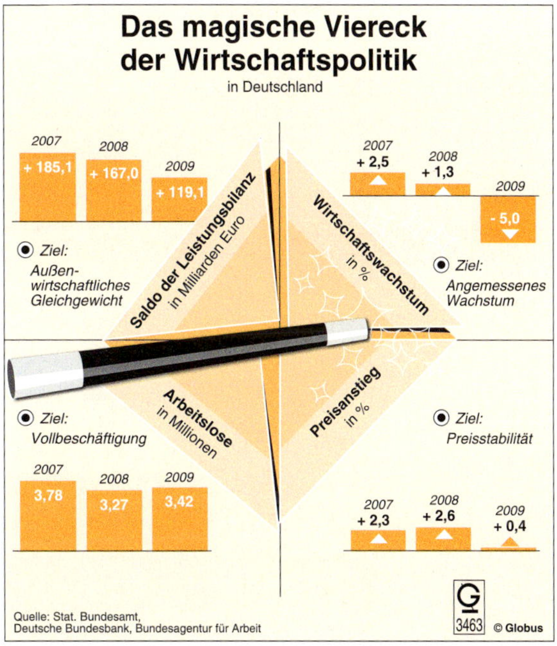

Ziel: Angemessenes Wachstum

Kennzahlen

Ein Ziel des Stabilitätsgesetzes ist ein angemessenes Wachstum. Dieses wird gemessen, indem die Wachstumsraten des Bruttoinlandsprodukts der verschiedenen Zeiträume (z. B. ein Jahr) betrachtet werden.

DEFINITION

Das **Bruttoinlandsprodukt** (BIP) misst die Leistung einer Volkswirtschaft während eines festgelegten Zeitraums. Es werden alle im Inland hergestellten Waren und Dienstleistungen wertmäßig erfasst, wenn diese nicht als Vorleistung für andere Produkte verwendet werden. Die Berechnung des BIP erfolgt auch bezogen auf die Leistung des einzelnen Einwohners (BIP je Einwohner). Dabei wird das BIP eines Jahres durch die Anzahl der Einwohner geteilt.

Von einem Wirtschaftswachstum wird immer dann gesprochen, wenn die Wirtschaftsleistung (das BIP) im laufenden Jahr größer ist als im Vorjahr. So ist beispielsweise in der Grafik zum magischen Viereck für 2009 in Deutschland ein Wirtschaftswachstum von – 5 % festgestellt worden. Dies bedeutet, dass im Vergleich zu 2008 das BIP um 5 % gesunken ist. Somit ist in 2009 das Ziel des angemessenen Wirtschaftswachstums (aufgrund der Wirtschaftskrise) nicht erfüllt worden.

FORMEL

$$\text{Wachstumsrate} = \left(\frac{\text{BIP}}{\text{BIP des Vorjahrs}} - 1 \right) \cdot 100$$

In der Bundesrepublik gab es in Zeiten des Wirtschaftswunders in den 1950er- und 1960er-Jahren Wachstumsraten von zum Teil über 10 %. Seitdem hat es immer wieder kleinere oder größere Krisen gegeben, die in manchen Jahren auch ein negatives Wachstum zur Folge hatten. Heute spricht man von einem angemessenen Wachstum bei Wachstumsraten von etwa 1,5 % – 2 %.

Auswirkungen auf die Volkswirtschaft

An den Krisen ist zu erkennen, dass eine Volkswirtschaft auf ein stetiges und angemessenes Wirtschaftswachstum angewiesen ist.

Ein angemessenes Wirtschaftswachstum hat Einfluss auf
- den Beschäftigungsstand (niedrigere Arbeitslosigkeit),
- die Sozialleistungen des Staates (höhere Steuereinnahmen, Sozialversicherungen)
- und somit auf die Lebensqualität.

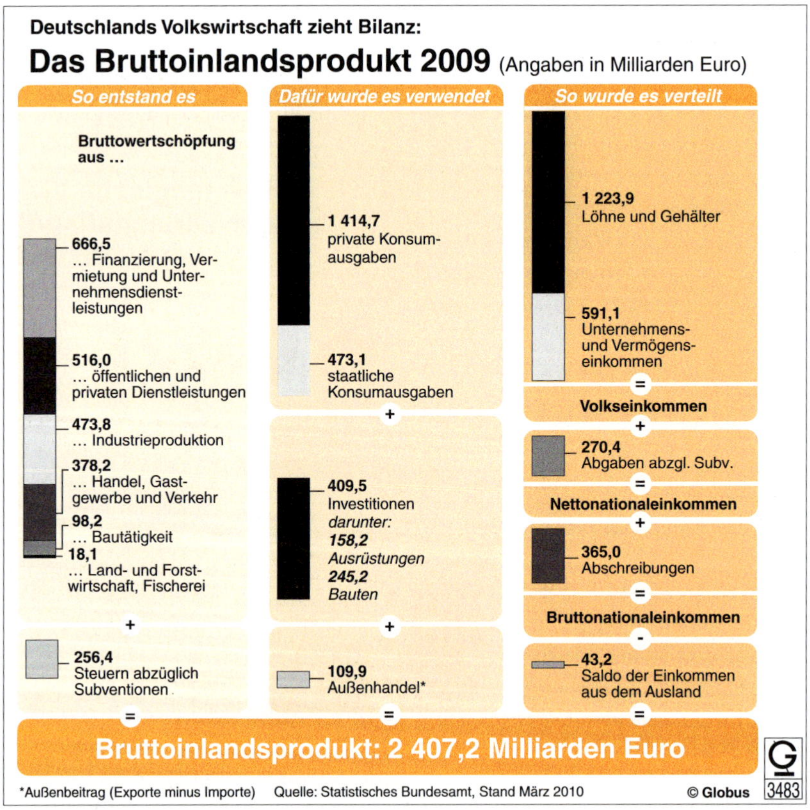

Grenzen des Wachstums

Es stellt sich die Frage, ob die Wirtschaft immer weiter wachsen kann oder ob es Grenzen des Wachstums gibt. In einer 1972 vom Club of Rome veröffentlichten Studie *(The Limits to Growth)* wurden die Grenzen des Wachstums in verschiedenen Szenarien untersucht. Die Wachstumsmodelle wurden im Hinblick auf die Ziele Umweltschutz und Wirtschaftswachstum diskutiert. Das Wirtschaftswachstum wird vielerorts auf Kosten der Umwelt realisiert. Laut dieser Studie sind bei den meisten der untersuchten Szenarien die Rohstoffe im Jahr 2100 erschöpft.

Diese Studie und die Ölkrise in den 1970er-Jahren haben ein Umdenken in vielen Industrieländern in Gang gesetzt. Auch die FCKW-Emissionen und die damit verbundene Schädigung der Ozonschicht wurden später festgestellt. Seitdem wird der Umweltschutz als notwendiger Faktor für ein nachhaltiges Wirtschaften betrachtet[1].

Ziel: Preisstabilität

Kennzahlen und Warenkorb

Um die Preisstabilität festzustellen, ist es erforderlich, einen Preisindex zu definieren und zu erstellen. In Deutschland liefert der Verbraucherpreisindex die Informationen über die Preissteigerung bzw. die Teuerungsrate, bei dem alle Haushaltstypen, alle Regionen von Deutschland und sämtliche dort nachgefragten Waren und Dienstleistungen einbezogen sind.

DEFINITION

Der **Verbraucherpreisindex** für Deutschland misst die durchschnittliche Preisentwicklung aller Waren und Dienstleistungen, die von privaten Haushalten für Konsumzwecke gekauft werden.

Die Berechnung des Verbraucherpreisindex erfolgt auf Basis eines sogenannten Warenkorbs. Dieser Warenkorb enthält alle Waren und Dienstleistungen, die beim deutschen Konsum relevant sind. Die sich ändernden Entwicklungen im Konsum machen eine ständige Aktualisierung und Neugewichtung des Warenkorbs erforderlich, damit auch die relevanten Konsumgüter in den Index einbezogen werden. Daher wird dieser Warenkorb alle fünf Jahre angepasst.

Die untenstehende Grafik zeigt den aktuellen Warenkorb, der mit dieser Gewichtung seit 2005 gilt. Die Preissteigerung wird auch als Inflationsrate bezeichnet.

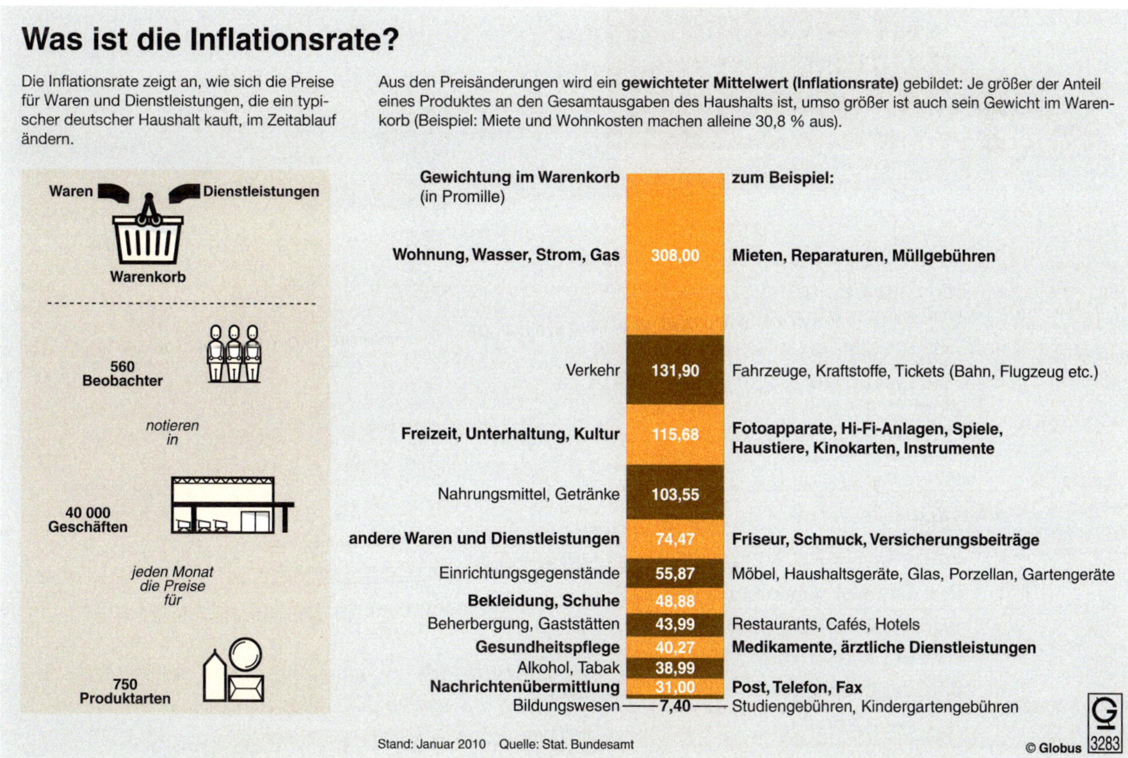

1 siehe Kap. 12.3

In der Realität gehen rund 560 Preisermittler Monat für Monat in die Geschäfte und notieren sich Preise der Güter dieses Warenkorbs. Mithilfe repräsentativer Stichproben und statistischer Verfahren werden die Daten monatlich vom Statistischen Bundesamt erhoben und veröffentlicht (vgl. www.destatis.de).

Das Statistische Bundesamt hat auf der oben genannten Internetseite auch ein Preis-Kaleidoskop aufgeführt, das interaktiv zu bedienen ist und die aktuellen Preisveränderungen vieler Produktarten des Warenkorbs im Vergleich zum Vormonat aufführt (www.destatis.de/Voronoi/Preis-Kaleidoskop.svg).

Die folgende Grafik zur Jahres-Teuerungsrate zeigt die Preissteigerung in Deutschland seit 1981. Das Ziel der Preisstabilität laut Stabilitätsgesetz ist erreicht, weil die berechneten Steigerungsraten als moderat zu bewerten sind. Dieses Ziel hat sich auch die Europäische Zentralbank gesetzt[1].

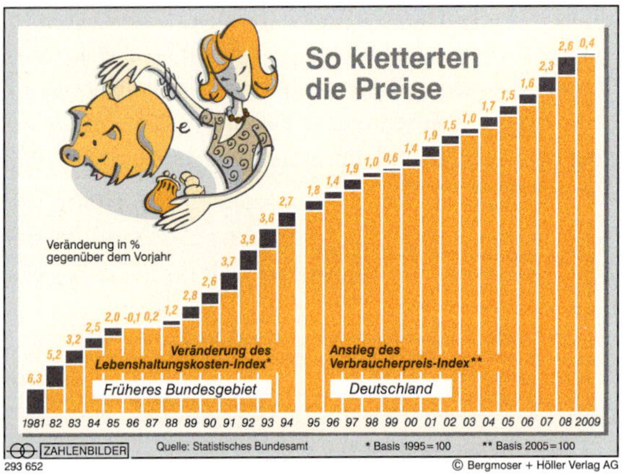

Zur Berechnung des Preisindex legt das Statistische Bundesamt ein Basisjahr zugrunde, momentan das Basisjahr 2005 mit einem Indexwert von 100. Die Inflationsrate[2]. berechnet sich aus den Veränderungen des Preisindex. Die Zahl, die in der Regel veröffentlicht wird, ist die Inflationsrate.

FORMELN

$$\text{Preisindex} = \frac{\text{Wert aktueller Warenkorb}}{\text{Wert Warenkorb Basisjahr}} \cdot 100$$

$$\text{Inflationsrate} = \left(\frac{\text{Wert aktueller Warenkorb}}{\text{Wert Warenkorb Vorjahr}} - 1\right) \cdot 100$$

oder

$$\text{Inflationsrate} = \left(\frac{\text{aktueller Indexwert}}{\text{Indexwert Vorjahr}} - 1\right) \cdot 100$$

1 siehe Kap. 12.5 2 zu Inflation siehe Seite 401 f.

BEISPIEL

Jahr	Warenkorb	Preisindex	Inflationsrate
Basisjahr	1.600,00 €	100	–
1. Folgejahr	1.632,00 €	102	2,0 %
2. Folgejahr	1.680,00 €	105	2,9 %

Kaufkraft

Wenn in einer Volkswirtschaft die Preise steigen, ist noch nicht gesagt, dass die Kaufkraft der privaten Haushalte sinkt. Steigen beispielsweise die Preise um 1 %, die Löhne und Gehälter (also die Einkünfte der privaten Haushalte) im gleichen Zeitraum aber um 2 %, dann ist auch die Kaufkraft gestiegen. Die Kaufkraft des Geldes zeigt also an, welche Gütermenge man mit der zur Verfügung stehenden Geldmenge erwerben kann.

BEISPIEL

Dominik Schlote freut sich, dass seine Ausbildungsvergütung zum Jahresende um 1 % erhöht wurde, ihm jetzt also mehr Geld zur Verfügung steht. Abends erzählt er dies seiner Mutter. Die Mutter sagt: „Schön ... aber gerade heute habe ich in der Zeitung gelesen, dass die Preissteigerung in diesem Jahr 1,8 % betragen hat. Daher hast du insgesamt weniger Geld zur Verfügung und deine Kaufkraft ist leicht gesunken."

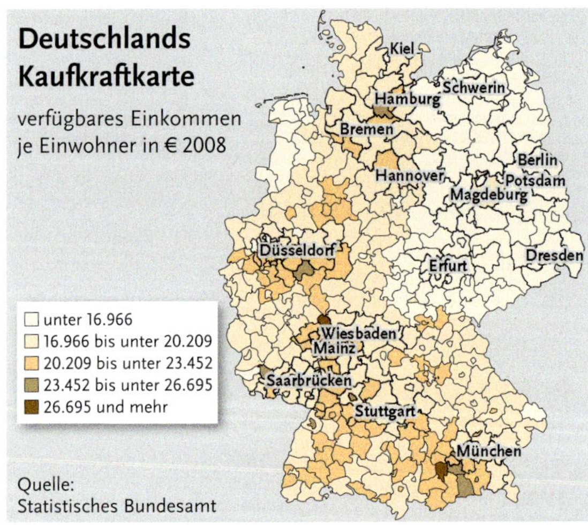

Die oben stehende Grafik verdeutlicht die Unterschiede bei der Kaufkraft in den verschiedenen Regionen Deutschlands im Jahr 2008. Dabei erfolgte die Erhebung pro Landkreis, wobei sich die Kaufkraft zwischen Minimum (Landkreis Uecker-Randow, 13.723,00 €) und Maximum (Landkreis Starnberg, 28.974,00 €) sehr stark unterscheidet.

Die folgende Grafik stellt die Kaufkraft verschiedener europäischer Länder im Jahr 2008 dar. Es ist ein sehr starkes Gefälle zwischen den westlichen Ländern der EU und beispielsweise der Ukraine oder Moldawien zu erkennen. Der Indikator Kaufkraft wird also nicht nur für Regionen innerhalb einer Volkswirtschaft verwendet, sondern dient auch als Vergleich zwischen verschiedenen Volkswirtschaften.

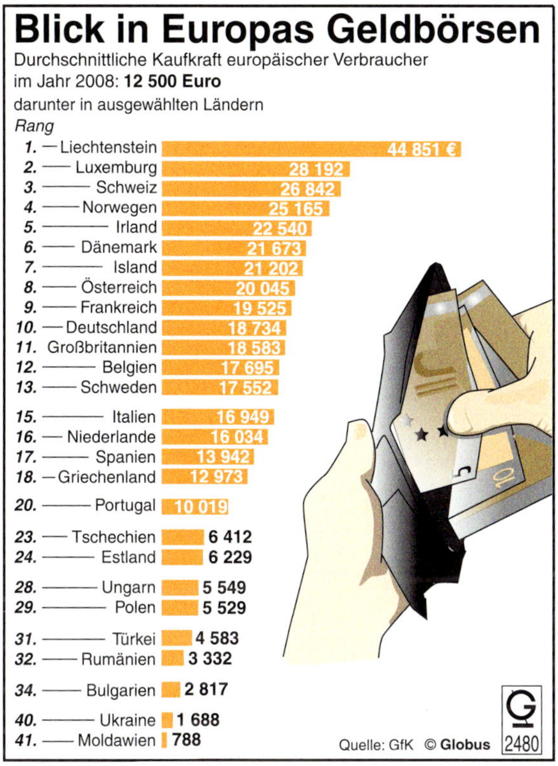

Spricht man von der Kaufkraft und Lohnentwicklungen, sind folgende Begriffe von Bedeutung:

- **Bruttolohn**
  der zwischen Arbeitgeber und Arbeitnehmer vereinbarte Gesamtlohn
- **Nettolohn**
  Bruttolohn abzüglich der Sozialabgaben, Steuern (Lohnsteuer) und ggf. der privaten Vorsorge
- **Reallohn**
  entspricht der Kaufkraft. In der Regel ist dies der Nettolohn (in dem Zusammenhang auch Nominallohn genannt) unter Berücksichtigung der Preisentwicklung.

Betrachtet man die Entwicklung der Reallöhne (unter Berücksichtigung des Preisanstiegs) in Deutschland, so ist zu erkennen, dass es seit 1991 einen leichten Rückgang in diesem Bereich gegeben hat, obwohl die Brutto- und Nettolöhne der Arbeitnehmer gestiegen sind.

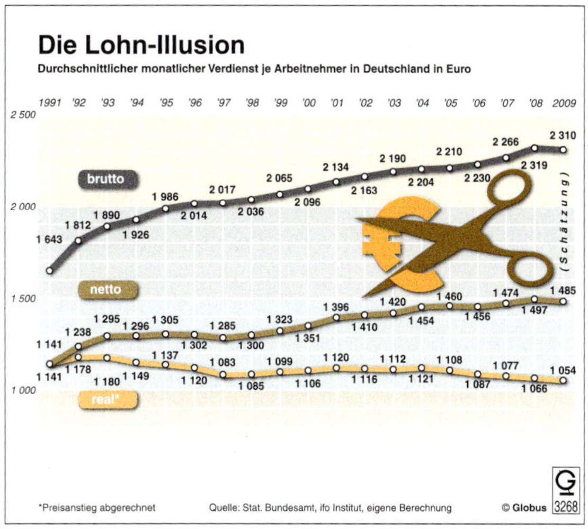

Geldwertstörungen

Eine Preisstabilität soll erreicht werden, damit es in einer Volkswirtschaft nicht zu einer Inflation oder Deflation kommt. Beide Szenarien sind sogenannte Geldwertstörungen und haben einen negativen Einfluss auf die Wirtschaft und somit auf den Wohlstand einer Gesellschaft.

Inflation

Bei der Inflation sinkt der Wert des Geldes, weil aufgrund der Preissteigerung nicht mehr so viel gekauft werden kann wie vorher. Die Inflation kann daher auch als eine Form der Geldentwertung verstanden werden.

DEFINITION

Bei einer **Inflation** ist mehr Geld als Sachgüter vorhanden, die Preise steigen. Der Anstieg des allgemeinen Preisniveaus führt zur Geldentwertung und zu Kaufkraftschwund.

Es wird von einer **nachfrageinduzierten Inflation** gesprochen, wenn die Nachfrage nach Gütern und Dienstleistungen steigt ohne eine entsprechende Ausweitung des Angebots. Durch die hohe Nachfrage steigen die Preise.

BEISPIELE

- Konsumnachfrageinflation = private Haushalte haben eine erhöhte Nachfrage nach Konsumgütern
- Investitionsnachfrageinflation = Unternehmen haben eine erhöhte Nachfrage nach Investitionsgütern
- Staatsnachfrageinflation = der Staat hat eine erhöhte Nachfrage nach Gütern und Dienstleistungen

Bei einer **angebotsinduzierten Inflation** nehmen die Anbieter Preiserhöhungen vor, weil etwa die Kosten gestiegen sind oder weil sie ihre Gewinne erhöhen möchten.

BEISPIELE

- Kostendruckinflation = Preise steigen wegen erhöhter Produktionskosten
- Rohstoffkosteninflation = Preise steigen wegen teurer werdender Rohstoffe
- Gewinninflation = Preise steigen wegen höherer Gewinnforderungen

Es wird unterschieden zwischen einer leichten und einer schweren Inflation. Eine leichte Inflation hat jährliche Preissteigerungsraten von 0 % – 5 %, die schwere Inflation hat Preissteigerungsraten über 5 %. Während die leichte Inflation, wie sie auch momentan in Deutschland herrscht, kaum drastische Auswirkungen auf wesentliche Bereiche der Wirtschaft hat, ist dies bei der schweren Inflation durchaus der Fall.

Inflation

Auswirkung auf die Preisentwicklung

BEISPIEL

Ein Gut, das heute 10,00 € kostet, hat in der Zukunft folgende Preise:

jährliche Inflationsrate / Preisentwicklung	1 %	2 %	5 %	10 %	30 %
	leichte Inflation		schwere Inflation		
nach 1 Jahr	10,10	10,20	10,50	11,00	13,00
nach 5 Jahren	10,51	11,04	12,76	16,11	37,13
nach 10 Jahren	11,05	12,19	16,29	25,94	137,86

Auswirkung auf die Kaufkraft

BEISPIEL

Das Geld, das heute noch 100 % seines Werts hat, hat in der Zukunft folgenden Prozentwert:

jährliche Inflationsrate / Kaufkraftentwicklung	1 %	2 %	5 %	10 %	30 %
	leichte Inflation		schwere Inflation		
nach 1 Jahr	99,0	98,0	95,2	90,9	76,9
nach 5 Jahren	95,1	90,6	78,4	62,1	26,9
nach 10 Jahren	90,5	82,0	61,4	38,6	7,3

Hyperinflation nach dem ersten Weltkrieg

In den 1920er-Jahren kam es zu einer schweren Inflation (Hyperinflation), weil zu Beginn der Weimarer Republik die Geldpresse in Deutschland viel Geld druckte, um die Staatsschulden (Reparationszahlungen) im Ausland zu begleichen. Außerdem kam es aufgrund des Krieges zu Güterengpässen.

➔ Einer steigenden Geldmenge stand ein Rückgang der Sachgüter gegenüber.

Folgen der Hyperinflation:

- Inlandswährung fällt als Tauschmittel aus.
- Ersatz der Inlandswährung durch Auslandswährung
- Es werden nur noch Güter getauscht.

Deflation

Die Deflation ist quasi das Gegenteil der Inflation. In dieser Situation sinkt das allgemeine Preisniveau langfristig, weil beispielsweise weniger Waren und Dienstleistungen nachgefragt werden.

Es könnte der Eindruck entstehen, dass dies, zumindest für die privaten Haushalte, gut sein wird. Es besteht aber die Gefahr, dass die privaten Haushalte mit dem Kauf warten, da das Konsumgut nächste Woche eventuell noch günstiger sein wird usw. Ähnlich könnten die Unternehmen reagieren, indem sie z. B. zögern, Investitionsgüter zu erwerben. Dadurch würden die Nachfrage und der Konsum weiter sinken, als Folge sinkt dann wiederum die Produktion und die Arbeitslosigkeit steigt.

DEFINITION

Bei einer **Deflation** ist weniger Geld als Sachgüter vorhanden, die Preise sinken. Das Sinken des allgemeinen Preisniveaus führt zur Geldwertsteigerung und zur Kaufkraftsteigerung einer Währungseinheit.

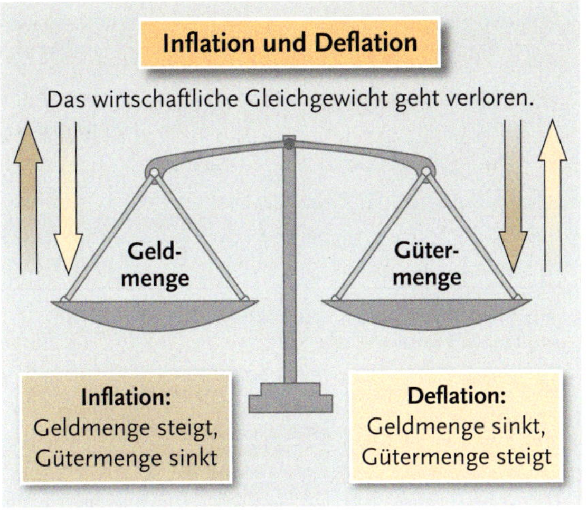

Ziel: Außenwirtschaftliches Gleichgewicht

Gründe für den Außenhandel

Der Außenhandel ist in jeder Volkswirtschaft seit langer Zeit notwendig, um beispielsweise Güter, die nicht oder nicht im ausreichenden Maße vorhanden sind, zu importieren. Umgekehrt wird auch exportiert, um die im Ausland fehlenden Güter zu liefern.

In der heutigen globalisierten Welt sind die Motive des Außenhandels überwiegend in den Kostenstrukturen begründet (z. B. günstigere Textilproduktion in Asien) und in den guten Absatzmöglichkeiten im Ausland (z. B. Automarkt in China). Man spricht beim Außenhandel auch von einer internationalen Arbeitsteilung[1].

Zahlungs-, Leistungs- und Handelsbilanz

Die Gesamtheit der Außenbeziehungen nennt sich Außenwirtschaft. Alle Forderungen und Verbindlichkeiten der Außenwirtschaft werden in einer Zahlungsbilanz zusammengefasst. Die Zahlungsbilanz umfasst alle Geld- und Kapitalströme mit dem Ausland. Dabei wird diese in verschiedene Teilbilanzen unterteilt.

Nachfolgend werden nur die Zahlungsbilanz, die Leistungsbilanz und die Handelsbilanz erläutert, weil diese für den Außenhandel die größte Bedeutung darstellen.

- **Zahlungsbilanz**
  Darunter fallen alle wirtschaftlichen Wechselbeziehungen, die innerhalb eines Jahres in einer Volkswirtschaft im Inland und im Ausland stattgefunden haben.

- **Leistungsbilanz**
  Sie stellt mit ihren vier Bereichen (vgl. Schaubild) den Kernbereich der Zahlungsbilanzanalyse dar. Die Leistungsbilanz umfasst vor allem Güter- und Dienstleistungsströme zwischen In- und Ausland.

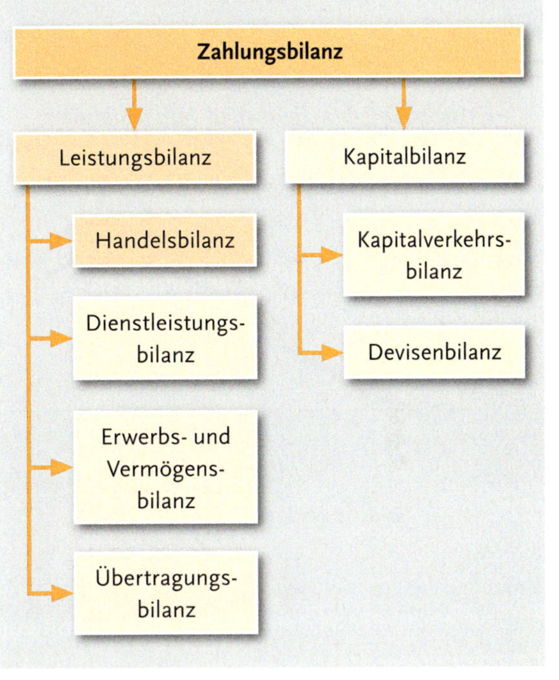

- **Handelsbilanz**
  Die Handelsbilanz stellt die größte Position bei der Leistungsbilanz dar. Hier sind die Waren- und Güterströme zwischen In- und Ausland zusammengefasst. Es erfolgt eine wertmäßige Gegenüberstellung von Importen und Exporten.

DEFINITION

Der **Außenbeitrag** der Handelsbilanz ergibt sich als Saldo (Differenz) zwischen Exporten und Importen von Waren und Dienstleistungen.

Von einem **aktiven Außenbeitrag** bzw. einem Handelsbilanz- oder Leistungsbilanzüberschuss wird gesprochen, wenn die Leistungen an das Ausland größer sind als die Leistungen vom Ausland, das heißt, die Exporte sind höher als die Importe. Umgekehrt wird von einem **passiven Außenbeitrag** gesprochen, wenn die Importleistungen die Exportleistungen übersteigen.

1 siehe Kap. 3.8

In Deutschland ist der Außenbeitrag aktiv, man spricht auch von einem Außenhandelsüberschuss. Nachfolgend sind die Handelsbilanz und der Außenbeitrag Deutschlands seit 1950 abgebildet und für 2009 der Außenbeitrag zwischen einigen ausgewählten Ländern mit Deutschland.

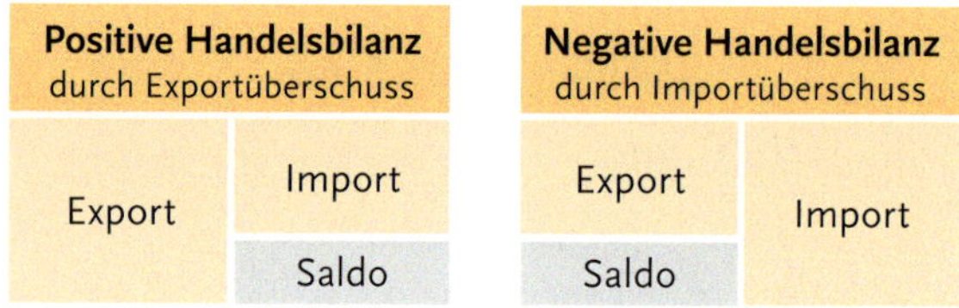

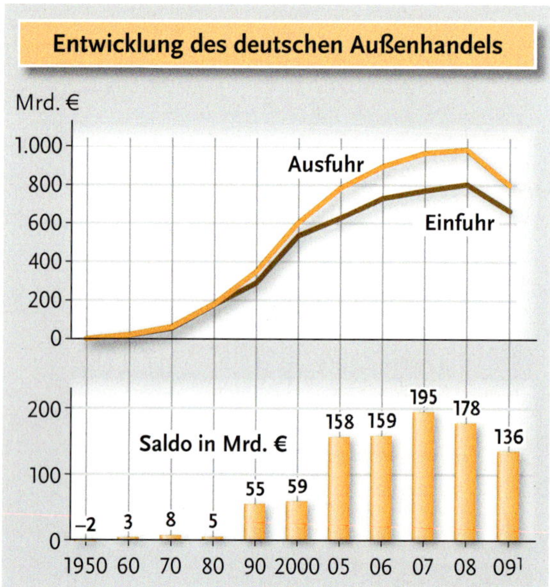

Quelle: Statistisches Bundesamt 1 vorläufiges Ergebnis

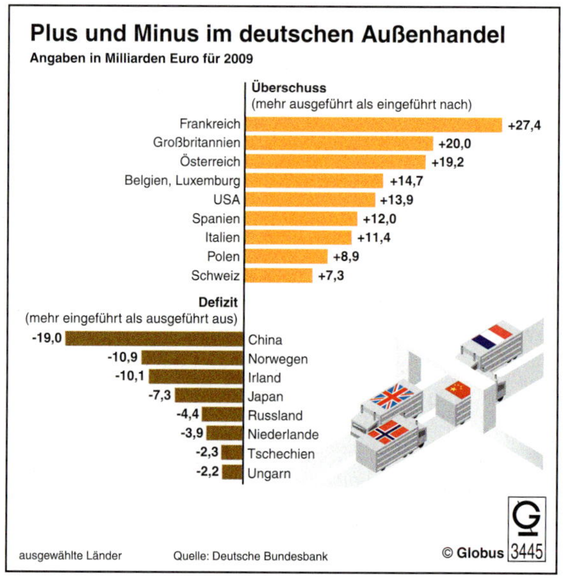

Gefahren eines außenwirtschaftlichen Ungleichgewichts

Die Leistungsbilanzen aller Volkswirtschaften weltweit ergeben in der Zusammenrechnung Null. Wenn es in einer Volkswirtschaft einen Leistungsbilanzüberschuss gibt, dann nimmt dieses Land mehr Geld aus dem Ausland ein, als es zahlen muss. Folglich muss es in einigen anderen Ländern ein Leistungsbilanzdefizit geben. Da beim Defizit mehr Geld abfließt als hinzukommt, müssen die „Defizitländer" sich das Geld bei den „Überschussländern" leihen. Damit wächst die Gefahr einer Schuldenkrise. Dies entspricht umgekehrt den Problemen, die eine Volkswirtschaft mit einem zu hohen passiven Außenbeitrag hat.

Neben den genannten Gefahren der Schuldenkrise ist es wichtig, die Exportabhängigkeit nicht zu hoch werden zu lassen. Wie aus der nebenstehenden Grafik zu erkennen ist, betrug in Deutschland der aktive Außenbeitrag (Saldo der Leistungsbilanz) seit 2004 stets über 4 % des BIP. Die Finanzkrise 2008/2009 und die daraus resultierende Rezession haben die Schwächen dieser Exportabhängigkeit offengelegt. Es wird daher von Experten gefordert, die Binnennachfrage zu stärken. Ansätze können hier reale Lohnzuwächse sein.

Das Ziel des Stabilitätsgesetzes ist hier gefährdet, da es nur moderate Salden von etwa +/–2 % des BIP geben sollte. Langfristig muss die deutsche Wirtschaft dies wieder erreichen.

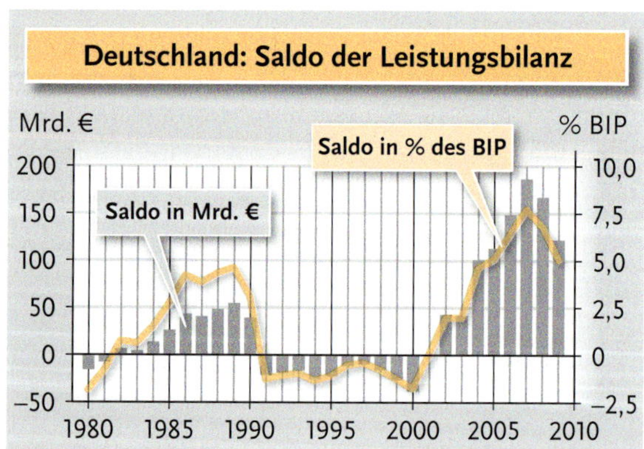

Quelle: Statistisches Bundesamt, Deutsche Bundesbank

Ziel: Hoher Beschäftigungsstand

Vollbeschäftigung

Ein weiteres wirtschaftspolitisches Ziel ist es laut Stabilitätsgesetz, einen möglichst hohen Beschäftigungsstand zu erreichen. Nach dem Zweiten Weltkrieg gab es in Deutschland eine Vollbeschäftigung. In den 1960er-Jahren gab es sogar eine Unterbeschäftigung, das heißt, die Zahl der offenen Stellen war größer als die Zahl der Arbeitslosen. Gelöst wurde dieses Problem seinerzeit dadurch, dass Arbeitskräfte aus dem Ausland nach Deutschland kamen.

DEFINITION

Vollbeschäftigung liegt vor, wenn alle Erwerbspersonen in Beschäftigung sind.

Diese Definition wird von Politikern und Wissenschaftlern unterschiedlich interpretiert. So galt in den 1950er- bis 1980er-Jahren eine Arbeitslosenquote von 2 % als Vollbeschäftigung. Seit den 1990er-Jahren werden 4 % – 6 % als Messlatte genommen So gibt es beispielsweise Meinungen unter Experten, dass in Deutschland immer zirka eine Million Menschen arbeitslos sein werden, weil sie entweder auf dem Arbeitsmarkt aufgrund fehlender Qualifikationen nicht vermittelbar sind oder sich gerade auf Arbeitssuche zwischen zwei Arbeitsstellen befinden.

Arbeitsmarktkennzahlen

Die Bundesagentur für Arbeit unterscheidet im Rahmen ihrer periodischen Erhebung statistischer Daten zum Arbeitsmarkt verschiedene Personenkreise.

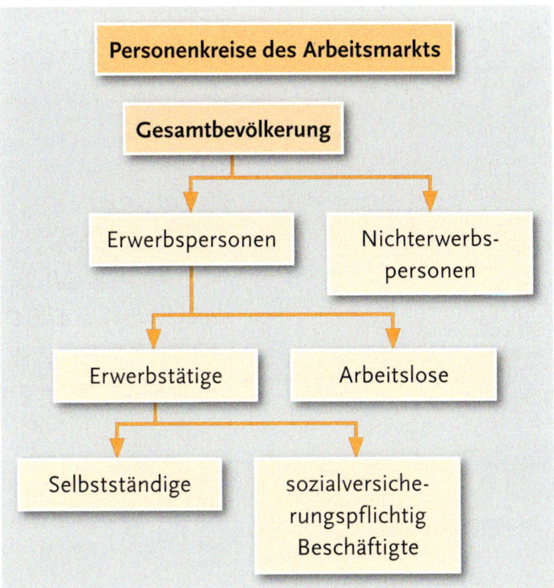

Zur Beurteilung des Beschäftigungsstands bzw. des Arbeitsmarkts sind verschiedene Kennzahlen von Bedeutung. Viele dieser Kennzahlen werden von der Bundesagentur für Arbeit und vom Statistischen Bundesamt in regelmäßigen Zeiträumen veröffentlicht. Dazu gehören:

- **Erwerbsquote**
  Als Erwerbsquote wird der prozentuale Anteil an Erwerbspersonen (= alle Personen, die sich am Erwerbsleben beteiligen wollen) bezogen auf die Gesamtbevölkerung bezeichnet.

FORMEL

$$\text{Erwerbsquote} = \frac{\text{Erwerbstätige} + \text{Arbeitslose}}{\text{Bevölkerung insgesamt}} \cdot 100$$

- **Arbeitslosenquote**
  Als Arbeitslosenquote wird der prozentuale Anteil an registrierten Arbeitslosen bezogen auf die Erwerbspersonen bezeichnet.

FORMEL

$$\text{Arbeitslosenquote} = \frac{\text{Arbeitslose}}{\text{Erwerbstätige} + \text{Arbeitslose}} \cdot 100$$

Arbeitslosigkeit

Die Arbeitslosigkeit ist ein Dauerthema in Politik und Gesellschaft. Es gibt verschiedene Gründe, weshalb diese in einer Volkswirtschaft möglichst niedrig sein sollte.

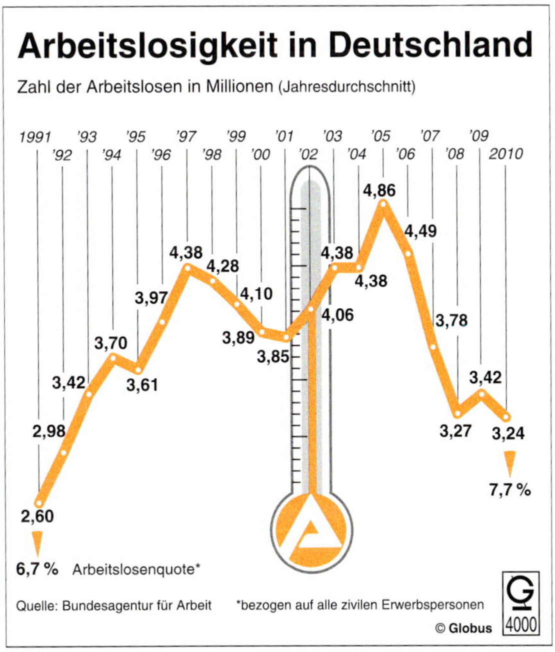

Formen der Arbeitslosigkeit
Um die Arbeitslosigkeit wirksam bekämpfen zu können, muss zunächst eine Analyse der Formen der Arbeitslosigkeit stattfinden.

Es gibt:
- **saisonale** Arbeitslosigkeit
  Innerhalb eines Jahres kommt es je nach Branche (z. B. Baugewerbe, Tourismus) zu saisonalen Schwankungen. Tendenziell ist die Arbeitslosenquote in Deutschland im Winter und während der Urlaubszeit (Juli, August) saisonal etwas höher.

- **konjunkturelle** Arbeitslosigkeit
  Wenn die gesamtwirtschaftliche Nachfrage nach Gütern und Dienstleistungen sinkt, fällt das Wirtschaftswachstum geringer aus. Es kann dadurch konjunkturbedingt zu einer höheren Arbeitslosigkeit kommen.

- **strukturelle, sektorale** Arbeitslosigkeit
  Wenn etwa bestimmte Industriezweige nicht mehr benötigt werden, führen diese strukturellen Veränderungen häufig zu einer erhöhten Arbeitslosigkeit (z. B. Kohleförderung). Die Wertschöpfungsprozesse werden in andere Wirtschaftssektoren verlagert.

- **regionale** Arbeitslosigkeit
  Der oben genannte Strukturwandel kann sich nur auf bestimmte Regionen beziehen. Regionale Unternehmen sind eventuell nicht mehr wettbewerbsfähig und die Arbeitslosigkeit steigt regional.

- **friktionelle** Arbeitslosigkeit
  Beim Übergang von einer Arbeitsstelle zu einer anderen kommt es zu zeitlichen Verzögerungen. In dieser relativ kurzen Übergangszeit ist ein Arbeitnehmer arbeitslos.

Es ist das Ziel der Bundesagentur für Arbeit, möglichst viele Erwerbspersonen in den ersten Arbeitsmarkt zu bringen.

DEFINITION
Unter dem **ersten Arbeitsmarkt** wird der reguläre Arbeitsmarkt verstanden, bei dem seitens des Staates keine Zuschüsse zu Arbeitsverhältnissen gezahlt werden. Der **zweite Arbeitsmarkt** hat als Ziel, die Betroffenen (wieder) an den ersten Arbeitsmarkt heranzuführen. Zum zweiten Arbeitsmarkt zählen alle staatlich subventionierten Arbeitsverhältnisse.

Folgen der Arbeitslosigkeit
Eine hohe Arbeitslosigkeit ist für eine Volkswirtschaft eine starke Belastung. So fehlen der Solidargemeinschaft nicht nur die Teilnehmer, die in Renten-, Kranken-, Pflege- und Arbeitslosenversicherung einzahlen, sondern es steigen auch die Aufwendungen und somit der Beitragssatz der Arbeitslosenversicherung. Durch die dann gestiegenen Lohnnebenkosten kann es zu weiteren Entlassungen und somit zu einer noch höheren Arbeitslosenquote kommen.

Für jeden persönlich ist der Zustand der Arbeitslosigkeit häufig eine wirtschaftliche Bedrohung. Folge des fehlenden Einkommens ist eine sinkende Nachfrage. Dadurch kommt es zu Umsatzeinbußen bei den Unternehmen und es kann zu weiteren Entlassungen und somit zu einer noch höheren Arbeitslosenquote kommen.

Maßnahmen zur Bekämpfung der Arbeitslosigkeit

Bei den Maßnahmen zur Bekämpfung der Arbeitslosigkeit wird zwischen den Maßnahmen der Bundesagentur für Arbeit und denen der Politik (Bundes- und Landesregierungen, Tarifparteien) unterschieden.

Die Bundesagentur für Arbeit hat eine Vielzahl von Maßnahmen im Programm, um die Arbeitslosen kurz-, mittel- oder langfristig wieder in den ersten Arbeitsmarkt zu bringen.

BEISPIELE

- Vermittlung von Arbeitsplätzen
- Bewerbungstraining
- Erstattung der Bewerbungskosten
- Umschulungsmaßnahmen
- Weiterbildungsmaßnahmen
- Beratungen

Auch die Politik sowie die Tarifparteien haben durch verschiedene Maßnahmen Einfluss auf die Höhe der Arbeitslosigkeit genommen.

Im Rahmen der Wirtschaftskrise in den Jahren 2008 und 2009 hat die Bundesregierung zwei **Konjunkturpakete** verabschiedet.

- **Konjunkturpaket I**
  Am 5. November 2008 beschloss die Bundesregierung, Investitionen und Aufträge von Unternehmen, privaten Haushalten und Kommunen in einer Größenordnung von rund 50 Milliarden Euro in den Jahren 2009 und 2010 zu fördern. Außerdem wurden im Umfang von zirka 20 Milliarden Euro Maßnahmen zur Sicherung der Finanzierung und Liquidität bei Unternehmen die Finanzierung von Investitionen gewährt.

- **Konjunkturpaket II:**
  Im Januar 2009 legte die Regierung ein zweites Konjunkturpaket auf, das ab März 2009 galt. Dieser *Pakt für Beschäftigung und Stabilität* umfasste noch einmal verschiedene Maßnahmen im Wert von etwa 50 Milliarden Euro. Durch diese Maßnahmen sollten Impulse zur Stützung der Binnenkonjunktur und zur nachhaltigen Stärkung des Landes gegeben werden.

BEISPIEL

Mithilfe einer Umweltprämie (im Volksmund *Abwrackprämie)* förderte die Bundesregierung im Rahmen des Konjunkturpakets II die Automobilbranche. Unter bestimmten Voraussetzungen konnten Privatpersonen ihr altes Auto gegen eine staatliche Prämie von 2.500,00 € verschrotten, wenn sie zeitgleich einen Neuwagen kauften. Dadurch wurde die Nachfrage nach Kraftfahrzeugen während der Wirtschaftskrise erhöht und die Branche konnte Engpässe überbrücken. Drohende Entlassungen konnten vermieden werden.

Ein weiteres Instrument gegen Entlassungen infolge der Wirtschaftskrise 2008/2009 war die **Kurzarbeit-Regelung.** Dabei konnten Arbeitgeber Kurzarbeitergeld bei der Bundesagentur für Arbeit (BA) beantragen, wenn der Arbeitsausfall mindestens ein Drittel der beschäftigten Arbeitnehmer betraf und bei ihnen mindestens 10 % des monatlichen Bruttoentgelts ausfielen. Das Kurzarbeitergeld betrug 60 % bzw. 67 % des Monatsentgelts und wurde anteilig für einsatzfreie Zeiten gezahlt.

Während dieser Maßnahmen konnten sowohl die Beschäftigten als auch die Unternehmen konjunkturelle Engpässe, das heißt Auftragsrückgänge überbrücken. Vorteil war, dass die Arbeitslosenversicherung nicht belastet wurde und die Unternehmen ihre Mitarbeiter nicht entlassen mussten. In auftragsstarken Jahren (wie z. B. 2010) können somit Aufträge kompetent und zuverlässig mit dem erfahrenen Personal erfüllt werden.

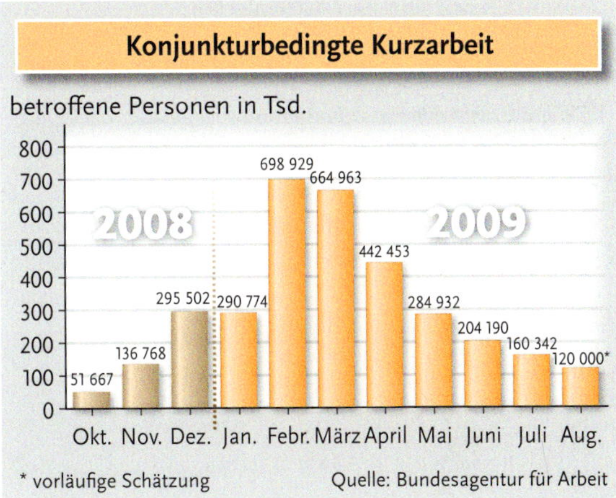

Die Kurzarbeit verlor im Jahr 2010 wieder an Bedeutung. So hat sich im September 2010 die konjunkturbedingte Kurzarbeit um fast vier Fünftel reduziert.

Bei den Tarifparteien hat die **Lohnzurückhaltung** in Deutschland nach Angaben verschiedener Wirtschaftsforschungsinstitute in den letzten Jahren die Wettbewerbsfähigkeit erhöht. Dies führte einerseits zu einer Abnahme der Arbeitslosigkeit, andererseits kam es durch die sinkenden Reallöhne zu einer schwachen Binnennachfrage. Hier ziehen Arbeitgeber und Gewerkschaften aber unterschiedliche Schlüsse.

Wirtschaftsweiser für kräftige Lohnsteigerungen

Düsseldorf/Frankfurt. Arbeitnehmer sollten nach Meinung des Wirtschaftsweisen Peter Bofinger kräftigere Lohnsteigerungen von mindestens drei Prozent bekommen. Forderungen der Arbeitgeber nach maßvollen Lohnabschlüssen erteilte der Volkswirtschaftsprofessor in der «Rheinischen Post» (Montag) eine klare Absage. In den vergangenen zehn Jahren sei die Kaufkraft der Beschäftigten in Deutschland nicht gestiegen, sagte er am Montag im Audiodienst der Nachrichtenagentur dpa.

Bofinger verwies auf die Spannungen innerhalb der Euro-Zone. Die Lohnzurückhaltung in Deutschland habe dazu beitragen, dass die Volkswirtschaften auseinanderdrifteten, erklärte das Mitglied des sogenannten Rats der Wirtschaftsweisen, der offiziell Sachverständigenrat zur Begutachtung der gesamtwirtschaftlichen Entwicklung (SVR) heißt.

Der Unterschied in Europa müsse durch höhere Lohnabschlüsse in Deutschland und niedrigere Abschlüsse in den weniger wettbewerbsstarken Ländern Südeuropas ausgeglichen werden. Daran hingen auch die Erfolgsaussichten der Bemühungen, die Haushalte zu sanieren.

Die Kaufkraft der Beschäftigten in Deutschland sei in den vergangenen zehn Jahren nicht gestiegen, erläuterte Bofinger. Im gleichen Zeitraum seien aber die Exporte um 70 Prozent preisbereinigt gestiegen und hätten für kräftige Gewinne gesorgt, sagte er im dpa-Audiodienst. Es habe eine massive Umverteilung zu Lasten der Beschäftigten stattgefunden.

„Für die ausgeprägte Lohnzurückhaltung der letzten Jahre gab es keine Rechtfertigung", erklärte der Regierungsberater. Auch die Gewerkschaften hätten sich zu stark auf die Erhaltung der Arbeitsplätze fixiert. Eine radikale Änderung der Tarifpolitik sei aber nicht zu erwarten: „Ich fürchte, dass wir in Deutschland nicht so schnell von dieser Politik der Lohnmoderation wegkommen."

Nach Berechnungen der gewerkschaftlichen Hans-Böckler-Stiftung sind die realen Bruttolöhne und Gehälter sechs Jahre in Folge nicht gestiegen. Zuvor hatten sie auf dem Niveau von 2000 stagniert. Die erzielten Tarifsteigerungen wurden demnach regelmäßig von der Teuerung aufgebraucht.

In der jüngsten Wirtschaftskrise hatten Arbeitszeitverkürzungen zwar dafür gesorgt, dass die pro Stunde gezahlten Entgelte stiegen. Bei den Gesamtgehältern und -löhnen fehlten am Jahresende aber etliche Zuschläge und Überstundenvergütungen. Für das erste Quartal dieses Jahres ermittelte das Statistische Bundesamt ein Reallohn-Plus von 0,8 Prozent. (dpa)

Quelle: www.fr-online.de, 2. August 2010

AUFGABEN

1. Welche wirtschaftspolitischen Ziele wurden im Stabilitätsgesetz von 1967 formuliert?

2. Weshalb ist es wichtig, als Bezugsgröße für das Wachstum nicht nur das gesamte in einer Volkswirtschaft erwirtschaftete BIP, sondern auch das BIP je Einwohner zu betrachten?

3. Warum wird ein hohes Bildungsniveau als *human capital* neben Neu- und Erweiterungsinvestitionen als eine Voraussetzung für Wachstum angesehen?

4. Mit welchen Maßnahmen kann die Politik versuchen, das Wachstum anzuregen?

5. Welches Hauptziel können Sie aus der Studie des Club of Rome von 1972 ableiten?

6. Der Index des BIP in Deutschland betrug im Jahr 2008 110,39 Indexpunkte und im Jahr 2009 105,18 Indexpunkte. Wie hoch war im Jahr 2009 die Wachstumsrate?

7. Veränderungen des Preisniveaus werden unter anderem mit dem Index der Lebenshaltungskosten aller privaten Haushalte auf der Basis eines Warenkorbs angegeben.
   a) Nennen Sie ein Gut in diesem Warenkorb, das in jüngster Vergangenheit im Preis gestiegen ist, und erläutern Sie die Ursache.

3560 408

b) Nennen Sie ein Gut in diesem Warenkorb, das in jüngster Vergangenheit im Preis gefallen ist, und erläutern Sie die Ursache.
c) Welche Gründe kann es geben, Inhalt und Gewichtung des Warenkorbs von Zeit zu Zeit zu aktualisieren?

8. In der folgenden Tabelle sind die Preisindizes der Jahre 2007 bis 2009 in Deutschland angegeben. Bestimmen Sie die Inflationsraten der Jahre 2008 und 2009.

Jahr	Index
2007	104,1
2008	107,0
2009	107,2

9. Es ist manchmal zu hören, dass die sogenannte Lohn-Preis-Spirale die Stabilität des Preisniveaus beeinflusst.
a) Wer sind die „Akteure", die an der Lohn-Preis-Spirale mitwirken?
b) Welche Gruppe ist zumeist negativ von der Lohn-Preis-Spirale betroffen? Nennen Sie Gründe.

10. Im Zeitungsartikel „Wirtschaftsweiser für kräftige Lohnsteigerungen" (S. 408) plädiert ein Experte für kräftige Lohnsteigerungen.
a) Warum stärkt eine Lohnzurückhaltung die Exportbemühungen einer Volkswirtschaft?
b) Wieso ist die Kaufkraft nicht gestiegen, obwohl die Löhne in den letzten Jahren gestiegen sind?
c) Welche volkswirtschaftlichen Gründe sprechen dafür, die Löhne kräftig ansteigen zu lassen?

11. In einer Volkswirtschaft stehen sich Gütermenge und Geldmenge gegenüber. In welcher Situation besteht die Gefahr einer Inflation?

12. Bei einer Inflation gibt es Gewinner und Verlierer. Nennen Sie jeweils drei Beispiele.

13. Wie viel kostet ein Produkt, das heute 5,00 € kostet, in zehn Jahren bei einer durchschnittlichen Inflationsrate von jährlich 2 %?

14. Wie viel ist das Geld in acht Jahren noch „wert", wenn die Inflationsrate jährlich 2 % beträgt?

15. Nennen Sie jeweils drei typische Waren, die die Bundesrepublik Deutschland importiert und exportiert.

16. Der Außenhandel hat für eine Volkswirtschaft viele Vorteile, aber auch Nachteile. Nennen Sie jeweils drei Vorteile und drei Nachteile.

17. Warum fordern Experten mittelfristig einen Abbau des hohen deutschen Leistungsbilanzüberschusses?

18. Erläutern Sie, wie die Bundesrepublik Deutschland ihren Leistungsbilanzüberschuss reduzieren könnte.

19. In der Bundesrepublik sind mehrere namhafte Autohersteller ansässig. Die Binnennachfrage müsste angesichts dieses Angebots eigentlich zu befriedigen sein. Dennoch werden viele Fahrzeuge aus Ländern wie Frankreich, Italien, Schweden und Japan importiert. Erläutern Sie, warum dies so ist.

20. Der auf die Beschäftigung abzielende Eckpunkt im magischen Viereck lautet nicht *Vollbeschäftigung*, sondern *hoher Beschäftigungsstand*. Begründen Sie, weshalb dies der Fall ist.

21. Die klassischen Formen der Arbeitslosigkeit (saisonal, konjunkturell, strukturell, regional und friktionell) können um die technologische und die lohnkostenbedingte Arbeitslosigkeit erweitert werden. Erklären Sie, was Sie darunter verstehen.

22. Nehmen Sie zu der Aussage „Durch eine erhöhte Investitionstätigkeit der Unternehmen nimmt die Beschäftigung zu." Stellung.

23. Wie können Sie Ihren Arbeitsplatz sichern bzw. Ihre eigenen Chancen auf dem Arbeitsmarkt erhöhen?

24. Welche Folgen kann eine hohe Arbeitslosenquote für eine Volkswirtschaft haben?

AKTIONEN

1. Die Preisveränderungen werden mithilfe des Warenkorbs ermittelt. Recherchieren Sie auf der Seite www.destatis.de/Voronoi/PreisKaleidoskop.svg, welche Waren des Warenkorbs die höchsten Preissteigerungen verursachen und welche Waren besonders günstig geworden sind.

2. Sehen Sie sich den Film von der Europäischen Zentralbank zum Thema Preisstabilität an (siehe (www.ecb.int/ecb/educational/pricestab/html/index.de.html). Beantworten Sie anschließend folgende Fragen:
   a) Bis zu welchem Preisanstieg wird im Euroraum von Preisstabilität gesprochen?
   b) Warum erhöht der Brotverkäufer seine Preise?
   c) Warum ist eine zu hohe Geldmenge gefährlich für eine Volkswirtschaft?
   d) Wer ist Verlierer der Inflation?
   e) Welche Maßnahmen ergreift eine Zentralbank, um die Preise stabil zu halten?
   f) Warum ist Vertrauen in die Preise so wichtig für die Wirtschaft?
   g) Weshalb ist auch die Deflation gefährlich für die Wirtschaft?

3. Definieren Sie mithilfe der Internetseiten des Statistischen Bundesamtes (www.destatis.de) sowie der Bundesarbeitsagentur (www.arbeitsagentur.de) nachfolgende Begriffe zum Arbeitsmarkt. Bestimmen Sie dabei gegebenenfalls auch die Formel für mögliche Berechnungen der Kennzahl.
   a) Erwerbspersonen
   b) Nichterwerbspersonen
   c) Erwerbstätige
   d) Arbeitslose
   e) Erwerbslose
   f) Selbstständige
   g) sozialversicherungspflichtig Beschäftigte

4. Recherchieren Sie im Internet und stellen Sie Vor- und Nachteile der im Konjunkturpaket verabschiedeten *Umweltprämie* sowie *Investitionen in die kommunale Infrastruktur für Verkehrswege, Gebäudesanierung und Modernisierung der IT und Bildung* heraus (z. B. www.konjunkturpaket.de).

5. Interpretieren Sie die Zahlen der nachfolgenden Grafik. Gehen Sie dabei auch auf die unterschiedlichen Zahlen zwischen Erwerbstätigkeit und sozialversicherungspflichtiger Beschäftigung ein.

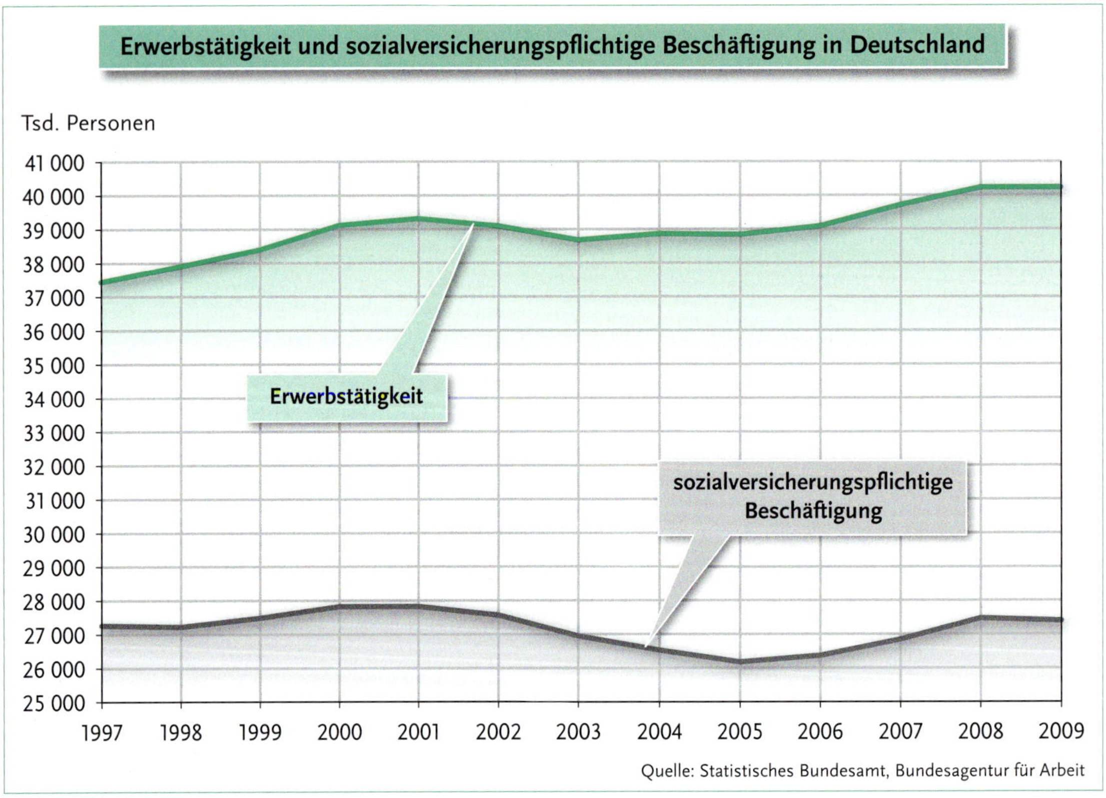

3560 410

ZUSAMMENFASSUNG

angemessenes Wirtschaftswachstum

- Kennzahlen
  - Wachstum ergibt sich aus dem BIP

$$\text{Wachstumsrate} = \left(\frac{\text{BIP}}{\text{BIP des Vorjahrs}} - 1\right) \cdot 100$$

- Wachstum beeinflusst:
  - Beschäftigungsstand
  - Sozialleistungen
  - Lebensqualität
- Wachstumsgrenzen
  - Studie „The Limits of Growth“
  - Rohstoffe nicht unbegrenzt verfügbar
  - Umweltschutz als notwendiger Faktor

Preisstabilität

- Kennzahlen:
  - Verbraucherpreisindex (ø Preisentwicklung auf Basis des Warenkorbs)
  - Inflationsrate (Veränderung der Preise im Zeitablauf)
- Warenkorb (enthält sämtliche Waren und Dienstleistungen, die für die Konsumwelt in Deutschland relevant sind)
- Kaufkraft (abhängig von Lohn- und Preisentwicklungen)
- Gefahren:
  - Inflation (Geldmenge größer als Gütermenge, Preise steigen)
  - Deflation (Gütermenge größer als Geldmenge, Preise sinken)

Stabilitätsgesetz (magisches Viereck)

außenwirtschaftliches Gleichgewicht

- Zahlungsbilanz, insbesondere die Teilbilanzen Leistungsbilanz und Handelsbilanz
- Außenbeitrag = Export – Import
- positive Handelsbilanz (Exportüberschuss)
- negative Handelsbilanz (Importüberschuss)
- Gefahren eines außenwirtschaftlichen Ungleichgewichts:
  - mögliche Schuldenkrise (bei negativer Handelsbilanz)
  - Exportabhängigkeit (bei positiver Handelsbilanz)

hoher Beschäftigungsstand

- Kennzahlen:
  - Erwerbsquote
  - Arbeitslosenquote
- Vollbeschäftigung: Alle Erwerbspersonen sind in Beschäftigung.
- Formen der Arbeitslosigkeit: saisonal, konjunkturell, strukturell, regional und friktionell
- Folgen der Arbeitslosigkeit
  - volkswirtschaftlich (Mindereinnahmen/Mehrausgaben, steigende Beitragssätze und Lohnnebenkosten)
  - persönlich (weniger Einkommen, sinkende Nachfrage)
- Maßnahmen (von der Bundesagentur für Arbeit oder vom Staat)

12.3 Wir bestimmen Zielbeziehungen und Zielkonflikte im Rahmen des „Magischen Sechsecks“

Einstieg

Carolin Saager und Dominik Schlote haben von Frau Schwab, Abteilungsleiterin der Verwaltung, den Auftrag bekommen, das Leitbild der Hoffmann KG kritisch zu betrachten. Dabei fällt ihnen eine Formulierung auf:

Leitbild der Hoffmann KG

...

Um der großen sozialen Verantwortung für diese Menschen gerecht zu werden, versuchen wir, Beschaffungsregeln einzuhalten, die die Einhaltung von Sozial- und Umweltstandards gewährleisten

...

Carolin und Dominik verstehen nicht, welchen finanziellen Nutzen die Hoffmann KG von der Einhaltung von Sozial- und Umweltstandards haben könnte. Sie meinen, dass die Einhaltung dieser Standards der Hoffmann KG keinen Gewinn bringt und daher nichts im Leitbild zu suchen hat.

1. Was verstehen Sie unter Sozial- und Umweltstandards?
2. Welche Sozial- und Umweltstandards werden bei der Hoffmann KG relevant sein, welche in Ihrem Unternehmen?
3. Wie beurteilen Sie die Haltung von Carolin Saager und Dominik Schlote?

INFORMATIONEN

Magisches Sechseck

Im Kapitel 12.2 wurden die vier wirtschaftspolitischen Ziele des Stabilitätsgesetzes, das sogenannte *magische Viereck*, beschrieben:

- angemessenes Wirtschaftswachstum
- Preisstabilität
- außenwirtschaftliches Gleichgewicht
- hoher Beschäftigungsstand

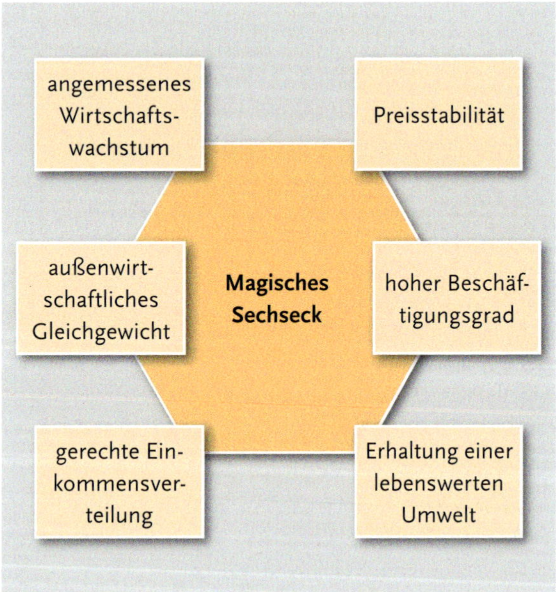

Im Laufe der letzten Jahre haben in der Wirtschaftspolitik neben diesen Zielen aber noch zwei weitere Ziele sehr an Bedeutung gewonnen:

- gerechte Einkommensverteilung
- Erhaltung einer lebenswerten Umwelt

In Verbindung mit diesen sechs Zielen wird auch vom **magischen Sechseck** gesprochen. Die Herausforderung der Wirtschaft besteht darin, alle Ziele zu erfüllen. Allerdings kommt es bei der Zielerfüllung häufig zu Zielkonflikten.

Ziel: Gerechte Einkommensverteilung

Einkommensverteilung und Armut

Die privaten Haushalte beziehen ihre Einkommen aus unterschiedlichen Quellen:

- Einkommen aus nichtselbstständiger Arbeit (Arbeitseinkommen)
- Einkommen aus selbstständiger Arbeit (Unternehmenseinkommen)
- Einkommen aus vorhandenem Vermögen (Vermögenseinkommen)
- Einkommen durch Zahlungen des Staates (Transfereinkommen)

Die Einkommensverteilung – also die Frage, wie das Gesamteinkommen aller Haushalte auf die einzelnen Haushalte/Personen verteilt ist – zählt neben dem Bruttoinlandsprodukt und dem durchschnittlichen Einkommen pro Kopf zu den Wohlstandsindikatoren einer Volkswirtschaft.

Zur Feststellung der Ungleichheit bei der Einkommensverteilung wird häufig eine Darstellung gewählt, wie sie unten aufgeführt ist. Es werden Einkommensgruppen (z. B. 900,00 € bis unter 1.500,00 €) gebildet, die dann im Verhältnis prozentual zur Gesamtgruppe dargestellt werden.

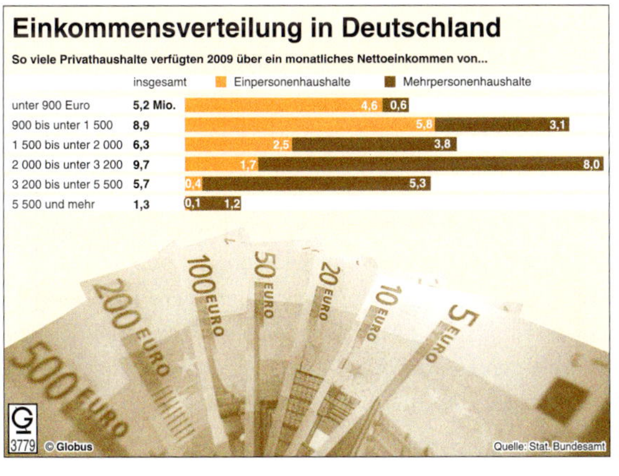

Aus der oben stehenden Grafik ist die ungleiche Verteilung der Einkommen in Deutschland zu erkennen. So gibt es etwa 16,7 Mio. Haushalte, die über ein monatliches Nettoeinkommen von mehr als 2.000,00 € verfügen.

Sorge bereiten aber vor allem die 8,9 Millionen Haushalte, die zwischen 900,00 € und 1.500,00 € Einkommen erzielen, und die 5,2 Millionen Haushalte mit weniger als 900,00 €. Vor allem die Mehrpersonenhaushalte werden bei diesen Einkommen in Deutschland Schwierigkeiten haben, ihren Lebensunterhalt zu bestreiten. Hier besteht ein konkretes Armutsrisiko.

In Deutschland gelten Personen als arm, denen weniger als 60 % des mittleren durchschnittlich verfügbaren Einkommens zur Verfügung stehen.

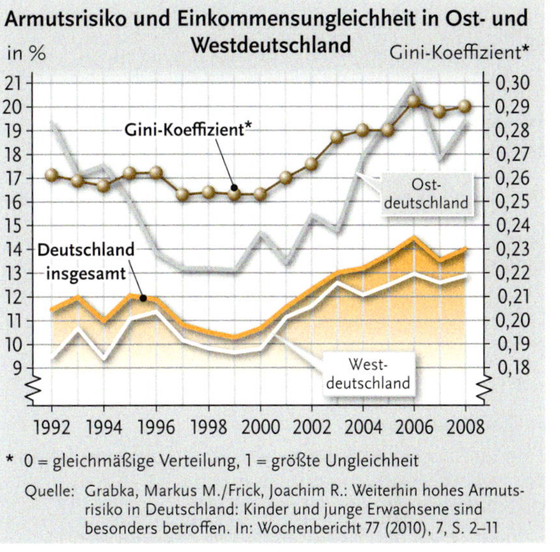

Die oben stehende Grafik zeigt das Armutsrisiko in Deutschland im Zeitverlauf von 1992 bis 2008. Es ist erkennbar, dass die Armut deutschlandweit in dieser Zeit von etwa 11,5 % 1992 bis etwa 14 % im Jahr 2008 angestiegen ist. Die großen Unterschiede zwischen Ost- und Westdeutschland dürften damit zusammenhängen, dass die Arbeitslosigkeit in Ostdeutschland während der Beobachtungsjahre bedeutend höher war, wobei das Niveau in Ostdeutschland nach einem Absinken Ende der 1990er-Jahre 2008 wieder in etwa bei 19,5 % lag.

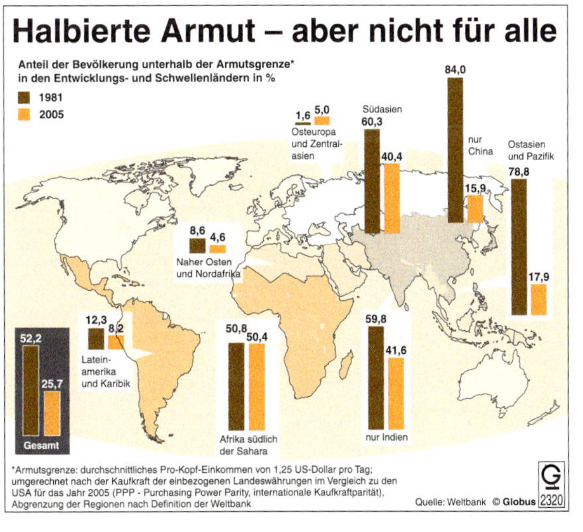

Weltweit gibt es seitens der Weltbank eine etwas andere Definition von Armut: Als arm gilt, wer im Durchschnitt von weniger als 1,25 US-$ am Tag leben muss.

Es ist zwar in der vorstehenden Grafik ein Rückgang der Armut zwischen 1981 und 2005 zu erkennen (52 %), die Armut ist aber in vielen Entwicklungs- und Schwellenländern nach wie vor auf einem hohen Niveau. Große Fortschritte in der Armutsbekämpfung sind vor allem in Ostasien und China erreicht worden.

Maßnahmen für eine gerechte Einkommensverteilung

Der Staat kann die Einkommensverteilung beeinflussen. Es sind verschiedene Grundprinzipien einer gerechten Einkommensverteilung zu erkennen:

- **Leistungsprinzip**
  Die Einkommen sollten entsprechend der erbrachten Leistung verteilt werden.
- **Gleichheitsprinzip**
  Jeder Bürger sollte das gleiche Einkommen erhalten.
- **Bedarfsprinzip**
  Jeder erhält das Einkommen, das er benötigt.

In einer sozialen Marktwirtschaft, wie beispielsweise in Deutschland, herrscht grundsätzlich das Leistungsprinzip. Die Löhne und Gehälter sind in der Regel nach Qualifikation und Leistungsbereitschaft gestaffelt. Zwar gibt es auch Bestrebungen zum Gleichheitsprinzip (Stichwort: bedingungsloses Grundeinkommen), die Umsetzung ist aber kaum realisierbar. Auch die Anwendung des Bedarfsprinzips scheitert, weil die steigenden Bedürfnisse des einzelnen nicht produziert und finanziert werden können.

Die Verteilungspolitik in Deutschland hat zwei wesentliche **Steuerungsinstrumente:**
- Transferleistungen
- progressives Steuersystem

Transferleistungen
Zu den Transferleistungen gehören z. B. Kindergeld, Wohngeld, Arbeitslosengeld I und II.

BEISPIEL

Peter Tetzlaff, Vater einer vierköpfigen Familie, die bislang von Arbeitslosengeld II (Hartz IV) gelebt hat, hat neuerdings eine Stelle als Hilfsarbeiter. Sein Verdienst beträgt 8,50 € pro Stunde. Das reicht leider nicht, um für sich und seine Familie alle Kosten zu decken. Daher bekommt die Familie neben dem Kindergeld außerdem noch 149,00 € Wohngeld. Herr Tetzlaff hat aber Hoffnung, dass sich dieser Zustand bald ändert: Mit seinem Chef hat er über eine Lohnerhöhung gesprochen – bald bekommt er einen Euro mehr pro Stunde.

Das Sozialsystem in Deutschland sorgt dafür, dass die Bevölkerung finanziell abgesichert ist. Dieses wird über Steuern und Sozialabgaben (z. B. Krankenversicherung, Arbeitslosenversicherung) finanziert. Ein Sozialstaat hat, je nach Ansicht, unterschiedliche Wirkungen:

- **Neoklassische Sicht**
  Vollbeschäftigung wird nicht erreicht, weil die Sozialleistungen einigen Bürgern ausreichen und sie daher nicht motiviert sind, arbeiten zu gehen.
- **Keynsianische Sicht**
  Die Binnennachfrage steigt, weil die Einkommen der Bürger steigen und die Sozialleistungen ein Stabilisator in Krisenzeiten sind (z. B. bei hoher Arbeitslosigkeit).

Beide Sichtweisen sehen ein gutes Sozialsystem als notwendig an, um Kranken, Alten und Arbeitsunfähigen ein Einkommen zu gewährleisten.

Progressives Steuersystem
Das in der sozialen Marktwirtschaft herrschende Leistungsprinzip beschert den Leistungsstarken ein höheres Einkommen. Das progressive Steuersystem[1] verfolgt den Grundsatz: je höher das Einkommen, desto höher der Prozentsatz der Einkommenssteuer.

So mussten beispielsweise in Deutschland im Jahr 2010 auf jährlich zu versteuernde Einkommen von weniger als 8.004,00 € bzw. 16.008,00 € für Verheiratete (Grundfreibetrag zum Existenzminimum) keine Steuern gezahlt werden. Für Einkommen oberhalb dieses Betrags mussten mit steigender Höhe zwischen 14 % und 42 % („Reichensteuer": 45 %) Einkommenssteuer abgeführt werden.

Ziel des progressiven Steuersystems ist es, die Leistungsstarken stärker in die Verantwortung zu nehmen und die Leistungsschwachen durch eine geringere Steuerlast zu entlasten. Auf diesem Weg erfolgt auch eine Umverteilung der Einkommen – eine Maßnahme für eine gerechtere Einkommensverteilung.

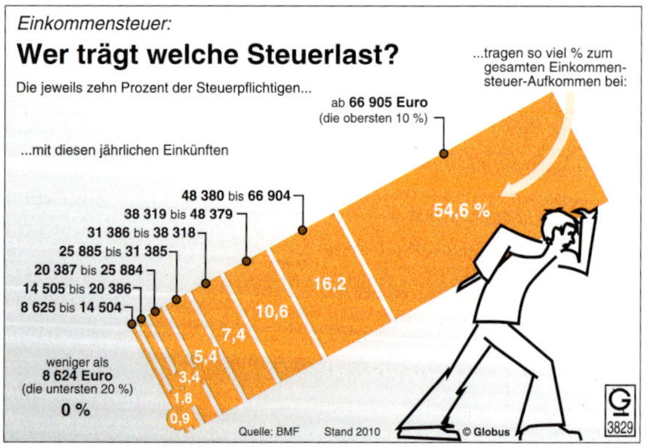

1 siehe Kap. 11.2

Ziel: Erhaltung einer lebenswerten Umwelt

Umweltpolitik

In Kapitel 12.2 ist bereits erwähnt worden, dass die Studie des Club of Rome (*The Limits to Growth*) von 1972 sowie die Ölkrise die Wirtschaft zum Umdenken in der Umweltpolitik bewegt haben. Im Jahr 1986 wurde aufgrund der Reaktorkatastrophe von Tschernobyl am 26. April 1986 das Bundesministerium für Umwelt, Naturschutz und Reaktorsicherheit (BMU) gegründet. Im Jahr 1994 wurde der Umweltschutz mit dem Artikel 20 a auch ins Grundgesetz geschrieben.

DEFINITION

Die **Umweltpolitik** hat die Aufgabe, Maßnahmen zu ergreifen, die dem Menschen eine Umwelt sichern, welche ein gesundes Leben in einem menschenwürdigen Verhältnis gewährleistet. Boden, Wasser, Luft, Tiere und Pflanzen sind dabei besonders zu schützen, vom Menschen verursachte Beeinträchtigungen müssen behoben werden.

Maßnahmen der Umweltpolitik

Zur Zielerreichung werden drei umweltpolitische Maßnahmen unterschieden:

- **Auflagenpolitik**
  Aufstellung von Grenzwerten und Verboten für die Industrie. Die Auflagenpolitik wird durch zahlreiche Gesetze und Verordnungen bestimmt.
- **Abgabenpolitik**
  Für die Umweltnutzung muss eine Abgabe geleistet werden, z. B. Abwasser- und Müllabgaben, Ökosteuer. Dazu gehören auch Subventionszahlungen des Staates zur Förderung von umweltschonenden Technologien.
- **Zertifikate**
  Hierbei werden Umweltzertifikate an Unternehmen vergeben, die damit das Recht erhalten, eine bestimmte Menge an Schadstoffen der Umwelt zuzuführen. Mit diesem erworbenen Recht auf Schadstoffausstoß können die Unternehmen dann auch handeln (siehe auch „Emissionshandel").

Das BMU führt im Rahmen der Umweltpolitik eine Vielzahl von weiteren umweltpolitischen Aktivitäten durch, die hier nicht alle aufgeführt werden können. Dazu gehören beispielsweise:

- Förderung der erneuerbaren Energien
- Emissionshandel
- Förderung zur Sanierung von Privathäusern

Förderung der erneuerbaren Energien

Bei der Förderung der erneuerbaren Energien wurde im Jahr 2000 das Gesetz für den Vorrang erneuerbarer Energien (EEG) in Kraft gesetzt. Ziel des EEG ist die Förderung des Ausbaus der erneuerbaren Energien zur Stromerzeugung und die Erhöhung des Anteils erneuerbarer Energien an der Stromversorgung. Es sollte mindestens eine Verdopplung bis 2010 entsprechend den Zielen der EU und Deutschlands (Quelle: BMU) erreicht werden.

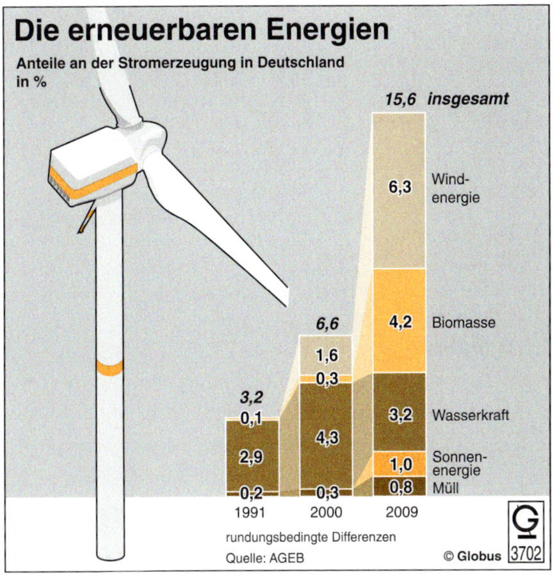

Aus der obenstehenden Grafik ist zu erkennen, dass das im Jahr 2000 gesteckte Ziel der Verdoppelung bereits 2009 erreicht wurde.

Die Novellierung des Gesetzes im Jahr 2009 schreibt einen Anteil der erneuerbaren Energien an der gesamten Stromerzeugung von 30 % fest.

Die Förderung umfasst Abnahmegarantien und Einspeisevergütungen von Strom aus:

- Windkraft
- Solarstrahlung (Solaranlagen und Photovoltaik)
- Biomasse
- Geothermie

Bezahlt werden die Fördermaßnahmen von den Stromkonsumenten. Zwei Cent mussten für jede Kilowattstunde im Jahr 2010 gezahlt werden. Für das Jahr 2011 wurde ein Anstieg auf 3,5 Cent pro Kilowattstunde festgelegt, weil die Kosten für die Förderung deutlich gestiegen sind.

Die Förderung der erneuerbaren Energien hat dazu geführt, dass im Jahr 2009 in Deutschland etwa 300 500 Menschen in diesem Bereich beschäftigt waren, das bedeutet einen Anstieg von 87 % in fünf Jahren. Die Tendenz ist auch für die nächsten Jahre steigend.

Erneuerbare Energien und Arbeitsplätze

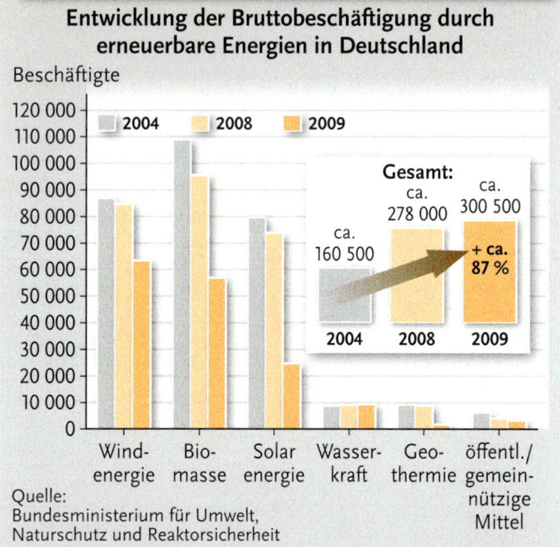

Emissionshandel

Im Kyoto-Protokoll, einem UN-Klimaabkommen von 1997, wurde der weltweit erste völkerrechtlich verbindliche Vertrag zur Eindämmung des Klimawandels geschlossen. Es verpflichtet 39 Industriestaaten, ihren Ausstoß von sechs klimaschädlichen Treibhausgasen im Zeitraum von 2008 bis 2012 im Durchschnitt um 5,2 % zu senken. Die EU will bis 2012 ihre Treibhausemissionen sogar um 8 % senken. Um dieses Ziel zu erreichen, wurde 2005 der Emissionshandel eingeführt.

Beim Emissionshandel wird eine Obergrenze festgelegt, wie viel Treibhausgas in einem bestimmten Zeitraum von einem Staat ausgestoßen werden darf. In dieser Höhe gibt der Staat Emissionsberechtigungen an verschiedene Unternehmen aus. Nur wenn ein Unternehmen die Rechte erworben hat, darf es Treibhausgas ausstoßen. Die Unternehmen können die Berechtigungen nutzen oder damit handeln (anderen Unternehmen weiterverkaufen). Wenn die Unternehmen ihre tatsächlich ausgestoßenen CO_2-Mengen nicht ausgleichen können und auch keine Rechte von anderen Unternehmen erwerben, müssen sie mit Strafen rechnen.

Vorteile des Emissionshandels:
- verursachungsgerecht
- nur geringe Belastung der Umwelt
- Verringerung der Zuteilung schafft Anreize für einen sparsamen CO_2-Ausstoß.

Jedes Jahr werden die Emissionsrechte um einen bestimmten Prozentsatz gekürzt. Dadurch soll gewährleistet sein, dass das im Kyoto-Protokoll festgelegte Ziel auch erreicht wird.

Die Begrenzung des CO_2-Schadstoffausstoßes ist nur dann wirklich effizient, wenn weltweit alle Länder dabei mitmachen. Gerade die steigenden Bedürfnisse ehemaliger Entwicklungsländer wie China oder Indien haben aber in den letzten Jahren trotz der Einsparbemühungen zu einem starken weltweiten Anstieg der CO_2-Belastung geführt[1], wobei der Pro-Kopf-Verbrauch dieser Länder trotzdem noch weiter unterhalb des Verbrauchs in den Industrieländern liegt. Auch bei weiteren Klimakonferenzen (z. B. in Kopenhagen 2009, Cancun 2010) wurde zwischen den Ländern keine Einigung erzielt.

Förderung zur Sanierung von Privathäusern

Die Bundesregierung hat ein Programm der Förderung zur Sanierung von Privathäusern in Gang gebracht, das den Energieverbrauch eines Privathaushalts deutlich reduzieren soll. Fast 90 % des Energieverbrauchs eines privaten Haushalts in Deutschland werden für Heizung und Warmwasser verwendet. Bei Altbauten kann dieser Energieverbrauch um bis zu 90 % verringert werden, im Durchschnitt um 50 %. Zur Sanierung werden den Investoren zinsgünstige Kredite zur Verfügung gestellt.

Zielbeziehungen im Rahmen des magischen Sechsecks

Die wirtschaftspolitischen Ziele des magischen Sechsecks können nicht getrennt voneinander betrachtet werden, denn sie stehen unmittelbar in Beziehung zueinander.

Zielkomplementarität

Von Zielkomplementarität spricht man, wenn sich ein wirtschaftspolitisches Ziel positiv auf ein anderes wirtschaftspolitisches Ziel auswirkt.

BEISPIELE
- Ein angemessenes Wirtschaftswachstum wirkt sich positiv auf den Beschäftigungsstand aus.
- Ein stärker werdender Euro führt dazu, dass die Exportüberschüsse in Deutschland gedrosselt werden. Dadurch bleiben die Preise stabil, weil sich das Angebot im Inland erhöht.

Zielkonflikte

Häufiger als die Zielkomplementarität der wirtschaftspolitischen Ziele ist deren Zielkonflikt. Die Realisierung eines wirtschaftspolitischen Hauptziels wirkt problematisch auf ein anderes Hauptziel.

1 siehe Kap. 3.3

BEISPIELE

- Um die Inflation zu drosseln, fragen die öffentlichen Haushalte weniger nach. Dies führt unter Umständen zu einem Konflikt mit einem angemessenen Wirtschaftswachstum und einem hohen Beschäftigungsgrad.
- Ein stärker werdender Euro (allg.: die Aufwertung einer Währung) kann auch negative Auswirkungen haben, da dies zu einer negativen Handelsbilanz führen kann. Die fehlenden Exporte haben unter Umständen eine höhere Arbeitslosigkeit und ein Abschwächen des Wirtschaftswachstums zur Folge.

Gerade auch bei den „neuen" wirtschaftspolitischen Hauptzielen *gerechte Einkommensverteilung* und *Erhaltung einer lebenswerten Umwelt* kommt es oft zu Konflikten mit anderen Zielen.

BEISPIELE

- Die Förderung der erneuerbaren Energien führt zu einer Verteuerung der Strompreise. Durch die erhöhten Preise wird die Konkurrenzfähigkeit gegenüber dem Ausland geschwächt, es wird weniger Strom exportiert. Dies hat wiederum Auswirkungen auf das außenwirtschaftliche Gleichgewicht.
- Die Sozialleistungen werden durch Steuern finanziert, Steuererhöhungen sind notwendig. Dies führt zu teureren Inlandsprodukten und somit weniger Exporten.
- Ein hohes Wachstum hat einen erhöhten Verbrauch von Ressourcen zur Folge. Dies schädigt die Umwelt.
- Ein gerechtes Einkommen soll durch höhere Löhne erzielt werden. Das führt zu höheren Preisen.

Es ist in der Regel nicht möglich, eine Zielkomplementarität zwischen den sechs Hauptzielen zu erreichen. Meist wird das Ziel in den Mittelpunkt der wirtschaftspolitischen Handlung gestellt, das am meisten gefährdet ist.

AUFGABEN

1. Nennen Sie zu den vier auf Seite 413 aufgeführten Einkommensquellen der privaten Haushalte jeweils mindestens ein Beispiel.
2. Umweltzerstörung und -verschmutzung als Folgen des Wachstumsstrebens werden überwiegend der materiellen Industrieproduktion zugeschrieben. Erläutern Sie an zwei Beispielen, warum sich diese Folgen nicht nur in den entwickelten Industriestaaten niederschlagen.
3. Wie kann der Staat die Umverteilung des Einkommens beeinflussen?
4. „Um das Armutsrisiko in Deutschland zu verringern, müssen die Sätze für das Arbeitslosengeld II nur deutlich angehoben werden." Nehmen Sie zu dieser Aussage kritisch Stellung.
5. In Deutschland tragen 10 % der Bevölkerung – die Gruppe der am besten Verdienenden – über 50 % der Steuerlast. Halten Sie dies für eine gerechte Verteilung? Begründen Sie Ihre Antwort.
6. Die Einspeisevergütung bei Photovoltaikanlagen wird jedes Jahr um einen bestimmten Prozentsatz gesenkt. Erläutern Sie, warum die Bundesregierung diese Maßnahme durchführt.
7. Erläutern Sie, wieso der Emissionshandel zu einer Reduzierung der Treibhausgase führt.
8. Erstellen Sie die folgende Tabelle und überlegen Sie, ob es sich bei dem in der Tabelle angegebenen Zielpaar um einen Zielkonflikt oder eine Zielkomplementarität handelt. Begründen Sie Ihre Entscheidung.

Zielpaar	Beziehung	Begründung
Preisniveaustabilität und hoher Beschäftigungsstand		
Preisniveaustabilität und Wirtschaftswachstum		
Preisniveaustabilität und außenwirtschaftliches Gleichgewicht		
hoher Beschäftigungsstand und Wirtschaftswachstum		
hoher Beschäftigungsstand und außenwirtschaftliches Gleichgewicht		
Wirtschaftswachstum und außenwirtschaftliches Gleichgewicht		

9. Umweltschutz und Wirtschaftswachstum müssen sich nicht ausschließen. Stellen Sie an einem Beispiel dar, wie der Umweltschutz das Wirtschaftswachstum positiv beeinflussen kann.

AKTIONEN

1. Erstellen Sie eine Kurzpräsentation in PowerPoint, in der Sie drei umweltpolitische Maßnahmen der Bundesregierung darstellen.
   Recherchieren Sie dazu auf der Internetseite des Bundesministeriums für Umwelt, Naturschutz und Reaktorsicherheit. (www.bmu.de)

2. In mehreren deutschen Städten ist die Feinstaubbelastung deutlich zu hoch. Der Grenzwert darf an maximal 35 Tagen im Jahr überschritten werden. Zu diesem Thema lädt ein großer Fernsehsender verschiedene Experten, die unterschiedliche Interessen vertreten, zu einer Podiumsdiskussion ein:
   - Vertreter von **Greenpeace**
     Der Vertreter fordert die Autoindustrie dazu auf, endlich etwas gegen die hohe Feinstaubbelastung zu unternehmen, indem die Technologie umweltfreundlich angepasst wird: „Elektroautos sind die Lösung. Die Forschung und die Produktion dieser Autos kann aufgrund hoher Gewinne der Industrie nun endlich vorangetrieben werden."
   - Vertreter der **Autoindustrie**
     Der Vertreter sieht die Forderung der Umweltverbände als momentan unrealistisch an, die Technik sei noch nicht soweit und eine Umstellung verursache hohe Kosten: „Bei solchen Ideen könnten Entlassungen die Folge sein."
   - **Gewerkschaft**svertreter:
     Der Vertreter argumentiert mit den hohen Gewinnen der Autoindustrie, die auf neue Technologien umstellen sollte, dabei aber auch die Lohnzurückhaltung der Mitarbeiter erwähnt: „Jetzt sind die Mitarbeiter an der Reihe, auch von der guten Konjunktur zu profitieren."
   - **Wirtschaftsexperte:**
     Der Wirtschaftsprofessor der Uni Bochum weist darauf hin, dass eine neue Technologie sowie hohe Lohnforderungen das Wirtschaftswachstum bremsen könnten: „Wir dürfen die gute Konjunktur nicht mit unrealistischen Maßnahmen torpedieren."
   - Vertreter der **Bundesagentur für Arbeit:**
     Dem Vertreter sind der Erhalt und der Ausbau der Arbeitsplätze wichtig. Er ist zwar für neue Technologien, sieht aber auch die Gefahren: „Neue Technologien schaffen Arbeitsplätze, aber können wir das auch finanzieren? Andererseits darf Deutschland den Anschluss an eine solche Technologie im internationalen Vergleich nicht verpassen."
   - **Finanzminister:**
     Der Finanzminister sieht eine neue Technologie nur dann als realisierbar an, wenn diese auch gefördert wird. Die Kunden werden die anfangs relativ teuren Autos ansonsten nicht kaufen: „Die Infrastruktur wie Tankstellen usw. müssen erst vom Staat vorfinanziert werden, dazu fehlen im aktuellen Haushalt die Mittel. Abgesehen davon hat die Förderung auch andere negative Effekte ..."

   a) Bilden Sie sechs Gruppen.
   b) Jede Gruppe wird einem der sechs Vertreter zugeordnet.
   c) Versetzen Sie sich in die Rolle des ausgewählten Vertreters.
   d) Überlegen Sie weitere Argumente für die dargestellte Position und wählen Sie eine/n Vertreter/Vertreterin aus Ihrer Gruppe aus, der/die die Position in der späteren Podiumsdiskussion vertritt. Die Diskussion wird von einem Moderator des Fernsehsenders (ein Schüler oder die Lehrkraft) geleitet.
   e) Halten Sie alle Argumente auf Metaplankarten fest.
   f) Während der Podiumsdiskussion sollen Sie Ihre Argumente schlüssig vertreten und die anderen Teilnehmer von Ihrer Position überzeugen. Seien Sie auf Gegenargumente gefasst und versuchen Sie, diese zu entkräften. Greifen Sie dazu auf die Rollenbeschreibung und Ihre Notizen (Metaplankarten) zurück.
   g) Eines Ihrer Gruppenmitglieder steht Ihnen im Hintergrund als Experte zur Verfügung.
   h) Die anderen Gruppenmitglieder verfolgen die Podiumsdiskussion als Beobachter und halten dort mögliche Argumente oder Ergebnisse schriftlich fest.

3. Nach der Definition der Weltbank gilt als arm, wer im Durchschnitt von weniger als 1,25 US-$ am Tag leben muss. Vergleichen Sie mithilfe des Internets die Definition der Weltbank mit der Armutsdefinition, wie sie in den Industrieländern verwendet wird. Gehen Sie dabei auch auf die Begriffe relative und absolute Armut ein.

ZUSAMMENFASSUNG

Magisches Sechseck

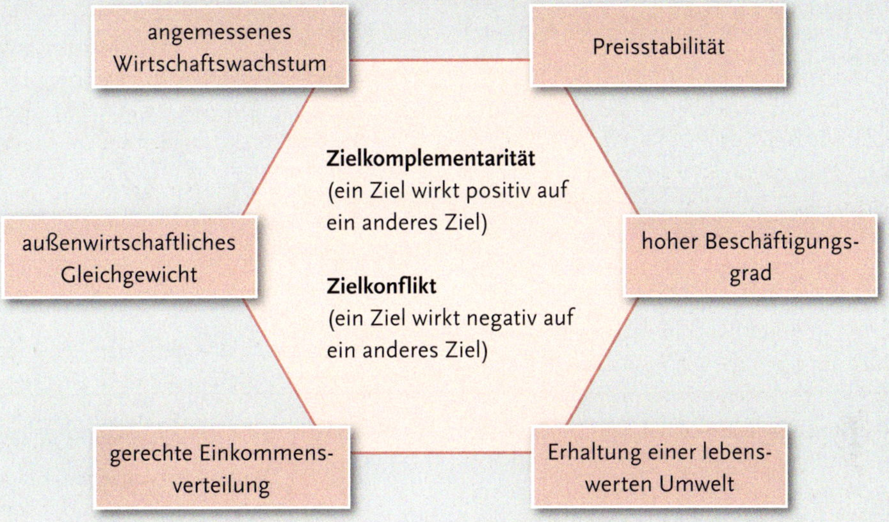

- **Wohlstandsindikator**
- **Einkommensquellen**
  - Arbeitseinkommen
  - Unternehmenseinkommen
  - Vermögenseinkommen
  - Transfereinkommen
- **Armutsrisiko**
  - Deutschland: weniger als 60 % des mittleren Einkommens
  - weltweit: weniger als 1,25 US-$ pro Tag
- **Maßnahmen/Prinzipien**
  - Leistungsprinzip
  - Gleichheitsprinzip
  - Bedarfsprinzip
- **Steuerungsinstrumente**
  - Transferleistungen
  - progressives Steuersystem

- **Grundlagen für eine Umweltpolitik**
  - Studie des Club of Rome (The Limits to Growth)
  - Reaktorkatastrophe von Tschernobyl
  - Umweltverschmutzungen (z. B. „Ozonloch")
- **umweltpolitische Maßnahmen**
  - Auflagenpolitik
  - Abgabenpolitik
  - Zertifikate
- **Beispiele**
  - Emissionshandel
  - Förderung erneuerbarer Energien
  - Förderung zur Sanierung von Privathäusern
- **internationale Probleme**
  keine grundsätzliche Einigung aller Länder beim globalen Umweltschutz

12.4 Wir beurteilen fiskalpolitische Maßnahmen des Staates zur Förderung der Konjunktur

Einstieg

Frau Bertram, Abteilungsleiterin des Rechnungswesens, kommt ins Büro von Volkan Karaca und Katarzyna Lindemann mit einer Statistik zu den Umsatzzahlen für Fahrräder der letzten 20 Jahre.

Sie gibt den beiden den Auftrag, diese Statistik näher zu untersuchen.

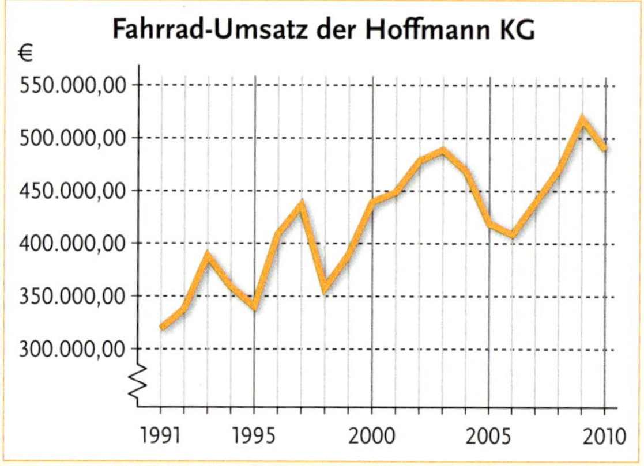

1. Was fällt Ihnen bei der oben stehenden Umsatzstatistik auf?
2. Wieso kommt es zu solchen Umsatzschwankungen im Fahrradmarkt?

INFORMATIONEN

Konjunkturschwankungen

Eine Volkswirtschaft ist aufgrund von wirtschaftlichen Aktivitäten stets bestimmten Schwankungen ausgesetzt.

DEFINITION

Als **Konjunkturschwankungen** werden in einer Volkswirtschaft über einen bestimmten Zeitraum bestehende Änderungen (Auf und Ab) der wirtschaftlichen Aktivitäten bezeichnet.

Konjunkturzyklus

Die konjunkturellen Schwankungen haben in der Regel ein bestimmtes Grundmuster. Dieses Grundmuster, auch **Konjunkturzyklus** genannt, lässt sich in vier Phasen einteilen:

- Aufschwung (Expansion)
- Hochkonjunktur (Boom)
- Abschwung (Rückschlag, Rezession)
- Tiefstand (Depression)

Phase 1: Aufschwung

Im Aufschwung finden eine Erholung und/oder eine Expansion (Ausweitung) statt. Die Akteure des wirtschaftlichen Handelns (Wirtschaftssubjekte) wie Unternehmen, Konsumenten oder der Staat bekommen wieder mehr Vertrauen in zukünftige Entwicklungen. Der Konsum, die Investitionen und das Volkseinkommen steigen in dieser Phase, die Arbeitslosigkeit sinkt.

Phase 2: Hochkonjunktur

In der Hochkonjunktur sind alle Produktionsfaktoren ausgelastet, die Nachfrage ist höher als die Produktionsmenge, was zu Engpässen führt. Die Zinsen steigen, weil die Unternehmen auch mit steigendem Fremdkapital investieren, um die Kapazitäten zu erhöhen. Kosten und Löhne steigen, es kommt zu Preissteigerungen und einer höheren Inflationsgefahr. Die Konjunktur ist am Maximum angelangt, sie „boomt".

Phase 3: Abschwung

Im Abschwung kommt es zu einem Rückgang der Nachfrage und der Produktion, weil hohe Preise und hohe Zinsen die Wirtschaft „gebremst" haben. Durch schwindende Gewinne und fehlende Auslastung werden Mitarbeiter entlassen, die Arbeitslosenquote steigt. Theoretisch können in dieser Phase auch die Löhne sinken. Durch die hohe Arbeitslosenquote sinkt das Volkseinkommen und damit die Binnennachfrage.

3560 420

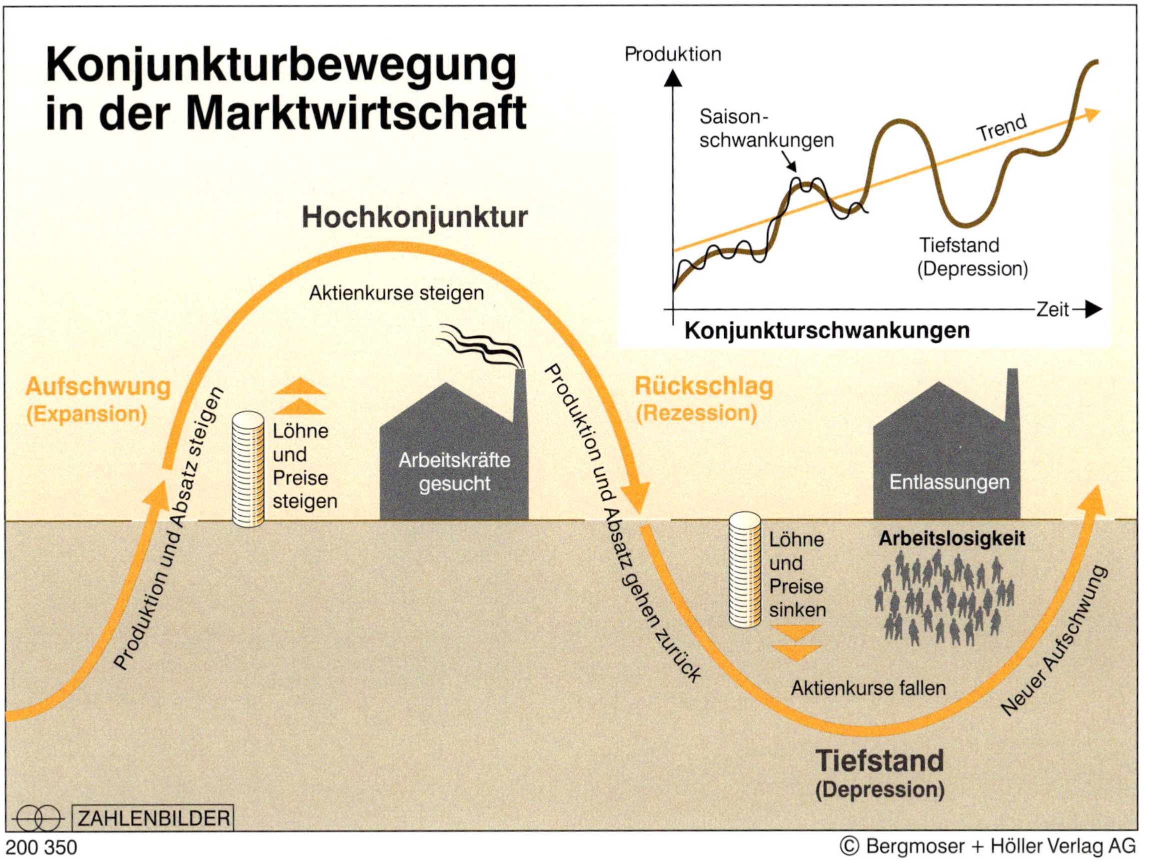

200 350 © Bergmoser + Höller Verlag AG

Phase 4: Tiefstand

In der Phase des Tiefstands bzw. der Depression ist der Tiefpunkt im Konjunkturzyklus erreicht. Es herrschen Massenarbeitslosigkeit, ein niedriger Investitionswille und wenig Konsum. Weil die Unternehmen wenig verkaufen, ist hier die Auslastung der Produktion sehr gering.

Saisonale Schwankungen und Trends

Neben den Konjunkturzyklen gibt es noch weitere Schwankungen der Konjunktur:

Saisonale Schwankungen sind häufig jahreszeitlich bedingt und dauern meist nur einige Wochen oder Monate. Verantwortlich für diese Schwankungen können unterschiedliche Ursachen sein: Urlaubszeit, Wetter, Feiertage usw.

Trends bezeichnen allgemein den zeitlichen Verlauf bzw. die zeitliche Entwicklung in eine Richtung.

BEISPIEL

Im Produktionsindex des Statistischen Bundesamts zeigte zwischen 2006 und 2010 der Trend (rote Linie) zwischenzeitlich nach unten. Erst nach einer Erholung im Jahre 2010 ist dieser Trend wieder steigend.

Saisonal ist zu erkennen, dass jährlich im Frühjahr eine Belebung der Produktion stattfindet, die Mitte des Jahres etwas zurückgeht (Urlaub). Am Jahresende geht die Produktion saisonal bedingt wieder etwas zurück.

Produktionsindex im produzierenden Gewerbe

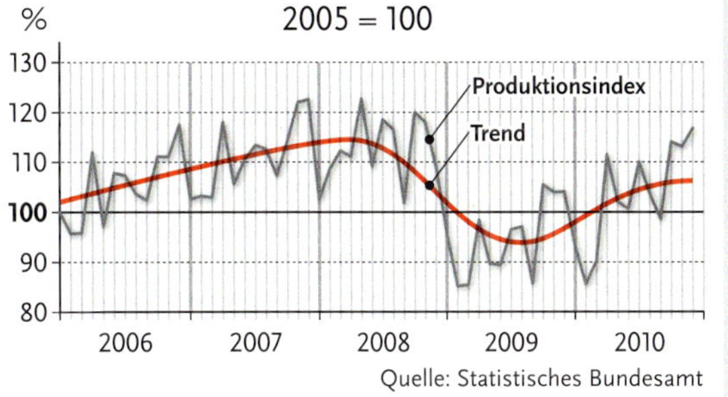

Quelle: Statistisches Bundesamt

Konjunkturindikatoren

In Deutschland werden seitens des Statistischen Bundesamts und verschiedener Wirtschaftsforschungsinstitute mehrere Indikatoren permanent beobachtet, um daraus Rückschlüsse über den Konjunkturverlauf bzw. die Konjunkturschwankungen ziehen zu können. Die Indikatoren können dabei in drei Gruppen unterschieden werden:

- **Frühindikatoren**
  Sie zeigen an, wie der Verlauf in absehbarer Zukunft (wenige Monate) sein könnte.

  BEISPIELE
  Auftragseingänge der Industrie, Baugenehmigungen, Aktienkurse

- **Präsensindikatoren**
  Sie zeigen und beschreiben den momentanen Stand der Konjunktur.

  BEISPIELE
  Produktion, Volkseinkommen, Umsätze im Handel

- **Spätindikatoren**
  Sie hinken dem Konjunkturzyklus hinterher und wirken erst später nach.

  BEISPIELE
  Preise, Löhne, Beschäftigung, Arbeitslosenquote

Konjunkturphasen und Indikatorenverlauf

Indikatoren / Konjunkturphasen	Frühindikatoren	Präsensindikatoren	Spätindikatoren
Aufschwung	steigend	langsam steigend	konstant, langsam steigend
Hochkonjunktur	schnell steigend	steigend	schnell steigend
Abschwung	schnell fallend	fallend	langsam fallend
Tiefstand	langsam fallend	langsam fallend	langsam fallend, konstant

Quelle: nach Woll, Artur: Allgemeine Volkswirtschaftslehre. Verlag Vahlen, München 1990, S. 524

Die oben stehende Tabelle zeigt eine Übersicht, wie sich Konjunkturindikatoren in den vier Phasen des Konjunkturzyklus entwickeln. Das folgende Beispiel verdeutlicht, wie die Tabelle zu interpretieren ist.

BEISPIEL: Frühindikator Baugenehmigungen
In der Aufschwungphase steigt die Zahl der Baugenehmigungen an, während der Hochkonjunktor ist das Volumen der Baugenehmigungen noch stärker. In der Abschwungphase ist ein starkes Fallen der Zahl der Baugenehmigungen zu beobachten und während der Tiefphase fällt die Zahl der Baugenehmigungen nur noch langsam.

Fiskalpolitik

Der Staat ist daran interessiert, die konjunkturellen Schwankungen möglichst gering zu halten. Es gibt eine Reihe von Maßnahmen, die der Staat im Rahmen der Konjunkturpolitik ergreifen kann, um bei Krisensituationen positiv auf die Wirtschaft einzuwirken. Eine dieser Maßnahmen ist die Fiskalpolitik.

DEFINITION
Fiskalpolitik ist ein wirtschaftspolitisches Instrument des Staates, bei dem durch Änderungen von Einnahmen und Ausgaben des Staates konjunkturelle Schwankungen ausgeglichen werden sollen.

Fiskalpolitische Grundprinzipien

In der Vergangenheit wurde in vielen Staaten eine **prozyklische** Fiskalpolitik betrieben. Hier war das vorrangige Ziel des Staates, den eigenen Haushalt auszugleichen. Ein großes Problem dieser Politik war, dass in Abschwungphasen die Steuereinnahmen zurückgingen. Deshalb verminderte der Staat seine Ausgaben und Investitionen, wodurch sich die wirtschaftliche Lage aber noch verschlimmerte.

Heute ist eine **antizyklische** Einnahmen- und Ausgabenpolitik in den meisten Staaten bei der Fiskalpolitik vorgesehen. Nach dem bedeutenden Ökonom John Maynard Keynes (1883 – 1946) soll der Staat antizyklisch handeln und vor allem in Zeiten der Rezession auf der Ausgabenseite, das heißt der Nachfrageseite, die Konjunktur positiv beeinflussen. Die Form der antizyklischen Konjunkturpolitik wird deshalb auch keynsianische Konjunkturpolitik genannt.

Antizyklische Politik bedeutet demnach, dass gegenläufige Maßnahmen zum eigentlichen Konjunkturverlauf ergriffen werden:

- geringe staatliche Investitionen in der Hochkonjunktur
- hohe staatliche Investitionen und staatliche Nachfrage in der Rezession und im Tiefstand

Wenn sich ein Aufschwung abzeichnet, sollte der Staat seine wirtschaftsfördernden Ausgaben wie Aufträge, Subventionen oder Investitionen möglichst schon langsam begrenzen. In der Hochkonjunktur sollten Steuererhöhungen in Betracht gezogen werden. Steuererhöhungen sind stets unpopulär in der Bevölkerung, werden aber in der Hochkonjunktur von den Wirtschaftssubjekten am besten getragen. In dieser Phase kann der Staat Gelder für Wirtschaftsfördermaßnahmen aufbauen, die er in schwächeren Zeiten wieder einsetzt.

Fiskalpolitik

prozyklisch
nach der aktuellen Konjunktur ausgerichtet

antizyklisch
entgegen der aktuellen Konjunktur ausgerichtet

Instrumente der Fiskalpolitik

Es wird im Rahmen einer antizyklischen Wirtschaftspolitik zwischen einer einnahmenorientierten und einer ausgabenorientierten Fiskalpolitik unterschieden. Mit beiden Instrumenten kann der Staat die Nachfrage fördern oder hemmen.

Einnahmenpolitik

Die Einnahmenpolitik kann über die Steuern die Nachfrage beeinflussen: Je höher die Steuern, desto niedriger ist die Nachfrage – und umgekehrt.

Ein weiteres Mittel der Einnahmenpolitik ist der Einfluss über die Abschreibungsregeln. Hohe Abschreibungssätze bei den Investitionsgütern fördern die Wirtschaft, weil beispielsweise dadurch Gewinne und die damit verbundenen Steuerlasten reduziert werden können. Die Unternehmen können ihrerseits neu investieren.

Ausgabenpolitik

Bei der Ausgabenpolitik wirken staatliche Investitionen nachfragefördernd, die Rücknahme von staatlichen Investitionen nachfragehemmend. Die Gestaltungsmöglichkeiten des Staates sind hier aber begrenzt, da viele Investitionstätigkeiten von den Ländern und Gemeinden getätigt werden.

Subventionen und Transferleistungen wirken bei einer Erhöhung negativ auf der Ausgabenseite des Staates, erhöhen aber das Einkommen der privaten Haushalte und somit die Binnennachfrage.

Die Investitionen des Staates könnten durch eine Kreditaufnahme finanziert werden. Wird die Kreditaufnahme aber durch Steuererhöhungen finanziert, könnte dies die positiven Effekte der Investitionserhöhung wieder aufheben.

Fiskalpolitische Instrumente

Einnahmenpolitik
Steuerung der Nachfrage durch:
- Variation der Besteuerung
- Variation der Abschreibungsregeln

Ausgabenpolitik
Steuerung der Nachfrage durch:
- Variation der staatlichen Investitionsausgaben
- Variation der Subventionen
- Variation der Transferausgaben (z. B. Kindergeld)
- Variation bei der Kreditaufnahme

Probleme der Fiskalpolitik

Mit Steuererhöhungen im Rahmen der Einnahmenpolitik sind auch Probleme verbunden. So kann eine Steuererhöhung in einer folgenden Abschwungphase häufig nicht wieder unmittelbar rückgängig gemacht werden. Steuererhöhungen für die Industrie könnten diese auch dazu bewegen, ins steuergünstigere Ausland abzuwandern. Dadurch würde sich die Konjunktur (z. B. die Arbeitslosenquote) noch weiter verschlechtern.

Die Erhöhung der Kreditaufnahme zur Anregung der Wirtschaft (Deficitspending) im Rahmen der Ausgabenpolitik kann zu einem höheren Haushaltsdefizit führen.

Insgesamt ist der Einfluss der Politik in vielen Bereichen eher begrenzt. Grenzen staatlicher Fiskalpolitik sind etwa beim Einfluss auf die Lohnentwicklung zu erkennen. Hier lässt beispielsweise die gesetzlich vorgegebene Tarifautonomie ein Eingreifen des Staates nicht zu. Viele Experten schreiben die gute Konjunktur in Deutschland nach der Finanzkrise 2008/2009 auch einer angemessenen Wirtschaftspolitik der Bundesregierung zu. Strukturelle Veränderungen auf dem Arbeitsmarkt sowie moderate Lohnabschlüsse werden hier als Argument aufgeführt.

AUFGABEN

1. Im Alten Testament heißt es: „Siehe, sieben reiche Jahre werden kommen (...). Und nach denselben werden sieben Jahre teure Zeit kommen (...).“ Erläutern Sie, was diese Aussage mit dem Konjunkturzyklus zu tun hat.

2. Zeichnen Sie einen klassischen Konjunkturzyklus und tragen Sie die vier Konjunkturphasen ein.

3. Welche Möglichkeiten haben der Staat und gegebenenfalls die Zentralbank eines Staates, um einer Depression entgegenzuwirken?

4. Können saisonale Schwankungen nachhaltigen Einfluss auf Konjunkturschwankungen nehmen? Nehmen Sie für Ihre Antwort die Grafik auf Seite 421 zur Hilfe.

5. Nennen Sie Ursachen für Konjunkturschwankungen.

6. Warum gehört die Arbeitslosenquote zu den Spätindikatoren?

7. Die Konjunktur eines Landes befindet sich im Abschwung. Woran kann man diese Entwicklung erkennen?

8. Wie kann der Staat mithilfe der Variation der Abschreibungssätze die Konjunktur fördern?

9. Was versteht man unter antizyklischer Fiskalpolitik?

10. Eine Volkswirtschaft befindet sich in einer Rezession. Beschreiben Sie ausführlich, welche fiskalpolitischen Mittel der Staat einsetzen sollte, um dieser Rezession entgegenzuwirken.

11. Ordnen Sie zu, indem Sie die sechs genannten Maßnahmen des Staates jeweils einer der vier angegebenen Auswirkungen (a – d) zuordnen.

    Maßnahmen des Staates:
    1. Erhöhung der Einkommenssteuer
    2. Erhöhung der Abschreibungssätze für Unternehmen
    3. Streichung oder Kürzung von Subventionen an Verbraucher
    4. Zollabbau zur Erleichterung der Einfuhr ausländischer Waren
    5. Streichung oder Kürzung von Subventionen an Produzenten
    6. Gewährung von Subventionen an Verbraucher, z. B. Kinder- und Wohngeld

    Auswirkungen dieser Maßnahmen:
    a) Erhöhung der Nachfrage nach Gütern und Dienstleistungen
    b) Erhöhung des Angebots von Gütern und Dienstleistungen
    c) Verringerung des Angebots von Gütern und Dienstleistungen
    d) Verringerung der Nachfrage nach Gütern und Dienstleistungen

12. In den verschiedenen Konjunkturphasen verändern sich mehrere wirtschaftliche Indikatoren. Geben Sie stichwortartig an, wie sich die in der Tabelle genannten Indikatoren in den einzelnen Phasen jeweils verhalten.

Phasen / Aspekte	Aufschwung	Boom	Abschwung	Rezession
Auftragsbestände				
Arbeitslosigkeit				
Löhne, Gehälter				
Verbraucherpreise				

AKTION

Lesen Sie nachfolgenden Zeitungsartikel und beantworten Sie folgende Fragen:

a) Welche Konjunkturindikatoren werden im Zeitungsartikel genannt?
b) Welcher Konjunkturindikator wird als „Motor" für den Aufschwung bezeichnet?
c) Welche Ursachen für den Aufschwung haben Herr Brüderle und die Wirtschaftsexperten erkannt?
d) Was war die „tiefste Rezession der Nachkriegsgeschichte", von der der Bundeswirtschaftsminister sprach?
e) Was empfehlen Sie der Bundesregierung, wie sie in den nächsten Monaten auf diesen Aufschwung reagieren sollte?
f) Warum wirken niedrige Zinsen positiv auf den Aufschwung?

Brüderle und der XL-Aufschwung

Erstmals seit Jahren ist in Deutschland das Inlandswachstum stärker als das Exportwachstum. Wirtschaftsminister Brüderle lobt die positive Entwicklung der deutschen Wirtschaft – und erwartet im kommenden Jahr steigende Löhne.

FRANKFURT/DÜSSELDORF/BERLIN. Bestens gelaunt hat Bundeswirtschaftsminister Rainer Brüderle (FDP) gestern die neue Wachstumsprognose präsentiert. „Die Nachrichten vom Arbeitsmarkt sind ein Grund zum Feiern", sagte er. Deutschland erlebe nach der tiefsten Rezession der Nachkriegsgeschichte in diesem Jahr „einen XL-Aufschwung wie aus dem Lehrbuch". Und erstmals seit Jahren wachse die inländische Wirtschaft stärker als die Exporte.

Nach der neuen offiziellen Regierungsprognose wächst die Wirtschaft in diesem Jahr um 3,4 Prozent, im nächsten um 1,8 Prozent. Das sind für dieses Jahr zwei Prozentpunkte mehr als die Bundesregierung noch im Frühjahr erwartet hatte. „Die Binnenkonjunktur ist jetzt die entscheidende Kraft", sagte Brüderle.

Die eigentliche Ursache, meint der Liberale, sei die umfassende Restrukturierung, die im letzten Jahrzehnt in den deutschen Betrieben stattgefunden hat. Die Konjunkturpakete hätten zusätzlich geholfen, während der Krise die Kapazitäten zu halten und Arbeitsplätze zu sichern. „Deshalb konnte die Produktion jetzt schnell wieder hochgefahren werden", so Brüderle. Er ist überzeugt, dass die gute Binnenkonjunktur anhalten werde – weil die Lage am Arbeitsmarkt so gut sei wie seit zwei Jahrzehnten nicht mehr. Bereits in diesem Herbst werde die Zahl der Arbeitslosen unter drei Millionen sinken. In diesem Jahr würden 110 000 Menschen zusätzlich Erwerbstätige, im nächsten Jahr weitere 140 000.

Wegen der Steuererleichterungen der alten und der neuen Regierung seien die Nettolöhne in diesem Jahr mit 3,9 Prozent stärker gestiegen als die Bruttolöhne mit 1,2 Prozent. 2011 dürften sich die Arbeitnehmer auf deutliche Lohnerhöhungen freuen, sagte Brüderle voraus.

Ökonomen stützen Brüderles These. „Die deutsche Wirtschaft steht wieder auf zwei Beinen", sagt der Chefvolkswirt der Dekabank, Ulrich Kater. Vor allem zwei Fakten sprächen dafür, dass die Binnenwirtschaft im kommenden Jahr einen starken Wachstumsbeitrag leisten wird: Zum einen sei mit einer Nominallohnsteigerung von knapp drei Prozent zu rechnen. Zum anderen sei weiter von „zu niedrigen Zinsen für Deutschland" auszugehen. „Beides kurbelt den privaten Konsum an", schlussfolgert Kater. Die niedrigen Zinsen erhöhten außerdem die Investitionsanreize.

Der Volkswirt von HSBC Trinkaus, Lothar Heßler, sagt, alle drei Töpfe stünden „unter Dampf" – Exporte, Investitionen und der private Konsum. Der Aufschwung habe schneller als in früheren Konjunkturzyklen auf die Investitionen übergegriffen, nun springe auch der Konsum früher an als gedacht. Seit dem Rezessionsende sei das Bruttoinlandsprodukt in Deutschland um 3,7 Prozent gewachsen, nur 1,2 Punkte seien auf die Außenwirtschaft zurückzuführen.

Wie bedeutend der Beitrag der Binnenwirtschaft bereits 2010 ist, unterstreicht Volkswirt Kater: Er rechnet mit einem Wachstumsbeitrag von 2,2 Punkten – etwa zwei Drittel des Wachstums. 2011 dürfte der Beitrag nach seiner Einschätzung noch höher ausfallen: 1,5 Prozentpunkte. Das wären bei einem BIP-Zuwachs von zwei Prozent 75 Prozent des gesamten Wachstums.

Quelle: Handelsblatt vom 21. Oktober 2010

ZUSAMMENFASSUNG

Konjunktur

= allgemeine Bezeichnung für die wirtschaftliche Lage einer Volkswirtschaft

Konjunkturschwankungen

- **Phasen des Konjunkturzyklus**
  - Aufschwung (Expansion)
  - Hochkonjunktur (Boom)
  - Abschwung (Rezession)
  - Tiefstand (Depression)
- **weitere Schwankungen**
  - saisonale Schwankungen (oft jahreszeitlich bedingt)
  - Trends (langfristige zeitliche Entwicklung in eine Richtung)

Konjunkturindikatoren

Beobachtung durch Statistisches Bundesamt und verschiedene Wirtschaftsforschungsinstitute

- Frühindikatoren (Verlauf in absehbarer Zukunft)
- Präsensindikatoren (momentaner Stand der Konjunktur)
- Spätindikatoren (wirken erst später)

vom Staat beeinflusst durch

Fiskalpolitik

= wirtschaftspolitisches Instrument des Staates, bei dem durch Änderungen von Einnahmen und Ausgaben des Staates konjunkturelle Schwankungen ausgeglichen werden sollen

antizyklische Konjunkturpolitik

entgegen der aktuellen Konjunktur ausgerichtet

- Aufschwung/Hochkonjunktur: staatliche Investitionen, Subventionen und Aufträge drosseln; ggf. Steuern erhöhen
- Abschwung/Tiefstand: staatliche Investitionen, Subventionen und Aufträge erhöhen

prozyklische Konjunkturpolitik

nach der aktuellen Konjunktur ausgerichtet

- Ziel: Ausgleich des Staatshaushalts
- Problem: Rückgang der Steuereinnahmen in Abschwungphasen.
- Folge: Verminderung der Staatsausgaben und Investitionen und Verschlimmerung der wirtschaftlichen Lage

Fiskalpolitische Instrumente
Steuerung der gesamtwirtschaftlichen Nachfrage

- Einnahmenpolitik
- Ausgabenpolitik

Probleme der Fiskalpolitik

- Steuererhöhung kann nicht unmittelbar rückgängig gemacht werden.
- Steuererhöhung kann zur Abwanderung ins steuergünstigere Ausland führen.
- Erhöhung der Kreditaufnahme (Deficitspending) führt evtl. zu einem höheren Haushaltsdefizit.

12.5 Wir nutzen als Unternehmen Entscheidungen der EZB zur Geldpolitik

Einstieg

Die beiden Geschäftsführer der Hoffmann KG, Michael Hoffmann und Susanne Hahne, sitzen in der Hausbank der Hoffmann KG mit dem Bankberater Herrn Mutzke zusammen, um die Finanzierung einer schon länger geplanten Erweiterung der Lagerhalle zu besprechen.

Michael Hoffmann und Susanne Hahne:
„Guten Morgen Herr Mutzke."

Herr Mutzke:
„Guten Morgen Frau Hahne, guten Morgen Herr Hoffmann. Sie haben ja schon vor einigen Wochen eine Anfrage über einen Kredit über 400.000,00 € gestellt. Sind Sie mit der Entscheidung vorangekommen?"

Michael Hoffmann:
„Ja, es ist eine Entscheidung gefallen: Wir müssen die Lagerhalle bauen, damit unsere Wettbewerbsfähigkeit langfristig sichergestellt ist."

Herr Mutzke:
„Da spricht bezüglich der Kreditwürdigkeit von unserer Seite aus nichts dagegen."

Frau Hahne:
„Das ist gut. Wir wollen die Investition bei Ihrer Bank tätigen, weil Sie die besten Konditionen haben und wir Ihnen als kompetenten Partner vertrauen."

Herr Mutzke:
„Da muss ich Ihnen leider etwas mitteilen: Der beim letzten Gespräch aktuelle Zinssatz ist etwas gestiegen. Die EZB hat die Leitzinsen um ein halbes Prozent erhöht, dementsprechend steigt auch der Zinssatz um 0,5 %."

Michael Hoffmann:
„Das ist ja sehr bedauerlich. Da weiß ich nicht, ob wir dann noch investieren sollten ..."

1. Warum senkt oder erhöht die Europäische Zentralbank (EZB) die Zinsen?
2. Welche Entscheidung sollte die Hoffmann KG bezüglich der Investition oder des Investitionszeitpunkts treffen?

INFORMATIONEN

Das Europäische System der Zentralbanken

Das Europäische System der Zentralbanken (ESZB) setzt sich aus der Europäischen Zentralbank (EZB) sowie den jeweiligen nationalen Zentralbanken (NZB) der 27 EU-Mitgliedsstaaten zusammen, unabhängig davon, ob der Euro eingeführt wurde oder nicht. Sowohl die EZB als auch das ESZB wurden am 1. Juni 1998 geschaffen, wobei sich die EZB als das „Herzstück" des Eurosystems und des ESZB bezeichnet. Die EZB hat ihren Sitz in Frankfurt.

Die nationalen Zentralbanken der EU-Staaten, die nicht an der Währungsunion teilnehmen, behalten ihre währungspolitischen Befugnisse und werden nicht in die Durchführung der einheitlichen Geldpolitik der EZB einbezogen.

DEFINITION

Unter **Geldpolitik** werden alle wirtschaftspolitischen Maßnahmen verstanden, die die Zentralbank einer Volkswirtschaft ergreift, um ihre Wirtschaftsziele zu erreichen.

Beschlussorgane der EZB

Direktorium

Präsident, Vizepräsident, vier weitere Mitglieder

Das Direktorium führt die laufenden Geschäfte, führt die Geldpolitik durch und bereitet die EZB-Sitzungen vor.

EZB-Rat

Direktorium und NZB-Präsidenten der EU-Staaten, die den Euro eingeführt haben

Der EZB-Rat trifft sich zweimal im Monat zur Festlegung der Geldpolitik und zur Verabschiedung von Leitlinien und Beschlüssen.

erweiterter EZB-Rat

EZB-Rat und NZB-Präsidenten aller 27 EU-Staaten

Der erweiterte Rat übt eine beratende Funktion aus.

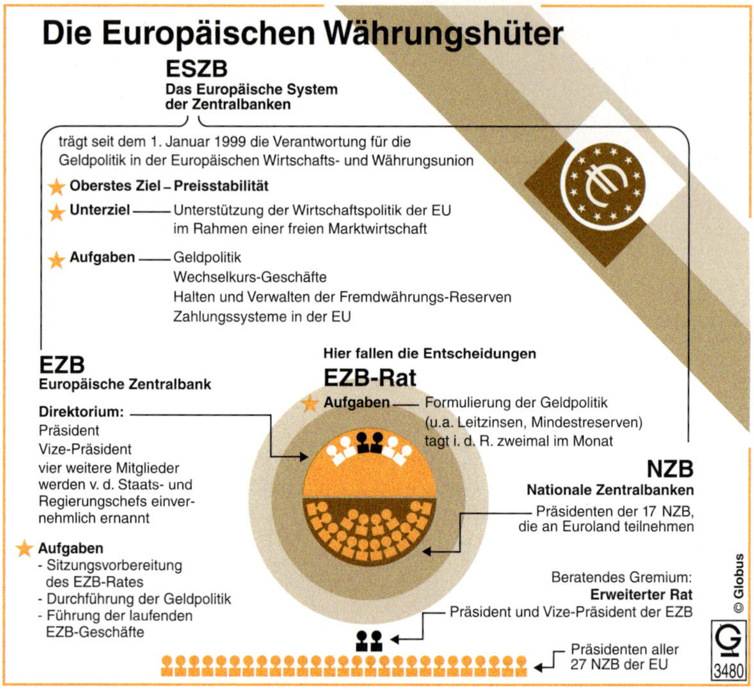

Euro

Am 1. Januar 1999 wurde der Euro als Zahlungsmittel der Länder der europäischen Währungsunion eingeführt. An diesem Tag wurden die Wechselkurse der einzelnen Währungen festgelegt (z. B. das Umtauschverhältnis zwischen der D-Mark und dem französischen Franc).

An diesem Tag hat außerdem die EZB die Verantwortung für die Geldpolitik von den NZB der Länder der Währungsunion übernommen. Der Euro ist seitdem offizielles Zahlungsmittel für etwa 330 Millionen Bürger.

1. Januar 1999: Einführung des Euros als Buchgeld

1. Januar 2002: Einführung der Euro-Banknoten und -Münzen

Zu den sogenannten Euro-Ländern, also den Ländern, die den Euro als Zahlungsmittel innerhalb der EU eingeführt haben, zählen 17 Länder der EU.

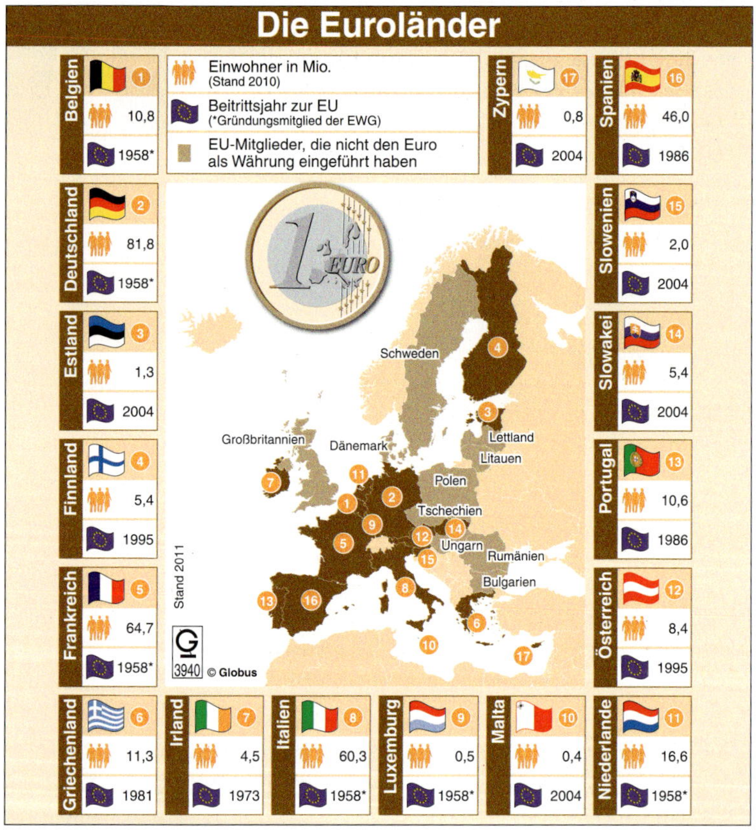

Es gibt auch mehrere Nicht-EU-Länder, die in ihren Ländern den Euro als Zahlungsmittel nutzen.

Nicht-EU Länder mit dem Euro als Zahlungsmittel: Andorra, Kosovo, Monaco, Montenegro, San Marino, Vatikan

Im Jahre 1992 wurden im Vertrag von Maastricht Kriterien zur Erreichung des gemeinsamen Ziels, die Wirtschaft und den Euro stabil zu halten, festgelegt. Diese sogenannten **Konvergenzkriterien** (Maastricht-Kriterien) sind in Artikel 121 des EG-Vertrags festgehalten:

- **Preisentwicklung**
  Inflationsraten von nicht mehr als 1,5 % über denen der drei „besten" Euroländer
- **finanzpolitische Entwicklung**
  Das Haushaltsdefizit darf nicht höher als 3 % des BIP sein. Das Verhältnis öffentliche Schulden zum BIP darf 60 % nicht überschreiten (Ausnahme: das Verhältnis ist hinreichend rückläufig).
- **Wechselkursentwicklung (nach WKM II)**
  Wenn ein EU-Land dem Euro beitreten will, muss dessen Währung eine festgelegte Wechselkursbandbreite von 30 % einhalten (+/– 15 %). Praktisch bedeutet dies, dass seit mindestens zwei Jahren vor dem Beitritt zur Währungsunion keine Auf- oder Abwertung gegenüber dem Euro von mehr als 15 % stattgefunden hat.
- **Entwicklung der langfristigen Zinssätze**
  Artikel 121 des EG-Vertrags sieht Zinssätze von nicht mehr als 2 % über den Zinssätzen der drei „besten" Euroländer vor.

Die EZB kontrolliert diese vier Kriterien, die zur Beurteilung der wirtschaftlichen Stabilität eines Landes herangezogen werden. Alle EU-Mitgliedsstaaten, die den Euro als Zahlungsmittel einführen wollen, müssen diese Kriterien der dritten Stufe der Europäischen Währungsunion erfüllen.

Es gibt einige Länder (Großbritannien und Dänemark), die nicht an der Währungsunion teilnehmen wollen, und Schweden, das in einem Volksentscheid den Beitritt abgelehnt hat. Diese genannten Länder erfüllen aber die Konvergenzkriterien. Andere Länder, die später der EU beigetreten sind, streben einen Beitritt an. Einige haben dies bereits geschafft, so ist beispielsweise Estland seit dem 1. Januar 2011 Mitglied der Europäischen Währungsunion.

Wie stark ist der Euro?
Bei der Stärke einer Währung wird zwischen Außen- und dem inneren Wert unterschieden.

Der **Außenwert** wird gemessen in fremder Währung, er drückt sich im Wechselkurs aus. Derzeit bekommt der Besitzer eines Euros beim Tausch gut 1,30 US-Dollar. Bei der Einführung des Euro waren es nur 1,17 US-Dollar – der Euro hat sich also gut gehalten. Zwischendurch gab es allerdings starke Kursschwankungen.

Ein starker Euro ist gut für Touristen im Ausland und für die Einfuhr von Waren. Umgekehrt haben es die Exporteure schwer, wenn der Wechselkurs des Euro steigt, denn der ausländische Käufer muss mehr Geld ausgeben und kauft dann anderswo.

Der **innere Geldwert** lässt sich anhand der Preissteigerungsrate messen. Wenn die Preise etwa für Strom klettern, verliert das Geld an Wert. Seit der Euro-Einführung haben die Preise in Deutschland jährlich nur um zwei Prozent zugelegt. Das spricht gegen die These vom „Teuro". Zu Zeiten der angeblich so stabilen D-Mark lag die durchschnittliche Inflationsrate bei vier Prozent.

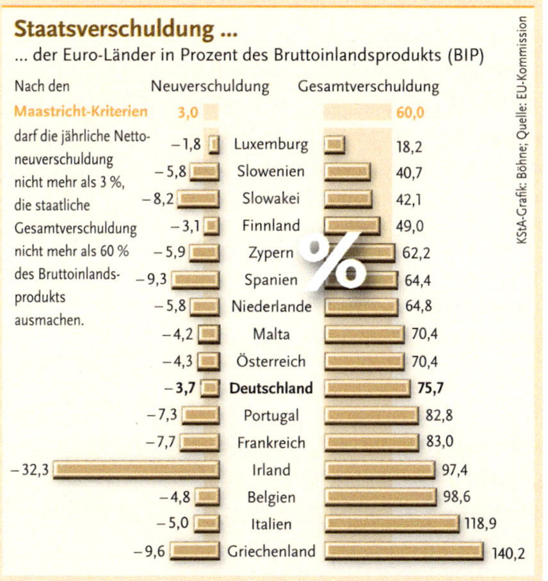

Quelle: Kölner Stadtanzeiger vom 16. Dezember 2010

Aufgaben der EZB

Die Aufgaben der EZB bzw. der Zentralbanken der Staaten sind vielfältig.

Vorrangige Aufgabe: Gewährleistung der Preisstabilität

Die EZB strebt an, mittelfristig eine Preissteigerungsrate von unter, aber nahe 2 % beizubehalten (vgl. Pressemitteilung der EZB vom 8. Mai 2003).

Dies gelingt beispielsweise, indem Vertrauen in eine Währung geschaffen wird. Denn, wenn das Vertrauen der Menschen in eine Währung hoch ist, kann eine Wertsteigerung allein dadurch erreicht werden, dass diese Währung als Tauschmittel akzeptiert wird. Also arbeitet die EZB daran, das Vertrauen in den Euro zu festigen und zu erhöhen.

Noch zu Beginn des 19. Jahrhunderts verwendeten die meisten großen Volkswirtschaften den Goldstandard. Das bedeutet, dass die im Umlauf befindlichen Banknoten einem bestimmten Anteil der Goldreserven eines Landes entsprachen. Man konnte in dieser Zeit theoretisch den Wert einer Banknote bei seiner Zentralbank in Gold eintauschen. Damals musste eine Zentralbank dafür sorgen, dass genügend Gold als Reserve vorhanden war.

Heute wird der Wert des Geldes von seiner Kaufkraft bestimmt. Die Kaufkraft gibt an, welche Güter mit einem bestimmten Geldbetrag gekauft werden können.

2. Aufgabe: richtiges Verhältnis Geldmenge und Wert der Güter

Die Kaufkraft ist nur gewährleistet, wenn die Geldmenge im richtigen Verhältnis zum Wert der Güter steht, die man damit kaufen kann → der Wert der Währung kann so geschützt werden.

Weitere Aufgaben

Um das komplexe System in der Eurozone funktionsfähig zu halten, muss die EZB eine Reihe weiterer Aufgaben wahrnehmen. Die EZB

- legt die Geldpolitik in der Eurozone fest und führt sie aus.
- gibt Banknoten aus.
- führt Devisengeschäfte durch (An- und Verkauf von fremden Währungen und Verwalten der eigenen Währung).
- trägt zur Solidität (Zuverlässigkeit) und Vertrauenswürdigkeit der Kreditinstitute bei.
- trägt zur Wahrung der Stabilität des Finanzsystems bei.
- gewährleistet das reibungslose Funktionieren der Transaktionen und Zahlungen im Eurogebiet.

Zur Erfüllung all dieser Aufgaben ist es notwendig, dass die EZB mit den nationalen Zentralbanken aller Euroländer intensiv zusammenarbeitet.

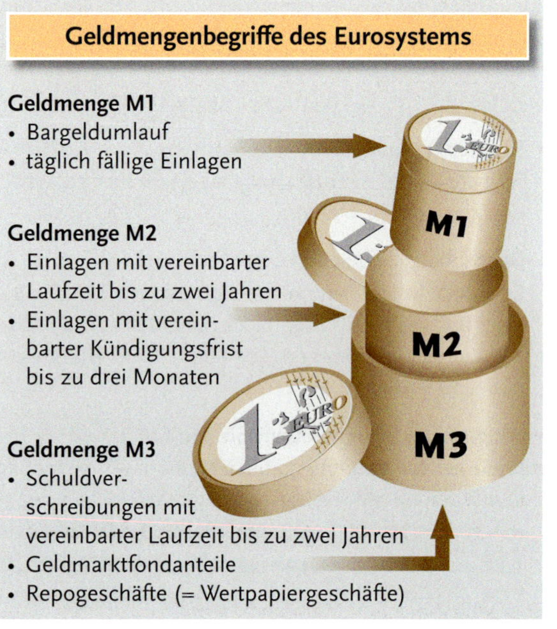

Analysen und Erhebungen des ESZB

Messung der Preisstabilität

Das vorrangige Ziel der Preisstabilität wird gemessen von Eurostat (Statistisches Amt der Europäischen Union) in Zusammenarbeit mit den statistischen Ämtern der EU-Länder (z. B. dem Statistischen Bundesamt in Deutschland). Maßgeblich ist dabei der Harmonisierte Verbraucherpreisindex (HVPI), der seit 1995 in Zeitreihen zur Verfügung steht. Der HVPI beinhaltet einen europäischen Warenkorb, der sich beispielsweise aus Nahrungsmitteln, Industrieerzeugnissen, Energie oder auch Dienstleistungen zusammensetzt. Die Zeitreihen des HVPI werden jährlich miteinander verglichen, um Inflationsmessungen durchzuführen. Die Preissteigerungen sollten dabei 2 % zum Vorjahr nicht übersteigen.

Die zwei Säulen der geldpolitischen Strategie

Bei der Entscheidungsfindung stützt sich die EZB auf eine wirtschaftliche und eine monetäre Analyse, die die zwei Säulen der geldpolitischen Strategie darstellen.

Die zwei Säulen der geldpolitischen Strategie	
Wirtschaftliche Analyse Beurteilung und Analyse der kurz- bis mittelfristigen Bestimmungsfaktoren (Indikatoren) der Preisentwicklung	**Monetäre Analyse** Beurteilung und Analyse langfristiger Zusammenhänge zwischen Geld- und Gütermenge sowie Preisen
• Indikatoren – Löhne/Gehälter – Ölpreis – Wechselkurse – langfristige Zinssätze – Messgrößen für die Wirtschaft – Umfragen zum Vertrauen – Wohnungspreise – Entwicklung an den internationalen Finanzmärkten • Erkennen und Beurteilen von Schocks, die die Wirtschaft treffen (z. B. starker Anstieg der Ölpreise) • Abbildung maßgeblicher gesamtwirtschaftlicher Faktoren (z. B. Situation auf dem europäischen Arbeitsmarkt)	• Die Geldmenge dient als mittel- bis langfristige Bezugsgröße. • langfristige Verbindung zwischen Geldmenge und Preisen in der Eurozone • Feststellung von finanziellen Ungleichgewichten bzw. Vermögenspreisblasen (wegen überhöhter Güterpreise) **BEISPIEL** Die Finanzkrise ist auch auf eine Vermögensblase im Bereich der Immobilienpreise in den USA zurückzuführen. Hier wurden über lange Jahre hohe Umsätze mit Immobilien erzielt, wobei die Preise den eigentlichen inneren Wert deutlich übertrafen. Als die Preise zusammenbrachen, platzte auch die Vermögensblase.

Aus den Analysen dieser zwei Säulen nimmt der EZB-Rat eine Gesamtbeurteilung der Risiken für die Preisstabilität vor und kann nun gegebenenfalls Maßnahmen ergreifen, um die zukünftige Entwicklung der Preise zu beeinflussen.

Die geldpolitischen Maßnahmen der EZB greifen in der Regel zeitverzögert, das heißt mit einer Verzögerung von ein bis drei Jahren. Somit ist der Einfluss, den die EZB auf das Preisniveau ausübt, mittel- bis langfristig zu planen. Dabei ist vorausschauendes Handeln wichtig, um im Vorfeld die richtigen Entscheidungen zu treffen.

Instrumente der Geldpolitik

Zur Regulierung der umlaufenden Geldmenge steht der EZB eine Reihe von geldpolitischen Instrumenten zur Verfügung.

Offenmarktgeschäfte

Offenmarktgeschäfte gehören zu den sogenannten **Refinanzierungsinstrumenten**. Allgemein kann bei Offenmarktgeschäften vom Kauf oder Verkauf von festverzinslichen Wertpapieren (Offenmarktpapiere) durch die Zentralbanken am **offenen Markt** gesprochen werden. Jede Geschäftsbank kann demnach von der EZB Wertpapiere kaufen oder an die EZB verkaufen. Kauft eine Geschäftsbank Offenmarktpapiere, so steht das Geld nicht mehr für Kreditvergaben zur Verfügung, die Geldmenge sinkt. Beim Verkauf von Offenmarktpapieren erhalten die Geschäftsbanken Geld und die Geldmenge steigt, weil dieses Geld für die Kreditvergabe verwendet wird.

DEFINITION

Als **Refinanzierung** wird die Aufnahme fremder (Geld-)Mittel von Kreditinstituten verstanden, die damit ihrerseits selbst Kredit vergeben.

Die Offenmarktgeschäfte des Euroraums können in vier Gruppen unterteilt werden:

- Hauptrefinanzierungsgeschäfte
- längerfristige Refinanzierungsgeschäfte
- Feinsteuerungsoperationen
- strukturelle Operationen

Hauptrefinanzierungsgeschäfte (HRG)

Das wichtigste Instrument im Rahmen der Offenmarktgeschäfte sind die Hauptrefinanzierungsgeschäfte. Hier gewährt die EZB den Geschäftsbanken Kredite mit einer einwöchigen Laufzeit. Dadurch wird dem Markt Liquidität zugeführt, das heißt, der Markt erhält **flüssige Mittel**.

DEFINITION

Unter **Hauptrefinanzierungsgeschäft** wird ein regelmäßiges Offenmarktgeschäft verstanden, das in Form einer (meist auf eine Woche) befristeten Transaktion ausgeführt wird.

Die geldpolitischen Instrumente der EZB

Offenmarktgeschäfte
- Hauptrefinanzierungsgeschäfte
  (Laufzeit: eine Woche)
- Längerfristige Refinanzierungsgeschäfte
- Feinsteuerungsoperationen
- strukturelle Operationen

Ständige Fazilitäten
- Einlagefazilität
  (Zinssätze im Allgemeinen unter Marktzinsniveau)
- Spitzenrefinanzierungsfazilität
  (Zinssätze im Allgemeinen über Marktzinsniveau)

Mindestreservepolitik
- **Mindestreservebasis**
  Einlagen, Schuldverschreibungen und Geldmarktpapiere
- **Mindestreservesatz**
  2 % für die Mehrheit der Positionen, die in die Mindestreservebasis einbezogen werden
- **Verzinsung**
  Mindestreserveguthaben werden zum gleichen Satz wie die Hauptrefinanzierungsgeschäfte des Eurosystems verzinst

Quelle: www.ecb.int, Zugriff am 27. Januar 2011

Die Zentralbanken müssen im Gegenzug für diese Kredite Zinsen zahlen und bei der EZB als Sicherheit angemessene Vermögenswerte hinterlegen. Die Kredite werden bei Fälligkeit zurückgezahlt und die Zentralbanken erhalten die hinterlegten Sicherheiten zurück.

Die Hauptrefinanzierungsgeschäfte weisen folgende operativen Merkmale auf:

- Diese Liquiditätszuführung ist zeitlich befristet (Laufzeit in der Regel eine Woche).
- Sie werden regelmäßig jede Woche durchgeführt.
- Sie werden dezentral von den nationalen Zentralbanken durchgeführt.
- Die Durchführung läuft über sogenannte *Standardtender* (siehe Exkurs auf der folgenden Seite).
- Die zugelassenen Geschäftspartner (z. B. in den Mitgliedsstaaten zugelassene Kreditinstitute) können Gebote für die Hauptrefinanzierungsgeschäfte abgeben.
- Es sind Sicherheiten von den Geschäftspartnern zur Unterlegung der Hauptrefinanzierungsgeschäfte zugelassen.

Längerfristige Refinanzierungsgeschäfte

Die längerfristigen Refinanzierungsgeschäfte weisen im Grunde dieselben operativen Merkmale auf wie die Hauptrefinanzierungsgeschäfte. Lediglich die Laufzeit ist unterschiedlich. Die Durchführung erfolgt monatlich und die Laufzeit beträgt in der Regel drei Monate. Hierdurch werden dem Finanzsektor zusätzliche längerfristige Refinanzierungsmittel zur Verfügung gestellt.

Feinsteuerungsoperationen

Feinsteuerungsoperationen werden zur Steuerung der Marktliquidität und der Zinssätze genutzt. Dadurch sollen die Auswirkungen unerwarteter Liquiditätsschwankungen auf die Zinssätze ausgeglichen werden. So kann es beispielsweise zu unerwarteten Marktentwicklungen kommen, die ein schnelles Handeln erfordern. Dem Markt kann flexibel Liquidität zugeführt oder weggenommen werden.

Strukturelle Operationen

Strukturelle Operationen können regelmäßig oder unregelmäßig durchgeführt werden. Hier soll die strukturelle Position des Finanzsektors gegenüber dem Eurosystem beeinflusst werden. Das Eurosystem kann strukturelle Operationen über die Ausgabe (Emission) von Schuldverschreibungen, befristete Transaktionen oder endgültige Käufe bzw. Verkäufe durchführen.

3560 432

Tenderverfahren

Die Offenmarktgeschäfte werden in aller Regel über das sogenannte Tenderverfahren abgewickelt. Die EZB unterscheidet bezüglich der Durchführungszeit zwei verschiedene Tenderverfahren: Standardtender und Schnelltender. Dabei lassen sich beide Verfahren in sechs Schritte gliedern.

Verfahrensschritte bei Tenderverfahren:

Schritt 1: Tenderankündigung
- a) Ankündigung durch die EZB über Wirtschaftsinformationsdienste
- b) Ankündigung durch die nationalen Zentralbanken über nationale Wirtschaftsinformationsdienste und direkt gegenüber einzelnen Geschäftspartnern (wenn dies notwendig erscheint)

Schritt 2: Vorbereitung und Abgabe von Geboten durch die Geschäftspartner

Schritt 3: Zusammenstellung der Gebote durch das Eurosystem

Schritt 4: Tenderzuteilung und Bekanntmachung der Tenderergebnisse
- a) Zuteilungsentscheidung der EZB
- b) Bekanntmachung des Zuteilungsergebnisses

Schritt 5: Bestätigung der einzelnen Zuteilungsergebnisse

Schritt 6: Abwicklung der Transaktionen

Quelle: EZB: Durchführung der Geldpolitik im Euro-Währungsgebiet. November 2008, S. 25

Die Hauptrefinanzierungsgeschäfte, die längerfristigen Refinanzierungsgeschäfte und die strukturellen Operationen werden in der Regel in Form von Standardtendern durchgeführt.

Normaler Zeitrahmen für die Verfahrensschritte bei Standardtendern

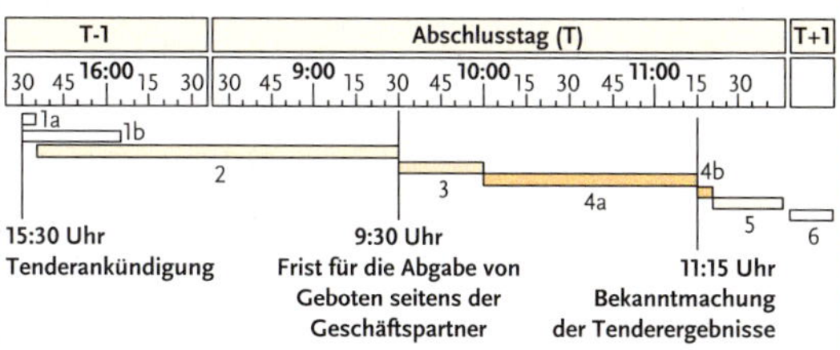

Anmerkung: Die Zahlen beziehen sich auf die oben genannten Verfahrensschritte.
Quelle: Europäische Zentralbank: Durchführung der Geldpolitik im Euro-Währungsgebiet. November 2008, S. 26

Die EZB kann an jedem beliebigen Eurosystem-Geschäftstag beschließen, Feinsteuerungsoperationen durchzuführen. Bei Feinsteuerungsoperationen werden **Schnelltender** verwendet. Die Schnelltender werden bereits 90 Minuten nach Tenderankündigung durchgeführt. An solchen Operationen nehmen nur nationale Zentralbanken von Mitgliedstaaten teil.

Normaler Zeitrahmen für die Verfahrensschritte bei Schnelltendern

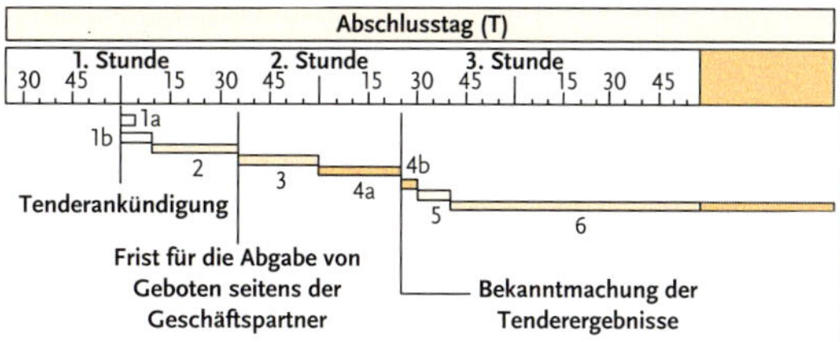

Anmerkung: Die Zahlen beziehen sich auf die links genannten Verfahrensschritte.
Quelle: Europäische Zentralbank: Durchführung der Geldpolitik im Euro-Währungsgebiet. November 2008, S. 27

Bei den Tenderverfahren werden zwei unterschiedliche Techniken angewendet:
- Mengentenderverfahren
- Zinstenderverfahren

Mengentenderverfahren

Beim Mengentenderverfahren wird der Zinssatz bereits im Voraus von der EZB festgelegt. Die teilnehmenden Kreditinstitute bieten nur den Geldbetrag (die Geldmenge), mit der sie sich am Verfahren beteiligen wollen.

BEISPIEL

Die EZB will dem Markt Liquidität zuführen, indem sie die zeitliche befristete Transaktion des Mengentenders durchführt. Insgesamt will die EZB 100 Mio. € zuteilen.

Folgende Gebote werden von den Geschäftsbanken abgegeben:

Geschäftsbank	Gebot (in Mio. €)
Bank 1	30
Bank 2	40
Bank 3	55
Gesamt	**125**

Da insgesamt ein Übergebot existiert, muss eine reduzierte Zuteilung erfolgen:

Überangebot in % = 100/125 = 80 %

Daher werden jeder Bank nur 80 % zugeteilt.

Geschäftsbank	Gebot in Mio. €	Zuteilung in Mio. €
Bank 1	30	24
Bank 2	40	32
Bank 3	55	44
Gesamt	**125**	**100**

Zinstender

Beim Zinstender richtet sich die Zuteilung der Liquidität nach der Höhe des abgegebenen Zinsgebots.

Es gibt hier das **holländische Verfahren,** bei dem der Zuteilungssatz für alle Gebote dem des marginalen Zinssatzes entspricht.

DEFINITION

Der **marginale Zinssatz** ist der Zinssatz, bei dem das gewünschte Zuteilungsvolumen erreicht wird. Er wird auch Hauptrefinanzierungssatz genannt.

Beim **amerikanischen Verfahren** entspricht der Zuteilungssatz dem jeweils abgegebenen individuellen Gebot.

BEISPIEL

Die EZB will dem Markt Liquidität zuführen, indem sie die zeitliche befristete Transaktion des Zinstenders durchführt. Insgesamt will die EZB 100 Mio. € zuteilen.

Beträge in Mio. €					
Zinssatz	Bank 1	Bank 2	Bank 3	Gebote insg.	kumulative Gebote
3,15				0	0
3,10		10	15	25	25
3,09	5	10	15	30	55
3,08	5	10	15	30	85
3,07	10	15	20	45	130
3,06	5		15	20	150
3,05	5		10	15	165
Gesamt	**30**	**45**	**90**	**165**	

Der marginale Zinssatz beträgt hier 3,07 %. Alle Gebote oberhalb dieses Zinssatzes werden voll zugeteilt. Da das Gebot beim marginalen Zinssatz bei 45 Mio. € liegt, aber nur noch 15 Mio. € (100 – 85) zugeteilt werden können, wird dies prozentual zugeteilt:
15/45 = 33 1/3 %

Daraus ergeben sich folgende Zuteilungen:
Bank 1: 5+5+3,33[10 · 33,33 %]= 13,33 Mio. €
Bank 2: 10+10+10+5= 35 Mio. €
Bank 3: 15+15+15+6,67 = 51,67 Mio. €

Falls die Zuteilung nach dem holländischen Verfahren erfolgt, zahlen die Banken für das gesamte Kreditvolumen einen Zinssatz von 3,07 %.

Bei einer Zuteilung nach dem amerikanischen Verfahren erhält beispielsweise Bank 1 Kredite von 5 Mio. € zu 3,09 %, 5 Mio. zu 3,08 % und 3,33 Mio. € zu 3,07 %.

Wenn eine Geschäftsbank keine Zuteilung bekommt, muss sie sich am öffentlichen Geldmarkt nach Krediten umsehen.

Ständige Fazilitäten

Die ständigen Fazilitäten (= Kreditmöglichkeiten, die bei Bedarf in Anspruch genommen werden können) sind ein Instrument, mit deren Hilfe Kreditinstitute liquide Mittel kurzfristig bereitgestellt bekommen oder Liquidität abgeben können. Diese kurzfristigen Geschäfte werden auch als Übernachtanlagen bezeichnet.

Die Bezeichnung *ständige Fazilitäten* weist darauf hin, dass sie den Geschäftsbanken jederzeit zur Verfügung stehen.

Es gibt zwei Arten von Fazilitäten, mit denen die EZB die Geldmenge regulieren kann:

- **Einlagefazilität**
  Banken können gebildete Guthaben kurzfristig bei ihrer nationalen Zentralbank anlegen. Der Zinssatz hierfür liegt immer unter dem Hauptrefinanzierungssatz.
  Wirkung auf die Geldmenge:
  Durch die kurzfristige Anlage von Geld nimmt die Liquidität der Geschäftsbanken ab. Die Geldmenge sinkt.

- **Spitzenrefinanzierungsfazilität**
  Banken können bei ihrer nationalen Zentralbank einen kurzfristigen Kredit aufnehmen. Der Zinssatz hierfür liegt immer über dem Mindestbietungssatz.
  Wirkung auf die Geldmenge:
  Durch die Aufnahme kurzfristiger Kredite können die Geschäftsbanken ihre Liquidität erhöhen. Die Geldmenge steigt.

Der Leitzinssatz der EZB steuert die Geld- und Kapitalmärkte in der EU. Diese Zinssätze legen fest, unter welchen Bedingungen die Kreditinstitute sich Geld bei den Zentralbanken leihen können. Daher kann die EZB durch die Steuerung der Zinssätze auf wirtschaftliche Veränderungen (z. B. Inflation oder Deflation) innerhalb der EU Einfluss nehmen. Der wichtigste Zinssatz in der EU ist der Hauptrefinanzierungssatz.

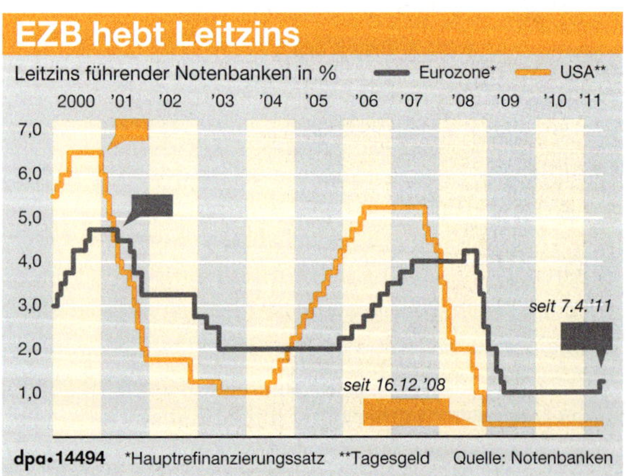

Leitzinsen der EZB (Stand April 2011)
- Einlagesatz: 0,50 %
- Hauptrefinanzierungssatz: 1,25 %
- Spitzenrefinanzierungssatz: 2,00 %

Mindestreservepflicht

Die EZB verlangt von den Geschäftsbanken, dass diese über einen bestimmten Zeitraum einen durchschnittlichen Mindestreservebetrag halten müssen, d.h., sie müssen einen bestimmten Teil der Einlagen als verzinstes Zwangsguthaben bei ihrer nationalen Zentralbank halten. Mit dieser Mindestreserve sollen die Zinssätze am Geldmarkt stabil gehalten werden. Ein weiteres Ziel der Mindestreserve ist es, einer unkontrollierten Geldmengenausweitung vorzubeugen.

DEFINITION

Bei der **Mindestreserve** handelt es sich um Einlagen, die Geschäftsbanken in liquider Form bei ihrer nationalen Zentralbank anlegen müssen.

Wirkung der Mindestreservepflicht auf die Geldmenge:

- Bei einer niedrigen Mindestreserve steigt die Geldmenge (Zinsen sinken). Bei einer Senkung der Mindestreservesätze spricht man daher auch von einer expansiven Politik.
- Bei einer hohen Mindestreserve sinkt die Geldmenge (Zinsen steigen). In diesem Zusammenhang ist von einer restriktiven (einschränkenden) Politik die Rede.

Eurotower – Sitz der Europäischen Zentralbank in Frankfurt am Main

BEISPIEL

Die EZB erhöht den Mindestreservesatz von 1,5 % auf 2 %. Nun sind alle Banken verpflichtet, 2 % des Werts ihrer Einlagen und kurzfristigen Schuldverschreibungen bzw. ausgegebenen Geldpapiere bei ihrer Zentralbank zu hinterlegen. Dieses mehr zurückgelegte Geld fehlt nun den Banken, um es als Kredit weiterzugeben. Dadurch wird dem Markt quasi Geld entzogen.

Grenzen der Geldpolitik der EZB

Die Instrumente der Geldpolitik, die seitens der EZB eingesetzt werden, können aber auch ihre gewünschte Wirkung verfehlen. Hier sollen zwei Szenarien aufgezeigt werden, die diese mögliche Gefahr verdeutlichen:

SZENARIO 1: Rezession

Aufgrund der schwächelnden Wirtschaftslage will die EZB mit einer Leitzinssenkung die Rezessionsphase bekämpfen. Da momentan das Geschäftsklima sehr negativ ist und die Erwartungen der Unternehmen für die Zukunft pessimistisch sind, werden trotz der günstigen Gelder keine Kredite aufgenommen und keine neuen Investitionen getätigt.

Folge: Keine Erhöhung der Geldmenge, die Wirtschaft wird nicht gefördert.

Bei einer Zinssenkung kann auch Kapital ins Ausland transferiert werden, weil es dort höhere Zinssätze gibt. Dadurch könnte unter Umständen sogar die Geldmenge sinken.

SZENARIO 2: Hochkonjunktur

Aufgrund der starken Wirtschaftslage will die EZB mit einer Leitzinserhöhung die Geldmenge reduzieren, um einer drohenden Inflation entgegenzuwirken. Da momentan das Geschäftsklima sehr positiv ist und die Erwartungen der Unternehmen für die Zukunft optimistisch sind, werden trotz der teuren Gelder neue Kredite aufgenommen und weitere Investitionen getätigt.

Folge: Weiter andauernde Erhöhung der Geldmenge, Inflationsgefahr steigt weiter.

Eine Zinserhöhung kann ausländisches Kapital anlocken, weil hier die Zinsen höher sind. Dadurch steigen Geldmenge und Inflationsgefahr weiter.

AUFGABEN

1. Nennen Sie je drei Vorteile (Chancen) und Nachteile (Risiken), die mit der Einführung des Euros verbunden sein können.

2. Erklären Sie die folgenden Begriffe:
   - Konvergenzkriterien
   - Leitzinsen
   - Kaufkraft
   - Einlagefazilität
   - Mindestreserve

3. Warum ist das Verhältnis zwischen der Geldmenge und dem Wert der Güter so wichtig in einer Volkswirtschaft?

4. Welche Aufgabe hat der Harmonisierte Verbraucherpreisindex HVPI?

5. Warum beobachtet die EZB Indikatoren wie den Ölpreis oder die Löhne und Gehälter in der Eurozone zur Durchführung wirtschaftlicher Analysen?

6. Durch welche Maßnahme kann die EZB das Wirtschaftswachstum fördern?
   a) Sie erhöht die Inflationsrate.
   b) Sie erhöht den Mindestreservesatz.
   c) Sie verkauft Wertpapiere an die Geschäftsbanken.
   d) Sie senkt den Einlagesatz und den Spitzenrefinanzierungssatz.

7. Mit welchen Instrumenten kann die EZB einer drohenden Geldentwertung (Inflation) entgegenwirken?

8. Welche Ziele verfolgt die EZB mit der Mindestreservepolitik?

9. Stellen Sie stichwortartig dar, welche Störfaktoren die Ziele einer Leitzinsveränderung negativ beeinflussen können.

AKTIONEN

1. Recherchieren Sie auf der Internetseite der EZB (www.ecb.int/ecb/html/index.de.html) folgende Fragen und bereiten Sie die Antworten mithilfe einer PowerPoint-Präsentation vor.
   a) Wie heißen die aktuellen Mitglieder des EZB-Direktoriums?
   b) Welche Mitglieder zählen zum EZB-Rat?
   c) Stellen Sie die Aufgaben des EZB-Direktoriums den Aufgaben des EZB-Rats gegenüber. Welche Unterschiede stellen Sie fest?
   d) Welche Mitglieder aus Deutschland zählen zum erweiterten Rat? Welche Funktion hat/haben dieser/diese Vertreter?
   e) Die EZB muss Rechenschaft für ihr Handeln ablegen. Daher unterliegt sie klar definierten Berichtspflichten. Welche Berichtspflichten sind damit gemeint?

2. Beschreiben und interpretieren Sie die folgende Karikatur:

ZUSAMMENFASSUNG

Europäisches System der Zentralbanken ESZB

= EZB + nationale Zentralbanken (NZB)

Beschlussorgane

- Direktorium (Präsident, Vizepräsident, vier weitere Mitglieder)
- EZB-Rat (Direktorium + NZB-Präsidenten der EU-Staaten, die den Euro eingeführt haben)
- erweiterter EZB-Rat (EZB-Rat + NZB-Präsidenten aller 27 EU-Staaten)

Euro

- 1. Januar 1999 Einführung als Buchgeld
- 1. Januar 2002 Einführung der Banknoten und Münzen
- 17 Euroländer
- Konvergenzkriterien
  - Preisentwicklung
  - finanzpolit. Entwicklung
  - Wechselkursentwicklung
  - Entwicklung langfr. Zinsen

Aufgaben der ESZB

- Gewährleistung der Preisstabilität
- Durchführung der Geldpolitik
- Durchführung von Devisengeschäften
- Solidität der Kreditinstitute
- reibungsloses Funktionieren der Transaktionen und Zahlungen

Analysen und Erhebungen des ESZB

Messung der Preisstabilität

- Harmonisierter Verbraucherpreisindex (HVPI)
- jährlicher Vergleich der Zeitreihen

Ziel: Preissteigerung soll unter 2 % bleiben.

Wirkungsweise: Einfluss des ESZB auf das Preisniveau greift mittel- bis langfristig

zwei Säulen der geldpolitischen Strategie

- **wirtschaftliche Analyse**
  Beurteilung und Analyse der **kurz- bis mittelfristigen** Bestimmungsfaktoren (Indikatoren) der Preisentwicklung
- **monetäre Analyse**
  Beurteilung und Analyse **langfristiger** Zusammenhänge zwischen Geld- und Gütermenge sowie Preisen

Geldpolitik

Instrumente der Geldpolitik

- Offenmarktgeschäfte
  (Durchführung mithilfe des Tenderverfahrens)
- ständige Fazilitäten
- Mindestreservepflicht

Grenzen der Geldpolitik (Beispiele)

- Rezession
  Zinssenkung → Kapitalausfuhr
  (keine Erhöhung der Geldmenge)
- Hochkonjunktur
  Zinserhöhung → Kapitaleinfuhr
  (fortdauernde Erhöhung der Geldmenge, Inflationsgefahr)

12.6 Wir kennen internationale Handelsabkommen und Organisationen, die Einfluss auf Import und Export von Unternehmen haben

Einstieg

An einem Mittwoch wird Katarzyna Lindemann – mittlerweile Auszubildende im dritten Jahr – zum Chef gerufen.

Katarzyna Lindemann:
„Guten Morgen Herr Hoffmann!“

Gerd Hoffmann:
„Guten Morgen Katarzyna. Sie werden sich sicher gefragt haben, warum ich Sie gebeten habe, einmal bei mir vorbeizukommen. Wie Sie ja sicher schon gehört haben, wird Frau Kolrep demnächst heiraten und zu ihrem Mann nach München ziehen. Dadurch wird ihre Stelle in der Einkaufsabteilung frei. Sie ist dort tätig als – so heißt das in unserer Stellenbeschreibung – Sachbearbeiterin (Ausland).
Ja, also diese Stelle müssen wir wieder besetzen. Ihre Ausbildungsleiterin, Frau Schneider, hat mir mitgeteilt, dass Ihre Noten in der Berufsschule doch sehr überzeugend sind und dass Sie in allen Abteilungen, die Sie bei uns durchlaufen haben, positiv beurteilt worden sind. Langer Rede kurzer Sinn: Wir würden Sie gerne übernehmen und bieten Ihnen die Stelle von Frau Kolrep an.“

Katarzyna Lindemann:
„Das ist toll, die Tätigkeit im Einkauf würde mir Spaß machen!“

Herr Hoffmann:
„Wir gehen davon aus, dass Sie nicht viel Zeit zur Einarbeitung haben werden. Für unser Unternehmen – das brauche ich Ihnen gegenüber eigentlich nicht extra zu betonen – wird das Auslandsgeschäft vor dem Hintergrund der Globalisierung immer wichtiger. Deshalb werden Sie ab jetzt Herrn Bittner zugeordnet – Ihrem zukünftigen Kollegen im Einkauf, der auch für das Ausland zuständig ist. Mit ihm ist abgesprochen, dass er Ihnen jede Unterstützung gibt.
Zwei Stunden pro Tag sind Sie freigestellt, um sich auch theoretisch für den Außenhandel fit zu machen. Sie bekommen von Frau Schneider einen Reader zum Außenhandel mit entsprechenden Aufgaben. Da Frau Schneider heute aus persönlichen Gründen verhindert ist, hat sie mich gebeten, Ihnen die erste Aufgabe gleich zu übergeben. Wie ich hier sehe, sollen Sie sich eine Abbildung zu den internationalen Wirtschaftsorganisationen anschauen.“

1. Geben Sie die Mitglieder und die Ziele der folgenden internationalen Wirtschaftsorganisationen an:
   a) OECD
   b) WTO
   c) EFTA
   d) NAFTA
   e) ASEAN
2. Stellen Sie fest, welchen Einfluss internationale Handelsabkommen und -organisationen auf den Außenhandel der Bundesrepublik haben.

3560 438

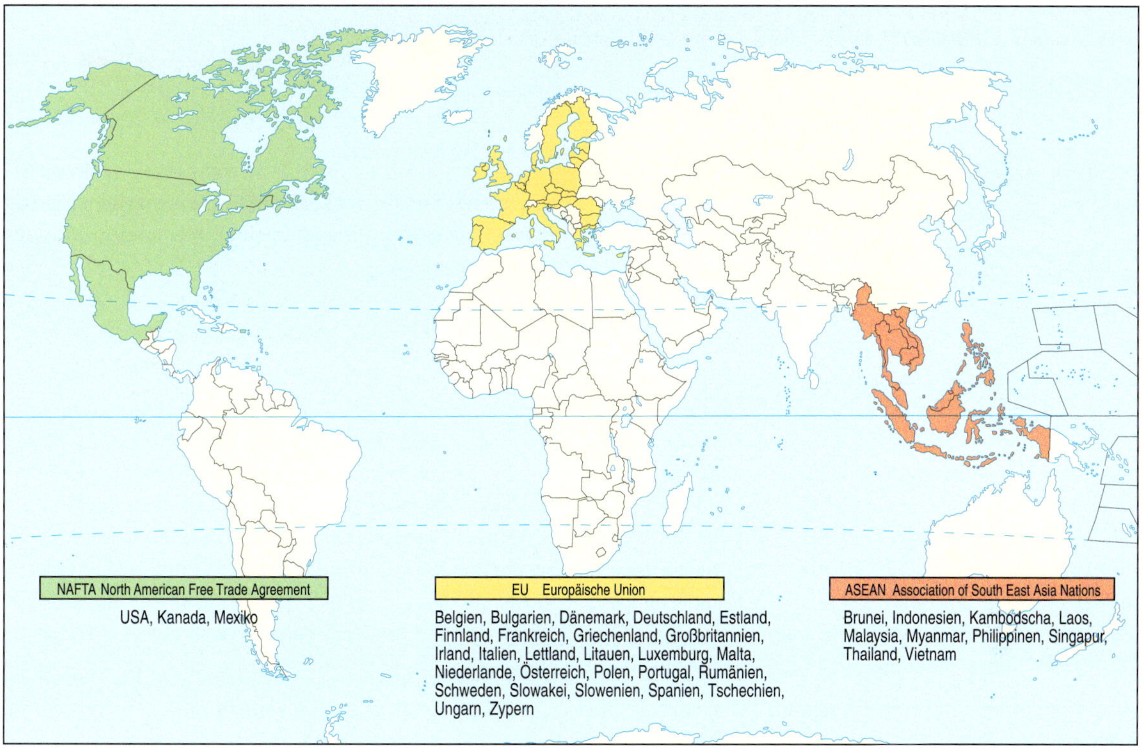

NAFTA North American Free Trade Agreement
USA, Kanada, Mexiko
EU Europäische Union
Belgien, Bulgarien, Dänemark, Deutschland, Estland, Finnland, Frankreich, Griechenland, Großbritannien, Irland, Italien, Lettland, Litauen, Luxemburg, Malta, Niederlande, Österreich, Polen, Portugal, Rumänien, Schweden, Slowakei, Slowenien, Spanien, Tschechien, Ungarn, Zypern
ASEAN Association of South East Asia Nations
Brunei, Indonesien, Kambodscha, Laos, Malaysia, Myanmar, Philippinen, Singapur, Thailand, Vietnam

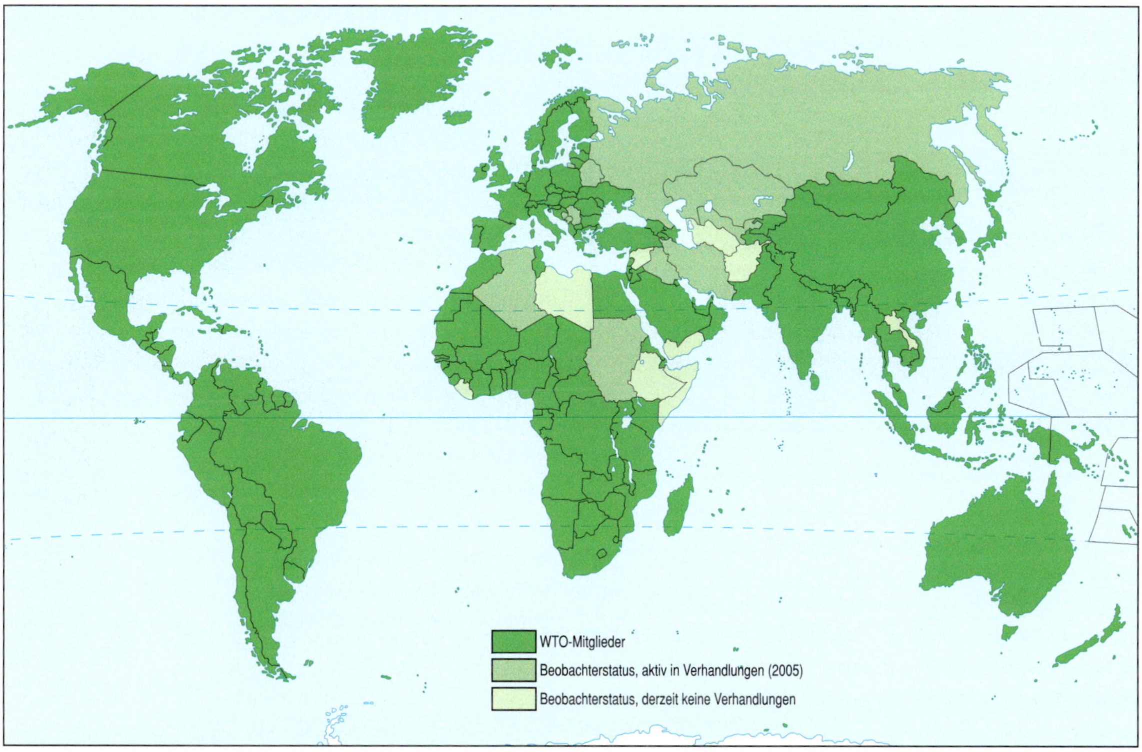

WTO-Mitglieder
Beobachterstatus, aktiv in Verhandlungen (2005)
Beobachterstatus, derzeit keine Verhandlungen

INFORMATIONEN

Außenhandel

DEFINITION

Der **Außenhandel** ist der grenzüberschreitende Austausch von Waren und Dienstleistungen zwischen verschiedenen Ländern.

Der Außenhandel ist für die Bundesrepublik Deutschland von zentraler Bedeutung. Die Bundesrepublik ist stark exportabhängig. Etwa ein Drittel unseres Bruttoinlandsprodukts wird im Export verdient. Auf der anderen Seite ist unsere Volkswirtschaft auch in hohem Maße von Importen abhängig. Die Einfuhren machen nahezu 30 % des Bruttoinlandsprodukts aus. Der Außenbeitrag[1] – die Differenz zwischen Export und Import von Waren und Dienstleistungen – lag in den vergangenen Jahren immer zwischen 2 % und 6 %. Fast kein anderes Land exportierte so viel wie die Bundesrepublik; sie nahm im Welthandel immer einen der ersten drei Ränge ein.

Umfangreiche Vereinbarungen auf Staatenebene bilden heute die Grundlage für den deutschen Außenhandel. Die Bundesrepublik hat durch den Beitritt zu multilateralen Abkommen (z. B. GATT, EU, OECD) eine starke weltwirtschaftliche Verflechtung der einzelnen Volkswirtschaften gefördert. Für die jeweiligen Mitgliedsländer hat sich der Außenhandel dadurch sehr erleichtert, da diese Abkommen eine Verwirklichung des Freihandelsprinzips anstreben. Diese Pflege der außenwirtschaftlichen Beziehungen kommt somit dem deutschen Export zugute.

1 siehe Kap. 12.2

Freihandel oder Protektionismus als grundlegende Entscheidung der Außenwirtschaftspolitik

Die internationale Handelspolitik kennt zwei einander entgegengesetzte Prinzipien: den Freihandel und den Protektionismus.

Freihandel

Im System des Freihandels gibt es einen völlig unbehinderten internationalen Güteraustausch. Die Ländergrenzen haben eine rein politische Bedeutung und stellen für die zwischenstaatlichen Handelsbeziehungen keine Schranke dar. Jeder kann in der ganzen Welt kaufen oder verkaufen. Dies kann sehr häufig zu besseren Konditionen geschehen als im Inland. Somit wird der größte Nutzen nicht nur für sich selbst, sondern auch für alle Übrigen erzielt. In- und Ausländer werden also gleich behandelt.

Es ist unter Volkswirten unbestritten, dass der Freihandel vorteilhaft ist: Die Gesamtproduktion der Welt wird bei gegebener Ausstattung mit Produktionsfaktoren maximiert. Es gibt jedoch einige Argumente, die das Prinzip des Freihandels kritisch beleuchten und folgende Punkte betreffen:

Entwicklung der Produktionsstruktur

Der Freihandel garantiert nicht die optimale Entwicklung der Produktionsstruktur der Länder. Aus dem Außenhandel resultierende Überschüsse werden nicht „gerecht" verteilt. Wie die bisherige Entwicklung des Welthandels zeigt, verlieren die Anbieter von landwirtschaftlichen Produkten gegenüber den Anbietern von Industrieprodukten. Die Nachfrage nach Industrieprodukten und deren Preise steigen weitaus schneller als die Nachfrage nach landwirtschaftlichen Gütern und Rohstoffen und deren Preise.

BEISPIEL

Land A hat sich auf die Produktion von Rindfleisch, Land B auf die Produktion von Stahl spezialisiert. Da durch die fortschreitende Industrialisierung der Bedarf an Stahl laufend wächst, die Nachfrage nach Rindfleisch hingegen eine natürliche Grenze erreicht, hätte diese internationale Arbeitsteilung für Land A langfristig die Folge, dass die Nachfrage nach seinem Exportgut stagniert, seine Importwünsche hingegen laufend steigen werden.

Weil auf die Dauer nur eine Steigerung der Arbeitsproduktivität durch Mechanisierung und Industrialisierung eine Zunahme des materiellen Wohlstands bewirken kann, müssen alle Länder die Entwicklung einer heimischen Industrie anstreben. Dies geht aber nur, wenn gegen das Prinzip des Freihandels verstoßen wird. Solche Schutzmaßnahmen sollen vor der erdrückenden Konkurrenz der entwickelten ausländischen Industrienationen schützen.

BEISPIEL

Der Industrialisierungsprozess in Deutschland während des 19. Jahrhunderts ist entscheidend durch Schutzzölle auf Waren erleichtert worden, die den Konkurrenzkampf mit der damals führenden englischen Industrie zu bestehen halfen.

Spezialisierung der Wirtschaftsstruktur

Eine extreme Spezialisierung der Wirtschaftsstruktur eines Landes ist im Interesse langfristiger Stabilität zu vermeiden.

BEISPIEL

Ein Land, das nur Kakao exportiert, ist vollständig von der Entwicklung der Kakaopreise auf dem Weltmarkt abhängig.

Abhängigkeit

Bestimmte Wirtschaftszweige sollen vor Abhängigkeit geschützt werden.

BEISPIEL

Kann ein Produkt im Ausland ständig und auf lange Sicht günstiger als im Inland hergestellt werden, so besteht die Möglichkeit, dass die inländische Produktion eingestellt, die betroffenen Betriebe aufgelöst werden. Dadurch ist das Land auf den Bezug dieser Güter aus dem Ausland zunehmend angewiesen. Unter diesem Aspekt (neben Nachteilen wie Arbeitslosigkeit usw.) ist ohne staatliche Einflussnahme die wirtschaftliche Unabhängigkeit und Selbstversorgung (Autarkie) gefährdet.

Protektionismus

Im System des Protektionismus wird der internationale Handel durch verschiedene Eingriffe erschwert oder begünstigt. Der Staat gewährt inländischen Produzenten eine Vorzugsstellung. Dies kann durch Erschwerung der Einfuhr geschehen, die eine Konkurrenzbeschränkung für die inländischen Unternehmen bewirkt. Dadurch kann es jedoch zur Entstehung von Monopolen oder Kartellen kommen, was zulasten der Konsumenten geht. Aber auch Erleichterungen der Ausfuhr können die Verbraucher z. B. durch eine Verschlechterung der Inlandsversorgung oder inflationistische Tendenzen schädigen.

Ob bzw. unter welchen Voraussetzungen eine Behinderung des freien internationalen Warenaustauschs gerechtfertigt sein kann, ist eine jahrhundertealte Streitfrage.

Grundsätzliche Strategien in der Außenwirtschaftspolitik

Freihandel

Verbesserung der wirtschaftlichen Situation von Konsumenten und Produzenten durch Förderung der internationalen Arbeitsteilung

- Jedes Land beschränkt sich auf die Produktion der Güter, die es am besten und billigsten herstellen kann.
- Abbau sämtlicher Handelshemmnisse
- Die Produktionsfaktoren Arbeit und Kapital können dorthin gelangen, wo ihre Produktivität am höchsten ist.
- Die Güter können ohne Einschränkung an die Orte gelangen, wo sie für den größten Nutzen sorgen.

Protektionismus

Verbesserung der wirtschaftlichen Situation von Konsumenten und Produzenten durch Schutz der einheimischen Produktion und des eigenen Markts

- Schutz der inländischen Produzenten vor der ausländischen Konkurrenz
- Bekämpfung der Arbeitslosigkeit durch Bevorzugung nationaler Erzeugnisse
- umfangreiche Zölle als Mittel der staatlichen Einnahmequellen

Deutsche Außenwirtschaftspolitik

In Deutschland werden die Regierungsmaßnahmen durch Maßnahmen der Bundesbank unterstützt und zunehmend durch Maßnahmen übernationaler Organisationen wie z. B. der Europäischen Union und der Europäischen Zentralbank ergänzt bzw. ersetzt.

Grundprinzip der deutschen Außenwirtschaftspolitik ist es, möglichst wenig durch staatliche Maßnahmen in die außenwirtschaftlichen Beziehungen einzugreifen. Der internationale Handels- und Zahlungsverkehr zwischen der Bundesrepublik und dem Ausland läuft also weitgehend nach marktwirtschaftlichen Grundsätzen ab (Freihandel). Abgelehnt werden spezielle Maßnahmen, um die inländische Wirtschaft vor ausländischer Konkurrenz zu schützen (Protektionismus). Die Bundesrepublik Deutschland hält sich dabei an das Regelwerk des Allgemeinen Zoll- und Handelsabkommens GATT. Dieses sieht durch Beseitigung der internationalen Handelshemmnisse und diskriminierender Handlungsweisen eine Förderung des Freihandels vor, wodurch sich der Lebensstandard erhöhen soll.

Vom GATT zur WTO

Das Allgemeine Zoll- und Handelsabkommen GATT (*General Agreements on Tariffs and Trade*) war zunächst als provisorisches Handelsabkommen gedacht, ist jedoch heute eine Dauereinrichtung der UNO zur Liberalisierung des internationalen Warenaustausches. Das 1947 gegründete GATT ging in die WTO über, die heute 153 Mitgliedstaaten (Vertragsparteien genannt) hat, darunter die Bundesrepublik Deutschland. Sitz der WTO ist Genf in der Schweiz.

Ziele des GATT

Die Handels- und Wirtschaftsbeziehungen zwischen den Mitgliedstaaten des GATT sollen auf folgende Aufgaben gerichtet sein:

- Erhöhung des Lebensstandards
- Verwirklichung der Vollbeschäftigung
- ein hohes und ständig steigendes Niveau des Realeinkommens und der Nachfrage
- die volle Erschließung der Hilfsquellen der Welt
- die Steigerung der Produktion und des Austauschs von Waren

Um diese Ziele zu erreichen, fordert das GATT, das sich als Wächter des Welthandels versteht, den Abbau von Zöllen und Handelsschranken und die Beseitigung von Diskriminierung im internationalen Warenaustausch.

Grundsätze des GATT

Die Ziele des GATT sollen durch die folgenden Grundsätze erreicht werden:

- **allgemeine Meistbegünstigung**
  Zoll- und Handelsvorteile, die ein Mitgliedsland einem anderen Land einräumt, sollen auch anderen Mitgliedern zugute kommen. Kein Lieferant darf also wegen seiner Nationalität gegenüber anderen Mitbewerbern bevorzugt oder benachteiligt werden.
- **Abbau von Zöllen**
  Die GATT-Mitglieder verpflichten sich, am Abbau von Zöllen mitzuwirken.

Zölle sind Abgaben, die beim grenzüberschreitenden Warenverkehr vom Staat erhoben werden. Sie sind das älteste und wahrscheinlich heute noch am häufigsten angewandte Mittel der Außenwirtschaftspolitik. Sie werden überwiegend als Importzölle erhoben. Dabei haben sie entweder das Ziel, dem Staat Einnahmen zu verschaffen (Finanzzoll) oder einen einheimischen Wirtschaftszweig vor ausländischer Konkurrenz zu schützen (Schutzzoll). Häufig lassen sich diese beiden Motive kaum trennen.

- **Grundsatz der Nichtdiskriminierung**
  Handelsbeschränkungen – sofern sie überhaupt vom GATT zugelassen sind – müssen in gleicher Weise gegenüber allen Staaten angewendet werden.
- **Beseitigung von mengenmäßigen Beschränkungen**
  Eine Vertragspartei darf bei der Ein- und Ausfuhr von Waren Verbote oder Beschränkungen (z. B. Kontingente, Ein- und Ausfuhrbewilligungen) weder einführen noch beibehalten.

Einfuhrkontingente sind die schärfste der protektionistischen Methoden. Voraussetzung ist ein allgemeines Einfuhrverbot. Das Kontingent ist dann in Form einer Lizenz oder Einfuhrbewilligung eine Ausnahmegenehmigung. Es findet also eine mengenmäßige Beschränkung des grenzüberschreitenden Warenverkehrs statt.

WTO

Nach den GATT-Vereinbarungen von 1995 ist die GATT-Zuständigkeit deutlich ausgeweitet worden. Zum ersten Mal wird auch der Handel mit Dienstleistungen und geistigen Produkten internationalen Regeln unterworfen. Subventionierte Agrarexporte müssen eingeschränkt werden.

3560 442

Das GATT, das ursprünglich lediglich als Handelssekretariat geführt wurde, wurde 1995 in eine *World Trade Organization* (WTO) umgewandelt. Die WTO als Sonderorganisation der UNO übernimmt die Ziele und Grundsätze des GATT.

Die WTO soll im Gegensatz zum GATT Mitglieder zur Einhaltung jener Regeln bewegen können, denen sie zugestimmt haben. Eine Art Gericht entscheidet über Dumpingklagen.

Dumping liegt vor, wenn ein Produkt im Ausland zu Preisen verkauft wird, die nicht die Produktionskosten decken. Ziel des Dumpings ist die rücksichtslose Eroberung eines Absatzmarkts.

Aufgaben der WTO

Eine wesentliche Aufgabe der WTO ist die Überwachung der verschiedenen WTO-Abkommen und der Grundregeln für die Handelsbeziehungen:

- Allgemeines Zoll- und Handelsabkommen (GATT)
- Übereinkommen über den Handel mit Dienstleistungen
- Übereinkommen über handelsbezogene Aspekte des geistigen Eigentums
- Übereinkommen über die Landwirtschaft
- Übereinkommen über die Anwendung gesundheitspolizeilicher und pflanzenschutzrechtlicher Maßnahmen
- Übereinkommen über technische Handelshemmnisse
- Übereinkommen über Textilwaren und Bekleidung
- Übereinkommen über handelsbezogene Investitionsmaßnahmen
- Übereinkommen über Antidumping
- Übereinkommen über Zollwerte
- Übereinkommen über Vorversandkontrollen
- Übereinkommen über Ursprungsregeln
- Übereinkommen über Einfuhrlizenzen
- Übereinkommen über Subventionen und Ausgleichsmaßnahmen
- Übereinkommen über Schutzmaßnahmen

Neben diesen für alle WTO-Mitglieder verbindlichen Übereinkommen gibt es im Rahmen der WTO verschiedene plurilaterale Abkommen mitbegrenzter Mitgliedschaft. Dazu gehören:

- Übereinkommen über den Handel mit IT (Informationstechnologie)-Waren (ITA)
- Übereinkommen über Regierungskäufe
- Übereinkommen über den Handel mit Zivilluftfahrzeugen

Weitere Aufgaben der WTO:

- Forum für multilaterale Handelsverhandlungen
- Beilegung von Handelsstreitigkeiten
- Überwachung nationaler Handelspolitiken TPRM (Trade Policy Review Mechanism)
- Unterstützung der Entwicklungsländer durch technische Hilfe
- Zusammenarbeit mit anderen internationalen Organisationen (z. B. Weltbank, IWF)

Der **internationale Währungsfond IWF** ist eine Sonderorganisation der UN. Der IWF soll die internationale Zusammenarbeit in der Währungspolitik fördern.

OECD

Der Organisation für wirtschaftliche Zusammenarbeit und Entwicklung OECD (*Organization for Economic Cooperation and Development*) gehören 34 Länder an, darunter die Bundesrepublik Deutschland. Es gibt zurzeit einen Beitrittskandidaten (Russland) sowie einige *Partner für verstärkte Zusammenarbeit* (Brasilien, Indonesien, China, Indien, Südafrika).

Sitz der 1963 gegründeten Organisation ist Paris.

Ziele und Aufgaben

Die OECD hat sich zum Ziel gesetzt,

- an einer optimalen Wirtschaftsentwicklung und Beschäftigung sowie zu einem steigenden Lebensstandard in ihren Mitgliedstaaten unter Wahrung der finanziellen Stabilität beizutragen,
- in den Mitgliedsländern und den Entwicklungsländern das wirtschaftliche Wachstum zu fördern,
- eine Ausweitung des Welthandels zu begünstigen.

Ihre Aufgaben reichen von der Zusammenarbeit in der allgemeinen Wirtschafts- und Währungspolitik über die Koordinierung der Hilfe für die Entwicklungsländer sowie hilfsbedürftige OECD-Länder bis zur Erörterung handelspolitischer Fragen und zur Behandlung politischer und technischer Probleme, etwa im Energie-, Verkehrs-, Agrar- und Arbeitskräftebereich.

Unterschiede zu anderen internationalen Organisationen

Von anderen internationalen Gruppierungen unterscheiden die OECD folgende Merkmale:

- Die OECD ist keine überstaatliche Organisation, sondern hat eher den Charakter einer ständig tagenden Konferenz. Die Regierungen der Mitgliedsländer tauschen hier ihre Erfahrungen aus und versuchen, Lösungen für gemeinsame Probleme zu erarbeiten.
- Die Mitgliedschaft in der OECD steht nicht allen Staaten automatisch offen.

Europäische Union (EU)

Die Europäische Union ist ein Staatenbündnis, dem mittlerweile siebenundzwanzig westeuropäische Länder angehören: Belgien, Bulgarien, Dänemark, Deutschland, Estland, Finnland, Frankreich, Griechenland, Großbritannien, Irland, Italien, Lettland, Litauen, Luxemburg, Malta, Niederlande, Österreich, Polen, Portugal, Rumänien, Schweden, Slowakei, Slowenien, Spanien, Tschechien, Ungarn und Zypern. Deren Ziel ist die Einigung der EG-Mitgliedstaaten auf politischem, sozialem und wirtschaftlichem Gebiet.

Vertraglich vereinbart wurden u. a. folgende Maßnahmen:

- Einführung einer europäischen Währungsunion sowie die dafür nötige Errichtung einer europäischen Zentralbank[1]
- Vereinbarung einer gemeinsamen Außen- und Sicherheitspolitik
- enge Zusammenarbeit in der Justiz und Innenpolitik
- Einrichtung eines sogenannten *Kohäsionsfonds*, aus dem wirtschaftlich schwächere Staaten Zahlungen zur Förderung der Infrastruktur und des Umweltschutzes erhalten

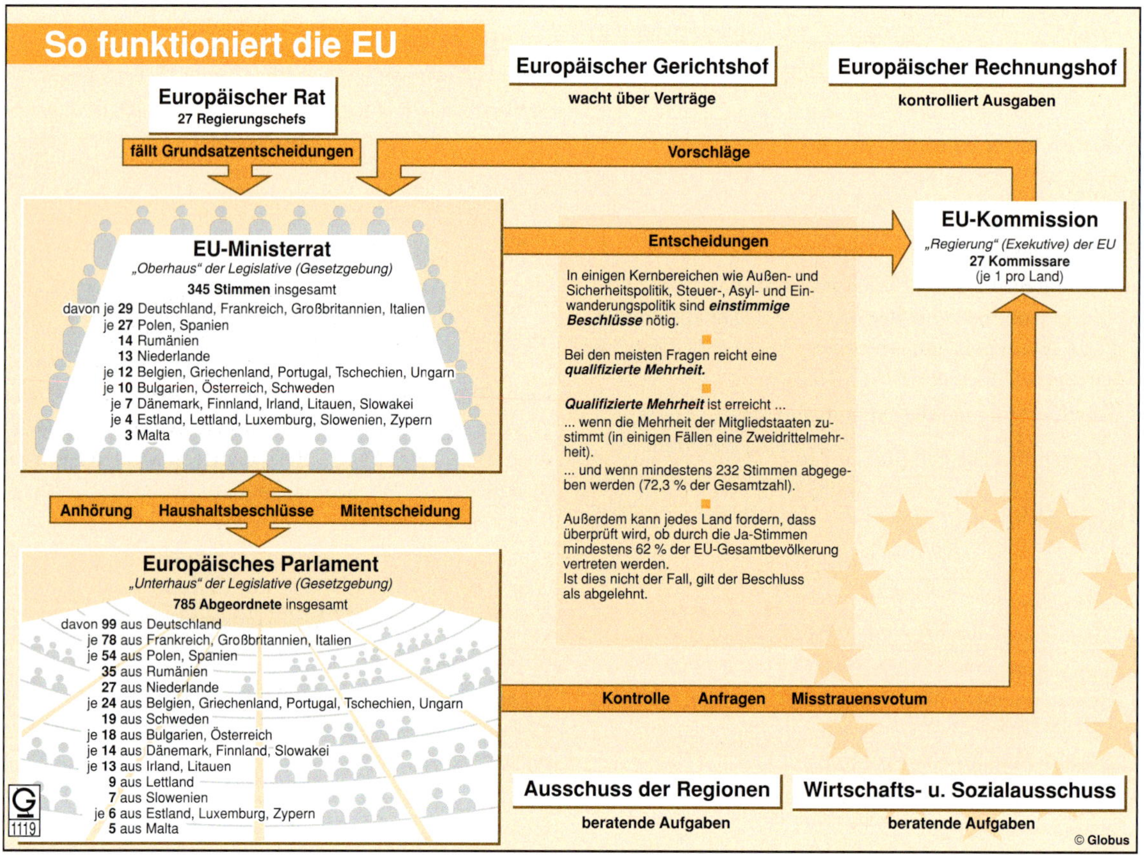

EU-Binnenmarkt

Weitreichende Konsequenzen hat der gemeinsame EU-Binnenmarkt, der am 1. Januar 1993 in Kraft trat. Sein Ziel ist es, in allen Mitgliedstaaten der EU die folgenden *Vier Freiheiten* zu verwirklichen:

- **freier Verkehr von Personen**
  Jeder Arbeitnehmer und Selbstständige hat das Recht, sich in anderen EU-Staaten niederzulassen und dort tätig zu werden. Auch nationale Bildungsabschlüsse sollen überall in der EU anerkannt werden. An den Binnengrenzen soll es für Personen nur noch stichprobenartige Kontrollen geben.

- **freier Verkehr von Waren**
  Innerhalb der EU erfolgen keine Zollkontrollen mehr (Ausnahmen nur für Sprengstoffe, militärisch und zivil nutzbare Güter und Bananen). Jeder EU-Bürger kann in jedem Mitgliedsland ohne jede Beschränkung Waren

1 siehe Kap. 12.5

aller Art für private Zwecke einkaufen. Unterschiedliche technische Normen, die bisher als technische Hemmnisse auftreten konnten, werden anerkannt bzw. vereinheitlicht.

- **freier Verkehr von Dienstleistungen**
  Dienstleistungsunternehmen wird freie Betätigung in der EU zuerkannt. Banken, Versicherungen, Börsenmakler und Angehörige freier Berufe (Ärzte, Rechtsanwälte usw.) können sich frei in der EU niederlassen. Öffentliche Aufträge müssen EU-weit ausgeschrieben werden.
- **freier Verkehr von Kapital**
  Zahlungen, Geld- und Kapitalanlagen zwischen EU-Staaten unterliegen keinen Beschränkungen.

Europäische Wirtschaftsblöcke

EFTA

Die Europäische Freihandelsassoziation EFTA (*European Free Trade Association*) hat mittlerweile nur noch eine geringe Bedeutung, weil viele ihrer ehemaligen Mitglieder sich der EU angeschlossen haben. Sie besteht heute nur noch aus vier Staaten (Island, Norwegen, Liechtenstein, Schweiz). Die EFTA hat ihren Sitz in Genf.

Im Gegensatz zur EU ging es der EFTA immer nur um wirtschaftliche Zusammenarbeit, nie um eine supranationale Einrichtung oder gar um eine politische Union. Die EU-Staaten ordneten sich über die Abschaffung der Binnenzölle hinaus einer gemeinsamen Außenzollpolitik unter. Die EFTA-Staaten begnügten sich dagegen damit, ihre Wirtschaft durch die Abschaffung der untereinander bestehenden Zölle zu fördern und jedem Mitglied die Zollsouveränität gegenüber Drittländern zu belassen.

Die dynamische Entwicklung der EU in den letzten Jahren mit den Zielen *Binnenmarkt* und *gemeinsame Währung* hat der EU einen deutlichen Vorsprung verschafft und in ganz Europa eine große Sogwirkung hervorgerufen.

Europäischer Wirtschaftsraum (EWR)

Mit dem im Mai 1992 in Porto abgeschlossenen EWR-Abkommen zwischen der EU und den EFTA-Ländern wurde der Europäische Wirtschaftsraum EWR geschaffen.

Das Abkommen soll es ermöglichen, innerhalb des EWR die Freizügigkeit und den freien Waren-, Dienstleistungs- und Kapitalverkehr nach dem bestehenden Recht der EU zu gewährleisten.

Damit treten bis auf die Schweiz auch die restlichen EFTA-Länder Liechtenstein, Norwegen und Island dem EU-Binnenmarkt bei. Anders als EU-Vollmitglieder erhalten die EFTA-Staaten keine Entscheidungsgewalt, sondern nur gewisse Mitsprache- und Anhörungsrechte. Der EWR ist mit 30 Ländern der größte integrierte Wirtschaftsraum der Welt.

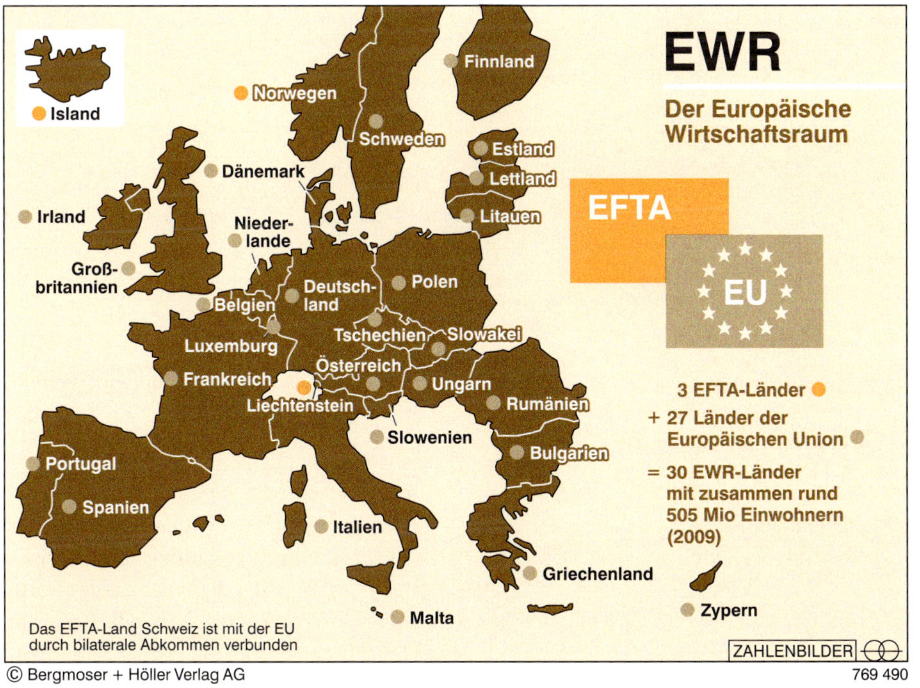

 769 490

EU und AKP

Ergänzend zur einzelstaatlichen Entwicklungspolitik ihrer Mitglieder betreibt die EU eine gemeinschaftliche Entwicklungszusammenarbeit mit Ländern der Dritten Welt. Besonders enge Beziehungen unterhält sie dabei zu den ehemaligen Kolonialgebieten ihrer Mitgliedstaaten.

Die Weichen dafür wurden schon 1957, bei der Gründung der Gemeinschaft, gestellt. 1963 schlossen die sechs EWG-Länder in Jaunde (Kamerun) ein erstes Assoziierungsabkommen mit 18 afrikanischen Ländern, früheren Kolonien Frankreichs, Belgiens und Italiens.

Nach dem britischen EG-Beitritt (1973) bemühten sich auch die im Commonwealth vertretenen Entwicklungsländer um eine engere Kooperation mit den Europäern. An dem Handels- und Kooperationsabkommen, das 1975 in Lome (Togo) unterzeichnet wurde (Lome I), beteiligten sich daher bereits **46 AKP-Staaten** – Länder aus **A**frika, der **K**aribik und dem **P**azifik-Raum. Im Lauf der Jahre kamen weitere Partnerstaaten hinzu, sodass sich das Folgeabkommen Lome IV (1990 – 2000) zuletzt auf 71 AKP-Staaten erstreckte.

Im Juni 2000 wurde in Cotonou (Benin) ein neues Partnerschaftsabkommen unterzeichnet, das nunmehr 79 AKP-Staaten mit einer Gesamtbevölkerung von mehr als 800 Mio. Menschen einbezieht. Das auf 20 Jahre angelegte, 2005 erstmals revidierte Abkommen – Grundlage für die Entwicklungszusammenarbeit, die Handelsbeziehungen und den politischen Dialog zwischen der EU und ihren AKP-Partnern – setzt sich vor allem die Bekämpfung der Armut und die allmähliche Eingliederung der AKP-Länder in die Weltwirtschaft zum Ziel. Es sieht vor, dass die Handelsbeziehungen zwischen EU und AKP-Ländern ab 2008 schrittweise liberalisiert und damit den WTO-Regeln angepasst werden.

Das Abkommen weist den AKP-Ländern eine größere Mitverantwortung bei der Ausarbeitung und Umsetzung der Entwicklungsprogramme zu und verlangt eine stärkere Einbindung der Zivilgesellschaft in die entwicklungspolitische Zusammenarbeit. Es fordert die Anerkennung demokratischer und rechtsstaatlicher Grundregeln und führt regelmäßige politische Konsultationen ein. Und es stellt Finanzhilfen bereit, die flexibler gehandhabt und regelmäßig auf ihre Ergebnisse überprüft werden.

Mit maßgeschneiderten Entwicklungsstrategien soll die jeweils passende Antwort auf die Probleme einzelner Länder oder Regionen gefunden werden. Für Ländergruppen in prekärer Lage – die am wenigsten entwickelten AKP-Staaten, die vom Meer abgeschnittenen Binnenstaaten und die Inselstaaten – sieht das Abkommen besondere Hilfen vor.

Die AKP-Länder

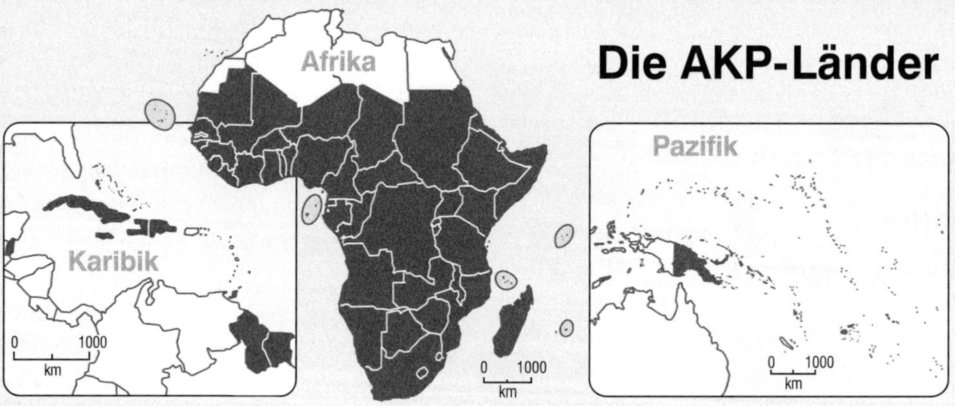

A=Afrika

Angola · Äquatorial-Guinea · Äthiopien · Benin · Botswana Burkina Faso · Burundi · Côte d'Ivoire · Dschibuti · Eritrea · Gabun · Gambia · Ghana · Guinea · Guinea-Bissau · Kamerun · Kap Verde Kenia · Komoren · Kongo · D.R. Kongo (Zaire) · Lesotho · Liberia · Madagaskar · Malawi

Mali · Mauretanien · Mauritius Mosambik · Namibia · Niger Nigeria · Ruanda · Sambia · São Tomé und Principe · Senegal · Seychellen · Sierra Leone · Simbabwe · Somalia* · Sudan · Südafrika Swasiland · Tansania Togo · Tschad · Uganda · Zentralafrikanische Republik

K=Karibik

Antigua und Barbuda · Bahamas · Barbados · Belize · Dominica · Dominikanische Republik · Grenada · Guyana · Haiti · Jamaika · Kuba* · St. Christoph und Nevis · St. Lucia · St. Vincent u.d. Grenadinen · Surinam · Trinidad und Tobago

P=Pazifik

Cook-Inseln · Fidschi · Kiribati · Marshall-Inseln · Mikronesien · Nauru · Niue · Palau · Papua-Neuguinea · Salomonen · Samoa · Timor-Leste · Tonga · Tuvalu · Vanuatu

* kein Beitritt zum Cotonou-Abkommen EU-AKP

ZAHLENBILDER 725 601

Weltweite Wirtschaftsblöcke

Ziele

Die steigende Zahl von Beitritts- und Assoziierungsgesuchen zur Europäischen Union bestätigt die wachsende Attraktivität der EU und ihren Vorbildcharakter. Außerhalb der Mitgliedsländer werden diese integrationspolitischen Erfolge nicht ohne Vorbehalte beobachtet. Die Hauptsorge dabei ist, dass die EU sich handelspolitisch von den übrigen Regionen abkapseln und die weltweite Arbeitsteilung empfindlich schädigen könnte.

Zugleich wird anderen Ländern und Regionen jedoch deutlich vor Augen geführt, dass der Integrationsprozess den EU-Mitgliedsländern erhebliche Vorteile gebracht und den Wohlstand gemehrt hat. Vor diesem Hintergrund ist verständlich, dass auch in der übrigen Welt zunehmend Versuche gestartet werden oder wurden, regionale Freihandelszonen oder Wirtschaftsgemeinschaften zu gründen. Dafür gibt es drei Antriebskräfte:

- **regionale Inseln des Freihandels**
  In einer Welt von Protektionismus soll der Freihandel zumindest in einzelnen Regionen herrschen.
- **regionale Intensivierung der internationalen Arbeitsteilung**
  Dadurch wird ein stetes Wirtschaftswachstum erhofft.
- **Stärkung der eigenen Verhandlungsposition**
  Die neu entstehenden Wirtschaftsgemeinschaften könnten den Zugang zu ihren Absatzmärkten nach EU-Vorbild regulieren. Damit kann ein verhandlungsstrategisches Gegengewicht zu anderen großen Wirtschaftsgemeinschaften gebildet werden.

Freihandelszonen

Die sechs wichtigsten Freihandelszonen neben EU und EFTA sind:

NAFTA

Das Nordamerikanische Freihandelsabkommen NAFTA (*North American Free Trade Area*) wurde zwischen Mexiko, Kanada und den USA abgeschlossen. Ziel ist lediglich ein gemeinsamer Markt als Freihandelszone. Zölle und andere Handelsbeschränkungen sollen abgebaut, die zwischenstaatlichen Exporte verdoppelt werden. Dagegen wird ein freier Personenverkehr wie in der EU nicht angestrebt.

Für Kanada und Mexiko bedeutet dies den schrankenlosen Zugang zur weltweit größten Wirtschaftsmacht USA und einen erheblichen Wachstumsschub. Für die USA zählen vor allem die Gebietserweiterung ihres Patentschutzes, der Abbau von Investitionshürden und die Marktöffnung für elektronische und Printmedien-Erzeugnisse.

Andenpakt

Der Andenpakt ACM (*Anden Common Market*) ist ein Zusammenschluss der lateinamerikanischen Länder Bolivien, Kolumbien, Ecuador, Peru und Venezuela. Angestrebt wird die Förderung von Handel, Industrialisierung und Entwicklung der Region. Erreicht werden soll dies durch einen gemeinsamen Markt (bei dem die Zölle zwischen den Mitgliedstaaten aufgehoben sind) mit einheitlichen Außenzöllen.

MERCOSUR

Dem *gemeinsamen Markt der Südspitze Südamerikas* MERCOSUR (*Mercado Comun del Cono Sur*) liegt ein Abkommen zwischen Argentinien, Brasilien, Paraguay und Uruguay zugrunde.

Mit dem Abbau aller Zölle und Handelshemmnisse soll eine Freihandelszone geschaffen werden. Fernziel ist die Errichtung eines Binnenmarkts nach Vorbild der EU mit gemeinsamem Parlament.

ASEAN

Die *Association of Southeast Asian Nations* (übersetzt etwa: Verband südostasiatischer Staaten) wurde am 8. August 1967 in Bangkok (Thailand) gegründet mit dem Ziel der Festigung des Friedens in Südostasien durch wirtschaftliche, soziale und kulturelle Zusammenarbeit. 1995 wurde die ASEAN als atomwaffenfreie Zone festgelegt.

Das Abkommen *ASEAN Vision 2020* vom Dezember 1997 strebt offenere Gesellschaften in der Region an. Mitglieder der ASEAN sind: Brunei, Indonesien, Kambodscha, Laos, Malaysia, Myanmar, Philippinen, Singapur, Thailand und Vietnam.

Wichtigste Organe sind der ordentliche ASEAN-Gipfel, zu dem sich die Staats- und Regierungschefs alle drei Jahre treffen, die jährliche Ministertagung der Außenminister als wichtigstes Entscheidungsorgan sowie Treffen der Fachminister.

AFTA

Im Oktober 1991 beschlossen die damaligen sechs Mitgliedstaaten der ASEAN (Indonesien, Malaysia, Singapur, Thailand, Philippinen, Brunei), ab 1993 die Freihandelszone AFTA (*ASEAN Free Trade Area*) einzurichten. Damit reagierten die aufstrebenden südostasiatischen Schwellenländer auf die zunehmende Konkurrenz durch andere regionale Bündnisse.

Wichtigstes Ziel ist ein Liberalisierungsprogramm für den Handel, das eine allmähliche Senkung der Zollschranken vorsieht.

APEC

Die APEC (*Asia-Pacific Economic Cooperation*) wurde als Organisation für asiatisch-pazifische Zusammenarbeit 1989 nach OECD-Vorbild gegründet. Der APEC gehören zusätzlich zu den ASEAN-Staaten noch Australien, Japan, Kanada, USA, Südkorea, Neuseeland, China, Taiwan, Hongkong, Peru, Papua-Neuguinea und Russland an. Neben der Koordinierung der wirtschaftlichen Zusammenarbeit ist der Abbau von Handelsbarrieren das Ziel dieses Diskussionsforums.

Nach langfristigen Plänen wollen die Mitgliedsländer, die zum Teil keine einheitlichen Interessen haben, einen asiatisch-pazifischen Handelsblock entstehen lassen. Heranwachsen würde dann eine handelspolitische Supermacht, denn mit seinem hohen Wirtschaftswachstum gilt der asiatisch-pazifische Bereich als Zukunftsmarkt des 21. Jahrhunderts.

OPEC

Alle bisher aufgeführten Wirtschaftsorganisationen orientieren sich mehr oder weniger an der Idee des Freihandels. Es gibt jedoch auch Organisationen, die ganz stark und bewusst protektionistisch arbeiten. Sehr bekannt ist die OPEC (Organisation der Erdöl exportierenden Länder). Die OPEC ist ein Kartell (Bündnis) eigentlich konkurrierender Staaten, die sich absprechen, um gemeinsam ihre Ziele zu optimieren. Die OPEC legte z. B. für ihre Mitgliedsländer Förderquoten fest, um dadurch die Preise nicht fallen zu lassen und somit die Erlöse zu stabilisieren.

AUFGABEN

1. Was sind die Grundsätze des GATT?
2. Wodurch unterscheidet sich die OECD von anderen internationalen Organisationen?
3. Nennen Sie die Mitgliedstaaten der EU.
4. Erläutern Sie
   a) Vorteile,
   b) Nachteile großer Wirtschaftsblöcke.
5. Wodurch unterscheidet sich die EFTA von der EU?
6. Was versteht man unter dem EWR?
7. Führen Sie weitere größere Wirtschaftsblöcke auf.

AKTIONEN

1. Erstellen Sie in Gruppenarbeit eine Wandzeitung, die jeweils eine internationale Wirtschaftsorganisation darstellt. Sie soll informieren über Mitgliedsländer und Ziele. Als Informationsquelle können Sie auch die folgenden Internetadressen nutzen:

WTO:	www.wto.org
ASEAN:	www.aseansec.org, www.auswaertiges-amt.de
NAFTA:	www.nafta-sec-alena.org
MERCOSUR:	www.lateinamerikanachrichten.de/index.php?/artikel/2723.html
EFTA:	www.efta.int

2. Lesen Sie den folgenden Text und erstellen Sie eine Mindmap mit den wichtigsten Aussagen:

Asiatische Länder planen eigene Freihandelszone

Große Pläne in Asien: Ab Januar wollen die sechs Kernländer der ASEAN-Staaten ein Freihandelabkommen in Kraft setzen. Das Bündnis könnte in Zukunft ein Drittel des weltweiten Bruttosozialprodukts und die Hälfte der Menschheit umfassen.

Hua Hin – Die ASEAN-Staaten rücken dichter zusammen: Von Januar 2010 an wollen die sechs Kernländer des Bündnisses – Brunei, Indonesien, Malaysia, die Philippinen, Singapur und Thailand – ein Freihandelsabkommen in Kraft setzen. Das haben die ASEAN-Staaten auf ihrem jährlich stattfindenden Gipfeltreffen verabredet. Außerdem wurden weitergehende Konzepte zur Zusammenarbeit in der Region beraten.

3560 448

Japans neuer Regierungschef Yukio Hatoyama sagte der „Bangkok Times“, ein Bündnis der zehn ASEAN-Staaten und ihrer regionalen Partner China, Japan, Südkorea, Indien, Australien und Neuseeland müsse eine führende Rolle in der Welt anstreben, da sich die Region frühzeitig von der Weltwirtschaftskrise erholt habe. Neben den sechs künftigen Freihandelspartnern sind Vietnam, Kambodscha, Laos und Burma Mitglieder des Staatenbundes.

Doch das ist erst der Anfang: Gleichzeitig haben die ASEAN-Länder Machbarkeitsstudien für umfassendere Freihandelszonen in Auftrag gegeben. Ziel ist es laut der „Frankfurter Allgemeinen Zeitung“, eine Freihandelszone mit Japan, China, Südkorea und den ASEAN-Ländern zu gründen. Auch eine „umfassende Wirtschaftspartnerschaft“ unter Einbindung von Indien, Australien und Neuseeland werde untersucht.

Japan und Australien haben unterschiedliche Pläne

Wie die Zusammenarbeit jedoch konkret aussehen könnte, ist noch völlig offen. Japan und Australien stellten unterschiedliche Konzepte für eine engere Zusammenarbeit vor. Im Gegensatz zu dem von Hatoyama umworbenen Plan einer Ostasien-Gemeinschaft sieht der australische Ansatz einer asiatisch-pazifischen Gemeinschaft eine stärkere Einbindung der USA vor. Er habe für seinen Plan einen großzügigen Zeitrahmen bis zum Jahr 2020 vorgeschlagen, sagte Australiens Premier Kevin Rudd.

Zum Abschluss des jährlichen Gipfeltreffens der ASEAN-Länder mit ihren Nachbarn erklärte Thailands Regierungschef Abhisit Vejjajiva, eine Entscheidung über die beiden Vorschläge dürfe nicht überhastet gefällt werden. Die Pläne sollen bei einem Treffen im Dezember in Australien erneut auf den Tisch kommen. Unterzeichnet wurden in Hua Hin Abkommen über eine enge Zusammenarbeit bei der Bekämpfung der Rezession, des Klimawandels und der Bewältigung von Naturkatastrophen.

mip/AFP/dpa

Quelle: www.spiegel.de/wirtschaft/unternehmen/0,1518,657347,00.html vom 26.Oktober 2009

ZUSAMMENFASSUNG

Internationale Handelsabkommen und -organisationen

WTO	• Allgemeines Zoll- und Handelsabkommen • Ziel: Abbau von Handelsschranken und Zöllen
OECD	• Organisation für wirtschaftliche Zusammenarbeit und Entwicklung • Ziel: wirtschaftliche Zusammenarbeit und Koordination der westlichen Industrienationen
EU	• Europäische Union • Ziele: • EU-Binnenmarkt • Einigung auf wirtschaftlichem, sozialem und politischem Gebiet
EFTA	• Europäische Freihandelsassoziation • Ziel: nur wirtschaftliche Zusammenarbeit
EWR	• Europäischer Wirtschaftsraum • Ziel: Gewährleistung eines freien Waren-, Dienstleistungs- und Kapitalverkehrs nach dem bestehenden Recht der EU
Wirtschaftsblöcke außerhalb Europas	• NAFTA • AFTA • Andenpakt • ASEAN • MERCOSUR • APEC

Sachwortverzeichnis

3560 454

3560 456